“十二五”职业教育国家规划教材
经全国职业教育教材审定委员会审定
全国林业职业教育教学指导委员会“十二五”规划教材

# 森林资源经营管理

（第2版）

王巨斌　主编

中国林业出版社

## 内容简介

本书为“十二五”职业教育国家规划教材，是高职高专教育林业技术专业建设五门专业核心课程教材之一。

全书共分八部分，内容包括：课程导入、森林区划、森林调查、森林资源信息管理、森林经营方案编制、森林资源监测、森林资源实物管理和森林资源资产评估。书中以森林资源经营管理工作顺序为主线，按项目设计教学内容，根据实践教学的需要，在每个项目中阐述了掌握森林资源经营管理必须的基本知识和基本方法，选用了大量的图表和实际案例，并结合专业培养目标安排了教学做一体化实践操作。从学生学习习惯和进一步学习需要出发，每个项目配套了思考与练习。

本书既可作为高等职业学校林业技术专业教材，也可供相近专业和短期培训班选用，还可作为中等职业教育教材及有关部门的工作人员自学和参考用书。

图书在版编目（CIP）数据

森林资源经营管理/王巨斌主编．—2版．—北京：中国林业出版社，2014.8（2018.1重印）

“十二五”职业教育国家规划教材 经全国职业教育教材审定委员会审定 全国林业职业教育教学指导委员会“十二五”规划教材

ISBN 978-7-5038-7573-1

Ⅰ.①森… Ⅱ.①王… Ⅲ.①森林经营－高等职业教育－教材 Ⅳ.①S750

中国版本图书馆CIP数据核字（2014）第145709号

国家林业局生态文明教材及林业高校教材建设项目

中国林业出版社·教育出版分社

策　划：牛玉莲　肖基浒　　责任编辑：肖基浒

电　话：(010) 83143555　　传　真：(010) 83143516

E-mail：jiaocaipublic@163.com

出版发行：中国林业出版社（100009　北京市西城区德内大街刘海胡同7号）

电话：(010)83143500

http://lycb.forestry.gov.cn

经　销：新华书店

印　刷：三河市祥达印刷包装有限公司

版　次：2007年7月第1版（共印4次）

2014年12月第2版

印　次：2018年1月第5次印刷

开　本：787mm×1092mm　1/16

印　张：31

字　数：771千字

定　价：59.00元

# 全国林业职业教育教学指导委员会
# 教材编写审定专家委员会

# 《森林资源经营管理》（第2版）
## 编写人员


**主　　编**

王巨斌（辽宁林业职业技术学院）

**副 主 编**

管　健（辽宁林业职业技术学院）

**编写人员**（按姓氏笔画排序）

王巨斌（辽宁林业职业技术学院）
王年锁（山西林业职业技术学院）
秦秀华（广西生态工程职业技术学院）
赵子忠（甘肃林业职业技术学院）
管　健（辽宁林业职业技术学院）
吴林森（丽水职业技术学院）
陈德成（河南林业职业学院）
廖彩霞（江西环境工程职业学院）
胡忠庆（福建林业职业技术学院）
宋墩福（江西环境工程职业学院）

**主　　审**

秦学军（辽宁省林业调查规划院）

# 序

为了推动林业高等职业教育的持续健康发展，进一步深化高职林业技术专业教育教学改革，提高人才培养质量，全国林业职业教育教学指导委员会（以下简称“林业教指委”）按照教育部的部署，对高职林业类专业目录进行了修订，制定了专业教学标准。在此基础上，林业教指委和中国林业出版社联合向教育部申报“高职‘十二五’国家规划教材”项目，并于2013年11月12～14日在云南昆明召开了“高职林业技术专业‘十二五’国家规划教材”和部分林业教指委“十二五”规划教材编写提纲审定会议，开始了2006年以来的新一轮的高职林业技术专业教材的编写和修订工作。根据高职林业技术专业人才培养工作需要，编写了《森林环境》《森林植物》《林木种苗生产技术》《森林经营技术》《森林营造技术》《森林资源经营管理》《森林调查技术》《林业有害生物控制技术》《林业法规与执法实务》《林业“3S”技术》《植物组织培养技术》《森林防火》共12部教材。本套教材的编写，凝聚着全国林业类高职院校2006年以来的教育教学改革的成果和从教的广大教师、专家的教学科研成果，特别是课程改革的成果。有些为省部级精品课程、国家精品课程和国家精品资源共享课程，如《林业种苗生产技术》教材是辽宁林业职业技术学院从2006年开始深化二轮课程改革打造的国家精品课程和国家精品资源共享课程，在此基础上，结合全国其他学校改革成果编写而成的。既满足林业技术专业对人才培养的需要，又符合人才培养规律、职业教育规律和生物学规律，是一部优秀的高职林业技术专业教材。

本套教材坚持积极推进学历证书和职业资格证书“双证书”制度，促进职业教育的专业体系、课程内容和人才培养方式更加适应林业产业需求、职业需求。在教材编写中，坚持职业教育面向人人，增强职业教育的包容性和开放性。教材内容以林业技术专业所覆盖的岗位群所必需的专业知识、职业能力为主线，采取能够增强学生就业的适应能力、实际应用能力、提高职业技能的课程项目化方法，有利于促进高职院校采取行之有效的项目化课程教学的新型模式。

本套教材适用范围广，应用面宽。既可作为全国高职林业技术专业学生学习的教材，又适用于全国林业技术培训用书，还可以作为全国林业从业人员的专业学习用书。

我们相信本套教材必将对我国高等职业教育林业技术专业建设和教学改革有明显的促进作用，为培育合格的高素质技能型林业类专业技术人才作出贡献。

全国林业职业教育教学指导委员会<br>2014年6月

# 前言

森林资源经营管理是高等职业学校林业技术专业的核心专业课程。本教材的编写依据专业培养目标和课程教学标准、劳动和社会保障部林业职业技能鉴定标准和林业职业技能鉴定规范，同时根据课程的特点和当前高等职业学校的实际，吸收了近几年在林业科学研究和教学研究中的最新成果。

本教材编写模式新颖，教材体现了高职特色，贯彻了“以服务为宗旨，以就业为导向”的职教方针，建立了以“工作项目为导向，用工作任务进行驱动，以行动体系为框架”的教材体系，有利于“教、学、做”一体化教学；突出对学生森林资源经营管理思想、方法和能力的培养，教材的各项目按森林资源经营管理的工作过程进行编排，依据岗位对技能和知识的需求，重构教材的知识结构和能力结构体系，让学生完整体验森林资源经营管理工作的程序、内容和方法，有助于提高学生解决具体问题的能力；教材的编写团队具有“校校联合”和“校企融合”的特点，提高了教材使用的宽度和广度。

本教材编者的分工如下：辽宁林业职业技术学院王巨斌负责课程导入、项目1；山西林业职业技术学院王年锁负责项目2中的任务2.1、任务2.2、任务2.5；广西生态工程职业技术学院秦秀华负责项目2中的任务2.3、任务2.4；甘肃林业职业技术学院赵子忠负责项目3；辽宁林业职业技术学院管健负责项目4中的任务4.1、任务4.2、项目6；丽水职业技术学院吴林森负责项目4中的任务4.3、任务4.4；河南林业职业学院陈德成负责项目4中的任务4.5、任务4.6；江西环境工程职业学院廖彩霞负责项目5；福建林业职业技术学院胡宗庆负责项目7中的任务7.1、任务7.2、任务7.3；江西环境工程职业学院宋敦福负责项目7中的任务7.4、任务7.5。王巨斌任主编，负责统稿、定稿工作。管健任副主编，承担了教材的校稿工作和教材部分内容的统稿工作。辽宁省林业调查规划院教授级高工秦学军对教材的结构和编写层次提出了建设性意见，同时对教材内容进行了具体指导。

本教材在编写过程中得到了辽宁林业职业技术学院、辽宁林业调查规划院的大力支持和协助，并参考引用了国内一些编著及资料，在此特向上述单位和编著者表示感谢。

由于作者水平有限，书中错误疏漏在所难免，诚盼广大读者在使用中批评指正。

王巨斌

2014年1月

# 目录

# 课程导入

## 0.1 课程项目导入的过程与要点分析

**(1)了解森林资源经营管理课程的整体设计**

本课程在设计项目时，以林业基层生产单位为森林资源经营管理项目对象，设计了森林区划、森林调查、森林资源信息管理、森林经营方案编制、森林资源监测、森林资源实物管理、森林资源资产评估7个能力训练项目。充分利用相关资料编制森林经营方案。详见表0-1。

**表0-1 能力训练项目表**

| 项目编号 | 能力训练项目 | 项目编号 | 能力训练项目 |
|---|---|---|---|
| 1 | 森林区划 | 5 | 森林资源监测 |
| 2 | 森林调查 | 6 | 森林资源实物管理 |
| 3 | 森林资源信息管理 | 7 | 森林资源资产评估 |
| 4 | 森林经营方案编制 | | |

**(2)熟悉森林资源经营管理各岗位及其要求**

森林资源经营管理课程面向的工作岗位主要有：森林调查与资源监测技术员、森林资源信息处理员(森林档案管理员)、森林经营规划设计技术员以及森林资源资产评估技术员，不同岗位人员工作流程如图0-1至图0-4所示。工作岗位及其对技术员的要求见表0-2。

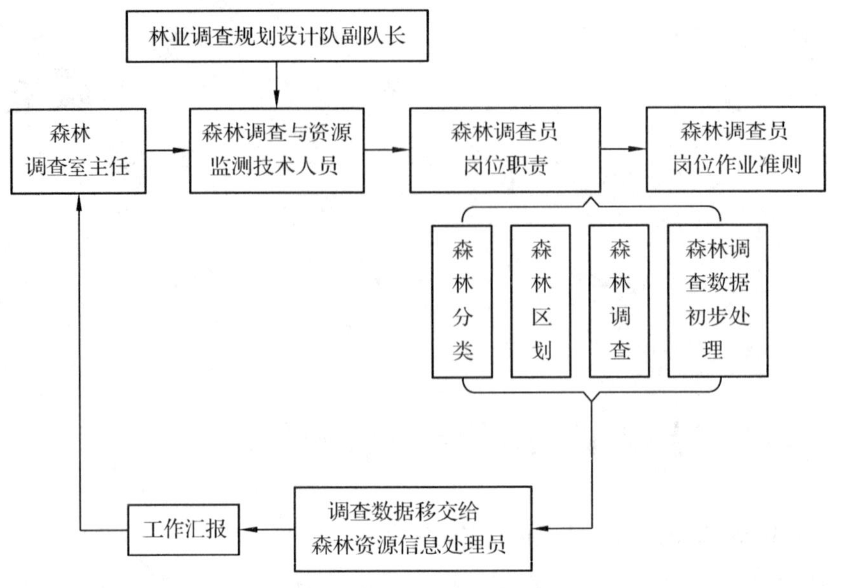


**图 0-1　森林调查与资源监测技术员岗位工作流程**

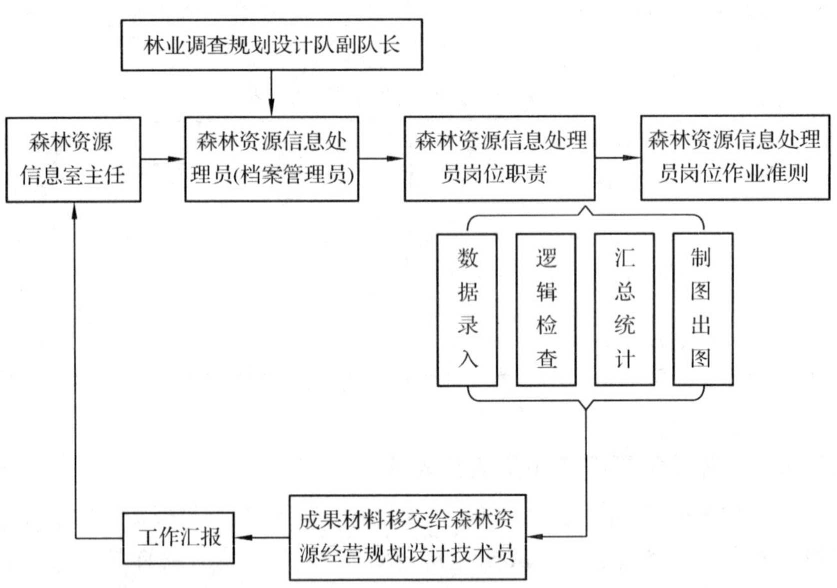


**图 0-2　森林资源信息处理员(档案管理员)岗位工作流程**

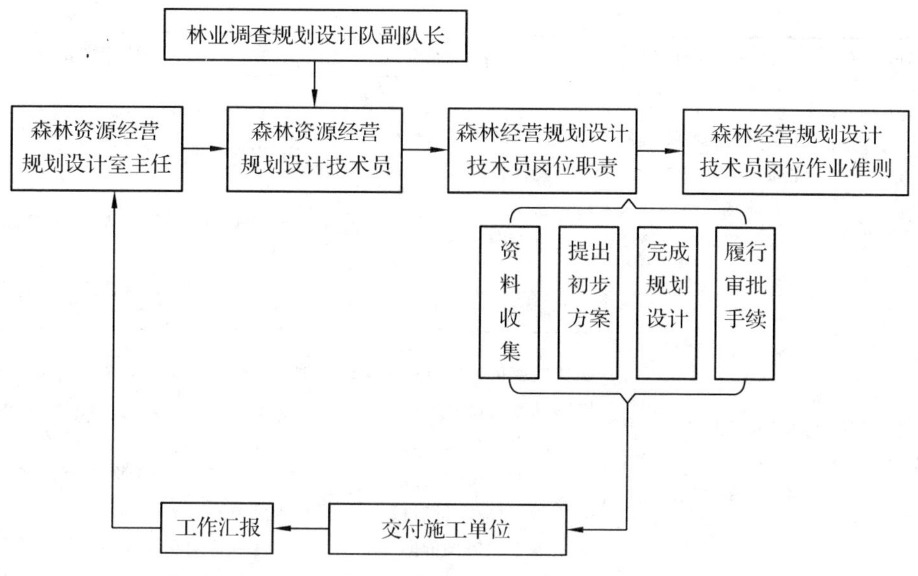


**图 0-3 森林经营规划设计技术员工作流程**

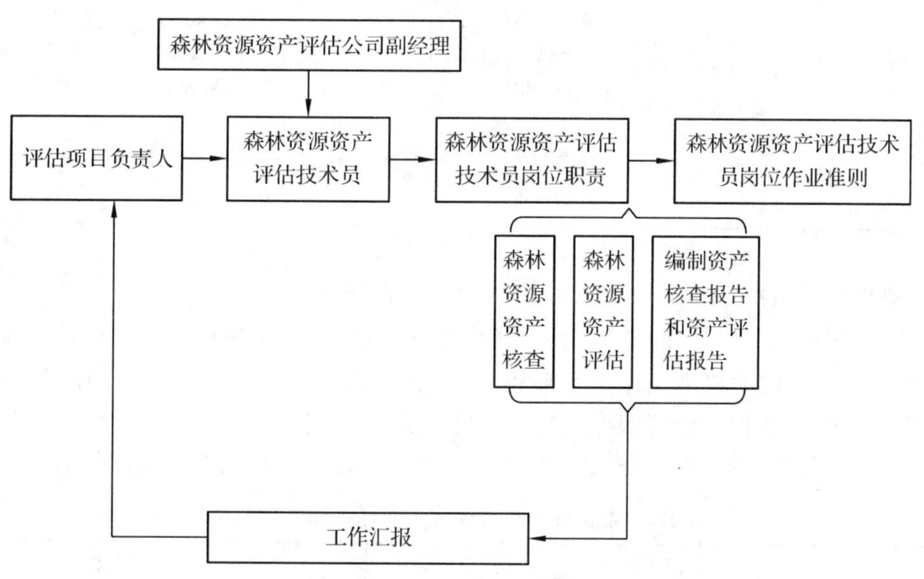


**图 0-4 森林资源资产评估技术员岗位工作流程**

**表 0-2 林业生产岗位及其对技术员的要求分析**

| 序号 | 岗位名称 | 对接单位或部门 | 岗位职责 | 岗位能力要求 |
|---|---|---|---|---|
| 1 | 森林调查与资源监测技术员 | 林业调查规划院、林业局、林业调查设计队、林场、林业站、森林资源资产价格评估公司 | ①承担森林资源调查与监测作业任务；<br>②负责森林资源的统计、分析与动态监测；<br>③负责撰写森林资源调查分析报告 | ①掌握森林资源调查的技术标准；<br>②掌握森林资源调查的方法和手段；<br>③具备编制森林经营方案的能力 |

（续）

| 序号 | 岗位名称 | 对接单位或部门 | 岗位职责 | 岗位能力要求 |
|---|---|---|---|---|
| 2 | 森林资源信息处理员（档案管理员） | 林业调查规划院、林业局、林业调查设计队、林场、林业站、森林资源资产价格评估公司 | ①负责收集档案资料；<br>②负责森林资源的统计、分析与动态监测；<br>③负责森林资源档案的建立与管理 | ①掌握森林资源调查的技术标准；<br>②能熟练进行森林资源外业调查和内业统计；<br>③能熟练进行森林资源图面材料处理；<br>④具备编制森林经营方案的能力 |
| 3 | 森林经营规划设计技术员 | 林业调查规划院、林业调查设计队、林业局、林场、林业站 | ①协助或负责编制本单位或本地区的森林经营方案；<br>②拟定森林经营的类型以及森林经营的具体技术措施；<br>③为制定林业发展目标，确定林业发展方向提供依据 | ①熟悉林业政策及相关技术规程；<br>②掌握林业调查和统计的方法与手段；<br>③具备森林资源调查、统计与分析能力；<br>④具备编制森林经营方案的能力 |
| 4 | 森林资源资产评估技术员 | 林业规划设计院、林业局、林业调查设计队、森林资源资产价格评估公司 | ①承担森林资产评估项目的具体调查作业任务；<br>②查阅、统计、分析现有森林资源资产资料；<br>③参与森林资源资产价值测算；<br>④参与撰写森林资源核查和资产评估报告 | ①掌握森林资源资产评估技术标准；<br>②掌握森林资源调查的方法和手段；<br>③掌握森林资源资产评估方法和手段；<br>④能初步进行森林资源资产价值测算 |

**（3）熟悉森林资源经营管理的主要任务和工作成果**

本课程在设计项目时以职业活动为导向，以岗位的典型工作任务确定课程的项目，安排教学任务，以岗位的典型工作流程来和工作成果确定课程的实施过程。在实施过程中，按照企业的生产环境和运行管理模式运行，师生共同完成一定的生产工作任务，最终对项目成果进行展示和评价。森林资源经营管理工作的主要任务和工作成果详见表0-3。

**表0-3　森林资源经营管理主要任务和工作成果**

| 项目 | 工作任务 | 工作成果 |
|---|---|---|
| 森林区划 | 森林分类 | 森林分类图 |
| | 林班区划 | 林班区划图 |
| | 小班区划* | 小班区划图 |
| | 组织森林<br>经营单位 | 林种区划图<br>经营类型一览表<br>经营小班位置图 |

（续）

| 项目 | 工作任务 | 工作成果 |
| --- | --- | --- |
| 森林调查 | 林业生产条件调查 | 林业生产条件调查报告 |
| | 专业调查 | 立地类型调查表、报告<br>林业土壤调查表、报告<br>森林病虫害调查表、报告<br>森林生长量调查表、报告<br>森林更新调查表、报告<br>野生动物调查表、报告<br>林业经济调查表、报告<br>珍稀植物资源调查报告<br>森林多种效益调查报告<br>造林典型设计调查表、报告<br>森林经营类型设计调查表<br>编制林业数表调查表、报告<br>经营类型设计调查表、报告 |
| | 经理调查* | 森林资源调查表、报告<br>森林资源二类调查报告 |
| | 多资源调查 | 多资源调查表、报告 |
| 森林资源信息管理 | 数据库建立* | 资源数据库 |
| | 数据库管理* | 数据库维护、系统升级、数据更新 |
| | 林业专题图制作* | 林业专题图 |
| | 数据分析 | 资源数据分析 |
| 经营方案编制 | 编案准备 | 工作方案、技术方案 |
| | 系统评价 | 系统分析材料 |
| | 经营决策 | 备选方案 |
| | 公众参与 | 意见书 |
| | 规划设计* | 方案文本 |
| | 评审修改 | 送审材料、最终文本 |
| 森林资源监测 | 国家森林资源连续清查 | 一类调查表、报告 |
| | 资源监测* | 生态公益林监测报告<br>荒漠化、沙化监测报告<br>湿地监测报告 |

（续）

| 项目 | 工作任务 | 工作成果 |
| --- | --- | --- |
| 森林资源实物管理 | 林权制度改革<br>林地管理<br>限额管理*<br>采伐管理* | 林权登记<br>征占林地审批<br>森林采伐限额的核定<br>木材采伐的行政执法 |
| 森林资源资产评估 | 森林资源资产评估立项与评估委托 | 评估立项申请书<br>评估委托书 |
| | 森林资源资产核查* | 森林资源资产核查报告 |
| | 收集森林资源资产评估资料并评定森林资源资产* | 资料清单<br>资产价值计算过程及结果 |
| | 编制森林资源资产评估报告书 | 森林资源资产评估报告书 |
| | 确认与资料归档 | 归档资料 |

注：表中带“＊”为主要任务。

**(4)熟悉各项任务完成后的学习成果和提交方式**

(1)森林资源经营管理任务完成后要提交学习成果

全课程设计以“编制森林经营方案”作为能力训练贯穿项目，在课堂上设计了森林区划、森林调查、森林资源信息管理、森林经营方案编制、森林资源监测、森林资源实物管理、森林资源资产评估7个能力训练子项目，由教师带领学生在课堂上完成。学习成果清单见表0-4。

**表0-4　森林资源经营管理任务成果提交清单**

| 项目 | 学习任务 | 学习成果 |
| --- | --- | --- |
| 森林区划 | 森林分类 | 森林分类图 |
| | 林班区划 | 林班区划图 |
| | 小班区划 | 小班区划图 |
| | 组织森林经营类型 | 林种区划分图<br>经营类型一览表 |
| 森林调查 | 林业生产条件调查 | 林业生产条件调查报告 |
| | 专业调查 | 立地类型调查报告<br>林业土壤调查报告<br>森林病虫害调查报告<br>森林生长量调查报告<br>森林更新调查报告<br>野生动物调查报告<br>林业经济调查报告<br>珍稀植物资源调查报告 |

（续）

| 项目 | 学习任务 | 学习成果 |
|---|---|---|
| | | 森林多种效益调查报告<br>造林典型设计调查报告<br>森林经营类型设计调查报告 |
| | 经理调查 | 小班区划图、调查卡片资料<br>森林资源二类调查报告 |
| | 多资源调查 | 多资源调查报告 |
| 森林资源信息管理 | 森林资源信息采集 | 建立资源专题数据库 |
| | 森林资源统计 | 森林资源统计报表 |
| | 制作图面材料 | 林相图 |
| | 信息管理系统应用 | 森林资源信息管理系统应用报告 |
| 经营方案编制 | 编案准备 | 技术方案 |
| | 系统评价 | 系统分析材料 |
| | 经营决策 | 若干备选经营方案 |
| | 公众参与 | 意见书 |
| | 规划设计 | 森林经营规划设计 |
| | 评审修改 | 最终文本 |
| 森林资源监测 | 国家森林资源连续清查 | 森林资源连续清查数据库 |
| | 森林资源数据档案变更 | 小班因子数据变更<br>变化小班图表变更 |
| | 生态公益林监测 | 公益林样地调查监测报告 |
| 森林资源实物管理 | 林权登记的报批 | 办理林权证的工作报告 |
| | 占用、征用林地的报批 | 占用、征用林地报批的工作报告 |
| | 森林采伐限额的审批 | 森林采伐限额建议指标报告 |
| | 木材采伐许可证的办理 | 办理木材采伐许可证的工作报告 |
| 森林资源资产评估 | 森林资源资产评估立项与评估委托 | 评估立项申请书<br>评估委托授权书 |
| | 森林资源资产核查 | 森林资源资产核查报告 |
| | 收集森林资源资产评估资料<br>并评定森林资源资产 | 营林生产销售的成本、评估基准日各种规格的木材产品市场价格、林业生产投资收益率、评估树种的生长模型和各种林业经营数表<br>森林资产价值计算过程及结果 |
| | | 森林资源资产评估报告书 |
| | 编制森林资源资产评估报告书 | 归档资料 |
| | 确认与资料归档 | |

(2)任务完成后成果提交方式

每一项任务完成后都要提交若干成果，其中之一就是任务成果提交单，如表 0-5 所示，同时提交的是与本任务关联的数表、图面材料、报告等。

**表 0-5 任务成果提交单**

任务成果提交单：　　　　　　　　　　　　　　　　　　　　　日期：

| 姓名 | | 专业 | | 班级 | |
|---|---|---|---|---|---|
| 指导教师 | | 课次 | | 地点 | |
| 任务实施分步描述 | | | | | |
| 提交成果清单 | 1.<br>2.<br>3.<br>4. | | | | |
| 实施任务过程遇到的问题 | | | | | |
| 说明 | | | | | |
| 其他 | | | | | |

# 0.2 森林资源经营管理基础

## 0.2.1 森林资源经营管理的概念

### 0.2.1.1 森林

森林是以乔木为主体所组成的地表群落。它具有丰富的物种资源，复杂的结构和多种多样的功能。森林与所在空间的非生物环境有机地结合在一起，构成完整的生态系统。森林是地球上最大的陆地生态系统，是全球生物圈中重要的一环。它是地球上的基因库、碳贮库、蓄水库和能源库，对维系整个地球的生态平衡起着至关重要的作用，是人类赖以生存和发展的资源和环境。

### 0.2.1.2 森林资源

森林资源的含义可以从2个方面理解。一是从狭义的角度讲，人们通常所说的森林资源主要指的是树木资源，尤其是乔木资源，这种观点常常不能满足社会发展的需要。世界许多国家和有关国际组织等都对森林资源提出了含义更加全面的解释。2000年我国颁布的《中华人民共和国森林法实施》中规定："森林资源，包括森林、林木、林地以及依托森林、林木、林地生存的野生动物、植物和微生物。其中，森林包括乔木林和竹林；林木包括树木和竹子；林地包括郁闭度0.2以上的乔木林地以及竹林地、灌木林地、疏林地、采伐迹地、火烧迹地、未成林造林地，苗圃地和县级以上人民政府规划的宜林地。"从中可以看出，森林资源含义比较广泛。由此从较广义的角度理解，所谓森林资源主要包括2个部分：即直接的实物资源和间接资源。直接资源是指林地资源、林木资源、林中其他植物资源、林中野生动物资源、微生物资源、林中的非生物资源。间接资源主要是指由于森林的存在而产生的环境、气候、观赏、旅游、森林文化等资源及其所伴生的资源。

### 0.2.1.3 森林资源的作用与效益

森林资源的作用与效益是巨大而复杂的。在此，只能就目前了解的主要内容进行叙述。随着科学的进步，我们对森林效能的认识会不断地加深。对于人类来说森林的作用与效益主要有以下几个方面：保护生态环境，提供木材产品和林副产品，提供经济林产品，能源作用，森林旅游文化效益，生物多样性资源库，最大的生物量生产地，主要的碳储库、维护大气成分的平衡。

### 0.2.1.4 森林资源经营管理

森林资源经营管理也可称为森林经营管理，它是对森林资源进行区划、调查、分析、评价、决策、信息管理等一系列工作的总称。世界各国森林经营管理的内容不完全相同，但主要内容是相同的。在我国，森林资源经营管理的主要内容包括对森林资源进行区划、调查、编制计划、森林经营决策和森林资源信息管理。

森林资源经营管理不仅是对林木资源和林地资源的管理，而且还包括对林区内野生动物、植物等资源的管理。

## 0.2.2　森林资源管理的主要内容

当前我国森林资源管理的主要内容可分为三部分，即基础管理、利用管理和监督管理。这三部分构成完整的管理内容体系。

**(1)基础管理**

基础管理是整个森林资源管理的基础，其中心任务是摸清森林资源家底和制定合理的经营方案，为森林资源管理各项工作提供基础资料、科学依据和管理条件。其内容包括森林调查设计及经营方案管理、森林资源档案管理、森林资源法制建设、森林资源管理队伍建设等。

**(2)利用管理**

利用管理是整个森林资源管理的核心，其根本任务是组织森林资源的合理利用，促进森林资源的扩大再生产，实现森林资源消长的宏观控制。其内容包括林地管理、森林动植物资源管理、采伐限额管理、伐区管理、更新检查验收管理、造林成效评估等。

**(3)监督管理**

监督管理是实现森林资源管理的手段，是为贯彻、执行森林法规定所采取的法律的、行政的、经济的、技术的手段和措施。其内容包括资源审计管理、目标考核实施、监督机构及人员管理、调查规划设计成果监督实施、违法处罚等。

## 0.2.3　森林资源经营管理的思想与模式

### 0.2.3.1　平分法

平分法是将全林面积用轮伐期(M)年数等分区划，每年采伐相等的森林面积(如图0-5所示)。主要适用于阔叶薪炭林，采伐后利用天然更新，几十年后又可收获利用。

| 1 | 2 | 3 | 4 | 5 | 5 | 6 |
|---|---|---|---|---|---|---|
| 7 | … | | | | | |
| | | | | | | |
| | | | | | | |
| | | … | $u-2$ | $u-1$ | $u$ | |

**图0-5　面积区划轮伐法示意**

(方格中的数字表示林分年龄)

1759年，贝克曼(J. G. Beckmann)提出材积配分法。他把林木分为可收获的林木与未成林木，现有的未成林木生长到可收获林木的期间应与可收获林木的收获期间相等，这样可在收获林木伐尽之前，已有部分未成林木生长成为可收获林木，从而使轮伐期各年间能得到相等的收获量。

### 0.2.3.2　法正林

**(1)法正林的概念**

在同龄林实行皆伐作业和一定轮伐期的前提下，能持久地每年提供一定数量木材的森林称为法正林。法正林的对象不是指一个林分，而是指经营目的和经营措施相同的多个林分的集合体，即通常叫作经营类型的森林。

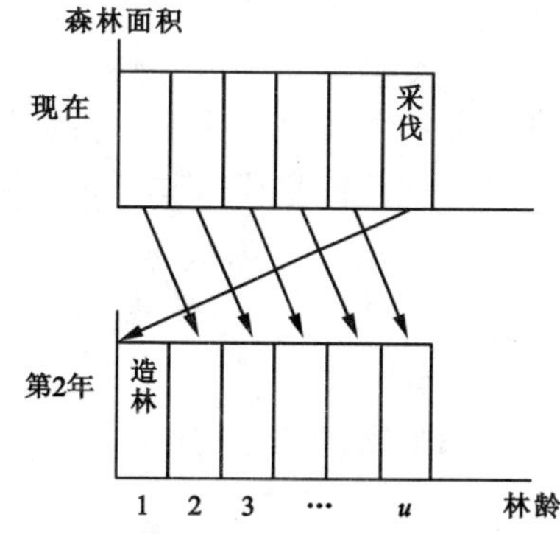


图 0-6　法正林的龄级分配

**(2)法正林的条件**

森林满足下列 4 个基本条件时叫作法正状态，即法正林。

①*法正龄级分配*　具备 1 年生到轮伐期年生的林分，并且各龄级的面积相等，如图 0-6 所示。

②*法正林分排列*　林分的排列有利于森林更新、保护和作业。如图 0-7 所示，假如害风从左方来，而皆伐方向与害风方向相反，这样可以利用风力天然下种，保护幼树；最老林分靠近集材道，便于采运木材。

③*法正生长量*　各林分有与年龄相应的正常生长量。如果满足了以上 2 个条件的话，可以假设各林分每年的生长量相同，分别记为 $Z_1$，$Z_2$，$Z_3$，…，$Z_{u-1}$，$Z_u$，各林分的蓄积量分别为 $m_1$，$m_2$，$m_3$，…，$m_{u-1}$，$m_u$。

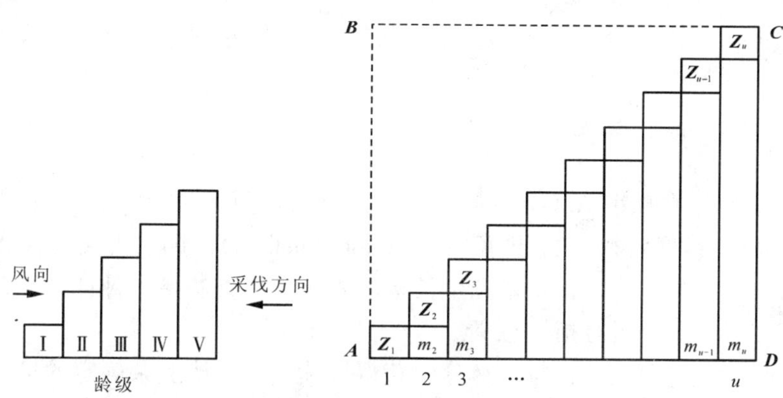


图 0-7　法正林模型

则

$$Z_1 = m_1$$
$$Z_2 = m_2 - m_1$$
$$Z_3 = m_3 - m_2$$
$$\vdots$$
$$Z_{u-1} = m_{u-1} - m_{u-2}$$
$$Z_u = m_u - m_{u-1}$$
$$u \cdot Z = \sum Z_i = m_u$$

法正生长量，即各林分生长量 $Z_1$，$Z_2$，$Z_3$，…，$Z_u$的总和 $Z_n$等于经营类型的年总生长量($u \times Z$)，也等于最老林分($u$ 年生)的蓄积量 $m_u$，即年采伐量。每年采伐最老林分，也就是每年收获总生长量，并且每年收获相等，又不破坏法正状态，永续利用是有保障的。

④法正蓄积量　各林分有与年龄相应的正常蓄积量。各林分的蓄积等于生长量之和，各林分的蓄积之和为法正蓄积量，即法正蓄积量 $V_n = \sum m_i$。

通常，把采伐量与蓄积量之比称为利用率。这样，可以把法正年伐量 $E_n$对法正蓄积量 $V_n$的百分率称为法正利用率，记为

$$P = \frac{E_n}{V_n} \times 100\%$$

当采用皆伐作业时，

$$E_n = m_u$$

$$V_n = \frac{u}{2} \times m_u$$

则

$$P = \frac{m_u}{\frac{u}{2} \times m_u} \times 100 = \frac{200}{u}$$

即法正利用率 $P$ 是与轮伐期 $u$ 成反比的一个常数。法正利用率通常可用于粗略计算一个经营类型的年伐量，但必须是龄级结构接近均匀(亦即法正状态)的条件才能适用，否则相差较远。例如，在轮伐期 $u$ 为 30 年、40 年、50 年、60 年、70 年、80 年、90 年、100 年、200 年时，则法正利用率 $P$ 相应地为 6.7%、5%、4%、3.3%、2.9%、2.5%、2.2%、2%、1%。

### 0.2.3.3　检查法

检查法由法国人顾尔诺(A. Gurnaud)提出，后经瑞士人毕奥莱(H. Biolley)加以发展完善，提出一种新的森林经营方法，即检查法(Controlmethod)。顾名思义，检查法是通过定期重复调查来检查森林构造、蓄积量和生长量的变化。检查法是一种集约经营的方法，它的基本想法和方法论至今仍有指导意义。

为了在时间上、空间上，在每一林分中获得持续生产，毕奥莱确定的检查法森林经营原则是：①尽可能多的持续生产；②用尽可能少的资料进行生产；③尽可能生产最好的材种。

毕奥莱认为，经营森林必须符合自然规律，既要考虑资本(蓄积量)也要考虑投入(劳力)，即用尽可能少的蓄积量和人力去取得最好的生产效果。因此，采用择伐作业是理想形式，皆伐作业的定期休闲停产是非持续的经营形式。

检查法采用独特的森林调查方法：

①定期调查森林；②基本区划单位是林班，无小班区划；③对达到一定胸径以上的林木按一定的径阶整化进行每木调查；④不测树高；⑤材积计算使用一元材积表。

森林经营者根据调查和计算结果，即各径级蓄积、生长量和生长率，以保持林分高生产力为目的，确定采伐木和保留木，预估收获量，制定采伐计划，把现有林调整到理想的

结构。

毕奥莱根据多年的试验，提出纳沙台州云冷杉林的理想各径级蓄积比为2∶3∶5，即小径级(20～30cm)蓄积比为20%，中径级(30～50cm)为30%，大径级(>50cm)为50%，这样的林分生产力最高，一般在300～400$m^3/hm^2$，生长量和生长率也最高。

### 0.2.3.4 完全调整林

美国林学家鲁斯克纳(William A. Leuschner)等人提出完全调整林概念来代替古典的法正林理论。

鲁斯克纳指出，完全调整林的定义是每年或定期收获蓄积、大小和质量上大体相等的森林。这个定义是对林木而言，如果定义的收获量包括野生动物、游憩、美学价值和其他林产品，它则是适用于所有林产品的一般定义。关于收获的种类及所希望的蓄积、大小或质量都可以规定目标。

完全调整林的基本条件仍是各个径级或龄级的林木保持适当的比例，能够每年或定期取得数量大致相等，达到期望大小的收获量。这就要求具有各个径级和龄级的林木，并保证有大致相等数量的蓄积量可供每年或定期采伐。

可见，完全调整林与法正林相似，但更加灵活、现实，其不同的特点如下：

①法正林要求法正生长量，但完全调整林不强调法正生长量。完全调整林在相应条件下的生长量，可小于法正生长量，生长量的大小取决于经营水平。

②法正林要求法正蓄积量，而完全调整林不要求法正蓄积量。完全调整林的蓄积量水平取决于经营水平，可小于或大于法正蓄积量，但往往不是最大的。

③各龄级面积相等，并不因时间而改变，这是法正林的主要条件。但完全调整林各龄级希望尽量相等，但不必完全相等。

④法正林条件下其蓄积、年伐量是最大的，而完全调整林的年伐量往往不是最大的，只希望在一定的采伐水平上龄级结构保持不变，能够永续利用的森林。采伐量大小取决于经营水平。

⑤法正林是一个极限概念，它的疏密度最大，同时只适用于同龄林皆伐作业，而完全调整林可以是同龄林，也可以是异龄林。

总之，法正林和完全调整林是有联系的，但在概念上是不同的。鲁斯克纳指出，区别在于所有的法正林都是调整林，但并非所有的调整林都是法正林。法正林是调整林的充分条件但不是必要条件。一片森林可以是完全调整林，但不一定是法正林。

### 0.2.3.5 森林永续利用

**(1)森林永续利用的概念**

在一定经营范围内能不间断地生产经济建设和人民生活所需要的木材和林副产品，持续地发挥森林的生态效益、经济效益和社会效益，并在提高森林生产力的基础上，扩大森林的利用量。

森林永续利用是森林资源经营管理建立的核心。它是指一个森林经营单位内的森林，能够不断地、越来越多地、越来越好地为国民经济提供需要的木材和林副产品，并持续地发挥森林的各种有利性能，保持自然生态平衡。森林永续利用也称森林永续收获或森林永续作业等。

**（2）实现森林永续利用的条件**

企业和森林经营单位实现森林永续利用必须满足 2 个条件，即内部条件和外部条件。

①内部条件　内部条件主要指森林资源条件，它包括林地条件和林木条件。

**林地条件**　林地是从事林业生产实现永续利用的必备条件。

在林地数量上，无论是何种空间尺度的森林永续利用，一定数量的林地则是最基本的条件，它关系到森林经营的规模、生产成本、森林结构与优化、设备和人力资源配置、生产经营管理的效率等。林地数量不仅包括林地的总量，还包括各种用途森林的数量及比重。

林地质量，是指林地的立地质量，它主要包括林地的土壤、地形地势、水文气候等方面的状况，是林地生产能力的基本条件。林地质量高，加上好的经营管理，就能有较高的林地生产力。林地质量的稳定与提高，是永续利用必不可少的条件。如果土壤退化，立地质量下降，林地的生产能力必然下降，就不可能实现永续利用。

**林木条件**　林木条件主要指的是林木的结构、生长状况等，其中主要包括树种结构、年龄结构、径级结构、蓄积结构、生长量等。

在年龄结构方面，一定的地域空间内，无论何种森林资源，要实现永续利用都必须保证森林资源年龄结构基本或完全均匀，即各种年龄或年龄组的林木都有，且面积基本相等。例如，在用材林中，同龄林在经营类型级别上的永续利用模型——法正林模型，就是典型的例子，其他还有完全调整林模型等。

在蓄积结构方面，要实现永续利用，合理的蓄积结构是必备的条件，根据森林永续利用面积单位的不同，合理的蓄积结构分 2 种不同的情况。在较大的地域空间内，如国家、省、林业局、林场等，合理的蓄积结构可从林木的年龄结构中得到反映，即成熟、近熟、中龄、幼龄的林分比例适宜，大中小径级林木组成合理的蓄积结构，应能满足社会的需求。在较小的地域空间中，如林分，单独的同龄林林分是不能做到永续利用的；在典型的异龄林林分中各种年龄、各种径级的林木都有，原则上单个林分可以做到永续利用，但从生产规模和生产效率的角度看，并不可行。在现实中常常将若干个森林类型基本相同的异龄林林分组织在一起，作为永续利用的经营单位。森林永续利用的蓄积结构条件主要是针对用材林而言的。

在生长量条件方面，一般情况下，无论地域空间有多大，每年的收获量如果小于或等于林木的蓄积生长量就可以做到永续利用。当然，这也是仅从林木产品永续的角度出发而言的。但在较小的地域空间内，收获量≤生长量这一原则，只在年龄结构合理的情况下适用。例如，在我国有关规定中指出：不能采伐未成熟的林木。还有，在成熟、过熟林比重大的情况下，如果简单遵循收获量≤生长量的原则，则会造成枯损量增加；如果在幼龄林、中龄林比重大的情况下，按收获量≤生长量原则生产经营，则会造成收获未成熟的林木。

②外部条件　影响森林永续利用的外部条件有经济、政策法规、社会、文化和经营管理水平等。

**经济条件** 主要指经济发展水平。经济水平对森林永续利用的影响主要表现在：集约经营有利于森林永续利用；经济水平高，交通发达，林道密度大等，有利于提高生产效率，降低成本，有利于防治病虫害、火灾，加强森林安全；管理手段与经济水平也密切相关，例如，使用计算机进行生产经营管理，软件、硬件、高素质生产管理人员等都需一定的经济水平支持；生活水平与经济水平成正相关，生活水平高对森林效益的需求不仅高，而且广，人们在解决温饱生活水平阶段，对森林的需求主要注重的是木材和能源，在解决温饱之后，人们对森林的环境、景观、游憩等方面的效益需求才日益加强。

**政策法规** 政策法规的多少与合理性对永续利用至关重要，主要表现在：可以规范人的行为，对森林要科学合理地利用；明确森林在人们社会生活中的地位和作用；明确森林资源的所有权、经营管理权等，有利于明确森林经营者的责、权、利，提高经营管理水平。

**社会、文化** 包括人们对森林的认识水平，森林文化在人们生活中的地位和作用，林业从业人员的受教育程度、专业知识水平和掌握新技术的能力等。

**经营管理水平** 在上述条件较好的情况下，经营管理水平是实现森林永续利用的关键因素。生产管理水平低下不可能实现森林永续利用，甚至会将已经实现了永续利用的森林变为不能永续利用的森林。

### 0.2.3.6 森林可持续经营

无论在国际还是在国内，有人在使用森林可持续经营概念时，与可持续林业相等同。

对于林业可持续发展的概念，国内外学者和一些国际组织先后提出了各自的看法。英国学者普瑞(D. Poore)的可持续林业定义为：用前后一贯的、深思熟虑的、持续而且灵活的方式来维持森林的产品和服务，使之处于平衡状态，并用它来增加森林对社会福利的贡献。吉姆(M. Game)认为，可持续林业旨在实现林业部门各种效益的连续性，以保持林业部门满足地方和国家需要的潜力。潘存德从林业实践的时空特征分析出发，对可持续林业所给出的定义是：在对人类有意义的尺度上，不产生空间上外部不经济性的林业，或者在特定区域内不危害和削弱当代人满足对森林生态系统及其产品和服务需求的林业。

“森林资源和森林土地应以可持续的方式进行管理，以满足这一代人和子孙后代在社会、经济、文化和精神方面的需要，这些需要是森林产品和服务。例如，木材、木材产品、水、粮食、饲料、医药、燃料、住宿、就业、娱乐、野生动植物住区、风景多样性、碳的汇合库以及其他森林产品”。

森林可持续经营的评价有其标准与指标。标准是用于评价可持续森林经营的条件或过程的类目，它是由一系列定期监测以评价变化的相关指标所表示的特征。指标是对标准的某个方面的度量，是可测定或描述的定量或定性的变量，并可定期观测其变化趋势。

标准与指标应满足以下几点要求：

①标准与指标要具有反映事物本身特征的真实性，如反映林业特征及其外部条件的真实性。

②要有明确的含义和可度量性，要有方便性，尽可能采用已有的、为公众所熟悉的度量技术等。

③要成一个体系，即各项指标构成一个标准，几个标准构成一个整体体系。

④要有一定的灵活性，因为任一标准和指标，都有一定的时效性和变化趋势，不要根据一时静态的值来衡量，选用什么标准和指标也不是一成不变的，在这个地区可能用这一标准和指标，在另一个地区可能不用；在这个时期可能采用某一标准或指标，而在另一个时期就不采用。

### 0.2.3.7 分类经营

**(1)林业分类经营**

林业分类经营是在社会主义市场经济条件下，根据社会对生态和经济的需求，按照森林多种功能主导利用的方向不同，将森林五大林种相应划分为生态公益林和商品林两大类，分别按各自的特点和规律运营的一种新型的林业经营管理体制和发展模式。

在市场经济条件下，林业生产两大类产品(或服务)，一类是有价格的各种林产品，它们是可以用于交换的商品，如木材、茶、果等。这些产品可以为经营者独占，并且可以出售、转让、租赁等获得利益。由于有价格信息，可以通过市场进行资源配置。另一类是无价格的各种产品(服务)，如保持水土、涵养水源、防风固沙、调节气候、美化环境等服务，这些服务的占有和消费是难以排除他人的，经营者无法通过出售和交换占有其利益，也不可能通过市场进行资源配置。

**(2)森林分类经营**

森林分类经营是以林种经营目标为依据的组织经营模式，便于经营管理。《中华人民共和国森林法》第四条规定：森林划分为防护林、用材林、经济林、薪炭林和特种用途林。森林分类是森林分类经营的基础，而森林分类经营又是林业分类经营的基础。分类是手段，不是目的。

森林分类经营是指根据森林所处的自然环境和社会经济条件，以及森林的结构特点，分成几种不同类型，按照各自的经营目的，采用相应的经营模式，便于目标管理。森林分类经营的重点是经营，属于企业行为。林业的特点之一是周期长，森林经营贯彻林业生产过程。没有经营，就没有林业。

森林根据以下几种模式进行分类。

①经营主体的分类　按政企分开的原则，经营生态公益林的是政府提供经费的事业单位，经营商品林的是各种企业单位和个人。现有的林业经营单位和个人按这一原则，大多数是可以划分的。有一部分既有生态公益林，也有商品林的可以作为企业对待，但国家和社区要给予一定的补偿。对林农经营的生态公益林，国家和社区也要根据其因所经营生态公益林给予补偿。

②管理体制、运行机制的分类　公益林建设属于社会公益事业，按事权划分，采取政府为主，社会参与和受益补偿的投入机制，由各级政府负责体制建设管理。跨流域跨地区的重点公益林建设工程、生物多样性保护工程和荒漠化防治工程、天然林资源保护工程等由中央政府负责；地方各级政府划定的公益林由地方负责；分散的防护林、风景林、四旁树等按隶属关系，由各部门、各单位和农村集体经济组织负责。公益林实行“谁受益，谁负责，社会收益，政府投入”的原则。服务对象明确的，由服务对象对公益林经营者实行

补偿。服务对象不明确的，由政府补偿。

商品林要在国家产业政策指导下，以追求最大经济效益为目标，按市场需求调整产业产品结构，自主经营、自负盈亏。商品林可以依法承包、转让、抵押。转让时，被转让的林木所附的林地使用权可以随之转移。探索森林产权市场交易形式，建立起有利于实现森林资源资产变现，作为资本参与运营的机制。公益林的景观资源与开发权可以一起转让。合资合作经营的森林林木所依附的林地的使用权、景观等可以作为合资合作的条件。

③经营制度、经营模式的分类　公益林建设以生态防护、生物多样性保护、国土保安为经营目的，以最大限度发挥生态效益和社会效益为目标，遵循森林自然演替规律及其自然群落层次结构多样性的特性，采取针阔混交，多树种、多层次、异龄化与合理密度的林分结构。封山育林、飞播造林、人工造林、补植，管护并举，封育结合，乔、灌、草结合，以封山育林、天然更新为主，辅之以人工促进天然更新。

商品林建设以向社会提供木材及林产品为主要经营目的，以追求最大的经济效益为目标，要广泛运用新的经营技术、培育措施和经营模式，实行高投入、高产出、高科技、高效益，定向培育、基地化生产、集约化规模经营。以商品林生产为第一基地，延长林产工业和林副产品加工业产业链，构建贸工林一体化商品林业。

总之，公益林属于社会公益事业，主要发挥生态和社会效益，按公益事业建设管理，由各级财政投资和组织社会力量建设，主要依靠法律手段和行政手段管理，辅之以必要的经济手段。商品林属于基础产业，主要追求经济效益，依靠市场调节发展，实行企业化经营，靠经济手段和法律手段管理，按市场需要组织生产，自主经营、自负盈亏。

### 0.2.3.8 森林生态系统经营

**(1)森林生态系统概念**

森林生态系统经营作为一种新的资源管理模式，还没有一个公认的明确的概念。

美国林务局的提出："在不同等级生态水平上巧妙、综合地应用生态知识，以生产期望的资源价值、产品、服务和状态，并维持生态系统的多样性和生命力。""它意味着我们必须把国家森林和牧地建设为多样的、健康的、有生产力的和可持续的生态系统，以协调人民的需要和环境价值。"

美国林纸协会的认为："在可接受的社会、生物和经济上的风险范围内，维持或加强生态系统的健康和生命力，同时生产基本的商品及其他方面的价值，以满足人类需要和期望的一种资源经营制度。"

美国林学会的总结认为："森林资源经营的一条生态途径。它试图维持森林生态系统复杂的过程、途径及相互依赖关系，并长期地保持它们的功能良好，从而为短期压力提供恢复能力，为长期保护提供适应性。"它是景观水平上维持森林全部价值和功能的战略。

美国生态学会提出这样概念："由明确目标驱动，通过政策、模型的实践，由控制和研究使之可适应的经营，并依据大生态系统相互作用及生态过程的了解，维持生态系统的结构和功能。"

显然，上述概念反映了各自不同的立场和观点，但仍有一些共同点：即尊重生态学原理，重视森林的全部价值，考虑人对生态系统的作用和意义。

森林生态系统经营是森林经营方式上的转变，其价值观、理论和方法与传统永续经营有明显区别，特别是对森林价值的选择方面。森林生态系统经营通过满足人类需要与维持计划增进森林生态系统的健康和完整性，使人类与自然在一个较大的空间规模和较长的时间尺度上协同、持续与发展。因此，森林生态系统经营是实现林业可持续发展的重要途径。

森林生态系统经营需要在生态合理的基础上，对信息及信息的采集和分析提出更高的要求，需要更综合的经营知识与技术，更大的投入，需要体制、政策、制度和法律的支持，也需要全社会的参与和支持。

**(2)经营模式**

有关森林经营模式曾提出过森林永续经营、分类经营、森林生态系统经营和森林可持续经营等，在可持续发展已成为我国今后发展战略的今天，有必要从理论上对森林经营模式的作用及其相互关系进行探讨。

上述各种森林经营模式的关系可归纳如下：

①*继承发展与创新的关系*　现有的森林资源是传统永续经营的结果，是我们进行森林可持续经营的物质基础。传统永续经营的基本理论和技术要素，如要计划性(编制森林经营方案)和目标性、时空调整、收获预估、生长量控制采伐量等仍有指导意义。我们不能脱离实际，否定历史，要面对现实，转变观念，本着发展与创新相结合的原则积极探索与实践。

②*手段、条件与途径、理论的关系*　森林可持续经营是长期过程，分类经营是手段，回归自然林业是指导思想，生态系统经营是主要途径和理论，传统森林永续经营也是途径和理论，但需要发展。它们的相互关系如图0-8所示。

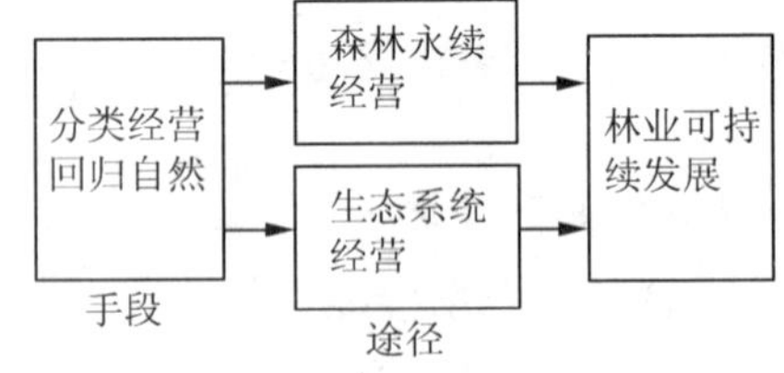


**图0-8　各种森林经营模式的关系示意**

长期以来，应该说我们对几种森林经营模式的作用及其相互关系是不明确的，这将影响我们对森林可持续经营的实践。因此，首先在理论上探讨它们的作用及其相互关系是必要的，有助于克服森林可持续经营的理论障碍，提供理论依据和方法论。

综上所述，森林资源经营管理理论在深化和发展，可以把上述理论分为2类：一类是以德国为代表的永续利用与回归自然理论，另一类是以美国为代表的森林效益主导利用与生态系统经营理论。前者有明确的理论及其技术支持体系，而后者还不成熟正在实验实践中，我们把前者称为德国式经营，后者称为美国式经营，两者的主要区别见表0-6。

**表0-6　两种森林主要经营管理理论模式**

| 模式 | 国情 | 林情 | 指导思想 | 文化背景 |
|---|---|---|---|---|
| 德国式经营 | 人多地少 | 小面积集约经营 | 遵循自然规律 | 重视传统环境优先 |
| 美国式经营 | 人少地多 | 大面积粗放经营 | 遵循经济规律 | 多元文化发展优先 |

## 0.2.4 森林成熟

森林成熟是指森林在其生长发育过程中达到最符合经营目的的状态。达到这一状态时的年龄称为森林成熟龄。所谓经营目的，是指国民经济、生态环境、人民生活对木竹材、其他林产品及森林有利性能的需要得到满足的状况而言。成熟是一种现象，而成熟龄则是这一现象的时间概念。森林成熟是森林经营利用中一个重要的技术经济指标，是确定林分、林木经营周期的基础。

在确定森林成熟时，必须明确 2 点。

第一点，通常所说的森林成熟，不能直接应用到内容极其复杂的森林综合体上去。因为在森林中甚至在不大的面积上也存在着各种不同的林分，这些林分不仅有幼龄林、中龄林和成熟林，而且树种组成和立地条件也不尽相同。要论证种类不同，经济价值不同的整个森林的成熟问题很困难，也没有必要。所以，在本书中所指的森林成熟，是指个别树木或在经营上属于同一林分的成熟，而不是整个森林的成熟。

第二点，确定了森林成熟龄并不等于充分地说明了个别树木或林分恰好就在这一年中表现其最高的有利性能，而往往有可能在比较长的时期，甚至在十几年内，林木仍能保持着它的高度良好性能。所以，森林成熟龄只是大体上代表成熟期的年代。

森林能为人们提供木材、林副产品及发挥多种有益性能，因此决定着森林有不同种类的成熟。在树木或林分的整个生长发育过程中，从不同种类的森林成熟角度出发，会得出不同的森林成熟龄。也就是说，森林资源经营管理研究的不是一种森林成熟，而是多种成熟。至于需要研究哪些种类的森林成熟应根据经营目的和任务而定。有些成熟是取决于树木或林分的自然生长过程，而有些成熟则决定于技术计算的方法和经济条件。

### 0.2.4.1 数量成熟

**(1)数量成熟的概念**

林分或树木的材积平均生长量达到最大值时，称为林分或树木的数量成熟。达到此状态时的年龄称为数量成熟龄。收获较多的木材是用材林经营者的主要目的，因此将数量成熟定义为：

$$\max Z_i = \frac{V_i}{i} \tag{0-1}$$

式中 $V_i$——树木或林分第 $i$ 年的材积或蓄积量，$m^3$；

$i$——年龄，$i=1, 2, \cdots, n$；

$Z_i$——第 $i$ 年的材积平均生长量，$m^3$。

通常情况下，林木材积生长有共同的规律：材积平均生长量由小逐渐增大，某年时达到最大值(数量成熟)，然后缓慢地下降，这种变化规律可以从云南松天然林生长过程(表0-7)中看出。

**表 0-7 西南区云南松 I 地位级生长过程**(疏密度 = 1.0)

| 林分年龄/年 | 每公顷蓄积/$m^3$ | 平均生长量/$m^3$ | 连年生长量/$m^3$ | 连年生长率/% |
|---|---|---|---|---|
| 10 | 68 | 6.8 | 6.8 | |
| 20 | 176 | 8.8 | 10.8 | 8.85 |
| 30 | 276 | 9.2 | 10.0 | 4.42 |
| 40 | 357 | 8.9 | 8.1 | 2.56 |
| 50 | 419 | 8.4 | 6.2 | 1.60 |
| 60 | 471 | 7.9 | 5.2 | 1.17 |
| 70 | 518 | 7.4 | 4.7 | 0.95 |
| 80 | 556 | 6.9 | 3.8 | 0.71 |
| 90 | 588 | 6.5 | 3.2 | 0.56 |
| 100 | 615 | 6.2 | 2.7 | 0.45 |
| 110 | 638 | 5.8 | 2.3 | 0.37 |
| 120 | 657 | 5.5 | 1.9 | 0.29 |
| 130 | 673 | 5.2 | 1.6 | 0.24 |
| 140 | 687 | 4.9 | 1.4 | 0.21 |

注：引自于政中，1993。

从表 0-7 可以看出：

①树木幼年时期，连年生长量和平均生长量都随年龄生长而增加，但连年生长量比平均生长量增加得快，绝对值也大。

②连年生长量达最高峰的时间比平均生长量早。

③当平均生长量达最高峰时，连年生长量和平均生长量相等，即这个交点正好是平均生长量的最大值。在此之前，连年生长量大于平均生长量，此后连年生长量小于平均生长量。在确定数量成熟时，把达到此交点的年龄定为数量成熟龄。

根据表 0-7 中连年生长量和平均生长量的数字绘成生长过程曲线，如图 0-9 所示，可以看出 2 种生长曲线有规律的变化，对确定数量成熟龄提供了有力的根据。

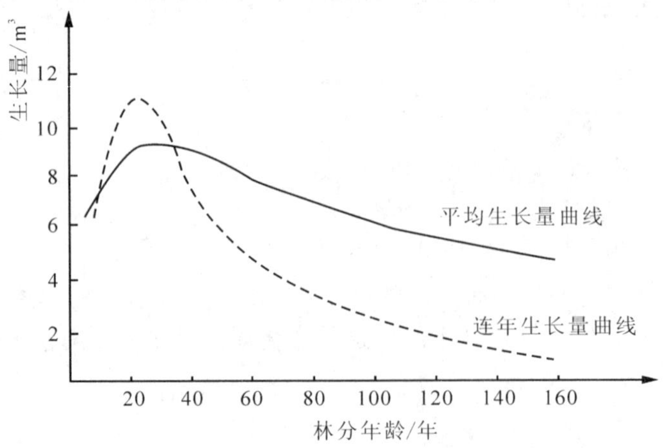


**图 0-9 平均生长量与连年生长量曲线**(引自于政中，1993)

从图 0-9 中可以明显地看出，此 2 种曲线的交叉点就是平均生长量的最高年龄，那么这个年龄就是云南松 I 地位级的数量成熟龄。数量成熟，也称为材积收获最多成熟，绝对成熟等。主要用于用材林、薪炭林中。与数量成熟相近似的还有热量成熟和重量成熟。

热量成熟是指单位面积土地上产生的木材燃烧时发出的热量平均生长量最大的状态，用焦耳(J)表示。木材燃烧时发出的热量与木材的体积量不完全呈线性关系，这与木材的质量有关。热量成熟主要在薪炭林经营中起作用。

质量成熟是指全树的干质量平均生长量最大时的状态。同样林木的材积与其质量也不绝对呈正比关系。例如，针叶树种的质量成熟龄较其数量成熟晚。质量成熟对以生产木浆、纸浆等原材料的经营起作用。

**(2)影响数量成熟的因素**

数量成熟受树种特性、起源、确定范围、立地条件和经营措施等多种因素的影响。

①从树种特性来看，生长迅速的喜光树种，其数量成熟龄较生长缓慢的耐阴树种为早。例如，落叶松天然林只需几十年，云杉、冷杉的天然林需要百年以上才能达到数量成熟。软阔叶树较硬阔叶树生长快，所以数量成熟到来较早。例如，杨树、白桦等就比水曲柳、黄檗等数量成熟早。

②从确定采伐木的范围来看，同一林分，如果确定范围是包括主伐(主林木)及各次间伐(副林木)在内的全林木时，则全林木的数量成熟龄要比主林木高些，一般高 10 ~ 20 年。这是由于间伐的材积在总生产量中的比重随年龄的增长而加大，因而推迟了数量成熟龄，见表 0-8 和图 0-10。

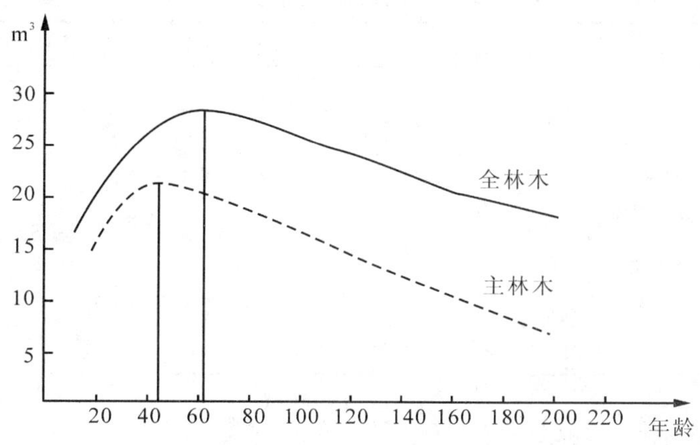


**图 0-10 全林木(实线)与主林木(虚线)数量成熟龄示意**

**表 0-8 马尾松全林木和主林木数量成熟龄**

| 地位级 | 全林木成熟龄/年 | 平均生长量/($m^3 \cdot hm^{-2}$) | 地位级 | 主林木成熟龄/年 | 平均生长量/($m^3 \cdot hm^{-2}$) |
|---|---|---|---|---|---|
| $I_b$ | 43 | 24.6 | $I_b$ | 38 | 15.9 |
| $I_c$ | 47 | 19.9 | $I_c$ | 39 | 13.8 |
| $I_a$ | 50 | 16.2 | $I_a$ | 43 | 11.5 |

③从立地条件来看，同一树种，立地条件好的林分，其数量成熟较立地条件差的林分到来的早。这是由于立地条件好的生长迅速，自然稀疏较强，见表0-9。

④从起源来看，同一树种，不同起源的，实生林比萌生林数量成熟到来的较晚。这是由于萌生林早期较实生林生长迅速。人工林的数量成熟较天然林的早。例如，红松人工林主伐年龄定为80年，天然林120年，落叶松(东北地区)人工林40年，天然林100年。

**表0-9　兴安落叶松各林型各地位级数量成熟龄**

| 林　型 | 地　位　型 | 数量成熟龄 | 平均生长量/($m^3 \cdot hm^{-2}$) |
|---|---|---|---|
| 草类林 | Ⅰ | 45 | 6.0 |
| 草类林 | Ⅱ | 53 | 5.3 |
| 草类林 | Ⅲ | 60 | 4.8 |
| 杜鹃林 | Ⅳ | 71 | 4.4 |
| 杜香林 | Ⅳ | 70 | 3.5 |
| 绿苔水藓林 | Ⅳ | 79 | 2.8 |
| 杜香林 | Ⅴ | 86 | 2.0 |

除此之外，同一树种在不同的气候条件下，其数量成熟龄差异也很大。

林分平均生长量达最高值之后，其最高值能维持一定时期，这段时期的长短随树种和立地条件的不同而异，一般约为10～20年。现用大兴安岭落叶松、白桦和蒙古栎等树种生长过程表的材料来说明，见表0-10。

**表0-10　大兴安岭主要树种各龄级的主林木总平均生长量**

| 树种 | 林型 | 地位级 | 主林木总平均生长量/($m^3 \cdot hm^{-2}$) 年龄 30 | 35 | 40 | 45 | 50 | 60 | 70 | 80 | 90 | 100 | 110 | 120 | 130 |
|---|---|---|---|---|---|---|---|---|---|---|---|---|---|---|---|
| 落叶松 | 草类—落叶松林 | Ⅲ | – | – | 4.6 | – | 4.8 | 4.8 | 4.6 | 4.4 | – | – | – | – | – |
| 落叶松 | 苔藓—水藓—落叶松林 | Ⅳ | – | – | – | – | 2.7 | 2.8 | 2.8 | 2.8 | 2.7 | 2.7 | 2.6 | – | – |
| 落叶松 | 杜香—水藓—落叶松林 | Ⅳ | – | – | – | – | 1.7 | 1.9 | 2.0 | 2.0 | 2.0 | 2.0 | 2.0 | 1.9 | 1.9 |
| 蒙古松 | 胡枝子—蒙古栎林 | $V_a$ | – | – | – | – | 0.9 | 1.1 | 1.1 | 1.1 | 1.1 | 1.1 | 1.1 | 1.0 | 1.0 |
| 白桦 | 杜鹃—白桦林 | Ⅲ～Ⅳ | 3.6 | 3.7 | 3.6 | 3.5 | – | – | – | – | – | – | – | – | – |

根据表0-10的材料，可以得出以下的重要结论：

第一，确定数量成熟龄时，不仅需要查出平均生长量最高的年龄，而且需要查出最高平均生长量持续的时间。

第二，只要在数量成熟到来以后一个龄级内进行采伐利用，就不会给森林经营带来很大的木材损失。

因此，营林部门就不必机械地遵循数量成熟龄来拟定采伐年龄，这样就有一定程度的灵活性，可适当推迟采伐年龄，把木材的数量要求和材种要求合理地加以考虑。

数量成熟龄的确定方法一般采用生长过程表(收获表)法、标准地法等。

### 0.2.4.2 工艺成熟

**(1)工艺成熟的概念**

市场对木材种类的需求是多种多样的，主要有原木、锯材、纸浆材等。每个木材种类称为材种，它们都有规格和质量要求，即一定的长度、粗度和质量。因此，将林分生长发育过程中(通过皆伐)目的材种的材积平均生长量达到最大时的状态称为工艺成熟，此刻的年龄称为工艺成熟龄。显然，一个林分生长到一定阶段时，林木可以用作不同的林种，目的材种不同则有不同的工艺成熟龄。工艺成熟主要用于用材林中。

应该明确，工艺成熟与数量成熟既有相似之处，也有明显的差异。共同点是两者都是衡量成熟的数量指标，工艺成熟可看成是数量成熟的一个特例，即有一定材种规格要求的“数量成熟”。其差别是：第一，工艺成熟不仅有数量指标而且还有质量指标。没有材种规格要求，就谈不上工艺成熟。市场中具体的客户对所购木材产品大多数都有材种要求，因此工艺成熟所生产的木材产品与市场需求能更紧密结合，以需定产。第二，无论林分或林木，数量成熟通常都会出现，而工艺成熟龄则不然。例如，如果在立地条件差的林地上要培育出大径级的材种就可能达不到，则该材种的工艺成熟就永远不会出现。

**(2)影响工艺成熟的因素**

影响工艺成熟的因素很多，主要是材种规格、立地条件、营林措施。

①工艺成熟到来的早晚，主要取决于材种规格。材种的小头直径越大，工艺成熟龄越高。例如，$I_a$地位级的云南松培育锯材原木(小头直径28cm，材长6m以上)需110年，而培育矿柱(小头直径8～12cm，材长2m以上)只需40年，见表0-11。

**表0-11 云南松数量成熟龄与工艺成熟龄的比较**

| 地位级 | 数量成熟龄 | 工艺成熟龄 | | | | |
|---|---|---|---|---|---|---|
| | | 锯材原木 | 矿柱 | 火柴材、造纸材 | 原木 | 建筑材 |
| $I_a$ | 31 | 90 | 40 | – | 60 | 30 |
| $I_c$ | 33 | 110 | 40 | – | 65 | 40 |
| Ⅰ | 35 | 120 | 40 | – | 70 | 40 |
| Ⅱ | 37 | 120 | 50 | – | 80 | 50 |
| Ⅲ | 40 | 120 | 60 | – | 90 | 60 |
| Ⅳ | 42 | 140 | 80 | – | 90 | 90 |

②一般地说，同一材种的工艺成熟龄，立地条件越好，工艺成熟龄越低。例如，在云南松林中培育锯材原木，在$I_a$地位级需90年，而在Ⅳ地位级则需140年，见表0-11。

③任何提高树木生长量的措施，都可以降低工艺成熟龄。例如，采取各种速生丰产措施，适时进行系统抚育间伐等都能降低工艺成熟龄。

工艺成熟龄确定方法一般采用生长过程表加材种出材量表法、标准地法、目的直径法等。

### 0.2.4.3 竹林成熟

中国是世界上竹子资源最丰富的国家，竹子种类、竹林面积和竹资源蓄积量均居世界之首。全世界竹林总面积约 $1400\times10^4\text{hm}^2$，种类超过850种。中国竹子种类已知有500余种，竹林面积 $379\times10^4\text{hm}^2$。分别占世界竹子种类的近60%、占世界竹林面积的27%。在全国有林地面积中，竹林面积占2.95%。

竹子与一般的乔、灌木生物学特性不同。它生长迅速，笋出土后1年内高生长和直径生长就基本完成，以后的生长主要是改变竹子物理性能和化学成分，如硬度、韧性，各种成分的比重等。竹子主要以无性方式繁殖，用母竹或鞭根移植进行。

竹林的生长方式主要有2种：散生和丛生。据此可以分为散生竹和丛生竹。

竹子的生命周期较短，一般10年以上时就会衰老死亡。虽然地下鞭根和茎还活着，并能繁衍生息，但地上竹株的价值已大大降低或完全失去。

竹子种类繁多，用途多样，因此成熟的种类也多种多样。也有各种工艺成熟龄，自然成熟和类似的更新成熟。以毛竹为例，说明其不同用途的成熟：用于造纸和纤维原料的竹材需要用嫩竹，以1年生为宜，在当年竹子新叶展开时即可收获；编织用材以2~4年生最好；建筑用材以5~6年以上，特殊用途的竹材需8年以上。我国竹林种植区有“存三去四莫留七”的谚语，意思是说：1~3度(1度为2年，相当于龄级)时留养，4度时抽砍，7度以上则不宜保留。毛竹属于单子叶植物，没有年轮可数，为了正确确定竹林成熟，必须掌握确定单株年龄的方法。目前在生产实践中，通常根据外部形态识别年龄。竹林成熟龄的确定方法有标号法、龄痕法、相秆法等。

竹林通常为异龄林，收获一般用择伐。

竹子的用途广泛，可用于建筑、编织、造纸、工艺品加工、观赏、竹笋食用等。

### 0.2.4.4 经济林成熟

经济林是我国五大林种之一，也是近年来发展最快的林种。经济林是以生产和利用干鲜果品、食用油料、饮料、调味料、工业原料、香料和药材等为主要目的的林木。收获物的形式主要有：果实、叶、花、皮、根、汁、树液等。因此，上述各种成熟的概念都不适用。而经济林又与农作物种类只收获一次不同，在整个生长发育过程中，常在一个相当长的时期内能够多次提供产品。过了这个时期以后，产量显著降低，需要采伐更新。所以研究各种经济林产量开始显著降低的时期有着重要意义。

一些木本油料和木本粮食，如油茶、油桐、核桃、板栗等，成熟的概念主要反映在结实能力的盛衰上，把树龄分为始果期、盛果期、减果期和衰果期。以南方油茶树为例，一般划分为：果前期(1~6年)、始果期(7~20年)、盛果期(21~50年)、减果期(51~70年)和衰果期(71年以上)。

利用树皮的一些树木，如栓皮栎、肉桂、棕榈等，其成熟主要反映在适宜的剥皮年限上，如栓皮栎，一般需到15年生以上才开始剥皮，而以40年生左右所剥栓皮质量最好。每隔12~15年再剥皮一次。

利用树液的一些树木，其成熟主要反映在不同年龄阶段树液的流量上。

有些经济林在完成它的主要经营任务之后，木材仍可利用，如板栗、核桃、油桐等。

所以研究经济林成熟时，还应考虑木材利用的成熟问题。

### 0.2.4.5 自然成熟

**(1)自然成熟的概念**

当树木或林分从衰老到开始枯萎阶段时的状态，称为自然成熟。达此状态的年龄称为自然成熟龄。它是以林木生理上自然衰老的现象为标准的，所以也称生理成熟龄。

**(2)影响自然成熟的因子**

个别树木或林分的自然成熟到来的早晚决定于以下几个因子：

①树种　软阔叶树的自然成熟龄比针叶树和硬阔叶树的低，喜光树种比耐阴树种短。例如，水曲柳、黄檗、核桃楸比白桦、杨树的寿命长；云杉、冷杉较落叶松长。

②林木起源　实生的树木或林分，其自然成熟龄比萌芽的高。

③立地条件　生长在不良立地条件下的树木或林分，其自然成熟较早，而生长在良好立地条件下，则到来得较晚。

另外，单株树木由于营养空间大，因而比林分的自然成熟龄长。我国东北地区的红松林，个别单株寿命可达400~500年，而红松林分的平均寿命一般只有200~300年。

**(3)自然成熟的确定**

自然成熟是在很长一段时期内变化缓慢的状态，很难确切查定它的到来时期。但是对于一些树种，仍可以根据树木的外部特征来判断。树木达到自然成熟龄时，直径生长显著减缓，树高生长停止，树冠偏平而枝条稀疏，针叶变黑，梢头干枯，树干上常有很多地衣、苔藓，不再发生嫩枝，树皮呈宽大裂片，心腐扩大，根系死亡，个别树木或成群树木发生折断或倾倒。

林分自然成熟除用外部特征直接判断外，还可根据单位面积上林分蓄积量的下降状况来确定。因为林分从一定年龄起，活立木的连年生长量开始减小，不能补偿由于林木自然枯死而引起的蓄积量的损失，因而产生负生长量，此时的林分即已经接近自然成熟，见表0-12。

**表0-12　中等地位级松林主林木生长量**

| 年龄 | 总断面积/($m^2 \cdot hm^{-2}$) | 蓄积量/($m^3 \cdot hm^{-2}$) | 平均生长量/($m^3 \cdot hm^{-2}$) | 连年生长量/($m^3 \cdot hm^{-2}$) |
|---|---|---|---|---|
| 120 | 29.9 | 288 | 2.4 | 1.1 |
| 140 | 30.3 | 320 | 2.2 | 0.7 |
| 160 | 29.7 | 304 | 1.9 | 0.2 |
| 180 | 28.5 | 295 | 1.6 | -0.4 |
| 200 | 26.5 | 279 | 1.3 | -0.9 |
| 220 | 23.5 | 251 | 1.1 | -1.3 |
| 240 | 19.8 | 217 | 0.9 | -1.7 |

从表 0-12 中可以看到，林分蓄积量出现负生长在 180 年(准确地说是在 160～180 年)，此时林分达到了自然成熟。

一些主要乔木树种的自然平均成熟龄见表 0-13。

**表 0-13 各树种的自然成熟龄** 年

| 树 种 | 在良好立地条件下林分的自然成熟龄 | 在良好立地条件下个别树木的自然成熟龄 |
|---|---|---|
| 落叶松 | 200 | 300 |
| 云杉、冷杉 | 180 | 240 |
| 红松 | 250 | 350 |
| 桦木 | 120 | 150 |
| 山杨、黑赤杨 | 100 | 120 |
| 实生橡树 | 300 | 400 |
| 萌生橡树 | 120 | – |
| 白蜡 | 200 | – |
| 水青曲、椴、榆 | 150 | – |

在确定林木主伐年龄时，必须考虑自然成熟，不应在林木达到自然成熟龄时才采伐，因为此时它们的经济价值已经在下降了。

自然成熟龄在经济上意义不大，而且难以预测，故一般不用于林业经营。因此，自然成熟龄只有在特殊的情况下，例如，在禁伐区、风景林、名胜古迹林以及森林公园等具有公益作用的森林中应用。

### 0.2.4.6 防护成熟

**(1)防护成熟的概念**

防护林是以发挥森林防护效益为主的森林，在我国主要有水土保持林、农田防护林、水源涵养林、防风固沙林、护路林和护岸林等。当林木或林分的防护效能出现最大值后，开始明显下降时称为防护成熟，此时的年龄称为防护成熟龄。值得注意的是，防护林同时发挥着几种作用，在确定成熟时应将多种作用综合考虑。

**(2)防护成熟的确定**

在确定防护成熟时，一要研究与防护性能大小有关的主导因素，二要考虑木材材种出材率的变化，以便把防护性能的发挥和木材利用结合起来。例如，水源涵养林的防护成熟龄的确定。在这种防护林内，为了了解其防护作用和采取加强其防护作用的措施，首先必须研究各林型在不同林龄、疏密度时土壤水分状况的变化情况。这种水分状况的变化是确定水源涵养防护林成熟的主要依据。根据对苔草松树林型的调查研究结果表明，土壤平均蓄水量因龄级的变化而变化，由表 0-14 看出，土壤水分贮藏量随林龄增长而增加，但有一定限度，即达 80～100 年时便不增加，并保持相当长时间，可见水源涵养作用与年龄有关。

表 0-14 龄级变化时苔草松树林土壤的平均蓄水量 mm

| 土壤厚度/cm | 新采伐迹地 | 疏密度中等时的各龄级 | | | | | | 有茂密的10~12年生幼树的V龄级林木 |
|---|---|---|---|---|---|---|---|---|
| | | Ⅰ | Ⅱ | Ⅲ | Ⅳ | Ⅴ | Ⅵ | |
| 20 | 15 | 12 | 9 | 12 | 15 | 16 | 16 | 13 |
| 50 | 36 | 25 | 23 | 29 | 36 | 33 | 36 | 28 |
| 100 | 67 | 45 | 51 | 67 | 69 | 64 | 58 | 48 |
| 150 | 94 | 69 | 96 | 106 | 101 | 98 | 83 | 70 |
| 200 | 125 | 96 | 163 | 163 | 145 | 140 | 113 | 92 |

另外，从利用木材观点分析，通过经济材出材率的研究证明，该林型在各个生长时期的出材率是相当高的，见表0-15。在70~80年经济材出材率最大，直至110年时其出材率仍很高。此时锯材出材率亦最高，而其平均生长量最高时期在80~90年。从木材利用观点上看，这个林型保留到110年，在经济上不会产生很大的损失。这样，把水源涵养的防护作用(大约在80~100年)和木材利用结合起来考虑，其防护成熟龄可确定为80~100年。

表 0-15 苔草松树林出材率变化

| 项 目 | 年 龄 | | | | | | | | | |
|---|---|---|---|---|---|---|---|---|---|---|
| | 30 | 40 | 50 | 60 | 70 | 80 | 90 | 100 | 110 | 120 |
| 经济材出材率/% | 87.0 | 87.8 | 88.6 | 89.0 | 89.5 | 89.4 | 89.2 | 89 | 88.2 | 86.8 |
| 锯材原木出材率/% | 24. | 40.2 | 59.0 | 71.0 | 77.2 | 80.7 | 83.7 | 86.2 | 86.8 | 86.8 |
| 其中：一等锯材 | – | – | – | – | 2.3 | 3.0 | 3.6 | 4.8 | 7.2 | 11.0 |
| 锯材平均生长量/($m^3 \cdot hm^{-2}$) | 1.3 | 2.7 | 4.7 | 5.1 | 5.4 | 5.5 | 5.5 | 5.4 | 5.2 | 5.0 |

由上例可以看出，研究林分在不同年龄的防护效能及经济用材材种出材率，并把两者结合起来进行分析，确定防护成熟的方法是正确的，符合国民经济的要求和生物学特性相结合的观点，以及以防护为主综合利用的原则。

### 0.2.4.7 经济成熟

**(1)经济成熟的概念**

在森林生长发育过程中，货币收入达到最多时的状态称为经济成熟，此时的年龄称为经济成熟龄。经济成熟可用于薪炭林、用材林、经济林等林种中。现在有许多人在研究，将森林的防护效益、观赏价值、物种多样性效益等评价用货币量表示，一旦找到客观、公正、准确、可操作的方法，经济成熟也可应用于防护林和特用林的经营中。

**(2)经济成熟和森林资产评估涉及的一些基本概念**

使用货币资金的补偿称为利息。而在一定的时间内，利息量占资本的百分率称为利率。常见的利息计算方法有单利式和复利式两种。单利法是从简单再生产的角度出发来计算经济效果的，它假定每年所创造的新财富(纯收入)不再投入到生产中去。复利法是指一定资金投入生产后所取得的报酬加入本金，并在以后各期内再计报酬的方法。不仅本金要计息，利息也要计息，即所谓"利滚利"。

资金的时间价值按支付时间因素的不同，分别有现值、终值和年金3种形式。现值是资金的现在瞬间的价值，或者是指未来某一特定资金的现在价值。在森林资产评估中经常是指轮伐期末的收益折算为现在的价值，或者是将整个轮伐期内的收支折算为轮伐期初的价值，因此也称为前价。按照一定的收益率将经过一定时间的收入或支出的资金换算为现在时刻的价值称为贴现。终值是指资金按一定的收益率增值，一直计算到某个未来时间的价值。在森林资产评估中经常是指轮伐期内各种收支折算为一个轮伐期末或数个轮伐期末时的价值，因此也称未来值或后价。年金是指从现在到未来某一时间内每年获得(或支付)的等额资金。按照一定的利率把终值计算为现值的过程称为贴现，此时的利率称为贴现率。

①单利计算

**单利终值** 在单利形式下，一定的本金(或现值)$A$，按年利率 $p$ 计息，经历计息期数为 $n$ 时，期末的本利和 $F$(即终值)为：

$$\begin{aligned} F &= A + A \times n \times p \\ &= A(1 + p \times n) \end{aligned} \tag{0-2}$$

**单利现值** 计算现值的方法恰好与计算终值相反。计算终值是已知"现在"投资金额、年利率及时期，从而测算投资的终值。计算现值则是从已知终值(即"将来"价值)$F$、年利率 $p$ 及时期 $n$ 来测算现在需投资的金钱额 $A$。现值与期内年利率的高低有密切关系，年利率越高，折现值越小，这个过程称为贴现，其年利率为贴现率。

$$A = \frac{F}{1 + p \times n} \tag{0-3}$$

②复利计算

**复利终值** 也称本利和或到期值，是本金在约定的期限内，按一定的年利率计算出每期的利息，将其利息加入本金再计息，逐渐滚算到约定期末的本金与利息总值。

$$S_n = S_0 (1 + p)^n \tag{0-4}$$

**复利现值** 也称现值、初值，从已知终值(即"将来"价值)$S_n$、年利率 $p$ 及时期 $n$，来测算现在须投资的金额 $S_0$。

$$S_0 = \frac{S_n}{(1 + p)^n} \tag{0-5}$$

③整付终值计算 指在年利率为 $i$ 的情况下，现在的 $P$ 元资金相当于 $n$ 年后的多少元资金，用 $F$ 表示，也就是已知现值求终值。如图0-11所示，已知 $P$ 求 $F$。

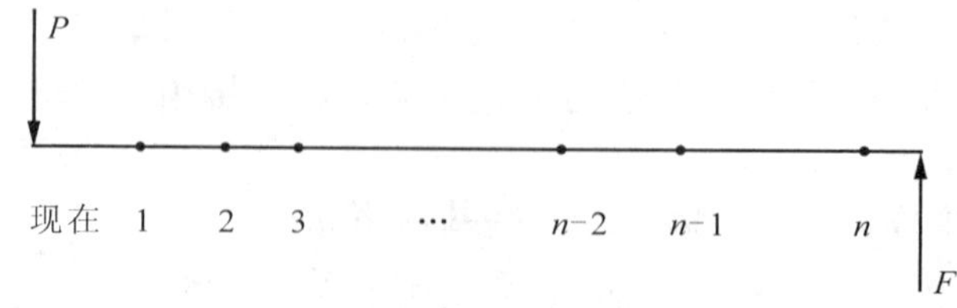


**图0-11 整付终值计算示意**

图0-11中横线上的点表示不同的时间点，横线上方的箭头表示已知的发生的资金，横线下方的箭头表示待求的等值资金。其公式为：

$$F = P \times (1+i)^n \tag{0-6}$$

式中 $F$——$n$年后的资金额（相当于本利和）；

$P$——现在的资金额（相当于本金）；

$i$——年利率；

$n$——时间间隔。

其中：$(1+i)^n$为整付终值系数。

**【例0.1】** 某林场因为更新造林需要向银行贷款1000万元，年利率为12%，借期5年，问5年后该林场应该向银行偿还多少资金？

5年后林场应该向银行偿还的资金是本金与利息的和。在本例中$P=1000$万元，$i$为0.12，要计算$F$的值。根据式(0-6)：

$$F = P(1+i)^n = 1000 \times (1+0.12)^5 = 1000 \times 1.762 = 1762(\text{万元})$$

即5年后应该向银行偿还1762万元。

④整付现值计算 整付现值计算指在年利率为$i$的情况下，$n$年后的$F$元资金相当于现在的多少元资金，用$P$表示。也就是已知终值求现值。如图0-12所示，已知$F$求$P$。可以看出，整付现值计算与整付终值计算是两个相反的过程。

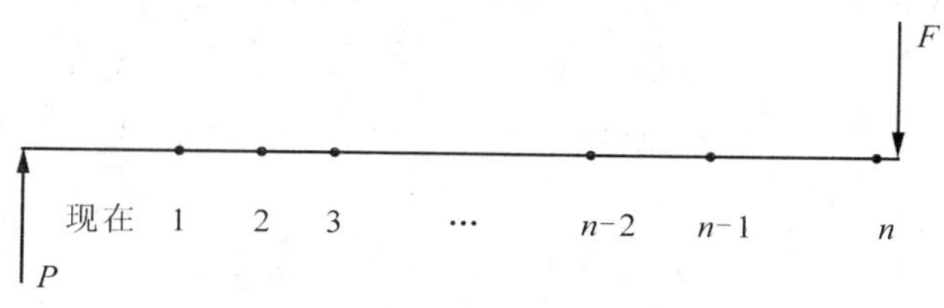


**图0-12 整付现值计算示意**

整付现值计算公式为：

$$P = \frac{F}{(1+i)^n} \tag{0-7}$$

式中 $F$——$n$年后的资金额（本利和）；

$P$——现在的资金额（本金）；

$i$——年利率；

$n$——时间间隔。

**【例0.2】** 某林场打算预留1000万元的资金用于5年后更新造林，银行年利率为6%，现在该林场应该向银行存入多少资金？

5年后该林场可以从银行获得的资金是本金与利息的和，与现在应该存入银行的本金等值。在本题中$F=1000$万元，$i$为0.06，要计算$P$的值。根据式(0-7)：

$$P = \frac{F}{(1+i)^n} = \frac{1000}{(1+0.06)^5} = \frac{1000}{1.3382} = 747.2(\text{万元})$$

即该林场应该向银行存入747.2万元用于5年后造林更新。

⑤年金现值计算 年金现值是指今后一定时期内每年都有一笔固定额数的收入（或支

出)的现在值。也就是说，在今后一定年限内，每年都得到一份固定的收入，现在应投入的资金。

年金的现值概念在实际经济活动中应用广泛，如在森林资源资产评估中一个轮伐期内的地租现在一次性支付的评估值，以及整个轮伐期内的森林管护费用现值为多少等。

年金现值的公式推算与年金终值一样采用等比数列的 $n$ 项和公式。先求出终值，再将终值按复利现值公式则为现值：

$$S_0 = \frac{R[(1+p)^n - 1]}{(1+p)^n \times p} \tag{0-8}$$

式中 $S_0$——现值；
$R$——年金；
$p$——利率；
$n$——期限，年。

**【例 0.3】** 某林场向乡村租赁林地 $100\text{hm}^2$，租赁期为 30 年，每公顷的年地租为 100 元，对方要求一次性付清 30 年的地租，在利率为 5% 的条件下，应支付多少钱?

由题意 $R = 100 \times 100 = 10\ 000$；$p = 5\%$；$n = 30$

按公式(0-8)得：

$$S_0 = \frac{R[(1+p)^n - 1]}{(1+p)^n \times p} = \frac{10\ 000[(1+0.05)^{30} - 1]}{(1+0.05)^{30} \times 0.05} = 153\ 725(\text{元})$$

⑥由终值求年金的计算　偿债基金是指为了偿还一笔规定在若干年后归还的债务，每期(一般为一年)必须拨作投资(按固定的利率取得收入)的金额。这实际上等于已知年金终值求年金。其计算公式为：

$$E = R \times \frac{(1+p)^n - 1}{p} \tag{0-9}$$

式中 $F$——终值；
$R$——年金；
$p$——利率；
$n$——期限，年。

**【例 0.4】** 某林场需要求国家拨款经营 $1000\text{hm}^2$ 的生态公益林。经营该片公益林年均管护费为90 000元，10 年后林内的更新采伐收益才可维持其管护费用。在年利率为 5% 的情况下，需要国家拨款多少经费才能满足林场经营该片生态公益林的需求。

已知 $R = 90\ 000$，$n = 10$，$p = 5\%$

据题意

$$E = R \times \frac{(1+p)^n - 1}{p}$$

$$= 90\ 000 \times \frac{(1+0.05)^{10} - 1}{0.05}$$

$$= 1\ 132\ 010(\text{元})$$

⑦由现值求年金的计算　现值求年金，用投资回收系数公式，或查投资回收系数表。

$$R = \frac{S_0 \times P(1+p)^n}{(1+p)^n - 1} \tag{0-10}$$

式中 $S_0$——现值；

$R$——年金；

$p$——利率；

$n$——期限，年。

⑧无限期年金(永续年金)的现值计算 绝大多数年金是在特定的期间内付款的，但有些年金是无限期付款，如股票投资，只要发行股票的企业不倒闭，则股东的红利是无限期支付的，假设每年所支付的红利是等额的，这就是一种永续年金。它构成数学意义上的无穷数列。假定每年的折现率不变，则是无穷递缩等比数列。因此，永续年金的取值可按递缩等比数列无穷项求和公式计算：

$$S_0 = \frac{\text{首项}}{1 - \text{递缩比}} = \frac{\frac{R}{1+p}}{1 - \frac{1}{1+p}} = \frac{R}{p} \tag{0-11}$$

**【例 0.5】** 某林场拟向某村购买 100hm² 林地的永久经营权。林地的地租每年每公顷 90 元，年利率为 5%，试求该片林地的使用权评估值。

据题意 $R = 100 \times 90$；$p = 5\%$

$$S_0 = \frac{R}{p} = \frac{100 \times 90}{0.05} = 180\ 000(\text{元})$$

**(3)经济成熟的种类**

由于确定森林经济效益最大的出发点不同，从而产生了不同的收益计算方法。

①森林总收益最高的成熟龄 森林总收益最多的成熟龄是以年平均总收入最多的年龄作为成熟龄，该法不考虑支出费用，计算公式如下：

$$E = \frac{A_u + \sum D}{u} \tag{0-12}$$

式中 $E$——平均货币总收入；

$A_u$——主伐收入；

$\sum D$——各次间伐收入合计；

$u$——收获时的年龄。

②森林年纯收益最高的成熟龄 此法是指森林年纯收益(总收入减去总支出)最大时的年龄。计算公式为：

$$r_u = \frac{[A_u + \sum D - (C + uV)]}{u} \tag{0-13}$$

式中 $r_u$——年平均纯收益；

$A_u$——主伐收入；

$\sum D$——间伐收入合计；

$C$——造林费；

$V$——管理费；

$u$——年纯收益最大时年龄。

**【例 0.6】** 吉林省汪清林业局长白落叶松的木材价格和营林成本为：大径材 245 元·

$m^{-3}$，中径材 238 元·$m^{-3}$，小径材 170 元·$m^{-3}$，主伐成本 60 元·$m^{-3}$，间伐成本 83 元·$m^{-3}$，造林费 1279.8 元·$m^{-3}$，管理费 318 元·$m^{-3}$，在此基础上计算森林年平均纯收益最高的经济成熟龄。计算结果见表0-16，此法在计算过程中，对收入和费用都没有考虑利息，在非贷款经营的情况下是适用的，能反映经营者的纯收益。林龄在 40 年时，年平均森林纯收益仍未达到最大值，即 40 年时尚未达到经济成熟，由于收入和支出的时间不同，把它们看作同一时间的货币也是不合理的。

**表 0-16　净现值与内部收益率计算表**

| 林龄 | 主伐间伐收入合计 | 营林成本 | 森林纯收益 | 年平均纯收益 | 贴现率/% | | | | 内部收益率/% |
|---|---|---|---|---|---|---|---|---|---|
| | | | | | 1.8 | 3.6 | 6.0 | 7.92 | |
| 15 | 11 691 | 6076 | 5615 | 374.3 | 4297 | 3352 | 2343 | 1979 | 6.420 0 |
| 20 | 16 917 | 7675 | 9242 | 462.1 | 6469 | 4648 | 2882 | 2012 | 6.480 0 |
| 25 | 29 150 | 9074 | 19 876 | 795.0 | 12 725 | 8410 | 4631 | 2957 | 7.410 0 |
| 30 | 39 892 | 10 873 | 29 019 | 967.3 | 16 992 | 10 339 | 5053 | 2949 | 6.980 0 |
| 35 | 50 374 | 12 473 | 37 902 | 1082.5 | 20 299 | 11 369 | 4931 | 2631 | 6.420 0 |
| 40 | 58 887 | 14 071 | 44 816 | 1120.4 | 21 954 | 11 319 | 4357 | 2125 | 5.770 0 |

③*净现值最大的成熟龄*　该法是指林分采伐后能生产最大净现值的年龄。可用式(0-14)计算：

$$NPV = \sum_{t=0}^{n} \frac{(R_t - C_t)}{(1+p)^n} \qquad (0\text{-}14)$$

式中　$NPV$——净现值；

$R_t$——年收入；

$C_t$——年费用；

$p$——贴现率；

$t$——最大净现值的年龄。

根据上式分别按不同利率计算汪清林业局长白落叶松林分积年龄收获时的净现值。

其结果见表0-16。由表0-16 可知，当 $p=1.8\%$ 时，40 年仍未成熟；$p=3.6\%$ 时，35 年净现值最大，经济成熟龄为 35 年；当 $p=6.0\%$ 时，经济成熟龄为 30 年；$p=7.92\%$ 时，成熟龄为 25 年。由此可见，贴现率在确定经济成熟龄时是一个十分活跃的因子，当森林营造、经营的投资主要来自贷款筹措资金时，所选贴现率一般应高于贷款利率，两种利率的差额决定着投资者可望获得的收益和投资项目所承担的风险；当森林营造和经营的投资主要为自有资金时，贴现率应等于或大于使用贷款的计算利率，一般可按林业企业的正常投资收益来考虑；当投资部分来自自有资金，部分来自贷款时，应根据两者所占比重及各自的计算利率，求其加权平均值为目标贴现率。贴现率的确定还要综合考虑银行利率，物价指数、通货膨胀等因素(其他经济成熟计算方法的利率选择方法同样如此)。

净现值法确定的成熟龄，充分考虑了所有未来的费用和收入及利息，同时考虑了林木生长规律、营林成本和市场价格等因素，最大优点是它说明了在什么时间采伐投资的收益最大，因此，通过计算找出林木生长过程中净现值收益最大的年龄，可以作为确定用材林经济效果最佳的主伐年龄的依据。净现值是一个公认的经营管理标准。

④内部收益率最大的成熟龄　内部收益率是指在净现值等于零时的利率，即费用现值与收入现值相等时的利率。这个度量代表项目整个寿命期间的加权平均收益与项目占用资金之比，比值越大，表示这个项目能够承受银行贷款利率的能力越大，即赢利能力越强，通常作为衡量经济效果的综合指标。内部收益率是使方程式(0-15)成立时的 $p$ 值。

$$\sum_{t=0}^{n}\frac{R_t}{(1+p)^t}=\sum_{t=0}^{n}\frac{C_t}{(1+p)^t} \tag{0-15}$$

式中　$p$——年利率(上式方程成立时的年利率)；

$R_t$——年收入；

$C_t$——年的费用；

$t$——周期年数。

在实际工作中，年利率是通过一个迭代过程计算的，利用该法计算汪清林业局长白落叶松经济成熟龄的结果见表0-16。

从表0-16可知，内部收益率最大值在25年。该方法与净现值法有同样的特点，包含了所有的费用和收入，且考虑了货币的时间价值，比用材积平均生长量确定的成熟龄短，其优点是以利率的形式提供结果，这个数字比净现值更能说明问题。

⑤土地纯收益最高的成熟龄　此法是把土地作为经营林业的源泉来对待，认为产生财富的源泉是土地，以土地纯收益最高时的年龄为土地纯收益最高的成熟龄。计算公式为：

$$B_u=\frac{A_u+D_a(1+p)^{u-a}+D_b(1+p)^{u-b}+\cdots-C(1+p)^u}{(1+p)^u}-\frac{V}{p} \tag{0-16}$$

式中　$B_u$——土地纯收益；

$p$——年利率；

$a$，$b$，…——间伐年度；

$A_u$——主伐收入；

$C$——造林率；

$V$——管理费；

$u$——轮伐期年龄；

$D_a$，$D_b$——各间伐年度的间伐收入。

林地的连年纯收益为 $B_u\times p$。

利用该法按 $P=1.8\%$ 计算的汪清林业局长白落叶松土地纯收益最高的成熟龄结果见表0-17。

**表0-17　土地收益(林地期望价)最高的成熟龄**

| 林龄/年 | 主伐间伐收入合计 | 造林费后价/元 | 主伐间伐收入减造林费后价/元 | $(1+p)^u-1$ | (4)/(5)/元 | $V/p$/元 | 林地期望价/元 | 林地纯收益/元 |
|---|---|---|---|---|---|---|---|---|
| (1) | (2) | (3) | (4) | (5) | (6) | (7) | (8) | (9) |
| 15 | 11 691 | 1627 | 10 019 | 0.306 8 | 32 656 | 17 766 | 14 890 | 268.0 |
| 20 | 16 981 | 1825 | 15 153 | 0.428 7 | 35 346 | 17 766 | 17 580 | 316.4 |
| 25 | 29 361 | 1999 | 27 361 | 0.562 0 | 48 685 | 17 766 | 30 919 | 556.5 |

（续）

| 林龄/年 | 主伐间伐收入合计 | 造林费后价/元 | 主伐间伐收入减造林费后价/元 | $(1+p)^u-1$ | (4)/(5)/元 | V/p/元 | 林地期望价/元 | 林地纯收益/元 |
|---|---|---|---|---|---|---|---|---|
| (1) | (2) | (3) | (4) | (5) | (6) | (7) | (8) | (9) |
| 30 | 40 328 | 2186 | 28 142 | 0. 707 8 | 53 888 | 17 766 | 36 122 | 650. 2 |
| 35 | 51 136 | 2389 | 48 747 | 0. 867 1 | 56 218 | 17 766 | 38 452 | 692. 1 |
| 40 | 60 082 | 2612 | 57 471 | 1. 041 3 | 55 191 | 17 766 | 37 452 | 673. 6 |

从表0-17可知，按此种方法计算，当 $p=1.8\%$ 时，土地纯收益最高的成熟龄为35年，用同样的方法，当 $p=3.5\%$、$6.0\%$、$7.92\%$ 时的土地纯收益最高的成熟龄分别为30年、25年、15年。

通过上述计算可知，土地纯收益最高值实际上是指林地期望价最高值。本法是将纯收益换算为前价，再求年平均最大值；同时该法是从无林地开始，实行永续皆伐作业为前提条件，它不仅考虑了收入和费用，而且考虑了利息。因此，本法确定的成熟龄比其他方法确定的成熟龄偏短，往往形成短伐期。在实现商品经济和土地有偿使用的条件下，本法有一定的应用价值。

## 0.2.5 轮伐期

**(1)轮伐期的概念**

轮伐期是一种生产经营周期，它表示林木经过正常的生长发育到达可以采伐利用为止所需要的时间。轮作期属于森林经营上的概念。森林经营对象往往不是一个林分，而是许多林分的集合体。轮伐期是在一个经营单位内建立永续利用时间序列的依据。因此，轮伐期就是为了实现永续利用伐尽整个经营单位内全部成熟林分之后，可以再次采伐成熟林分的间隔时间。或者说，轮伐期是采伐完经营单位全林一遍所需要的时间。它表示这种采伐—更新—培育—再采伐—再更新—再培育，进行周而复始，长期经营，永续利用的生产周期。

应该注意，“采伐年龄”、“伐期龄”和“主伐年龄”等概念与“轮伐期”的概念是有差异的。所谓采伐年龄，是指在同一经营类型里，树木或林分到达成熟而进行主伐的最低年龄，也称伐期龄，或称主伐年龄。

主伐年龄只适用于实行皆伐作业的同龄林，按一般规定，主伐年龄以龄级符号表示，如Ⅲ、Ⅳ、Ⅵ、Ⅸ等。而轮伐期则以具体年数表示，如50、70、80、100、120等。另外，主伐年龄是指采伐成熟林的年龄，没有考虑更新的年限，而轮伐期则是包括了更新期在内的生产周期。

例如，某经营单位轮伐期为50年，假定其中包括有自1年生至50年生的各龄级的林分。本年度采伐50年生的林分，并及时更新。现为49年生、48年生以至到1年生的林分，依次进行采伐更新。依此类推，在50年内轮流采伐一遍。如此周而复始，轮流下去。在此种情况下，轮伐期和主伐年龄是一致的。

**(2)轮伐期的作用**

①*轮伐期是确定利用率的依据* 一般情况下，只有当经营单位(经营类型)内各同龄林分的龄级结构均匀，亦即从幼龄林、中龄林及成熟林各年龄林分都具备，而且面积相等，各龄级林分生长量相当大时，才有可能使年伐量等于年生长量，以实现该森林经营单位内的森林永续利用。在年龄结构均匀的条件下，其利用率公式为

$$P = \frac{2}{u} \times 100\% \tag{0-17}$$

式中 $P$——利用率；

$u$——轮伐期。

**【例 0.7】** 某经营单位蓄积量为300 000m$^3$，轮伐期为50年，则

$$P = \frac{2}{50} \times 100\% = 4\%$$

其标准年伐量为300 000×4%＝12 000(m$^3$)

从上例中可以看出轮伐期与采伐量、生长量和蓄积量之间的关系。当轮伐期不同时，利用率亦随之变化。例如，轮伐期为100年、50年、40年、20年、10年时，则利用率相应为2%、4%、5%、10%、20%。相应年伐量为6000m$^3$、12 000m$^3$、15 000m$^3$、30 000m$^3$和60 000m$^3$。

从上式和上例还可以看出，利用率与轮伐期成反比。即轮伐期越长，则利用率越小；反之，轮伐期越短，则利用率越大。

为了取得足够的木材采伐量，而且是永续利用的，年伐量必须有足够数量和质量的蓄积量，即后备资源。因此，只有蓄积量增大了，才有可能扩大年伐量。而蓄积量的增大，一方面要有足够的培育时间，另一方面依靠培育期间所采取的经营管理水平。当经营单位内林分按龄级分配均匀时，轮伐期越长，它所包括的径级越多，所积累的蓄积量也越多。在培育的材种中，大径材所占的比重增大，从而蓄积量的质量提高，也就有利于实现永续利用。但是，轮伐期延长到一定程度，将会降低木材的工艺价值。在成熟、过熟林占优势的原始天然林区，林龄过大，林况恶化，自然腐朽严重，不仅木材质量降低，而且枯损量大，甚至蓄积量也会降低。在这种情况下，需要缩短轮伐期，加大年伐量，以便充分、合理、及时利用现有森林资源，同时调整后继资源，以利实现永续利用。

②*轮伐期是划分龄组的依据* 在林业调查规划中，要划分龄组(幼龄林、中龄林、近熟林、成熟林、过熟林)，以表示林分培育和利用的阶段。龄组的划分标准就是轮伐期。通常把达到轮伐期的那一个龄级和高一个龄级的林分称为成熟林；龄级更高的林分称为过熟林；比轮伐期低一个龄级的林分称为近熟林。其他龄级更低的林分，若龄级数为偶数，则一半为幼龄林，一半为中龄林；如果龄级数为奇数，则幼龄林比中龄林多分配一个龄级。成熟林和过熟林构成了利用资源，或称利用蓄积。近熟林以下的则称为经营蓄积。

现以不同轮伐期列举其林分按龄组的分配情况，见表0-18。

表 0-18 不同轮伐期林分按龄组分配

| 龄组 | 轮伐期为 120 年 | | | 轮伐期为 80 年 | | |
|---|---|---|---|---|---|---|
| | 面积/$hm^2$ | 百分率/% | 龄级 | 面积/$hm^2$ | 百分率/% | 龄级 |
| 幼龄林 | 1700 | 28.3 | Ⅰ～Ⅱ | 500 | 8.3 | Ⅰ |
| 中龄林 | 1700 | 28.3 | Ⅲ～Ⅳ | 1200 | 20.0 | Ⅱ |
| 近熟林 | 1000 | 16.7 | Ⅴ | 800 | 13.3 | Ⅲ |
| 成熟林 | 1600 | 26.7 | Ⅵ～Ⅶ | 1900 | 31.7 | Ⅳ～Ⅴ |
| 过熟林 | — | — | — | 1600 | 26.7 | Ⅵ～Ⅶ |
| 合 计 | 6000 | 100 | — | 6000 | 100 | — |

从表 0-18 可以看出，同一经营类型，只是轮伐期不同，则各龄组的面积及其占经营类型面积的百分比就有很大差异。

③*轮伐期是确定间伐的依据* 轮伐期不仅对主伐量有直接关系，而且对间伐量也有影响。因为木材产量主要是由主伐量和间伐量两部分构成。轮伐期确定后，明确了经营单位的经营目的和目的材种。这样林分在到达轮伐期以前，可以适当安排几次间伐，结合间伐可以生产部分木材。由此可见，林分间伐次数、生产材种、间伐量比重等，都和轮伐期的长短有直接和间接关系，见表 0-19。

表 0-19 龄级划分后应采取的主要经营措施

| 龄 级 | 面积/$hm^2$ | 轮伐期为 120 年 | | 轮伐期为 80 年 | |
|---|---|---|---|---|---|
| | | 龄组 | 采伐种类 | 龄组 | 采伐种类 |
| Ⅰ | 500 | 幼龄林 | 透光抚育 | 幼龄林 | 透光抚育 |
| Ⅱ | 1200 | 幼龄林 | 透光抚育 | 中龄林 | 生长抚育 |
| Ⅲ | 800 | 中龄林 | 生长抚育 | 近熟林 | 生长抚育 |
| Ⅳ | 900 | 中龄林 | 生长抚育 | 成熟林 | 卫生伐及主伐 |
| Ⅴ | 1000 | 近熟林 | 生长抚育 | 成熟林 | 卫生伐及主伐 |
| Ⅵ | 1200 | 成熟林 | 卫生伐及主伐 | 过熟林 | 卫生伐及主伐 |
| Ⅶ | 400 | 成熟林 | 卫生伐及主伐 | 过熟林 | 卫生伐及主伐 |
| 合 计 | 6000 | — | — | — | — |

在以场定居，以场轮伐，全面经营，逐步提高经营水平的情况下，按轮伐期组织林业生产具有重要意义。

**(3) 轮伐期的确定**

①*确定轮伐期的依据* 确定轮伐期时，森林成熟是主要的依据。除此之外，还应考虑经营单位的面积和龄级结构等因素。

**根据森林成熟** 轮伐期是林业生产中一个重要的林学技术经济指标，它反映着森林的经营目的和培养目标。各种各样的森林成熟都是不同经营目的在林学技术上的反映。因此，应该根据各种森林在国民经济中的作用不同确定不同的轮伐期。一般来说，轮伐期不应低于数量成熟龄。在以利用为主的用材林区，轮伐期应根据所培养目的材种的工艺成熟龄来确定。同时，还应根据不同的更新方式，考虑更新成熟龄。对于防护林应以防护成熟龄和自然成熟龄为主，同时也要考虑更新成熟龄和工艺成熟龄等。要用经济观点进行分析，以确定适宜的轮伐期。

**根据经营单位的生产力和林况** 经营单位的林木生产力、林分面积按龄级分配和林况等，是确定轮伐期时不可忽视的一个重要自然因素。

从充分利用林木生产力方面看，用材林的轮作期不应低于数量成熟龄。因为低于数量成熟龄时，平均生长量尚未达到最高峰，没有充分发挥林木的生产力。因此，数量成熟龄只能作为确定轮伐期的最低年龄。同时，还应考虑林分的立地条件好坏，使确定的轮伐期有利于充分发挥林地的生产潜力。

如果林况(生长状况和卫生状况)不良，也应降低轮伐期，以便迅速伐去劣质林分，而代之以生产力较高的新林。当病虫害严重时，应考虑适当缩短轮伐期。

**根据经营单位的龄级结构** 经营单位内林分面积按龄级分配情况是确定轮伐期的重要因素之一。如经营单位内中、幼林比重过大，就应设定较高的轮伐期。当成、过熟林过多时，应考虑适当缩短轮伐期。为了避免森林资源遭到不应有的损失，轮伐期不应高于自然成熟龄。当经营单位缺少大龄林木，且根据这些林分的生产条件不可能很快地过渡到大径材，而当地又急需木材时，就应设定较短的轮伐期。

②*确定轮伐期的方法* 轮伐期同生产周期的概念相似，除包括合理的采伐年龄外，还应包括森林的更新年限，可用式(0-18)计算：

$$u = a \pm v \tag{0-18}$$

式中 $u$——轮伐期；

$a$——采伐年龄；

$v$——更新期。

计算轮伐期时要考虑更新期。更新期对轮伐期的影响有3种情况：当采用伐前更新时，$u = a - v$；当采用伐后更新时，$u = a + v$；当采伐后及时更新时，$u = a$。

此为各树种或各经营类型确定轮伐期的公式。

当前我国大都以林场为轮伐单位，往往要为林场确定综合轮伐期或平均轮伐期。可在各树种或各经营类型确定轮伐期的基础上，以加权平均法计算。其计算公式如下：

$$N = \frac{N_1 S_1 + N_2 S_2 + \cdots + N_i S_i}{S} \tag{0-19}$$

式中 $N$——全场(或经营单位)综合轮伐期；

$N_i$——某一经营类型(或某树种)的轮伐期($i = 1, 2, \cdots, n$)；

$S_i$——某一经营类型(或某树种)的面积($i = 1, 2, \cdots, n$)；

$S$——林场(或经营类型)的总面积。

## 0.2.6 择伐周期(回归年)

异龄林的收获适用于择伐。典型的异龄林分，即从幼龄到老龄各种年龄的林木和从小到大各种径级的林木都有的林分，主伐方式只能用择伐，即每次只采伐部分成熟林木。

在异龄林经营中，采伐部分达到成熟的林木，使其余保留林木继续生长，到林分恢复至伐前的状态时，所用的时间称为择伐周期，也称为回归年。用比较简单的定义为：两次相邻择伐的间隔期。

异龄林的状态与择伐周期的关系如图 0-13 所示。

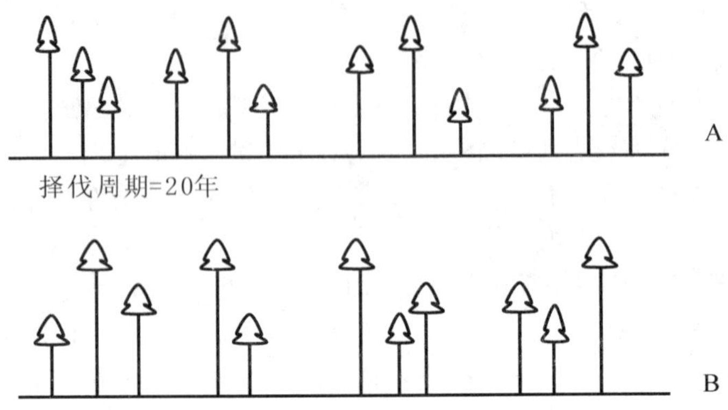


**图 0-13　异龄林与择伐周期的关系**

在图 0-13 中，A 的异龄林有 3 个林层，采伐时只收获上层的林木，第 2、3 层林木保留。20 年后，林分状态恢复到 B 状态，又可进行择伐作业了。这个过程周而复始地进行就能做到永续利用，也可以说在林分级水平上做到了可持续经营。

又如，假设根据经济条件和立地条件，将择伐作业的择伐木胸径规定为 32～44cm，那么树木生长到 32cm 时所需年数为 40 年，这称为择伐作业的最低年龄。而树木生长到 44cm 时所需年数为 60 年，这称为择伐作业的最高年龄。根据规定的择伐径级，则择伐周期(回归年)为 60－40＝20 年。因为在这个择伐林分中，进行第一次择伐后，仅剩下胸径 32cm 以下的林木，而这些保留木中待 20 年后，又会出现 32～44cm 的林木。又可以再次进行粗放择伐作业了。因此，两次择伐作业之间相隔的年数，就等于最高年龄与最低年龄之差，也就是择伐作业的生产周期。

如果把林木的最低采伐胸径由 32cm 降低到 24cm，那么择伐周期就会延长。假如林木的胸径生长到 24cm 时需要 30 年，则择伐周期为 60－30＝30 年。如果逐渐降低择伐径级，择伐周期就相应延长。当把择伐径级降低到林分中最小胸径时，就是皆伐作业了，此时择伐周期就等于主伐年龄。

在实行集约择伐的林分中，在 5～10 年的较短时间内，经营单位内的所有林分都要轮流择伐一次，经过这一时期之后，就按原来的顺序重复进行择伐，这个期间也称为择伐周期。

由此可见，择伐周期是择伐作业的生长周期。在此周期内，不是像轮伐期那样要恢复整个林分，而只是恢复已经被采伐掉的那部分林木。也就是说，经过择伐的林分仅有一部分被采伐和更新。

确定择伐周期的方法有根据年龄、胸径的相关关系和根据公式计算 2 种方法。

## 0.2.7 森林采伐量

**(1)森林采伐量的概念**

森林采伐量是指采伐林木的蓄积量或采伐林木所能生产商品材的数量。后者为生产部门常说的采伐量。由于森林采伐性质和采伐方式的不同，森林采伐量的归类和计算方法也不相同。森林采伐量应包括各类森林采伐的总量。

森林采伐量是根据其采伐性质和采伐方式采用不同公式进行计算的。在计算的基础上，通过对社会经济条件、森林资源状况等方面进行分析论证，最后确定一个合理的森林采伐量。在计算和确定森林采伐量时，有以下几项任务。

①根椐森林经营单位各经营类型森林结构的特点、采伐方式和森林调整的要求，选择适宜公式进行年伐量计算，所计算的年伐量通常采用面积和蓄积 2 种指标表示。

②在各公式计算基础上进行分析论证，统筹考虑经营单位的森林资源状况、社会经济条件及市场需材情况，论证和确定各经营类型在经理期内的年伐量，最后论证确定的年伐量按经营单位汇总，即为该经营单位的标准年伐量。标准年伐量是指在森林资源调查的基础上，采用某些计算方法，通过技术经济论证，确定今后一个经理期内采伐利用的控制数。

③所确定的年伐量根据所规定的材种出材量表或经验数据，计算经济出材量。

④根据森林资源的分布特点和森工采运要求，合理安排伐区，确定采伐顺序。

**(2)森林采伐量的种类**

森林采伐量的种类是根据采伐性质和采伐方式不同来划分，主要包括以下几种：

①*主伐量* 对凡是达到主伐年龄的林木而进行的采伐利用称为主伐。主伐是在森林培育过程中最主要的也是最终的木材收获，其收获的数量称为主伐量。

②*抚育采伐量* 在森林达到成熟以前，为了培育好林木，每隔一定时期，伐去部分林木或灌木的采伐称为抚育采伐(间伐)，所获得的采伐量称为抚育采伐量或称间伐量。

③*卫生采伐量* 为了改善森林卫生状况、促进林木生长而进行的采伐称为卫生采伐，所获得的采伐量称为卫生采伐量。

④*更新采伐量* 在各种防护林、需采伐的经济林、特种用途林中为了改善林况，增强防护作用和充分发挥森林的多种效益而进行的采伐称为更新采伐，更新采伐所获得的采伐量称为更新采伐量。

⑤*低产林改造采伐量* 为改善林木组成，提高经济效益，对生长量很低的林分进行全部或局部的采伐，称为低产林改造采伐，所获得的采伐量称为低产林改造采伐量。

⑥*补充主伐量* 对疏林、散生木和采伐迹地上已失去更新下种作用的母树的采伐利用称为补充主伐，生产木材的数量称为补充主伐量。

其中主伐量和间伐量构成整个森林生产过程中的主要采伐量。

在计算和确定各种森林采伐量时，需掌握有关森林资源的技术经济资料，诸如：森林资源调查统计资料；森林分布图；森林资源动态调查资料；轮伐期、主伐年龄、商品材和规格材出材率资料；市场需材情况资料；采伐设备类型及运输能力等。

**(3)合理森林采伐量的确定**

根据森林永续利用原则和森林调整的要求，计算和论证采伐量要努力做到以下几点：

①所定的年伐量应该有利于改善经营单位的年龄结构和径级结构。

②在成、过熟林占优势的原始林，所定的采伐量既要能及时利用现有成、过熟林资源，又要能在较长时间保持采伐量的相对稳定，避免剧烈变动。

③主伐对象只能是成熟林木，即达到主伐年龄的林分。

④充分利用可以采伐的疏林、散生木资源，积极扩大抚育间伐量。

确定合理的森林采伐量历来是森林资源经营管理研究的核心问题，因为这个问题不仅影响到林业生产单位的布局、规模、资金和设备的投放，而且还关系到能否实现森林资源可持续经营利用的问题。由于森林资源是一种可再生资源，在自然因素和人为活动的作用下，森林资源常处于消长状态，随着林木不断生长和枯损，森林结构和蓄积量不断在变化。因此，森林资源经营管理只能确定一个经理期内的采伐量，不能确定一个在轮伐期内永远保持不变的年伐量。要根据森林资源和经济条件的变化，不断定期复查森林资源和重新确定采伐量，以达到森林调整和实现永续利用的目的。

通常这种森林经营管理工作每隔 10 年进行一次，称为经营管理期(经理期)。同时，参与采伐量计算和确定的小班，只限于近期内准备开发和基本上具备交通运输条件的林区，也就是要根据小班的可及度来确定参于计算确定采伐量的小班范围。

由于森林采伐量的种类不同，所以计算森林采伐量的方法也不同。下面分别按采伐量种类和采伐方式不同加以论述。

### 0.2.7.1 同龄林主伐年伐量的计算

主伐是森林采伐中一种最主要的采伐。但由于主伐方式的不同，其计算采伐量的方法也不同。同龄林一般采用皆伐或渐伐作业方式；异龄林一般采用择伐作业方式。在计算年伐量时，按作业方式不同分别计算采伐量。

同龄林的采伐是按伐区式作业方式进行的。确定同龄林的合理年伐量既是确定木材产量，也是调整经营单位内森林结构的手段。

不同的经营单位由于森林资源状况不同，经济条件也不一样，因此在森林采伐的强度上也不一样。计算年伐量时，不能只利用一种公式或一个通用公式来计算各种经营条件下的森林采伐量。目前计算同龄林伐区式作业采伐量的各种公式，是从不同角度出发来计算采伐量，从而达到调整现实林的龄级结构，实现森林资源的可持续利用。

对现实林主伐量计算，从技术方法上可以分为面积控制法和材积控制法 2 类。

**(1)面积控制法**

同龄林理想的森林结构是要求轮伐期内各龄级的面积相等，所以对现实同龄林的森林调整，其主要任务是调整各龄级不合理的面积分配。采伐量按面积计算和控制，是同龄林实现森林调整的具体手段和方法。从林业生产实践看，按面积控制伐区也较按材积控制伐区简便，所以面积控制法是森林资源经营管理确定采伐量的常用方法。

面积控制法是先计算和确定年伐面积，然后根据年伐面积再计算和确定年伐蓄积。

①按面积轮伐计算年伐量(区划轮伐法)　用这种方法计算年伐量的目的是实现永续利用，并通过采伐利用达到调整龄级结构的目的。其计算公式如下：

$$年伐面积 = \frac{经营单位总面积}{轮伐期} \tag{0-20}$$

$$年伐蓄积 = 年伐面积 \times 成、过熟林平均每公顷蓄积量$$

根据此公式计算的年伐量，是使经营单位内所有林分在一个轮伐期内全部采伐一遍。

其优点：一是该公式计算方法简单，在龄级结构不均匀的情况下，面积轮伐法(即区划轮伐法)是调整龄级结构较为简单方法之一。二是应用此公式能在一个轮伐期内采取一次调整的方法，经过一个轮伐期后，使各龄级的森林面积保持相等，为实现永续利用创造条件。

其缺点：一是只考虑了经营面积，而没有考虑具体龄级结构，在龄级结构极端不均匀时，难以用此法在一个轮伐期内将现实林调整为理想的森林结构，即在轮伐期内实现一次调整，会造成生长量和蓄积量的大量损失。因为一次调整的结果，往往要采伐未达到成熟龄的幼、中龄林或使现有成、过熟林超过自然成熟龄时采伐。二是没有考虑林况和立地条件不同而引起单位面积、蓄积量的变化。因此，按此公式计算的结果，必然会引起年伐蓄积的不平衡。

适用范围：此公式较适用于成、过熟林占优势的原始天然林。不适用于幼中龄林占优势的经营单位。

②按林龄公式计算年伐量　按林龄公式计算年伐量是按面积调整龄级结构的一个重要公式。此公式在计算年伐量时，除了将成、过熟林纳入计算范围外，还考虑了近熟林，甚至中龄林的一部分。其目的是在2~3个龄级期间，使采伐量保持相对稳定。

林龄公式的计算期是2~3个龄级期，根据计算期的长短分为第一林龄公式和第二林龄公式两种方法。

**第一林龄公式**　以2个龄级期去除成、过熟林和近熟林面积。年伐量的计算公式为：

$$年伐面积 = \frac{成、过熟林面积 + 近熟林面积}{2个龄级的年数} \tag{0-21}$$

$$年伐蓄积 = 年伐面积 \times 成、过熟林平均每公顷蓄积量$$

此公式计算的数值表示年伐量在2个龄级期间保持均衡，它不是按整个轮伐期来调整龄级结构的方法。

此公式的优点，一是把近熟林纳入年伐量的计算。现有的近熟林经过1个龄级期后将全部进入成熟林，因而实际的采伐对象只能是成熟林。二是2个龄级期内年伐量相等。

当经营单位内成、过熟林和近熟林的面积相差悬殊时，利用第一林龄公式计算采伐量不可避免要出现以下情况：第一，当成熟林少，而近熟林多时，在经理期内成熟林资源不够采伐，就会将一部分近熟林过早的采伐掉；第二，当成、过熟林所占比重相当大时，在2个龄级期的末年，现有过熟林将超过自然成熟龄，从而造成森林资源腐朽的损失和降低木材经济价值。

【例0.8】　某林场白桦经营类型主伐年龄为60年，10年为一个龄级，各龄级的面积和蓄积量分配情况见表0-20。

表 0-20　白桦经营类型各龄级面积和蓄积分配表

| 龄　级 | 龄　组 | 平均年龄 | 面积/$hm^2$ | 蓄积量/$m^3$ |
|---|---|---|---|---|
| Ⅰ | 幼龄林 | 5 | 153 | 2840 |
| Ⅱ | 幼龄林 | 15 | 225 | 7280 |
| Ⅲ | 中龄林 | 25 | 301 | 28 940 |
| Ⅳ | 中龄林 | 35 | 108 | 6970 |
| Ⅴ | 近熟林 | 45 | 131 | 18 590 |
| Ⅵ | 成熟林 | 55 | 273 | 46 530 |
| Ⅶ以上 | 成(过)熟林 | 70 | 338 | 61 300 |
| 合计 | | | 1529 | 172 450 |

则：

$$年伐面积 = \frac{338 + 273 + 131}{2 \times 10} = 37.1(hm^2)$$

按表 0-20 数据，其成、过熟林(或称利用资源)平均每公顷蓄积量为：

$$成过熟林平均每公顷蓄积量 = \frac{46\,530 + 61\,300}{273 + 338} \approx 176(m^3 \cdot hm^{-2})$$

所以：年伐蓄积 $= 37.1 \times 176 \approx 6530(m^3)$

**第二林龄公式**　是将中龄林、近熟林和成、过熟林总面积被 3 个龄级期除。其计算公式如下：

$$年伐面积 = \frac{中龄林面积 + 近熟林面积 + 成熟林面积 + 过熟林面积}{三个龄级期的年数} \tag{0-22}$$

$$年伐蓄积 = 年伐面积 \times 成、过熟林平均每公顷蓄积量$$

式中的中龄林若包括 2 个以上龄级时，只取其靠近近熟林的一个龄级纳入计算范围。

第二林龄公式的目的是在更长的时间内使采伐量保持稳定。如果以 20 年为一个龄级期，则将保持在 60 年内采伐量实现相对稳定。这对大型木材加工企业的原料基地是十分必要的，同时又能达到调整龄级结构的目的。

仍以表 0-20 的数据为例，第二林龄公式计算年伐量为：

$$年伐面积 = \frac{108 + 131 + 273 + 338}{3 \times 10} \approx 28.3(hm^2)$$

$$年伐蓄积 = 28.3 \times 176 = 4980.8(m^3)$$

③按成熟度计算年伐量　在生产中，一般是通过采伐成熟林以上的林分来满足木材利用的需要，而不采伐未成熟的林分。同时，不使成熟林过渡为过熟林以免生长量和木材工艺价值降低。

此公式的出发点是在一个龄级期间采伐完现有的成、过熟林资源。其计算公式如下：

$$年伐面积 = \frac{成熟林面积 + 过熟林面积}{一个龄级的年数} \tag{0-23}$$

$$年伐蓄积 = \frac{成熟林蓄积 + 过熟林蓄积}{一个龄级的年数}$$

按成熟度公式计算的年伐量是说明在一个龄期内每年采伐成熟林的数量。

此公式考虑的范围较窄，它只考虑现有的成、过熟林资源的及时利用，没有顾及成熟林以下后备资源的多少。

当龄级结构比较均匀的经营单位，在一个龄级期间采完成熟林后，将有相应面积的近熟林进入成熟林，到下一个龄级期又有成熟林可采，从而可以保持年伐量的相对稳定。

当经营单位的龄级不均匀时，应用此式计算值进行采伐，就将产生轮伐期内年伐量的波动。例如，当成、过熟林占优势时，应用成熟度公式计算的年伐量，将在 10 年或 20 年内采伐掉占比重很大的成、过熟林资源。这样虽然可及时利用成、过熟林资源，但如果缺少后备资源，将造成下一龄级期间采伐量骤降。相反，如果经营单位内的近熟林与幼、中龄林比成熟林增加几倍时，则在下一个龄级期的采伐量将大大增加。这种现象显然不利于永续利用。

仍以表 0-20 为例，其年伐量为：

$$年伐面积 = \frac{273 + 338}{10} = 61.1(\text{hm}^2)$$

$$年伐蓄积 = \frac{46\ 530 + 61\ 300}{10} = 10\ 783(\text{m}^3)$$

④按各龄级面积分配计算　原民主德国在 1970 年修订的森林经理规程中提出按各龄级面积分配计算年伐量的公式，受到其他国家的重视。其计算公式如下：

$$f_{01} = \frac{1}{n}\left[f_{11} + \frac{1}{2}(f_{11} + f_{21}) + \frac{1}{3}(f_{11} + f_{21} + f_{31}) + \cdots + \frac{1}{n}(f_{11} + f_{21} + f_{31} + \cdots + f_{n1})\right] \tag{0-24}$$

式中　$n$——以 10 年为单位的轮伐期(如轮伐期为 60 年，则 $n=6$)；

$f_{01}$——最近 10 年的总采伐量(面积)；

$f_{11}$——龄级表中最大龄级的有林地面积；

$f_{21}$——比最大龄级小一龄级的有林地面积；

$f_{n1}$——龄级表中最小龄级的有林地面积，$n=1, 2, 3, \cdots$。

$$年伐面积 = \frac{f_{01}}{10}$$

$$年伐蓄积 = 年伐面积 \times 成、过熟林平均每公顷蓄积量$$

按本式计算的年伐量实施采伐，其龄级结构经过整个轮伐期调整后可以过渡到均匀的状态上来。

仍以表 0-20 为例，设更新期为 0，轮伐期 $u=60$(主伐年龄)，则 $n=6$。

$$F = \frac{1}{6}\Big[338 + \frac{1}{2}\times(338+273) + \frac{1}{3}\times(338+273+131) + \frac{1}{4}\times(338+273+131+108) + \frac{1}{5}\times(338+273+131+108+301) + \frac{1}{6}\times(338+273+131+108+301+225) + \frac{1}{7}\times(338+273+131+108+301+225+153)\Big]$$

$$\approx 296.9(\text{hm}^2)$$

则：年伐面积 $=296.9/10=29.69(\text{hm}^2)$

年伐蓄积 $=29.69\times176\approx5225.4(\text{m}^3)$

⑤按林况计算年伐量　上述方法计算年伐量时主要根据林龄，即以较老龄级的林分作为采伐对象。按林况计算年伐量是一种特殊形式。列入按林况计算的采伐对象，并不考虑是否达到主伐年龄，而是按森林经营的要求，及时采伐那些卫生状况不良的林分。

采伐对象包括：林分平均年龄已超过自然成熟龄的过熟林；小班内林木已遭严重病虫害，并防治无效，需要及时采伐利用的林分；林木遭受乱砍滥伐，林相残破，生长量低的。

在小班调查时，应在小班调查卡中注明"按林况采伐"。内业汇总时，根据大部分小班的卫生状况确定一个采伐期限。其计算公式如下：

$$年伐面积=\frac{\sum f}{a} \tag{0-25}$$

$$年伐蓄积=\frac{\sum M}{a}$$

式中　$\sum f$——按林况需进行采伐的小班面积之和；

$\sum M$——按林况需进行采伐的小班蓄积之和；

$a$——采伐期限。

在过熟林或正遭大面积病虫害侵袭的林区，为了能正确判断按林况需要采伐的小班，在外业调查开始时需要有统一标准。

以上几种公式都是先计算年伐面积，然后再根据年伐面积和成、过熟林平均每公顷蓄积量来推算年伐蓄积。

但在现实林中，同一经营类型(作业级)中小班蓄积不仅与年龄有关，还与疏密度及立地质量等有关。如果每年仅按年伐面积拨交伐区，实际采伐所得年伐蓄积必然与计算的年伐蓄积不等。

**(2)材积控制法**

从经营要求来看，是期望通过面积来调整龄级结构，所以面积是主要调整对象，但从木材生产来看，则是要按采伐蓄积完成生产任务，因此需要结合材积控制法进行年伐量的计算。

应用材积控制法是弥补面积控制法中年伐蓄积不稳定的欠缺。其主要特点是期望在轮伐期间有等量年伐材积，并用材积控制年伐面积。

采用材积控制法，影响年伐量计算的主导因子是现实林的蓄积量与生长量。

以下介绍几种有代表性的计算公式：

①按法正蓄积计算年伐量　根据法正林理论，法正蓄积量为 $V_n=\frac{UZ\cdot U}{2}$，其中 $U$ 为轮伐期，$UZ$ 为经营单位内达到主伐年龄时的林分蓄积量，即相当于该经营单位的年生长量。在法正林条件下，年伐量应等于年生长量。所以，法正年伐量 $E_N=UZ=\frac{2V_n}{U}$。

**曼德尔(Mantel)公式**　1852年德国学者曼德尔(V. Mantel)把法正蓄积($V_n$)用现实蓄积($V_w$)代替。

$$年伐蓄积=\frac{2V_w}{U} \tag{0-26}$$

式中 $V_w$——现实林各龄级蓄积之和；

$U$——轮伐期。

$$年伐面积=\frac{年伐蓄积}{成、过熟林平均每公顷蓄积量}$$

本公式适用于龄级结构均匀的经营单位。由于该公式计算简单，常用为粗略计算年伐量之用。该公式的缺点是没有考虑龄级分配情况和林况。

当经营单位内龄级结构不均匀时，应用该公式要注意2点：

第一，当成、过熟林占优势时，其总蓄积量大于龄级分配均匀时的总蓄积量，如再以2倍的 $V_w$ 计算年伐量时，其结果必然偏大；

第二，当幼、中龄林占优势时，如按此式所得出的年伐量进行采伐，就会采伐未达成熟的林分。

因此，此式不适于幼、中龄林占优势的经营单位。

根据表0-20的数据，采用此公式计算其年伐量为：

$$年伐蓄积=\frac{2\times 172\ 450}{60}\approx 5748(\mathrm{m}^3)$$

$$年伐面积=\frac{5748}{176}\approx 32.7(\mathrm{hm}^2)$$

**兰多利特(Landoridt)公式** 当成、过熟林占优势时，为了避免出现计算结果偏大，兰多利特(Landoridt)提出一个修正公式。

$$年伐蓄积=\frac{经营单位现实林总蓄积}{0.6\times 轮伐期} \tag{0-27}$$

$$年伐面积=\frac{年伐蓄积}{成、过熟林平均每公顷蓄积量}$$

式中，0.6为修正系数，依此避免按年伐蓄积 $=\frac{2V_w}{U}$ 公式计算产生的偏大的现象。例如，根据表0-20的数据，其年伐量为：

$$年伐蓄积=\frac{172\ 450}{0.6\times 60}\approx 4790(\mathrm{m}^3)$$

$$年伐面积=\frac{4790}{176}\approx 27.2(\mathrm{hm}^2)$$

②按平均生长量计算的年伐量 此法最初是由德国学者马尔丁(K. L. Martin)于1836年提出，所以也称马尔丁法。其理论根据来源于法正林理论，在经营单位内龄级结构调整到均匀分配的状态时，使其收获量等于各林分的连年生长量，即用生长量来控制采伐量，以实现经营单位的永续利用。

但在实际工作中，对大面积的森林难以测定其连年生长量，马尔丁提出用各龄级平均生长量之和代替各林分的连年生长量之和(即计算平均生长量代替连年生长量)以求其近似值。则年伐量等于各龄级平均生长量之和。

$$\begin{aligned}年伐蓄积&=\frac{m_1}{a_1}+\frac{m_2}{a_2}+\frac{m_3}{a_3}+\cdots+\frac{m_n}{a_n}\\&=Z_1+Z_2+Z_3+\cdots+Z_n\end{aligned}$$

$$= \sum Z \tag{0-28}$$

式中 $m_1$，$m_2$，…，$m_n$——各龄级的蓄积量；

$a_1$，$a_2$，…，$a_n$——各龄级的平均年龄；

$z_1$，$z_2$，…，$z_n$——各龄级的平均生长量。

$$年伐面积 = \frac{年伐蓄积}{成、过熟林平均每公顷蓄积量}$$

如果第Ⅰ龄级没有蓄积量时，针叶树第Ⅰ龄级每公顷平均生长量可按Ⅱ龄级的60%计算；阔叶树可按80%计算。

按生长量控制采伐量原理所计算的年伐量实际应是包括经营单位内间伐和主伐2种消耗量。

在考虑主伐时，采伐对象只是成、过熟林林分。相当于平均生长量总和的年伐蓄积只能从采伐成熟林以上的林分中取得，所以要根据成、过熟林平均每公顷蓄积量计算出平均生长量控制的年伐面积。

仍以表0-20的数据为例，其年伐量为：

$$年伐蓄积 = \frac{2840}{5} + \frac{7280}{15} + \frac{28\,940}{25} + \frac{6970}{35} + \frac{18\,590}{45} + \frac{46\,530}{55} + \frac{61\,300}{70}$$

$$\approx 4545(\mathrm{m}^3)$$

$$年伐面积 = \frac{4545}{176} \approx 25.8(\mathrm{hm}^2)$$

用此式计算年伐量有以下不足：

第一，上述根据龄级表所计算的数值并不是经营单位内各林分真正的平均生长量，因为这个平均生长量并不包括自然稀疏的枯损量和各种间伐量，它仅是计算现实林各龄级平均生长量而得的数值，因而它是一个比实际生长量偏小的数值。

第二，当经营单位龄级分配不均匀时，按平均生长量来控制采伐量就不能满足经营要求。

例如，当经营单位成、过熟林占优势时，按经营利用要求应当及时采伐利用这些成、过熟林资源，因为当成、过熟林占优势时，无论是平均生长量或连年生长量都处于下降趋势。因此如按数值不大的平均生长量来确定年伐量，就会引起成、过熟林资源继续积压，从而造成自然枯损量和病腐率增加。显然在此情况下年伐量应高于平均生长量。

反之，如果幼、中龄林占优势时，由于幼、中龄林生长旺盛，而使平均生长量数值相当高，但因缺少成熟林，如按平均生长量确定年伐量，就会在短期内采伐完目前仅有的少量成熟林，甚而会采伐未成熟的林分。很明显，在这种情况下年伐量应低于平均生长量。

综上所述，此式计算年伐量，只适于按龄级分配均匀的经营单位。

我国《森林法》中明确规定："以县或者国营林业局为单位计算，每年的森林采伐量不得超过生长量。"经过长期努力，在调整森林的龄级结构以后，按生长量确定采伐量就可以保证实现森林的永续利用。所以它是常用的一种确定采伐量方法。

**③按蓄积量结合生长量计算年伐量** 用生长量来控制采伐量是一种合理的方法。但当经营单位内龄级分配不均匀时，用生长量计算采伐量不可避免地出现某些缺欠，为了改进上述弊病，在计算采伐量时，应综合考虑生长量和蓄积量两方面的因素。

现将有关公式分述如下：

**较差法** 此法最早(1788)出现于奥地利，称为卡曼拉尔塔克善(Kameraltaxe)法，后经海耶尔(C. Heyer)修改，所以又称海耶尔公式。较差法是以现实林蓄积量、生长量与法正蓄积的关系为基础计算年伐量。

$$年伐蓄积 = Z_W + \frac{V_W - V_N}{a} \tag{0-29}$$

式中 $Z_W$——现实林平均生长量；

$V_W$——现实林蓄积量；

$V_N$——法正蓄积量；

$a$——调整期。

$$年伐面积 = \frac{年伐蓄积}{成、过熟林平均每公顷蓄积量}$$

此公式的出发点是经过一定的调整期，将现实林蓄积调整为法正蓄积。为达到调整的目的，年伐量以现实林生长量为基础确定。

a. 当现实林蓄积与法正蓄积相等时，即 $V_W = V_N$，则 $E_W = Z_W$，年伐蓄积 = 现实林生长量。

b. 当成、过熟林占优势时，有 $V_W > V_N$，则 $E_W = Z_W + \frac{V_W - V_N}{a}$，年伐蓄积 > 现实林平均生长量。将数值为 $V_W - V_N$ 这一部分蓄积于调整期 $a$ 年间平均分配采伐，以导向法正蓄积。

c. 当幼、中林占优势时，有 $V_W < V_N$，$E_W = Z_W - \left|\frac{V_W - V_N}{a}\right|$，年伐蓄积 < 现实林平均生长量，以便积累蓄积，导向法正蓄积。

海耶尔公式的优点是说明了经营单位内采伐量、蓄积量和生长量之间的相互关系；而且此式简单，适用于皆伐作业的同龄林和择伐作业的异龄林。其缺点是在实际工作中确定经营单位的年平均生长量存在困难；另外，现实平均生长量的计算方法没有包括枯损量和间伐量，因而其计算值比实际值偏小，所以计算结果比较粗略。

**【例 0.9】** 某经营单位成、过熟林占优势，其年平均生长量为 $6200m^3$，现实林总蓄积为 $300\,000m^3$，当现实林龄级结构调整后总蓄积为 $200\,000m^3$，预定调整期为 40 年，成、过熟林平均每公顷蓄积为 $235m^3$。则：

$$年伐蓄积 = 6200 + \frac{300\,000 - 200\,000}{40} = 8700(m^3)$$

$$年伐面积 = \frac{8700}{235} \approx 37(hm^2)$$

**数式平分法** 此法最初由日本和田国次郎(1910)提出，所以也叫和田式。1957 年以前，在日本国有林中曾广泛应用。其计算公式为：

$$年伐蓄积 = \frac{V_W}{u} + \frac{Z_W}{2} \tag{0-30}$$

式中 $V_W$——经营单位现实总蓄积；

$Z_W$—— 各龄级平均生长量之和；

$u$——轮伐期。

$$年伐面积 = \frac{年伐蓄积}{成、过熟林平均每公顷蓄积量}$$

仍按表 0-20 的数据，则其采伐量为：

$$年伐蓄积 = \frac{172\ 450}{60} + \frac{4545}{2} \approx 5147(m^3)$$

$$年伐面积 = \frac{5147}{176} \approx 29.2(hm^2)$$

此公式适用于成、过熟林及需要改造的林分占优势的原始天然林。它是在一个轮伐期内尽量延长利用蓄积的采伐年限，以实现森林永续利用。但此式没有考虑现实林的林况和龄级结构。

以上一些对同龄林计算年伐量的公式应结合森林资源的具体情况而选定。最终分析论证确定的年伐量可能不与任何公式计算的年伐量一致，但不应小于按林况计算的年伐量数值，以防止木材质量的下降，同时应注意使资源数量、质量上升，维护生态平衡。

### 0.2.7.2 异龄林年伐量的计算

在复层异龄林中，一般采用择伐作业，采伐后仍形成异龄林。择伐作业有粗放择伐与集约择伐，两者采取不同的作业方式，其经济意义、林学技术措施和经营要求都存有很大差异。因此，这两种作业方式在年伐量的计算方法上亦不同。

#### (1)粗放择伐作业年伐量的计算

粗放择伐作业只是采伐伐区上具有一定径级大小的林木，又称径级择伐。因经营条件不同，粗放择伐采伐量计算方法有以下 2 种：

①按择伐周期和平均每公顷择伐量计算　径级择伐只是采伐合乎经营目的要求的一定径级范围内的林木，其择伐量的多少取决于择伐的胸径范围内的株数、同一林地再次出现择伐径级范围的择伐周期以及实行择伐作业的面积和带状标准地每木调查材料等。这种年伐量以林木株数代替面积，以径级代替年龄。相关公式如下：

$$采伐株数 = \frac{择伐起始胸径以上株数之和}{择伐周期} \times 粗放择伐作业的林地面积$$

$$采伐蓄积 = \frac{平均每公顷择伐蓄积}{择伐周期} \times 粗放择伐作业的林地面积$$

$$采伐面积 = \frac{采伐蓄积}{平均每公顷择伐蓄积} = \frac{粗放择伐作业的林地面积}{择伐周期} \tag{0-31}$$

**【例 0.10】** 某经营单位实行粗放择伐作业的林地面积为 $2680hm^2$，确定的择伐周期为 30 年，规定择伐起始胸径为 32cm，根据带状标准地每木调查材料，平均每公顷林木株数、蓄积量按径级分配见表 0-21。

表 0-21 经营单位每公顷株数、蓄积按径级分配表

| 项 目 | 径 级/cm | | | | | | | | |
|---|---|---|---|---|---|---|---|---|---|
| | 16 | 20 | 24 | 28 | 32 | 36 | 40 | 44 | 合计 |
| 平均每公顷株数 | 144 | 126 | 96 | 68 | 50 | 32 | 18 | 8 | |
| 平均材积 | | | | | 0.99 | 1.29 | 1.62 | 1.99 | |
| 平均每公顷蓄积 | | | | | 49.5 | 41.28 | 29.16 | 15.92 | 135.86 |

**年伐株数** 将起始胸径(32cm)以上的株数合计后除以择伐周期，乘以粗放择伐作业的林地面积。即

$$\text{年伐株数 } N = \frac{50+32+18+8}{30} \times 2680 = 9648(\text{株})$$

**年伐蓄积** 在求得择伐周期和平均每公顷择伐蓄积量后，径级择伐年伐量可按下式计算，即

$$\begin{aligned}\text{年伐蓄积} &= \frac{\text{平均每公顷择伐蓄积}}{\text{择伐周期}} \times \text{粗放择伐作业的林地面积} \\ &= \frac{135.86}{30} \times 2680 \\ &\approx 12\,137(\text{m}^3)\end{aligned}$$

**年伐面积** 用年伐蓄积除以平均每公顷择伐蓄积。即

$$\begin{aligned}\text{年伐面积} &= \frac{\text{年伐蓄积}}{\text{平均每公顷择伐蓄积}} \\ &= \frac{12\,137}{135.86} \\ &\approx 89.3(\text{hm}^2)\end{aligned}$$

择伐年伐面积也可以按下式计算：

$$\begin{aligned}\text{年伐面积} &= \frac{\text{粗放择伐作业的林地面积}}{\text{择伐周期}} \\ &= \frac{2680}{30} \\ &\approx 89.3(\text{hm}^2)\end{aligned}$$

此法的优点是计算方法比较简单。但它的缺点是没有考虑在择伐周期内各采伐径级林木生长量、自然枯损量以及小径木进入采伐径级的株数，因此缩小了采伐量，同时平均每公顷择伐蓄积是一个平均数，由于各小班的立地条件和林相不同，如按年伐面积进行采伐，则实际采伐蓄积量与年伐面积很难一致。所以这种计算方法是粗放的。

②按小班法计算粗放择伐年伐量 方法是：

a. 从调查簿中选出可以列入择伐的成、过熟林与近熟林小班。

b. 对每个择伐小班按林况、坡度、疏密度、水土保持作用、年龄结构、蓄积量等分别确定择伐强度和择伐量。则

$$\text{年伐面积} = \frac{\text{经营单位择伐小班面积合计}}{\text{择伐周期}} \tag{0-32}$$

$$年伐蓄积 = \frac{经营单位择伐小班蓄积合计}{择伐周期}$$

为了便于提高工效，可事先编制各树种的不同年龄、疏密度、坡度级的择伐强度和择伐蓄积的辅助用表。

实行采育择伐作业时，其年伐量的计算也可采用此法。

**(2)集约择伐作业年伐量的计算**

集约择伐是在经营强度较高的用材林或防护林中采用。它包括单株择伐、经营择伐或群状择伐，适用于复层异龄林，采伐后仍形成异龄林。这种择伐有利于天然更新，有利于保留木的生长和材质的提高，并能改善林况和树种组成。它不受林木的直径和年龄大小的限制。其计算方法有：

①*小班法* 在各个小班内现地目测或实测可以择伐的林木蓄积量，而不是采用小班的总蓄积量。

$$年伐蓄积 = \frac{可择伐蓄积合计}{规划期} \tag{0-33}$$

$$年伐面积 = \frac{可择伐面积合计}{规划期}$$

②*检查法* 检查法的基本思想是在异龄林中各径级的蓄积保持一定的比例，以获得目的树种最大生长量和优良材种。为达此目的，用经营单位的材积连年生长量来调整或控制采伐量。

方法是：定期地对全林进行每木调查，调查各径级株数和全林蓄积量，用前后两次调查结果，计算其连年生长量。

$$Z = \frac{M_2 - M_1 + C}{a} \tag{0-34}$$

式中 $Z$——经营单位的连年生长量；

$M_2$——经营单位本次调查的蓄积量；

$M_1$——经营单位上次调查的蓄积量；

$A$——两次调查的间隔期；

$C$——间隔期内的利用量。

应用这种方法计算择伐年伐量，必须做到连年或定期进行生长量调查和在间隔期内利用量的确定。这种方法外业工作量大，而且要求严格，在实际工作中有一定困难。如果经营集约度较高或经营珍贵树种时，采用连年生长量来调节采伐量还是值得提倡的。近年来，随着生产的发展和调查技术的不断进步，在大面积森林资源调查中已广泛采用抽样调查和固定样地的连续清查体系，使测定连年生长量变为可能，因而这种计算方法逐渐在生产中得到采用。

③*施耐德(Schneider)公式* 本法是生长量法的一种，因采用施耐德公式计算生长率，又称为施耐德法。方法如下：

a. 用每木调查或标准地法调查蓄积量($V_W$)；

b. 在标准地内分别对树种和径阶选取平均标准木，其胸径为 $D$；

c. 用生长锥在标准木胸径处钻取木芯(或砍口)计算去皮直径 1cm 内的年轮数目($n$)；

d. 计算材积生长率($P_V$)

$$P_V = \frac{K}{nD}$$

式中 $K$——表示树高生长能力强弱的系数，一般 $K$ 取 400 ~ 800。

e. 将上式计算而得的材积生长率 $P_V$，扣除枯损率，即得净生长率 $P$；

f. 年伐量等于现实林连年生长量，则年伐量为：

$$\begin{aligned} E_W &= Z_W \\ &= V_W \times P \end{aligned} \quad (0\text{-}35)$$

本法精度取决于 $K$ 值的确定。如果 $K$ 值判断不准，计算材积生长率将有较大偏差，特别是在复杂的异龄林结构中选择标准木较困难。在实际工作中，要通过对大量标准地调查研究，掌握其规律性，才能取得较好结果。

在择伐作业中，所确定的总采伐量以不破坏森林的防护作用为原则。采伐后的林分郁闭度不应低于现行森林经理规程或采伐规程的规定，否则应当降低采伐量。

以上所述同龄林和异龄林主伐年伐量计算只把有林地的面积和蓄积纳入了计算范围，并不包括疏林、散生木、母树等资源。而在实际生产中，这些资源在整个森林资源中还占有一定的比例，为提高森林生产力，应该将这部分林木进行合理采伐利用，对这部分林木的采伐利用称为补充主伐。补充主伐采伐量的计算方法较为简单，即

$$\text{疏林年伐面积} = \frac{\text{需要采伐疏林面积}}{\text{采伐期限}} \quad (0\text{-}36)$$

$$\text{疏林年伐材积} = \frac{\text{需要采伐疏林材积}}{\text{采伐期限}}$$

$$\text{散生木年伐量} = \frac{\text{指定采伐的各小班内散生木蓄积之和}}{\text{采伐期限}} \quad (0\text{-}37)$$

$$\text{母树年伐量} = \frac{\text{需要采伐的母树林蓄积}}{\text{采伐期限}} \quad (0\text{-}38)$$

### 0.2.7.3 抚育间伐年伐量的计算

对实行皆伐作业的经营单位，在主伐以前进行抚育性质的采伐利用称为抚育采伐，或称抚育间伐。

抚育采伐是一种森林经营措施，其主要目的是促进林木生长，调整林木组成，缩短培育期限，提高林木质量和单位面积产量，改善林内卫生状况，增强和发挥森林的多种有益效能。同时，它也是一种利用木材的手段，主伐前通过合理抚育采伐，其采伐量可以达到林分木材总产量的 50% ~60%。在林分生长发育过程中，由于林木分化和自然稀疏，必然有一部分林木逐渐衰弱而成枯立木。间伐利用就是及时利用这一部分中小径材。只要合理控制间伐强度，就完全能增加单位面积上木材总利用量，因此，应当重视间伐利用。

用材林的抚育采伐分透光抚育和生长抚育 2 种，前一种适用于幼龄林，后一种适用中龄林和近熟林。在幼龄林中实行透光抚育，主要目的是培育森林，而不是取得木材，只有在中龄林和近熟林实行生长抚育时，才能取得中、小径材，所以只能把较高龄级和达到一定郁闭度的林分作为确定抚育采伐的对象。

在计算抚育采伐年伐量时，要考虑以下 4 个因素：抚育采伐开始期；采伐强度；间隔

期；需要进行抚育采伐的面积。

从林学观点来看，抚育开始时期宜早，采伐强度宜小，间隔期宜短，具体实施时要根据经营单位的经济条件和经营强度的高低慎重考虑，以便为计算间伐量提供依据。

间伐量的计算应根据林种区、经营类型，按龄级、郁闭度统计需要确定各类抚育采伐的面积，从而最终确定抚育采伐强度和间隔期，计算总抚育采伐量。其计算方法为：

$$间伐面积=\frac{某种间伐总面积}{间隔期} \tag{0-39}$$

$$间伐蓄积=间伐面积\times平均每公顷蓄积量\times采伐强度$$

### 0.2.7.4 卫生采伐年伐量的计算

卫生采伐的目的是改善森林卫生状况，防止病虫害蔓延，促进林木生长。

卫生采伐的对象是：

①各种受过病虫害和其他自然或人为危害，林木濒死，林内卫生状况不良的林分；

②调查记载有“采伐”字样的林分。

这些树木或林分如不及时伐除，不仅要损失一部分蓄积量，而且还将危及邻近生长正常的林分。但凡是在主伐范围内已列入按林况公式计算或在抚育间伐时已同时伐除的，都不应再纳入卫生采伐量的计算范围。

卫生采伐可以采取卫生皆伐或卫生择伐的方式。一般卫生择伐后的林分郁闭度不宜低于0.5。

其总面积和应采伐林木的总蓄积是在森林资源清查时根据林分的卫生状况和经济条件确定，并结合经营条件，确定尽可能短的采伐年限(一般在5年以内)，其计算公式为：

$$卫生采伐年伐面积=\frac{需要进行卫生采伐的总面积}{采伐年限} \tag{0-40}$$

$$卫生采伐年伐蓄积=\frac{需要进行卫生采伐的总蓄积}{采伐年限}$$

### 0.2.7.5 更新采伐年伐量的计算方法

更新采伐的对象，是各种防护林和需要采伐的一些经济林、特种用途林。更新采伐的任务是改善林况，增强防护作用和充分发挥森林的多种效益。

需要进行更新采伐的林分，根据林种和经营目的不同，可以按防护成熟龄、更新成熟龄、自然成熟龄等为采伐年龄。

更新采伐量可按下列方法计算：

①按调查记载，统计有“采伐”字样的林分面积和蓄积，分别除以采伐年限，即得年伐面积和蓄积。

②成、过熟林分的面积、蓄积除以采伐年限。要从防护成熟的观点出发，凡是年龄很高，防护性能已明显减弱或开始丧失的林分，应及时采伐。

③按林分的平均生长量计算年伐量。更新采伐一般应用择伐方式。为了更替树种或在不破坏防护作用的前提下，也可采用其他采伐方式。但必须明确，计算更新采伐年伐量，不是为了满足对木材的需要，而是为了保证发挥更大的森林防护作用。

### 0.2.7.6 低产林改造采伐量的计算方法

林分改造的目的是将劣质低产的林分改变成为优质高产的林分。林分改造需根据林分的特点和当地经济条件来确定。通常下列情况的林分被列为改造对象：

①树种组成不符合经营要求的林分；

②郁闭度在0.2以下的疏林地；

③经过多次破坏性采伐，无培养前途的残林；

④生长衰退的多代萌生林；

⑤遭受严重火灾、风灾、雪灾以及病虫等自然灾害的林分；

⑥生产力过低的林分。

其年伐量的计算方法为：

$$\text{年伐面积} = \frac{\text{需要进行林分改造采伐的总面积}}{\text{采伐年限}} \tag{0-41}$$

$$\text{年伐蓄积} = \frac{\text{需要进行林分改造采伐的总蓄积}}{\text{采伐年限}}$$

## 自测题

### 一、名词解释

森林资源　森林资源经营管理　林业可持续发展　森林永续利用　林业分类经营　森林分类经营　森林生态系统经营　平分法　法正林　检查法　完全调整林

### 二、填空题

1. 森林直接资源是指________、________、________、________、________林中的非生物资源。
2. 森林间接资源主要是指由于森林的存在而产生的环境、________、________、________、________等资源及其所伴生的资源。
3. 森林资源的作用与效益主要有生态保护、木材产品和林副产品、________、________、________、________、最大的生物量生产地、主要的碳储库等。
4. 中国森林资源的主要特点有资源类型多、________、________、________、________、人工林多，质量不高等。
5. 我国森林资源管理的主要内容包括________、________、________。
6. 法正林的 4 个条件是指________、________、________、________。
7. 毕奥莱确定的检查法森林经营原则是________、________、________。
8. 森林永续利用的内部条件主要指________、________。
9. 森林有续利用的外部条件是指经济、________、________、________、________等方面的条件。
10. 林业分类是将森林五大林种相应划分为________和________两大类。
11. 林地管理的主要内容包括________和________。
12. 林木资源是指________的树木，包括利用木材的树木和利用果、叶、茎、根等非木材的树木。

### 三、选择题

1. 检查法的森林经营原则是(　　)
   A. 尽可能多的持续生产　　B. 用尽可能少的资料进行生产
   C. 尽可能生产最好的材种　　D. 以上都是
2. 属于森林直接资源的是(　　)
   A. 林中的非生物资源　　B. 森林旅游观赏资源
   C. 森林文化资源　　D. 森林产生的气候资源
3. 森林的效益有(　　)
   A. 生产木材　　B. 提供能源
   C. 文化旅游　　D. 以上都是
4. 中国森林资源的特点是(　　)
   A. 森林结构合理　　B. 资源总量多，人均多
   C. 森林结构不合理　　D. 人工林多，质量高
5. 我国森林资源管理的主要内容是(　　)
   A. 基础管理　　B. 利用管理

C. 监督管理　　D. 以上都是

6. 法正生长量的数字等于(　　)

A. $Zu$　　B. $mu$

C. $u$　　D. $uP$

7. 检查法在森林调查是(　　)

A. 不定期调查森林　　B. 测树高

C. 基本区划单位是林班，无小班区划　　D. 材积计算使用二元材积表

8. 完全调整林的特点是(　　)

A. 不强调法正生长量，但必须大于法正生长量

B. 蓄积量水平取决于经营水平，但必须是最大的

C. 各龄级完全相等

D. 可以是同龄林，也可以是异龄林

**四、判断题**

1. 平分法主要适用于阔叶薪炭林。(　　)
2. 法正龄级分配是指各龄级的面积相等。(　　)
3. 法正林的皆伐方向与害风方向相同。(　　)
4. 法正生长量等于最老林分的蓄积量。(　　)
5. 完全调整林各龄级面积必须完全相等。(　　)
6. 所有的法正林都是调整林，但并非所有的调整林都是法正林。(　　)
7. 林业分类经营是将森林五大林种相应划分为生态公益林和商品林两大类。(　　)
8. 公益林实行政府投入，社会受益的原则。(　　)
9. 商品林可以依法承包、转让、抵押。(　　)
10. 森林经营管理是对林木资源和林地资源的管理。(　　)

**五、简答题**

1. 从广义的角度理解，森林资源包括哪些内容?
2. 森林资源有哪些作用和效益?
3. 简述中国森林资源的特点。
4. 何为林业分类经营? 何为森林分类经营? 二者有何联系与区别?
5. 简述林地管理的职责。
6. 简述林地管理的特征。
7. 简述林地保护和利用管理的内容。

## 自主学习资源库


1. 亢新刚 . 2002. 森林资源经营管理学 . 4 版 . 北京：中国林业出版社 .
2. 王巨斌 . 2002. 森林经理 . 北京：高等教育出版社 .
3. 姚昌恬 . 2002. WTO 与中国林业 . 北京：中国林业出版 .
4. 张力 . 2003. 林业政策与法规 . 北京：中国林业出版社 .
5. 刘成林，余国宝 . 2001. 森林资源管理概论 . 北京：中国林业出版社 .
6. 陈启元 . 2009. 森林经营类型划分与经营措施差异的探讨 . 森林工程(1)：19－22.
7. 郭群，陈亚非 . 2010. 浅谈中国森林可持续经营 . 经营管理(6).
8. 牛美玲 . 2010. 浅析森林可持续经营 . 内蒙古林业调查设计(6).

# 项目1

# 森林区划

任务1.1　森林分类及林种确定
任务1.2　林班区划
任务1.3　小班区划
任务1.4　组织森林经营类型

森林区划是对森林资源进行空间秩序的合理安排，是针对调查规划、行政管理、资源经营管理以及组织林业生产措施的需要而进行的，是森林资源经营管理工作的重要内容之一。本项目分为森林分类及林种确定、林班区划、小班区划、组织森林经营类型4项任务。

## 知识目标

1. 了解森林分类、林业区划、森林区划、小班经营法和组织经营类型的内涵。
2. 掌握区划小班的条件与小班区划的具体操作技术。
3. 通过不同森林类型林种的划分，掌握划分林种的条件和方法。
4. 根据分类经营的条件和要求，掌握森林分类的方法。

## 技能目标

1. 会划分林种。
2. 会进行森林分类。
3. 会区划小班。
4. 会组织经营类型。

# 任务 1.1

## 森林分类及林种确定

### →任务描述

根据森林分类标准，对一个森林经营单位森林进行分类。此次工作任务是划分一个森林经营单位生态公益林和商品林，划分生态公益林和商品林的林种和亚林种。

每人提交一幅森林分类草图。

### →任务目标

**(一)知识目标**

1. 了解林种划分标准。
2. 掌握森林分类标准。
3. 掌握生态公益林事权划分标准。
4. 掌握生态公益林按事权等级划分标准。

**(二)能力目标**

1. 根据森林分类标准能划分生态公益林和商品林。
2. 根据公益林划分标准能确定国家公益林和地方公益林。
3. 根据公益林保护等级要求能确定公益林的等级。
4. 根据林种和亚林种划分条件能划分林种和亚林种。

### →知识准备

## 1.1.1 实践操作：森林分类及林种确定的过程与要点分析

### 第一步：划分生态公益林和商品林

把森林(林地)划分为生态公益林(地)和商品林(地)2 个类别。

### 第二步：把生态公益林按事权等级划分为国家公益林(地)和地方公益林(地)

**(1)国家公益林(地)**

国家公益林具体划定范围(标准)包括：

①江河源头。流程 500km 以上河流干流、一级支流源头 20km 以内汇水区，流程 1000km 以上河流二级支流源头 10km 以内汇水区的森林、林木和林地。

②江河干流，一、二级支流两岸。流程 500km 以上河流的干流、一级支流，两岸自然地形的第一层山脊以内或平地 2000m 以内；流程 1000km 以上河流的二级支流，两岸自然地形的第一层山脊以内或平地 1000m 以内的森林、林木和林地。

③重要湖泊和库容 $1\times10^8m^3$ 以上的大型水库周围自然地形第一层山脊以内或平地 1000m 范围内森林、林木和林地。

④沿海岸线第一层山脊以内或平地 1000m 以内的森林、林木和林地。

⑤干旱荒漠化严重地区的天然林和郁闭度 0.2 以上的沙生灌丛植被、沙漠地区的绿洲人工生态防护林及周围 2km 以内地段的大型防风固沙林基干林带。

⑥雪线以下 500m 及冰川外围 2km 以内地段的森林、林木和林地。

⑦山体坡度在 36°以上土层瘠薄、岩石裸露、森林采伐后难以更新或森林生态环境难以恢复的森林、林木和林地。

⑧国铁、国道(含高速公路)、国防公路两旁第一层山脊以内或平地 100m 范围内的森林、林木和林地。

⑨沿国境线 20km 范围内及国防军事禁区内的森林、林木和林地。

⑩国务院批准的自然与人文遗产地和具有特殊保护意义地区的森林、林木和林地。

⑪国家级自然保护区及其他有重点保护一级、二级野生动植物及其栖息地的森林和野生动物类型自然保护区的森林、林木和林地。

⑫天然林资源保护工程区的禁伐天然林。

**(2)地方公益林(地)**

具体划定范围(标准)，根据国家和各级地方人民政府的有关规定划定。

**第三步：划分生态公益林等级**

生态公益林按保护等级划分为特殊、重点和一般 3 个等级。国家公益林(地)按照生态区位差异一般分为特殊和重点生态公益林(地)，地方公益林(地)按照生态区位差异一般分为重点和一般公益林(地)。

**第四步：划分生态公益林林种**

把生态公益林划分为防护林、特种用途林及亚林种。当某地块同时满足一个以上林种划分条件时，应根据先生态公益林、后商品林的原则区划。公益林按以下优先顺序确定：国防林、自然保护区林、名胜古迹和革命纪念林、风景林、环境保护林、母树林、实验林、护岸林、护路林、防火林、水土保持林、水源涵养林、防风固沙林、农田牧场防护林。

**第五步：划分商品林林种**

把商品林划分为用材林、薪炭林、经济林及亚林种。商品林按适地适树原则确定。

## 1.1.2 森林分类及林种确定的理论基础与内容

### 1.1.2.1 森林类别

按照主导功能的不同将森林资源分为生态公益林(地)和商品林(地)2个类别。

**(1)生态公益林(地)**

以保护和改善人类生存环境、维持生态平衡、保存物种资源、科学实验、森林旅游、国土保安等需要为主要经营目的的森林、林木、林地，包括防护林和特种用途林。

**(2)商品林(地)**

以生产木材、竹材、薪材、干鲜果品和其他工业原料等为主要经营目的的森林、林木、林地，包括用材林、薪炭林和经济林。

商品林的建设以追求最大的经济效益为目标，立足速生丰产，实行定向化、基地化和集约化经营，走高投入、高产出的路子，在采伐方式上，根据市场需求组织生产，在不突破采伐限额的前提下，允许依据技术规程进行各种方式的采伐，实现林地产出和经济效益最大化。

### 1.1.2.2 生态公益林的事权与保护等级

**(1)生态公益林的事权等级**

生态公益林按事权等级划分为国家公益林(地)和地方公益林(地)。

①国家公益林(地) 由地方人民政府根据国家有关规定划定，并经国务院林业主管部门核查认定的公益林(地)，包括森林、林木、林地。

②地方公益林(地) 由各级地方人民政府根据国家和地方的有关规定划定，并经同级林业主管部门核查认定的公益林(地)，包括森林、林木、林地。

**(2)生态公益林的保护等级**

生态公益林按保护等级划分为特殊、重点和一般3个等级。国家公益林(地)按照生态区位差异一般分为特殊和重点生态公益林(地)，地方公益林(地)按照生态区位差异一般分为重点和一般生态公益林(地)。

①特殊生态公益林 位于生态地位极端重要和生态环境极端脆弱的特殊保护区域的森林、林木、林地。国家自然保护区及其他有国家一、二级保护野生动植物及其栖息地的各类自然保护区内的森林、林木、林地；未经人为干扰的地带性顶极群落；如张家界、韶山等经国务院批准的自然与人文遗产和具有特殊保护意义的森林、林木、林地；江河源头；山体坡度46°以上地段的森林、林木、林地；严重荒漠化地区的植被生长区。

②重点生态公益林 位于生态地位非常重要和生态环境非常脆弱的重点保护区域的森林、林木、林地。江河源头，例如，湘江、沅江源头及一级支流源头10km以外20km以

内汇水区、二级支流(流程 50km 以上)源头 10km 以内汇水区；江河两岸，长江沿岸自然地形第一层山脊以内或平地 2000m 以内；大型水库正常水位周围自然地形第一层山脊以内或平地 1000m 以内的森林、林木、林地；坡度 36°以上、土壤瘠薄、岩石裸露、森林采伐后难以更新或森林生态环境难以恢复的森林、林木、林地；京广线、湘黔线、枝柳线、洛湛线等国有铁路，106 线、107 线、209 线、319 线、320 线等国道和高速公路两旁自然地形第一层山脊以内(陡坡地段)或平地 100m 以内的森林、林木、林地；以掩护军事设施和作军事屏障为主要目的的森林、林木、林地等。

### 1.1.2.3　划分林种的条件

根据《中华人民共和国森林法》，把森林划分为防护林、特种用途林、用材林、薪炭林、经济林五大林种。

**(1)防护林**

防护林为以发挥生态防护功能为主要目的的森林、林木和灌木林。

①水源涵养林　以涵养水源、改善水文状况、调节区域水分循环、防止河流、湖泊、水库淤塞以及保护饮用水水源为主要目的的森林、林木和灌木林。具有下列条件之一者，可划为水源涵养林：

a. 流程在 500km 以上的江河发源地汇水区及主流，一级、二级支流两岸山地自然地形中的第一层山脊以内。

b. 流程在 500km 以下的河流，但所处地域雨水集中，对下游工农业生产有重要影响，其河流发源地汇水区及主流、一级支流两岸山地自然地形中的第一层山脊以内。

c. 大中型水库与湖泊周围山地自然地形第一层山脊以内或平地 1000m 以内，小型水库与湖泊周围自然地形第一层山脊以内或平地 250m 以内。

d. 雪线以下 500m 和冰川外围 2km 以内。

e. 保护城镇饮用水源的森林、林木和灌木林。

②水土保持林　以减缓地表径流、减少冲刷、防止水土流失、保持和恢复土地肥力为主要目的的森林、林木和灌木林。具备下列条件之一者，可划为水土保持林：

a. 东北地区(包括内蒙古东部)坡度在 25°以上，华北、西南、西北等地区坡度在 35°以上，华东、中南地区坡度在 45°以上，森林采伐后会引起严重水土流失的。

b. 因土层瘠薄，岩石裸露，采伐后难以更新或生态环境难以恢复的。

c. 土壤侵蚀严重的黄土丘陵区塬面，侵蚀沟、石质山区沟坡、地质结构疏松等易发生泥石流地段的。

d. 主要山脊分水岭两侧各 300m 范围内的森林、林木和灌木林。

③防风固沙林　以降低风速、防止或减缓风蚀、固定沙地以及保护耕地、果园、经济作物、牧场免受风沙侵袭为主要目的的森林、林木和灌木林。具备下列条件之一者，可以划为防风固沙林：

a. 强度风蚀地区，常见流动、半流动沙地(丘、垄)或风蚀残丘地段的。

b. 与沙地交界 250m 以内和沙漠地区距绿洲 100m 以外的。

c. 海岸基质类型为沙质、泥质地区，顺台风盛行登陆方向离固定海岸线 1000 m 范围内，其他方向200m范围内的。

d. 珊瑚岛常绿林.

e. 其他风沙危害严重地区的森林、林木和灌木林。

④农田牧场防护林　以保护农田、牧场减免自然灾害，改善自然环境，保障农、牧业生产条件为主要目的的森林、林木和灌木林。具备下列条件之一者，可以划为农田牧场防护林：

a. 农田、草牧场境界外100m范围内，与沙质地区接壤250～500 m范围内的。

b. 为防止、减轻自然灾害在田间、草牧场、阶地、低丘、岗地等处设置的林带、林网、片林。

⑤护岸林　以防止河岸、湖岸、海岸冲刷崩塌、固定河床为主要目的的森林、林木和灌木林。具备下列条件之一者，可以划为护岸林：

a. 主要河流两岸各200m及其主要支流两岸各50m范围内的，包括河床中的雁翅林。

b. 堤岸、干渠两侧各10m范围内的。

c. 红树林或海岸500m范围内的森林、林木和灌木林。

⑥护路林　以保护铁路、公路免受风、沙、水、雪侵害为主要目的的森林、林木和灌木林。具备下列条件之一者，可以划为护路林：

a. 林区、山区国道及干线铁路路基与两侧(设有防火线的在防火线以外)的山坡或平坦地区各200m以内，非林区、丘岗、平地和沙区国道及干线铁路路基与两侧(设有防火线的在防火线以外)各50m以内。

b. 林区、山区、沙区的省、县级道路和支线铁路路基与两侧(设有防火线的在防火线以外)各50m以内，其他地区10m范围内的森林、林木和灌木林。

⑦其他防护林　以防火、防雪、防雾、防烟、护鱼等其他防护作用为主要目的的森林、林木和灌木林。

**(2)特种用途林**

特种用途林为以保存物种资源、保护生态环境，用于国防、森林旅游和科学实验等为主要经营目的的森林、林木和灌木林。

①国防林　以掩护军事设施和用作军事屏障为主要目的的森林、林木和灌木林。具备下列条件之一者，可以划为国防林：

a. 边境地区的森林、林木和灌木林，其宽度由各省按照有关要求划定；

b. 经林业主管部门批准的军事设施周围的森林、林木和灌木林。

②实验林　以提供教学或科学实验场所为主要目的的森林、林木、灌木林，包括科研试验林、教学实习林、科普教育林、定位观测林等。

③母树林　以培育优良种子为主要目的的森林、林木、灌木林，包括母树林、种子园、子代测定林、采穗圃、采根圃、树木园、种质资源和基因保存林等。

④环境保护林　以净化空气、防止污染、降低噪音、改善环境为主要目的的有林地，包括城市及城郊结合部、工矿企业内、居民区与村镇绿化区的森林、林木、灌木林。

⑤风景林　以满足人类生态需求，美化环境为主要目的，分布在风景名胜区、森林公园、度假区、滑雪场、狩猎场、城市公园、乡村公园及游览场所内的森林、林木和灌

木林。

⑥*名胜古迹和革命纪念林*　位于名胜古迹和革命纪念地，包括自然与文化遗产地、历史与革命遗址地的森林、林木和灌木林以及纪念林、文化林、古树名木等。

⑦*自然保护区林*　各级自然保护区、自然保护小区内以保护和恢复典型生态系统和珍贵、稀有动植物资源及栖息地或原生地，或者保存和重建自然遗产与自然景观为主要目的的森林、林木和灌木林。

**(3)用材林**

用材林为以生产木材或竹材为主要目的的森林、林木和灌木林。

①*短轮伐期工业原料用材林*　以生产纸浆材及特殊工业用木质原料为主要目的，按照工程项目管理，采取集约经营、定向培育的森林、林木和灌木林。

②*速生丰产用材林*　通过使用良种壮苗和实施集约经营，缩短培育周期，获取最佳经济效益，森林生长指标达到相应树种速生丰产林国家(行业)标准的森林。

③*一般用材林*　其他以生产木材和竹材为主要目的的森林、林木。

**(4)薪炭林**

以生产热能燃料为主要经营目的的森林、林木和灌木林。

**(5)经济林**

以生产油料、干鲜果品、工业原料、药材及其他副特产品为主要经营目的的森林、林木和灌木林。

①*果品林*　以生产各种干、鲜果品为主要目的的森林、林木和灌木林。

②*食用原料林*　以生产食用油料、饮料、调料、香料等为主要目的的森林、林木和灌木林。

③*林化工业原料林*　以生产树脂、橡胶、木栓、单宁等非木质林产化工原料为主要目的的森林、林木和灌木林。

④*药用林*　以生产药材、药用原料为主要目的的森林、林木和灌木林。

⑤*其他经济林*　以生产其他林副、特产品为主要目的的森林、林木和灌木林。

## →拓展训练

根据学生所在省份森林分类标准，对一个经营单位森林进行分类。此次工作任务是利用已有的森林档案，在地形图上划分生态公益林和商品林，划分生态公益林和商品林的林种和亚林种。

# 任务 1.2

## 林班区划

### →任务描述

1. 收集一个林场1∶ 50 000 地形图以及航片(卫片)，并将地形图并接到一起，参考航片(卫片)，在并接的地形图上绘制林场境界线、工区境界线，依据经理等级确定林班面积大小，依据地形条件确定区划林班的方法，进行林班区划的内业设计和现地区划，对区划好的林班进行编号和命名。

2. 每人提交一份林场的林班区划图。

### →任务目标

**(一)知识目标**

1. 了解区划的概念和种类。
2. 熟悉林班区划的方法。
3. 掌握林业区划、森林区划的概念。

**(二)能力目标**

1. 根据林场的地理要素，能在有关部门收集到林场的地形图以及航片(卫片)，并按图幅号进行并接。

2. 根据其他图面材料提供的信息，能绘制林场界线和工区界线。

3. 按森林经理等级和地形条件，能确定林班区划的面积和方法，并进行林班区划的内业设计。

4. 根据林班区划内业设计成果，能进行林班现地区划。

5. 根据林班区划成果能编制林班号和林班命名。

### →知识准备

## 1.2.1 实践操作：林班区划的过程与要点分析

### 第一步：收集地形图及航片(卫片)与接图

收集林场范围内的1∶50 000 地形图以及航片(卫片)，按图幅号进行接图。

收集的图面材料必须是最新出版的地形图。有条件的地区可参考航片(卫片)进行区划。

**第二步：绘制林场的境界线**

把林场的界线绘制在地形图上。

林场是具备法人资格的企业单位。其区划应以全面经营森林和“以场定居，以场轮伐”，森林永续经营为原则。林场的境界应尽量利用明显山脊、河流、道路等自然地形及永久性标志。林场的范围应便于开展经营活动、合理组织生产及方便职工生活，因此，林场的形状以较规整为宜。

关于林场的经营面积，根据我国各地的经济条件和自然历史条件不同，南方各林场的面积大多在 $1\times10^4$hm$^2$以下，北方则一般为 $1\times10^4\sim2\times10^4$hm$^2$。根据我国林业企业的森林资源情况以及木材生产工艺过程和营林工作的需要，林场面积不应大于 $3\times10^4$hm$^2$。总之，林场的面积不宜过大或过小，过大，不利于合理组织生产和安排职工生活；过小，则可能造成机构相对庞大、机械效率不能充分发挥等缺点。

**第三步：绘制工区的境界线**

把各工区的界线绘制在地形图上。

工区界线一般与林班线一致，即将若干个林班集中在一起组成工区。我国南方农、林交错地区，森林资源比较分散，建立相应的工区是必要的。

**第四步：确定林班面积大小**

林班面积的大小，应根据经营目的、经济条件、自然历史条件及经营水平而定。林班面积一般为 100～500hm$^2$，在南方经济条件较好的林区应小于 50hm$^2$，北方林区林班面积一般为 100～200hm$^2$。少林地区、自然保护区、东北与内蒙古国有林区、西南高山地区、生态公益林集中地区以及近期不开发林区的林班面积，根据需要可适当放宽标准。同一林场，林班面积的变动幅度不宜超过要求标准的 ±50%。在区划林班时，应防止将林班划得过大，给以后长期经营带来不便。对丰产林、特种用途林的林班面积，可小于 50hm$^2$。对于面积较小的村、场或少林地区，可不作林班区划。

**第五步：区划林班**

林班区划方法有 3 种，即人工区划法、自然区划法和综合区划。

**(1) 人工区划法**

人工区划法是以方形或矩形进行的人工区划，林班的形状呈规整的图形。林班线需用人工伐开，呈直线或折线状。这种方法的优点是设计简单，林班面积大小基本一致，林班线的走向容易辨别，在平原及丘陵地区有利于调查统计和开展各种经营活动，并可作为防火线及道路使用。缺点是起伏较大的林区，如果用人工区划，会大大增加伐开林班线的工作量，而林班线又起不到对经营管理有利的作用。此法适用于平坦地区及丘陵地带的林区及部分人工林区。例如，在东北林区的大、小兴安岭及长白山林区，曾采用过 1km × 1km 为一个林班，林班线的方向是北偏西 45°，36 个林班组成一个分区的人工区划法，如图 1-1 所示。

**(2) 自然区划法**

自然区划法是以林场内的自然界线及永久性标志，如河流、沟谷、山脊、分水岭及道路等作为林班线划分林班的方法。因而林班面积的大小相差较大，形状也不规整。自然区划的林班多为两面山坡夹一沟，这样便于经营管理。如面积过大时，可以一面坡作一个林班。林区中永久性的道路，是进行森林经营利用重要的设施及标志，因而多用做林班线。自然区划的林班线，利用已有的自然境界，因此通常不需伐开，但必须沿林班线挂树号或用油漆划横线标明。这种区划法的缺点是林班面积往往大小不一，形状各异，给求算面积带来一定困难。其优点是保持自然景观，对防护林、特种用途林有积极的意义，对自然保护区也有特殊的作用，此法适用于山区，如图1-2所示。

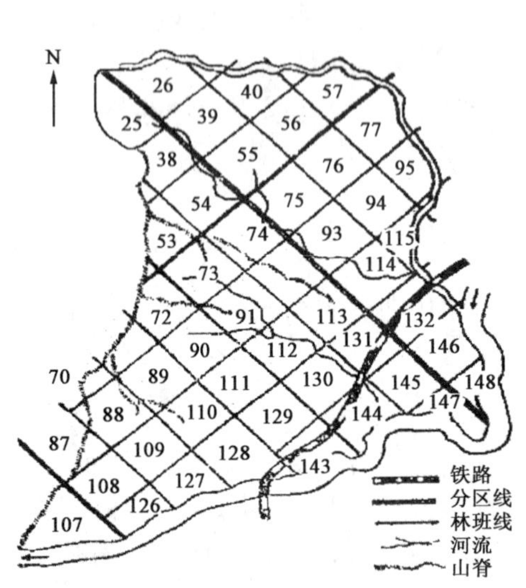


**图1-1　人工区划法**(引自于政中，1993)

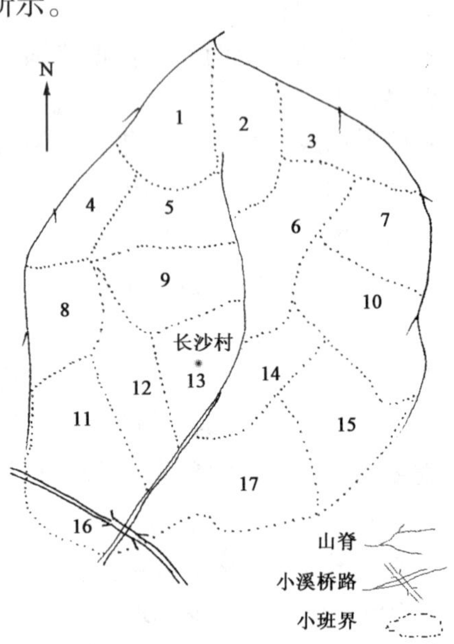


**图1-2　自然区划法**

### (3)综合区划法

综合区划法就是自然区划法与人工区划法的综合，一般是在自然区划的基础上加部分人工区划而成，如图1-3所示。综合区划法的林班面积大小亦不一致，但能避免过大过小，比自然区划法要好些。综合区划法是山区区划林班的主要方法。综合区划法虽克服了上述2种方法的不足，但在组织实施上，技术要求比人工区划法复杂些，现地区划时仍有时出现林班线不易正确落实的情况。

林班区划原则上采用自然区划或综合区划，地形平坦等地物点不明显的地区，可以采用人工区划。在具有风景、旅游、自然特殊景观和疗养性质的森林内，林班的大小和形状，要尽可能与森林景观及旅游事业的需要结合起来设置，以保持自然面貌为区划林班的原则。

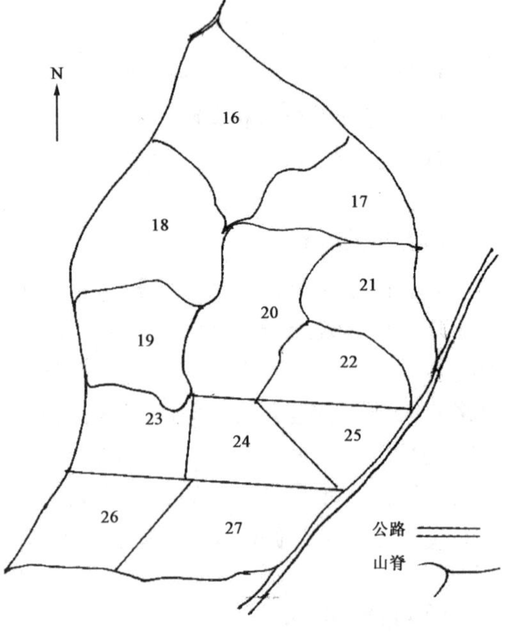


**图1-3　综合区划法**

区划后的林班及林班线，主要是便于测量和求算面积，清查和统计森林资源；辨认方向；护林防火及林政管理；开展森林经营利用措施活动及森林资源的多种经营。

林班区划线应相对固定，无特殊情况不宜更改。

**第六步：林班的编号和命名**

林班的编号和命名一般以林场为单位，用阿拉伯数字由小到大，从林场的西北角起向东南、从上到下依次编号。如需要附加当地的名称时，应在编号后附上，以免出现同名混乱的现象。

**第七步：埋设标志**

林班区划界线应相对固定，无特殊情况不宜更改。国有林业局、国有林场和林业经营水平较高的集体林区，应在其境界线上树立不同的标牌、标桩等标志。对于自然区划界线不太明显或人工区划的林班应现地伐开或设立明显标志，并在林班线的交叉点上埋设林班标桩。区划出的林班及埋设林班标桩后，每个林班的地理位置、相对关系及面积就固定下来，为长期开展林业生产活动提供了方便的条件。因此，合理区划林班，是森林资源经营管理工作的重要内容之一。林班区划还要考虑森林经理等级要求。

## 1.2.2　林班区划的理论基础与内容

### 1.2.2.1　林业区划

**(1)区划的概念与种类**

所谓区划，就是分区划片，是区域划分的简称。具体来说，区划是对地域差异性和相同性的综合分类，它是揭示某种现象在区域内共同性和区域之间差异性的手段。这种划分的地域范围(或称地理单元)，其内部条件、特征具有相似性，并有密切的区域内在联系性，各区域都有自己的特征，具有一定的独立性。因此，区划是客观现实的反映，是一种科学手段。

区划的种类：常见的区划有行政区划、自然区划、经济区划三大类。

①行政区划　为便于进行行政管理而分级划分的区域。如省(自治区、直辖市)—地区(市)、盟、州—县(市)、旗乡、镇。其中地区专员公署是省(自治区)政府派出机构，只有行政管理职能，不设权力机构，而少数民族地区的盟和州都设有权力机构。根据国家管理需要，行政区划是可以变动的。大行政区如省、市、县变化较小，变化比较大的是乡的行政管理机构和区域范围。其变动的原因是政治、经济、民族、国防的特殊需要。随着社会主义建设深入发展，行政区划变动受经济因素的影响越来越大。

②自然区划　自然区划是按照自然因子的差异性划分若干的自然区域。按多种因子划分的称为综合自然区划；按单项自然因子划分的称为部门自然区划，如按气候、地貌、土壤、植被、水分等区划。自然区划是按大自然各因子划分的自然区域，是自然的、客观的，一旦区划后，在相当长的时期内是不会变化的。

③经济区划　经济区划是根据客观存在并各具特色的经济现象所划分的区域。它是社会劳动地域分工的一种形式，是以一定经济结构、中心城市为核心的紧密联系的地域经济

(生产)综合体。经济区划有综合经济区划和部门经济区划2类。综合经济区划类似国民经济区划，包括工业、农业、交通运输业等方面的区划。部门经济区划可分为工业区划、综合农业区划、交通运输区划、商业网区划等。综合农业区划还可细分为畜牧业区划、作物区划、林种区划等。

**(2)林业区划的概念**

林业区划是根据林业特点，在研究有关自然、经济和技术条件的基础上，分析、评价林业生产的特点与潜力，按照地域分异的规律进行分区划片，进而研究其区域的特点、生产条件以及优势和存在的问题，提出其发展方向、生产布局和实施的主要措施与途径，以便因地制宜，扬长避短，发挥区域优势，为林业建设的发展和制定长远规划等提供基本依据。简言之，林业区划即以全国或省(自治区、直辖市)、县(市、区、旗)为总体，在区域之间，区别差异性，归纳相似性，予以地理分区，使之成为各具特点的"林区"。

**(3)林业区划的意义与作用**

林业生产具有很强的地域性，因地制宜是指导林业生产的一个重要原则。我国幅员辽阔，自然条件、自然资源、社会经济状况以及技术条件等，在不同地区之间千差万别。这些差异，不仅在全国，而且在一个省、一个县之内也明显存在，但在一定范围内又有共同性。这些差异性与共同性是有地理分布规律的。研究林业生产条件的地域分区划片，进行各级林业区划，对合理开发利用自然资源，科学指导林业生产，加速实现林业现代化，具有重要的意义。

由上可见，林业区划是组织林业建设的一项必不可少的基础工作，也是揭示地域差异规律的一种重要手段。因此，搞好这项工作，对实现社会主义林业现代化将起到以下作用：

①有助于领导部门因地因需制宜，分类指导，正确组织生产，部署任务，避免工作上的盲目性。

②便于全面贯彻林业方针、政策，扬长避短，发挥优势，改造不利条件，挖掘生产潜力，加速林业建设的发展。

③可为科学制定林业发展规划，实现领导科学化和决策科学化，充分利用林业资源，发展商品生产打下有利基础。

④提出分区发展方针和科学布局，为林业生产区域化、专业化和现代化创造条件。

⑤林业区划可为合理进行森林区划提供指导和依据。

### 1.2.2.2 森林区划

**(1)森林区划的概念**

森林区划是对整个林区进行地域上的划分，将林区在地域上区划为若干个不同的单位，以便于合理经营。它也是调查规划的基础工作，合理的区划对森林资源调查及经营管理具有重要的意义。

森林区划又称林地区划，主要目的是：

①便于调查、统计和分析森林资源的数量和质量；
②便于组织各种经营单位；
③便于长期的森林经营利用活动，总结经验，提高森林经营水平；
④便于进行各种技术、经济核算工作。

**(2)森林区划系统**

目前，在我国林区中，森林经营区划系统如下：
①经营单位区划系统
a. 林业局(场)
林业(管理)局→林场(管理站)→林班→小班
林业(管理)局→林场(管理站)→营林区(作业区、工区)→林班→小班
b. 自然保护区(森林公园)
管理局(处)→管理站(所)→功能区(景区)→林班→小班
②县级行政单位区划系统
县→乡→村→林班→小班
或县→乡→村→小班
或县→乡→村→林班。

经营区划应同行政界线保持一致。对过去已区划的界线，应相对固定，无特殊情况不宜更改。

**(3) 林业局区划的原则与方法**

林业局是林区中一个独立的林业生产和经营管理的企业单位。合理确定林业局的范围和境界，是实现森林永续经营利用的重要保证。影响林业局境界确定的主要因素一般有：

①企业类型　林业企业类型是根据林权及经营重点划分的。现阶段，我国林区分国有、集体和个人3种所有制形式。在国有林区有林业局、国有林场等企业单位；在集体林区或农村地区，有乡(镇)办或村办的林场。

②森林资源情况　森林资源是林业生产的物质基础。在林业局范围内，只有具备一定数量和质量的森林资源时，方能有效地、合理地进行森林经营利用活动。所谓森林资源，主要表现在林地面积及森林蓄积量上。从长期经营及森林永续利用的要求出发，林业局的经营面积一般以$15\times10^4\sim30\times10^4 hm^2$为宜。在我国南方林区，有些地区森林资源比较分散，林业局的面积可小些，经营面积在$5\times10^4\sim10\times10^4 hm^2$。

③自然地形、地势　该因素对确定林业局的境界和范围有重要作用。以大的山系、水系等自然界线和永久性的地物(如公路、铁路)作为林业局的境界，对于经营、利用、管理、运输、生活等方面均有重要作用。

④行政区划　确定林业局境界时，应尽量与行政区划相一致，这样有利于林业企业与地方机构协调关系，特别是对林政管理、护林防火、劳动力调配等方面。

林业局的范围，应充分考虑有利于生产、生活以及交通情况，一般境界线确定后，不宜轻易变动。林业局的面积不宜过大，其形状以规整为好，切忌将局址设在管辖范围以外。

**(4)工区的内涵**

在林场内，为了合理地进行森林经营利用活动，开展多种经营以及考虑生产和职工生活的方便，根据有效经营活动范围，特别是护林防火工作量的大小将林场再区划为若干个工区。工区是林场内的管理单位。由于森林资源的分散和集中程度、地形、地势条件，居民点分布，火险等级，经营水平和交通条件等方面存在差异，工区的大小有所不同。但应以工作人员到达最远的现场花费时间不超过1.5h(步行)为宜。

**(5)林班的内涵**

林班是在林场范围内，为便于森林资源统计和经营管理，将林地划分为许多面积大小比较一致的基本单位。在开展森林经营活动和生产管理时，大多以林班为单位。因此，林班是林场内具有永久性经营管理的土地区划单位。

## →拓展训练

收集一个林场1∶50 000航片(卫片)以及地形图，并将航片(卫片)并接到一起，参考地形图在并接的航片(卫片)上绘制林场境界线、工区境界线，依据经理等级确定林班面积大小，依据地形条件确定区划林班的方法，进行林班区划的内业设计和现地区划，对区划好的林班进行编号和命名，每人提交一份林场的林班区划图。

# 任务 1.3

## 小班区划

### →任务描述

以林业生产单位的森林为对象，按照演示操作和教材设计的步骤，依据小班区划的因子和条件，在 1∶10 000 的地形图上采取对坡勾绘方法，以 GPS 为辅助手段进行小班区划。或结合资源数据利用 PDA 进行小班区划。

每人提交一份小班区划图。

### →任务目标

**(一)知识目标**

1. 掌握森林等级的内涵。
2. 掌握区划小班的条件。
3. 掌握小班编号和求算面积的原则。

**(二)能力目标**

1. 根据林场的森林经理等级，能确定小班区划的精度。
2. 根据小班区划因子和条件，能区划小班并绘制界线。
3. 根据小班区划成果能编制小班号和求算小班面积。

### →知识准备

## 1.3.1 实践操作：小班区划的过程与要点分析

**第一步：确定小班区划的精度**

根据森林经理等级和经营要求，确定小班区划的精度。

**第二步：确定小班的面积**

小班最小面积和最大面积依据林种、绘制基本图所用的地形图比例尺和经营集约度而定。最小小班面积在地形图上不小于 $4mm^2$，对于面积在 $0.067hm^2$ 以上而不满足最小小班面积要求的，仍应按小班调查要求调查、记载，在图上并入相邻小班。南方集体林区商品林最大小班面积一般不超过 $15hm^2$，其他地区一般不超过 $25hm^2$。

**第三步：现地调绘小班界线**

①采用由测绘部门绘制的当地最新的比例尺为1∶10 000～1∶25 000的地形图到现地进行勾绘。对于没有上述比例尺的地区可采用由1∶50 000放大到1∶25 000的地形图。

②使用近期拍摄的(以不超过2年为宜)、比例尺不小于1∶25 000或由1∶50 000放大到1∶25 000的航片(卫片)、1∶100 000放大到1∶25 000的测视雷达图片在室内进行小班勾绘，然后到现地核对，或直接到现地调绘。

③使用近期(以不超过1年为宜)经计算机几何校正及影像增强的比例尺1∶25 000的航片(卫片)(空间分辨率10m以内)在室内进行小班勾绘，然后到现地核对。

空间分辨率10m以上的航片(卫片)只能作为调绘辅助用图，不能直接用于小班勾绘。

**第四步：小班编号**

小班区划成图后，按要求进行小班编号。小班编号以林班为单位，用阿拉伯数字注记，其编写方法与林班编号相同。

**第五步：小班面积求算**

①按照“层层控制，分级量算，按比例平差”的原则进行面积量算。即先量算国有林业局(县、保护区、森林公园)的面积，再量算林场(乡、管理站)、林班(村)面积，最后量算小班面积。如无特殊情况，县、乡各级行政单位的面积应与民政部门公布的面积一致。各级面积经准确量算后，复查时除非界线发生变化，否则不准变动。

②国有林业局(县、保护区、森林公园)、林场(乡、管理站)的面积用理论图幅面积计算，即将分布在各图幅上的部分累加求得。一个图幅上的各部分面积，要分别量测进行平差。

③用地理信息系统(GIS)绘制成果图时，可直接用地理信息系统量算林班和小班面积。手工绘制成果图时，可用几何法、网点网格法或求积仪等量算林班和小班面积。

④林场(乡、管理站)内各林班面积之和与林场面积相差不到1%，林班内各小班面积之和与林班面积相差不到2%时，可进行平差，超出时应重新量算。

⑤面积量算以公顷为单位，精确到0.1$hm^2$。

## 1.3.2 小班区划的理论基础与内容

### 1.3.2.1 小班的内涵

林班是林场内固定的经营管理的土地区划单位，因林班的面积太大，其中的土地状况和林分特征仍有较大的差别。因此，必须根据经营要求和林学功能，在林班内划出不同的地段(林地或非林地等)，这样的地段(林地)称为小班。划分出的小班，在内部具有相同的林学特征，因此，其经营目的和经营措施是相同的。它是林场内最基本的经营单位，也是清查森林资源、统计计算和资源管理最基本的单位。

划分小班的原则是每个小班内部的自然特征基本相同并与相邻小班又有显著的差别，这些差别表现在调查因子上。也就是说，调查因子的显著差别是区划小班的依据。

为了便于查清森林资源和开展各项经营活动，有必要在林班内再按一定的条件划分不同的小区，即小班。小班在林学特征上是一致或基本一致的，从而也要求实施相同的经营措施。不同的地类就可以划分不同的小班。林分是根据生物学特性相近似而划分出的森林小区，而小班是根据一定条件，从经营观点出发而在林班中划分出来的小区。由此可见，林分是划分小班的基础。通常一个小班就是一个林分，也可能包括几个林分。在经营条件好、森林经营强度较高的地区，有可能一个林分就划分成一个小班。反之，个别林分面积特别小的情况下，可能一个小班就包括几个林分。

因此，原则上凡能引起经营措施差别的一切明显因素，皆可作为区划小班的依据。

## 1.3.2.2　区划小班的依据

小班是森林资源规划设计调查、统计和经营管理的基本单位，小班划分应尽量以明显地形地物界线为界，同时兼顾资源调查和经营管理的需要考虑下列基本条件：权属、森林类别及林种、生态公益林的事权与保护等级、林业工程类别、土地类别、起源、优势树种(组)、龄级(组)、郁闭度、出材率等级、立地条件、小班的最小面积。

**(1)权属**

权属包括所有权和使用权(经营权)，分为林地所有权、林地使用权和林木所有权、林木使用权。

林地所有权分国有和集体，林木所有权分国有、集体、个人和其他。林地与林木使用权分国有、集体、个人和其他。在区划小班时，应划为不同的小班。

**(2)森林类别及林种**

按照主导功能的不同将森林资源分为生态公益林(地)和商品林(地)2个类别。

林种是根据国民经济的需要和森林的不同效益，而将森林划分为生态公益林和商品林。根据我国《森林法》中的规定，生态公益林包括防护林和特种用途林2个林种；商品林包括用材林、薪炭林和经济林。防护林分为水源涵养林、水土保持林、防风固沙林、农田牧场防护林、护岸林、护路林、其他防护林等；特种用途林分为国防林、实验林、母树林、环境保护林、风景林、名胜古迹和革命纪念林、自然保护区林等；用材林分为短轮伐期工业原料用材林、速生丰产用材林、一般用材林；经济林分为果树林、油料林、特种经济林、其他经济林。不同类别的森林，应区划为不同小班。

**(3)生态公益林的事权与保护等级**

生态公益林按保护等级划分为特殊、重点和一般3个等级，划分标准执行(GB/T 18337.2—2001)《生态公益林建设规划设计通则》。国家公益林(地)按照生态区位差异一般分为特殊和重点生态公益林(地)，地方公益林(地)按照生态区位差异一般分为重点和一般生态公益林(地)。

**(4)林业工程类别**

六大林业重点工程为：天然林资源保护工程；“三北”和长江中下游地区等重点防护林体系建设工程；退耕还林还草工程；京津风沙源治理工程；野生动植物保护及自然保护

区建设工程；重点地区速生丰产用材林基地建设工程。

**(5)土地类别**

①林地

**有林地** 连续面积大于0.067hm$^2$、郁闭度0.20以上、附着有森林植被的林地，包括乔木林、红树林和竹林。

a. 乔木林：由乔木(含因人工栽培而矮化的)树种组成的片林或林带。其中，乔木林带行数应在2行以上且行距≤4m或林冠冠幅水平投影宽度在10m以上；当林带的缺损长度超过林带宽度3倍时，应视为2条林带；两平行林带的带距≤8m时按片林调查。

乔木林分为纯林和混交林。纯林为一个树种(组)蓄积量(未达起测径级时按株数计算)占总蓄积量(株数)的65%以上的乔木林地。

混交林为任何一个树种(组)蓄积量(未达起测径级时按株数计算)占总蓄积量(株数)不到65%的乔木林地。

b. 红树林：生长在热带和亚热带海岸潮间带或海潮能够达到的河流入海口，附着有红树科植物和其他在形态上和生态上具有相似群落特性科属植物的林地。

c. 竹林：附着有胸径2cm以上的竹类植物的林地。

**疏林地** 附着有乔木树种，连续面积大于0.067hm$^2$、郁闭度为0.10~0.19的林地。

**灌木林地** 附着有灌木树种或因生境恶劣矮化成灌木型的乔木树种以及胸径小于2cm的小杂竹丛，以经营灌木林为目的或起防护作用，连续面积大于0.067hm$^2$、覆盖度在30%以上的林地。其中，灌木林带行数应在2行以上且行距≤2m；当林带的缺损长度超过林带宽度3倍时，应视为2条林带；两平行灌木林带的带距≤4m时，按片状灌木林调查。

a. 国家特别规定灌木林：按照国家林业局关于参加森林覆盖率计算灌木林的有关规定执行。

b. 其他灌木林：不属于国家特别规定的灌木林地。

②未成林造林地

**人工造林未成林地** 人工造林(包括植苗、穴播或条播、分殖造林)和飞播造林(包括模拟飞播)后不到成林年限，造林成效符合下列条件之一，分布均匀，尚未郁闭但有成林希望的林地。

a. 人工造林当年造林成活率85%以上或保存率80%(年均等降水量400mm以下地区当年造林成活率为70%或保存率为65%)以上；

b. 飞播造林后成苗调查苗木3000株/hm$^2$以上或飞播治沙成苗2500株/hm$^2$以上，且分布均匀。

**封育未成林地** 采取封山育林或人工促进天然更新后，不超过成林年限，天然更新等级中等以上，尚未郁闭但有成林希望的林地。

**苗圃地** 固定的林木、花卉育苗用地，不包括母树林、种子园、采穗圃、种质基地等种子、种条生产用地以及种子加工、储藏等设施用地。

③无立木林地

**采伐迹地** 采伐后保留木达不到疏林地标准、尚未人工更新或天然更新达不到中等等级的林地。

**火烧迹地** 火灾后活立木达不到疏林地标准、尚未人工更新或天然更新达不到中等等级的林地。

其他无立木林地

a. 造林更新后，成林年限前达不到未成林造林地标准的林地；

b. 造林更新达到成林年限后，未达到有林地、灌木林地或疏林地标准的林地；

c. 已经整地但还未造林的林地；

d. 不符合上述林地区划条件，但有林地权属证明，因自然保护、科学研究等需要不开发利用的土地。

④宜林地 经县级以上人民政府规划为林地的土地。

a. 宜林荒山荒地：未达到上述有林地、疏林地、灌木林地、未成林造林地标准，规划为林地的荒山、荒(海)滩、荒沟、荒地等。

b. 宜林沙荒地：未达到上述有林地、疏林地、灌木林地、未成林造林地标准，造林可以成活，规划为林地的固定或流动沙地(丘)、有明显沙化趋势的土地等。

c. 其他宜林地：经县级以上人民政府规划用于发展林地的其他土地。

⑤辅助生产林地 直接为林业生产服务的工程设施与配套设施用地和其他有林地权属证明的土地，包括：

a. 培育、生产种子、苗木的设施用地；

b. 贮存种子、苗木、木材和其他生产资料的设施用地；

c. 集材道、运材道；

d. 林业科研、试验、示范基地；

e. 野生动植物保护、护林、森林病虫害防治、森林防火、木材检疫设施用地；

f. 供水、供热、供气、通讯等基础设施用地；

g. 其他有林地权属证明的土地。

⑥非林地 指林地以外的农地、水域、未利用地及其他用地。

**(6) 林分起源**

根据林分生成方式，划分以下 3 类：

①天然林 由天然下种或萌生形成的森林、林木、灌木林。

②人工林 由人工直播(条播或穴播)、植苗、分殖或扦插造林形成的森林、林木、灌木林。

③飞播林 由飞机播种或模拟飞播造林形成的森林、林木、灌木林。

林分起源同时又可分为实生林和萌生林 2 种。不同起源的林分应区划为不同的小班。

**(7)优势树种(组)**

优势树种组成不相同的林分，其生长发育特点不同，故经济价值不同，要求采取的经营措施也不尽相同。因此，根据优势树种或优势树种组的不同区划小班。在区划小班时，优势树种组成相差二成的，可划分不同小班。

### (8)龄级(组)

同一树种由于龄级(龄组)不同，其相应的生长发育阶段不同，采取的经营措施应有差别。一般Ⅵ龄级以下的林木，相差1个龄级，Ⅶ龄级以上相差2个龄级时，可划分为不同小班。调查时，应确定小班优势树种(组)的平均年龄。汇总时，根据经营管理的需要按龄级或龄组进行统计。

对于经济林，为统计和规划的需要，应根据其产品的生长特性和生长过程划分为产前期、初产期、盛产期和衰产期4个生产阶段。

对于短轮伐期用材林，可依据其经济成熟龄确定主伐年龄，划分林龄组。

### (9)郁闭度

郁闭度相差0.2以上时即可划分不同小班。

### (10)出材率等级

凡是近、成、过熟林，均要进行出材率等级测定。当出材率等级相差一级时，可按出材率等级来划分小班。

### (11)立地条件

在进行了林型(立地条件类型)和地位级(或立地指数)调查的地区，区划小班时，可按林型及地位级的不同区划小班。未进行林型、地位级划分的，可直接根据坡度、坡向、坡位和地貌等因子的不同区划小班。

①*坡度* 坡度级的划分标准：Ⅰ级为平坡0°~5°；Ⅱ级为缓坡6°~15°；Ⅲ级为斜坡16°~25°；Ⅳ级为陡坡26°~35°；Ⅴ级为急坡36°~45°；Ⅵ级为险坡46°以上。坡度级相差一级划分为不同小班。

②*坡向* 坡向分东、南、西、北、东北、东南、西北、西南及无坡向9个方位。

③*坡位* 坡位分脊、上、中、下、谷、平地6个坡位。

④*土壤厚度等级* 根据土壤A层+B层厚度确定。

⑤*地貌* 极高山，海拔大于5000m的山地；高山，海拔为3500~5000m的山地；中山，海拔为1000~3499m的山地；低山，海拔小于1000m的山地；丘陵，没有明显的山脉，坡度较缓和，且相对高差小于100m；平原，平坦开阔，起伏很小。

### (12)小班的最小面积

区划小班时，主要根据上述条件，但在具体区划时，还需考虑小班面积问题。因为若按上述条件划分出来的小班，面积都很小，且小班数目很多，这样，不仅会使调查工作复杂化，同时，也将给今后实施各项经营措施造成不便。因此，小班面积既不能过小也不应过大，应根据森林情况和经营水平确定，一般为3~20hm$^2$。最小小班面积的确定应以小班的轮廓形状能在地形图(或基本图)上表示出来为原则。生态公益林小班面积可适当放宽，但一般不应大于35hm$^2$。

## →拓展训练

利用 PDA 结合二调成果与航片（卫片）的叠加图，完成某一林班小班的区划工作，每人提交一份一个林班的小班区划图。

# 任务 1.4

## 组织森林经营类型

### →任务描述

根据当地林场经营目的和经营水平，按照教师指导和教材设计步骤划分林场的林种区，组织林场的经营类型，确定经营小班。

每人提交一份调研报告。

### →任务目标

**(一)知识目标**

1. 了解林种区、经营类型、小班经营法的内涵。
2. 熟悉组织林种区、经营类型、小班经营法的因子。
3. 掌握林种区、经营类型、小班经营法的组织方法。

**(二)能力目标**

1. 根据林种区划分标准能划分出林场的林种区。
2. 根据组织经营类型的条件能完成林场经营类型的组织工作。
3. 根据小班经营法的条件和标准能区划经营小班。

### →知识准备

## 1.4.1 实践操作：组织森林经营类型的过程与要点分析

**第一步：划分林种区**

林种区的界线通常利用林班线。对于沿铁路、公路的护路林种区以及沿大河流、湖泊、水库的护岸林种区，如以林班线作为界线不便时，可用小班界线或人工区划。在此情况下，林种区的境界必须在外业区划时在实地确定。一般林种区的界线应与行政区划及林业行政管理(营林区)的界线相一致。

林种区划分的细致程度，取决于林区的经济条件和自然条件。只有在经营制度上有明显差别时，才划分不同林种区。不应划得过细，划得过细会使森林资源统计和管理增加许多不必要的工作。每个林种区均有一定的面积，通常每个林种区至少不低于整个林场总面积的 5%。

根据林种区在组织经营上所起的作用，在划分林种区时，应考虑以下因素：

**（1）林种的差别**

森林在国民经济中的作用不同，具体表现在森林不同的类别上，也就是表现在不同的林种上。不同的林种有不同的经营方针，因此，有必要根据林种的不同划分不同的经营单位，即林种区。我国在《森林法》中规定的 5 类林种，就是划分林种区的主要依据。

**（2）森林经营强度的不同及开发运输条件的差别**

对于同一林种，由于经营目的或森林经营强度不同，也可以划分不同的林种区。例如，防护林又可根据不同的防护目的分为水土保持林种区、水源涵养林种区等。在用材林中，有一部分地区可能因采伐过度，使木材枯竭，因而需要大大减少采伐量，大力开展造林营林活动，而另一部分则有大量的可利用资源需要及时采伐利用，在这种情况下就可以划为不同的林种区。再如，同为用材林，一部分地处人口稠密，交通方便、经济发达的地区；另一部分在交通不便，经济落后的深山地区，这种情况也有必要划分不同的林种区。

### 第二步：林种区命名

林种区的命名是以具体的林种冠之。例如，用材林种区、护路林种区等。

### 第三步：组织经营类型

经营类型的组织是一项复杂细致的工作。其工作步骤是通过外业的森林资源调查之后，在内业经过森林资源统计分析和论证，确定经营类型，然后按经营类型进行归类统计，计算采伐量以及规划设计各种经营措施等。组织经营类型是龄级法经营森林的基础，目前世界各国经营林业大多采用这种方法。

组织经营类型的依据，主要有以下几个方面。

**（1）树种的不同**

林分或有林地小班之间，最显著的差异是树种不同。其他条件相同的情况下，树种不同时，在满足国民经济对木材需要程度以及森林的防护效能也不相同。如在用材林中，为了培育某一材种，就需要把达到一定年龄时可提供这样规格木材的小班组织成一个经营类型，以便统一定向培育。在防护林或其他林种中，为了充分发挥森林的有效作用，也需要按不同树种组织经营类型。所以，树种的不同是组织经营类型的首要因素。

对天然林而言，每个小班的树种组成不可能完全一致，这时应以优势树种为主。但各小班的优势树种不一定是主要树种，也可能是次要树种占优势，因此，当优势树种是主要树种时，应按优势树种的不同组织经营类型。如次生树种占优势时，可以组织临时经营类型，以便通过合理经营使其转变为以主要树种占优势的经营类型。如某些优势树种的小班占面积过小（一般小于林种区面积的 5%）时，可将性质相似的几个主要树种（又是优势树种）合并在一起，组织成一个经营类型。例如，针叶树经营类型、软阔叶经营类型等。

**(2)立地质量的不同**

优势树种或主要树种相同，而立地质量不同，表现在地位级、地位指数(级)不同时，小班(林分)的自然生产力则有较大差别。立地质量高的适宜于培育大径材，而立地质量低的只能培育出中、小径材或薪炭材。

**(3)森林起源的不同**

优势树种相同而林分起源不同，则林木的寿命、生产率、材种和防护效能等均不相同。所谓森林起源不同，一般指林分是实生或萌生，有时也指天然林或人工林。因而林分起源不同时，可分别组织经营类型。例如，杉木实生经营类型，杉木萌生经营类型等。

**(4)经营目的不同**

由于经营上的需要，可以根据经营目的不同组织不同的经营类型。在经济条件好、交通方便的林区，经营目的不同往往是组织经营类型主要的依据之一。在用材林林区中，有一些分散的特种经济林小班，就可以组织特用经济林经营类型，比如母树林经营类型、油茶林经营类型等。有时为了满足国民经济对某一种特殊的需要而组织专门生产某材种的经营类型，如矿柱材经营类型、造纸材经营类型等。

对有林地小班应根据上述条件来组织经营类型。对无林地小班，则应按其立地条件和经营目的的差异，分别归到相应的经营类型中去，以便对经营类型设计森林经营管理措施时一并考虑。

在一个林场内组织经营类型数量的多少，除取决于上述4个条件外，还取决于森林经营水平的高低。一般经营水平越高，组织经营类型的个数也越多。因每一个经营类型均需有一套完整的经营利用措施体系，即从经营目的到主要树种、作业法、轮伐期、经营措施等，各经营类型都应有其特点。如果在经营利用措施上没有显著的差别，则没有必要强求组织过多的经营类型。

在组织经营类型后，同一经营类型中的各个小班，在不同时期(表现在各个龄级中)应实施不同的经济措施，即在同一经营类型中，同龄级的不同小班的经营利用措施相同。这样就可以按龄级来实施同一经营利用措施，简化了规划设计工作，提高了工作效率，也便于在经理期内按经营措施统计工作量。

**第四步：命名经营类型**

经营类型的命名，一般根据主要树种命名。有时可以在主要树种之前，再加上森林起源、立地质量高低、产品类型及防护性能等名称。

### 1.4.2 组织森林经营类型的理论基础与内容

**(1)组织经营单位的意义**

森林区划只是对林区的面积做了地域性的划分，但还不能满足组织森林经营的需要。因为在同一林业局(或林场)范围内，由于森林类型和自然条件的不同，其各个组成部分的经济意义和森林资源的组成，结构往往多种多样，因而，它们的经营方针、目的和经营制度也不会相同，因此，有必要根据森林在国民经济发展中的作用、目的以及经营利用措施的要求，将小班（林分或林地）分别组织成一些单位，形成一套完整的经营体系，以便因地制宜、因林制宜，分别对待。这样有利于经营，简化经营措施和减轻工作量。

自然条件的不同，表现在林分的树种组成、林分结构、林分年龄和立地质量差异等方面。随着自然条件的不同，林分所起的作用表现在国民经济的效益上也不同，也就是在森林经营方向上有差别。所有这些，都需要组织不同经营单位，拟定相应的作业体制或经营制度。

森林作用的多样性及复杂性，表现在不同林分类型上，而不同林分则以不同小班来表现。小班的内部情况是比较一致的，有些小班，虽然它们在地域上不相连，但它们的内部特征（如优势树种、龄级、郁闭度、地位级等）却比较接近，也可以组织在一起形成一个经营单位，以便采取相同的经营方针和经营措施。

森林经营的任务，就是根据上述这些差别，从长期经营出发，在森林区划和森林资源清查的基础上，对林班、小班进行归类，组成一定的经营单位。首先是划分林种区，然后在林种区内再组织经营类型，确定其经营目的，并制定出相应的经营制度即经营措施，使其成为长期的经营单位。因此，组织经营单位就是统一经营目的和经营措施的一种形式，它可体现经营方针和因地制宜、分别对待的原则，从而为技术计算和规划设计打下基础。

组织经营单位后，不但为编制森林经营方案创造了有利条件，而且通过组织经营单位，把整个林业局（林场）内所承担的经营任务，根据各部分的具体特点正确地配置，使整体和局部统一起来，共同完成总的经营任务。林区内部无论多么复杂，经营目的如何多样化，通过组织经营单位，会使之条理化，并简化了设计与执行经营管理的过程。因此，划分和组织经营单位是组织经营单位的基础，是森林调查规划工作的重要环节。

**（2）林种区的概念**

森林经理对象（林业局或林场）内的各部分森林，由于它们在国民经济中的作用不同，经营方面也不相同，这反映在不同的林种上；为了合理经营森林，有必要根据各林种所占的区域范围，划出不同的经营单位，这种经营单位称为林种区。

林种区就是在林业局或林场的范围内，在地域上一般相连接，经营方向相同，林种相同，以林班线为境界的地域范围。

林种区的界线一般以林班线作为境界线，这样便于经营管理。林种区的界线可以和行政管理或营林区界线一致。一个林场，可能是一个林种区或几个林种区。林种区划定后，有关森林资源的统计，大多数森林经营及利用措施、规划设计，均以林种区为单位汇总。其他如经营管理机构、护林防火、开发运输和工程建设等则是从整个林业局或林场的范围来考虑。

**（3）经营类型的概念**

在同一林种区内，虽然经营利用方向一致，但各个小班的经营目的和自然特点往往有很大的差别。因而不能用同一的经营方式进行经营活动，因此，在划分了林种区后，需要根据小班特点，将它们分别归类组织起来，采取相同的经营目的和经营利用措施，这种组织起来的单位，称为经营类型或作业级。因此，经营类型就是在同一林种区内由一些在地域上不一定相连，但经营目的相同，需要采取相同的经营措施和相同的林学技术计算方法的许多小班组合起来的一种经营单位。

组织经营类型后，便于组织生产，具体落实林种区的经营方向；在规划设计工作时，可以按照经营类型建立一套较完整的经营技术体系，有利于实施森林可持续经营；组织经营类型规划设计，可以简化规划设计工作，因为每一个经营类型均有一套完整的经营制度，设计后就可以在较长时间内根据它开展经营活动。

每一经营类型都有相应于其经营目的的森林作业法，而不是某一阶段性的经营措施，如对用材林种区来说，经营类型就成为确定主伐年龄、主伐方式、标准年伐量、间伐量以及一切经营措施的单位。

**(4)小班经营法的概念及其特点**

所谓小班经营法就是按小班设计和执行经营措施的方法。

应用小班经营法组织森林经营时，需在外业森林资源清查时，按林分特点、自然条件及经营要求，将在地域上相连的若干个调查小班合并划为经营小班，并在现地分出小班线和埋设小班标桩。经营小班也可在区划调查小班的基础上，在室内进行合并形成经营小班，然后在开展经营活动时，再现地落实。

经营小班的面积不宜过大，一般为3～10$hm^2$。经营小班区划的条件如下：

①经营目的、经营利用方式相同，作业条件基本一致。

②土壤和肥力等级基本一致。

③同一立地类型或林型、坡向、坡度、坡位基本相似。

④小班最小面积在0.5$hm^2$以上。

目前，我国的森林调查规划实践中仍以组织经营类型为主，小班经营法只限在少数经营强度特别高的地段实施。

小班经营法是在林种区内直接以小班为单位，或合并类似小班为单位来组织经营，假如是几个小班来组织森林经营活动，其在地域上必须是相连的，经营目的和措施也是一致的。

小班经营法有以下几个特点：

①区划成固定的经营小班。

②作业法、经营措施的设计和执行单位是经营小班。

③定期地进行生长量的检查，按连年生长量确定采伐量。

④作业法是以集约择伐作业为主。

由于小班经营法是在详细的立地调查和林分调查的基础上，按林分组织经营，以经营小班为单位进行设计和开展森林经营活动的，因此适用于经营水平较高的林区，在经营强度比较高的林场或林场中的局部林区。例如，防护林、特种用途林等可以考虑采用小班经营法。

## →拓展训练

分析当地林场经营类型的现状，写出分析报告。

## 自测题

### 一、名词解释

公益林(地)　防护林　森林区划　自然区划法　林班　小班　灌木林地　水源涵养林　小班经营法　优势树种(组)　林种区　经营类型

### 二、填空题

1. ________是以保护和改善人类生存环境、维持生态平衡、保存种质资源、科学试验、森林旅游、国土保安等需要为主要经营目的的森林、林木、林地。
2. ________是以净化空气、防止污染、降低噪音、改善环境为主要目的的森林和灌木林。
3. 按照气候、地貌、土壤、植被、水分等因子进行地域性的区划称为________。
4. ________就是在同一林种区内由一些在地域上(不一定相连),但经营目的相同,需要采取相同的经营措施和相同的林学技术计算方法的许多小班组合起来的一种经营单位。
5. 经济林应根据其产品的生长特性和生长过程划分为产前期、________、________和________4个生产阶段。
6. 凡是________的林分,均要进行出材率等级测定。
7. 利用地形图勾绘小班,采取现地________勾绘的方法,将小班轮廓线在地形图上勾绘出来。
8. 薪炭林是指以生产________为主要经营目的的森林和灌木林。
9. 林班区划界线应相对固定,属于________,无特殊情况不宜更改。
10. 最小小班面积的确定应以小班的________能在地形图(或基本图)上表示出来为原则。

### 三、判断题

1. 权属可分为土地所有权(山权)和林木所有权。 (　　)
2. 林分中郁闭度相差0.2以上时即可划分不同小班。 (　　)
3. 划分小班的原则是每个小班内部的自然特征基本相同并与相邻小班又有显著的差别。 (　　)
4. 公益林(地)是指以发挥生态效益为主的防护林、特种用途林、自然保护区林。 (　　)
5. 商品林(地)包括用材林、薪炭林和经济林。 (　　)
6. 生态公益林按事权等级划分为国家公益林(地)和省级公益林(地)。 (　　)
7. 按《森林法》规定,把森林划分为防护林、特种用途林、用材林、竹林、薪炭林、经济林等六大林种。 (　　)
8. 国家级自然保护区及其他有重点保护一级、二级野生动植物及其栖息地的森林和野生动物类型自然保护区的森林、林木和林地属于国家公益林(地)。 (　　)
9. 林班的编号和命名一般以林场为单位,用阿拉伯数字由小到大,从林场的西北角起向东南、从上到下依次编号。 (　　)
10. 以涵养水源,改善水文状况,调节区域水分循环,防止河流、湖泊、水库淤塞以及保护饮用水水源为主要目的森林、林木和灌木林称为防护林。 (　　)

### 四、简答题

1. 组织经营类型的依据主要有哪几个方面?

2. 简述利用地形图现地对坡目测勾绘小班的步骤。

3. 简述森林分类经营的依据。

4. 林种区如何组织?

5. 如何确定优势树种(组)的树种组成?

## →自主学习资料库

1. 亢新刚. 2011. 森林经理学. 4版. 北京: 中国林业出版社.

2. 姚昌恬. 2002. WTO与中国林业. 北京: 中国林业出版社.

3. 李凤日. 2004. 森林资源经营管理. 辽宁: 辽宁大学出版社.

4. 国家质量技术监督局. 2001. GB/T 18337.2-2001 生态公益林建设规划设计通则. 北京: 中国标准出版社.

5. 国家林业局. 财政部. 2009. 国家级公益林区划界定办法.

# 森林调查

森林调查也称森林资源调查，是对林业土地进行其自然属性和非自然属性的调查。通过对森林资源状况、森林经营历史、森林经营条件及未来发展等方面的调查，为制定林业方针政策，编制国家、地方和生产单位的林业区划、规划和计划，实现森林资源的合理经营、科学管理和永续利用提供可靠的基础资料，以充分发挥森林的多种效能，避免营林和计划工作的盲目性及被动性。本项目有林业生产条件调查、林业专业调查、小班调查、多资源调查4项任务。

## 知识目标

1. 了解林业生产条件调查的内容。
2. 了解林业专业调查的内容。
3. 了解森林资源、森林资源调查、林业生产条件、专业调查、多资源调查的内涵。
4. 掌握林业生产条件的调查方法。
5. 掌握各专业调查的方法。
6. 掌握不同地类小班的调查方法。
7. 掌握多资源类型及调查方法。

## 技能目标

1. 能进行不同地类小班的调查。
2. 能进行林业专业调查。
3. 能进行多资源调查。
4. 能进行林业生产条件的调查。

# 任务 2.1

## 林业生产条件调查

### →任务描述

收集一个林场自然条件、社会经济条件、林业经营历史等方面的资料，组织学生根据林场的实际情况确定林业生产条件。

每人提交一份林场的林业生产条件调查报告。

### →任务目标

(一)知识目标

1. 了解林业生产条件调查的内容。
2. 掌握林业生产条件的概念。
3. 掌握林业生产条件调查的方法、过程。

(二)能力目标

1. 根据林场的地理要素，能在有关部门收集到林场的自然条件调查、社会经济条件、林业经营历史等方面的资料。
2. 根据林场的实际情况，以及收集到林场的自然条件、社会经济条件、林业经营历史等方面的资料，能确定调查内容。
3. 根据林场的实际情况，能确定林业生产条件调查的方法。
4. 根据调查资料，能编写林业生产条件调查报告。

### →知识准备

## 2.1.1 实践操作：林业生产条件调查过程与要点分析

**第一步：熟悉林场及周边环境**

了解林场及周边土地局、农业局、水利局、气象局、交通局等有关部门。

**第二步：确定林业生产条件调查内容**

林业生产条件调查内容很多，但至少应调查收集下列主要内容的资料。

**(1)自然条件调查**

①地理条件　主要包括地理条件、行政区划位置、植物区系、地形地势条件、山脉和水系状况等。

②地质条件　主要包括：土壤种类、比例、分布；各种土地的肥力状况，如有机物含量，N、P、K的含量等；土壤的物理性质，如厚度、质地、结构等；地质形成状况，如成土母岩，风化程度等。

③水资源条件　主要包括：主要河流的长度、流量、水位、流送能力等；水面、湿地状况，其面积、水量、深度及对森林动植物的影响等；水资源利用状况，以及水资源对调查区域内的地表土地侵蚀等。

④气候、气象条件　主要侧重对森林资源产生最直接作用的因素，主要有温度，包括最高、最低气温，年平均气温，年积温，生长季长度，初霜、晚霜期等；降水，主要是年降水量，分布的季节，降水的形式等；还有其他天气现象，如出现风的时间、强度，可能对林木生长产生的影响等。

**(2)社会经济条件调查**

①林业与农、牧、渔、工业等的关系。

②森林与区域社会、环境的关系。

③林业的地域配置、林权等状况。

④森林产品市场状况。

⑤林业对区域社会的经济贡献。

⑥交通运输状况。

⑦人口、劳动力状况等。

**(3)林业生产活动调查**

调查内容主要包括以下几个方面：

①森林经营机构的沿革　主要包括森林经营管理机构的建立、变迁、人员、规模等方面的状况。

②二类调查工作　主要包括调查的次数、每次的时间、技术状况、方法、调查的内容和主要结果。

③森林经营方案　森林经营方案的编制和执行情况等。

④经营情况　主要包括采伐收获情况；森林更新情况，低产林改造情况，病虫害、火灾的起因、发生规律、种类、危害情况、防治方法及效果等；森林旅游、水资源利用、放牧、经济植物加工利用等方面的情况，调查的具体内容有资源种类、数量、质量、用途、经济收益等方面的状况。

⑤环境状况　主要包括森林作为区域社会中最重要的环境资源之一，它所发挥的环境功能与作用强度是否发生变化，趋势怎样；森林资源自身的环境状况怎样，即土壤、水、动物、植物等的变化情况。

⑥森林企业经营管理　主要包括企业机构、从业员工的数量和素质水平、经营盈利状

况、生产效率、产品的市场需求状况等。

各地的自然条件和社会经济条件不一，可自行选择确定相关调查内容，对重要的自然、经济条件进行重点调查。

**第三步：收集材料**

林业生产条件的调查首先应从收集现有文字资料开始。对现有文字资料，应尽量收集齐备。文字记载材料，包括过去的施业案、年度计划、远景规划、历史总结报告及完成国家计划数字、有关科研报告及技术经验总结等。这些材料均属技术档案资料，可直接到林场档案室借阅。有关气象、水文、地质、土壤方面资料可以从有关专业部门收集。

**第四步：访问及实地调查**

**(1)访问调查**

访问当地有关部门和群众是常用的调查和收集资料方法。调查访问时，可采取与有经验的林业工人、技术人员和干部及熟悉当地情况的群众个别座谈，或与有关人员开调查会等形式。这种方法，不仅在缺乏文字记载材料情况下必需，并且当过去文字记载不够全面或不够翔实时，通过调查访问也可以起到补充和核实的作用。

**(2)实地调查**

在收集现有文字资料和调查访问的基础上，还不能解决或不能满足调查要求时，应采取实地调查的方法。实地调查时，一般根据调查的要求、深度和调查对象的特点，采用深入现场观察记载或选取标准地调查的方法。例如，过去经营情况(采伐、集材、运材等)、自然条件(如地形地势、水文等)和有关经济情况等，都可通过现场观察记载的方法来了解。若需要确切的数字加以论证的，如在评定天然更新和人工幼林的质量时，可以在有代表性的地点选择标准地进行调查。调查时首先要保证调查数据的真实性和科学性。当有些重要数据因来源不同而有出入时，要进一步了解和核实，切不可用一些不可靠和失真的数据，导致错误或片面的结论和分析。

**第五步：撰写调查报告**

在完成调查任务的基础上，每人撰写一份调查报告，包括林区自然条件、社会经济条件、林业生产活动的调查结果和分析说明。

## 2.1.2 林业生产条件调查理论基础与内容

### 2.1.2.1 林业生产条件的概念

生产条件，就是影响林业生产发展的一些客观因素。主要包括自然条件、经济条件和过去的林业生产活动情况等。

调查林业生产条件的目的，在于了解森林经理对象的客观条件，掌握林业生产中的自然规律和经济规律，为森林经理工作编制经营方案提供依据。通过对以往林业生产活动的调查研究，总结分析过去林业生产活动中的经验教训，掌握本地区的物质技术条件和经营管理水平，有利于拟定科学的、行之有效的经营方案和组织林业生产。因此，对林业生产条件进行系统周密的调查和科学的分析是森林经理工作不可缺少的一环，是能否设计出既符合客观实际又能指导实践的森林经营方案的关键。这项工作的好坏直接影响森林经理工作的质量。

### 2.1.2.2　林业生产条件调查研究的内容

林业生产的发展与经营管理水平、投资、道路网的密度、林业机械化水平及设备和劳动力供应等条件有直接关系。这些条件大多属于经济性问题，而这些问题不全是林业部门所能解决的。例如，机械化水平和设备提供与工业发展有关；道路网的密度与交通运输业的发展有关；劳力来源主要靠农业供应，等等。总之，林业生产的发展依赖于其他国民经济部门的发展。同样，林业的发展也必然影响整个国民经济各个部门。因此，除了了解林业本身的经济条件外，还要了解社会经济条件，特别是农业、工业、交通运输等对林业的要求和需要。

**(1)自然条件的调查**

自然条件是指对当地森林生长发育和经营利用活动有影响的各种自然因素，包括地形地势、地质、土壤、植物、动物以及气象水文等。

在林业生产过程中，应充分利用自然条件。因为自然界的各种因素，对森林的形成、分布、结构、林木生长率都有直接作用，它决定了各种技术措施的可能性。为了在林业生产活动中按自然规律办事，最大限度地利用自然条件中的有利因素，克服不利因素，需要深入地调查和收集自然条件中各项有关因素，以便对森林的发生、发展的自然规律，生态效益，扩大再生产条件及经营利用森林的原则、方式、方法等提出科学分析，作为编制森林经营方案的重要技术依据。

自然条件的调查与资料收集主要有以下内容：

①地形地势　地形地势影响着森林的树种组成和林木生长发育。地形地势的不同，影响着土壤厚度、地表径流、土壤流失、光照条件、温度、降水、土壤湿度、蒸腾量等生态因子的变化，也影响着局部地区的小气候。因此，在拟定经营利用措施时必须要考虑地形的特点，要因地制宜。例如，在高山林区，为了避免森林采伐后引起水土流失和水源涵养作用被破坏，在划分林种、组织经营类型、确定采伐方式时必须考虑地形地势的特点。在确定运输路线、运输类型、集材方式等技术设计时也应参考地形地势的资料。

地形地势的调查首先要查明林区中主要山脉的名称、形状、长度、平均海拔、走向以及支脉的分布情况。查明调查范围内最高山峰及其海拔等。

调查局部地形地势时，还需调查记载地形的类型，各小班的坡度、坡向和海拔。

当经理对象为林业局时，由于面积较大，需要对大区地形进行调查和描述。一般的林场只需调查中、小地形。在森林调查中把坡度划分为6个坡度级：Ⅰ级为平坡0°~5°；Ⅱ级为缓坡6°~15°；Ⅲ级为斜坡16°~25°；Ⅳ级为陡坡26°~35°；Ⅴ级为急坡36°~45°；Ⅵ级为险坡46°以上。坡向按东、南、西、北、东北、东南、西北、西南及无9个方位确定坡向。

②土壤条件　土壤是森林的主要生态因子，对森林的生长发育有着很大的作用。森林

的组成、结构、生产力和木材质量等都与土壤的特性有关。在造林设计、更新时的树种选择，以及确定主伐方式、选择作业法时都要考虑土壤条件。同时，土壤条件也是确定林型或立地条件类型的重要因素。

调查土壤条件时，首先要了解土壤类型的分布情况及其森林植物群落。同时也应调查了解这些土壤的结构和肥力特性，研究土壤条件和森林生长发育的关系。土壤调查的内容主要有土壤厚度、颜色、湿度、质地、结构、紧密度、生物活动情况、新生体、侵入体、层次过渡情况、碳酸盐反应、pH 值等。

③气候条件　在林木生长发育过程中，光照、温度、湿度、风、降水量等气象因子对其有很大影响。在林区的气候因子中，生长期的长短和降霜时期对育苗、造林等有很大影响。

了解风的性质和方向尤其是主风方向及其因地形的变化，对采伐带方向设计及采伐顺序排列特别重要。为了确定火灾危险等级和拟定防火措施，就有必要了解降水量和空气湿度的变化。有关气象资料需从当地气象部门收集。具体应了解以下几个因子：

**气温**　主要调查年平均气温、年最高气温、年最低气温、每月平均气温和林木生长季节的气温。

**湿度**　调查年平均湿度和不同季节的湿度。

**降水量**　调查年总降水量、每月平均降水量、林木生长季节的降水量、雨季和旱季的特征。

**霜、雪**　调查早霜和晚霜的时间、降雪量、过去霜害和雪害的情况。

**风**　调查每年的常风方向和各季节的主要风向、常风的风速、风害的季节和危害程度等。

④水文条件　水文条件包括河流和湖泊的分布、长度、深度、宽度、流量和流速，以及地表径流与地下水状况。在山区要收集森林破坏后地表径流对土壤的侵蚀情况，调查研究森林分布对水源涵养作用和河流流量的作用。在有沼泽地的林区还应查明沼泽化的程度。有了这些水文资料，就对水运、林区建设和有关经营措施的设计提供了依据。

**(2)社会经济条件的调查**

社会经济条件的调查内容主要包括以下几个方面：

①基本情况　主要调查林业在当地国民经济中的地位和任务，调查林场隶属的行政区、四邻、地理位置，了解林场范围内各居民点的人口、劳力、畜力及车辆等情况。

②农业情况　调查本地区耕地面积及其分布、粮食产量；调查农业与林业的相互关系及农业劳力支持林业的能力；乡办或村办林场情况；农村需材(包括烧材)情况；当地牧、副、渔各业生产情况等。

③工业情况　了解和收集有关当地工业生产部门的分布、生产现状、发展趋势；调查各工业部门当前和今后对木材和林副产品的需求量和实际供应能力。这些材料的调查分析，对确定采伐量、考虑木材供需平衡具有重要的参考价值。

④交通、电力条件　调查当地铁路、各级公路与林道的分布、运输能力，道路养护等情况；了解输电、通信分布情况及数量、质量情况。

⑤林业生产情况　收集林业局(场、所)营林生产和木材生产及其他各项生产情况，

包括年产量、生产工艺过程以及劳动组织、劳动生产率和定额等主要技术经济指标。

⑥机械设备情况 了解现有机械设备型号、数量、适用程度、使用率、完好率、设备维修情况及提高机械化水平的可能性。

⑦投资情况 收集建局(场、所)以来国家投资总额；近年来投资来源，包括国家投资、地方投资、自筹资金和贷款等；向上级主管部门调查了解在规划期间对该单位投资的可能性与可能投资额。资金来源是决定方案能否实现的重要条件。

⑧职工生活情况 了解局(场、所)职工及职工家属的生活、商品供应、自给性商品生产的可能性、文化生活、工资水平以及家属子女的就业安排或工作安排、职工安居乐业等情况。

**(3)林业生产活动的调查**

调查了解过去林业生产活动情况，总结以往林业生产的经验教训，掌握生产单位的经营水平，对编制森林经营方案是很有益处的。其调查内容包括以下几方面：

①以往编制森林经营方案的内容和执行情况 对于以前曾开展过森林经营规划工作，编制过森林经营方案的单位，了解所编方案的内容和执行情况，找出方案的问题和经验，分析其原因。这些经验教训可用作编制新方案时的借鉴。

森林经营活动的经验教训，应当着重调查分析过去所实施的一切森林经营措施在技术上和经济上的合理性及其实际效果，并找出存在的问题，为今后正确地设计经营措施提供依据。这些森林经营措施包括：造林、更新、幼林与成林抚育、林分改造、护林防火、病虫害防治等。

②森林采伐利用情况 了解历年来的实际采伐量、主伐年龄、主伐方式、主伐和集运材的机械化程度以及采伐与更新的比例关系。从历年采伐量与森林资源的消长变化，分析量是否合理。同时还应了解采伐作业的实施情况，造材、集材是否合理。

对更新跟不上采伐、采育比例失调的，要认真分析，找出原因，及时纠正。

③多资源利用情况 对已开展的多资源开发利用项目，如对采伐剩余物的利用、经济植物资源、野生动物、风景资源、水资源和农业资源的生产规模、设备、产品销售、原料来源、经济收入等情况进行调查分析，为进一步有效地扩大多资源开发利用项目提供依据。

④基本建设情况 基本建设情况主要包括道路、桥涵、各类厂房以及职工办公、居住的房屋等。

⑤企业管理情况 主要了解过去企业管理水平。其中包括企业机构设置、职工人数编制以及职工业务技术水平、劳动生产率、企业收支情况等。

⑥天然林保护和生态林业建设工程的实施情况 主要调查森林分类经营区划的合理性；一般公益林调查设计的情况，包括择伐作业设计、更新采伐作业设计、抚育采伐作业设计、人工促进天然更新作业设计、母树林抚育作业设计、更新造林设计；重点公益林调查设计的情况，包括封山育林设计、造林调查设计；商品林调查设计情况，包括皆伐作业设计、择伐作业设计、渐伐作业设计、抚育作业设计、低产林改造作业设计；调整林业生产结构和实行转产措施情况，包括森林资源被禁伐或采伐量下调情况；严禁陡坡开荒乱占林地和破坏森林植被情况；调整林种结构情况；利用高新技术提高木材资源利用率情况；

建设投入产出的补偿机制情况，等等。

#### 2.1.2.3 林业生产条件调查的方法

林业生产条件的调查研究应根据不同的内容采取不同的调查方法，一般通过以下几种途径：

①收集现有的文字材料；

②调查访问；

③实地调查。

调查时首先要保证调查数据的真实性和科学性。当有些重要数据因来源不同而有出入时，要进一步了解和核实，切不可用一些不可靠和失真的数据，导致错误或片面的结论和分析。

影响林业生产的因素是多方面的，有经济因素、自然因素和以往经营活动的基础，同时又有方针、政策方面的因素，这些因素都不是孤立的，而是错综复杂的，往往又同时对林业生产起着作用。因此，在分析这些条件或因素时，应从实际出发，找出当地具体情况下影响林业生产的主导因素，以便抓住事物的本质，得出正确的结论。

### →拓展训练

收集一个林场自然条件调查、社会经济条件、林业经营历史等方面的资料，根据林场的实际情况，确定林业生产条件调查的内容；结合收集的资料情况，确定林业生产条件调查的方法，每人提交一份林场的林业生产条件调查报告。

# 任务 2.2

## 林业专业调查

### →任务描述

在一个林场收集有关立地类型、林业土壤、森林更新、森林病虫害、森林生长量、野生动物、珍稀植物资源、林业经济、森林多种效益、造林典型设计、森林经营类型设计，以及自然条件和社会经济条件状况等有关的文字及图面资料，组织学生根据林场的地形、土壤、气候、植物群落等特点，确定立地类型调查、林业土壤调查、森林更新调查、森林病虫害调查、森林生长量调查、野生动物调查、珍稀植物资源调查、林业经济调查、森林多种效益调查、造林典型设计调查、森林经营类型设计调查的内容。

每人提交一份林场的有关林业专业调查报告。

### →任务目标

**(一)知识目标**

1. 了解林业生产条件调查和林业专业调查的关系。
2. 熟悉林业专业调查的内容。
3. 熟悉林业专业调查的方法。
4. 掌握林业专业调查的概念。

**(二)能力目标**

1. 能确定专业调查前应准备的仪器、工具、图表资料。
2. 能确定专业调查的内容。
3. 能收集调查地区的土壤、气候、植被、水文、地质、地貌、气象、交通、林业区划、森林调查等有关自然条件和社会经济条件状况的文字材料和图面材料。
4. 能收集调查地区过去野生动物、珍稀植物资源的普查与调查材料以及地方志的记载。
5. 通过当地的统计局、农业局、林业局和生产单位等有关部门，收集当地综合农业区划、林业区划、林业生产历史、社会经济条件状况等资料。
6. 能在有关部门收集到调查地区的森林更新、森林病虫害、森林生长量等方面的资料。

7. 能够完成立地类型、林业土壤的专业调查。
8. 能够完成森林病虫害、森林生长量、森林更新调查的专业调查。
9. 能够完成野生动物、珍稀植物资源、林业经济的专业调查。
10. 能够完成森林多种效益、造林典型设计、森林经营类型设计的专业调查。

## →知识准备

## 2.2.1 子任务一：立地类型调查

### 2.2.1.1 实践操作：立地类型调查过程与要点分析

#### 第一步：准备工作

**(1)资料的收集**

广泛收集调查地区的土壤、气候、植被、水文、地质、地貌、林业区划和已有的立地类型划分与评价材料，以及地貌图、地形图、地质图、土壤分布图、林相图和航相片等图面材料，了解该地区过去的经营活动，现在的经济条件以及森林的变迁历史，制定外业工作方案。对于有关图表必要时可以复制，以备外业、内业工作需要。

**(2)物资的准备**

外业工作时所需的物品，在出发之前必须做好充分的准备，一般应准备各种外业调查用表、仪器、工具等，以及必要的生活用品。

#### 第二步：查阅资料、访问

到达工作地点后首先的工作是访问有关的工作人员，例如，林场的工人、职员、技术人员等，谈有关当地的自然、经济情况，可采用座谈会的形式，对所谈的情况必须认真记录。同时查阅该场或地区有关的文献资料。

#### 第三步：踏查

在正式开展调查前，应当进行林区概况踏查，初步了解和掌握调查地区植物群落所处地形、土壤、气候特点，为正式调查时选择调查路线和设置标准地打好基础。

#### 第四步：调查

调查可采用路线调查和标准地调查2种方式。

**(1)路线调查**

与有关人员一起拟定调查路线，调查前应先在地形图或航片上设计调查路线。

调查路线应选在地形和森林植被垂直分布较复杂的地段，尽可能包括林区所有植物群落，并使地形、土壤、植被、气候等方面具有代表性。调查尽可能采用直线或折线，必要时要设置补充线，保证外业工作收集的材料尽可能的全面、完整。

路线调查一般用目测(无林地采用小样方调查)进行分段调查记载，段宽一般为20 ~

40m，调查线路的设置密度可根据自然条件复杂程度决定，以能包括各种植物群落类型为原则。在向拟定方向前进时，遇见地形、森林植物群落、土壤种类等主要调查因子有明显变化时，就应分段。在地形图、航片上标记位置，以便在同一个立地类型内设置各优势树种林分的标准地。

路线调查分段编号记载的主要项目有：

①路线方向和调查段长度，并绘制路线剖面图和平面图。

②地形和小气候特征，土壤剖面主要特征及土壤名称。

③天然林林分的树种组成、平均年龄、平均树高、优势木平均高、平均直径、郁闭度、每公顷蓄积量等。

人工林除记载年龄、平均树高、优势木平均高、平均直径、郁闭度、每公顷蓄积量外，还需记载混交比例和混交方式。

疏林和散生木除记载上述因子外，还应说明树木生长情况，有无发展前途等。

④有林地、无林地天然更新情况（良好、中等、不良），树种分布状况、生长情况，人工更新情况（保存率），树种、树高、直径生长情况。

⑤有林地、无林地下木（或灌木）、草本及层外植物的盖度，分布情况，植物种类、多度、高度、指示意义，对更新及乔木生长影响等。

⑥人为活动及自然灾害对林木的影响等。

⑦小结，要说明该段的主要特点，植物群落演替趋向，经营利用意见或适宜营造的林种和树种，初拟类型名称。

⑧其他。

**（2）标准地调查**

在路线调查的过程中，要随时注意自然条件（土壤、植被等）的变化，在这些不同的地段上进行标准地调查。调查点的号码应在地形图上表示出来。

①标准地设置　标准地（或小样地）应设在每个立地类型内各植物群落类型的典型地段，不得设置在路旁、河边和两个类型的过渡地段。标准地用仪器测量周界，测量误差不大于1/200。

②标准地面积　天然林，在寒温带、温带林区采用500～1000$m^2$，亚热带、热带林区采用1000～5000$m^2$。此外，也可用林木株数控制标准地面积，一般采用主林层林木株数不少于100～150株。人工林和幼林标准地面积可以酌情减少。无林地设置小样地调查，样地面积可视现地情况采用4～10$m^2$或大于100$m^2$。

③标准地数量　有林地每个植物群落类型不得少于3块。如果该植物群落类型面积较大或包括不同年龄阶段的林分，其数量还需相应增加。无林地每个植物群落类型实测小样地数量也不得少于3块。

④标准地调查的内容　标准地调查内容包括如下几个方面：

**标准地周围情况**　主要记载与标准地相邻地区的植物群落类型名称。

**地形地势**　应记载标准地所在的大、中地形的位置，海拔高度、坡向、坡位，坡度、坡形、开阔度，标准地内及其附近小地形变化情况以及由倒木、冲刷、堆积、动物活动引起局部地段微地形的变化情况等。

**岩石及地质条件** 应记载母岩、母质种类、土壤侵蚀、洪水冲积等作用的强度。

**水分条件** 记载水分来源(大气降水、地下水)、地下水位深度及土壤水分状况等。

**小气候特征** 根据感觉、观察和指示植物的生态类型，记载光照强度(强、中、弱)和空气湿度等。

**土壤调查** 调查时必须按土壤调查技术要求详细记载剖面各项因子。同时，每个类型要采集3个纸盒标本和分析标本，如果该类型内包括3个以上植物群落类型时则应相应增加，以供分析土壤理化特性用。对无林地特别要注意记载土层厚度、腐殖质层厚度、质地、障碍层情况等。

**乔木调查** 天然林用实测方法求算立木组成、平均年龄、平均树高、优势木平均树高、平均直径、疏密度(郁闭度)、蓄积量、地位级(地位指数)、经济材出材率，以及优势树种的年龄、平均直径、平均树高、优势木平均树高、断面积、每公顷蓄积量、株数等各项调查因子。在结构复杂的林分中应分别林层、树种、林木世代求算。此外，还应目测林冠总郁闭度及各层的郁闭度、立木平均距离，并详细记载自然稀疏与整枝情况，各树种生长发育、分布情况，稳定程度和种间关系以及林内卫生状况等项目；人工林除记载树种、年龄，实测求算平均直径、平均树高、优势木平均树高、蓄积量、疏密度，目测总的郁闭度外，还应测出一定数量的株行距，调查其造林密度、混交比、混交方式、保存率、树高直径生长发育情况、造林措施、抚育措施等。对乔灌混交林，还应记载灌木的种类、混交方式、混交比、丛幅、丛高、生长发育情况、稳定程度等；疏林应调查记载树木种类，量测其直径、树高、年龄，并描述生长分布情况，有无发展前途，必要时伐倒优势树种做标准木进行解析，研究其生长情况。此外，对有林地还应实测一定株数的优势木树高，以便编制和查定地位指数，做出立地质量评定。

**更新调查** 采用实测和目测相结合的方法进行。首先在标准地内用典型和机械抽样方法设置面积为5m×5m或2m×2m或1m×1m(视幼树大小而定)的样地4～5块，在样地内分别对树种、起源、高度组、健康状况进行数苗，并在每个树种的各高度组内选出3～4株幼树，求出其相应的平均林龄，另外，还要目测记载每种幼树分布特点，分析天然更新的可能性，做出更新评定(分3级：良好、中等、不良)；人工更新采用标准行或标准地方法实测各项调查因子做出更新评定，并说明其成败原因。对飞播造林应调查其种类，生长分布情况，并了解其造林效果，评定等级。

**下木(或灌木)调查** 利用目测记载下木层的总盖度和分布状况，有明显分层现象时，应记载各层的覆盖度、高度，并按层记载主要种类的多度、平均高度、最大高度、生活强度，对更新的影响，成土作用，指示意义以及用途等。

**草本植物调查** 测草本植物的总覆盖度(若有苔藓植物时应分层记载各层的覆盖度)，以及主要种类、多度、生活强度、分布状况、指示意义、用途，对更新有无影响等。

**层外植物调查** 应记载种类、攀缘高度、木质或草质、地径、被攀缘树木的株数、分布情况、寄生植物的寄主以及对树木和幼树的机械影响等。苔藓、地衣类要记载生态习性、依附树种、部位、方向、生长分布情况等。

**人为活动及自然灾害** 记载采伐、抚育、砍灌、放牧、林副产品采集等人为活动，以及火灾、病虫害、动物活动，对林木生长、森林更新、植被组成、结构等方面的影响。

⑤树种特性调查(包括要营造的灌木) 了解调查地区树种的种属组成和分布规律，

调查不同的地形、气候、土壤条件对树种的分布、生长、发育和更新的影响。调查项目分为生境部分、植株部分和经济意义。

⑥采集植物标本　路线调查或标准地调查时应随时采集植物标本，每种3份，编号系以标签，按植物采集记录项目要求进行记载。有条件的可拍摄彩色照片标本。

**第五步：内业材料整理**

**(1)植物标本的整理**

对采集的植物标本应按规格制作，进行分类学鉴定，按分类系统编制调查地区植物名录，对每种植物要提出其生境条件和生态习性。核对全部路线和标准地外业调查材料中记载的植物种，更换为鉴定后的学名和中文名。

**(2)立地类型材料的整理分析**

对划为同一立地类型的调查材料(包括路线调查段、小样地和标准地材料)进行各因子的汇总统计。最后从汇总统计分析的材料中概括出各立地类型的地形地势、土壤名称和典型剖面特征，立木因子、更新、植被(植物生活型，找出有无反映该立地类型的指示植物)等特征。

**第六步：编制立地类型表**

根据内业统计分析整理后的全部材料，编写出正式的立地类型表。

**第七步：编写调查报告**

内容包括调查地区的自然地理概况，所在地理位置、气象、水文、地形地势情况，土壤、植被分布情况，社会经济条件，主要乔、灌木种类的生物、生态学特性，划分立地类型的原则、方法、依据，分类系统，工作量和质量等。详细描述每个立地类型(包括其中的不同植物群落类型)的特征，做出评价和生产力预估，提出经营利用意见和具体措施等。

### 2.2.1.2　立地类型调查理论基础与内容

立地类型又称立地条件类型。所谓立地条件是指对林木生长有影响的各个环境因子的综合，它包括地形地势、小气候、土壤、植被等。立地类型则是有相同立地条件的各个有林地和宜林地段的总体。

进行立地调查的目的，是通过立地类型的调查，正确地划分林业用地的各种土地种类的立地类型，评价立地质量，为林业区划、规划、总体设计和开展林业生产提供科学依据。它是划分造林类型、森林经营类型、编制林业数表和其他专业调查的基础。

划分立地类型必须遵循正确反映立地特征的科学性和便于掌握、使用的实用性的基本原则，以调查地区内决定森林生产潜力、影响森林经营效果的主导因子为依据。立地类型调查一般采用路线调查和标准地相结合的方法进行。主要内容包括：

**(1)地貌因子**

地貌分为：极高山，海拔大于5000m的山地；高山，海拔为3500～5000m的山地；

中山，海拔为1000～3499m的山地；低山，海拔小于1000m的山地；丘陵，没有明显的脉络，坡度较缓和，且相对高差小于100m；平原，平坦开阔，起伏很小。

**(2)坡度因子**

坡度划分为平、缓、斜、陡、急、险6个坡度级。

**(3)坡向因子**

分东、南、西、北、东北、东南、西北、西南及无坡向9个方位。

**(4)坡位因子**

分脊、上、中、下、谷、平地6个坡位。

## 2.2.2 子任务二：林业土壤调查

### 2.2.2.1 实践操作：林业土壤调查过程与要点分析

#### 第一步：准备工作

**(1)拟定工作计划**

根据土壤调查的目的要求，结合本地的具体情况制定工作计划。计划内容包括土壤调查的任务、内容、成果、工作量、质量要求、计划完成的时间、工作进行的方法和步骤、调查经费及成果应用等。

**(2)组织准备**

林业土壤调查，一般是与造林规划设计、森林经理调查结合进行，根据情况配备一定的土壤调查工作人员。如果进行专题土壤调查，应组织专业队，由土壤、植物、林业、测量制图等专业人员组成进行调查工作。

**(3)资料准备**

为了使土壤调查工作顺利进行，在调查工作进行之前应收集调查区有关的各种资料，如原有的土壤调查资料，植物、水文、地质、气象、交通等有关资料。还有林业生产状况与社会经济状况等有关的资料以及各种图面资料，如调查区的航片(卫片)、地质图、地貌图、水文地质图、气候区划图、植被图、土地利用现状图、森林资源分布图、地形图等。使用地形图时，平原、丘陵区一般准备1∶10 000或1∶25 000地形图；山区准备1∶25 000地形图。

**(4)物质准备**

一般土壤调查用品有：罗盘仪、海拔仪、手持罗盘、直尺、量角器、求积仪、缩放仪、图板、百米绳、锄头、土铲、土钻、地质锤、剖面刀、钢卷尺、剖面记载表、记录本、铅笔、土壤袋、标本纸盒、整段标本箱、标签、背包、植物标本箱、测定 pH 值的混合指示剂、测定碳酸盐反应的 10% 盐酸等。另外，还要准备必须的生活用品和劳保用品。

**第二步：概查**

概查也称初步勘察，是实地了解调查区的全面概况。通过概查，摸清调查区的主要土壤类型和分布规律，研究该地区土壤分布与植物、地形、母质的关系，绘制土壤、地形、植被相关类型图。通过内业资料整理，编制土壤分类系统表(土壤检索表)，为下一步进行详查作好准备。

概查一般采用路线调查与典型调查(标准地调查)相结合的方式。

**(1)资料分析**

首先对地形图、航片及收集的各种资料进行研究分析，然后进行实地踏查。

**(2)确定概查路线**

概查的路线要穿过调查区各种不同的地形部位，不同的母岩(母质)地区和不同的植被地区。概查路线选择的原则应尽可能在较短的时间，通过最短的路线，看到较多的土壤类型。在林区概查路线一般是沿林班线设置。

**(3)调查**

调查时边走边看边访问，在地质、母质、土壤、林相发生变化的地段，必须在地形图或航片上初步勾划界线，并在典型地方挖掘主要土壤剖面，详细观察记载；采集纸盒标本及化验分析用的土样。

**(4)拟定详查工作计划**

经过内业资料整理，根据资料分析、座谈访问和实地踏查情况，首先确定调查地区的各种土类及其特征特性，根据规定的土壤工作系统，提出本地区的土壤工作分类方案，然后勾绘土壤分布草图，在草图上粗略布置挖掘土壤剖面的地点，确定下阶段重点调查的内容和方法，拟定较具体的详查工作计划。

**第三步：详查**

详查是在概查的基础上对调查区进行逐地逐块全面的调查，完成预定调查内容的全部调查研究工作。如区划图班，找出各类土壤分布的界线，分布的面积，调查各种土壤的形状及与林业生产的关系，编绘出土壤分布草图，采集必要的标本。

**(1)一般林区土壤调查方法**

土壤调查路线采用平行线法和围线法。要尽量安排好路线间距，一般因制图比例尺不同而异，1∶10 000 比例尺的土壤调查，路线间距一般为 1km，每天工作量为 3 ~ 4$km^2$；采用 1∶25 000 底图进行调查时，路线间距为 2 km，每天工作量为 7 ~ 10 $km^2$。基本原则是：在没有掌握本区土壤分布规律前，路线的密度应大些，剖面也应多设置一些，调查工作中要注意沿途观察地形、植被、水文、地质等成土因素的变化与土壤的关系，并要注意对典型剖面的观察记载，每工作3km左右，必须在有代表性的地形部位研究土壤一次，每天应整理资料和拼接图幅，工作一个阶段后要小结一次，按计划按预定路线研究自然条件及土壤情况，把土壤类型、分布、剖面位置及路线两侧按土壤分布规律推测土壤边界点，填绘到底图上，并参照地形、植被等因素联络各边界点，勾绘成土壤分布界线。

**(2)应用航片进行土壤调查的方法**

凡具有航片的地区应尽量采用此法，因为地物在航空上影像逼真。调查时可预先利用现有的航片、地形图、林相图在室内判读(预读)、勾绘图班。图班的区划根据地形、植被，母岩与土壤形成的密切相关性，借助与它们在相片上反应的影像特征，通过相片判读，参照林相图、地形图，在照片上间接地勾绘出各种土壤类型轮廓界线，画出土班，然后再将照片和草图到野外在预先设计的调查线上定点调查，观察土壤剖面，采集土壤标本，核定土壤名称，对判读结果进行校核，改正错误的边界，当确定无误时，将相片上的轮廓线转绘到地形图上，再加以反复检查、核对、衔接编制成土壤图。

**第四步：原始资料的整理**

**(1) 整理土壤标本和审理野外调查记录**

①清查各类土壤标本。

②整理土壤剖面记录表及调查资料，把野外土壤剖面记录表和各种访问调查的记录，按照实际情况加以系统整理。

③审理核对剖面标本和记录表，将清理好的土壤标本、记录表、调查资料进行检查和核对，如有遗漏和差错，应做必要的补充和修正。

**(2)审查土壤草图**

①审查土壤界线　检查各类土壤的分布是否与实地或地形图上所反映的地貌、植被、土地利用方式等分布规律相符。通过审查，使土壤界线能正确反映土壤分布的客观规律。

②审查草图内容　检查草图的各项内容是否符合要求。如草图上所示剖面的数量、位置、编号、土壤类型代号、地物及名称、行政区界等。

③校核草图拼接的界线　主要校对相邻单位接壤地带的土壤种类及土壤界线，如果出现土壤种类不同，土壤界线不闭合，则应对照土壤标本和剖面记录并参照当地土壤环境条件，调整界限，使其闭合。必要时可到现场复核校正，拼成完整的图幅。

**(3)编制土壤剖面性态特征统计表**

经过审查土壤标本和记录资料，并进行土壤剖面记录表进行修订校正后，可作为土壤调查报告与土壤图说明书的附件，也同时作为进行土壤剖面性态特征的依据。接着，对土壤剖面特征进行统计。统计的目的在于认识各类土壤的性态特征及其变异原因，从中选出当地最有代表性的典型剖面，作为基层分类单元和制图单位的依据。

**第五步：分析样品的选定**

选择分析样品，既要考虑必要性与可能性，又要注意剖面样品的代表性和典型性。

### 第六步：土壤化验

①土壤水分测定采用烘干法、烘箱法或酒精烧干法。

②土壤容重测定采用环刀法。

③土壤质地测定采用简易比重法。

④土壤有机质测定采用重铬酸钾法。

⑤全氮测定采用扩散吸收法。

⑥全磷测定采用硫酸—高氯酸溶液—钼兰比色法。

⑦全钾测定采用氢氧化钠碱熔—四苯硼钠容量法。

⑧酸碱度测定采用电位测定法。

⑨阳离子代换量测定采用 EDTA 铵盐快速法。

⑩盐基代换法总量及其组成的测定采用 EDTA 容量法，用原子吸收光谱法测定钙、镁，用火焰光度法测定钾、钠。

### 第七步：化验资料的整理

化验资料是编图和编写土壤调查报告的基本资料之一。室内化验结束后，用化验的成果资料对野外调查资料进行检查，如果发现相互矛盾或不符合客观规律时，就需要修订野外调查的结论或重新化验，甚至另采样品补充化验，经过审查合格后，才可填入剖图性态表中作为正式资料。

### 第八步：土壤图的编绘

#### (1)绘制土壤图的依据

野外土壤草图、土壤剖图记载表及比较标本、土壤分析数据、土壤分类系统、自然条件资料等，都是绘制土壤图的依据。

#### (2)绘制土壤图的程序

首先对野外土壤草图进行检查及修正，然后确定土壤图的内容及图例，绘制土壤底图，最后进行土壤图的清绘和整饰工作。

#### (3)土壤草图的检查及修正

根据室内资料整理的结果，根据分析数据，分析系统，自然条件(地形、水文、地质等)，检查野外草图的内容是否齐全，土壤边界是否符合规律，重点复查验证土壤图的精度，对有错误的地方予以改正，必要时可进行复查。

#### (4)土壤图的内容

土壤图的内容包括土壤类型及边界、主要剖图的位置、行政区界、居民点、道路、水文网、林班线、等高线等。图廓内容应包括典型土壤剖面图及分析数据。土壤分布断面图、图例、制图比例尺、方位标、制图时间等。

#### (5)土壤复区

面积过小而又重复出现的土壤在图上不易表示时，可用复区表示，并规定相应的图例。

**(6)绘制土壤图的底图**

在野外土壤草图经过审定后，把图上的全部内容准确地转绘到同一比例尺的地形图上，作为土壤底图，经过技术负责人审定后，作为以后复制土壤图的标准图。

**(7)土壤图的清绘及整绘**

把土壤底图的内容转绘到绘图纸或底图上，进行着色和整饰，清绘时应先描出区界轮廓，检查无误后再上色，颜色以透明水色为好，用反映一定土壤本色的颜色描述。一般土类之间采用不同颜色来区别，亚类之间用属于该土类的颜色的深浅不同来区别，土属用小写英文字母，土种用罗马数字或阿拉伯数字等指示记号表示，最后填绘图廓内容。

### 第九步：土壤调查报告的编写

土壤调查报告是土壤调查的主要成果之一，是指导发展林业生产的主要依据。通过野外调查、室内化验、制图及各项资料的收集整理，就可以编写森林土壤调查报告。土壤调查报告内容包括自然地理概况，成土条件，主要土壤类型(按林业土壤基层分类相当于土种叙述)，各类型分述，土壤肥力评价，土壤改良利用意见。其编写内容如下：

**(1)土壤调查工作概况**

土壤调查工作主要包括：调查的目的与要求；调查区的地理位置，行政区划及面积；底图来源，比例尺大小；调查方法，工作时间及经过；调查任务完成情况，如参加的人数，土壤剖面数量(包括主要剖图与辅助剖图)及分布密度，采集各种标本的数量、常规化验项目、数量以及土壤图幅，说明书的种类和数量等。

**(2)成土因素**

成土因素主要包括：土貌水文、气候、母岩母质、植被、土壤侵蚀。

**(3)社会经济情况**

社会经济情况主要包括：行政区划、人口、劳力；耕地、山地面积、人均数量；历年来林业生产情况；林业生产中存在的主要问题。

**(4)森林土壤类型分述**

森林土壤类型分述主要包括：土壤分布、面积、所占比例，利用现状等；绘制土壤垂直分布图；典型剖面的形态特征；土壤理化性质；土壤肥力水平，营林价值；土壤利用改良的主要措施。

**(5)当地群众用土改土的经验**

当地群众用土改土的经验主要有适地适树；提高土壤肥力措施等；当地土壤存在的主要问题，如侵蚀情况等可进行专题总结等。

### 2.2.2.2 林业土壤调查理论基础与内容

林业土壤也是森林资源的重要组成部分。进行林业土壤调查的目的是：

①查清林区的土壤资源，为开发利用林区土壤，进行农、林、牧合理布局，为造林和森林经营设计以及林业区划、规划等提供技术依据。

②通过对现有林地的土壤调查，了解土壤的发生类型和分布规律及其与森林分布、林木生长发育的关系，从而为定向培肥土壤、林木速生丰产、提高森林生产率，制定切实可行的森林经营措施。

③通过对荒山、荒地、荒丘的土壤调查，了解土壤与地形地貌、植被、小区气候等自然因素之间的关系，为划分立地类型，适地适树等造林规划设计提供科学依据。

④测定土壤的主要理化性质及水、肥、气、热状况，查明障碍因素，对土壤肥力进行综合评价，为编制森林分布图、土壤分布图、土壤 pH 值图、土壤碳酸钙图、土地利用图或肥力等级图、土壤调查报告等提供依据。

林业土壤调查的方法一般分为概查和详查 2 种。调查时可结合小班调查和立地类型进行调查。在实际调查中，土壤厚度等级根据土壤 A 层+ B 层厚度确定。标准见表 2-1。

**表 2-1 土壤厚度等级(A 层 + B 层厚度)** cm

| 厚度级 | 热带、亚热带山地丘陵 | 温带、暖温带、寒温带及亚热带高山 |
|---|---|---|
| 厚层 | >80 | >60 |
| 中层 | 40 ~ 80 | 30 ~ 60 |
| 薄层 | <40 | <30 |

## 2.2.3 子任务三：森林病虫害调查

### 2.2.3.1 森林病虫害调查过程与要点分析

**第一步：准备工作**

在调查前应收集调查地区的自然条件、经济条件，尤其是调查林区卫生状况，过去病虫害大发生的次数、种类、时间，对森林造成的损失、防治方法与防治效果等资料，制定调查工作计划。

**第二步：确定病虫害调查的内容**

**(1)病害调查**

要查清病害(真菌、细菌、病毒和其他病原物)对叶、枝、干、果实、种子的危害情况，病原菌种类，林木、果实、种子的感病率，病情指数；分析不同树种、组成、林龄、疏密度(郁闭度)坡向、坡度、海拔、土壤等与感病率的关系；记载感病林木的分布特点(单株；簇状：3 ~5 株一群者；片状：在较大面积内相对集中成片者)及林内卫生状况。

**(2)虫害调查**

虫害调查包括根、干、枝、叶、果实、种子、苗圃等虫害调查。查清害虫种类、林木被害株数、被害程度、单位面积或每株树上的虫口密度；分析害虫的发生与森林环境因子间的关系，害虫对林木所造成的损失，推测害虫发生的可能性及发展趋势；提出改善林内卫生状况，预防害虫发生的措施。

**(3)苗圃地害虫调查**

在感染病虫害的苗圃地设置标准地，调查面积占总面积的0.1%。查清苗木感染虫害的程度及其原因，记载病虫种类。查明苗圃设置年代、位置、土壤、卫生状况、种子来源、种子质量、种子处理、土壤消毒方法、药剂种类、整地、播种日期及方法、覆盖方法及材料、遮阴法及日期、苗圃周围植物种类、苗木抚育管理及病虫害发生史和防治方法。

**(4)其他林分及树木病虫害调查**

四旁树木、行道树、农田防护林(带状)病虫害调查应在踏查基础上，视其需要抽取一定数量的标准木进行调查。

**(5)害虫天敌昆虫、天敌鸟类的调查**

对害虫天敌的调查应准确查清天敌的名称、取食害虫方式(捕食性或寄生性)、数量、寄生率，并提出利用天敌的可能性。

**第三步：踏查**

在调查区域内，以林场为单位选设代表性强的工作路线，工作路线应尽可能通过各种林分和复杂的地段。在工作线上用目测方法调查林内卫生状况，主要病虫害种类，分布特点，株数被害率，被害程度，蔓延趋势，并确定详查地点。踏查中应绘制踏查图，标明优势树种、组成，树高林龄、郁闭度、海拔，以及调查段的距离等。

**第四步：病虫害标准地详细调查**

在确定详查的地点上选设标准地进行详细调查，进一步查清病虫害种类、数量，以及病虫害的发生与生态环境的关系。

详细调查标准地(病虫害标准地)应设在林木生长衰弱，林内卫生状况不良，具有典型代表性的林分。标准地面积大小以林木株数为准，在大片林区内的过熟林中，标准地株数应在100株以上；中、近熟林应在200株以上；幼龄林应在250株以上。在林地面积小而且分散的散生林内，株数可适当减少，但最少不得低于100株。如用于分析病虫害的发生与生境的关系，则应按林分类型(或林型)林龄、林木组成、疏密度(郁闭度)、海拔、坡向等项因子选设标准地，每个因子的标准地数量应以2～3块为宜，病虫害调查标准地也可与林型或其他类型标准地结合，一个调查总体(林场、局)的标准地数量不小于50块。

标准地选定后即可进行测量工作和每木检尺并按各类调查对象进行调查。

**第五步：标本采集**

在调查中害虫、天敌、病原菌均须采集标本，必要时应对所采集的标本和严重受害的林分进行野外彩色拍摄。对于新发现的种类应采集一定数量的标本。

**第六步：鉴定并编写目录**

鉴定害虫，病原菌、天敌昆虫与天敌鸟类名称，制作病虫害天敌标本，编写工作地区的病虫害、天敌、昆虫与鸟类名录。

**第七步：编写调查地区森林病虫害调查报告**

调查报告应包括以下内容：调查地区的自然地理、气象、水文、土壤、植被分布情况及社会经济状况，调查地区的经营沿革，调查地区各种林分病虫害种类及其危害情况，森林病虫害发生的原因及其发展趋势，提出病虫害综合防治措施，绘制调查地区的病虫害分布图(比例尺视需要而定)。

### 2.2.3.2　森林病虫害调查理论基础与内容

森林病虫害调查的目的是摸清调查地区各主要林分类型的主要病虫害种类、虫口密度、危害程度、分布区域、生态条件、发生发展的原因；调查林内卫生状况和虫害的天敌种类、数量和应用的可能性；调查幼林地、苗圃地、采伐迹地以及地下、贮木场等的病虫害情况；查清病虫害对林木造成的损失及其与林木、立地条件、人为活动等因素的关系。

通过调查，为森林经营和森林调查规划中森林病虫害防治设计提供科学依据。

病虫害调查一般采取路线踏查和标准地调查的方法。

## 2.2.4　子任务四：森林生长量调查

### 2.2.4.1　森林生长量调查过程与要点分析

**第一步：确定调查总体**

在建立了连续森林资源清查体系的省、自治区、直辖市、县及林业局(林场)，以一类调查、二类调查的总体作为对象，采用抽样调查方法估算总体生长量。

**第二步：确定调查样本**

在林业重点县和林业局(林场)设置的总体蓄积量抽样控制样本中抽取一定比例的树木组成生长量调查样本。

**第三步：样本调查**

实测树高、5 年树高生长量和胸高直径生长量，再分别求出每株树 5 年前的去皮、带皮胸高直径和树高值；用二元立木材积表计算样木现实和 5 年前的带皮材积作为基本数据。

**第四步：求算总体生长量**

利用样木现实材积和 5 年前的带皮材积之差得出样木的生长量，再通过每公顷的胸高断面积总积与样木单株胸高断面积得出林分总体生长量。

### 2.2.4.2 森林生长量调查理论基础与内容

进行森林生长量调查，掌握森林资源的动态变化规律，可为确定合理采伐量、预估森林资源的变化以及评价森林经营措施效果提供可靠的数据。

森林生长量可分为林区生长量和林分生长量。林区生长量可通过调查各类林分生长量求得，也可对整个林区进行森林生长量一次性抽样调查或进行森林生长量的间接调查求得。

森林生长量一次性抽样调查法以一类调查、二类调查的总体作为对象，采用抽样调查估算总体生长量方法。根据精度要求进行抽样设计，调查成果有可靠的精度指标，适合建立了森林资源连续清查体系的省、自治区、直辖市、县及林业局(林场)采用。

森林生长量的间接估测法是利用生长量和各种明显影响材积生长的因子，如年龄、胸高直径、树高、林分断面积、地位指数等定量因子和地形地势、土壤、气候、立地类型等定性因子，分析它们之间的规律性，建立预估模型或编成数表，对森林生长量进行估测的方法。森林生长量估测的方法有：根据生长过程表进行生长量预测，利用适用的林分密度控制图和地位指数表编制生长率预估表，利用典型林分解析法、按地位等级编制二元单株材积生长率表，数量化林分材积生长率表等方法。

林分生长量可分别优势树种、龄级(组)进行调查。调查方法可采用树干解析法、标准地或标准木法、生长过程表和生长锥法等，也可结合森林资源连续清查固定样地进行调查。

林分生长量调查可采用以下方法：

**(1)固定标准地法测定林分生长量**

①外业工作设置固定标准地。

②按编号分别树种检尺、记录。

③测定各树种的蓄积量，合计为标准地的蓄积量。

④测定枯损木的断面积和蓄积量，测定间伐量。

以上为初期调查资料，外业资料要妥善保存。5 年后对设置的固定标准地进行复查，重复上述工作步骤。内业计算根据 2 次调查数据计算蓄积平均生长量和蓄积连年生长量。

**(2)平均标准木法测定林分生长量**

①设置临时标准地，每木调查。

②选择 15 ~ 25 株树木，实测胸径和树高，按照条件平均高的方法测定林分平均高。

③根据测定的平均胸径和平均高，选择 1 ~ 3 株平均标准木(与林分平均胸径和平均高接近，误差不超过 ±5%，且干形中等)。

④将标准木伐倒区分，测定连年生长量。

⑤推算林分蓄积生长量。

## 2.2.5 子任务五：森林更新调查

### 2.2.5.1 森林更新调查过程与要点分析

**第一步：确定调查内容**

森林天然更新调查主要内容有：树种、目的树种、株数、频度、树高、树龄、起源及生长状况。

人工更新调查内容有：造林树种、造林方式方法、混交方式、苗龄、造林时间、造林密度、整地方式方法、抚育管理措施、生长状况及保存率。

**第二步：路线调查**

林冠下天然更新调查应结合森林资源调查的抽样样地进行。各森林类型(林型)更新调查样方数量应在满足最低统计样本数量的前提下，自行确定。样方设置应遵循机械布设的原则，一般一个样地内不得少于5个样方。在标准地的四角及中心设置，样方大小、形状应根据林区的特点和该林区某树种最合理的造林密度确定，最大样方面积一般不应大于$4m^2$，可用1m×1m、1m×2m、2m×2m等不同大小的样方。

迹地天然更新(包括人工促进更新)应以迹地类型为单位(类型一般以采伐年限、采伐方式及立地类型划分)。选择代表性地段设计调查路线，在基线上机械设置50个以上样方进行调查。

迹地人工更新调查，一般以小班为单位，在小班内机械抽取2%的行数，在行上按一定间隔(间隔一般不少于20株距)调查保存率。

样地调查：按样地分别样方调查记载更新情况。

**第三步：标准地调查**

**(1)林冠下天然更新调查**

林冠下天然更新调查一般结合立地类型专业调查标准地进行。标准地内样方数量一般不少于25个，样方内应按树种，分别起源、树高组调查株数、幼树生长状况及频度。其调查内容、深度应满足立地类型调查和更新调查的要求。

**(2)迹地天然更新调查**

迹地天然更新调查(包括人工促进天然更新)，一般结合立地类型调查或独立进行。首先进行调查基线的选设。根据伐区的分布、采伐方式、采伐年度火烧范围及程度等情况，将调查地区的迹地划分为若干个类型，在每个类型中选择有代表性的伐区或火烧迹地，设计调查基数和工作线。在地势平缓的伐区，调查基线应设置在伐区最长的一边；在坡地伐区，调查基线的设置应从山脚通至山顶。工作线应垂直于基线，并等距布设，其间距一般为100~200m。然后进行样方设置。一般在工作线一侧等距的布设样方，其样方数量一般每千米布设5~10个，每个类型样方数量不少于50个，样方面积视林区更新幼树苗龄确定，一般$4m^2$为宜。样方内应按树种、分别起源、树高组调查株数、幼树生长状况及频度。样方每平方米内的目的树种或珍贵树种，分别树高组选择3～5株幼树调查苗龄。每块样方调查记载海拔、坡向、坡度、坡位、土壤及草根盘结度。沿工作线对迹地上保留的母树或散生木分别树种目测每公顷株数、直径、树龄和分布情况。

**(3)迹地人工更新调查**

迹地人工更新调查，应以迹地立地类型为单位分别造林树种、造林年度和不同造林技术措施进行调查。调查内容有造林树种、造林方法、混交方式及比例，造林时间、密度、苗龄，整地方式、方法、时间，抚育方法、次数、时间、保存率。调查方法可采用标准地法或标准行法，其调查比重一般不少于调查面积(或行)的1%～2%。标准地内如有天然更新幼树，应按天然更新调查标准进行调查。

**第四步：编写更新调查报告**

报告内容主要包括工作时间、地点及组织情况、调查方法及类型的划分、调查样地和样方数量、各种更新情况评定结果，对调查地区按森林类型提出更新评定及今后的更新意见(一般调查可不分森林类型)。

## 2.2.5.2 森林更新调查理论基础与内容

森林更新调查包括天然更新、人工更新、人工促进天然更新的调查。多采用标准地和小样方的调查方法。

**(1)天然更新调查**

其主要调查对象为天然近、成、过熟林，疏林，采伐迹地，火烧迹地，林中空地等。主要调查幼树或幼苗的树种、目的树种、株数、频度、树高、树龄、起源及生长状况等。天然更新的评定标准见表2-2。

**表2-2 天然更定标新评准**

| 等级评定 | 不同幼树树高组/(株·hm$^{-2}$) | | | | 频度/% |
|---|---|---|---|---|---|
| | ≤30cm | 31～50cm | ≥51cm | 不分树高组 | |
| 良好 | ≥5001 | ≥3001 | ≥2501 | ≥4001 | ≥80 |
| 中等 | 3001～5000 | 1001～3000 | 501～2500 | 2001～4000 | 51～79 |
| 不良 | ≤3000 | ≤1000 | ≤500 | ≤2000 | ≤50 |

天然更新调查的目的是为了了解更新情况，分析采伐方式、采伐强度、伐区配置、伐区宽度对更新的影响；各种集材方式与更新的关系；环境因子、立地条件对更新的影响；母树保留分布形式，采伐间隔期以及人为活动与更新的关系；鉴定天然更新的数量和质量，以便设计更新措施。

**(2)人工更新调查**

人工更新调查包括未成林造林地和人工幼林调查。调查人工幼林时应分别立地条件类型、造林树种、造林年度、混交方式、造林密度、造林方法、整地方式、幼林抚育方法等不同，进行生长情况的调查。未成林造林地主要调查不同情况造林地的成活率和保存率，其等级评定标准见表 2-3。

**表 2-3　造林保存率等级评定**

| 等　级 | 保存率/% | 应采取措施 |
|---|---|---|
| 1 | ≥85 | 抚育管理 |
| 2 | 41～84 | 补植或补种 |
| 3 | ≤40 | 重造 |

通过调查结果可以分析不同条件下各种造林技术措施对造林成活率和林木生长的影响，总结以往的经验教训，为今后正确设计措施和提高造林质量提供依据。

**(3) 人工促进天然更新调查**

分别不同地理条件及不同促进更新措施，调查促进更新的作业时间、方式、整地方式、株数、野生苗移植、补植及其他技术措施的效果。通过调查分析影响人工促进天然更新的因素，提出今后促进天然更新的改进意见。

## 2.2.6　子任务六：野生动物调查

### 2.2.6.1　野生动物调查过程与要点分析

#### 第一步：准备工作

**(1) 组建队伍**

包括成立领导小组，组建调查队，调查队的任务分工和进行业务训练。

**(2) 准备用品**

包括仪器、药品、调查用表、交通工具、生活用品等。

**(3) 制定调查方案与行动计划**

遵循实践性、全面性、时间性、先进性的原则制定调查方案和行动计划。野生动物调查应选择鸟兽活动频繁时间进行。

#### 第二步：选择样地

首先，样地面积不应小于调查动物栖息地总面积的 10%。其次，选择的样地应具有广泛的代表性，样地的面积应根据不同物种的生物学特性拟定。一般样地面积每块最大极限为 600km$^2$，每块样地中设不同生境小样方 16 块，每块样方为 5km$^2$。

#### 第三步：调查野生动物种类

**(1) 收集整理有关资料**

主要指过去野生动物的普查与调查材料，地方土特产收购部门的记录以及地方志的记载，也可以访问当地居民或有关部门。

**(2)现场调查**

具体方法有通过动物实体鉴定、巢穴鉴定、鸣叫声鉴定、各种痕迹鉴定(足迹、卧迹、尿迹、粪便及啃食痕迹等)。

**第四步：调查野生动物数量**

**(1)兽类数量调查**

降雪地区应在降雪后，其他地区在透视度较好季节，根据动物的栖息环境、活动范围选取一定面积的样地，在样地上调查它们的实体数量或足迹的数量，用数理统计求出调查地区调查对象的数量估计区间。

**(2)鸟类数量调查**

留鸟可同兽类调查同时进行，候鸟应在繁殖地、越冬地、迁徙期间进行，主要方法有：路线统计法、直数法、格数法、小区直数法等，得出鸟的数量。

**(3)两栖、爬行类动物数量调查**

以小样方内小样点调查为主，小样方、小样点面积的确定，不同地区可根据具体情况自行确定，但调查总面积不得少于调查对象活动面积的10%。

**第五步：整理调查资料**

资料整理的顺序是仔细检查、分类归并、填写表格，封皮装订。野外原始调查记录不得擅自修改、涂抹、毁掉，如需修改补充时应征得原调查人同意，经调查队长签字，在空白处加以注明。在整个外业调查中，调查资料应及时整理。

**第六步：编写调查报告**

调查报告主要内容有：前言，主要为调查地区的自然环境；调查地区主要经济动物分布种群情况；该地区动物资源利用历史、保护和猎捕情况；主要珍贵动物的数量分布；现阶段存在的问题；应采取的保护措施。

### 2.2.6.2 野生动物资源调查理论基础与内容

野生动物资源调查是森林资源调查的重要组成部分，因此，应对林区出现的野生动物资源进行调查。主要调查其种类、大致数量、分布、培育和利用状况，以及根据调查结果提出必要的保护措施等。

野生动物资源调查可采用抽样调查或典型调查的方法，样地面积不少于动物栖息地面积的10%。但也可以采取下列方法：

①直接调查法 哄赶调查；空中监视；利用航空摄影和红外片。

②间接调查法 叫声数；足迹或卧迹计数或拍照；尿斑、粪堆计数、啃食痕迹；地方土特产收购部门的记录及地方志的记载。

③动向估测法 可在特定季节里，沿预定路线步行或乘汽车或骑马来测定动物，将行

程中每千米见到的动物总数提供一个群体的动向指标或估计各种动物性别和年龄比率。这种调查虽不能构成一个完整的调查，但可在经营管理中起参考作用。

## 2.2.7 子任务七：林业经济调查

### 2.2.7.1 林业经济调查过程与要点分析

#### 第一步：确定林业经济调查内容

**(1)社会经济基本情况**

社会经济基本情况主要包括调查地区的地理位置和行政位置，所属县、乡、村的基本情况；调查地区的工农业总产值，人均产值和收入水平；调查地区各种工农业生产建设的现有规模、水平、布局和长远发展规划，以及工业、农业、交通运输及其他国民经济部门对调查地区林业发展的各个计划期的用材需求情况；调查地区交通运输类型、分布、长度、密度和运输能力，以及发展远景规划；调查地区的土地资源利用情况和存在问题，以及综合农业区划中土地利用结构调整的情况；调查地区的人口分布差异，林区职工生活服务、文化教育、邮电通讯设施的现状、问题和意见；土地租赁和对少数民族地区的调查。

**(2)林业经济基本情况**

收集调查地区范围内的各县(乡)粮食产量、造林面积(分林种和树种)、木材生产(分林种)、林副产品(主要的)不同计划期的产量和最高年产量水平；收集调查地区现有森林经营情况，育苗造林、抚育、间伐和采伐更新方式，林分改造，护林防火和森林病虫害防治措施，以及上述各项生产定额、成本等技术经济指标；收集调查地区内的林产、林化、林机和木材加工及综合利用情况(包括产品种类、工厂分布、生产规模、原料来源、产品成本、利润、销售和流通等)。现有乡镇企业的数量、类型、规模及其发展方向；能源动力情况(包括电力、煤炭等)；调查地区内国有林业局(场)现有职工、家属人数、基本建设规模、历年造林和木材生产情况，历年基建投资和生产收入情况，农、牧、副业生产情况，历年各种生产用工情况；了解与林业基本建设有关的水电资源开发现状、分布、走向和远景规划；对调查地区林业商品性生产发展方向、潜力、市场需求及其预测进行调查。

**(3)森林经营利用情况**

对现有森林资源的数量、质量、组成结构，以及近期森林资源生长量和消耗量的变化进行分析评价。调查地方用材，民用材及其他木材消耗量、结构和比重；调查了解主要林种和主要树种，不同经营阶段的单位面积产量、收入和费用，并进行分析评价；调查森林经营成本及经济效益。分别按造林、经营、主伐等不同阶段计算成本，特别是营造速生丰产林的造林成本费用。

#### 第二步：收集资料

通过当地的统计局、农业局、林业部门和生产单位，收集县级综合农业区划、林业区划、林业生产历史统计资料，做好林业经济分析。

**第三步：典型调查**

选择有代表性的线路和林区，抓点带面，进行典型调查。具体分析不同类型林区的特点、经验和问题，依据需要和可能，选定最佳林业经济发展模式。

**第四步：分析预测**

在典型调查、定性分析、选定最佳林业经济发展模式的基础上，对林业经济调查的大量数据进行财务动态分析，预测林业发展的经济效果。

**第五步：编写林业经济调查报告**

报告应阐述调查地区的林业经济特点和优势；森林资源的人均水平、分布特点及评价；林业生产经营现状及其评价；森林经营利用效果和各项技术经济指标的分析评价；当地群众发展林业的经验。报告应从宏观和微观2个方面阐明林业生产发展的经济地位，提出发展林业的战略目标、规模和重点，以及实现目标应采取的技术经济政策和关键性措施。

#### 2.2.7.2 林业经济调查理论基础与内容

为使各项林业生产建设获得最佳的经济效益，处理好森林的直接效益和间接效益的关系、经济与技术的关系，必须重视并加强林业经济调查。林业经济调查的主要内容包括社会经济、林业经济情况、森林经营利用情况的调查，为林业生产应采取的技术经济政策和措施提供可靠的依据。

林业经济调查是森林资源调查规划设计的重要组成部分，是制定林业区划、林业规划、林区总体设计和评价林业生产经营效果的一项基础工作，应结合森林资源调查和规划设计的特点，研究经济与技术的关系，正确处理森林的直接效益与间接效益的关系，使林区(局、场)在建设中获得较佳的经济效果。

### 2.2.8 子任务八：珍稀植物资源调查

#### 2.2.8.1 珍稀植物资源调查过程与要点分析

**第一步：确定调查内容**

主要调查其种类、大致数量、分布、生长环境、利用价值、培育和利用状况，以及根据调查结果提出必要的保护措施等。

**第二步：收集资料**

通过文字记载资料的收集，调查过去珍稀植物资源的普查与调查材料，以及地方志的记载，也可以访问有关部门进行调查。

**第三步：实地调查**

采用路线调查(概查)、样地调查、补充调查或逐地逐块全面调查(详查)相结合的方法。

**(1)路线调查**

在收集调查地区各种资料的基础上，根据调查地区的地貌特点，选择地形变化大，植被类型多，植物生长旺盛的具有代表性的地段设置踏查路线进行调查。一般布设 2~3 条，在调查线上观测记载各种调查因子，预测调查地区的植被类型，确定珍稀植物重点调查种类。

**(2)样地调查**

根据路线调查预测的植被种类和调查地区植被类型分布的规律，借助航片或卫片、地形图、林相图对各种植被类型进行区划。在区划的基础上参照地形图、航片平面图，在单张航片上选具有代表性的典型地段布设样地并刺点编号，在同一植被类型内选 3~5 个样地，每块样地面积为 $20m \times 20m = 400m^2$ ($0.04hm^2$)，然后在样地中心和对角线 4 个角分别做 5 个草本植物 $1m \times 1m = 1m^2$ 的小样方或灌木 $5m \times 5m = 25m^2$ 的小样方进行调查，填写珍稀植物样地调查表。

**(3)补充调查**

对路旁、林缘、沼泽等特殊地段采取随机设置样方的方法(草本植物 $1m \times 1m = 1m^2$，灌木 $5m \times 5m = 25m^2$)进行种类、数量、高度、分布情况等调查。

**(4)详查(全面调查)**

根据不同要求对调查地区进行逐地逐块(林班、小班等)调查，对所见珍稀植物种类、数量、高度、分布情况等进行实地调查。

**第四步：采集样本**

凡是进行调查的珍稀植物种类都要采集标本，要求根、茎、叶、花或果俱全，有条件的要拍摄彩色照片。

**第五步：调查资料整理及内业工作**

首先，检查整理采集的标本，进行植物种类鉴定定名，确定每个种的生境条件与生态习性。其次，各植物种类、各地类面积以近期二类调查林相图、小班调查卡片为基础统计汇总。

**第六步：编写调查报告**

调查报告内容包括：调查地区的社会经济条件，调查地区资源开发利用的历史、现状及存在问题，自然环境概况，地理位置、气象、水文、地形地势、土壤、植被情况等，珍稀植物的生活习性、生态特征、分布规律及蕴藏量，对合理开发利用和保护提出意见和措施。

### 2.2.8.2 珍稀植物资源调查理论基础与内容

珍稀植物资源调查是森林资源调查的重要组成部分，因此，应对林区出现的珍稀植物资源进行调查。珍稀植物资源调查的任务是查清调查地区珍稀植物资源的种类、大致数量、分布、生长环境、蕴藏量、培育和利用状况，以及根据调查结果提出必要的保护措施等。珍稀植物资源的调查方法主要采用路线调查(概查)、样地调查、补充调查或逐地逐块全面调查(详查)相结合的方法。

## 2.2.9 子任务九：森林多种效益调查

### 2.2.9.1 森林多种效益调查过程与要点分析

**第一步：准备工作**

**(1)资料收集**

收集调查地区有关自然条件和社会经济条件状况的文字及图面资料，如气象、水文、地质、土壤、动物、植被、森林、生物量、防护林效益、农业、牧业、水利等调查研究资料和地形图、林相图、气候图集、水文图集、航片(卫片)等，以及与计量和评价有关的技术经济指标或数据。

**(2)准备仪器**

准备必要的仪器、工具、文化用品、调查记录表格等。

**(3)制定计划**

制定工作计划，编写技术方案和调查细则。

**第二步：确定调查内容**

森林多种效益归纳为三大类，分别是经济效益，即木材及其他林副产品；生态效益，即涵养水源、保持水土、防止泥沙崩塌，防护农田、牧场，防风固沙，防护道路岸堤等；社会效益，即保健游憩、减少污染、净化大气、减轻、防止噪音、美化环境等。因调查项目很多，从我国目前情况出发，只重点对涵养水源、保持水土、防风固沙和农田防护效益的计量与评价方法做相应规定。

**第三步：开展调查**

森林多种效益调查的计量单元一般均较大，应以收集现有资料为主，资料不足时，再进行补充调查。

利用现有定量数据资料应用数学方法进行计量。根据计量总体(省以上)自然条件特点和国民经济(或部门)对森林不同效益的要求，确定森林多种效益计量调查的主要内容，合理确定因变量和自变量的数量，划分各项目所含类目数及各类目的级距，对所收集的有关数据(及补充调查资料)系统整理，应用数量化理论及多元分析等数学方法计算森林效益。

**第四步：森林多种效益评价**

森林多种效益评价方法有货币价值法、费用价值法、替换价值法、商品价值法、政策价值法等。森林多种效益的经济评价包括森林形成多种效益所消耗的成本、森林多种效益的货币量、森林多种效益经济效果的计算和分析三部分。

**第五步：森林多种效益计量与评价报告**

通过计量与评价工作提交森林多种效益计量与评价报告，内容包括计量评价地区的基本情况、自然条件、社会经济概况、调查项目、计量与评价方法。评价森林在当地国计民生中的地位，为制定或修正综合农业区划、林业区划提供科学依据，为林业经营提供建设性意见。

### 2.2.9.2 森林多种效益调查理论基础与内容

森林多种效益计量调查与评价的目的，在于正确认识和评价现有森林在保护国土、改善农牧业生产条件和人类生存环境，以及森林在当地国民经济中的地位和作用。为制定林业政策，进行林业区划、合理划分和调整林业布局，编制与当地社会经济及自然条件相适应的林业发展规划、科学经营和综合利用森林资源提供必要的科学依据。

森林多种效益计量和评价涉及一系列重要理论和技术问题。我国开展这项工作还处于初始阶段，国外的研究历史也不是很长，至今还没有一套被普遍采用的计量与评价方法，为此，应制定适合我国国情和当地林业特点的调查与评价方法。

## 2.2.10 子任务十：造林典型设计调查

### 2.2.10.1 造林典型设计调查过程与要点分析

**第一步：收集资料**

收集有关调查设计资料和图面材料，熟悉了解作业地区地形地势、自然和社会经济条件等情况。

**第二步：造林地立地条件踏查**

通过造林地全面踏查，了解并记载如下内容：

①造林地地类　分为荒山荒地、农耕地、采伐迹地、火烧迹地、已局部更新的造林地、林冠下造林地、采矿迹地等。

②造林地的地形条件　记载坡度、坡向、坡位、海拔因子，对造林地上的微立地类型、数量、分布进行目测并记载。

③造林地小气候特征　结合造林地地形地势、植被状况，分析记载造林地光照条件、温度、湿度条件。

④幼树组成、数量及分布　采用样方调查方法确定。

⑤地表植被状况　灌木、杂草种类、频度、盖度，采用样方调查方法进行。记载具有指示意义的地表植被。

⑥可能的限制因子　依位置、地形、地势、土壤、海拔、植被等分析造林地上是否存在如下限制因子。

⑦干旱　山坡上部、山脊，坡度较大，土壤瘠薄，岩石裸露地段。

⑧水湿　山坡下部，谷地，坡度平缓或山地反坡地段。

⑨霜害 空气流动不畅的沟谷地段，平缓坡地地表植被稀少地段。

⑩风害 依地形分析是否位于风口。

⑪雪害 依地形分析是否为冬季积雪地段。

⑫啮齿类动物、牲畜、病虫害 依造林地位置分析牲畜活动，由地表植被受害症状分析病虫害种类及程度。

⑬人类活动频度 依位置和造林地上的迹象分析人为活动。

⑭作业难度 由地形、地势、海拔、位置、交通状况等分析。

**第三步：造林地土壤调查**

在典型地段挖取有代表性的剖面，深至母岩或1m，宽50～80cm。要求每个林班至少一个主要剖面，每个小班按约6～7$hm^2$一个对照剖面。调查土层厚度、表土层厚度、土壤质地、土壤结构、酸碱度、母岩等对造林有关的各项因子，填写土壤调查记录表。

**第四步：造林作业设计**

包括林地清理、整地、树种、混交方式及配置图式、种苗规格及每公顷用种(苗)量、造林季节和方式方法、造林密度、幼林抚育管理等。

**第五步：林地清理设计**

应提出林地清理的时间和要求。根据当地条件和造林需要，确定林地的清理方法。如带状割灌、块状砍伐清理等。

**第六步：整地设计**

根据当地气候条件、土壤性状和社会劳动力情况等，确定整地的时间。根据造林地的自然条件、选用树种和造林方法，确定整地方式和规格要求。全面整地应规定整地深度，有条件时可设计机械整地。对不宜先期整地造林的，在典型设计中，也应作具体说明。此外，在整地设计中，还应附整地规格图式(包括平视图与剖面图)。

**第七步：树种设计**

根据适地适树的原则，按造林目的以及自然条件选定造林树种。应尽量选用速生、优质、高产和抗性强的乡土树种。混交林设计要按照立地条件、树种的生物学和生态学特性，确定不同的混交类型和混交方式。混交类型有乔灌木混交、乔木混交(针阔叶树混交和喜光耐阴性树种混交等)。混交方式有株间混交、行间混交、带状混交和块状混交等，并提出树种混交比例。根据树种的配置和株行距绘制造林图式，山区的造林图式包括平面图和剖面图。

**第八步：造林用苗(种)设计**

根据造林设计的树种和密度，提出需用种苗的质量和数量。实生苗要规定苗龄、苗高和根径，并要求根系发达，全部木质化；直播造林的种子，应选用具有优良的遗传品质，颗粒大，种仁饱满，无病虫蛀口，千粒重和质量符合标准的种子；插条压条用的种条，应规定使用1年或2年健壮的萌芽条或嫁接枝条；分根造林应选用无病虫害感染、生长健壮的根种。

**第九步：幼林抚育管理设计**

幼林抚育管理设计的内容包括设计幼林抚育的年限、每年次数、时间及作业的内容和要求；设计补植，按规定需要补植的，一般在造林次年进行，提出补植树种、苗木规格和补植时间；设计病虫害防治和护林防火等措施。

### 2.2.10.2　造林典型设计调查理论基础与内容

规划设计编制森林经营方案需进行造林典型设计，它是林业专业调查技术工作体系中的典型、类型设计系统。

为了提高造林、营林科学水平和造林成活率，并为林木的生长发育打下良好基础，需编制造林典型设计。造林典型设计要在充分调查自然条件的基础上，划分立地类型，分别立地类型进行编制。包括林地清理设计、整地设计、树种及用种苗量设计，以及造林方法和幼林抚育管理设计等。

编制时要坚持适地适树的原则，认真研究造林树种的生物学特性和生态学特性，广泛搜集和总结以往的造林经验，根据造林林种和树种的不同、立地类型的特点，结合当地造林技术经验和社会经济条件，为不同的立地类型提出相应的造林典型设计。设计结果要求科学、先进、可行。对提高造林成活率、保存率，促进幼林生长，缩短轮伐期，提高林木产品质量和其他森林有益性能产生应有的作用。

在充分调查自然条件的基础上，划分立地类型，根据所划分的立地类型，分别立地类型编制相应的造林典型设计。造林典型设计包括如下内容：

①设计名称，编号。

②立地条件类型和立地特征描述。

③树种的选择，密度、配置和混交方法。

④整地方式、时间及质量要求，需采取的特殊土壤改良措施。

⑤造林方法，造林时间。

⑥种苗规格及用苗量。

⑦种植方法及质量要求。

⑧幼林抚育内容、方式、方法、时间、次数及质量要求。

⑨各作业环节费用。

⑩造林图式。

造林典型设计的成果主要应包括以下几项：

①造林典型设计说明包括设计地区的自然条件和社会经济情况；立地条件调查情况及立地类型划分；造林典型设计中各项设计的依据和使用的技术经济定额；使用造林典型设计应注意的问题等。

②造林地立地条件或立地类型与造林典型设计对照表(或检索表)。

③造林典型设计表。每一造林典型设计应包括：造林典型设计号、适用的立地条件或立地类型，适用的树种，以及有关设计内容和相应的图式、附表。

## 2.2.11 子任务十一：森林经营类型设计调查

### 2.2.11.1 森林经营类型设计调查过程与要点分析

**第一步：确定调查内容**

内容主要包括：

①经营类型的划分。

②森林经营设计，包括森林采伐利用设计，造林更新设计，抚育间伐设计，林分改造设计，土壤改良设计，森林保护设计，母树林、种子园设计，林副产品利用设计，以及单位面积收获量预估和经济效益分析等。

③森林生长量和收获量预估。

④经济效益评价。

**第二步：查定林分生长量等级**

采用标准地、标准木的典型调查方法，对各用材林林分（含竹林）进行调查，测定林分测树因子：树高、直径、每公顷蓄积量及生长量，用地位级表、地位指数表、收获量表等查定林分生长量等级。

**第三步：划分经营类型**

用材林应根据森林起源、优势树种、地位级或地位指数的差别，以及经营方针的不同划分经营类型。在一个立地类型中，由于自然历史条件和社会经济条件影响，形成几个生产力等级的林分，应划为不同经营类型，分别制定不同经营措施。

竹林应根据经营级、立地级和生长级的不同，划分不同的竹林类型。

**第四步：森林经营类型设计**

森林经营类型设计包括森林采伐利用设计、造林更新设计、抚育间伐设计、林分改造设计、土壤改良设计、森林保护设计、母树林、种子园设计、林副产品利用设计。

**第五步：评价技术经济效果**

**(1)技术效果评价指标**

林业用地利用程度的指标有森林覆盖率和林业用地中有林地的比率。森林资源增长速度的指标有造林成活率、造林保存率、森林面积年净增长率和森林蓄积量年净增长率。森林结构和森林质量的指标有树种组成、龄组结构、林分郁闭度、森林蓄积量（树种、龄组的每公顷平均蓄积量）等。

**(2)经济效果评价指标**

森林培育生产总成本指标有直接生产成本、间接生产成本和农副业生产成本。成果指标有实物指标和总产值指标。总产值指标包括营林总产值、净产值和毛利润与纯利润等。

**第六步：估算经济效益**

成果包括估算单位面积的生产收入、副产收入和经济效益；估算各林分类型主伐时单位面积蓄积量、抚育间伐量及其经济效益；预估各树种蓄积量、总蓄积量、合理采伐量、覆盖率和绿化程度。

### 2.2.11.2　森林经营类型设计调查理论基础与内容

规划设计编制森林经营方案需进行森林经营类型设计，它是林业专业调查技术工作体系中的典型、类型设计系统。

森林经营类型设计，是在森林分类的基础上，分别经营类型进行编制。内容包括组织经营类型、森林经营设计、森林生长量和收获量预估及经济效益评价等。

森林经营设计具体又包括：

①**一般公益林调查设计**　包括择伐作业设计、更新采伐作业设计、抚育间伐作业设计、人工促进天然更新作业设计、母树林抚育作业设计、更新造林设计。

②**重点公益林调查设计**　包括封山育林设计、造林调查设计。

③**商品林调查设计**　包括皆伐作业设计、择伐作业设计、渐伐作业设计、抚育间伐作业设计、低产林改造作业设计、更新造林作业设计、母树林抚育作业设计(作业设计内容及方法与公益林要求相同)。

④**其他设计**　包括森林保护设计、土壤改良设计、种子园设计、林副产品利用设计、林业数表编制、单位面积收获量预估和经济效益分析等。

## →拓展训练

在一个林场或范围不大的林区，收集调查地区的地形、土壤、气候、植物群落等与立地类型调查和土壤调查有关的各种资料，以及各种图面资料，确定立地类型调查、林业土壤调查的内容和方法，每人提交一份林场的立地类型表。

# 任务 2.3

## 小班调查

### →任务描述

以林场某林班为单位进行小班区划，再按区划的结果进行小班调查，各小班填写一张小班调查卡片，并对卡片上的定量因子进行内业计算。或利用 PDA 直接输入、储存、计算数据。

每人提交一份林班的小班调查资料。

### →任务目标

**(一)知识目标**

1. 熟悉小班调查总体蓄积量抽样控制的方法。
2. 掌握小班调查的概念和小班调查的方法。
3. 掌握疏林地小班调查的方法及相关计算。
4. 掌握未成林造林地小班的调查方法及相关计算。
5. 掌握无林地小班的调查方法。

**(二)能力目标**

1. 能够根据小班调查内容完成调查前仪器工具、数表资料的准备工作。
2. 能够根据土地种类明确小班调查的项目及记载方式。
3. 能够根据有林地(纯林、混交林)小班调查的技术要领进行定量因子及相关项目的内业设计。

### →知识准备

### 2.3.1 实践操作：小班调查过程与要点分析

**第一步：熟悉小班调查项目及记载方式**

小班调查应结合小班区划同步进行，在小班调查的同时，应随时将调查因子记载在小班调查记录中，小班调查数据记录的格式多种多样，多数地区以小班调查卡片为主，各地应根据调查的内容和要求自行设计。各类小班应调查项目见表 2-4。

**表 2-4　不同地类小班应调查项目表**

| 调查项 | 乔木林 | 竹林 | 疏林地 | 国家特别规定灌木林 | 其他灌木林 | 人工造林未成林地 | 封育未成林地 | 苗圃地 | 采伐迹地 | 火烧迹地 | 宜林地 | 其他无立木林地 | 辅助生产林地 |
|---|---|---|---|---|---|---|---|---|---|---|---|---|---|
| 空间位置 | 1，2 | 1，2 | 1，2 | 1，2 | 1，2 | 1，2 | 1，2 | 1，2 | 1，2 | 1，2 | 1，2 | 1，2 | 1，2 |
| 权 属 | 1，2 | 1，2 | 1，2 | 1，2 | 1，2 | 1，2 | 1，2 | 1，2 | 1，2 | 1，2 | 1，2 | 1，2 | 1，2 |
| 地 类 | 1，2 | 1，2 | 1，2 | 1，2 | 1，2 | 1，2 | 1，2 | 1，2 | 1，2 | 1，2 | 1，2 | 1，2 | 1，2 |
| 工程类别 | 1，2 | 1，2 | 1，2 | 1，2 | 1，2 | 1，2 | 1，2 | | 1，2 | 1，2 | 1，2 | 1，2 | |
| 事权 | 2 | 2 | 2 | 2 | 2 | 2 | 2 | | 2 | 2 | 2 | 2 | |
| 保护等级 | 2 | 2 | 2 | 2 | 2 | 2 | 2 | | 2 | 2 | 2 | 2 | |
| 地形地势 | 1，2 | 1，2 | 1，2 | 1，2 | 1，2 | 1，2 | 1，2 | | 1，2 | 1，2 | 1，2 | 1，2 | |
| 土壤 | 1，2 | 1，2 | 1，2 | 1，2 | 1，2 | 1，2 | 1，2 | | 1，2 | 1，2 | 1，2 | 1，2 | |
| 造林类型 | | | | | | | | | 1，2 | 1，2 | 1，2 | 1，2 | |
| 林 种 | 1，2 | 1，2 | 1，2 | 1，2 | 1，2 | | | | | | | | |
| 起 源 | 1，2 | 1，2 | 1，2 | 1，2 | 1，2 | 1，2 | 1，2 | | | | | | |
| 林 层 | 1 | | | | | | | | | | | | |
| 自然度 | 1，2 | 1，2 | 1，2 | 1，2 | 1，2 | | | | | | | | |
| 石漠化 | 1，2 | 1，2 | 1，2 | 1，2 | 1，2 | 1，2 | 1，2 | | 1，2 | 1，2 | 1，2 | 1，2 | |
| 健康状况 | 1，2 | 1，2 | 1，2 | 1，2 | 1，2 | 1，2 | 1，2 | 1，2 | | | | | |
| 群落结构 | 2 | | | | | | | | | | | | |
| 措施类型 | 1，2 | 1，2 | 1，2 | 1，2 | 1，2 | | | | | | | | |
| 优势树种 | 1，2 | 1，2 | 1，2 | 1，2 | 1，2 | 1，2 | 1，2 | | | | | | |
| 树种组成 | 1 | 1 | 1 | | | 1 | 1 | | | | | | |
| 平均年龄 | 1，2 | | 1，2 | 1 | | 1，2 | 1，2 | | | | | | |
| 平均树高 | 1，2 | 1，2 | 1，2 | 1，2 | 1，2 | 1，2 | 1，2 | | | | | | |
| 平均胸径 | 1，2 | 1，2 | 1，2 | | | | | | | | | | |
| 优势木高 | 1 | | | | | | | | | | | | |
| 郁闭度 | 1，2 | 1，2 | 1，2 | 1，2 | 1，2 | | | | | | | | |
| 公顷株数 | 1 | 1 | 1 | | | 1，2 | 1，2 | | | | | | |
| 散生木 | | | | 1，2 | 1，2 | 1，2 | 1，2 | | 1，2 | 1，2 | 1，2 | 1，2 | |
| 公顷蓄积 | 1，2 | 1，2 | 1，2 | | | | | | | | | | |
| 倒木蓄积 | 1，2 | | 1，2 | | | | | | | | | | |
| 调查日期 | 1，2 | 1，2 | 1，2 | 1，2 | 1，2 | 1，2 | 1，2 | 1，2 | 1，2 | 1，2 | 1，2 | 1，2 | 1，2 |
| 调查员姓名 | 1，2 | 1，2 | 1，2 | 1，2 | 1，2 | 1，2 | 1，2 | 1，2 | 1，2 | 1，2 | 1，2 | 1，2 | 1，2 |

注：1 为商品林，2 为公益林。

**(1)各项目因子调查内容及要求**

①空间位置 记载所在的林业局(总场、县)、林场(分场、乡)、作业区(村)、林班号、小班号。

②权属 分别土地所有权和使用权、林木所有权和使用权调查，记载代码。

③地类 按最低一级地类调查确定，记载各地类代码。例如，林业用地中分为有林地、疏林地、灌木林地、未成林造林地、苗圃地、无立木林地、宜林地、辅助生产林地。其中有林地又分为乔木林、红树林、竹林，而乔木林再分为纯林、混交林，要求按纯林或混交林确定地类，记载相应代码。

④工程类别 分别按天然林资源保护工程、退耕还林工程、京津风沙源治理工程、三北与长江中下游等重点地区防护林体系建设工程、野生动植物保护和自然保护区建设工程、速生丰产用材林建设工程、其他工程调查，填写代码。

⑤事权级 生态公益林(地)分为国家级、地方级。

⑥保护等级 生态公益林按保护等级划分为特殊、重点和一般三个等级。国家公益林(地)按照生态区位差异一般分为特殊和重点生态公益林(地)，地方公益林(地)按照生态区位差异一般分为重点和一般公益林(地)。

⑦地形地势 记载小班地貌、平均海拔、坡度、坡向和坡位等因子。

⑧土壤 记载小班土壤名称(记至土类)、腐殖质层厚度、土层厚度(A+B层)、质地、石砾含量等。

⑨林地土壤侵蚀 全面观察小班范围内土壤是否存在侵蚀现象，根据土壤剖面中A层(表土层)、B层(心土层)及C层(母质层)的丧失情况，判别、确定侵蚀土壤的程度。

⑩下木植被 记载下层植被的优势和指示性植物种类、平均高度和覆盖度。

⑪立地类型 查立地类型表确定小班立地类型。

⑫立地等级 根据小班优势木平均高和平均年龄查地位指数表，或根据小班主林层优势树种平均高和平均年龄查地位级表确定小班的立地等级。对疏林地、无立木林地、宜林地等小班可根据有关立地因子查数量化地位指数表确定小班的立地等级。

⑬天然更新 调查小班天然更新幼树与幼苗的种类、年龄、平均高度、平均根径、每公顷株数、分布和生长情况，并评定天然更新等级。

⑭造林类型 对适合造林的小班，根据小班的立地条件，按照适地适树的原则，查造林典型设计表确定小班造林类型。

⑮林种 按林种划分技术标准调查确定，记载到亚林种，记载代码。

⑯起源 按主要生成方式调查确定，记载代码。

⑰林层 商品林按林层划分条件确定是否分层，然后确定主林层，并分别林层调查记载郁闭度、平均年龄、株数、树高、胸径、蓄积量和树种组成等测树因子。除株数、蓄积量以各林层之和作为小班调查数据以外，其他小班调查因子均以主林层的调查因子为准。

⑱自然度 天然林根据其植被状况与原始顶极群落的差异，确定其自然度，记载代码。

⑲石漠化 对于岩溶地区的所有小班，全面观察小班内土壤侵蚀程度、基岩裸露程度、植被综合覆盖度、坡度和土层厚度，综合评定石漠化程度等级，确定其石漠化类型。

并根据石漠化发生、形成的主要影响因素，确定石漠化成因。均填写代码。

⑳健康状况　根据林木生长发育、外观表象特征及受灾情况综合评定森林健康状况，确定其健康状况等级，见表 2-4。灾害类型、受害程度和健康状况均填写代码。

㉑群落结构　公益林根据林层结构状况确定群落结构类型。

㉒经营措施类型　根据林分结构特点，生长状况和发育阶段等，确定其近期经营管理需施行的作业措施类型(经营措施类型)，填写代码。

㉓优势树种(组)　分别林层记载优势树种(组)，填树种代码。

㉔树种组成　分别林层用十分法记载。

㉕平均胸径　分别林层，记载优势树种(组)的平均胸径。

㉖平均年龄　分别林层，记载优势树种(组)的平均年龄。平均年龄由林分优势树种(组)的平均木年龄确定，平均木是指具有优势树种(组)断面积平均直径的林木。

㉗平均树高　分别林层，调查记载优势树种(组)的平均树高。在目测调查时，平均树高可由平均木的高度确定。灌木林设置小样方或样带估测灌木的平均高度。

㉘优势木平均高　在小班内，选择 3 株优势树种(组)中最高或胸径最大的立木测定其树高，取平均值作为小班的优势木平均高。

㉙郁闭度或覆盖度　有林地小班用目测或仪器测定各林层林冠对地面的覆盖程度，取 2 位小数；灌木林设置小样方或样带估测并记载覆盖度，用百分数表示。

㉚每公顷株数　商品林分别林层记载活立木的每公顷株数。

㉛散生木　分树种调查小班散生木株数、平均胸径、平均高，计算各树种材积和总材积。

㉜每公顷蓄积量　记载活立木每公顷蓄积量。

㉝枯倒木蓄积量　记载小班内可利用的枯立木、倒木、风折木、火烧木的总株数和平均胸径，计算蓄积量。

㉞调查日期　记录小班调查时的年、月、日。

㉟调查员姓名　由调查员本人签字。

**(2)其他应调查记载项目及要求**

①用材林近、成、过熟林小班　此类小班除按上述记载小班因子外，还要调查记载小班的可及度状况。即可及、将可及小班采用实测标准地(样地)、角规控制检尺、数学模型等方法调查或推算各径级组株数和蓄积量。即可及、将可及小班采用实测标准地(样地)、数学模型等方法调查或推算经济材、半经济材和薪材的株数和蓄积。即可及、将可及小班根据小班蓄积量和林分材种出材率表或直径分布和单木材种出材率表确定材种出材量。

②择伐林小班　对于实行择伐方式的异龄林小班，采用实测标准地(样地)、角规控制检尺等调查方法调查记载小班的直径分布。

③人工幼林、未成林人工造林地小班　除按上述记载小班因子外，还要调查记载整地方法、规格、造林年度、造林密度、混交比、成活率或保存率及抚育措施。

④竹林小班　对于商品用材林中的竹林小班，增加调查记载小班各竹度的株数和株数百分比。

⑤经济林小班　有蓄积量的乔木经济林小班，应参照用材林小班调查计算方法调查记载小班蓄积量，并调查各生产期的株数和生长状况。

⑥一般生态公益林小班　森林经营集约度较高地区的所有一般生态公益林小班均应参照商品林小班进行调查。

⑦红树林小班　红树林小班调查执行《全国红树林资源调查技术规定》。

⑧辅助生产林地小班　调查记载辅助生产设施的类型、用途、利用或保养现状。

### 第二步：小班调查前的准备工作

#### (1)数表准备

调查前，应收集下列调查用表，并检验其适用程度和确定是否需修订或重新编制。

①一元立木材积表。

②二元立木材积表。

③标准表(或形高表)。

④地位指数表(或地位级表)。

⑤收获表(生长过程表)。

⑥材积生长率表。

⑦材种出材率表。

⑧立木生物量表。

不同地区在开展调查时，可根据技术方案的要求和森林经营、规划需要，还应收集、修订或编制以下经营用表：

①立地类型表。

②森林经营类型表。

③森林经营措施类型表。

④森林典型设计表。

#### (2)图面材料准备

①1∶10 000 的地形图。

②1∶25 000 的基本图或林相图。

③1∶50 000 的地形图。

④1∶50 000 的森林分类图。

⑤1∶10 000 或 1∶25 000 的航片。

#### (3)文字材料准备

①近期森林资源档案。

②上期森林经理调查资料。

③各项林业工程设计及实施资料。

#### (4)物资准备

森林经理调查用各种测量仪器、工具及其他备用物资。

**(5) 人员准备**

①建立组织。

②人员培训。

## 第三步：开展小班调查

**(1) 有林地纯林小班调查**

①调查项目一般因子的填写　分别公益林、商品林，通过实地观察、查阅资源档案、访问知情者等方法，填写小班一般因子即非测树因子，详见表 2-4 中的规定。

②每公顷断面积测定　在小班内，选择若干个有代表性的观测点，以角规系数为 1.0 的水平角规绕测其胸高断面积(绕测两次，若结果有异，则应进行逐株核实)，并记载。采用算术平均法计算小班平均每公顷断面积($m^2$)，精确到 0.1 $m^2$。

进行角规绕测时，必须保证角规缺口对准林木的胸高位置(1.3 m 处)，对于临界木，应认真仔细观测，直径 $<5.0$ cm 的林木不记数。

③平均胸径、树高测定　对于每一个角规样点，在其周围选择 3～5 株大小中等、生长正常的林木测量其胸径和树高，并记载。采用断面积加权平均法计算小班优势树种的平均直径和平均树高，平均直径精确到 0.1cm，平均高精确到 0.1 m。

④每公顷株数调查　在小班内选择有代表性地段设立一个面积为 20～100 $m^2$ 的圆形或方形样地，点数统计其林木株数，并换算为每公顷株数，取整数。

⑤幼龄林小班调查　对平均胸径≤5.0cm 的幼龄林小班测树因子的调查，只需在小班内有代表性地段设置一个面积为 100 $m^2$ 方形样地，选择 3～5 株平均木测树高和胸径(地径)，并统计林木株数。

对于用材林近、成、过熟林小班，根据其与机械运材道路或河流的远近、运材道路规划情况确定其采运可及度；采用目测的方法确定林分出材率等级和大径木蓄积比等级或采用实测标准地(样地)、角规控制检尺、数学模型等方法调查或推算各径级组株数和蓄积量。

**(2) 有林地混交林小班调查**

混交林小班的调查方法和步骤与纯林小班的调查相似。

①调查项目因子的填写　分别公益林、商品林，通过实地观察、查阅资源档案、访问知情者等方法，填写小班一般因子(非测树因子)，详见表 2-4 中的规定。

②每公顷断面积测定　在小班内选择若干个有代表性的观测点，以角规系数为 1.0 的水平角规分别树(优势树种、伴生树种)绕测其胸高断面积(绕测两次，若结果有异，则应进行逐株核实)，并分别树种记载。

③平均胸径、树高测定　对于每一角规样点，在其周围分别优势树种和伴生树种选择 3～5 株大小中等、生长正常的林木测量其胸径和树高，并分别记载。

④每公顷株数调查　在小班内选择有代表性地段设立一个面积为 20～100$m^2$ 的圆形或方形样地，分别树种统计林木株数，并换算为每公顷株数，取整数。

⑤幼龄林小班调查　对于有林地混交林幼龄林小班，其测树因子调查只需在小班内有

代表性地段设置一个100 $m^2$方形样地，分别树种选择3～5株平均木测树高和胸径(地径)，并分别统计林木株数。对于用材林近、成、过熟林小班，根据其与机械运材道路或河流的远近、运材道路规划情况确定采运可及度。

**(3)疏林地小班调查**

疏林地小班的调查方法和步骤与纯林小班的调查相同。

**(4)未成林造林地小班调查**

①调查项目因子的填写　分别公益林、商品林，通过实地观察、查阅资源档案、访问知情者等方法，填写小班一般因子，详见表2-4中的规定。

②每公顷株数调查　在小班中部有代表性地段设立一个面积为20～100 $m^2$的样圆或样方，调查其株数(若是混交林，分别优势树种和伴生树种调查株数)，并换算为每公顷株数，取整数。

③平均直径、树高测定　在样圆或样方内分别树种选择3～5株中等大小样木量测其胸径和树高，若树高没达到1.3m，则测地径。

若小班内有散生木，在小班内确定其主要树种名称，全面调查或估计小班内林木总株数，选择3～5株中等大小、生长正常的林木量测其胸径和树高，并记载。

**(5)竹林小班调查**

①调查项目因子的填写　分别公益林、商品林，通过实地观察、查阅资源档案、访问知情者等方法，填写小班一般因子，详见表2-4中的规定。

②每公顷株数调查　在小班中部有代表性地段设立1～3个面积为20～100 $m^2$的样圆或样方，调查林木株数，并换算为每公顷株数，取整数。每公顷竹子株数按下列方法调查计算：

**散生竹林小班**　在样圆或样方内直接查数竹子株数，根据样圆或样方面积推算小班林木各竹种的每公顷株数。

**丛生竹林小班**　在样圆或样方内直接查数竹子丛数，选择3～5丛有代表性的竹丛查数每丛竹子株数，然后根据下式计算每公顷竹子株数。

$$\text{每公顷竹子株数(株}\cdot\text{hm}^{-2}) = \frac{\text{样方平均丛数}\times\text{平均每丛竹子株数}\times 10\,000}{\text{样方面积(m}^2)} \tag{2-1}$$

③平均直径、平均高测定　在样圆或样方内，选择3～5株大小中等、生长正常的样竹量测其直径和高度，并记载。若小班内有散生木，在小班内确定其主要树种名称，全面调查或估计其小班内林木总株数，选择3～5株中等大小、生长正常的林木量测其胸径和树高，并记载。

**(6)灌木林小班调查**

灌木林小班调查包括国家特别规定的灌木林和其他灌木林小班。

①调查项目因子的填写　分别公益林、商品林，通过实地观察、查阅资源档案、访问

知情者等方法，填写小班一般因子，详见表2-4中的规定。

②每公顷株数调查 在小班中部有代表性地段设立一个面积为20～100 $m^2$的样圆或样方，调查其株数，并换算为每公顷株数，取整数。

③平均高测定 在样圆或样方内，选择3～5株大小中等、生长正常的灌木量测其高度，并记载。

若小班内有散生木，在小班内确定其主要树种名称，全面调查或估计其小班内林木总株数，选择3～5株中等大小、生长正常的林木量测胸径和树高，并记载。

**(7)经济林小班调查**

①调查项目因子的填写 通过实地观察、查阅资源档案、访问知情者等方法，填写小班一般因子。

②确定生产期 根据树种的生长发育阶段(一般以年龄为准)，调查确定经济林生产期。

由乔木树种(八角、玉桂、板栗、千年桐、橡胶等)组成的经济林小班，测树因子按纯林、混交林小班调查方法进行调查。

由竹子树种(笋用竹类)组成的经济林小班，测树因子按竹林小班调查方法进行调查。

由灌木树种组成的经济林小班，测树因子按灌木林小班调查方法进行调查。

**(8)无林地小班调查**

无林地小班调查包括采伐迹地、火烧迹地、宜林地、其他无立木林地。

①调查项目因子的填写 通过实地观察、查阅资源档案、访问知情者等方法，填写小班一般因子。

②散生木调查 若小班内有散生木，在小班内确定其主要树种名称，全面调查或估计其小班内林木总株数，选择3～5株中等大小、生长正常的林木量测其胸径和树高，并记载。

**(9)非林地小班的调查**

①调查项目因子的填写 通过实地观察、查阅资源档案、访问知情者等方法，填写小班一般调查因子。

②四旁树调查 若小班内有四旁树，在小班内确定其主要树种名称，全面调查或估计其小班内林木总株数，选择3～5株中等大小、生长正常的林木量测其胸径和树高，并记载。

### 第四步：小班调查项目因子检查

小班调查项目因子较多，外业调查时由于受时间、场所的限制，卡片填写难免有错、漏或多余之处，当小班调查结束后，应根据表2-4的要求或小班因子之间的逻辑关系逐一检查。

①检查小班调查卡片各项调查因子记录是否完整、合理，与图面材料是否一致。

②检查各调查因子之间是否存在逻辑矛盾。

③检查各定性因子，如地类、权属、土壤、林种、树种、年龄等是否正确。

④检查小班调查卡片的填写是否规范，符合要求。

## 第五步：小班调查测树因子计算

### (1)小班平均胸高断面积 $\overline{G}$ 、平均胸径 $\overline{D}$ 、平均树高 $\overline{H}$ 计算

$\overline{G}$ 采用算术平均法计算，$\overline{D}$ 、$\overline{H}$ 采用断面积加权平均法计算，公式如下：

$$\overline{G} = \frac{G_1 + G_2 + \cdots + G_n}{n} \tag{2-2}$$

式中 $\overline{G}$——平均胸高断面积；

$G_1$ ——第一个角规点的胸高断面积；

$G_2$ ——第二个角规点的胸高断面积；

$G_n$ ——第 n 个角规点的胸高断面积。

$n$——角规点数。

$$\overline{D} = \frac{G_1 d_1 + G_2 d_2 + \cdots + G_n d_n}{\sum G} \tag{2-3}$$

式中 $\overline{D}$——平均胸径；

$d_1$——第一个角规点算术平均胸径；

$d_2$ ——第二个角规点算术平均胸径；

$\sum G$ ——胸高总断面积；

$d_n$ ——第 $n$ 个角规点算术平均胸径。

$\sum G$ ——胸高总断面积。

$$\overline{H} = \frac{G_1 h_1 + G_2 h_2 + \cdots + G_n h_n}{\sum G} \tag{2-4}$$

式中 $h_1$ ——第一个角规点算术平均高；

$h_2$ ——第二个角规点算术平均高；

$h_n$ ——第 $n$ 个角规点算术平均高。

其余符号意义同式(2-2)、(2-3)。

### (2)每公顷林木株数计算

若样方面积为 100m$^2$，则每公顷林木株数 = 样方株数 ×10 000/100。

### (3)蓄积量计算

①每公顷蓄积量计算

$$M = G \times H_f \tag{2-5}$$

式中 $G$——公顷断面积，m$^2$；

$H_f$——各树种形高值；

$M$——公顷蓄积量，m$^3$ · hm$^{-2}$。

如为混交林，先分树种计算，然后合计。

②小班蓄积量计算

$$M_{小班} = S \times M \tag{2-6}$$

式中 $S$——小班面积，$hm^2$；

$M_{小班}$——小班蓄积量，$m^3$。

**第六步：小班调查报告编写**

调查报告是森林资源调查重要成果之一，其主要内容是对调查结果的分析及评价，探讨森林分布和结构的规律性，为森林的科学经营和利用提供参考。

小班调查报告内容框架如下：

前言(目的、意义)

一、调查区概况(地理位置、地形地貌、经济条件、交通状况等)

二、调查内容及方法

(一)小班调查

1. 小班区划：①区划系统；②区划原则；③区划方法。

2. 小班调查：①测树因子调查；②一般因子调查。

(二)系统抽样调查

1. 调查总体与样本单元的确定

2. 样地布设、定位

3. 样地调查

4. 系统抽样控制结果

三、成果与分析

(一)区划结果(表)

(二)成果材料

(三)森林资源现状分析

1. 森林覆盖率，林木绿化率

2. 森林类别面积、蓄积结构分析(表)

3. 土地面积分类结构情况(各类土地面积构成、林地面积构成表)

4. 林种结构分析(分析各林种面积、蓄积结构表)

5. 树种结构分析(分析各树种面积、蓄积结构表)

6. 用材林龄级、龄组结构分析(用材林按龄级、龄组分析面积、蓄积结构表)

7. 林分产量水平(总产量、各树种单产量表)

8. 生态因子分析(森林健康状况、湿地类型及面积、荒漠化面积及成因等表)

四、存在的问题与建议(主要从森林经营、管护、利用及生态环境保护等方面探讨与建议)

(一)主要问题

(二)建议

## 2.3.2 小班调查理论基础与内容

### 2.3.2.1 小班调查的概念

森林经理工作中的森林资源调查又称二类调查，其任务是将森林资源数字落实到各个不同的小地块即小班，要求详细记载有关土壤、植被、地形地势等并提出森林经营意见。森林资源数字落实到小班，即由于林班内的森林在树种或树种组成、年龄、起源、郁闭度等林分特征及立地条件上有差异，从而引起经营、利用措施的不同，只有将各小班的资源调查清楚，才能因林因地制宜，合理组织经营。这也是森林经理工作编制森林经营方案的依据和要求。小班调查就是为了森林资源规划设计调查的需要，对山头地块的属性所进行的调查。

### 2.3.2.2 小班调查项目技术标准

小班调查是二类调查的主要内容，也是二类调查数据采集的基础工作，其调查的项目因子应结合森林经营管理的需求而定。但随着近年来森林分类经营技术逐渐成熟和生态文明建设的需要，森林生态因子调查越显重要。因此，小班调查的项目因子越来越多。

#### (1)林地和林木权属

权属包括所有权和使用权(经营权)，分为林地所有权、林地使用权和林木所有权、林木使用权。林地所有权分国有(国有林场)、集体和其他国有3种，林木所有权分国有、集体、其他国有、个人、联营、非公有和其他，共7种。林地和林木使用权分国有、集体、其他国有、个人、联营、非公有和其他，共7种。

①林地所有权

**国有(国有林场)** 指全民所有制的林业系统企事业单位的林地，包括县级人民政府以上单位所属的林地，中央和地方[自治区、地级市、县(市、区)]所属的国有林场、林业苗圃、林业试验中心、森林公园、自然保护区等。

**集体** 指集体所有的林地，包括乡(镇)、村委会、村民小组所属林地、林场和个人承包的自留山、责任山。

**其他国有** 非林业系统的国有企事业单位(如国有农场、监狱、部队、铁路等)拥有的林地。

②林木所有权

**国有** 林木所有权属国有林场、森林公园、自然保护区等林业系统企事业单位。

**集体** 林木所有权为乡(镇)、村委会、村民小组等集体单位所有，含乡(镇)、村办林场。

**其他国有** 林木所有权属国有农场、监狱、部队等非林业系统国有企事业单位。

**个人** 林木所有权属个人所有，如自留山、责任山上的林木。

**联营** 指国有企事业单位和农村集体、个人或非公有制企业联合投资造林、经营的林木。

**非公有** 指非公有制企业投资造林的林木，包括境外企业、民营企业投资造林的林木。

**其他** 指除以上6类以外的林木。

③林地使用权 分为国有林场、集体、其他国有、个人、联营、非公有和其他7种。

④林木使用权 分为国有林场、集体、其他国有、个人、联营、非公有和其他7种。

#### (2)土地种类

按最低一级土地种类调查，见小班区划。

**(3)林种**

见森林区划。

**(4)森林类别**

见森林分类。

**(5)林木起源**

①天然林　由天然下种或萌生，且未施加人为抚育措施形成的森林、林木、灌木林。可以分为天然和萌芽两种。

②人工林　由人工直播(条播或穴播)、植苗、分殖、扦插造林，或由人工促进天然更新(松类)，或由人工林萌生并且人工控萌(杉木、桉类、速生相思类等)形成的森林、林木、灌木。

**(6)林层划分**

林层划分应同时满足以下4个条件：
①各林层每公顷蓄积量≥30m$^3$；
②相邻林层间林木平均高相差≥20%；
③各林层平均胸径≥8cm；
④主林层郁闭度≥0.30，其他林层郁闭度≥0.20。

**(7)地貌**

①极高山　海拔5000m(含)以上的山地；
②高山　海拔为3500~4999m的山地；
③中山　海拔为1000~3499m的山地；
④低山　海拔低于1000m的山地；
⑤丘陵　没有明显的脉络，坡度较缓和，且相对高差小于100m；
⑥平原　平坦开阔，起伏很小。

**(8)坡度**

坡度分为平、缓、斜、陡、急、险6个坡度级。

**(9)坡向**

按东、南、西、北、东北、东南、西北、西南及无9个方位确定坡向。

**(10)坡位**

坡位分脊、上、中、下、谷、平地6个坡位。

**(11)腐殖质层厚度和土层厚度**

①腐殖质层厚度分3个等级　厚为>5cm；中为2~4.9cm；薄为<2cm。

②土层厚度　土层厚度根据土壤的 A 层 + B 层厚度确定，厚度等级见表 2-1。

### (12) 林木质量

用材林近、成、过熟林林木质量划为 3 个等级：

①商品用材树　用材部分占全树高 40% 以上。

②半商品用材树　用材部分长度在 2m(针叶树) 或 1m(阔叶树) 以上，但不足全树高的 40%。在实际计算时一半计入经济用材树，一半计入薪材树。

③薪材树　用材部分在 2m(针叶树) 或 1m(阔叶树) 以下。

### (13) 林分出材率等级

用材林近、成、过熟林林分出材率等级由林分出材量占林分蓄积量的百分比或林分中商品用材树的株数占林分总株数的百分比确定，见表 2-5。

**表 2-5　用材林近、成、过熟林林分出材率等级表**　　%

| 出材率等级 | 林分出材率 | | | 商品用材树比率 | | |
|---|---|---|---|---|---|---|
| | 针叶林 | 针阔混 | 阔叶林 | 针叶林 | 针阔混 | 阔叶林 |
| 1 | >70 | >60 | >50 | >90 | >80 | >70 |
| 2 | 50 ~ 69 | 40 ~ 59 | 30 ~ 49 | 70 ~ 89 | 60 ~ 79 | 45 ~ 69 |
| 3 | <50 | <40 | <30 | <70 | <60 | <45 |

### (14) 可及度

用材林近、成、过熟林可及度分为即可及、将可及和不可及。

①即可及　具备采、集、运条件的林分。

②将可及　近期将具备采、集、运条件的林分。

③不可及　因地形或经济原因暂时不具备采、集、运条件的林分。

### (15) 径阶与径级组

林木调查起测胸径为 5.0cm，林分平均胸径以 2cm 或 4cm 为径阶距并采用上限排外法。径级组的划分标准为：小径组为 6 ~ 12cm，中径组为 14 ~ 24cm，大径组为 26 ~ 36cm，特大径组为 38cm 以上。

### (16) 大径木蓄积比等级

对本经理期主伐利用的复层林、异龄林，以小班为单位，将林分中达到大径木标准的林木蓄积占小班总蓄积的比率，分为以下 3 级：

①Ⅰ级　大径级、特大径级蓄积量占小班总蓄积量大于 70%；

②Ⅱ级　大径级、特大径级蓄积量占小班总蓄积量为 30% ~ 69%；

③Ⅲ级　大径级、特大径级蓄积量占小班总蓄积量小于 30%。

**(17)郁闭度、覆盖度等级**

①郁闭度等级

**高**　郁闭度 0.70 以上；

**中**　郁闭度 0.40~0.69；

**低**　郁闭度 0.20~0.39。

②覆盖度等级

**密**　覆盖度 70%以上；

**中**　覆盖度 50%~69%；

**疏**　覆盖度 30%~49%。

**(18)群落结构类型**

①完整结构　具有乔木层、下木层、草本层和地被物层 4 个植被层的森林。

②复杂结构　具有乔木层和其他 1~2 个植被层的森林。

③简单结构　只有乔木 1 个植被层的森林。

**(19)自然度**

自然度指天然林按照植被状况与原始顶极群落的差异，或次生群落位于演替中的阶段。自然度划分为 3 级：

①Ⅰ级　原始或受人为影响很小而处于基本原始的植被；

②Ⅱ级　有明显人为干扰的天然植被或处于演替中期或后期的次生群落；

③Ⅲ级　人为干扰很大，演替逆行处于极为残次的次生植被阶段或天然植被几乎破坏殆尽，难以恢复的逆行演替后期。

**(20)散生木和四旁树**

①散生木　生长在竹林地、灌木林地、未成林造林地、无立木林地和宜林地上达到检尺径的林木，以及散生在幼林中的高大林木。

②四旁树　在宅旁、村旁、路旁、水旁等地栽植的面积不到 0.067$hm^2$ 的各种竹丛、林木。

**(21)森林健康状况**

根据林木的生长发育、外观表象特征及受灾情况综合评定森林健康状况，分为健康、亚健康、中健康、不健康 4 个等级，见表 2-6。

**表 2-6　森林健康等级评定标准表**

| 健康等级 | 评定标准 |
|---|---|
| 健康 | 林木生长发育良好，枝干发达，树叶大小和色泽正常，能正常结实和繁殖，未受任何灾害 |
| 亚健康 | 林木生长发育较好，树叶偶见发黄、褪色或非正常脱落(发生率10%以下)，结实和繁殖受到一定程度的影响，未受灾或轻度受灾 |

（续）

| 健康等级 | 评定标准 |
| --- | --- |
| 中健康 | 林木生长发育一般，树叶存在发黄、褪色或非正常脱落现象(发生率10% ~30%)，结实和繁殖受到抑制，或受到中度灾害 |
| 不健康 | 林木生长发育达不到正常状态，树叶多见发黄、褪色或非正常脱落(发生率30%以上)，生长明显受到抑制，不能结实和繁殖，或受到重度灾害 |

### (22)林地土壤侵蚀

由侵蚀外营力作用于不同组成的地表所形成。按外营力性质分为水蚀、风蚀、重力侵蚀、冻融侵蚀和人为侵蚀等类型。

①水蚀　在降水、地表径流、地下径流作用下，土壤、土体或其他地面组成物质被破坏、搬运和沉积的过程。根据水力作用于地表物质形成不同的侵蚀形态，进一步分为溅蚀、面蚀、细沟侵蚀、浅沟侵蚀和切沟侵蚀等。

②风蚀　在气流冲击作用下，土粒、沙粒或岩石碎屑脱离地表，被搬运和堆积的过程。由于风速和地表组成物质的大小及质量不同，风力对土、沙、石粒的吹移搬运出现扬失、跃移和滚动3种运动形式。

③重力侵蚀　地面岩体或土体物质在重力作用下失去平衡而产生位移的侵蚀过程。根据其形态可分为崩塌、崩岗、滑坡、泻溜等。

④冻融侵蚀　在高寒区由于寒冻和热融作用交替进行，使地表土体和松散物质发生蠕动、滑塌和泥流等现象。

⑤人为侵蚀　人们不合理地利用自然资源和经济开发中造成新的土壤侵蚀现象。如开矿、采石、修路、建房及工程建设等产生的大量弃土、尾砂、矿渣等带来的泥沙流失。

### (23)石漠化

石漠化指在热带、亚热带湿润和半湿润地区，岩溶极其发育的自然背景下，受人为活动的干扰，使地表植被遭受破坏，造成土壤严重侵蚀，基岩大面积裸露，砾石堆积，地表呈现似荒漠化景观的土地退化乃至土壤消失的现象。

石漠化土地按程度分为非石漠化土地、潜在石漠化土地、半石漠化土地和石漠化土地4个类型，其石漠化评定标准见表2-7。当评定为“无”级时，即为非石漠化土地。

**表2-7　石漠化程度评定标准表**

| 类　型 | 等　级 | 土壤侵蚀程度 | 基岩裸露/% | 植被综合覆盖度/% | 坡度/° | 土层厚度/cm |
| --- | --- | --- | --- | --- | --- | --- |
| 无石漠化 | 无 | 不明显 | <10 | ≥70 | <5 | ≥25 |
| 潜在石漠化 | 潜在 | 不太明显 | 10 ~ 29 | 50 ~ 69 | 5 ~ 14 | 20 ~ 24 |
| 半石漠化 | 轻度 | 较明显 | 30 ~ 49 | 35 ~ 49 | 15 ~ 24 | 15 ~ 19 |
|  | 中度 | 明显 | 50 ~ 69 | 20 ~ 34 | 25 ~ 34 | 10 ~ 14 |
| 石漠化 | 强烈 | 强烈 | 70 ~ 89 | 10 ~ 19 | 35 ~ 44 | 5 ~ 9 |
|  | 极强烈 | 极强烈 | ≥90 | <10 | ≥45 | <5 |

在判别石漠化程度等级时，如果4项定量评定因子不在同一等级水平上，应根据上下互补原则、考虑因子优先级(基岩裸露>植被综合覆盖度>土层厚度>坡度)综合考虑；如果处于2个等级之间，应根据风险最小、就轻避重的原则评定为较低级别的石漠化等级。

例如，若某一小班土壤侵蚀程度为“明显”，基岩裸露为85%，植被综合覆盖度为25%，坡度为40°，土层厚度为12cm，则根据就轻避重的原则，可判定该小班的石漠化程度等级为“中度”。

**(24)森林覆盖率与林木绿化率**

①森林覆盖率

$$森林覆盖率=\frac{有林地面积}{土地总面积}\times 100\%+\frac{国家特别规定灌木林面积}{土地总面积}\times 100\%$$

②林木绿化率

$$林木绿化率=\frac{有林地面积}{土地总面积}\times 100\%+\frac{灌木林面积}{土地总面积}\times 100\%+\frac{四旁树占地面积}{土地总面积}\times 100\%$$

注：四旁树占地面积按1650株·$hm^{-2}$(每亩* 111株)计。

### 2.3.2.3 小班测树因子调查方法

森林经理的蓄积量调查工作，必须落实到小班，规划设计也以小班为基础。小班调查应充分利用上期调查成果和小班经营档案，以提高小班调查精度和效率，保持调查的连续性。根据小班调查地区森林资源特点、调查技术水平、调查目的和调查等级，可采用不同方法进行小班测树因子调查，这些方法可以单独使用，也可以结合使用。各调查方法分述如下：

**(1)目测调查法**

目测调查方法就是调查人员凭目测能力并配合使用一些辅助工具和调查用表对各种调查因子进行计测的方法，当林况比较简单时采用此法。此方法简便迅速，但要求调查员有较高的技术水平。因此，必须由目测经验丰富并经培训考核合格的调查人员担任。

为了掌握目测调查的规律，统一调查标准，保证调查精度，在外业工作开始前，必须进行目测练习。目测练习的主要任务是：

①统一小班目测调查方法及有关技术规定，积累各项调查因子的经验；

②熟悉调查地区的植被、树种，掌握鉴定立地因子的方法；

③检查、校对调查用表(材积表、标准表等)的精度。

为了在练习时评价目测精度，规定了下列允许误差标准：

①树种组成系数：±1

②树高：±5%

③林木平均高：±10%

---

* 1亩=1/15$hm^2$。

④平均直径：±10%

⑤平均疏密(郁闭)度：±0.1

⑥地位级：±1 级

⑦林龄；Ⅵ龄级以下者为 1 个龄级，Ⅶ龄级以上者为 2 个龄级；

⑧出材率(用材)：±10%

⑨蓄积量：±10%

为了保证目测练习达到合格标准，目测练习标准地至少应设 25 块以上，每块面积不少于 0.5$hm^2$(或标准地内应有 200～300 株林木)。标准地应设在具有代表性的不同类型的林分(不同树种、龄级、立地条件等)内，同时应相对集中以减少往返路程。通过练习，各项调查因子目测的数据 80% 项次以上不超过上述误差标准时，即为考核合格。小班目测调查时，必须深入小班内部，选择有代表性的调查点进行调查。为了提高目测精度，可利用角规样地或固定面积样地以及其他辅助方法进行实测，用以辅助目测。目测调查点数视小班面积不同而定，见表 2-8。调查点选好以后，便可以根据林木结果规律结合目测练习的经验进行各调查因子的目测调查。

**表 2-8　目测调查点数规定表**

| 不同经理等级的调查点数 | | Ⅰ | | | Ⅱ | | | Ⅲ | | |
|---|---|---|---|---|---|---|---|---|---|---|
| | | 人工林 | 天然林 | 混交林 | 人工林 | 天然林 | 混交林 | 人工林 | 天然林 | 混交林 |
| 小班面积 | 3$hm^2$ 以下 | 1 | 2 | 2 | 1 | 1 | 2 | 1 | 1 | 2 |
| | 4～7$hm^2$ | 2 | 3 | 3 | 1 | 2 | 3 | 1 | 2 | 3 |
| | 8～12$hm^2$ | 3 | 4 | 4 | 2 | 3 | 4 | 2 | 2 | 4 |
| | 13$hm^2$ 以上 | 4 | 5 | 6 | 3 | 4 | 6 | 3 | 3 | 6 |

**(2)样地实测法**

样地实测法是指在预定的范围内，通过随机、机械或其他抽样方法，布设圆形、方形、带状或角规样地，在样地内实测各项调查因子，以推算总体的方法。

①*标准地法*　标准地调查方法属典型抽样调查方法，是人们主观地在小班内选择具有代表性的地块进行调查，用以推算全小班的调查方法。标准地的形状多采用带状，带状标准地应设在与高等线成垂直或成一定角度，通过全小班且具有代表性的地方，带宽一般为 4～6m。标准地的实测比例视林分类型而异。一般人工林为 2%～3%；天然林或整齐的成、过熟林为 3%～5%；复杂混交林或不整齐成、过熟林为 6% 以上。在标准地内实测各项调查因子后，根据标准地所取得的各项数据来推算整个小班的各调查因子数据。

②*角规调查法*　在林分透视较好的条件下，调查人员如有使用角规调查的经验，可采用角规调查方法。此法比标准地法速度快，方法简单易行，效率高，但观测时操作要严格、认真，如掌握不好，往往会出现较大偏差。利用角规可以采用角规绕测和角规控制检尺 2 种方法。后者较前者麻烦，但可以得到株数分布序列，精度更高。

采用角规调查应注意如下几个技术问题：

**选择适宜的角规常数**　角规常数大小的选择决定了每个样点观测株数的多少。同一林分用常数小的角规观测的株数多，相反则少。每个样点观测株数的多少影响着观测结果的稳定性。观测的株数过多和过少都会影响调查的精度。所以，常规常数的确定应考虑观测株数的多少。每个样点的观测株数一般稳定在 10 ~ 20 株的范围较适宜。根据经验，在不同的林分中测定断面积时，可以根据林分平均直径选用常数不同的角规，见表 2-9 所列。

**表 2-9　角规常数确定表**

| 林分特征(D 胸径；P 林分郁闭度) | 角 规 常 数 |
|---|---|
| D：5 ~ 16cm，P：0.3 ~ 0.5 的幼、中龄林 | 0.5 |
| D：17 ~ 28cm，P：0.6 ~ 1.0 的中、近熟林 | 1.0 |
| D：28cm 以上，P：0.8 以上的成、过熟林 | 2.0 或 4.0 |

**角规点数的确定**　角规点的多少直接影响调查精度。确定角规点的数量，应在满足调查精度要求的前提下，尽量使数量少。采取典型选样的方法时，角规点数应根据林分类型、小班面积大小和龄组不同而异。角规测树样地的设置遵循随机性和典型性相结合的原则，即总体上，样点在小班内应均匀分布；局部上，各个样地对其所在地段范围内的林分结构、生长状况等各方面具有代表性。根据小班面积的大小和龄组的高低，用材林角规样点设立的数量规定如下：

$\leq 1.0hm^2$　　2 ~ 3 个，其中近熟林以上 3 ~ 4 个；

$1.1 \sim 3.0hm^2$　　4 ~ 5 个，其中近熟林以上 5 ~ 6 个；

$3.1 \sim 7.0hm^2$　　5 ~ 7 个，其中近熟林以上 6 ~ 8 个；

$>7.0hm^2$　　6 ~ 10 个，其中近熟林以上 8 个以上。

防护林、特用林的角规点数量可适当减少。对于公益林、无蓄积量的幼龄林小班，其点数可按要求减少 50%。

角规点的选设可采取典型或随机选设 2 种方式：典型选设就是角规观测点设置在有代表性的地点。若采取随机选设的方式，则角规点的设置应本着随机原则，在遥感图片或地形图上布设，然后在现地用罗盘仪定向，用皮尺或测绳量距确定各点的位置。

一个角规点应进行 2 次观测，2 次观测值之差不得超过 1/10。

③*回归估测法*　回归估测法包括目测与实测的回归估测、角规与实测的回归估测、相片判读与地面实测的回归估测等。有关抽样调查技术在《森林调查技术》中已做了介绍，下面简要介绍利用相片判读与地面实测的回归估测法。

在有航片和航空蓄积量表或航空数量材积表的条件下，采用此法将各调查因子落实到小班，在保证一定精度的同时，可使小班调查工效显著提高。其工作步骤如下：

**小班判读**　在相片上用轮廓判读法把各地类和有林地小班勾绘出来。

**判读小班的转绘和求积**　与一般的转绘求积方法相同。

**计算小班的判读蓄积量**　根据小班判读的优势树种、龄组、郁闭度、地位级或平均高等，查相应的蓄积量表或数量化材积表，确定各小班的判读积量。

**计算实测小班的数量**

$$n = \frac{t^2 c^2}{E^2}(1 - r^2) \tag{2-7}$$

式中　$n$——实测小班数；

$t$——可靠性指标；

$c$——蓄积变动系数；

$r$——判读蓄积与实测蓄积的相关系数。

【例 2.1】 某林区预计小班每公顷蓄积的变动系数为 0.45，判读蓄积与实测蓄积的相关系数为 0.65，规定估计相对误差限为 10%，可靠性为 95%，所需抽取的小班数为：

$$n = \frac{1.96^2 \times 0.45^2}{0.1^2} \times (1-0.65)^2 = 45(\text{个})$$

如增加 10% ~20% 的安全系数，应抽取 50 ~55 个实测小班。

**实测小班的抽取** 可用随机数字表或用随机起点机械抽取法抽取实测小班，后者较前者分布均匀。

**实测小班的调查** 凡被抽中的小班应采用全林每木检尺的方法实测小班的蓄积量，但在实际中因工作量太大无法推广。小班内强精度采用强精度抽样法估计小班蓄积量以代替全林实测。小班内强精度抽取的样地数，最低限应满足一个大样本($n>50$)，样地面积可适当缩小为 0.01 ~0.02hm$^2$，其设置与调查方法与系统抽样相同。此外，也可采用角规控制检尺法。

**建立判读蓄积与实测蓄积的回归方程** 实现利用判读蓄积与实测蓄积在坐标纸上绘制散点图以判定方程类型是否属于线性关系。然后利用判读蓄积和实测蓄积，估计回归方程 $Y=A+BX$ 中的参数 $A$ 和 $B$。

**计算和估计总体各参数值** 计算总体每公顷蓄积量估计值及其方差估计值，估计误差限及估计区间。

总体每公顷蓄积量估计值$\hat{\bar{Y}}_{回}$：

$$\hat{\bar{Y}}_{回} = a + b\bar{X} \tag{2-8}$$

式中 $\hat{\bar{Y}}_{回}$——总体估计值；

$\bar{X}$——总体平均数；

$a$——回归常数；

$b$——回归系数。

$$\bar{X} = \frac{1}{N}\sum_{i=1}^{N} X_i \tag{2-9}$$

式中 $\bar{X}$——总体平均数；

$X_i$——第 $i$ 个小组的每公顷判读蓄积；

$N$——总体小班总数。

$\hat{\bar{Y}}_{回}$的方差估计值 $S^2_{\hat{\bar{Y}}_{回}}$：

$$S^2_{\hat{\bar{Y}}_{回}} = \frac{S^2_{yx}}{n}\left[1 + \frac{(\bar{X}-\bar{x})^2}{S^2_x}\right] \tag{2-10}$$

估计误差限 $E$：

$$\Delta_{\hat{\bar{Y}}_{回}} = t \cdot S_{\hat{\bar{Y}}_{回}} \tag{2-11}$$

$$E = \frac{\Delta_{\hat{\bar{Y}}_{回}}}{\hat{\bar{Y}}_{回}} \times 100\% \qquad (2\text{-}12)$$

式中　$t$——按预定的可靠性，以自由度 $K = n - 2$ 时，由“$t$ 分布表”上查得。

估计区间：

$$\hat{\bar{Y}}_{回} \pm \Delta_{\hat{\bar{Y}}_{回}} \qquad (2\text{-}13)$$

**计算小班各参数值**　计算各小班每公顷蓄积量的回归估计值及小班的蓄积量。

小班每公顷蓄积量的估计值：

$$\hat{Y}_i = a + bX_i \qquad (2\text{-}14)$$

式中　$\hat{Y}_i$——第 $i$ 个小班每公顷蓄积估计值；

$a$——回归常数；

$b$——回归系数；

$X_i$——第 $i$ 个小班每公顷判读蓄积。

以各小班每公顷蓄积估计值乘以小班面积，得各小班蓄积量。

**估计总体总蓄积量**　总体每公顷蓄积估计值乘以总体面积，得总体的总蓄积量：

$$M = \hat{\bar{Y}}_{回} \cdot A \qquad (2\text{-}15)$$

式中　$M$——总体总蓄积量；

$\hat{\bar{Y}}_{回}$——总体每公顷蓄积估计值；

$A$——总体总面积。

总体蓄积量估计误差限：

$$\Delta M = \Delta_{\hat{\bar{Y}}_{回}} \cdot A \qquad (2\text{-}16)$$

置信区间为：

$$M \pm \Delta M \qquad (2\text{-}17)$$

**【例2.2】**　某调查员对大兴安岭吉文林业局73 000hm$^2$森林资源调查时，用1∶50 000航片放大为1∶25 000后，目测判读各小班的树种组成、龄级、地位级、郁闭度4个因子，并利用航空蓄积量表求出各小班的判读蓄积。再用随机抽样法从全部判读小班中抽取60个小班作为实测小班，在每个实测小班内再机械设置面积为0.02hm$^2$的圆形样地30个，每个样地作每木检尺，获得估计的实测蓄积。实测小班的调查结果见表2-10。

**表2-10　各小班判读蓄积和实测蓄积**

| 小班号 | 判读蓄积 $X_i$ | 实测蓄积 $Y_i$ | 小班号 | 判读蓄积 $X_i$ | 实测蓄积 $Y_i$ | 小班号 | 判读蓄积 $X_i$ | 实测蓄积 $Y_i$ | 小班号 | 判读蓄积 $X_i$ | 实测蓄积 $Y_i$ |
|---|---|---|---|---|---|---|---|---|---|---|---|
| 318 | 85 | 90.6 | 204 | 95 | 136.6 | 306 | 170 | 159.3 | 334 | 115 | 89.4 |
| 321 | 65 | 84.9 | 172 | 115 | 110.4 | 344 | 105 | 96.7 | 244 | 105 | 129 |
| 335 | 78 | 85 | 117 | 130 | 100.6 | 386 | 95 | 121.6 | 371 | 78 | 82.5 |
| 338 | 48 | 85.1 | 119 | 105 | 108 | 407 | 85 | 99.6 | 327 | 145 | 144.6 |

（续）

| 小班号 | 判读蓄积 $X_i$ | 实测蓄积 $Y_i$ | 小班号 | 判读蓄积 $X_i$ | 实测蓄积 $Y_i$ | 小班号 | 判读蓄积 $X_i$ | 实测蓄积 $Y_i$ | 小班号 | 判读蓄积 $X_i$ | 实测蓄积 $Y_i$ |
|---|---|---|---|---|---|---|---|---|---|---|---|
| 375 | 50 | 95 | 97 | 50 | 39.6 | 370 | 78 | 66 | 262 | 90 | 111.9 |
| 417 | 58 | 70.2 | 156 | 105 | 107.1 | 392 | 85 | 101.7 | 226 | 78 | 82.9 |
| 104 | 80 | 61.8 | 114 | 105 | 104.1 | 410 | 78 | 89.3 | 293 | 98 | 94.4 |
| 125 | 85 | 78.1 | 151 | 130 | 104.3 | 431 | 85 | 60.2 | 311 | 80 | 61.1 |
| 25 | 78 | 81 | 142 | 85 | 98.7 | 89 | 85 | 81.4 | 248 | 95 | 110 |
| 41 | 69 | 72.3 | 163 | 90 | 72.6 | 148 | 105 | 112.4 | 215 | 85 | 116.5 |
| 74 | 65 | 87.1 | 193 | 115 | 82.6 | 149 | 58 | 55.7 | 237 | 115 | 119.7 |
| 381 | 138 | 121 | 206 | 105 | 100.8 | 185 | 78 | 79.9 | 279 | 85 | 63.1 |
| 439 | 65 | 79.7 | 207 | 58 | 60 | 266 | 113 | 119 | 322 | 25 | 82.8 |
| 444 | 95 | 103.3 | 222 | 105 | 118.7 | 300 | 125 | 113.4 | 20 | 48 | 70.3 |
| 468 | 48 | 69.3 | 231 | 113 | 99.6 | 255 | 115 | 101.2 | 61 | 65 | 70.2 |

① 为配制回归方程和进行估计，将所需数据列表，见表2-11。

$$S_x^2 = \frac{1}{59} \times 42\ 457.0 = 719.61$$

$$S_y^2 = \frac{1}{59} \times 31\ 905.4 = 540.77$$

$$S_{y \cdot x} = \frac{1}{59} \times 31\ 237.3 = 529.45$$

式中 $S_x^2$——辅助因子的样本方差；

$S_y^2$——主要因子的样本方差；

$S_{y \cdot x}$——主、辅因子的协方差。

②回归方程两个参数估计值的计算：

$$b = \frac{31\ 237.3}{42\ 457.0} = 0.736$$

③根据判读蓄积及实测蓄积，配置回归方程：

$$Y = 27.23 + 0.736X$$

$$S_{y \cdot x}^2 = \frac{1}{58} \times (31\ 905.4 - 0.736 \times 31\ 237.3) = 153.70$$

式中 $S_{y \cdot x}^2$——回归方差。

④ 总体小班每公顷判读蓄积的平均数 $\overline{X} = 84.6$，总体小班每公顷实测蓄积的估计（$\hat{\overline{Y}}_{回}$）为：$\hat{\overline{Y}}_{回} = 27.23 = 0.736 \times 84.6 = 89.5\text{m}^3$

式中 $S_{\overline{Y}_{回}}^2$——总体方差估计值；

$S_{\hat{\overline{Y}}_{回}}$——总体标准误估计值。

表 2-11　配制回归方程和回归估计的基本数据

| | | | | | |
|---|---|---|---|---|---|
| $\sum x$ | 5380.0 | $\sum y$ | 5593. | $n$ | 60 |
| $\bar{x}$ | 86.99 | $\bar{y}$ | 93.22 | | |
| $\sum x^2$ | 524 864.0 | $\sum y^2$ | 553 416.42 | $\sum xy$ | 532 778.8 |
| $\frac{1}{n}(\sum x)^2$ | 482 407.0 | $\frac{1}{n}(\sum y)^2$ | 521 511.02 | $\frac{1}{n}(\sum x)(\sum y)$ | 501 541.5 |
| | 42 457.0 | | 31 905.40 | | 31 237.3 |

⑤预定可靠性为 95%，自由度 $k=n-2=58$，从"$t$ 分布表"中查得 $t$ 值为 2.000 3，则

$$\Delta_{\hat{Y}_{回}} = 2.0003 \times 1.6292 = 3.26$$

$$E = \frac{3.26}{89.5} \times 100\% = 3.64\%$$

$$P = 100\% - 3.64\% = 96.36\%$$

式中　$\Delta_{\hat{Y}_{回}}$——每公顷蓄积估计值绝对误差限；

$E$——每公顷蓄积估计值相对误差限；

$P$——估计精度。

估计区间为：86.2 ~ 92.8($m^3$)

⑥总体蓄积量的估计值为：

$$M = \hat{Y}_{回} \times A = 89.5 \times 73000 = 6533500(m^3)$$

$$\Delta M = 3.26 \times 73000 = 237980(m^3)$$

置信区间为：6 295 520 ~ 6 771 480($m^3$)

其他目测与实测、角规与实测的回归估计，均与上例计算相同。

**(3)总体蓄积量抽样控制**

①*总体蓄积量抽样控制方法*　森林经理调查要求按小班提供蓄积量，为了验证小班蓄积的可靠性，同时应在总体范围内，采取抽样调查方法设置实测样地进行抽样调查，以控制调查总体的蓄积量精度。常用的方法为目(实)测与抽样调查相结合的方法，即目(实)测调查用以取得小班森林蓄积量数字，而抽样调查用以取得总体的森林蓄积量。抽样调查方法可采用随机(系统)抽样、分层抽样、双重回归抽样等。国有林业局、国有林场应以林场为总体进行蓄积量抽样控制；一般林区县或少林县以地区(市)为总体。不论总体大小，必须保证总体范围内调查方法和调查时间的一致性。

在总体范围内，结合小班调查设置样地。样地布设要符合随机原则，数量要符合精度要求，定位按固定样地操作。所有小班蓄积累计要同总体抽样调查蓄积对比。凡调查的林班小班累计蓄积同总体抽样蓄积相差(累偏)小于 ±1 倍允许误差的，即认为符合精度要求，并以累计数字为总资源数字；累偏在 ±1 倍允许误差至 ±2 倍允许误差的，应进行检查，除找出并纠正误差较大的因素外，应对林班小班蓄积进行修正，直至达到精度要求为止；凡累偏大于 ±2 倍允许误差的，应对蓄积量重新进行调查。

**【例 2.3】**　某林场用分层抽样调查得出总蓄积量 69 400$m^3$，抽样精度达 92%，可靠

指标为95%。按B级要求，林场总体蓄积量调查允许误差为10%，则

±1倍允许误差为±10%×69 400 $m^3$为±6940 $m^3$；

±2倍允许误差为±20%×69 400 $m^3$为±13 880$m^3$。

当小班蓄积按林场汇总的累计值在[69 400－6940，69 400＋6940]即[62 460，76 340]之间，即认为符合精度要求；当小班蓄积累计值在[69 400－13 880，69 400＋13 880]即[55 520，83 280]区间之外，即大于83 280$m^3$或小于55 520$m^3$时，应对蓄积量重新进行调查；当蓄积量累计值在[55 520，62 460]或[76 340，83 280]区间内，应进行检查，找出原因进行修正，直至达到精度要求为止。

又如，某林场用分层抽样调查得出总体蓄积量为60 940$m^3$，置信区间为[51 372，70 508]，可靠性指标为95%。而小班目(实)测值按林场汇总值为83 969$m^3$，其值超出了置信区间，因此需要修正小班目(实)测值。改正系数＝$\frac{60\ 940}{83\ 969}$＝0.734。由此将各小班调查蓄积分别乘以0.734，即得改正后的小班蓄积数值。

②*总体抽样控制精度要求* 抽样调查的精度以林场为总体时按A、B、C等级不同，总体抽样控制精度根据单位性质确定：以商品林为主的经营单位为90%，A级；以公益林为主的经营单位或县级行政单位为85%，B级；自然保护区、森林公园为80%，C级。

当总体蓄积量抽样精度达不到规定的要求时，要重新计算样地数量，并布设、调查增加的样地，然后重新计算总体蓄积量、蓄积量标准误差和抽样精度，直至总体蓄积量抽样精度达到规定的要求。

## →拓展训练

选择某国有林场的一个林班或集体林区的一个村，收集1∶10 000地形图或遥感图片，在图面材料上先绘制林场界(村界)和林班界，然后以林班为单位，按照不同地类、不同性质的小班调查方法进行小班调查。小班调查技术标准以各地区森林资源规划设计调查主要技术方法为准，并参考国家森林资源规划设计调查主要技术规定的要求。小班调查应结合小班区划同步进行，并在地形图中以林班为单位进行小班编号和小班简单注记，每个实习小组提交一份一个林班的小班调查资料(包括图、卡材料)。

# 任务 2.4
## 多资源调查

### →任务描述

在某林场1∶25 000比例尺的TM卫片确定分布区，并准确勾绘出多资源的境界范围。野外采用样地或标准地调查品种、数量、面积，采用全面普查和重点调查相结合的方法，组织学生按照森林经营的要求选择某一种多资源进行调查。

每人提交一份多资源调查报告。

### →任务目标

**(一)知识目标**

1. 了解多资源调查的意义。
2. 熟悉多资源调查的主要内容。
3. 掌握多资源及多资源调查的概念。

**(二)能力目标**

1. 根据多资源调查对象，能确定多资源调查的项目及步骤。
2. 根据经济植物资源调查的要求，能确定经济植物资源调查的项目和方法。
3. 根据野生动物资源调查的要求，能确定野生动物资源的调查项目和方法。
4. 根据景观资源的调查要求，能确定景观资源调查的项目和方法。

### →知识准备

## 2.4.1 实践操作：多资源调查过程与要点分析

**第一步：确定调查对象、调查目的及任务**

二类调查时，应结合必要的多资源进行调查。首先拟定调查方案，确定调查目的和技术方法，组织人员，制定调查时间。

**第二步：收集图面材料**

根据调查目的、任务以及调查对象，确立调查工作所涉及的区域或范围，据此收集相关资料。包括历史调查资料、行政区划、自然地理位置、地形地貌、土壤、气候、植被、农林业情况，以及当地的社会人文、经济状况等。收集林区范围内1∶25 000比例尺的航片(卫片)或1∶10 000地形图，按图幅号进行接图。收集的航片(卫片)必须是最近拍摄的，地形图要求是最新出版的。

**第三步：绘制调查区域境界线**

在航片(卫片)上按照不同影像色彩将多资源调查区域的界线范围勾绘于图中，并用方格法、电子求积仪法或GIS软件计算调查区总面积。

**第四步：确定调查路线**

根据已确定的对象、内容以及调查区域的地形、地貌、海拔、生境等确定调查路线或调查点，调查线路或调查点的设立应注意与代表性、随机性、整体性及可行性相结合，样地的布局要尽可能全面，分布在整个调查地区内的各代表性地段，避免在一些地区产生漏、空情况。

**第五步：开展多资源调查**

在综合收集各种图面资料，整理分析所调查资源的分布、数量等历史情况的基础上，确定调查方法和调查内容。

**(1)经济植物资源调查**

①调查方法　经济植物资源调查在我国一般采用样地或样方、样木或标准木、典型调查等方法，以统计全林或单一类型的产量、可利用程度等。通过对调查区的初步了解确定适宜的调查方法，如样方法、样线(带)法、全查法、访谈法及市场调查法。

**样方法**　用系统抽样调查样地布设的方法和原理，先在图面材料上布设样点。对于经济植物物种及数量较多、分布范围广、面积较大的区域可采用此法。

**样线(带)法**　对于物种、数量不十分丰富、分布范围相对分散，种群数量较多的区域宜采用此方法。

**全查法**　如果调查区域面积不大，物种、数量稀少，分布面积小，种群数量相对较少的区域，宜采用本方法。

**访谈及市场调查法**　对调查区域内的野生经济植物栽培场圃及贸易场所进行走访和调查，调查内容包括种类、来源、流向和用途、年度贸易量等。

②调查内容　主要调查内容有：种类、分布、数量、生长状况、生境状况、开发利用状况、销售情况、受威胁因素和保护管理现状。

③调查报告　调查任务完成后，必须及时整理调查成果，撰写调查报告。报告应包括调查的时间、内容、方法和对地区物种资源的现状评价等，文字应力求简洁、清晰和准确。

经济植物资源调查报告主要内容如下：

一、前言

调查的目的、意义、时间、人员等。

二、经济植物分布区(调查区)的确定

介绍用什么方法确定的分布区或调查区，总面积。

三、调查区概况

地理位置、地形地貌、气候、土壤、植被。

四、调查方法与过程

用什么方式进行调查，如样地法、样带法、全查法、走访法等，简述调查过程。

五、调查结果与分析

介绍主要的经济植物种类、数量、分布，绘制各种经济植物的分布图，列出主要种类统计表，并作相关分析。

六、评价

对现有资源进行全面、客观并真实地反映调查地区物种资源状况和保护价值的评价。

七、开发利用建议

野生经济植物资源的开发利用，不应以浪费资源，恶化环境，牺牲生态效益为代价，经济植物资源开发，贵在“合理”二字。主要从综合利用、产品深加工、植物资源的再生性、建立商品基地、市场等方面提出合理建议。

**(2)野生动物资源调查**

①调查方法　野生动物资源调查可采用抽样调查或典型调查的方法，样地面积不少于动物栖息地面积的10%。

**样带法**　在样带内调查人员直线行走(地形切割剧烈处除外)，观察记录样带内的动物，样带外发现的动物仅作参考。

**样点法**　以调查员所在点为中心，30m范围为半径设置样点，调查员对此范围内发现的鸟类、兽类、两栖动物类逐个登记，每个样带设4~6个样点。

**问卷法**　因样带法、样点法受时间、场地、技术等诸多因素限制，通过询问当地狩猎户、狩猎爱好者或相关经验丰富的群众，获得相关信息，作为外业调查的补充调查。

此外，也有采取下列方法的情况：

**直接调查法**　哄赶调查、空中监视、利用航空摄影和红外片。

**间接调查法**　叫声数；足迹或卧迹计数或拍照、尿斑、粪堆计数、啃食痕迹；地方土特产收购部门的记录及地方志的记载。

**动向估测法**　可在特定季节里，沿预定路线步行或乘汽车或骑马测定动物，将行程中每千米见到的动物总数提供一个群体的动向指标或估计各种动物性别和年龄比率。这种调查虽不能构成一个完整的调查，但可在经营管理中起参考作用。

②调查内容　主要调查内容：野生动物的种类、数量、地域分布、生活习性、栖息环境、利用及贸易情况、种类消长变化规律、保护管理现状等。

③调查报告　野生动物资源调查报告主要内容：

一、前言

调查目的、意义、范围、时间、人员组成结构。

二、野生动物分布区(调查区)的确定

介绍用什么方法确定的分布区或调查区，总面积。

三、调查区概况

地理位置、地形地貌、气候、土壤、植被、社会经济状况。

四、调查方法与过程

用什么方式进行调查，如样地法、样带法、全查法、走访法等，简述调查过程。

五、调查结果与分析

介绍主要的野生动物种类、数量、分布，绘制各物种的分布图，列出主要种类统计表，并作相关分析。

六、资源综合评价

对现有资源进行全面、客观并真实地反映调查地区物种资源状况和保护价值的评价。

七、开发利用和保护管理意见或建议

主要从综合利用、产品加工、野生动物保护等方面提出合理意见。

八、各种附件资料

**(3)景观资源调查**

景观资源调查是进行风景规划设计，开展森林旅游不可缺少的基础工作。林区景观资源调查属于多资源调查的一个重要内容，应以未开放旅游地区的林区风景资源为对象，按照美学原则和开放旅游的效果，调查林区可供旅游的风景资源及与旅游有关的林区交通、经济发展水平等。

①调查方法　林区风景资源内容丰富，种类繁多，调查方法难求一致。一般根据风景资源分布特点选用景物实际调查、重点考察、典型调查、抽样调查、查阅历史文献和有关资料、座谈访问等多种形式和方法进行调查。

**资料统计分析法**　通过收集整理现有的各种书面资料来了解林区内旅游资源的类型和分布，对林区旅游资源形成总体认识。

**访谈询问调查法**　这是一种辅助方法，调查者用访谈询问的方式从部门、居民及旅游者中了解客观事实和难以发现的景观现象，也可设计调查问卷、调查卡片、调查表等方式获取需要的资料信息。

**野外实地调查(考察)法**　深入林区对各类景观资源的形态、美感、体量、构成、方位、距离、开发利用条件等作详细调查和记录，对景观景点进行摄影、摄像。

**"3S"技术调查法**　利用航空、航天遥感(RS)手段对地面情况进行测量观测而获得地学信息；用全球定位系统(GPS)对各景观、景点实行准确定位，以确定其位置、范围、大小、面积、体量、长度等；用地理信息系统(GIS)在计算机上建立风景区空间数据库，对景观资源进行调查、评价及动态管理。

②调查内容　主要调查内容包括自然景观、人文景观和环境质量因子的调查，具体调查时可按下列分类分别进行：

**乔灌林经管的调查**　可以以山区垂直植物带谱或不同林分类型为单位，调查和记载可供旅游观赏价值的景观。

**可观赏植物调查**　应记载种类、分布范围及数量、花期、可采程度。

**林区地貌景观调查**　山景调查包括悬崖、陡壁、怪石、雪山、溶洞等。对特异山(石)景，还应记载奇峰、怪石的位置、生成原因、数量、分布特点、形态大小；溶洞深度、广度、位置、形成原因，洞内景物特点及可览度；对雪山应调查位置、面积、坡度、海拔、积雪厚度；可远眺海、湖、河流、原野、林海、沙漠、日出、日落、云海、雾海等景观的场所。

**水文景观调查**　水文景观包括海湾、湖泊、瀑布、溪流、泉水等。要调查它们的位置、海拔、形成原因、当地名称、水质、景观特点、可利用价值及可览度等。

**人文景观调查** 包括历史古迹、民族风情、宗教、革命文物等。要调查记载它们的种类、名称、位置、景观、美丽的神话和传说及故事等。

**障碍因素调查** 要调查记载八级以上强风种类，沙尘暴、雪暴、暴雨、冰雹等出现的季节、频率、强度，对居住及交通的危害程度和重灾气候等自然因素；社会生活及工矿企业等造成的大气、水质、地理、生物、气候等自然因素；社会生活及工矿企业等造成的大气、水质污染情况；不利于开放旅游的社会因素(恶性传染病的病源，不利于开放的地方风俗习惯)及自然因素等。凡对游人身心健康有严重危害，或为消除障碍因素的需长期投入大于收益的风景区，不论景级高低都不可作为风景旅游区。

③调查报告 景观资源调查是林区旅游开发的基础工作，是旅游资源调查的基础性调查之一，景观资源调查报告侧重于自然景观的调查和景观资源评价。

景观资源调查报告主要内容：

一、调查区概况

1. 基本情况调查：风景区的地理位置、总面积、所属山系、水系及大地貌区、中地貌范围、地质年代及地质形成期等；

2. 气候条件：如温度、光照、降水等；

3. 经济、社会发展及交通条件等：特别要注意距离城镇的远近和交通条件，因为这对评价景素、景区的可览度关系甚大。

二、林区风景资源调查

1. 乔灌林景观调查：灌木树种外观特点及形成的景观，花期、花色、花形、花量及形成的景观，果形、果色、果期、果量及形成的景观与可采程度等。

2. 森林浴区调查：对可排放抑制、消杀有害的细菌、病毒，对游人能起到疗养作用的林分调查树种、排放气体成分、治疗机理作用等。

3. 可观赏植物调查：调查、记载植物种类、分布范围及数量、花期、可采度等。

4. 珍稀保护植物调查：对林区范围内的一、二类保护植物，古、大、稀有树木及形状特异的树木，珍稀菌类等进行调查。调查树种、分布位置、株数、年龄、高度、胸径以及科学价值和观赏价值等。

5. 草地景观调查：调查林区内草地位置、面积、坡度、种类、密度、花期以及草地可供游览的价值等。

6. 地貌景物调查：包括悬崖、陡壁、奇峰、怪石、雪山、溶洞等，主要调查记载其可览度。应该记载景物的山名、海拔、母岩性质、坡度、相对高差、山势走向等。对特异景观，还应记载奇峰、怪石的位置、成因、数量、分布特点、体态大小与山洞的深度、广度、位置、洞内景物特点以及可览度。

7. 水文景物调查：林区辖区范围内及与其毗邻的海湾、天然和人工湖泊、瀑布、溪流、泉水、滩地、沼泽等。

三、林区景观资源评价

景观资源评价包括对景素、景群或景区的属性、单项景观要素(景素)的可览度和风景资源的综合效益几方面评价。

1. 景素、景群或景区的属性评价：即评价该景素、景群或景区属何种景物（景观），如地貌景物、水文景物、人文景物或森林景物等。

2. 可览度评价：可览度根据景物吸引人的程度可分为 3 等：

①景象绝妙，举世罕见者为第一等，即上上景。

②景象美妙，比较少见者为第二等，即上景。

③景象美丽，为第三等，即中景。

3. 效益评价：景观资源开发的生态效益、社会效益和经济效益。

**(4) 水资源和渔业资源调查**

森林资源与水资源密切联系在一起，从某种意义上讲如果没有森林也就没有水。河水既是天然动力资源，也是钓鱼、游泳、划船和其他以水为基础的旅游活动场所，还是城市、工业、农业用水的重要来源。

①调查方法　调查方法包括水资源调查方法和渔业资源调查方法

**水资源调查方法**　文献资料查阅、社会访问、典型调查、现场取样等方法。文献查阅和社会访问是对水资源的类型、数量、分布、流程等方面进行了解；典型调查、现场取样方法主要是对水域面积(汇水面积)、水质等方面详细调查。

**渔业资源调查方法**　主动性的拖网、撒网等作业；被动性的钓具、笼壶等作业；一些非直接的调查方法，如声纳调查法、水下摄像观察法等。

②调查内容　以下分别介绍水资源调查和渔业资源调查的内容。

**水资源调查**　降水、地表和地下水补给和排泄、水域面积、水量(流量和流速)、水质(沉积物总量、化学性质、生物学性质及温度)、水生生物和生态状况及水生生态环境评价、地表水景观的环境、人为活动对水的污染、生产和生活对水的利用情况等。

**渔业资源调查**　渔业资源的调查是在水资源调查的基础上进行的，调查的内容包括：养殖面积、种类、习性、鱼龄、生长发育状况、现有量、负载量、生产量等。

③调查报告　参照上述经济植物资源调查报告。

**(5) 放牧资源调查**

放牧是动物在草地或丛林中的一种牧食行为。

①调查方法　主要采用抽样调查法，为了提高工作效率和精度，还可采用分层抽样方法。即将放牧资源较多的草地、湿地、灌丛、开阔的河岸等作为一层，放牧资源较少的林地为另一层。抽样可先在航片或地形图上布样点，也可结合在一起使用。

②调查内容　调查的主要内容为：草场的面积、种类名称和生长季、立地、地域分布及数量、适用的牧畜、载畜量(头数)、利用情况、发展畜牧业及野生动物事业的潜力等。

草地载畜量指在一定放牧时期内，一定草地面积上，在不影响草地生产力及保证家畜正常生长发育时，所能容纳放牧家畜的数量。它是反映草地本身生产力水平的重要指标。载畜量包括2项内容和3项要素，内容为：保证家畜的正常生长发育，不影响草地生产力即不使草地发生退化；要素：家畜的数量，放牧时间，草地面积。

载畜量用下列3种方法表示：

**时间单位法**　在单位面积的草地上，一定数量的家畜能放牧的日数。如 $1hm^{-2}$ 放牧地可供12头牛放牧90天，载畜量为 $90\times12=1080$(头·日)

**面积单位法**　表示在一定时期内，单位数量家畜所需草地的面积如 $hm^2\cdot a^{-1}\cdot$ 羊单位$^{-1}$。

**家畜单位法**　表示在一定面积的草地上，一年内能放养成年家畜的头数。如羊单位 $\cdot a^{-1}\cdot hm^{-2}$。

确定牧草数量可用割取样地牧草、目测法等方式。应该注意的是，牧草资源可能由多种植物构成，它们的生长季长度和产量高峰时间有所不同，对多数植被最好的调查时期通常是接近生长季节的末期，因为在此期间，植物品种最容易辨认，而且草饲料总量和嫩枝叶量最大。

③调查报告　放牧资源调查报告主要内容如下：

一、放牧区自然条件

气候、温度、海拔、土壤。

二、放牧资源概况

资源种类、分布、放牧动物的种类等。

三、不同地类对草本植物生长的影响

草本植物生长在林地与生长在天然草场不同，林地草本植物生长，除与光、温、水、肥等生态条件有关外还与土地类型有关，如湿地、灌木林地、有林地、未成林造林地、无立木林地等，不同林地类型其放牧资源的丰富度和承载力不同；在有林地中，林分密度和年龄不同，林下草本植物的发育强度及产量也不同。

四、载畜量

评价放牧资源生产能力。

五、合理利用放牧资源的防治措施

确定合理的载畜量，确保适宜的放牧强度，实施划区轮牧，防止土壤侵蚀等。

**(6)其他多资源调查**

其他资源多指林区的地下资源，例如，建材(花岗岩、大理石)、矿产(煤炭、浮石)、“三剩”资源(采伐、造材、加工剩余物)等。要调查这些资源的数量、现有利用情况和开发利用的方向，为发展林区多种经营提供科学依据。

## 2.4.2　多资源调查理论基础与内容

### 2.4.2.1　多资源调查概述

**(1)多资源调查的概念**

随着社会进步、科技发展和生态文明建设的需要，森林在一个国家中的地位越来越重要，“富饶的森林，发达的林业”已成为国家富足、经济发达、社会稳定、民族繁荣和社会文明的重要标志之一。森林是陆地生态系统的主体，它在生态系统中对其他生物和环境产生重大的影响，因此，森林中的各种资源是一个有机的整体，森林资源概念不仅仅指林木产品，而是扩大到森林内的动物、植物、土地、景观、水、气候、地下资源等。

多资源调查是森林可持续经营中逐渐发展起来的森林调查项目，世界各国对多资源调查的类型归属不完全一致，在我国的有关规程中规定，多资源调查仍属于二类调查的专业调查范畴。多资源调查就是指对林区内的野生动物资源、经济植物资源、水和渔业资源、放牧资源、旅游景观资源和地下资源等进行的调查。

**(2)多资源调查的产生**

在过去很长的一段时间里，我国和其他许多国家一样，森林资源调查的主要目标，是林木资源的状况和如何对林木进行合理的收获利用等，调查工作主要围绕森林蓄积量进行。但随着人们对生态保护和环境问题的意识不断提高，再加上经济快速增长而面临的环境日益恶化的实际问题，从20世纪70年代起，美国林务局在全国森林资源调查中开始推行多资源调查体系。比如，在南卡罗来纳州的多资源调查中，调查的主要内容有：森林植被的生态结构、生物量调查、野生动物栖息地调查、游憩地调查、土壤和水文调查、牧地调查等。因此，20世纪80年代以后，世界许多国家都逐渐开展了多资源的调查。我国从20世纪90年代中期开始，在森林经理调查的内容中增加了多资源调查的内容，并且在近20年的历程中得到了长足发展。

**(3)多资源调查的意义**

林业既是一门基础产业，又是一项公益事业。森林与人类的生存、发展和需求息息相关。在林业可持续发展、森林多种效益、森林可持续经营等经营战略提出之前，人们对森林资源的利用，主要是木材及木材产品。而随着生活水准的提高，人们对森林功能(效益)的需求不断增长，特别是随着现代社会生态文明建设的不断推进，已将森林的生态环境效益和社会效益放在了重要的地位。因此，在林区进行多资源调查有着非凡的意义，主要体现在：

①发挥森林的各种有效性能，适应生态文明建设的需要。

②有利于发展林区多种经营，调整产业结构。

③为林业企事业单位制定中、长期计划，编制森林经营方案提供依据。

④为编制林区多资源调查规划设计、制定森林植物资源的经营利用规划提供依据。

⑤促进地方经济增长，拓宽劳动力市场，提高就业率。

**(4)多资源调查的类型**

林区内森林资源的类型较多，多资源调查的方法、内容和详细程度各有不同。多资源调查要求与森林经理调查同时进行，在选择调查方法时，不同类型的资源其调查方法不尽相同，有的可能适于抽样调查，有的采用路线调查，有的可用座谈访问法，有的也可以通过典型调查取得数据，并将数据落实到小班，如风景林小班等，必要时还要进行样地调查及样木测定，以便统计或建立模型之用。至于哪种资源调查要采取什么方法，要根据林区自然条件和多资源类型的特点而定，并通过森林经理会议确定，以保证调查总体的精度。

现将多资源调查的种类介绍如下：

①经济植物资源调查类型　所谓经济植物，就是具有一定商品价值的植物。在我国一般采用样地或样方、样木或标准木等方法，统计全林或单一类型的产量、可利用程度等。植物资源的调查重点应放在野生植物资源的发掘利用上。植物资源按用途分为五大类。

**食用经济植物**　调查对象为可提供食用的果实、根茎、叶的植物。例如，红松、刺老芽、蘑菇、榛子、蕨菜、橡子、猕猴桃、余甘子、人参果、砂仁、八角、山龙眼、桄榔、槿柠等 。

**药用经济植物**　可以入药的中草药植物。例如，黄檗、杜仲、肉桂、山茱萸、金鸡纳、樟脑、人参、贝母、黄芪、黄莲、葛根、板兰根等。

**工业用原料经济植物**　有的乔灌木的树皮或果实、枝叶能提取工业用原料，是最佳的生物能源。例如，松树、麻疯树、油桐、橡胶、乌桕、漆树、紫胶等。

**芳香类经济植物** 各种精油和定香剂的香料植物。例如，桉叶油、薄荷油、山苍子油、黄樟油、依兰香油，以及木樨、茉莉、地檀香等。

**精细雕刻、美术工艺用经济植物** 例如，香柏树、高山刺柏、黑心树（铁刀木）、楠树、青桐等 。

珍稀、名贵类经济植物。采用抽样调查时，某一类经济植物(或物种)调查数据的计算公式如下。

物种出现频率：

$$W_1 = \frac{n_1}{n} \tag{2-18}$$

式中 $W_1$——某类经济植物(或物种)出现频率；

$n_1$——目的物种分布的样方(带)数；

$n$ ——总样方(带)数。

分布面积计算：

$$A_1 = AW_1 \tag{2-19}$$

式中 $A$ ——调查区域总面积；

$W_1$——某类经济植物(或物种)出现频率；

$A_1$——某类经济植物(或物种)分布面积。

资源总量计算：

$$N = \frac{A_1 \sum N_i}{\sum S_i} \tag{2-20}$$

式中 $N_i$——某类经济植物(或物种)在第 $i$ 个样方(带)内分布量；

$S_i$——某类经济植物(或物种)在第 $i$ 个样方(带)面积；

$N$——某类经济植物(或物种)资源总量。

②*野生动物资源调查类型* 主要调查野生动物的种类、数量、组成、动向、分布及可利用的情况和群体的自然区域；确定不同种类野生动物对食物和植被的需要；评价维持野生动物的种类的各种生境单位。

**两栖类** 采用肉眼观察、水网捕捞和徒手捕捉等方法，如中国林蛙、中华蟾蜍、黑斑蛙、虎纹蛙、花姬蛙等。

**爬行类** 调查采用直接观察法，数量调查采用样方法，如鳖、乌龟、蜥蜴、壁虎、蛇类等。

**鸟类** 种类调查采用望远镜直接观察法，陆栖鸟类数量调查采用样带法。

**兽类** 大中型兽类物种调查采用活动痕迹观察法，活动痕迹包括足迹、卧迹、粪便、尿斑、啃食痕迹、取食残余等；小型兽类主要采用夹捕法。兽类数量调查采用访问和野外栖息地核实相结合的办法进行，如：猴、长臂猿、兔、鼠、狐狸、狼、虎、豹、黑熊、熊猫、野马、野驴、麝、梅花鹿、野牛、黄羊、斑羚等。

**森林昆虫和淡水鱼类** 当采用抽样调查时，某类型(或物种)调查数据的计算公式如下。

出现频率计算：

$$W_1 = \frac{n_1}{n} \tag{2-21}$$

式中 $W_1$——某类型（或物种）出现频率；

$n_1$——目的物种分布的样方（带）数；

$n$——总样方（带）数。

分布面积计算：

$$A_1 = AW_1 \tag{2-22}$$

式中 $A$——调查区域总面积；

$A_1$——某类型（或物种）分布面积。

资源总量计算：

$$N = \frac{A_1 \sum N_i}{\sum S_i} \tag{2-23}$$

式中 $N_i$——某类型（或物种）在第 $i$ 个样方（带）内分布量；

$S_i$——某类型（或物种）在第 $i$ 个样方（带）面积；

$N$——某类型（或物种）资源总量。

③景观资源调查类型　景观资源调查是进行风景规划设计，开展森林旅游不可缺少的基础工作，它是多资源调查的重要组成部分，要按照美学原则和开放旅游的要求调查。景观资源类型分为两大类：自然景观和人文景观。自然景观包括下列类型：

**地文景观**　由内应力作用，如地壳运动、岩浆活动、地震等，形成了高山、平原、盆地等大地貌景观；又由外应力作用，如风化、剥蚀、搬运沉积等形成风沙、岩溶、丹霞、荒漠、冰川等小地貌景观。

**水域风光景观**　如河段、湖泊与沼泽、瀑布、泉水、冰雪景观。

**气象气候与天象类景观**　如日出、日落、晚霞、云雾、雨景、雾凇与雨凇景观等。

**生物景观**　林区中生物景观内容较多，是景观资源调查的主要对象。生物景观，是指由生物个体、种群、群落及生态系统所构成的各种生物过程与现象的总称。生物景观以其复杂的形态和由其自身生命节律所表现的变化性构成了旅游景观的实体，是自然旅游资源中最具特色的类型。生物景观与生物多样性保护、生态环境建设密切相关，因此，它是今后林区多资源开发的一个热点。生物景观资源类型有：生态系统景观，包括水平纬向地带性景观、水平经向地带性景观、垂直地带性景观及其他生态系统景观，如红树林景观、鸟类栖息地、哺乳动物栖息地、鱼类栖息地、其他动物栖息地等；生物种群景观，如胡杨林景观、高山杜鹃林景观、鸟类迁飞景观、动物迁移景观、鱼类洄游景观、动物集群景观；生物个体景观，如花卉、古树名木、观赏动物等；人工生物景观，如植物园、动物园、农田生态景观。

**综合自然景观**　如森林公园、风景名胜区、自然保护区、地质公园等。

**人文景观**　类型如下：

a. 历史遗址：古代历史文化遗址、近代革命活动遗址、世界文化遗产。

b. 古代建筑：宫殿与坛庙、交通与水利建设等。

c. 古典园林：皇家园林、苏州园林、寺庙园林等。

d. 古代陵墓：帝王陵墓、历史名人陵墓。

e. 旅游商品：风味小吃、地方土特产品等。

f. 人文活动与民族文化旅游、传统节庆。

g. 产业观光：历史文化名城、特色民居、特色小镇、产业观光。

④水资源和渔业资源调查类型　森林资源与水资源关系密切，许多森林又是地处大江大河的上游、源头，对水资源的总量、稳定流量和质量至关重要。按照 1988 年联合国教科文组织(UNESCO)和世界气象组织(WMO)的定义，水资源应当是可供利用或可能被利用，具有足够数量和可用质量，并且可适合对某地为对水资源需求而能长期供应的水源。水资源按存在的形式分为地表水、地下水；按利用方式分为河外用水、河内用水、生态环境用水。

**地表水**　一般指坡面流河壤中流，即地表水体的动态部分。

**地下水**　主要指浅层地下水。

**河外用水**　生产、生活用水。

**河内用水**　发电、航运、养殖、旅游用水。

内陆水域范围内的水资源，主要包括自然和人工形成的水域。我国南方地区自然形成的水域有河流、湖泊、山塘等。由于河流分布广，形态变化大，不同的自然条件和不同的地域分布，河流表现的形式会有很大的差异。

水资源调查主要是对水域属性和水域质量进行调查。水域属性包括定量属性和定性属性，定量属性是指水域的自然属性，主要有水域面积、水域容积、河道长度、河道宽度、河道过水断面积等；定性属性是水域的社会属性，包括水域功能、水域使用状况和存在问题等。水质评价方法分为 2 类：一是以生物种群与水质的关系进行评价的生物学评价方法，另一种是以水质的化学监测值为主的监测指标评价方法。

俗话说“鱼儿离不开水”，鱼类的生存是以水为前提的。我国鱼类资源非常丰富，现存种类 2 万余种，林区中无论是高山溪流还是湖泊小溪，都是鱼类滋生繁衍的环境。鱼类资源现状调查，要掌握鱼类的种群数量，测定鱼类群体的结构生态状况，掌握渔业利用情况。渔业状况调查，一般是选择有代表性的作业点或捕捞队进行渔获物统计。渔获物统计是指按不同季节繁殖肥育越冬，捕捞旺季和生殖季节定期统计，同时按不同的渔具渔法统计，以能反映当地渔业状况为原则。渔获物采集方法有 2 种，一是以围掩网具为主要渔法进行采集，另一种是以定置网具为主要渔法进行渔获物采集。在进行鱼类资源现场调查之前，一定要向有关主管部门办理好采捕手续，如在禁渔期、禁渔区进行采集鱼类标本的证明和准捕证等。

⑤放牧资源类型　放牧是植被资源最简便经济的利用方式，在许多林区都有放牧资源，主要是草本植物，此外还有一些灌木的叶、小枝和果实，也包括部分乔木的果实。人们最常见的放牧类型是草甸、草地放牧，除此之外还有灌丛放牧、人工林林下放牧、湿地放牧、沼泽放牧以及岩溶地区灌木林下放牧等。

在林区要提倡适度放牧，因为放牧的动物通过采食践踏和排泄粪尿对林地(草地)会产生影响，这些影响因素常随动物的放牧强度、放牧方式和放牧时间的不同而变化。适度放牧可促使牧草的分蘖和生长，改善土壤的通透性，促进草地更新，改善牧草品质；但过度放牧不仅影响牧草的生长发育，降低草地的产量，而且还会引起林地(草地)的生态环境恶劣，以致林地(草地)退化。

### 2.4.2.2 多资源调查实施注意事项

①多资源调查是与二类调查同时进行的，当多资源调查采用抽样调查法时，可与小班调查蓄积总体控制的抽样调查体系结合起来，即在抽样点进行蓄积量调查后，再根据多资源调查的目的和要求进行某类多资源调查，这样能大大提高工作效率，节省人力、物力。

②当多资源调查确定后，应将境界范围在地形图或遥感图上勾绘，有的要作为一个小班调查，如自然景观资源调查、某类经济植物资源调查等。

③森林中资源种类很多，二类调查时对所有多资源都进行调查既不现实也无必要。多资源调查属于二类调查的拓展调查内容，应该根据森林经营的要求和经营单位的条件选择必要项目进行调查。如果森林经营不需要，调查也没有什么必要。

④多资源调查应协商确定。如何调查、调查的内容以及详细程度应根据森林资源特点、经营目标和调查目的，以及以往该资源调查成果的可利用程度进行协商，由调查经理会议具体确定。

⑤多资源调查的内容以及详细程度，应根据国家相关技术规程，编制具体实施方案和技术操作细则，根据此方案和细则进行调查。要突出调查内容的特点，要具有科学性和可操作性。

## →拓展训练

通过了解，确定林区中某一种多资源或某一物种资源作为调查对象，按照调查目的、内容、方法收集文字资料(包括现有资料和历史资料)和图面材料(1∶10 000 地形图或遥感图)，先在图面材料上布设样点，确定样点(样带)面积，然后进行抽样调查。如是风景资源调查，应将资源落实到小班，以小班进行调查。因时间或其他条件的限制，在调查不完整的区域，根据需要，再进行调查区域的补充调查。外业调查结束后，要及时检查整理数据、资料，编制统计报表，绘制某一资源分布图，每人提交一份资源调查报告。

## 自测题

### 一、名词解释

小班调查　纯林　混交林　疏林　未成林造林地　宜林地　无立木林地　辅助生产林地　被占用林地　四旁树　散生木　自然度　多资源调查　生物景观　渔获物　草地载畜量　林业生产条件　林业专业调查　立地类型

### 二、填空题

1. 用材林分为 3 个亚林种，分别是________、________、________。
2. 竹子年龄以“度”为单位，1 度是________年；竹林采伐方式是________。
3. 小班调查卡片因子中，属于定性因子的是________、________、________、________等。
4. 非林业用地主要指农地、水域、________、________、________。
5. 国家特别规定灌木林包括：________、________、________。
6. 土壤厚度在________为厚土层，________为中土层，________为薄土层。
7. 二类调查成果应包括________、________、________、________ 4 个部分。
8. 二类调查的最小资源数据要落实到________。
9. 一个角规点应进行 2 次观测，2 次观测值之差不得超过________。
10. 小班调查的详细程度取决于当地________和________。
11. 多资源调查就是指对林区内的野生动物资源、________、________、________、________、________和地下资源等进行的调查。
12. 野生动物资源调查可采用抽样调查或典型调查的方法，样地面积不少于动物栖息地面积的________。
13. 载畜量的表示方法有 3 种：________、________和________。
14. 景观资源调查的主要内容，包括自然景观、________和________。
15. 放牧是植被资源最简便经济的利用方式，在许多林区都有放牧资源，主要是________，此外还有一些灌木的叶、小枝和果实，也包括部分乔木的果实。
16. 水资源调查主要是对水域属性和水域质量进行调查。水域的自然属性，主要有水域面积、________、________、________和河道过水断面积等。
17. 大中型兽类物种调查采用活动痕迹观察法。活动痕迹包括足迹、卧迹、粪便、尿斑、啃食痕迹、取食残余等；小型兽类主要采用________。
18. 其他多资源调查多指地下资源调查，如花岗岩、大理石、________、________等。
19. 人们最常见的放牧类型是草甸、草地放牧，除此之外还有灌丛放牧、________、________、沼泽放牧以及岩溶地区灌木林下放牧等。
20. 对野生动物资源开发利用和管理意见，主要从_______、_______、_______方面提出合理建议。
21. 森林调查中，一般把坡度划分为 6 个坡度级。分别是：平坡、缓坡、________、陡坡、________和险坡。
22. 在森林调查中，坡向按 9 个方位记载：________、________、________、________、________、________、________、________、________。

23. 林业生产条件调查研究应根据不同的内容采取不同的调查方法，一般采用________、________和________几种方法。

24. 森林更新调查多采用________和________的调查方法。

25. 森林生长量可分为________和________。

26. 立地类型调查一般采用________和________相结合的方法进行。

27. 实地调查时，一般根据调查的要求、深度和调查对象的特点，采用深入现场________或________的调查方法。

28. 林业土壤调查的方法一般分为________和________ 2 种。

29. 森林病虫害调查一般采取________和________的调查方法。

## 三、判断题

1. 有林权证用于开荒农垦的土地为非林业用地。 ( )
2. 有林地的郁闭度≥0.3。 ( )
3. 散生木是指零星生长在村旁、田旁、水旁、路旁的树木。 ( )
4. 在森林资源规划设计调查中，有蓄积量的小班其林木平均胸径≥5.0cm。 ( )
5. 一块面积为1.0hm$^2$ 生长稳定的竹林小班平均胸径1.7cm，覆盖度30%，该小班土地种类定为竹林。 ( )
6. 纯林必须有一个树种的蓄积量占总蓄积量的90%以上。 ( )
7. 疏林地的郁闭度为0.1~0.19。 ( )
8. 国有林场场部所在地属于辅助生产林地。 ( )
9. 在森林资源规划设计调查中，小班最小区划面积为1.5亩。 ( )
10. 凡是用材林都要进行可及度的调查填写。 ( )
11. 生态公益林包括2个大林种，一是防护林，二是特殊用途林。 ( )
12. 对林班内双线的林道、溪河、高压线、防火线等，要单独划分小班。 ( )
13. 多资源调查不属于二类调查的范畴，应独立调查。 ( )
14. 至于哪种资源调查要采取什么方法，要根据林区自然条件和多资源类型的特点而定，并通过森林经理会议确定。 ( )
15. 古树名木不属于经济植物资源。 ( )
16. 在过去很长的一段时间里，我国森林资源调查的主要目标，是林木资源的状况和如何合理地收获利用林木资源。 ( )
17. 二类调查时，应对林区内所有多资源都进行调查。 ( )
18. 多资源调查的内容以及详细程度，应根据国家相关技术规程，编制具体实施方案和技术操作细则。 ( )
19. 林区中的淡水鱼类不是野生动物资源调查的类型。 ( )
20. 多资源调查线路或调查点的设立应注意与代表性、随机性、整体性及可行性相结合，样地的布局要尽可能全面。 ( )
21. 在进行经济植物调查时，对于物种、数量稀少，分布面积小，种群数量相对较少的区域，宜采用全查法。 ( )
22. 多资源调查是伴随我国市场经济的发展而产生的。 ( )
23. 对过去经营情况的调查，一般是指过去已进行过森林经理工作的地区。 ( )
24. 在林区经济条件的调查研究中，一般只调查林业经济条件就足够了，特殊情况下应进行社会经济条件调查。 ( )
25. 森林病虫害调查一般采取路线踏查和标准木调查相结合的方法。 ( )

26. 立地类型亦称立地条件类型。（　　）

27. 立地类型是指对林木生长有影响的各个环境因子的综合，它包括地形、地势、小气候、土壤、植被等。（　　）

28. 实地调查是在收集现有文字资料和调查访问的基础上，还不能解决或不能满足调查要求时，应采取的一种调查方法。（　　）

29. 林区生长量可通过调查各类林分生长量求得，也可对整个林分进行生长量抽样调查求得。（　　）

30. 天然更新调查的主要对象为天然近、成过熟林、疏林地等。（　　）

31. 路线调查时，调查记载的内容视调查项目的具体要求、条件而定，一般采用目测方法，必要时做抽样调查。（　　）

32. 林区自然条件是指对当地森林生长发育和经营利用活动有影响的各种自然因素，包括地形、地势、地质、土壤、气象、水文等。（　　）

**四、简答题**

1. 小班调查时，有蓄积量的小班如何确定角规调查点的数量和位置?
2. 简述散生木、四旁树的调查方法及步骤?
3. 在使用角规测定小班公顷断面积时，应注意哪些事项?
4. 简述有林地纯林小班的调查步骤?
5. 小班调查前需要进行哪些准备工作?
6. 试述如何进行总体蓄积量抽样控制?
7. 简述经济植物资源调查的主要内容?
8. 经济植物按用途分为几类?
9. 以你家乡为例，分析有哪些景观资源类型?
10. 为什么在林区要提倡适度放牧?
11. 简述野生动物资源样点调查法?
12. 针对目前旅游业发展情况，分析生物景观旅游资源应如何开发?
13. 为什么说林业生产条件的调查研究对森林资源经营管理工作实施是必要的?
14. 在森林经理调查时，调查过去森林经营情况有何意义?
15. 用材林经营类型的划分应考虑哪些因素?
16. 正确划分立地类型有何意义?
17. 造林典型设计的内容有哪些?
18. 森林经营类型设计的内容有哪些?
19. 森林资源监测体系包括哪些内容?

## →自主学习资料库


1. 亢新刚 . 2011 森林经理学 . 4 版 . 北京：中国林业出版社 .
2. 王巨斌 . 2007. 森林资源经营管理 · 北京：中国林业出版社 .
3. 国家林业局 . 2003. 森林资源规划设计调查主要技术规定 .
4. 韩海荣 . 2002. 森林资源与环境导论 . 北京：中国林业出版社 .
5. 董建辉 . 2009. 旅游资源开发 . 北京：电子工业出版社 .
6. 周天福 . 2005. 森林动物 . 北京：中国林业出版社 .
7. 傅肃性 . 2002. 遥感专题分析与地学图谱 . 北京：科学出版社 .
8. 宋新民，李金良 . 2007. 抽样调查技术 . 北京：中国林业出版社 .
9. 肖兴威 . 2005. 中国森林资源清查 . 北京：中国林业出版社 .

# 项目3

# 森林资源信息管理

任务3.1　森林资源信息采集
任务3.2　森林资源统计
任务3.3　制作图面材料
任务3.4　森林资源信息管理系统应用

随着个人数字助理(Personal Digital Assistants，PDA)等嵌入式设备的快速发展，以及“3S”技术在林业领域的广泛应用，为森林资源信息采集、成果形成的发展带来了契机。“3S”技术应用在森林资源调查工作中，能够快速、高效、准确地测定地物点、线、面等要素的精密坐标，完成森林资源数据采集过程中各种境界线的勘测、放样、落界、定点、小班区划等任务，为野外数据采集提供了良好的技术支持，而 GIS 强大数据处理功能又使得调查后数据的处理变得高效快捷。本项目有森林资源信息采集、森林资源统计、制作图面材料、森林资源信息管理系统应用 4 项任务。

## 知识目标

1. 了解森林资源二类调查数据的统计过程。
2. 了解森林资源调查系统数据处理软件的主要功能。
3. 了解森林资源管理系统的设计方法。
4. 熟悉 ArcGIS 的使用方法。
5. 掌握 PDA 的功能。
6. 掌握森林资源统计报告的主要内容。
7. 掌握森林资源管理系统的主要功能。

## 技能目标

1. 会使用 PDA。
2. 会利用森林资源调查系统数据处理软件统计生成有关统计表。
3. 会用 ArcGIS 绘制林业图面材料。
4. 会使用森林资源管理系统。

# 任务 3.1

## 森林资源信息采集

### →任务描述

掌上森林资源调查系统将外业 PDA 与内业计算机结合起来形成了一套完整的调查系统，PDA 端可在野外进行调查工作，内业的计算机端系统可将调查数据进行汇总，组织学生为用户提供调查报表和专题数据。

任务完成后提交一个林班的 . shp 文件格式的调查数据。

### →任务目标

**(一)知识目标**

1. 熟悉森林资源二类调查的主要内容和流程。
2. 掌握掌上森林资源调查仪 PDA 的功能。
3. 掌握森林资源调查系统数据处理软件的主要功能。

**(二)能力目标**

1. 会使用森林资源调查系统数据处理软件。
2. 会使用掌上森林资源调查仪。

### →知识准备

## 3.1.1 实践操作：森林资源信息采集过程与要点分析

### 第一步：基础数据准备

二类调查的基础数据准备包括 4 部分内容：

①遥感影像判读及小班区划　在已经配准的遥感影像图的基础上进行小班区划，对各小班调查因子进行初步解译，并输入到属性数据库中。

②遥感影像图或扫描地形图的转换　根据遥感影像图或扫描地形图的大小和 PDA 屏幕的大小，进行图像格式转换，满足 PDA 上遥感图像扫描地形图的快速显示和漫游。

③专题地图数据的准备和组织　通过加载热点、热线、热面与数据库相互对应，实现专题属性数据的查询统计与快速定位。

④小班.shp 文件转化成 PDA 调查数据文件 将在已经配准的遥感影像图或扫描地形图基础上区划好森林资源小班数据转换为 PDA 调查数据。

**(1)遥感影像判读及小班区划**

①遥感影像判读 遥感影像判读，即目视判读，也称为图像目视解译，指利用人眼直接识别图像上的目标，并定性、定量地提取目标的形态、构造、功能、性质等信息的技术过程，它是最原始、最直接的一种信息提取手段，准确性较高，但工作效率低，受知识经验影响大。

遥感影像判读的流程如下：

**信息搜集** 包括目标信息以及与之相关的背景要素信息。

**信息处理** 对目标影像进行各种有利于信息判读的处理。

**信息判读** 对目标影像进行初步解译，然后对目标影像进行野外建标，再进行详细判读。

**信息反馈** 对最终解译结果进行实地验证。

遥感图像判读的标志如下：

**形状** 目标物在影像上所呈现的特殊形状，受空间分辨率、比例尺、投影性质等的影响 。

**大小** 目标物的尺寸、面积或体积。

**色调** 目标物的灰阶或色阶，注意同物异谱和同谱异物现象。

**纹理** 目标物的细部结构或物体内部成分。

**阴影** 目标物受到某些因素遮挡而形成的特殊色调，阴影可使地物有立体感，有利于地貌的判读。

**布局** 多个目标物之间的空间配置。

**图案** 目标物在影像上呈有规律的组合排列。

**位置** 目标物彼此之间的相互关系。

遥感图像判读的方法如下：

**直接判定法** 特征比较明显的地物，如河流、公路。

**对比分析法** 将待解译的影像与其他已知样片进行对照，从而确定地物的属性。

**逻辑推论法** 利用地物彼此之间或地物与环境之间的内在联系，间接确定地物的属性。

例如，植被判读主要根据其纹理特征与色调变化进行判读，对不同处理后的影像，其判读标准各不相同，如在标准彩色图像上植物一般表现为红色，幼嫩的植物呈粉红色，长势好的为红色，成熟的为鲜红色，受到伤害的植物呈暗红色，干枯的植物为青色，如图 3-1、3-2 所示。

图 3-1 遥感图像植被纹理特征

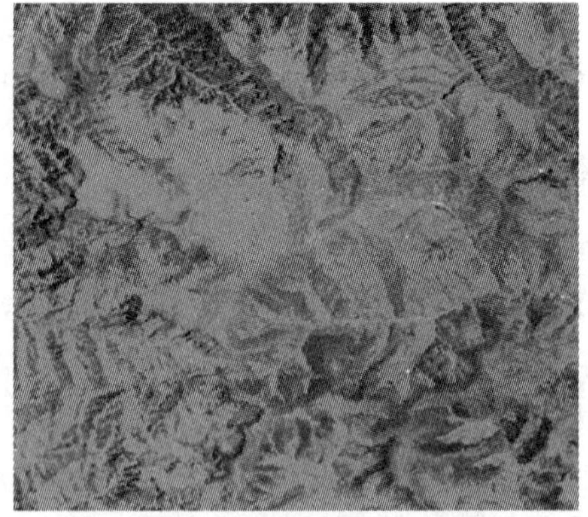

图 3-2 遥感图像判读色彩对照图

**小班区划** 小班区划是在已经配准的遥感影像的基础上，根据判读结果对小班进行边界区划，并将由判读得到的基本信息输入到属性数据库中。

启动 GIS 软件，加载已经配准的遥感影像图，如图 3-3 所示。

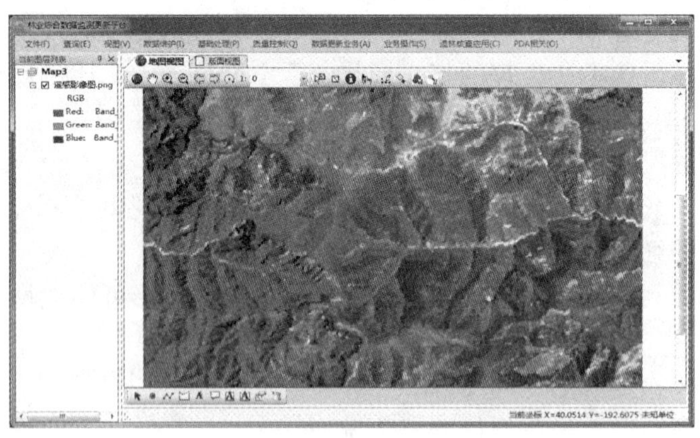


图 3-3 加载已经配准遥感影像图

打开新建图层对话框，新建“面状小班”图层，根据调查规程，设置调查属性表，如图 3-4 所示。

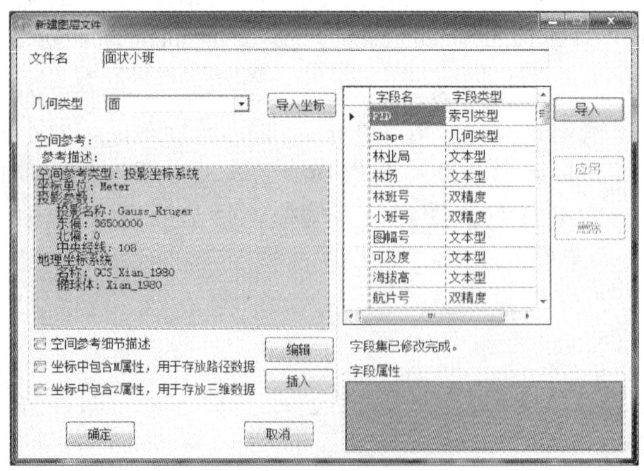


图 3-4 新建图层对话框

打开图层编辑状态，使用画笔工具沿着小班边界进行勾绘并填充，如图 3-5 所示。

图 3-5　小班区域填充

根据遥感影像判读得到的信息，填写小班属性表，如图 3-6 所示。

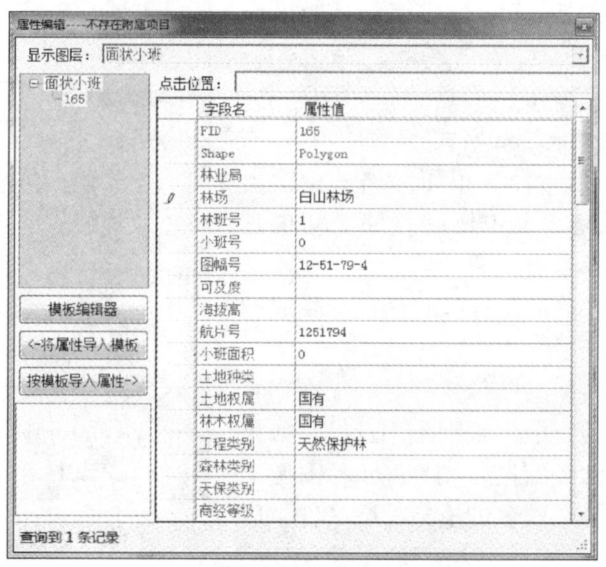


图 3-6　小班属性设置对话框

### (2)影像图准备

掌上电脑的存储容量和处理速度非常有限，远不能同台式计算机相比。为了在 PDA 上快速、有效地显示大幅面、高分辨率遥感图像，需要先对遥感图像进行处理。

启动森林资源调查系统接口程序，界面如图 3-7 所示。

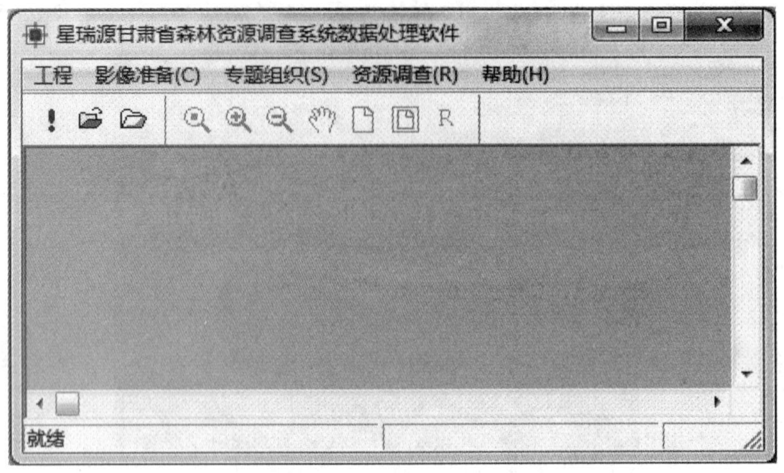


图3-7 森林资源调查系统界面

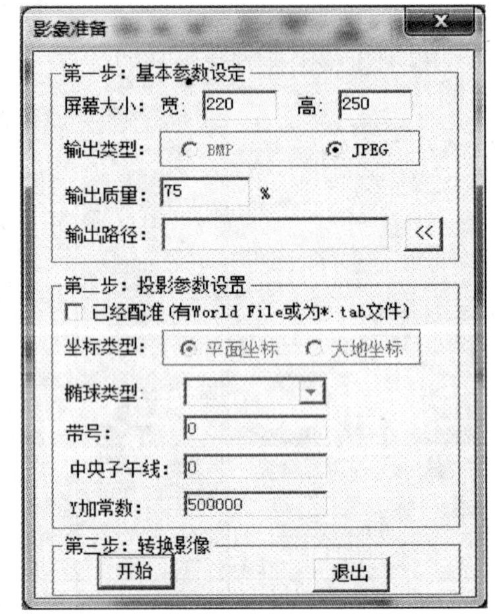


图3-8 影像准备属性设置界面

选择"影像准备"菜单，弹出如图3-8所示的影像准备属性设置界面。

①屏幕大小 PDA屏幕的分辨率，一般采用默认设置220×250即可。

②输出类型 选择输出影像是.bmp还是.jpg格式，本软件暂时只支持.jpg格式。

③输出质量 .jpg是一种有损压缩格式，输出质量越高，损失量就越小，占用的存储空间也越大。一般情况下可选择缺省设置。

④输出路径 转换后的图像和转换命令生成的其他相关文件保存的路径。

⑤已经配准 待转换的图像是否已经配准，若已经配准，则选择该检查框，否则不用选择。如果待转换的.bmp图像已经配准，则在.bmp图像文件相同的目录下存在一个同名的坐标参数文件，后缀名为.bpw或.bmpw(对于tif格式的图像，其后缀名为.tfw)。经过影像转换后，程序自动生成PDA上所需的配准参数文件，后缀名为.trm。

⑥坐标类型 确定配准图像的坐标类型是大地坐标还是平面坐标。

⑦开始 点击该命令后，程序将弹出对话框，要求选择需要转换图像的名称。转换完成后，在输出路径下生成转换后的图像文件和其他所需的相关文件，如配准文件、缩略图文件等。只需把此目录下的所有文件拷贝到PDA上即可使用。至此，遥感影像图扫描地形图的转换过程完成。

**(3)专题地图数据的准备与组织**

①专题转换 点击专题转换，弹出如图3-9所示的菜单列表。包括以下3个子菜

单项：

**设定参数**　设定图像配准参数，这是进行专题转换的前提条件。此处的参数文件必须是已经配准的图像文件在转换时自动生成的 *.trm 文件，或利用 PDA 森林资源调查仪程序运行界面文件菜单下的配准子菜单生成的 *.trm 文件。

**SHP 转换**　打开通用的 Shape 数据格式文件，进行专题转换。

**热点转换**　打开记录样地坐标数据的热点文件，进行专题转换。

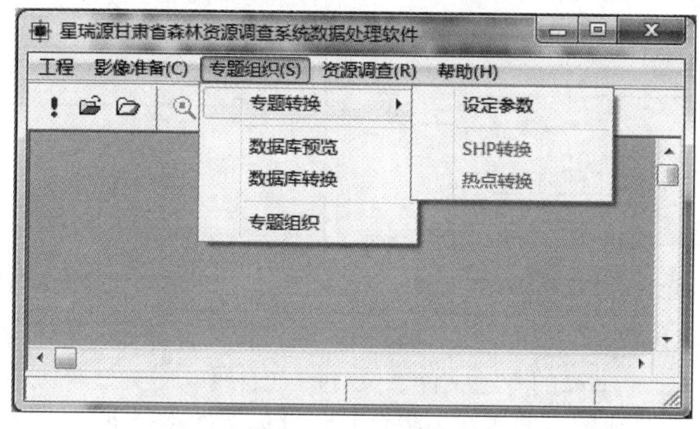


**图 3-9　专题转换界面**

②.shp 文件的专题转换　对于通用的.shp 数据格式文件，要加载到配准后的 PDA 图像数据上，需要进行.shp 文件到专题数据的转换过程。在此步操作前，需要先对 PDA 图像数据进行配准，并且要求待转换的.shp 文件的坐标系与配准图像的坐标系相一致。具体操作步骤如下：

a. 点击“专题转换”，选择“设定参数”，弹出打开转换参数文件对话框。选择已生成的坐标转换参数文件 *.trm，点击“打开”按钮。

b. 点击图所示的“SHP 转换”子菜单选项，弹出如图 3-10 所示对话框。

**图 3-10　专题转换参数设置对话框**

c. 点击“源 shp 文件”右侧的“浏览”按钮，选择需要转换的源 shp 文件所在的路径并选择所需转换的文件。点击“目标文件路径”右侧的“浏览”按钮，确定转换后生成文件的存放路径，如图3-11所示。如果缺省目标文件路径选择，则转换后生成的文件将存放在与源shp文件相同的目录下。

选择源文件和目标文件
ArcView shp/dbf格式数据转换成点、线、面专题数据格式，请选择源shp文件，转出的专题数据文件自动存放在trm参数目录下。
源shp文件
浏览
目标文件路径
浏览
确定
取消

图3-11 “源shp文件”打开及保存路径

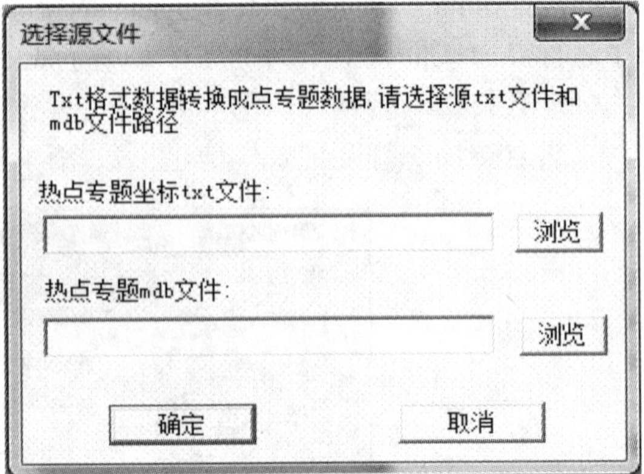


图3-12 “热点转换”属性设置

d. 点击“确定”按钮，完成专题数据转换。在目标文件路径下，生成与shp文件同名称的＊. pot、＊. lin、＊. gon的专题文件，文件的点、线、面类型与源shp文件的点、线、面类型相一致；对应生成的专题属性表将合并到目标文件路径下的工程名. mdb属性文件中，以存放shp文件的属性信息。

③热点转换 对于记录样地坐标数据的热点文件＊. txt，进行专题转换，要加载到配准后的PDA图像数据上，进行热点文件到专题数据的转换过程。具体操作如下：

a. 点击“热点转换”子菜单选项，弹出如图3-12所示对话框。

b. 点击“热点专题坐标txt文件”右侧的“浏览”按钮，选择需要转换的记录样地坐标数据的热点文件＊. txt。点击“热点专题mdb文件”右侧的“浏览”按钮，选择与热点文件对应的＊. mdb属性文件，点击“确定”按钮进行转换。如果转换成功，会弹出转换完成的信息提示框。转换结果将保存为同名的＊. pot专题图层文件，对应的mdb文件将合并到转换参数文件＊. trm所在目录(即工程目录)下的工程名. mdb文件中。

【特别注意】热点文件＊. txt需要进行事先准备，其格式为：

桥头南 3079833.8 413624.9 //点名 $x$坐标 $y$坐标
加油站 3080407.8 412844.0 //点名 $x$坐标 $y$坐标
……

④专题组织 专题组织提供专题图层数据的组织和显示管理。用户根据需要配置专题图层、建立各专题图层与相应数据库文件中数据表之间的一一对应关系，设置各图层的显示属性、调整各图层的显示顺序。专题图层的组织结果将被保存为＊. info文件。

下次打开＊. info文件，将依照用户的配置显示专题图层数据。具体过程如下：

a. 点击专题组织菜单，弹出如图3-13所示的“打开专题图层信息文件”对话框，用于打开或新建＊. info文件。可以打开已经组织好的＊. info文件，进行修改；也可新建＊. info文件，进行新的专题图层组织。若新建＊. info文件，则文件名应与图像裁切时生成的＊. map文件名相同，也就是图像裁切时生成的工程名。

b. 选取或新建 *. info 文件后，单击“打开”按钮，弹出如图 3-14 所示的专题图层设计对话框。各参数设置如表 3-1 所示。填好某一专题图层的配置参数后，点击“应用”按钮，完成该专题图层的配置。

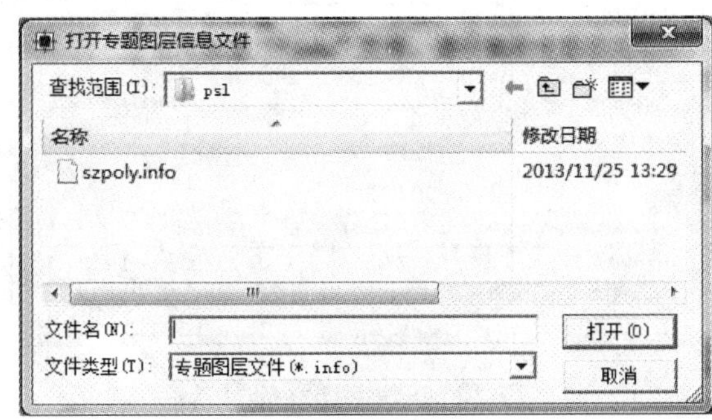


**图 3-13　“打开专题图层信息文件”对话框**

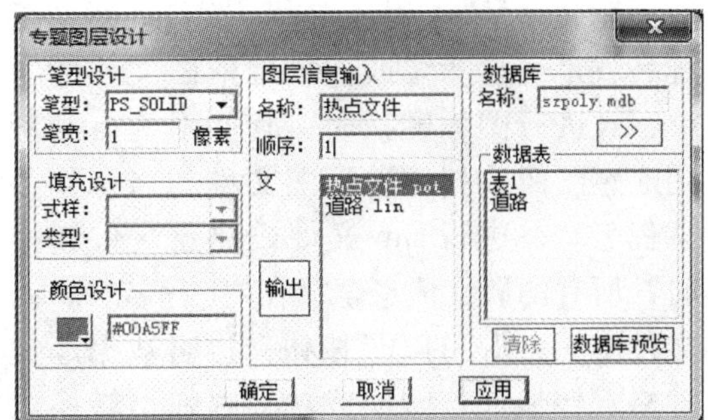


**图 3-14　专题图层设计对话框**

c. 所有专题图层组织信息配置完毕后，点击“确定”按钮，即可完成专题组织。

**表 3-1　专题图层设计参数表**

| 参数名称 | 含　义 | 实例 |
|---|---|---|
| 数据库名称 | 用于记录专题属性数据的 Access 数据库文件，单击 [>>] 按钮，弹出选择数据库文件对话框，选择数据库文件<br>数据库文件中的数据表，通常与同名专题图层相对应，单击 | szpoly. mdb |
| 数据表 | [数据库预览] 按钮，弹出数据库预览对话框。单击 [清除] 按钮，取消专题图层与数据表之间的对应关系 | 道路 |
| 图层信息输入的名称 | 专题图层在 *. info 文件中的保存名称 | 热点文件 |
| 顺序 | 专题图层显示的先后顺序 | 1 |
| 文件 | 专题图层文件 | 热点文件 . pot |
| 输出 | 单击输出，弹出输出专题图层信息对话框，将组织好的地图 *. info 的配置信息输出为文本文件，供用户浏览检查 | szpoly. txt |
| 笔型设计 | 专题图层图形数据绘制笔型属性设置 | |
| 填充设计 | 专题图层图形数据填充属性设置 | |
| 颜色设计 | 专题图层图形数据绘制色彩属性设置<br>单击 [颜色] 按钮，弹出色彩对话框，进行颜色选择 | |
| 应用 | 填写完某一专题图层的配置信息，单击应用，加以确认 | |
| 备注 | 专题图层设计完成后，单击确定按钮，保存 *. info 文件 | |

专题组织结束后，将目标文件数据目录下的 *. info、*. tdb、*. pot、*. lin、*. gon 文件拷贝到 PDA 的相应工程数据目录下(图像裁切时生成文件的目录)，完成整个 shp 文件到专题数据的转换过程。这样专题图层就能在遥感图像或扫描地形图上显示出来。

⑤数据库转换　用于将 Access 数据库文件 *. mdb 转换为系统需要的 *. tdb 数据库文

件格式。具体操作过程如下：

a. 点击数据库转换菜单，弹出如图 3-15 所示的打开数据库文件对话框。

b. 选择数据库文件，对于本产品而言数据库文件是“工程名 . mdb”文件。所谓工程名就是遥感图像或扫描地形图文件的名称，在进行图像转换时，软件系统自动利用遥感图像或扫描地形图文件的名称作为工程名。在进行 shp 文件或热点文件转换时，所有的属性信息全放在“工程名 . mdb”文件中。点击“打开”按钮，进行数据库文件格式转换。若转换成功，则弹出转换成功提示框。

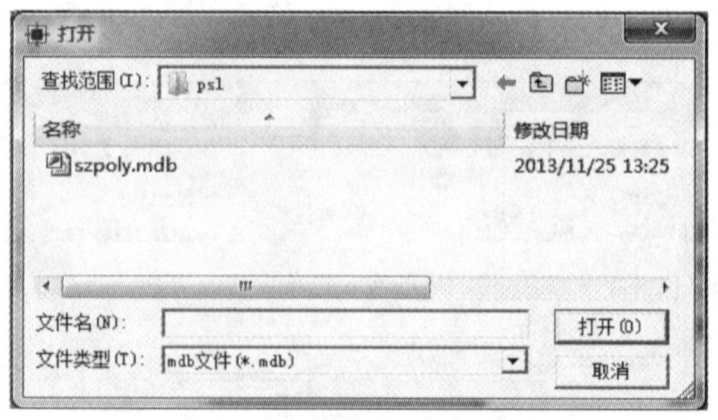


**图 3-15　打开数据库文件对话框**

c. 对于 PDA 操作系统在 Windows CE Mobile 5.0 版本以上(含此版本)，资源调查加载的调查数据库，需要通过数据库转换生成对应的 tdb 数据库格式，如将二类调查 . mdb 转换为二类调查 . tdb 文件，然后将 tdb 数据库文件拷贝到安装目录的调查数据库目录下，由 PDA 正常加载。

**(4)小班 shp 数据转化成 PDA 调查数据**

在台式机上区划好的点、线、面状小班 shp 数据经数据接口程序转换后可导入 PDA 调查仪中，下面以区划的面状小班 shp 数据转化为 PDA 调查数据文件为例进行说明，具体操作步骤如下：

①点击如图 3-16 所示的“读入转换参数”菜单，弹出如图 3-17 所示的对话框。对话框提示打开坐标参数转换文件 *. trm。

②选定 *. trm 参数文件，点击“打开”按钮。

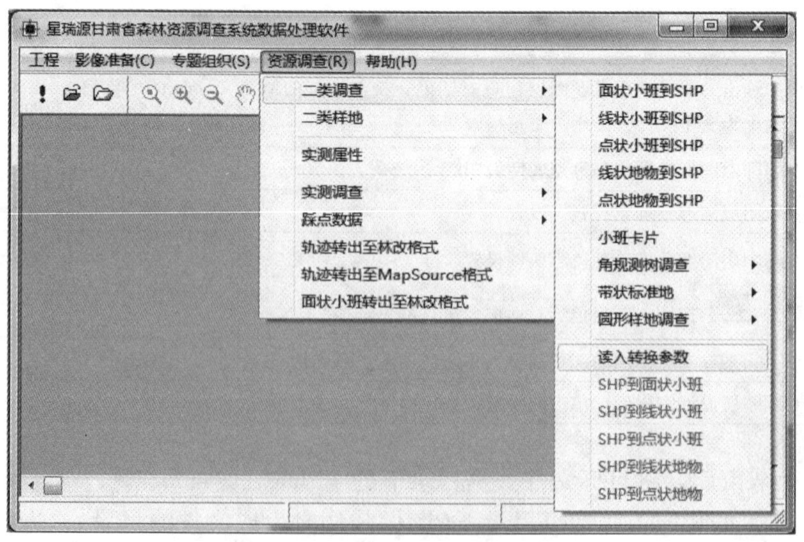


**图 3-16　“读入转换参数”菜单**

③点击“shp 到面状小班”命令按钮，弹出如图 3-18 所示对话框。

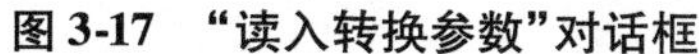

图 3-17　“读入转换参数”对话框

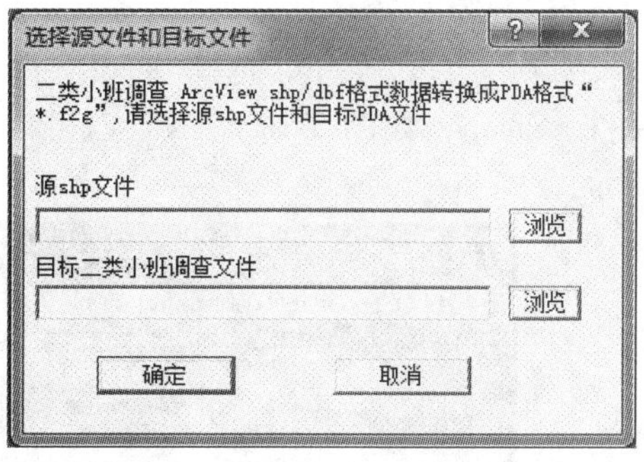


图 3-18　“读入转换参数”选择源文件和目标文件对话框

④点击源 shp 文件右侧的“浏览”按钮，弹出选择源数据的对话框，选择要转换的 shp 文件。

⑤点击“目标 PDA 文件”右侧的“浏览”按钮，选择转换后调查文件的存放路径。若忽略此步操作，调查数据文件自动转换到与源 shp 文件相同的目录下。

⑥点击“确定”按钮，实现面状小班 shp 数据文件 PDA 调查数据文件的转换操作。

将转换后的调查数据文件拷贝到 PDA 森林资源调查仪的数据目录下，经过台式计算机常用 GIS 软件区划好的小班数据，则可在 PDA 森林资源调查仪上显示出来。

## 第二步：二类调查 PDA 操作

二类调查的外业调查工作是借助 PDA 森林资源调查仪来完成的，下面对二类调查的操作流程进行详细介绍：

### (1)启动软件

启动 PDA 森林资源调查系统，运行界面如图 3-19 所示。

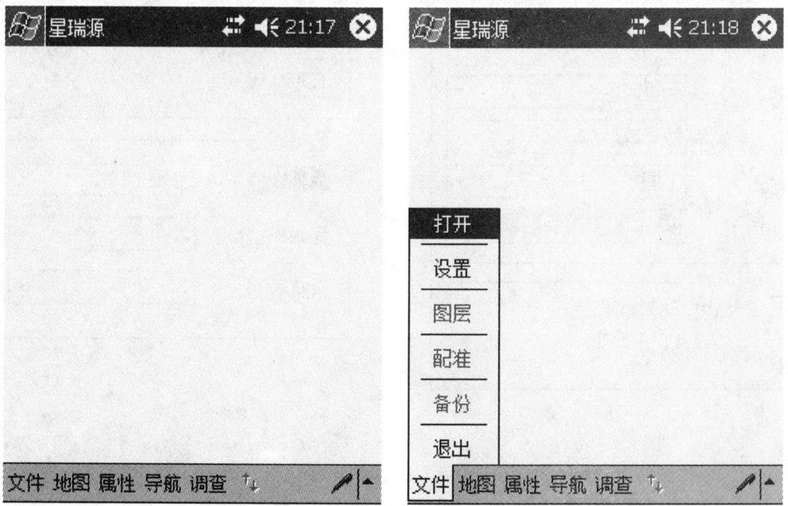


图 3-19　PDA 森林资源调查系统运行界面

**(2)打开地图文件**

点击“文件”菜单，选择“打开”子菜单，弹出“打开文件”对话框，选择要加载的地图文件 *. map，如图 3-20 所示。也可以打开无图模式的数据文件 NoMap. map，如图 3-21 所示。

图 3-20 打开地图文件界面

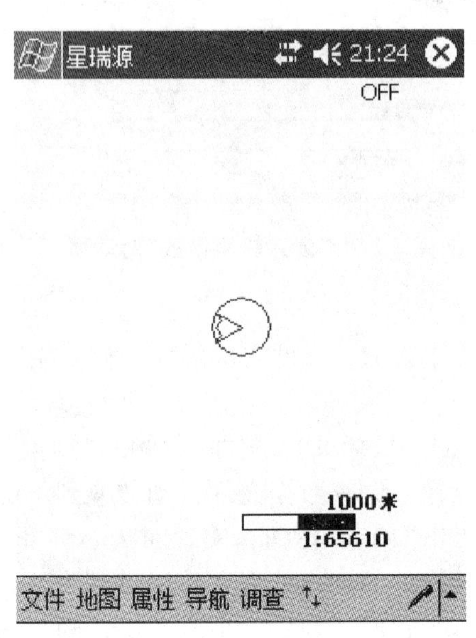


图 3-21 打开“无图模式”界面

**(3)参数设置**

点击“文件”菜单，选择“设置”子菜单，弹出如图 3-22 所示的界面，“设置”菜单可进行调查、地图、端口、投影和导航设置。

图 3-22 地图文件参数设置界面

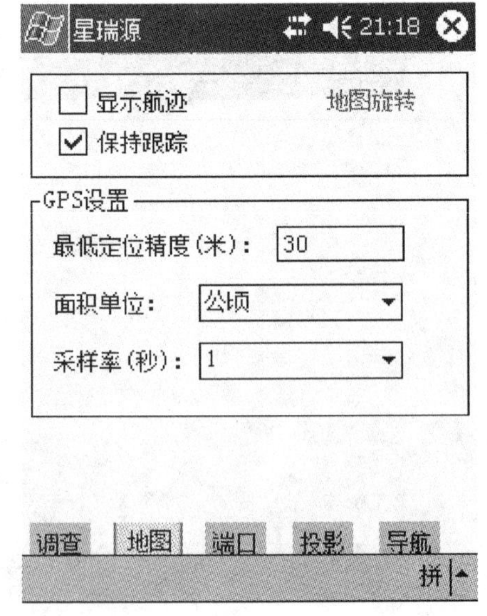


图 3-23 “调查区域”参数设置

①调查 点击“调查”菜单，系统自动进入调查设置，主要用于设置调查区域所处的地(市)、区县、林场(乡镇)、调查人员及调查单位等属性。各属性均可以通过下拉列表进行选择，设置完各项属性后，外业调查数据将自动保存在PDA森林资源调查系统执行文件所在目录的“调查数据”目录下。

对图示例而言，外业调查数据所在的目录为：调查数据/七里河区/放马滩林场#丁国民。该路径下会自动生成一个“二类调查”文件夹，并自动生成点状小班、线状小班、面状小班文件。

②地图 点击图底部的“地图”，系统切换到如图3-23所示的地图设置界面，设置选项包括：

**显示航迹** 选择该选项，在接收卫星信号进行导航、定位时，用户所行驶的路线将在地图上显示出来。

**保持跟踪** 选择该选项，用户当前位置始终能在当前屏幕范围内显示出来。

**面积单位** 用于设置森林资源调查时面积显示的单位。包括面积量算、面积实测和小班区划面积显示单位。

③端口 不同类型的GPS接收机的输出格式不一样，因此在定位前，应选择正确的接收机类型和数据格式类型。在导航时，数据格式选择NMEA即可；当用2台以上的接收机进行差分时定位时，需选择Sirf Binary格式。端口通讯参数包括端口号和波特率2项。对星源通系列产品，应采用默认参数设置。但不同PDA，有不同的端口设置，如hp2210系列PDA，端口一般为COM1或COM7，如图3-24所示。若使用蓝牙GPS，端口一般选择COM5或COM8口。

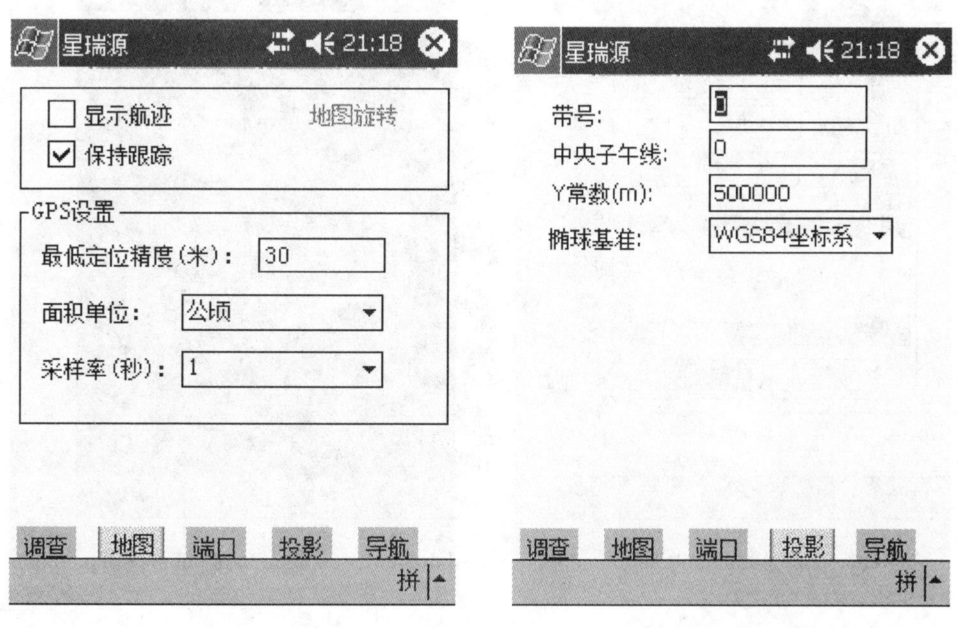


**图3-24 端口设置界面** **图3-25 投影设置界面**

④投影 点击图底部的“投影”，系统切换到如图3-25所示的“投影”设置界面，主要用于设置WGS-84经纬度坐标进行平面投影时的带号、中央子午线、Y加常数和椭球基准。

⑤导航　点击图底部的“导航”，系统切换到如图3-26所示的导航设置界面。

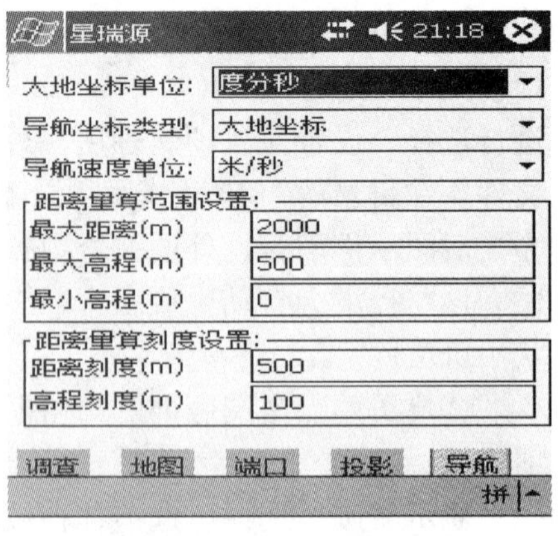


图3-26　导航设置界面

**(4)小班数据加载**

这里以面状小班为例，面状小班数据的加载有2种情况：

①将转换后的面状小班数据名称更改为“面状小班.fig”，然后拷贝到二类调查文件夹内，将原来的“面状小班.fig”覆盖替换。

②将转换后的面状小班数据“＊.fig”直接拷贝到二类调查文件夹内，如“七里河区小班.fig”。

针对第一种情况：启动软件，打开地图文件＊.map。系统自动加载面状小班数据，内业准备好的小班数据会直接显示出来。

针对第二种情况：启动软件，打开地图文件＊.map。系统默认加载的是参数设置时自动生成的空的“面状小班”，我们需要对内业准备好的小班数据进行手动加载。

点击“文件”菜单，选择“图层”子菜单，弹出“图层管理”界面，点击右侧从上往下第二个命令按钮——“添加图层”命令按钮，弹出“加载数据文件”界面，如图3-27所示。选择“长岭县小班”，点击“加载”命令按钮，回到“图层管理”界面。点击屏幕右上角的“OK”，回到系统主界面，完成小班数据的加载，数据加载结果如图3-28所示：

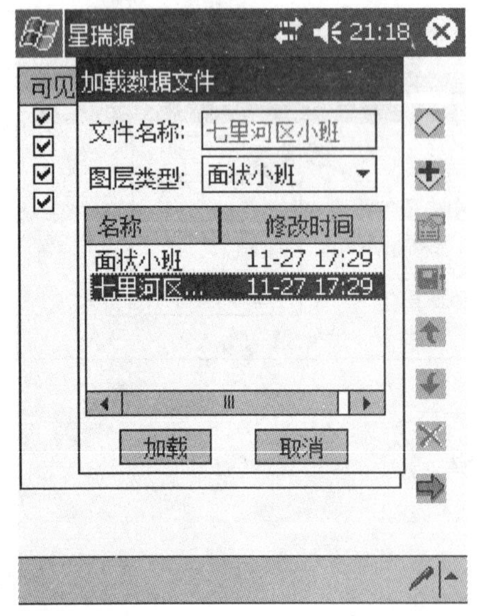


图3-27　“加载数据文件”界面

图3-28　“加载数据文件”结果界面

**(5)开始定位**

点击“导航”菜单，选择“开始定位”子菜单，打开GPS端口，开始接收GPS信号进行定位，当定位完成后，用户当前位置将在遥感图像上显示出来，如图3-29所示。

图 3-29 “导航定位”结果界面

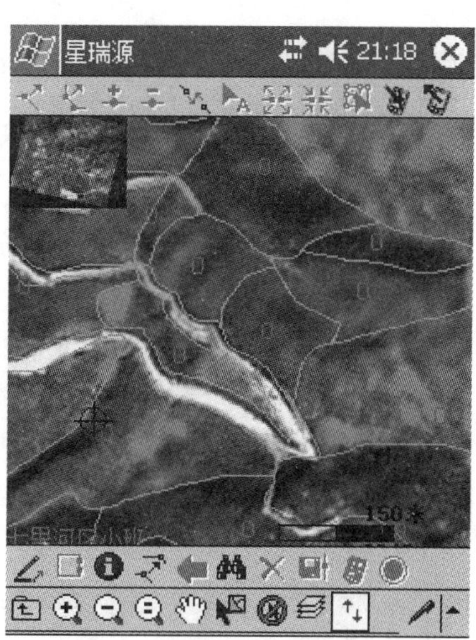


图 3-30 “面状小班调查”界面

**(6)开始调查**

二类调查在野外的调查工作主要由图形编辑和属性编辑 2 部分组成。

点击“调查”菜单，选择“二类调查”子菜单中的“面状小班调查”，弹出二类调查工具栏列表，如图 3-30 所示，左下角显示处于编辑状态的图层。

**【例 3.1】** 森林资源调查仪功能详细介绍

启动森林资源调查系统，运行界面如图所示。主界面底部是系统的主菜单，包括文件、地图、属性、导航和调查

**(1)文件**

点击“文件”菜单，系统显示其包含的子菜单列表，如图 3-31 所示。

下面对每个子菜单的功能及使用方法进行详细说明。

【打开】“打开”子菜单的功能在前面已经介绍过，这里不再进行叙述。

【设置】“设置”子菜单的功能在前面已经介绍过，这里不再进行叙述。

【图层】“图层”菜单主要用于对矢量图层的新建、加载、显示和编辑控制等的管理。

点击“图层”菜单，弹出“图层管理”对话框，如图 3-32 所示：

图层管理界面左侧列出了目前已加载的图层及图

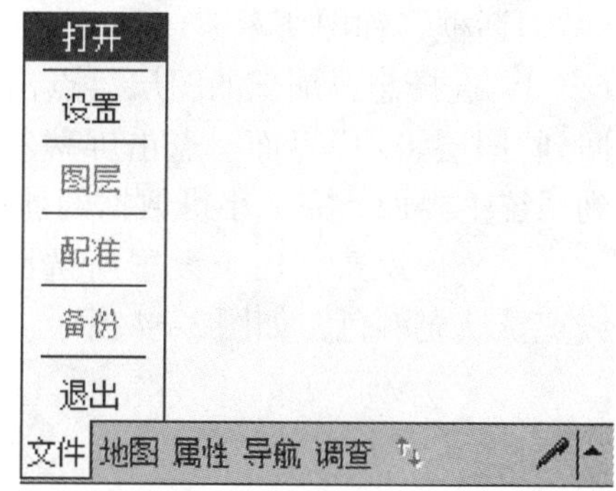


图 3-31 文件子菜单

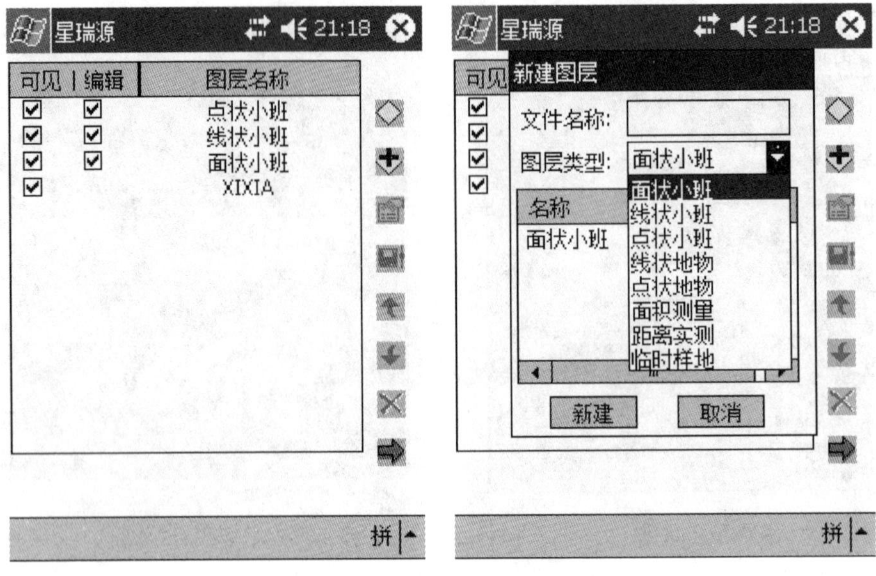


图 3-32 “图层管理”对话框图

层所处的状态，主要有可见与可编辑 2 种状态。右侧为图层管理的工具，由上到下依次为新建图层、加载图层、属性设置、保存、上移图层、下移图层、删除所选图层和切换到所选图层。

①*新建图层* 用于新建一个图层。新建图层具体操作步骤：

a. 点击“新建图层”命令按钮，打开“新建图层”对话框，如图 3-33 所示。

b. 输入要新建的文件名称，选择图层类型，点击“新建”按钮，完成图层的新建，并自动加载系统内置的属性表。

②*加载图层* 用于添加除系统默认加载的图层以外的图层。加载图层具体步骤：

a. 点击“添加图层”命令按钮，弹出“加载数据文件”对话框，如图所示。

b. 选择想要加载的图层，点击“加载”命令按钮，回到“图层管理”界面。点击屏幕右上角的“OK”，回到系统主界面，完成小班数据的加载。

③*属性设置* 用于设置所选图层的线型、颜色、线宽及填充颜色，如图 3-34 所示。

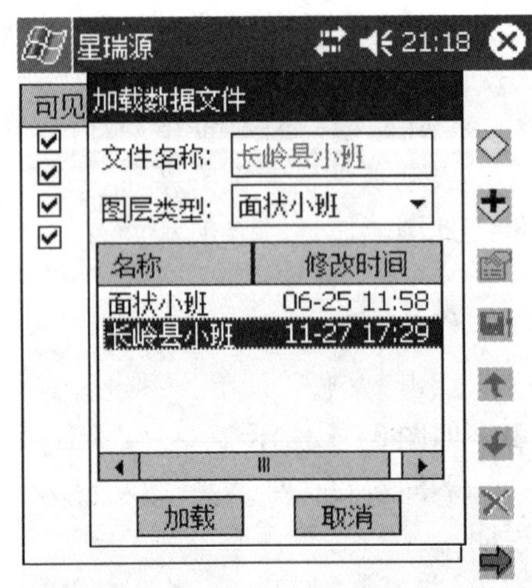


图 3-33 “新建图层”对话框

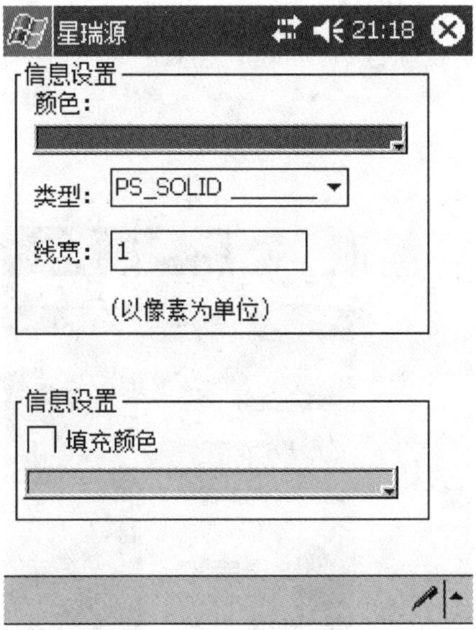

图 3-34　图层属性设置对话框

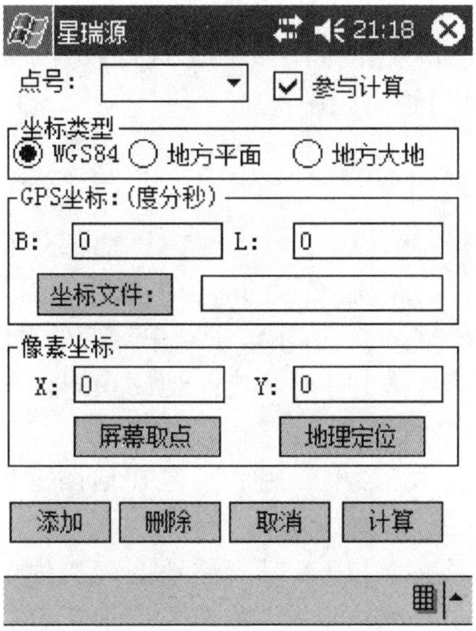

图 3-35　“配准”对话框

【配准】：配准是通过选取 3 个以上的特征点，求转换参数，把影像与 WGS-84 坐标系或地方坐标系匹配起来。

点击“文件”菜单下的配准子菜单，弹出如图 3-35 所示的配准界面。

①点号　在组合框中输入特征点的编号，对特征点应按顺序进行编号，如果此点已经添加，则其坐标会显示在对应的编辑框中。

②参与计算　用于标识某特征点是否参与配准计算，若复选框选中，则该点参与计算；否则，不参与计算。

③坐标类型　确定用于配准的特征点坐标是属于 WGS84 坐标还是地方坐标(包括北京 54 坐标或国家 80 坐标)。

④GPS 坐标　在编辑框中直接输入或者通过选取坐标文件读取。对 GPS 坐标，读取的坐标文件有 2 种类型：一种是“差分/开始记录”菜单记录的 GPS 单点定位坐标文件 *.log，另一种是“差分/基线处理”菜单生成的流动站差分结果文件 *.txt。

⑤像素坐标　在编辑框中直接输入或者通过屏幕选取的方式获得特征点的像素坐标。屏幕取点通过操作笔直接在屏幕上选取特征点来获得其像素坐标。在屏幕显示的图像上单击操作笔，选择特征点的位置，被选点会以蓝色十字显示，选中位置后双击屏幕上任意位置即可获取特征点像素坐标。地理定位把特征点移动到屏幕中心，并以蓝色十字显示，主要用于查看配准用的特征点在图上的具体位置。

⑥添加　填完点的坐标信息后，单击此按钮把此点添加到程序内存中。

⑦计算　当输入完所有特征点坐标信息后，单击此按钮计算配准参数，并将配准参数写到系统目录的工程名.trm 文件中。可以查看配准计算的误差列表。用户可以根据配准误差大小，选择某个点是否参与计算。

遥感图像配准可以做到在野外现场选点、测点、配准同步进行，并实时检核配准精度。若配准精度不满足要求，可增加控制点，再进行配准计算。

【备份】在 PDA 中备份当前调查数据。将 PDA 中的所有的调查数据，包括数据目录层次，在调查数据的同一路径下进行数据备份，生成调查数据备份文件夹。

【退出】退出应用程序。

**(2)地图**

如图 3-36，用于对当前窗口地图进行缩放、移动、比例尺、图层显示的取舍等操作，当某一子菜单前显示有"√"时，表示该子菜单对应的功能可用。

图 3-36 地图操作界面

【图形放大】用于对当前地图窗口内的地图进行放大，本系统提供点击放大和拉框放大 2 种方式。点击"图形放大"菜单，用手写笔在地图窗口内通过点击或者拉框方式对地图进行放大。

【图形缩小】用于对当前地图窗口内的地图进行缩小。点击"图形缩小"菜单，用手写笔在地图窗口内通过点击方式对地图进行缩小。

【图形移动】用于移动当前窗口内的地图。打开地图、进行放大、缩小及 1∶1 显示操作后，系统自动设置为移动状态，用手写笔在地图窗口中按住不放进行拖动即可完成图形的移动。

【比例尺】用于显示或隐藏当前窗口图像的显示比例。"比例尺"处于选中状态时，屏幕右下角将显示图像缩放比例。

【设定比例】系统内置常用比例尺，通过选择直接切换至所选择的显示比例。

【鸟瞰图】用于控制屏幕左上角用于导航的鸟瞰图的隐藏与显示。鸟瞰图上的红色矩形框，显示当前地图窗口内容在整个地图范围内的位置，对红色矩形框进行移动可以实现地图窗口显示内容的快速定位与查找。

【显示背景】用于控制是否显示遥感图像。

**(3)属性**

属性主要用于进行图形和属性信息间的相互查询和地理定位。

点击"属性"菜单，弹出如图 3-37 所示的子菜单列表。

【标注查询】标注查询用于查询地图上某点的专题信息，操作步骤为：

①点击"标注查询"子菜单，开始标注查询功能。

②手写笔点击地图窗口需查询的对象；若当前地图已加载并选中相关专题信息，如点、线、面专题数据，则系统判断该点是否具有专题信息。如果有，在当前位置上标注其专题名称；否则不显示。如图 3-38 所示。

图 3-37　属性设置界面

图 3-38　“标注查询”界面

【特别注意】标注查询的前提是，当前地图窗口已加载相关专题信息并在图层管理里选中。如果不能进行标注查询，可能是该点无专题信息，当前地图未加载专题信息或专题未被选中。

【地名查询】根据加载的专题信息，查询并查看相关属性信息，如简介、字段、图片文件等。操作步骤为：

①点击“地名查询”子菜单，开始地名查询功能。

②手写笔点击地图窗口需查询的对象，若当前地图已加载并选中相关专题信息，如点、线、面专题数据，则系统判断该点是否具有专题信息。如果有，弹出如图 3-39 所示的详细资料对话框，显示该专题详细信息。地名查询的前提条件同标注查询。

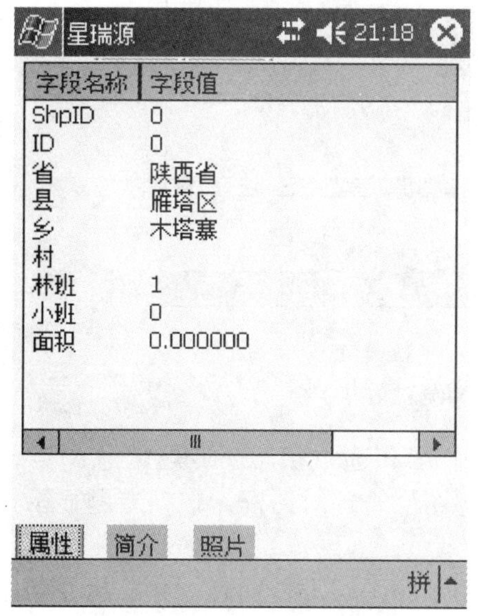


图 3-39　“地名查询”结果显示

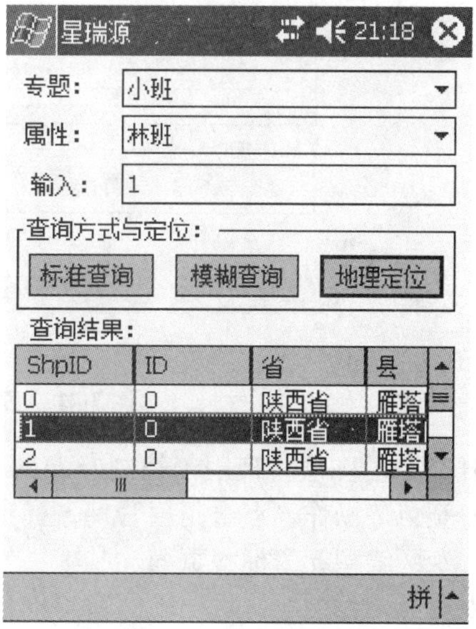

图 3-40　“专题查询”界面

【专题查询】专题查询根据给定属性数据查询条件，从数据库表中查找满足条件的记录，可查看详细资料并进行地理定位，如图 3-40 所示。分标准查询(字符完全匹配)、模糊查询(字符部分匹配)2 种。

森林资源调查应用中，可将一类样地数据制作成专题图层，快速进行样地查询和图上定位。页面中各查询参数设置见表 3-2。专题查询的前提条件同标注查询。

**表 3-2　专题查询参数**

| 参数名称 | 含　义 | 实例 |
| --- | --- | --- |
| 专题 | 专题信息类型，可用下拉列表选择 | 五里桥小班面图_ gk_ region |
| 属性 | 专题查询的查询字段对象 | ShpID |
| 输入 | 用户所要查询对象的查询条件 | 23 |
| 标准查询 | 字符完全匹配的查询方式 | |
| 模糊查询 | 字符部分匹配的查询方式 | 模糊查询 |
| 地理定位 | 在地图上显示查询对象的位置 | 选中 123，点击地理定位 |
| 查询结果 | 对查询结果列表显示 | |

【属性管理】用于浏览与专题图层相连接的数据库，并实现同专题查询相同的地理定位功能。

点击属性管理，在窗口顶部的数据表名称下拉列表中选择 yangdi，弹出如图 3-41(a)所示的数据库浏览对话框，显示所选专题图层对应的数据表信息。选择其中的 2970 样地，点击详细资料，弹出如图 3-41(b)所示的详细资料对话框，显示当前专题记录的详细信息。点击地理定位，将实现与专题查询中的地理定位相同的功能。

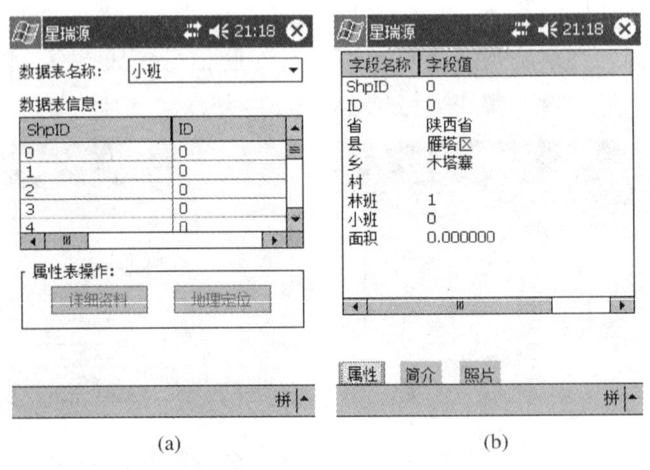


(a)　　(b)

**图 3-41　数据库浏览对话框**

【图层管理】图层管理用于控制专题图层的显示和选中状态、专题信息浏览、设置专题线型、颜色等操作。点击图层管理，弹出专题图层管理对话框，包括专题显示控制、专题信息、专题线型 3 个标签页面。

①专题显示控制　对目前地图窗口内包含的专题图层进行列表，并显示专题图层所处的状态。若状态复选框被选中，则对应的专题图层处于显示状态；否则，处于隐藏状态，

如图 3-42 所示。

②专题信息　显示当前专题图层信息。包括图层名称、目标类型、目标总数和数据表名，如图 3-43 所示。

③专题线型　设置当前专题图层的显示属性，包括颜色、线型、线宽，如图 3-44 所示。

图 3-42　“专题显示控制”界面

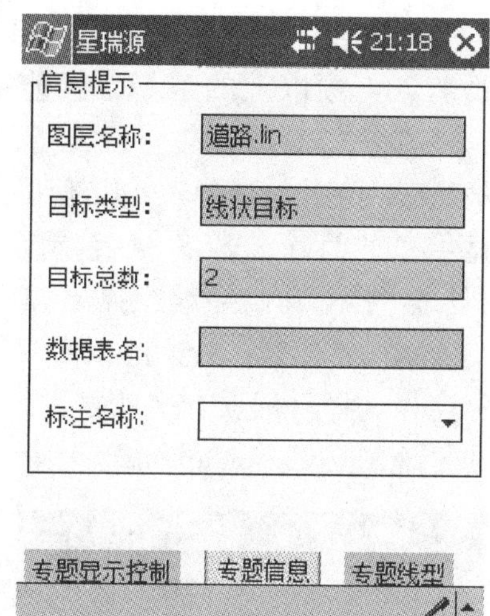


图 3-43　“专题信息”界面

**(4) 导航**

导航菜单提供导航定位功能。

点击“导航”菜单，弹出如图 3-45 所示的子菜单列表。

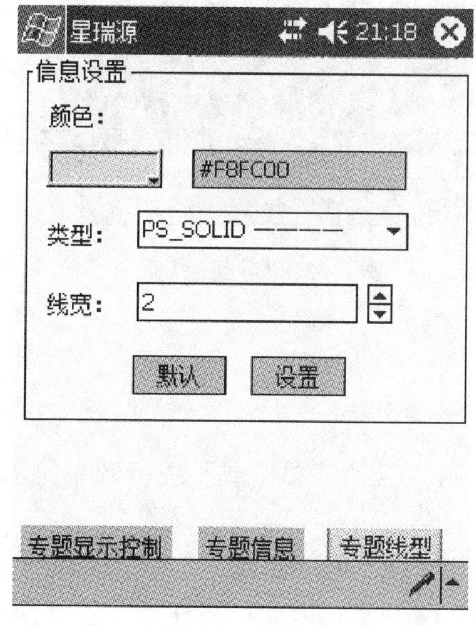


图 3-44　“专题线型”界面

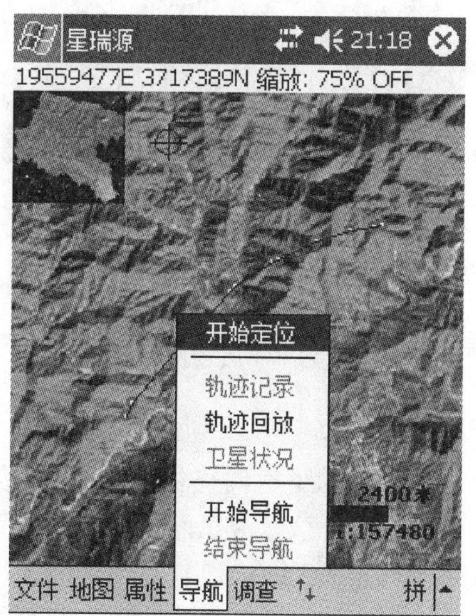


图 3-45　“导航”子菜单

【开始定位】"开始定位"子菜单的功能在前面已经介绍过，这里不再叙述。

【轨迹记录】用于记录导航轨迹文件，系统根据 PDA 时间自动设置文件名称并保存在调查数据目录下，文件格式为 *.log。

【轨迹回放】用于打开轨迹记录文件在当前地图上回放轨迹。

【卫星状况】点击"卫星状况"子菜单，弹出如图 3-46 所示的界面，用于显示当前接收卫星的状况。蓝色表示该卫星已锁定，绿色表示有信号但尚未锁定，红色表示该卫星没有信号。只要锁定 4 颗以上的卫星，就能进行导航定位，锁定的卫星数越多，定位精度越高。

在卫星状况图(图 3-46)中，上部用于显示空中卫星的分布状况及卫星的锁定情况；中间部分显示 GPS 时间、WGS-84 经纬度和平面坐标 $x$、$y$。

【开始导航】点击开始导航，弹出如图 3-47 所示的界面，用于选择 GPS 导航的目标点。若 GPS 已经定位，当前点可由 GPS 定位确定，只需选择导航的目标点，选定后将以蓝色小旗标注。选择目标点有多种方式，可用专题图层确定，以可以通过屏幕取点确定。如果打开的是地图文件 NoMap. map，则可以编辑和选择目标点。

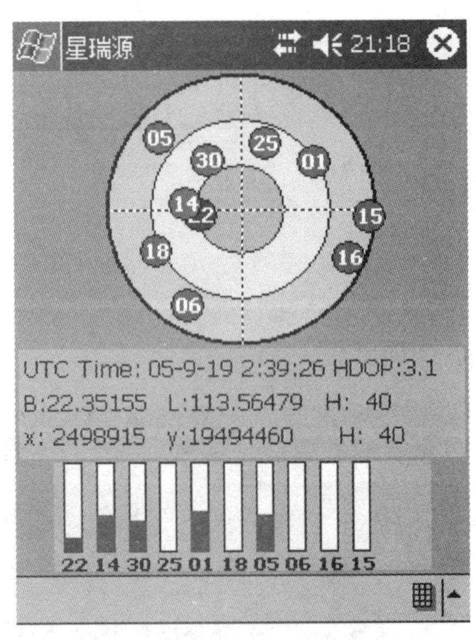


图 3-46 "卫星状况"界面

图 3-47 "导航"界面

【结束导航】点击该菜单，可结束导航模式。

**(5)调查**

【二类样地】为了对调查总体的蓄积量进行控制，以经营单位或县级行政单位为总体，布设若干样地，对总体蓄积抽样控制。

二类样地包括无图样地与有图样地 2 种模式，如图 3-48 所示。

①有图样地 由于样地点按固定间距的千米格网分布，因此可将样地位置制作成专题矢量图层，加载在遥感影像图或扫描地形图上，借助 GPS 导航定位功能，快速进行样地的因子调查。

图 3-48　调查子菜单

②无图样地　没有样地点坐标位置，直接进行样地因子、角规因子等信息的调查模式。

现在以无图样地为例进行二类样地调查的介绍，无图样地调查具体步骤：

①点击“调查”菜单，选择“二类样地”中的“无图样地”，弹出如图所示的对话框。

②按照样地编号标准，输入一个样地号，点击“确定”按钮，进入样地因子调查界面，如图 3-49 所示。

③样地因子调查表填写完成之后，点击屏幕右上角的“OK”，完成该样地的调查。

打开二类样地调查后，系统会在“调查数据/长岭县/荒沟林场#颜玉良”路径下生成一个“二类样地”文件夹，用于存放二类样地调查数据。

【二类调查】若打开新的数据工程，应先通过“文件”“设置”菜单进行基本空间位置信息的设置，设置完成后，系统自动创建并加载面状小班、线状小班和点状小班图层，若已对基本空间位置信息进行设置，在打开数据工程时，系统自动加载点、线、面状小班图层文件，然后可直接在此图层文件上进行小班信息的记录操作。

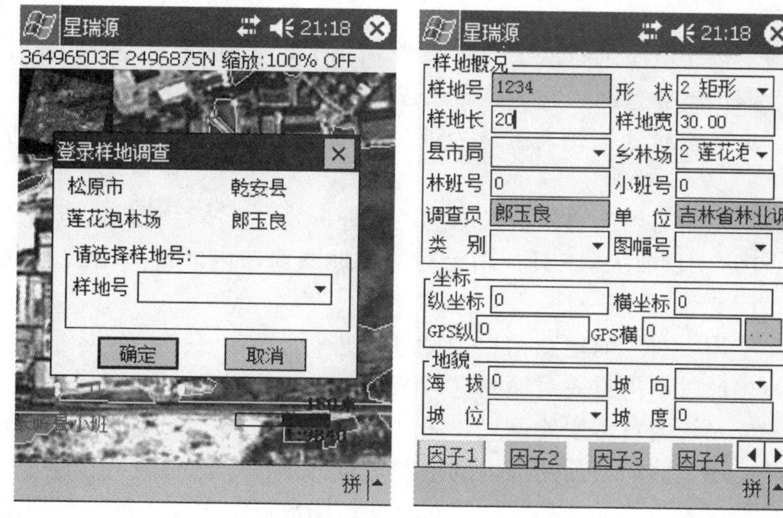


图 3-49　“无图样地”调查界面

二类调查根据小班类型差异，分为面状小班、线状小班、点状小班调查，点击“二类调查”菜单，弹出如图 3-50(a)所示的子菜单。

现以典型的面状小班调查操作，说明小班调查的具体操作过程。

点击“面状小班调查”，弹出二类调查工具栏列表，如图 3-50(b)所示。工具栏按钮分为 3 列，从下往上依次为：通用工具命令按钮、图形区划命令按钮和图形编辑命令按钮。

在 PDA 操作过程中，当手写笔在工具栏命令按钮位置上按下并停留 2 ~ 3s，系统会出

图3-50 二类调查子菜单

现命令按钮的功能提示信息。

通用工具命令按钮从左到右依次为主菜单、图形放大、图形缩小、设定比例、图形移动、图形选择、取消选择、图层管理、命令按钮开关。

①主菜单 点击该命令按钮，可从当前二类调查工具栏操作状态切换到系统主菜单状态。

②图形放大 用于对当前地图窗口内的地图进行放大，本系统提供点击放大和拉框放大2种方式。点击“图形放大”工具，用手写笔在地图窗口内通过点击或者拉框方式对地图进行放大。

③图形缩小 用于对当前地图窗口内的地图进行缩小。点击“图形缩小”菜单，用手写笔在地图窗口内通过点击方式对地图进行缩小。

④设定比例 系统内置常用比例尺，通过选择直接切换至所选择的显示比例。

⑤图形移动 用于移动当前窗口内的地图。打开地图，进行放大、缩小及1：1显示操作后，系统自动设置为移动状态，用手写笔在地图窗口中按住不放进行拖动即可完成图形移动。

⑥图形选择 用于选中需要进行编辑的图形对象。若需要对小班进行边界点移动、添加、删除、重合等编辑操作，需要先通过选择工具选取该小班。本系统提供了矩形拉框选择和点击选择2种图形选择方式，被选中的小班突出显示边界节点，并在小班的标注位置显示小班信息。

⑦取消选择 取消当前的图形选择状态。

⑧图层管理 用于打开“图层管理”对话框。

⑨命令按钮开关 用于显示或隐藏图形区划命令工具栏和图形编辑命令工具栏。

图形区划命令按钮从左到右依次为小班边界勾绘、小班边界闭合、小班属性、捕获公共边、撤销前点、检索查询、删除小班、文件保存、GPS测点、GPS测单点。

①小班勾绘 用于勾绘小班的边界。小班区划过程如下：

a. 点击“边界勾绘”命令按钮，进入小班边界勾绘状态；

b. 按住手写笔，沿小班边界连续勾绘边界点，如图 3-51 所示，边界节点之间以线段连接。

c. 点击“小班闭合”命令按钮，完成小班勾绘操作。

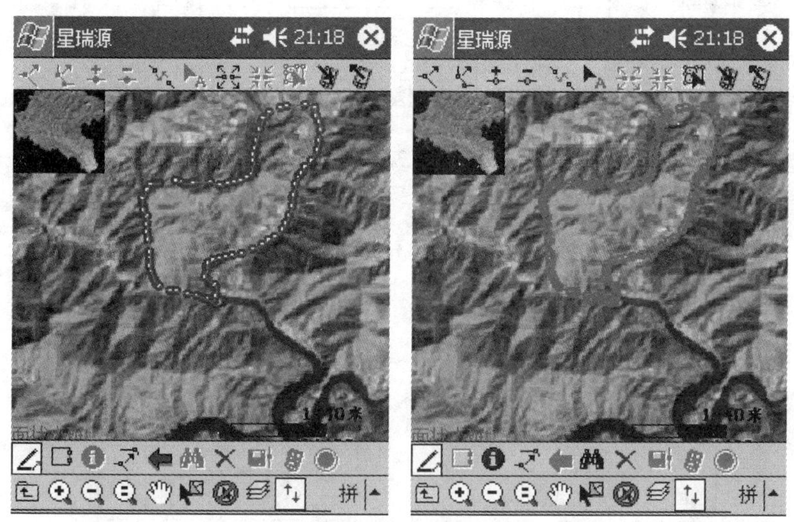


**图 3-51 小班勾绘界面**

②小班闭合 点击边界闭合命令按钮，所勾绘的小班边界自动封闭。

③属性 在全国范围内，不同省份森林资源分布状况相差较大，且调查内容各有侧重点，因此森林资源调查数据库的表结构有一定差异。PDA 森林资源调查仪的二类调查属性数据库可根据不同省份森林资源调查规程和技术标准进行定制。小班属性因子调查过程如下：

**小班因子调查** 点击“属性”命令按钮，然后点击需要进行属性编辑的小班，弹出如图 3-52(a)、(b)、(c)、(d)、(e)所示的各阶段小班调查记录表。

本系统采用灵活的属性信息输入方式，如下拉列表选择、键盘手写输入等。

本系统内置属性逻辑检查条件，自动对录入的属性值进行逻辑检查。

填完所有属性信息后，点击右上角的“OK”，系统自动记录小班的各项调查属性信息，并退出属性编辑页面回到地图窗口。

**删除小班** 点击“因子五”中的“删除”命令按钮，如图 3-53(a)所示，程序将会删除当前小班的边界与属性信息，删除后小班信息不可恢复。

**属性同上** 在小班卡片属性记录过程中，当前记录的小班调查因子可能与以前小班调查因子内容大部分相同，利用“属性同上”或“属性浏览”功能，则可快捷方便的将上一条小班记录内容，复制到当前记录上，如图 3-53(b)所示。“属性同上”具体操作步骤如下：

a. 点击“小班勾绘”命令按钮，进行小班边界勾绘。

b. 点击“小班闭合”命令按钮，闭合当前小班。

c. 点击“属性”命令按钮，进行小班调查属性因子记录。

d. 点击“因子五”的“属性同上”命令按钮，系统自动复制上一条记录内容到当前记录。“属性同上”操作会造成小班号与以前小班记录编号重复，在退出小班属性记录时，

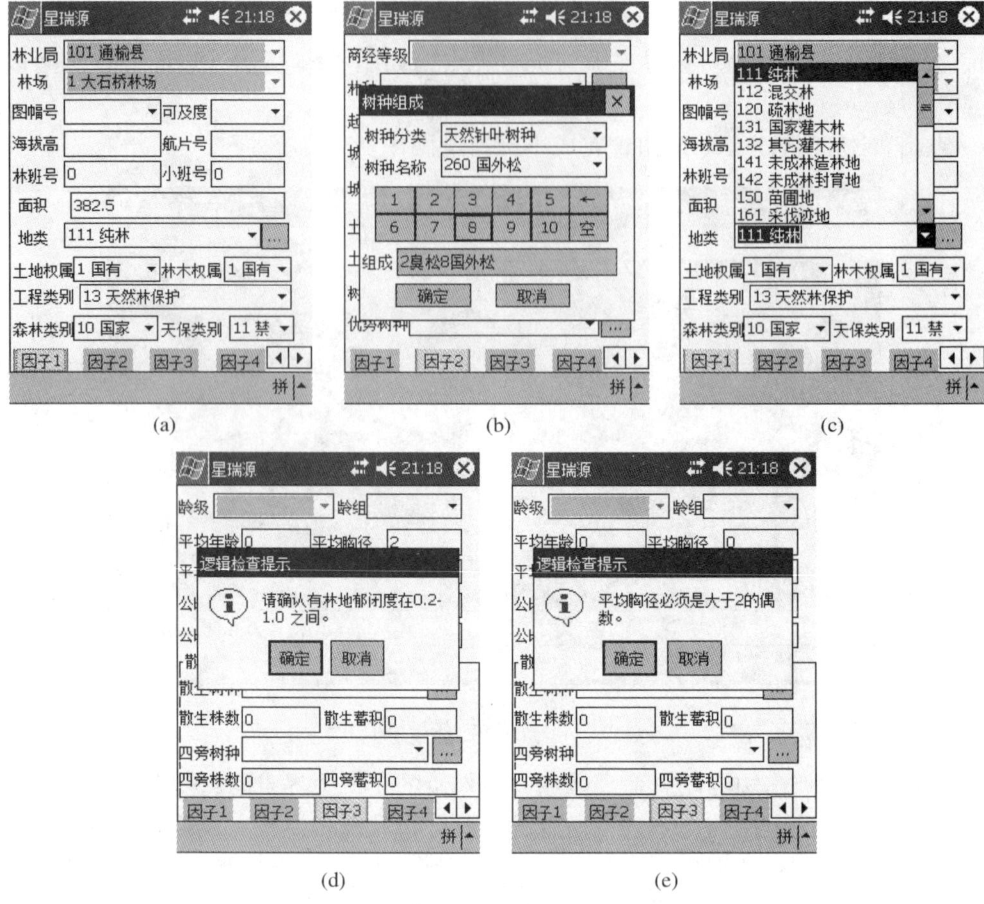

图 3-52 小班调查记录表

系统会提示要求检查当前林班小班号是否重复。

e. 对复制的小班记录因子的内容进行选择性的修改，点击屏幕右上角的“OK”，结束当前小班调查。

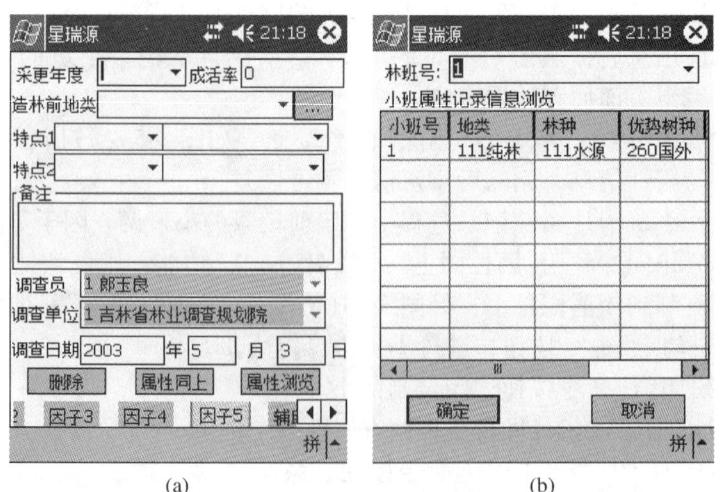

图 3-53 “属性同上”设置界面

**属性浏览** 属性浏览具体操作步骤如下：

a. 点击“小班勾绘”命令按钮，进行小班边界勾绘。

b. 点击“小班闭合”命令按钮，闭合当前小班。

c. 点击“属性”命令按钮，进行小班调查属性因子记录。

d. 点击“因子五”的“属性浏览”命令按钮，弹出属性浏览对话框，如图 3-53(b)所示，选择一个林班号，小班属性记录列表中会显示出该林班内已有的小班记录，选择要进行复制的小班记录，点击“确定”命令按钮，完成复制。

e. 对复制的小班记录因子的内容进行选择性的修改，点击屏幕右上角的“OK”，结束当前小班调查。

**辅助调查方法** 对于小班调查，可采用多种辅助调查方法，主要有角规测树调查、带状标准地调查、圆形样地调查，如图 3-54 所示。以下以常用的角规调查方法说明操作步骤。

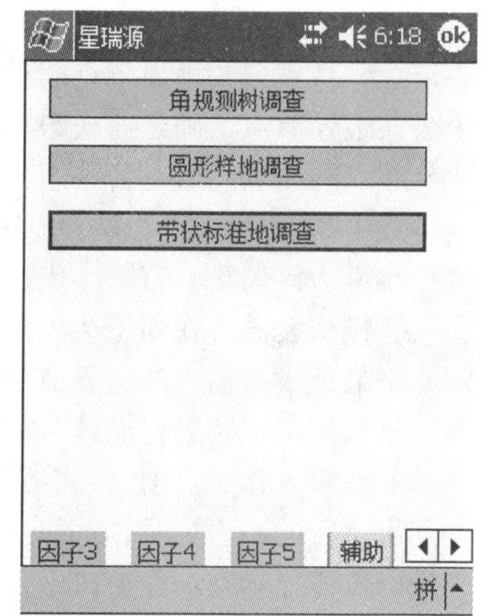


图 3-54 辅助调查设置界面

点击辅助页面的“角规测树调查”命令按钮，弹出角规测树调查方法对话框，检尺完成后按计算的蓄积确定林分的树种组成、优势树种等信息。如图所示，有新纪录、详细、删除、设置、确定命令按钮，具体功能如下：

新纪录：新建角规记录，如图 3-55 所示。

详细：查看或修改当前选中的角规测树记录。

删除：删除当前选中的角规测树记录。

设置：设置角规段面积系数值，默认为 1.0。

确定：返回。

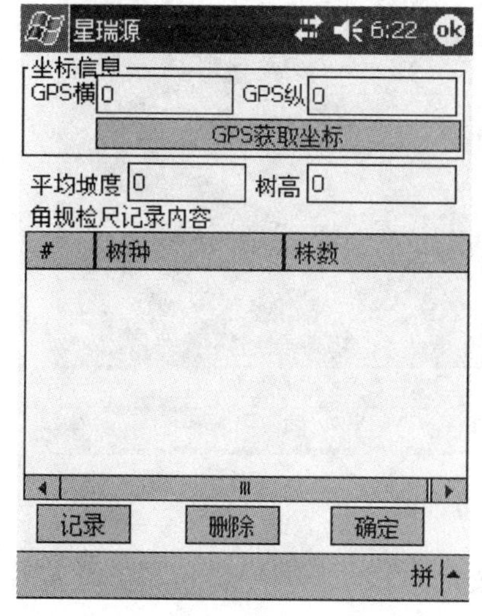


图 3-55 角规记录对话框

图 3-56 角规测树记录界面

在图 3-55 所示的角规记录对话框中，点击“记录”按钮，弹出角规树种选择列表，如图 3-56 所示。选择树种名，点击“+”和“-”进行该树种数量的输入。

④**捕获公共边** 当相邻小班具有公共边时，单独勾绘小班，公共边界节点的勾绘很难

完全重合，公共边捕获工具可在小班勾绘时，通过捕获已有边界节点进行公共边捕获，捕获对象可以是相邻的小班边界、林班线、林场线、道路、河流等。

捕获公共边有2种模式：依次捕获边界节点进行公共边捕获；捕获2~3个边界节点之后，直接捕获最后一个公共边界节点，进行公共边自动跟踪捕获。

捕获公共边的具体步骤如下：

点击"捕获公共边"命令按钮，进入公共边勾绘状态，此时"捕获公共边"工具显示为被按下状态，此时点击"非公共边区域"时，不能进行边界点勾绘。

捕获公共边界点，这里有2种方法，一种是从公共边界起始节点开始依次捕获公共边界节点，直到公共边界节点捕获结束。另一种是从公共边界起始节点开始依次捕获2~3个公共边界节点，确定捕获跟踪方向，然后直接捕获最后一个公共边界节点，系统自动完成从起点到终点间所有公共边界节点的捕获。

点击"捕获公共边"命令按钮，结束公共边的跟踪捕获，切换到小班勾绘状态，继续进行小班边界勾绘，直至小班边界勾绘结束。

⑤撤销前点　在勾绘边界出现不准确输入时，可以点击"撤销"命令按钮，撤销小班勾绘中最近一次输入的边界节点，地图窗口自动刷新显示被撤销节点勾绘前的小班边界图形。该操作可连续进行撤销。若当前没有勾绘的边界节点，此工具图标为不可用状态。

⑥检索查询　点击"检索查询"命令按钮，弹出检索查询对话框。对话框以林班为单位列出已有的小班记录，选择一条小班记录，点击"地理定位"命令按钮，可将被选中的小班的位置显示在地图窗口中，如图3-57所示。

图3-57　小班查询图

⑦删除小班　删除正在勾绘的小班边界或处于选中状态的小班记录。此操作将小班的图形和属性一同删除。

⑧文件保存　保存小班调查记录文件。在外业调查过程中，注意实时对小班调查文件进行保存和对PDA中的数据进行备份，以免数据丢失。

⑨GPS测点　主要用于在采集面状小班的同时进行连续采集点状数据。

⑩GPS测单点　功能与GPS测点一样，这里主要是每次点击该命令按钮，只采集一

个点。

图形编辑命令按钮从左到右依次为移动节点、整体移动、添加节点、删除节点、重合节点、标注移动、图形分割、图形合并、重求面积、GPS 实测开始、GPS 实测结束。

①*移动节点*　移动小班边界节点。操作步骤如下：

a. 通过图形选择命令按钮选中要进行编辑的图形记录。

b. 点击“移动节点”工具图标，当选中要拖动的节点时，节点将由红色变为蓝色，并将节点状态标识为选中状态。

c. 在屏幕上拖动手写笔，图形边界将会出现一条橙黄色移动轨迹线段。如图 3-58(a)所示。

d. 当拖动结点到达目标点时，抬起操作笔，移动结点过程结束。如图 3-58(b)所示。

特别注意，移动公共边上的结点时，需同时选中公共边所在的所有图形记录。若只选中其中的一个图形记录，则只移动所选中的图形记录上的结点，从而导致公共边不再是公共边。

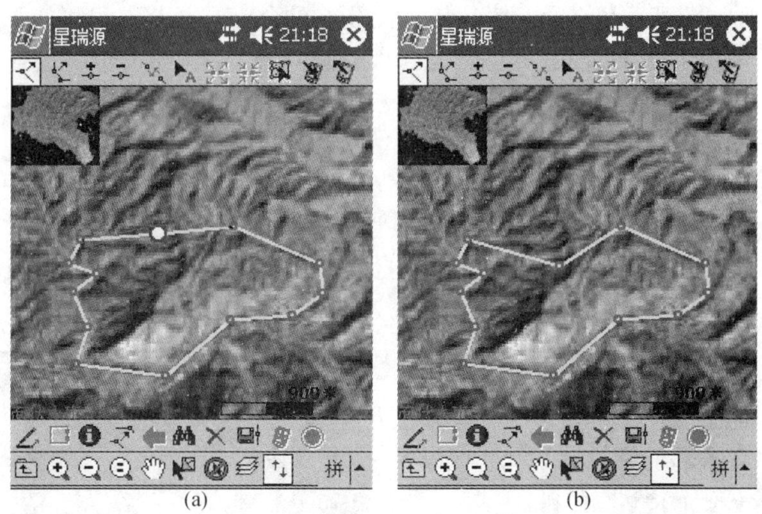

(a)　(b)

**图 3-58　节点移动**

②*整体移动*　对选中的小班图形整体进行位置移动，操作步骤如下：

a. 通过图形选择命令按钮选中要进行编辑的图形记录，允许多选。

b. 点击“整体移动”命令按钮，按下手写笔，所有选中的图形记录标识为蓝色编辑状态。

c. 在屏幕上拖动手写笔，图形记录随之移动。

d. 当拖动结点到达目标点时，抬起手写笔，图形记录整体移动过程结束。

③*添加节点*　为选中的小班图形添加边界节点。添加节点步骤如下：

a. 通过图形选择命令按钮选中需要添加结点的图形记录。

b. 点击“添加节点”工具图标。

c. 用手写笔点击图形边界线段。若在限差范围内，自动在线段两结点之间添加一边界节点。

特别注意，需要在公共边上添加节点时，需同时选中公共边所在的所有图形记录。若只选中其中的一个图形记录，则只在选中的图形记录上添加节点，从而导致公共边不再是公共边。

④删除节点　删除选中的小班图形边界上的节点，删除节点步骤如下：

a. 通过图形选择命令按钮选中需要删除节点的小班图形记录，需要在公共边上删除节点时，需同时选中公共边所在的所有图形记录。

b. 点击"删除节点"命令按钮。

c. 用手写笔点击要删除的边界节点。若在限差范围内，系统会自动删除所选中的节点，并将此节点的前一点和后一点自动连接，删除节点结束。

特别注意，需要在公共边上删除节点时，需同时选中公共边所在的所有图形记录。若只选中其中的一个图形记录，则只在选中的图形记录上删除节点，从而导致公共边不再是公共边。

若删除节点后，剩余节点数目不能构成面状图形，则提示是否需要删除该图形记录。若选择"删除"，则系统自动删除该图形记录及其属性信息。

⑤重合节点　移动节点位置，使其与其他节点重合。重合节点步骤如下：

a. 选中需要重合的结点所在的图形记录(包括重合结点和被重合结点各自所在的图形记录)。

b. 点击"移动节点"命令按钮。

c. 点击"重合节点"按钮，选中要进行移动的节点。

d. 在屏幕上移动手写笔，当移动节点接近被重合节点时，抬起手写笔。若抬起位置在被重合节点的限差范围内，则被移动节点自动咬合到被重合结点上，形成相邻图形公共边，如图3-59所示：

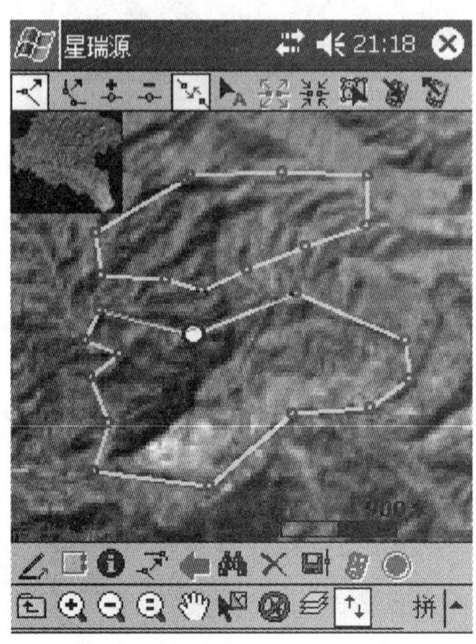


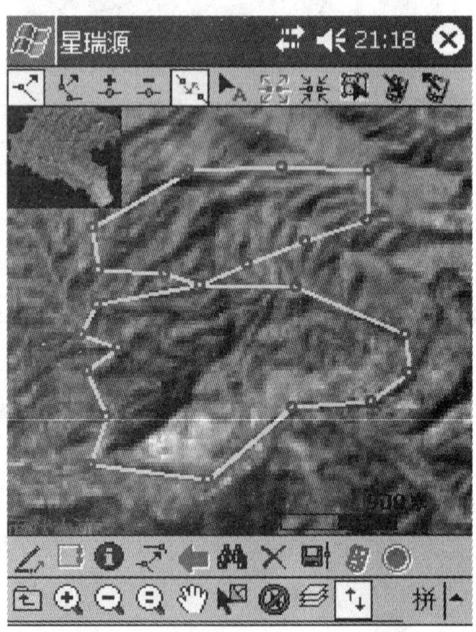


图3-59　节点重合

⑥标注移动　在面状小班勾绘过程中，当小班闭合后，系统自动在闭合的小班区域内标注当前的林班号和小班号，标注默认显示在区域的中心点位置。若用户需要对标注的显示位置进行调整，可通过标注移动命令按钮来进行操作。具体操作步骤如下：

a. 点击"图形选择"命令按钮，将要进行标注移动的小班标识为选中状态。

b. 点击“标注移动”命令按钮，进入小班标注移动操作状态。

c. 在需要进行面状小班标注移动的闭合区域内，点击手写笔，当前小班的标注位置即移动到手写笔点击位置。

d. 点击工具栏中的“文件保存”命令按钮，对当前标注的位置进行保存。

⑦图形分割　将已有图形，通过图形分割线，分割成2个独立图形。分割后的2个图形中面积较大的图形为原来图形并保留原来属性值，面积较小的图形为新图形。图形分割过程如下：

a. 利用“图形选择”工具选中要进行分割的图形，使节形的结点突出显示。

b. 利用“小班勾绘”命令按钮，在图形区域内绘制图形分割线，如图3-60所示。

c. 点击“图形分割”命令按钮，弹出如图所示的对话框，提示输入新小班号。

d. 输入分割后得到的新的图形小班号，点击确定。系统自动分割图形，如图3-61所示。1号小班分为1号和2号小班。

特别注意，分割线的起止点必须捕获被分割图形记录的边界节点。

图3-60　小班分割图

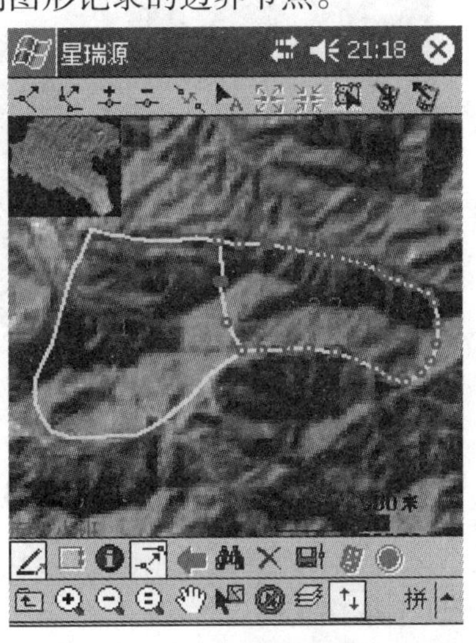


图3-61　小班分割结果

⑧图形合并　将已有的2个图形记录，合并成一个复合图形记录。图形合并过程如下：

a. 利用“图形选择”命令按钮选中要进行合并的2个图形，使2个图形的结点突出显示，如图3-60所示。

b. 点击“图形合并”命令按钮，弹出如图3-61所示的合并对话框。

c. 选择合并后要保留图形记录，点击确定。系统自动合并图形，完成合并，合并结果如图3-62所示。

特别注意，合并后，被合并掉的图形记录及其属性被删除。如图3-62所示，2号小班被合并到1号小班。一次只能2个图形合并，多个图形合并，需多次逐步合并。

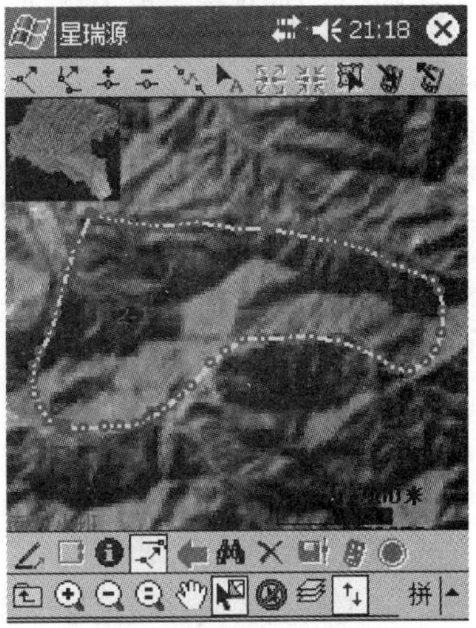


图3-62　小班合并图

⑨GPS实测开始　小班边界勾绘过程中，可通过“小

班勾绘”操作确定小班边界，也可以利用实时 GPS 信号采集小班边界节点，二者可分别单独进行，也可混合进行。

⑩GPS 实测结束　结束 GPS 实测小班边界操作。

线状小班、点状小班只是在小班边界的勾绘方式上与面状小班有细微差距，小班因子调查过程完全相同，具体操作过程请参阅面状小班部分说明。

【地物调绘】在森林资源调查过程中，不单要采集小班、样地信息，还需要采集与之关联的地物信息，如河流、公路、居民点、林班界、小班界等。地物调绘分为线状地物和点状地物。

图 3-63　地物的调绘

点击“线状地物”菜单，弹出线状地物工具栏，工具栏命令按钮分为 3 列，如图 3-63 所示，从下往上依次为：

①通用工具命令按钮　从左到右依次为主菜单、图形放大、图形缩小、设定比例、图形移动、图形选择、取消选择、图层管理、命令按钮开关。

②图形区划命令按钮　从左到右依次为线状地物边界勾绘、结束勾绘、属性、公共边捕获、撤销前点、检索查询、删除小班、文件保存。

③图形编辑命令按钮　从左到右依次为节点移动、图形整体移动、添加节点、删除节点、线延长、重合节点、线状地物边界实测开始、线状地物边界实测结束、命令按钮的使用方法同面状小班调查部分。

特别注意，通过图我们可以看到，打开线状地物调绘后，图形区划命令按钮都是不可用的，所以说地物调绘需要新建相应类型的调查图层，如道路，然后开始该地物类型的调绘。

## 第三步：调查数据输出

### (1)二类调查数据导出

二类调查的调查数据导出主要包括面状小班、线状小班、点状小班、线状地物、点状地物的调查数据转出为 .shp 格式数据，如图 3-64 所示。

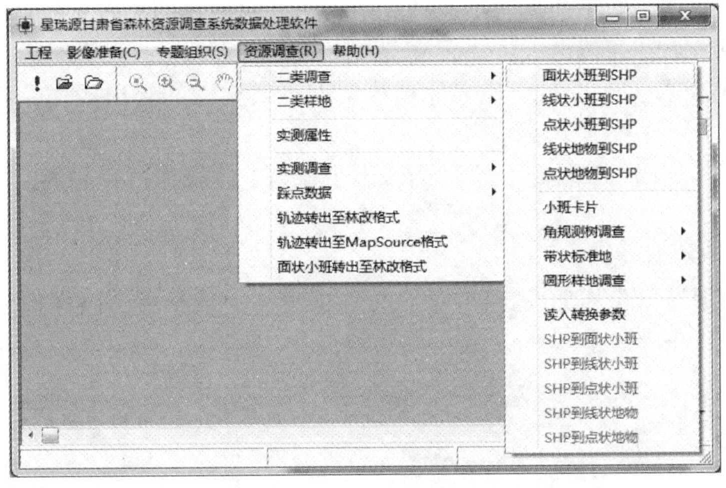


**图 3-64　二类资源调查数据导出**

①二类调查数据成果输出为 .shp 文件格式

a. 点击“二类调查”，选择“面状小班到 .shp”菜单项，弹出如图 3-65 所示的对话框。

b. 点击“源二类调查记录文件”右侧的“浏览”按钮，定位到调查数据文件所在的目录，选择需要转换的面状小班文件。

c. 点击“目标 .shp 文件”右侧的“浏览”按钮，选择输出转换后所得 .shp 文件的路径。若不进行此步操作，输出 .shp 文件自动保存在调查数据文件所在的目录下。

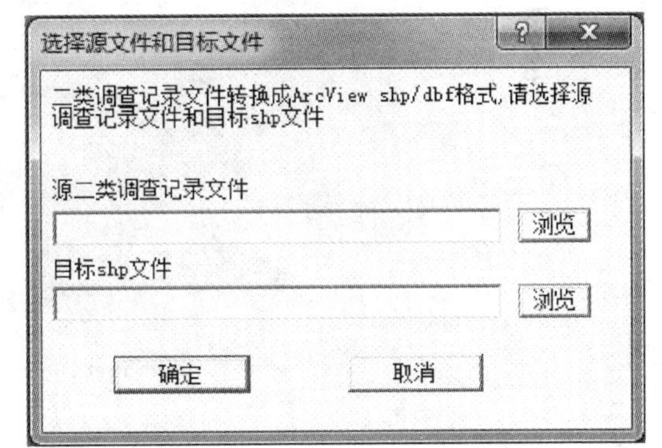


**图 3-65　面状小班的导出**

d. 点击“确定”按钮，完成面状小班到 .shp 的数据转换的操作，系统将提示是否转换成功的信息，如图 3-65 所示。

线状小班到 shp、点状小班到 shp、线状地物到 shp、点状地物到 shp 的输出过程与面状小班到 shp 操作过程相同。

②二类调查属性文件转换成 Aceess、Dbf、Excel 通用数据格式

具体操作步骤如下：

a. 在图菜单中点击“小班卡片”菜单项，弹出如图 3-66 所示的对话框。

b. 点击“源小班调查属性文件”右侧的“浏览”按钮，定位到调查数据文件所在的目录，选择需要转换的文件所在的目录，选择需要转换的面状小班文件。

c. 点击“输出表名”右侧的“浏览”按钮，

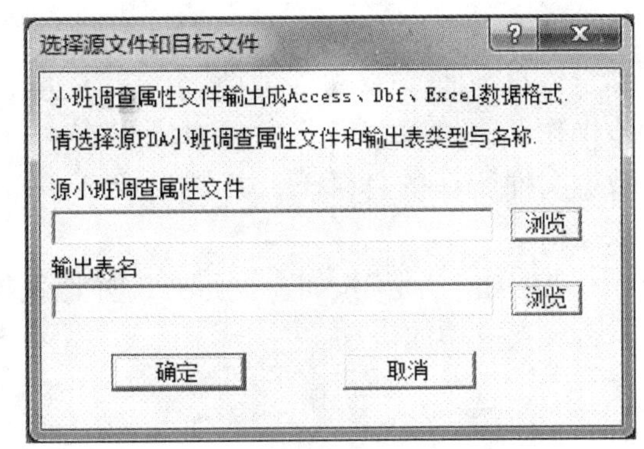


**图 3-66　小班调查属性文件的输出**

确定输出数据库表文件的路径。若不进行此不操作，输出数据库表文件自动保存在调查数据文件所在的目录下，并转出成 Access 等数据格式。

d. 点击“确定”按钮，进行小班卡片到数据库格式文件的转出操作，系统将提示是否转换成功的信息。

角规测树等二类调查属性记录文件的转出步骤与上述操作过程相同。

**(2)二类样地数据导出**

二类样地数据导出包括如图 3-67 所示的所有调查记录导出，以样地因子调查记录导出为例，具体操作步骤如下：

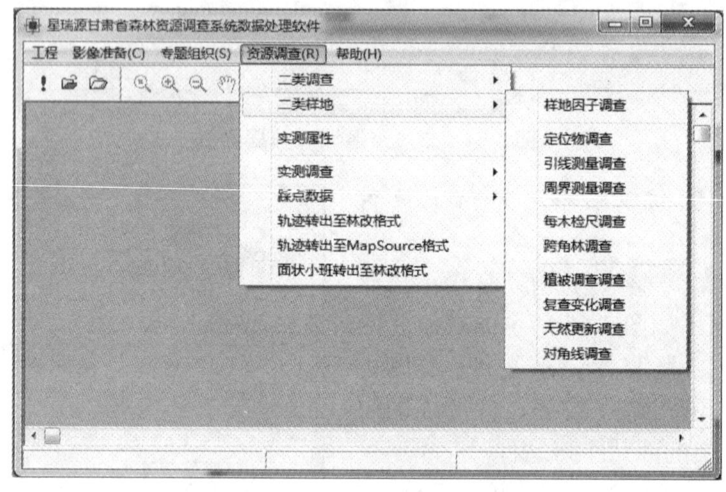


图 3-67　二类样地数据的导出

①点击“二类样地”，选择“样地因子调查”，弹出如图 3-68 所示的对话框。

②点击“源二类样地文件”右侧的“浏览”按钮，定位到样地数据文件所在的目录，选择需要转换的文件所在的目录，选择需要转换的二类样地文件。

③点击“输出表名”右侧的“浏览”按钮，确定输出数据库表文件的路径。若不进行此步操作，输出数据库表文件自动保存在调查数据文件所在的目录下，并转出成 Access 等数据格式。

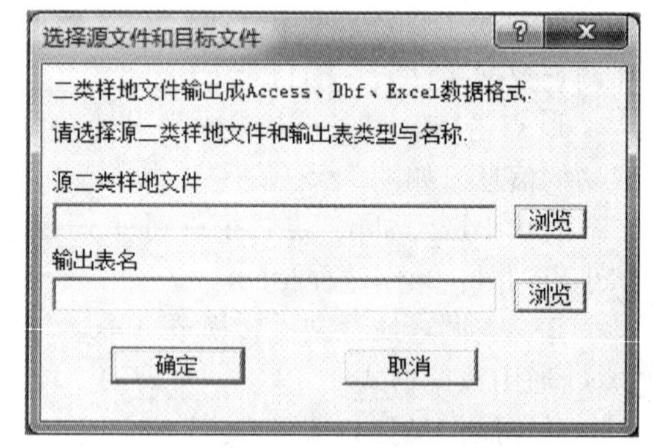


图 3-68　样地因子调查记录导出

④点击“确定”按钮，进行二类样地数据到数据库格式文件的转出操作，系统将提示是否转换成功的信息。

## 3.1.2　森林资源信息采集理论基础与内容

PDA 森林资源调查仪，是采用嵌入式开发工具开发的专门用于森林资源调查的科技产品。将遥感、GIS、GPS 和现代通信技术高度集成，能显示各种空间分辨率的遥感图像和扫描地形图，可加载样地分布，乡镇、村庄分布，危险火区分布等矢量专题图层；能进行空间图形和属性信息的编辑及相互查询；可接收 GPS 卫星信号，进行动态导航定位；可进行单目标和多目标图上实时显示。实现了将移动计算技术应用到传统的空间信息服务中，彻底改变了传统基于位置的服务机制。

**(1)“3S”集成技术**

“3S”集成技术即将遥感系统(RS)、全球定位系统(GPS)、地理信息系统(GIS)融为一个统一的有机体。它是一门非常有效的空间信息技术。就在集成体中的作用及地位而言，GIS 相当于人的大脑，对所得的信息加以管理和分析；RS 和 GPS 相当于人的两只眼睛，负责获取海量信息及其空间定位。RS、GPS 和 GIS 三者的有机结合，构成了整体上的实时动态对地观测、分析和应用的运行系统，为科学研究、政府管理、社会生产提供了新一代的观测手段、描述语言和思维工具，如图 3-69 所示。

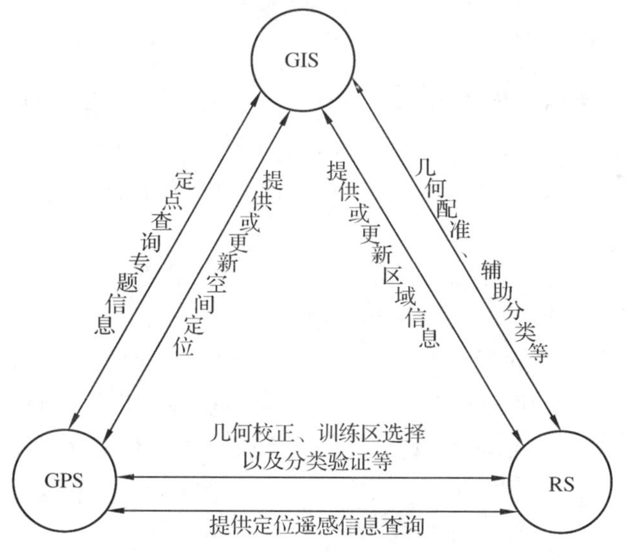


**图 3-69　“3S”集成方式图**

“3S”集成的方式可以在不同的技术水平上实现。低级阶段表现为互相调用一些功能来实现系统之间的联系；高级阶段表现为三者之间不只是相互调用功能，而是直接共同作用，形成有机的一体化系统，对数据进行动态更新，快速准确地获取定位信息，实现实时的现场查询和分析判断。目前，开发“3S”集成系统软件的技术方案一般采用栅格数据处理方式实现与 RS 的集成，使用动态矢量图层方式实现与 GIS 集成。

**(2)影像准备**

PDA的存储容量和处理速度非常有限，远不能同台式计算机相比，为了能在PDA上快速、有效地地显示大幅面、高分辨率的遥感图像，首先需要对遥感影像图进行裁切。

影像裁切的理论基础是对遥感影像图构建“金字塔模型”，如图3-70所示。

构建金字塔模型的原理：在构建金字塔时，首先把原始栅格数据作为金字塔的底层，并对其进行分块，形成底层瓦片矩阵。在底层的基础上，从左下角开始，从左至右、从下到上按每2×2个像素合成一个像素的方法生成像素矩阵，并进行分块，形成上一层瓦片矩阵。

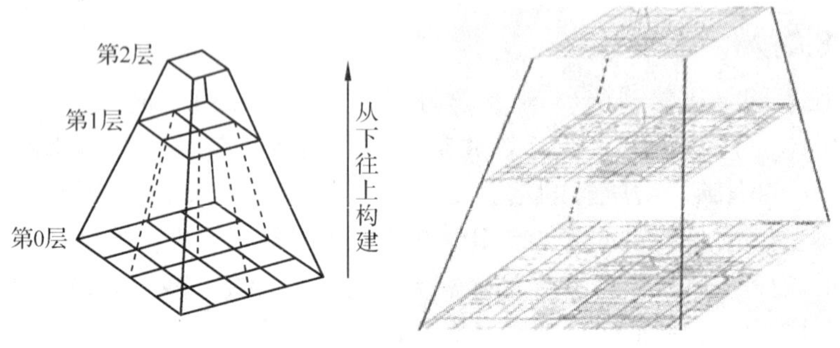


图3-70 “金字塔模型”示意

**(3)森林资源调查系统开发平台**

森林资源调查系统主要由2部分组成，分别为台式计算机接口程序和PDA嵌入式GIS软件。PDA软件作为野外数据采集的工具，台式计算机接口程序作为PDA和外界进行数据交换的接口，其关系如图所示。

嵌入式地理信息系统是集成GIS功能的嵌入式系统产品，是一个软硬件混合的系统，它是导航、定位、地图查询和空间数据检索的一种理想解决方案。

嵌入式地理信息系统应包括运行平台和开发平台，运行平台是指通过嵌入式GIS软件开发平台开发的运行于某种嵌入式操作系统之上的GIS专业应用软件，通过它，我们能对存于嵌入式设备上的空间信息或与嵌入式设备连接的空间信息流进行相应的处理，如显示、查询、计算和漫游等；开发平台是指运行于通用桌面操作系统之上的、针对某种嵌入式操作系统开发的、具有一定的专业应用背景的GIS应用软件。

系统开发环境：操作系统为Window CE；开发工具为Microsoft embedded Visual C++ 3.0/4.0；Microsoft Visual Studio. Net等；PC模拟环境：Microsoft Windows Platform SDK for Pocket PC/Windows Mobile等。

辅助工具软件环境：操作系统为Windows XP/Win7；开发工具为Microsoft Visual C++等。

嵌入式地理信息系统(GIS)的结构如图3-71所示：

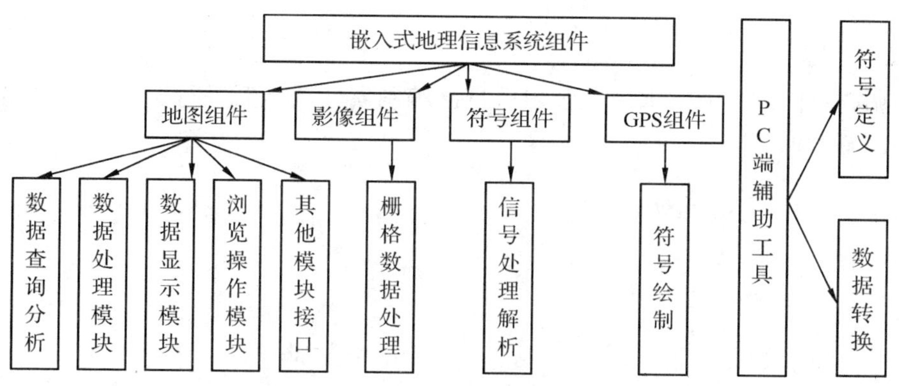


**图 3-71　嵌入式地理信息系统结构图**

**(4)移动 GIS 的关键技术**

移动 GIS，是以移动互联网为支撑、以智能手机或平板电脑为终端、结合北斗、GPS 或基站为定位手段的 GIS 系统，是继桌面 GIS、WEBGIS 之后又一新的技术热点，移动定位、移动办公等越来越成为企业或个人的迫切需求，移动 GIS 就是其中最核心的部分，使得各种基于位置的应用层出不穷。

移动 GIS 的关键技术有以下几个方面：

① *嵌入式技术*　移动 GIS 的无线终端是一种嵌入式系统，具有代表性的嵌入式无线终端设备包括：掌上电脑、PDA(个人数字助理)和手机等。嵌入式系统是以应用为中心的专用计算机系统，其软硬件可以根据应用需要进行"裁剪"。嵌入式 java 技术是移动终端中比较常用的一种开发技术。

② *无线网络技术*　在移动通信领域，无线接入技术可以分为 2 类：一是基于数字蜂窝移动电话网络的接入技术，目前已有 CDMA、GPRS、GSM、TDMA、CDPD、EPGE 等多种无线承载网络；二是基于局域网的接入技术，如蓝牙、无线局域网等技术。

③ *分布式空间数据管理技术*　分布式空间数据库系统是移动 GIS 体系结构中的关键技术之一，它是指在物理上分布、逻辑上集中的分布式结构。由于移动用户的位置是不断变化的，需要的信息多种多样，因此任何单一的数据源都无法满足要求，必须有地理上分布的各种数据源，借助于现有的分布式处理技术，为多用户并发访问提供支持。

④ *移动数据库技术*　移动数据库是指移动环境的分布式数据库，是分布式数据库的延伸和发展。移动数据库要求支持用户在多种网络条件下都能够有效地访问，完成移动查询和事务处理。利用数据库复制/缓存技术或数据广播技术，移动用户即使在断接的情况下也可以访问所需的数据，从而继续自己的工作。其中的时态空间数据库技术是移动 GIS 的关键。移动数据库技术的研究主要涉及 5 个方面：移动数据库复制/缓存技术、移动查询技术、数据广播技术、移动事务处理技术、移动数据库安全技术。

⑤ *GPS 技术*　GPS 定位技术可为用户提供随时随地的准确位置信息服务。其基本原理是将 GPS 接收机接收到的信号经过误差处理后解算得到位置信息，再将位置信息传给所连接的设备，连接设备对该信息进行一定的计算和变换后传递给移动终端。

## →拓展训练

根据调查不同的目的要求，在区划后自已编制属性表然后进行调查，再导出 .shp 文件格式的调查数据。

# 任务 3.2

## 森林资源统计

### →任务描述

搜集一个林场的森林资源规划设计调查数据，组织学生利用本省的森林资源规划设计统计软件进行森林资源的统计，并输出统计报表。

每人提交一份森林资源统计表。

### →任务目标

**(一)知识目标**

1. 熟悉森林资源统计报表的主要内容。
2. 掌握森林资源统计报告的主要内容。

**(二)能力目标**

1. 能熟练使用森林资源统计软件。
2. 能填报统计报表。

### →知识准备

## 3.2.1 实践操作：森林资源统计过程与要点分析

### 第一步：进行基本设置

(1)MS QUERY 安装

用户在使用该程序进行数据汇总时，在计算机中必须同时安装有 EXCEL 2003，且安装了 OFFICE 工具安装选项中的 MS QUERY，否则无法生成统计报表。如您在计算机中已安装 OFFICE 2003，但没有安装 MS QUERY 工具，请按如下步骤完成 MS QUERY 工具的安装：

① 在“控制面板”中选择“添加删除程序”，并在打开的“添加删除程序”窗口中选择“Microsoft Office Professional Edition 2003”，点击右侧“更改”按钮，如图 3-72 所示。

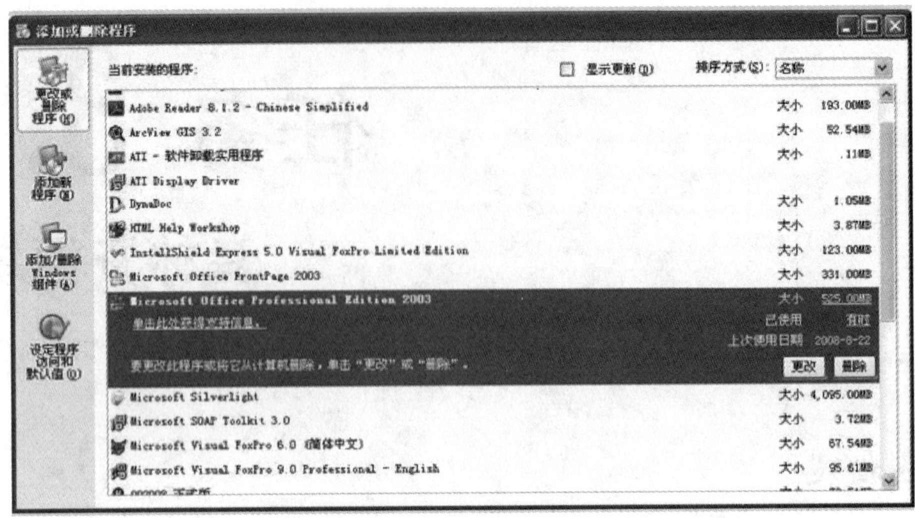


图 3-72　添加删除程序列表

②在打开的“维护模式选项”窗口中选择“添加或删除功能”，如图 3-73 所示，点击“下一步”。

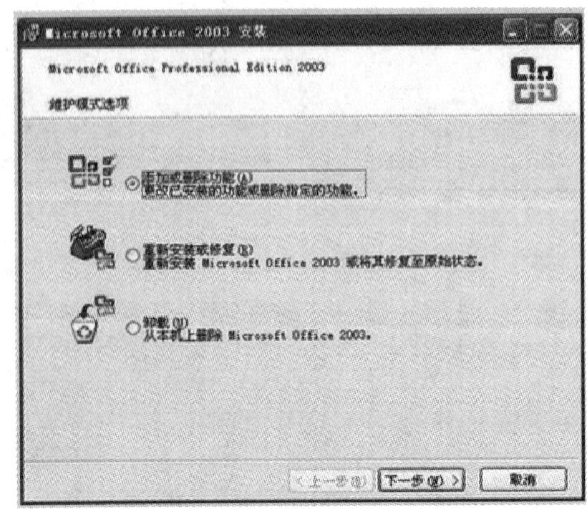


图 3-73　安装模式选项列表

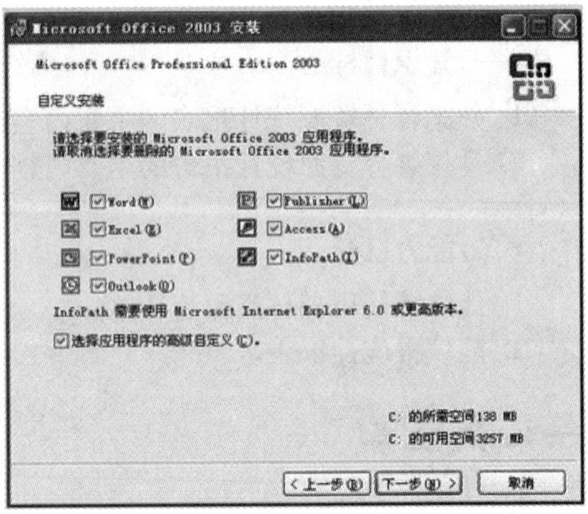

图 3-74　自定义安装选项列表

③在“自定义”窗口中选中“选择应用程序的高级自定义”复选框，如图 3-74 所示，点击“下一步”。

④在打开的“高级自定义”窗口中选择 OFFICE 工具子目录中的“Microsoft Query”，在弹出的下拉列表中选择“从本机运行全部程序”，然后点击“更新”按钮，如图 3-75 所示。

⑤在 OFFICE 2003 更新过程中，将按照用户的配置添加或删除相应组件，最后提示更新完成，如图 3-76 所示。

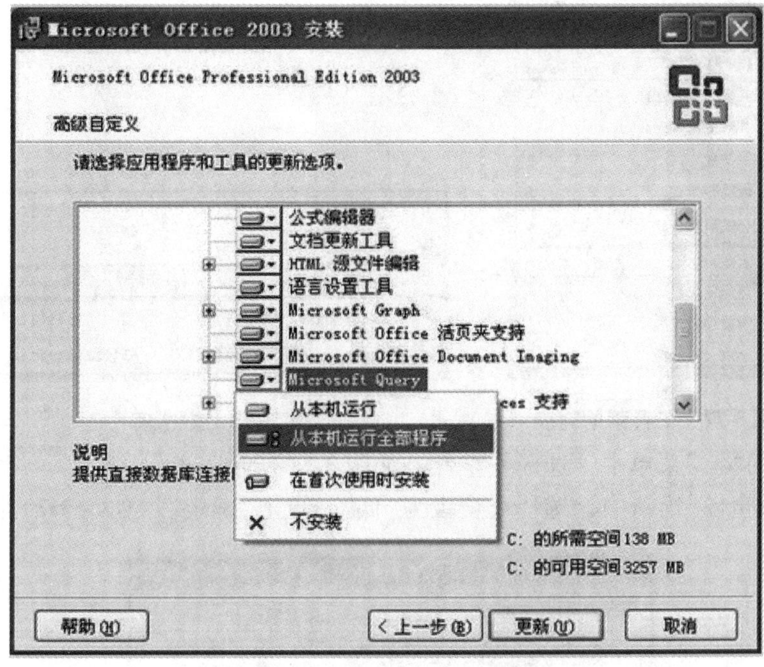


图 3-75 高级自定义列表选项

图 3-76 更新完成提示框

**(2) EXCEL 中宏设置**

为保证程序中统计功能顺利运行，在确保正确安装 EXCEL 2003 及 MS QUERY 组件的情况下，要更改 OFFICE 2003 中宏安全级别为低(其默认级别为“高”)，步骤如下：

①打开 EXCEL 软件，选择“工具菜单”，如图 3-77 所示。

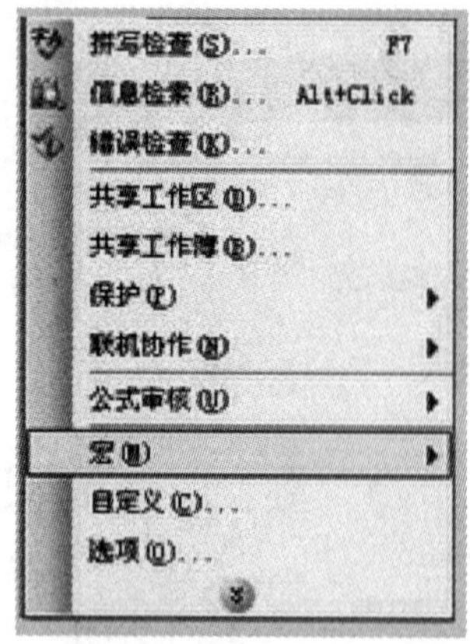


图3-77 工具菜单列表

图3-78 宏选项

②在出现的“宏”菜单中，选择安全性，如图3-78所示；

③在宏“安全性”窗口中，选择安全级为“低”，点击“确定”，如图3-79所示。

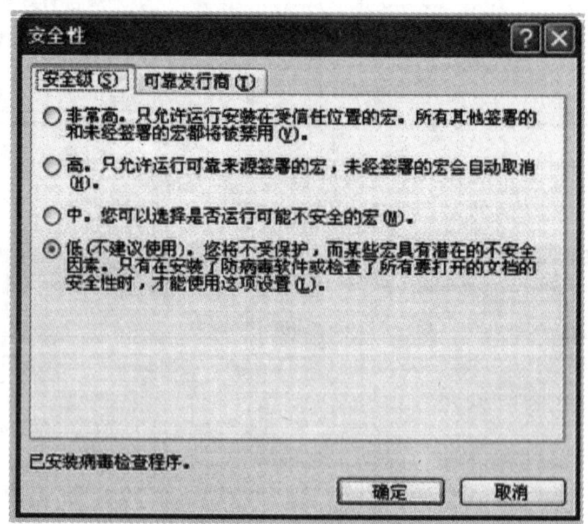


图3-79 安全性选项表

## 第二步：系统登录

启动程序后，首先要提示用户选择用户名，然后输入该用户的密码，密码正确，点击确定将登录程序；如果密码输入有误，提示用户重新输入，连续3次密码输入错误，将退出程序。系统登录表单如图3-80所示。

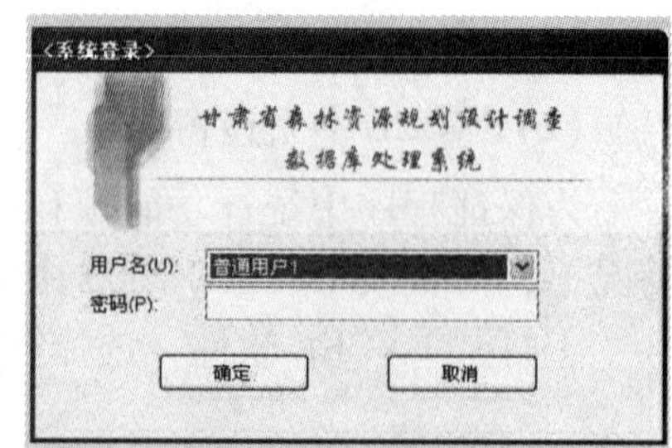


图3-80 系统登录表单

备注：用户登录后，通过用户管理模块更改用户设置，在下一次登录时须按设置后的用户名和密码才可正确登录。

## 第三步：用户管理

用户管理窗体中显示程序现有用户及用户级别，当前登录用户和登录日期、时期。该功能针对不同的用户级别，给予不同的操作权限，操作

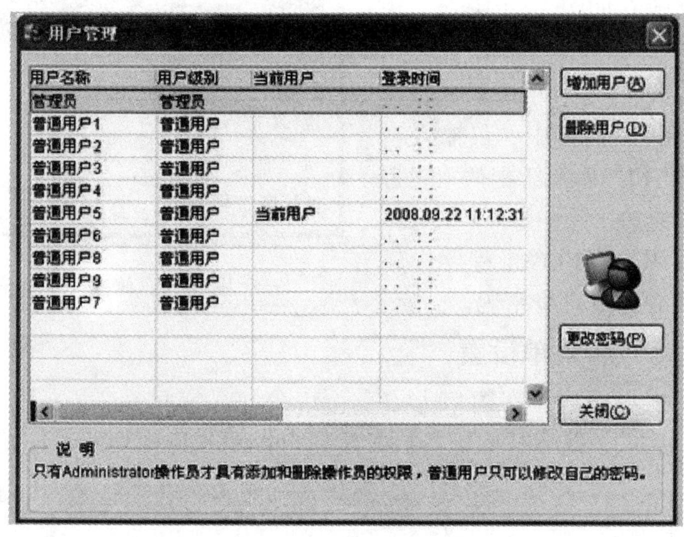


图 3-81　用户管理表单

界面如图 3-81 所示。

如用户以管理员身份登录程序，通过用户管理功能不仅可以修改管理员密码，而且可以增加、删除普通用户，但管理员用户不能删除。

**(1) 增加用户**

以管理员身份登录后，打开用户管理窗体，点击“增加用户”按钮，在打开的窗体中输入要添加的新用户及密码，新建用户名不能与现有用户重名，“密码”和“确认密码”框中输入须保持一致，点击确定，新用户将显示在用户管理窗体中，下次登录程序时，可以选择新建的用户名登录，操作界面如图 3-82 所示。

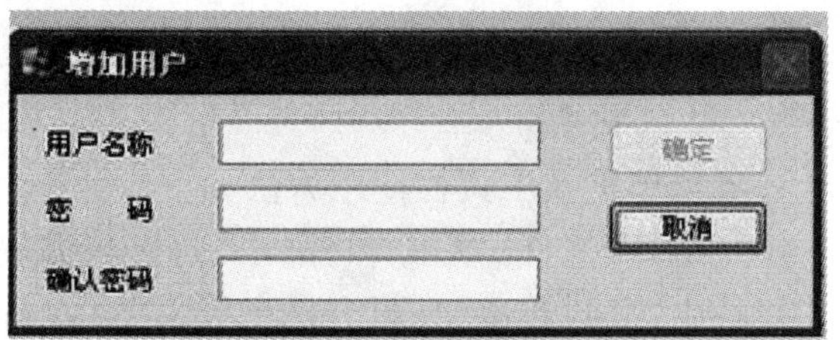


图 3-82　增加用户表单

**(2) 删除用户**

以管理员身份登录后，打开用户管理窗体，选择您要删除的用户，点击“删除用户”按钮，系统提示是否要删除该用户，点击“是”，删除该用户，系统中将不存在此用户，如图 3-83 所示。

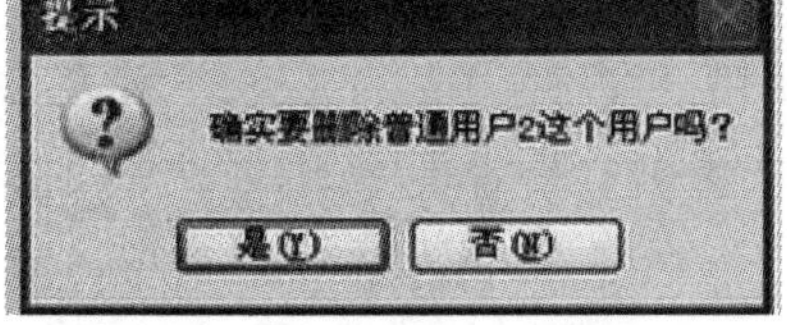

图 3-83　删除用户提示框

**(3) 更改用户密码**

以任意用户登录都可通过用户管理窗体更改其密码，方法为：在用户管理窗体中点击“修改用户密码”，可在打开的窗体中更改当前用户密码，要求先输入当前密码，然后输入“新密码”和“确认新密码”，输入须保持一致，点击确定完成密码修改，如图 3-84 所示。

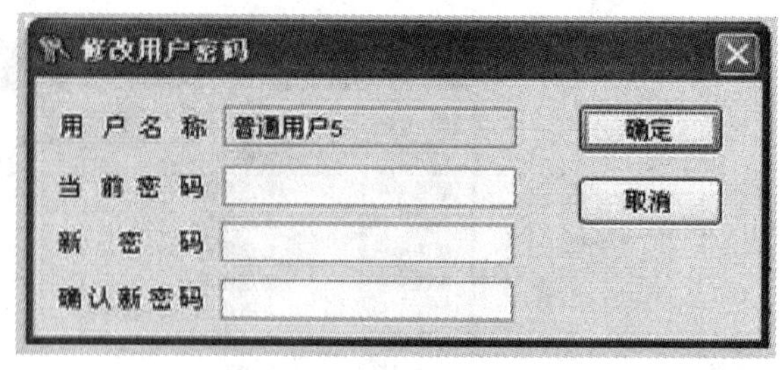


图 3-84　修改用户密码表单

**(4)取消用户密码**

在“修改用户密码”窗体中，仅输入当前密码，“新密码”和“确认新密码”框为空，点击确定完成修改。

如用户以普通用户身份登录程序，只能通过用户管理功能更改自身密码。

### 第四步：工具栏和菜单设置

用户进入程序主界面后，在窗口上方显示程序菜单和工具栏，鼠标移向工具栏各按钮将提示其操作功能，如图 3-85 所示。

图 3-85　程序菜单和工具栏界面

各菜单项及工具栏使用方法如下：

①选择“文件”菜单，将显示“打开数据表”和“退出”选项；选择“打开数据表”，或在工具栏中选择按钮(打开数据表)，可在目录中选择要打开的二类数据表；选择“退出”选项将退出统计程序。

②选择“查看”菜单，显示“工具栏”选项，用户可以打开或关闭工具栏。

③选择“数据表菜单”，显示“数据表浏览与查询”、“数据表逻辑检查”、“转换为汉字属性库”选项，选择“数据表浏览与查询”或在工具栏中选择按钮，均可打开“数据表浏览与查询”窗体；选择“数据表逻辑检查”或在工具栏中选择按钮，均可打开“数据表浏览与查询”窗体；选择“转换为汉字属性库”或在工具栏中选择按钮，均可打开“数据表浏览与查询”窗体。

④选择“数据统计”菜单，显示“数据统计”选项，选择“数据统计”或在工具栏中选择按钮，均可打开“数据统计”窗体。

⑤选择“用户管理”菜单，显示“用户管理”选项，选择“数据表浏览与查询”或在工具栏中选择按钮，均可打开“数据表浏览与查询”窗体。

⑥选择“帮助”菜单，显示“帮助”和“关于”选项，选择“帮助”或在工具栏中选择

按钮，均可打开“帮助”窗体；选择“转换为汉字属性库”或在工具栏中选择按钮，均可打开“关于”窗体。

### 第五步：数据浏览与查询

数据浏览与查询功能是以二类数据表为数据源，打开数据表后，可对数据表数据进行浏览和查询操作，步骤如下；

①通过选择“文件”菜单中“打开数据表”，或在工具栏中选择按钮（打开数据表），选择二类数据表。

②打开表后在窗体右侧将显示数据表的基本信息，浏览时可随时将表各字段转换为汉字表头。

③同时通过选择乡（林场、保护站）、村（林班）、林木所有权、地类、林种、森林类别、工程类别 8 种类型对数据表进行查询，查询结果的基本信息也将显示在窗体右侧。

④如要清除查询结果，点击窗体右侧下方“清除查询”按钮，表格中将显示您最初打开的二类数据表。

⑤单击关闭退出“数据浏览”窗口。

操作界面如图 3-86 所示：

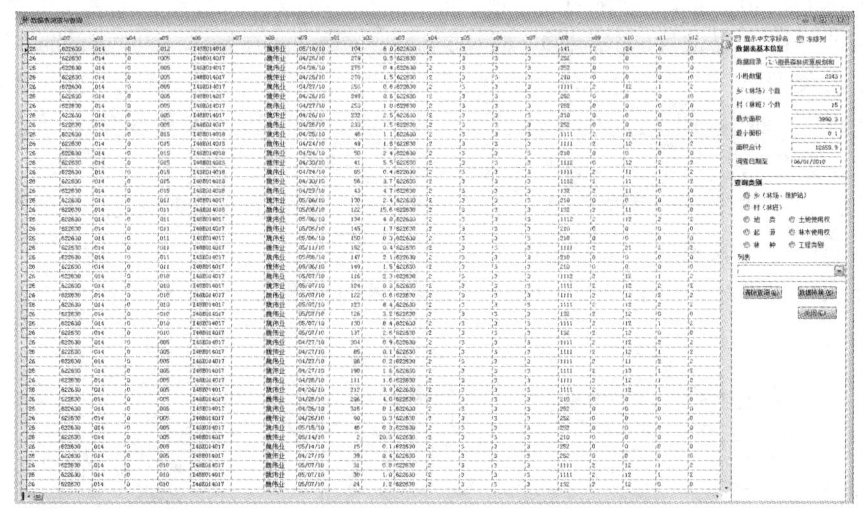

**图 3-86　数据表浏览与查询**

### 第六步：数据表逻辑检查

使用“数据表逻辑检查”功能，可对二类小班数据表结构和各字段属性因子进行逻辑检查。如果导入的二类小班数据表结构与二类数据表标准结构不一致，将显示结构错误列表。当数据表结构没有错误时，才可进行小班逻辑检查，如有逻辑错误将产生逻辑检查结果，并可以将结果导出。导出的数据表结构检查与逻辑检查结果均是独立于该统计软件的 EXCEL 文件，用户可以将其打印、拷贝、转移。

二类数据表逻辑检查步骤如下：

①选择“数据表”菜单中“数据表逻辑检查”项，或在工具栏中选择按钮，选择您要

数据表字段检查

字段名称：正确　　字段类型：正确　　字段长度：1个错误

| 字段名称_标准 | 字段名称_错误 | 字段类型_标准 | 字段类型_错误 | 字段长度_标准 | 字段长度_错误 | 备注 |
|---|---|---|---|---|---|---|
| A01 | | 字符型（String） | | 2 | | 市（林管局、林业局、矿区） |
| A02 | | 字符型（String） | | 6 | | 县（保护局、总场、开发局） |
| A03 | | 字符型（String） | | 3 | | 乡（镇、林场、保护或管理站） |
| A04 | | 字符型（String） | | 3 | | 营林区（作业区、管护站） |
| A05 | | 字符型（String） | | 3 | | 村（林班） |
| A06 | | 字符型（String） | | 16 | | 地形图图幅号 |
| A07 | | 字符型（String） | | 10 | | 卫片号 |
| A08 | | 字符型（String） | | 16 | | 调查员 |
| A09 | | 日期型（Date） | | 8 | | 调查日期 |
| S01 | | 数值型（Number） | | 整数4位，共4位 | | 小班号 |
| S02 | | 数值型（Number） | | 整数4位，小数1位，共6位 | 整数2位，小数1位，共4位 | 小班面积 |
| S03 | | 字符型（String） | | 6 | | 小班所在县（市、区） |
| S04 | | 字符型（String） | | 1 | | 土地所有权 |
| S05 | | 字符型（String） | | 2 | | 土地使用权 |
| S06 | | 字符型（String） | | 2 | | 林木所有权 |
| S07 | | 字符型（String） | | 2 | | 林木使用权 |
| S08 | | 字符型（String） | | 4 | | 地类 |
| S09 | | 字符型（String） | | 1 | | 是否林粮间作 |
| S10 | | 字符型（String） | | 2 | | 起源 |
| S11 | | 字符型（String） | | 1 | | 群落结构 |
| S12 | | 字符型（String） | | 1 | | 自然度 |
| S13 | | 字符型（String） | | 2 | | 森林类别 |

导出　　退出

请您先修改数据表结构错误，数据表结构正确才能进行小班因子逻辑检查　　使用及相关解释请查看帮助中"数据逻辑检查"一

图3-87　数据表字段检查结果

导入的二类数据表，打开数据表逻辑检查窗口。

②如导入的二类小班数据表结构错误，将显示数据表结构检查结果，如图3-87所示。

如果字段名称错误，在"字段名称_ 错误"一列中列出错误的字段名称(字段顺序错误或插入了其他字段，也会导致错误)；如果字段类型错误，在"字段类型_ 错误"一列中列出错误的字段类型(C为字符型，N为数值型，D为日期型)；如果字段名称错误，在"字段长度_ 错误"一列中列出错误的字段长度[对于数值型字段：字段长度 = 整数位 + 小数点(1位) + 小数位数，如23.6，长度应为4位]；凡是出现错误，用户可以通过标准列与错误列对比，找出错误原因并进行修改，也可将错误结果导出为EXCEL文件，如图3-88所示。修改后的数据表须再次进行逻辑检查验证。

③如导入的二类小班数据表没有结构错误，将显示数据表小班逻辑检查界面，如图

数 据 表 结 构 检 查

2010-5-4 9:22

| 字段名称_标准 | 字段名称_错误 | 字段类型_标准 | 字段类型_错误 | 字段长度_标准 | 字段长度_错误 | 备注 |
|---|---|---|---|---|---|---|
| A01 | | 字符型（String） | | 2 | | 市（林管局、林业局、矿区） |
| A02 | | 字符型（String） | | 6 | | 县（保护局、总场、开发局） |
| A03 | | 字符型（String） | | 3 | | 乡（镇、林场、保护或管理站） |
| A04 | | 字符型（String） | | 3 | | 营林区（作业区、管护站） |
| A05 | | 字符型（String） | | 3 | | 村（林班） |
| A06 | | 字符型（String） | | 16 | | 地形图图幅号 |
| A07 | | 字符型（String） | | 10 | | 卫片号 |
| A08 | | 字符型（String） | | 16 | | 调查员 |
| A09 | | 日期型（Date） | | 8 | | 调查日期 |
| S01 | | 数值型（Number） | | 整数4位，共4位 | | 小班号 |
| S02 | | 数值型（Number） | | 整数4位，小数1位，共6位 | 整数2位，小数1位，共4位 | 小班面积 |
| S03 | | 字符型（String） | | 6 | | 小班所在县（市、区） |
| S04 | | 字符型（String） | | 1 | | 土地所有权 |
| S05 | | 字符型（String） | | 2 | | 土地使用权 |
| S06 | | 字符型（String） | | 2 | | 林木所有权 |
| S07 | | 字符型（String） | | 2 | | 林木使用权 |
| S08 | | 字符型（String） | | 4 | | 地类 |
| S09 | | 字符型（String） | | 1 | | 是否林粮间作 |
| S10 | | 字符型（String） | | 2 | | 起源 |
| S11 | | 字符型（String） | | 1 | | 群落结构 |
| S12 | | 字符型（String） | | 1 | | 自然度 |
| S13 | | 字符型（String） | | 2 | | 森林类别 |
| S14 | | 字符型（String） | | 2 | | 事权等级 |
| S15 | | 字符型（String） | | 1 | | 保护等级 |
| S16 | | 字符型（String） | | 1 | | 商品林经营等级 |
| S17 | | 字符型（String） | | 2 | | 工程类别 |
| S18 | | 字符型（String） | | 1 | | 自然保护区功能区 |
| S19 | | 字符型（String） | | 3 | | 林种 |

图3-88　数据表结构检查报告

3-89 所示。下方左侧显示数据表记录数目、数据表市、县级单位列表，右侧显示数据表县级、乡(林场)、村(林班)单位列表；如用户在左侧列表中选择了某一单位，右侧列表将显示该单位的乡(林场)、村(林班)列表；点击“逻辑检查”按钮，开始数据表逻辑检查。

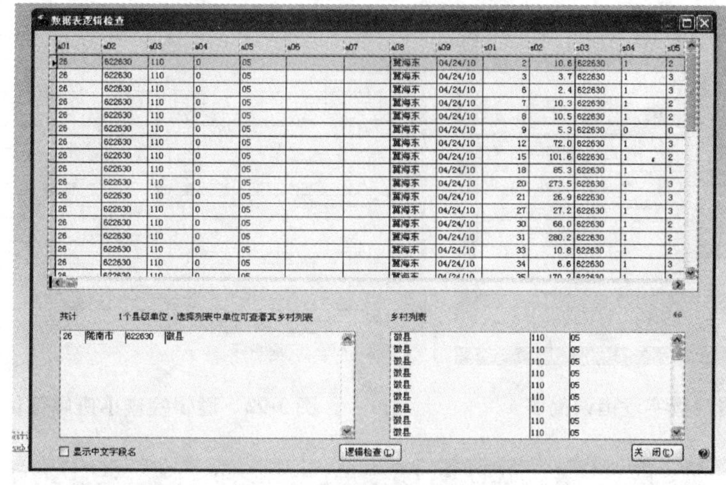


**图 3-89　数据逻辑选项列表**

检查结束后，根据检查结果，系统将结果分为 4 种可能类型：

a. 通过逻辑检查(在与同目录的)；

b. 部分字段存在逻辑错误；

c. 部分字段存在逻辑检查，且涉及统计字段；

d. 其余字段无错误，仅仅是部分小班的平均树高、平均胸径、散生木蓄积、四旁树蓄积 4 个字段应填值但未填写，其原因有可能是小于起测胸径，也有可能是漏填。

因此，系统将对这种情况给出提示，由用户自己确认是否漏填，如果不是漏填，数据表就通过逻辑检查。

如通过逻辑检查，系统会在与数据表同目录的文件夹中生成一个文本文件，文件名为“数据表名 + 逻辑检查已通过”。如没有通过逻辑检查，将显示逻辑检查结果，如图 3-90 所示，建议您将结果导出，这样更便于浏览检查结果。

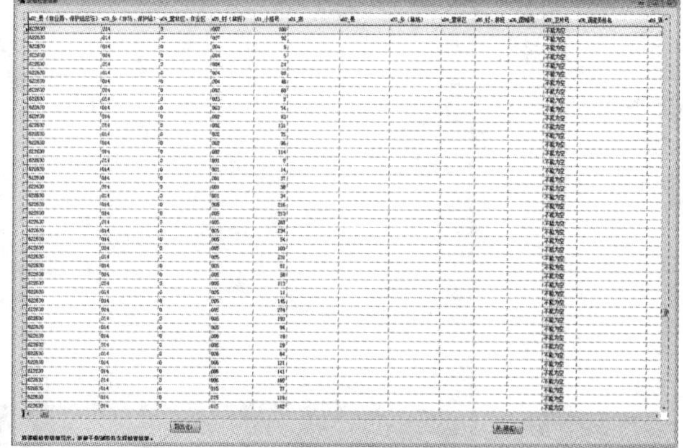

**图 3-90　逻辑检查结果**

点击“导出”按钮，用户可以将逻辑检查结果导出为 EXCEL 文件，其中包括“各字段错误简表”和“小班逻辑检查”2 个工作表，如图 3-91 和图 3-92 所示；如果数据表中出现重复小班号，逻辑检查结果还包括“重复小班号列表”，如图 3-92 所示。

该界面为“各字段错误简表”的打印预览状态，退出打印预览状态，可查看“小班逻辑

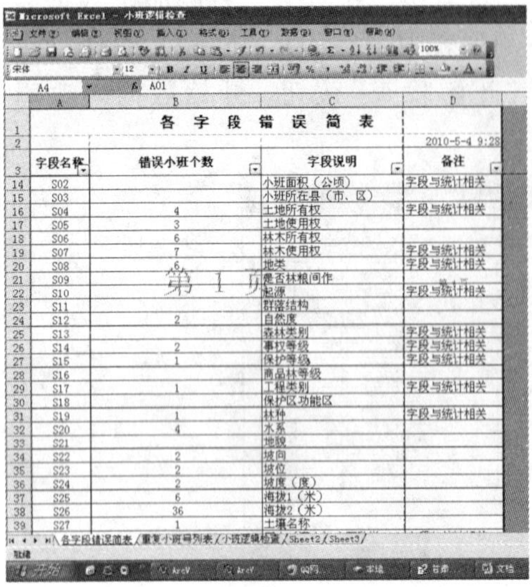

各 字 段 错 误 简 表

图 3-91 逻辑检查字段错误简表

各 字 段 错 误 简 表

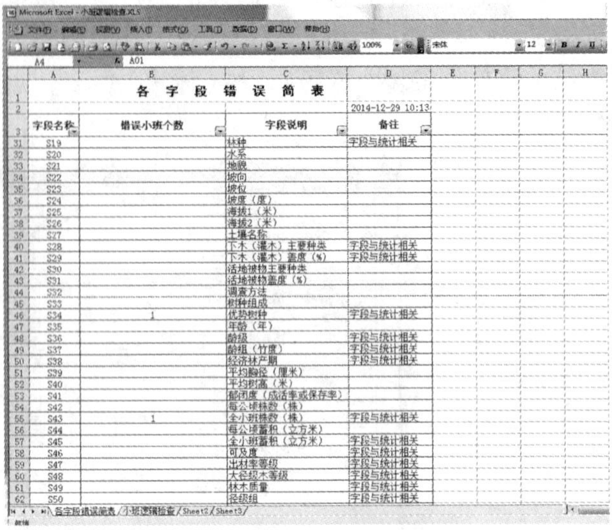

图 3-92 逻辑检查小班属性错误简表

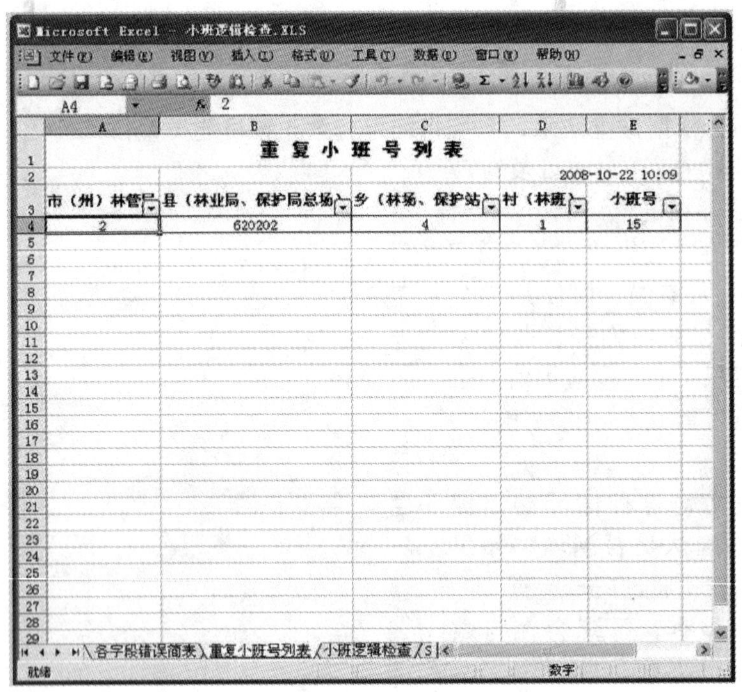

Microsoft Excel - 小班逻辑检查.XLS
重 复 小 班 号 列 表
2008-10-22 10:09
市（州）林管局
县（林业局、保护局总场）
乡（林场、保护站）
村（林班）
小班号
2
620202
4
1
15
各字段错误简表
重复小班号列表
小班逻辑检查

图 3-93 逻辑检查重复小班信息简表

检查”工作表，如图 3-91 所示，其中列出的每个小班每个字段的具体错误原因，便于用户修改二类属性表。

## 第七步：数据转换

该功能是将二类数据表通过代码—汉字转换，生成汉字属性表，而且可以将生成的汉字属性表到导出为 DBF 格式的文件(与原代码数据表格式相同)，其操作步骤如下：

①生成汉字属性表　生成汉字属性表页面中，用户点击“打开”按钮导入数据表，然后点击“转为属性表”，将导入的代码数据转换为汉字数据，如图 3-94 所示。

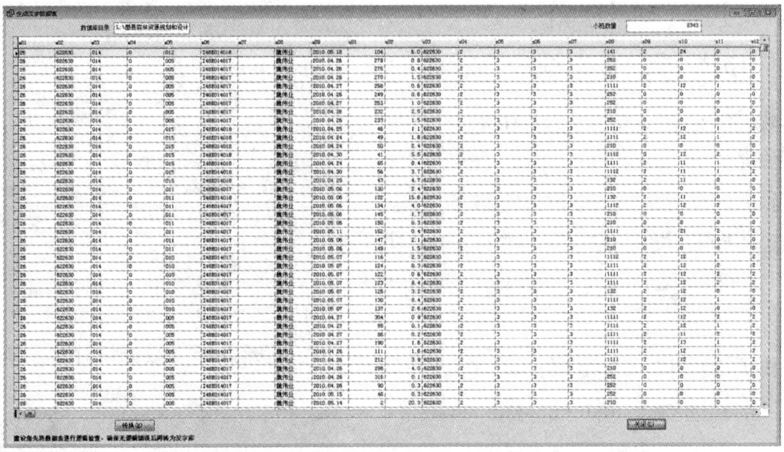

**图 3-94　生成汉字属性表选项**

**图 3-95　数据转换页面**

②数据转换结果　数据转换页面中，用户可以将转换后的汉字属性表导出，如图 3-95 所示。

备注：该模块只提供数据转换功能，不进行数据逻辑检查过程。因此，用户如要使用数据转换功能，应先将使数据表通过逻辑检查，确定没有逻辑错误后再进行数据转换。

### 第八步：数据统计

数据统计功能是将通过逻辑检查、确认没有逻辑错误的二类数据作为数据源，按照用户确定的数据汇总级别，生成相应的二类数据统计表，统计完成后，提示用户将统计结果保存为 EXCEL 格式的电子表格；如您要统计以市(州)林管局为单位统计，导入的数据中只能有一个市级单位，即“a01”字段值必须全部一致，统计结果为该市级单位统计表；如要以县(林业局、保护站总场)为单位统计，导入的数据中只能有一个县级单位，即“a02”

字段值必须全部一致，统计结果为该县级单位统计表，以及所属乡(林场、保护站)和村(林班)统计表；其操作步骤如下：

①在菜单中选择“数据统计”或点击工具栏中的“数据统计”按钮，在打开的窗口中选择需要进行统计的二类数据表；在数据统计窗口中，将显示数据表的路径与数据表的小班数量；如果您在没有输入乡村代码表进行统计，必须选择窗体中“无乡村代码统计”选项。

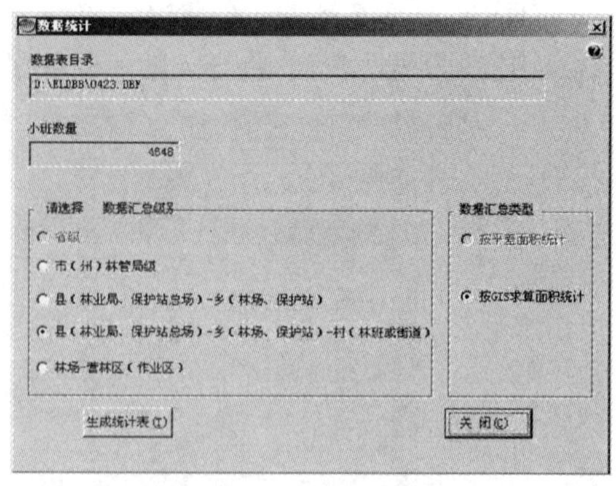

图 3-96　数据统计级别选项表

在“数据汇总级别”和“数据汇总类型”栏中，根据统计需求选择不同的选项，如图 3-96 所示。

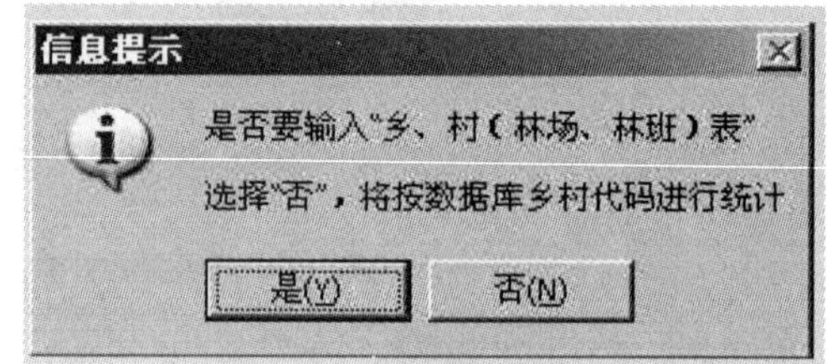


图 3-97　乡、村表输入提示框

如果您已经对二类小班表计算过平差面积，可在“数据汇总类型”一栏中选择“按平差面积统计”；选择“按 GIS 求算面积统计”，软件将按照计算机求算的小班面积进行数据汇总。

②要对数据进行统计，在“数据统计”窗口中选择“生成统计表”按钮，如果您在统计之前还没有输入“乡村名称表”，软件将会提示您是否输入“乡村名称”；选择“否”，软件将按照二类数据表中的代码进行统计，如图 3-97 所示。

如果您选择“是”，软件将打开“乡村名称输入”窗口，如图 3-98 所示，在“乡村名称输入”窗口中输入相应乡村名称，输入完成后，选择“生成乡村名称表”，如输入正确，在生成“乡村名称表”后，关闭“乡村名称表”，再进行统计。

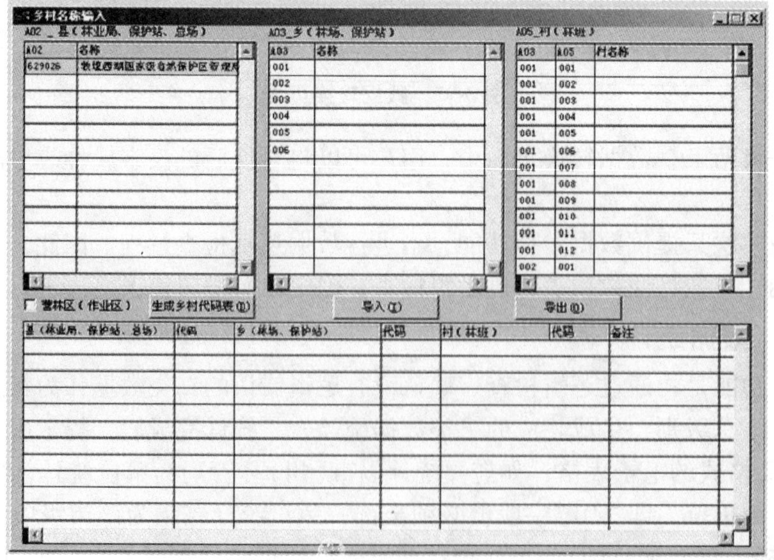

图 3-98　乡村名称输入表

二类数据表相应乡村名称输入，如需修改可进行编辑；输入完成后选择“乡村名称输入“窗口中的导出”按钮，即可将您输入的乡村代码表导出为 DBF 格式的文件，便于您再次统计该数据表时，点击“导入”按钮，可将您输入的乡村代码表再次导入，如图 3-99 所示。

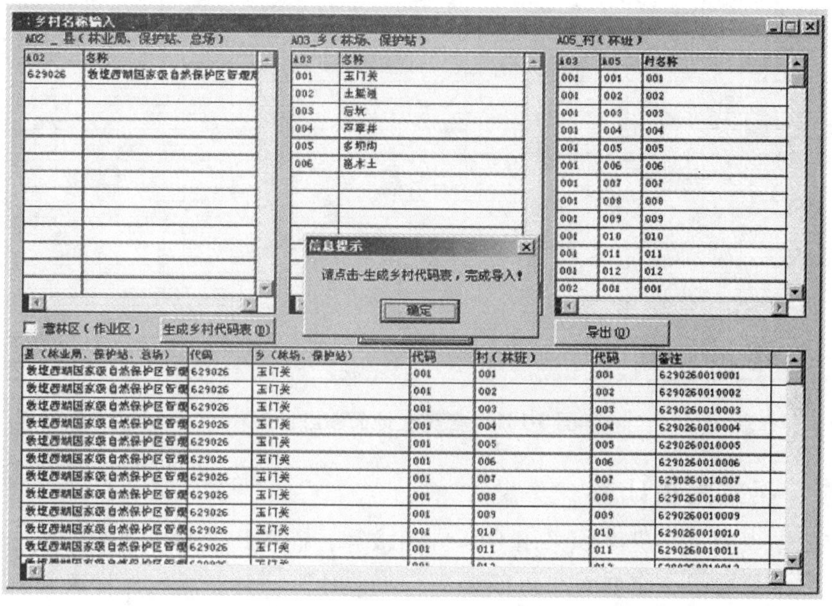


**图 3-99　乡村名称信息导入及导出列表**

如果您需要统计其他单位或其他乡村的数据，您必须先清除原来生成的乡村代码表。方法为：选择工具栏中点击按钮（清除乡村代码表），系统将清除您已生成的乡村代码表。

③完成乡村代码表输入后，关闭“乡村代码输入”窗口，在“数据统计”窗口中选择“导入”，系统提示用户数据导入完成，如图 3-100 所示。

**图 3-100　信息导入提示框**

④数据导入完成之后，通过选择不同数据汇总级别（市级或县级），程序将以您导入的二类数据表作为数据源进行计算；计算过程无需用户任何操作，数据计算时间因数据量不同而异；计算完成后生成统计 EXCEL 格式的统计结果，如图 3-101 所示。同时已完成各报表排版工作，并提示用户将统计结果进行保存。

备注：“乡村名称表”必须与当前的二类数据表相对应，如果您修改了二类数据表的乡或村的数据，必须重新生成相应的“乡村名称表”。

对需要进行汇总的数据表，必须是经过逻辑检查，确定没有逻辑错误后，再进行汇总。

数据表有逻辑错误可能导致统计结果不完整或不正确，软件将提示用户在统计过程出现错误，建议您先进行逻辑检查。

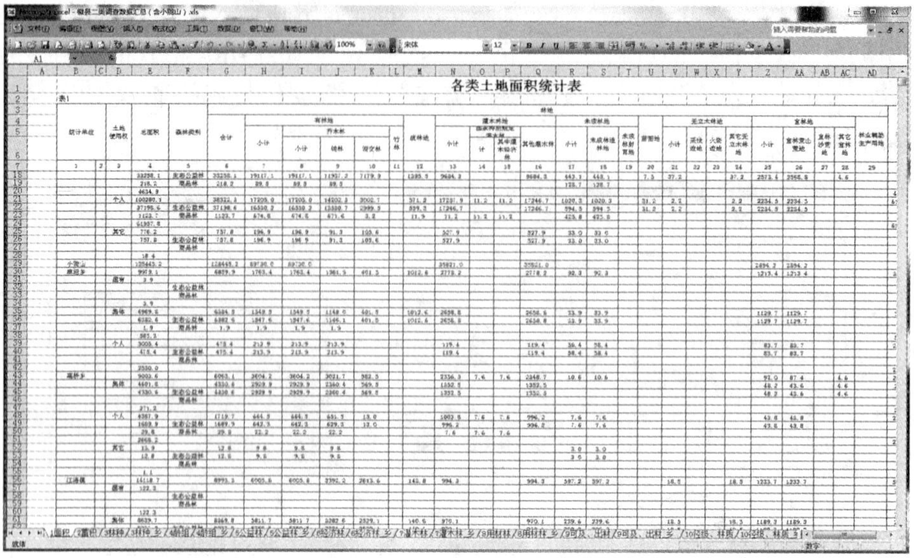

图 3-101　各类土地面积统计表

## 第九步：平差面积计算

在二类数据表中，小班面积采用 GIS 自动求算，面积以公顷为单位，保留小数一位。根据二类数据汇总要求，需要对小班面积进行平差计算，林业局、保护区、森林公园、林场面积整化到十位，村(林班)面积整化到个位。

①在使用二类统计软件进行小班面积平差前，请先对数据进行逻辑检查，如有重复小班号将不能产生正确的平差结果。

②在“数据统计”菜单中选择“平差面积计算”，或在工具栏中选择 按钮，选择您需要进行平差计算的二类数据表，打开“平差面积计算”窗体。窗体上方显示“二类数据表”，以及数据表中涉及的乡(林场)、村(林班)、小班数量。窗体下方以显示“平查表”，列出二类数据表对应的各乡(林班)面积，如图 3-102 所示。

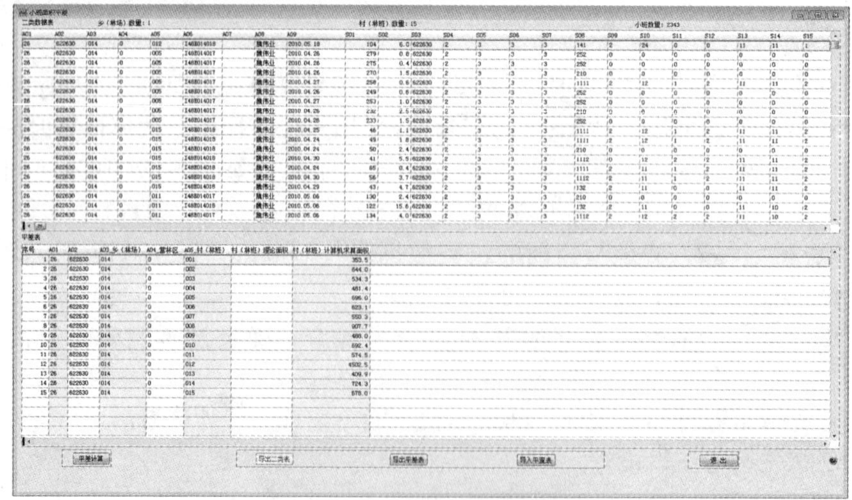

图 3-102　平差面积计算结果

③在导入二类数据表后，需要您以在“平差表”中的“村(林班)面积”列中输入各村(林班)的平差面积；点击“平差面积计算”窗体中的“平差计算”按钮，如您在平差面积输入过程中有遗漏(即面积为0)，将提示您将平差面积补充完整，如图 3-103 所示。

图 3-103　平差面积填写不完整提示框

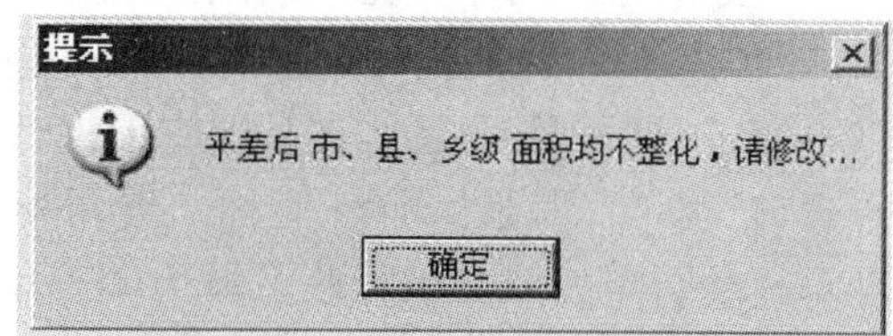


图 3-104　平差面积不整化提示框

平差面积输入完成后，选择“平差计算”按钮，如果您输入的村(林班)面积达不到整化要求，将提示您相应级别的平差面积不整化，根据提示核对相应的市(州)、县(保护区)、乡(林场)整化面积，并修改，如图 3-104 所示。

④各级平差面积达到整化要求后，选择“平差计算”按钮，进行小班面积平差计算，在“平差面积计算”窗体上方的数据表中将会增加 2 个字段：“Pcmj”(小班平差面积)和“Dblink”(由 A01，A02，A03，A04，A05，S01 组成的字符串)，如图 3-105 所示。

平差面积计算

二类数据表　乡(林场)数量：7　村(林班)数量：49　小班数量：4648

| S65 | S67 | S68 | S69 | S70 | S71 | S72 | S73 | S74 | S75 | Pcmj | Dblink |
|---|---|---|---|---|---|---|---|---|---|---|---|
| 1 | | 0 | | | | | | | | 13.4 | 0462040200600477 |
| 1 | | 0 | | | | | | | | 4.2 | 0462040200600473 |
| 1 | | 0 | | | | | | | | 6.6 | 0462040200600472 |
| 1 | | 0 | | 12 | 1 | 2 | 7 | 7 | | 2.2 | 0462040200600474 |
| 1 | | 0 | | | | | | | | 0.8 | 0462040200600468 |
| 1 | | 0 | | 13 | 1 | 2 | 6 | 6 | | 35.0 | 0462040200600467 |
| 1 | | 0 | | | | | | | | 20.6 | 0462040200600466 |
| 1 | | 0 | | 13 | 1 | 2 | 6 | 6 | | 14.2 | 0462040200600459 |
| 1 | | 0 | | | | | | | | 2.1 | 0462040200600464 |
| 1 | | 0 | | 13 | 1 | 2 | 6 | 6 | | 13.8 | 0462040200600463 |
| 1 | | 0 | | 13 | 1 | 2 | 6 | 6 | | 20.3 | 0462040200600461 |

平差表

| 序号 | A01 | A02 | A03_乡(林场) | A04_营林区 | A05_村(林班) | 村(林班)面积 | 村(林班)平差 | 平差比例 | 乡(林场) | 县(保护区) | 市( |
|---|---|---|---|---|---|---|---|---|---|---|---|
| 1 | 04 | 620402 | 001 | | 001 | 6049.2 | 6060 | 1.0018 | 46280 | 133220 | 3220 |
| 2 | 04 | 620402 | 001 | | 002 | 5917.8 | 5920 | 1.0004 | 46280 | 133220 | 3220 |
| 3 | 04 | 620402 | 001 | | 003 | 8162.3 | 8160 | 0.9997 | 46280 | 133220 | 3220 |
| 4 | 04 | 620402 | 001 | | 004 | 4738.5 | 4740 | 1.0003 | 46280 | 133220 | 3220 |
| 5 | 04 | 620402 | 001 | | 005 | 8696.6 | 8700 | 1.0004 | 46280 | 133220 | 3220 |
| 6 | 04 | 620402 | 001 | | 006 | 4579.6 | 4580 | 1.0001 | 46280 | 133220 | 3220 |
| 7 | 04 | 620402 | 001 | | 007 | 8118.0 | 8120 | 1.0002 | 46280 | 133220 | 3220 |
| 8 | 04 | 620402 | 002 | | 001 | 5590.6 | 5590 | 0.9999 | 27470 | 133220 | 3220 |
| 9 | 04 | 620402 | 002 | | 002 | 6262.8 | 6260 | 0.9996 | 27470 | 133220 | 3220 |
| 10 | 04 | 620402 | 002 | | 003 | 4570.4 | 4570 | 0.9999 | 27470 | 133220 | 3220 |
| 11 | 04 | 620402 | 002 | | 004 | 688.4 | 690 | 1.0023 | 27470 | 133220 | 3220 |

平差计算　导出二类表　导出平差表　导入平查表　退出

图 3-105　平差面积计算结果

⑤二类数据表平差面积计算完成后，选择“导出二类表”导出平差计算后的二类数据表，可对该数据表按照平差面积进行数据汇总；选择“导出平差表”导出您按照村(林班)输入的平差表，便于您再次对该数据表进行平差计算时，选择“导入平查表”导入二类数据表相对应的平查表，不用再次输入村(林班)平差面积。

## 3.2.2　森林资源统计理论基础与内容

我国森林资源调查根据监测目的差异，把森林资源调查分为国家森林资源连续清查、森林资源规划设计调查和作业设计调查。每类调查任务依据监测对象与目标的不同，都有规范的统计报表以反映森林资源现状及变化信息。森林资源统计报表具有中国式报表一些通用的特点，其统计计算也有行业自身的特点。(LY/T 1957—2011)《国家森林资源连续清查数据处理统计规范》对国家森林资源连续清查的数据录入、数据处理统计和成果报表提出了统一规范的技术要求。数据处理统计，使用全国统一编制的数据处理统计软件。一般以省和副总体为单位分别进行统计。统计单位要求面积为百公顷，蓄积及其生长量、消耗量为百立方米，株数为万株。主要统计量包括各统计类型的面积、蓄积、株数、森林覆盖率等，共涉及33个表格。这一种统计形式在基层应用相对较少。二类调查统计在基层应该比较多。

森林资源规划设计调查(简称二类调查)是以国有林业局(场)、自然保护区、森林公园等森林经营单位或县级行政区域为调查单位，以满足森林经营方案、总体设计、林业区划与规划设计需要而进行的森林资源调查。其主要任务是查清森林、林地和林木资源的种类、数量、质量与分布，客观反映调查区域自然、社会经济条件，综合分析与评价森林资源与经营管理现状，提出对森林资源培育、保护与利用意见。调查成果是建立或更新森林资源档案，制定森林采伐限额，进行林业工程规划设计和森林资源管理的基础，也是制定区域国民经济发展规划和林业发展规划，实行森林生态效益补偿和森林资源资产化管理，指导和规范森林科学经营的重要依据。因此，二类调查统计在基层应用比较多。

**(1)统计要求**

资源统计原则上要求以省为单位采用统一的计算机统计软件。每个省的资源统计方法要一致，各种统计成果报表在形式和内容上均要相同。统计报表采用由小班、林班向上逐级统计汇总方式进行。国有林业局统计到林场，林场统计到营林区(或作业区)，营林区(或作业区)统计到林班。自然保护区、森林公园从管理局(处)统计到管理站(所)，管理站(所)统计到功能区(景区)，功能区(景区)统计到林班。县级行政单位从县统计到乡，乡统计到村，村统计到林班。

**(2)质量控制**

①按照"层层控制，分级量算，按比例平差"的原则进行面积量算。即先量算林业局(县、保护区、森林公园)的面积，再量算林场(乡、管理站)、林班(村)面积，最后量算小班面积。如无特殊情况，县、乡各级行政单位的面积应与民政部门公布的面积一致。各级面积经准确量算后，复查时除非界线发生变化，否则不准变动。

②国有林业局(县、保护区、森林公园)、林场(乡、管理站)的面积用理论图幅面积计算，即将分布在各图幅上的部分累加求得。一个图幅上的各部分面积，要分别量测进行平差。

③用地理信息系统(GIS)绘制成果图时，可直接用地理信息系统量算林班和小班面积。手工绘制成果图时，可用几何法、网点网格法或求积仪等量算林班和小班面积。

④林场(乡)内各林班面积之和与林场面积相差不到1%，林班内各小班面积之和与林班面积相差不到2%时，可进行平差，否则应重新量算。

⑤面积量算以公顷为单位，精确到0.1$hm^2$。

**(3)统计表**

应提交下列5种统计表，格式见下表3-3~表3-7，其他统计表由各省(自治区、直辖市)确定，可参见下表3-8~表3-14。

**表 3-3 各类土地面积统计表**

hm$^2$、%

| 统计单位 | 土地使用权 | 总面积 | 森林类别 | 林地 | | | | | | | | | | | | | | | | | | | | | | | | 非林地 | 森林覆盖率 | 林木绿化率 |
|---|---|---|---|---|---|---|---|---|---|---|---|---|---|---|---|---|---|---|---|---|---|---|---|---|---|---|---|---|---|---|
| | | | | 合计 | 有林地 | | | | | 疏林地 | 灌木林地 | | | | 未成林地 | | | 苗圃地 | 无立木林地 | | | | 宜林地 | | | | 林业辅助生产用地 | | | |
| | | | | | 小计 | 乔木林 | | | 竹林 | | 小计 | 国家特别规定灌木林 | | 其他灌木林 | 小计 | 未成林造林地 | 未成林封育地 | | 小计 | 采伐迹地 | 火烧迹地 | 其他无立木林地 | 小计 | 宜林荒山荒地 | 宜林沙荒地 | 其他宜林地 | | | | |
| | | | | | | 小计 | 纯林 | 混交林 | | | | 小计 | 其中灌木经济林 | | | | | | | | | | | | | | | | | |
| (1) | (2) | (3) | (4) | (5) | (6) | (7) | (8) | (9) | (10) | (11) | (12) | (13) | (14) | (15) | (16) | (17) | (18) | (19) | (20) | (21) | (22) | (23) | (24) | (25) | (26) | (27) | (28) | (29) | (30) | (31) |
| | | | | | | | | | | | | | | | | | | | | | | | | | | | | | | |

**表 3-4 各类森林、林木面积蓄积统计表**

hm$^2$、m$^3$、株

| 统计单位 | 林木使用权 | 活立木总蓄积量 | 有林地 | | | | | | | | | 疏林 | | 四旁树 | | 散生木 | |
|---|---|---|---|---|---|---|---|---|---|---|---|---|---|---|---|---|---|
| | | | 面积合计 | 乔木林 | | | | | | 竹林 | | | | | | | |
| | | | | 小计 | | 纯林 | | 混交林 | | | | | | | | | |
| | | | | 面积 | 蓄积 | 面积 | 蓄积 | 面积 | 蓄积 | 面积 | 蓄积 | 面积 | 蓄积 | 株数 | 蓄积 | 株数 | 蓄积 |
| (1) | (2) | (3) | (4) | (5) | (6) | (7) | (8) | (9) | (10) | (11) | (12) | (13) | (14) | (15) | (16) | (17) | (18) |
| | | | | | | | | | | | | | | | | | |

**表 3-5　林种统计表**

hm$^2$、m$^3$、株

| 统计单位 | 林木使用权 | 总面积 | 活立木总蓄积量 | 林种 | 亚林种 | 有林地 | | | | | | | | | | | | | | | 疏林 | | 灌木林 | | | 未成林地 | | | 苗圃地 | 无立木林地 | | | | 宜林地 | | | | 林业辅助生产用地 |
|---|---|---|---|---|---|---|---|---|---|---|---|---|---|---|---|---|---|---|---|---|---|---|---|---|---|---|---|---|---|---|---|---|---|---|---|---|---|---|
| | | | | | | 合计 | 乔木林 | | | | | | | | | | | | 竹林 | | | | 小计 | 国家特别规定灌木林 | 其他灌木林 | 小计 | 未成林造林地 | 未成林封育地 | | 小计 | 采伐迹地 | 火烧迹地 | 其他无立木林地 | 小计 | 宜林荒山荒地 | 宜林沙荒地 | 其他宜林地 | |
| | | | | | | | 小计 | | 幼龄林 | | 中龄林 | | 近熟林 | | 成熟林 | | 过熟林 | | | | | | | | | | | | | | | | | | | | | |
| | | | | | | 面积 | 面积 | 蓄积 | 面积 | 蓄积 | 面积 | 蓄积 | 面积 | 蓄积 | 面积 | 蓄积 | 面积 | 蓄积 | 面积 | 株数 | 面积 | 蓄积 | | | | | | | | | | | | | | | | |
| (1) | (2) | (3) | (4) | (5) | (6) | (7) | (8) | (9) | (10) | (11) | (12) | (13) | (14) | (15) | (16) | (17) | (18) | (19) | (20) | (21) | (22) | (23) | (24) | (25) | (26) | (27) | (28) | (29) | (30) | (31) | (32) | (33) | (34) | (35) | (36) | (37) | (38) | (39) |
| | | | | | | | | | | | | | | | | | | | | | | | | | | | | | | | | | | | | | | |

**表 3-6　乔木林面积蓄积按龄组统计表**

hm$^2$、m$^3$

| 统计单位 | 林木使用权 | 起源 | 优势树种 | 纯林或混交林 | 合计 | | 幼龄林 | | 中龄林 | | 近熟林 | | 成熟林 | | 过熟林 | |
|---|---|---|---|---|---|---|---|---|---|---|---|---|---|---|---|---|
| | | | | | 面积 | 蓄积 | 面积 | 蓄积 | 面积 | 蓄积 | 面积 | 蓄积 | 面积 | 蓄积 | 面积 | 蓄积 |
| (1) | (2) | (3) | (4) | (5) | (6) | (7) | (8) | (9) | (10) | (11) | (12) | (13) | (14) | (15) | (16) | (17) |
| | | | | | | | | | | | | | | | | |

**表 3-7 生态公益林(地)统计表**

$hm^2$

| 统计单位 | 土地使用权 | 总面积 | 工程类别 | 事权等级 | 保护等级 | 有林地 | | | | | 疏林地 | 灌木林地 | | | 未成林地 | | | 苗圃地 | 无立木林地 | | | | 宜林地 | | | | 林业辅助生产用地 |
|---|---|---|---|---|---|---|---|---|---|---|---|---|---|---|---|---|---|---|---|---|---|---|---|---|---|---|---|
| | | | | | | 合计 | 乔木林 | | | 竹林 | | 小计 | 国家特别规定灌木林 | 其他灌木林 | 小计 | 未成林造林地 | 未成林封育地 | | 小计 | 采伐迹地 | 火烧迹地 | 其他无立木林地 | 小计 | 宜林荒山荒地 | 宜林沙荒地 | 其他宜林地 | |
| | | | | | | | 小计 | 纯林 | 混交林 | | | | | | | | | | | | | | | | | | |
| (1) | (2) | (3) | (4) | (5) | (6) | (7) | (8) | (10) | (11) | (12) | (13) | (14) | (15) | (16) | (17) | (18) | (19) | (20) | (21) | (22) | (23) | (24) | (25) | (26) | (27) | (28) | (29) |
| | | | | | | | | | | | | | | | | | | | | | | | | | | | |

**表 3-8 经济林统计表**

$hm^2$、株

| 统计单位 | 林木使用权 | 起源 | 树种 | 乔木经济林 | | | | | | | | | | 灌木经济林 | | | | |
|---|---|---|---|---|---|---|---|---|---|---|---|---|---|---|---|---|---|---|
| | | | | 合计 | | 产前期 | | 初产期 | | 盛产期 | | 衰产期 | | 合计 | 产前期 | 初产期 | 盛产期 | 衰产期 |
| | | | | 面积 | 株数 | 面积 | 株数 | 面积 | 株数 | 面积 | 株数 | 面积 | 株数 | | | | | |
| (1) | (2) | (3) | (4) | (5) | (6) | (7) | (8) | (9) | (10) | (11) | (12) | (13) | (14) | (15) | (16) | (17) | (18) | (19) |
| | | | | | | | | | | | | | | | | | | |

**表 3-9 灌木林统计表**

$hm^2$

| 统计单位 | 土地使用权 | 起源 | 优势树种 | 合计 | | | | 国家特别规定灌木林 | | | | 其他灌木林 | | | |
|---|---|---|---|---|---|---|---|---|---|---|---|---|---|---|---|
| | | | | 合计 | 疏 | 中 | 密 | 计 | 疏 | 中 | 密 | 计 | 疏 | 中 | 密 |
| (1) | (2) | (3) | (4) | (5) | (6) | (7) | (8) | (9) | (10) | (11) | (12) | (13) | (14) | (15) | (16) |
| | | | | | | | | | | | | | | | |

**表 3-10 用材林面积蓄积按龄级统计表**

hm²、m³

| 统计单位 | 林木使用权 | 亚林种 | 合计 | | Ⅰ龄级 | | Ⅱ龄级 | | Ⅲ龄级 | | Ⅳ龄级 | | Ⅴ龄级 | | Ⅵ龄级 | | Ⅶ龄级 | | Ⅷ以上龄级 | |
|---|---|---|---|---|---|---|---|---|---|---|---|---|---|---|---|---|---|---|---|---|
| | | | 面积 | 蓄积 | 面积 | 蓄积 | 面积 | 蓄积 | 面积 | 蓄积 | 面积 | 蓄积 | 面积 | 蓄积 | 面积 | 蓄积 | 面积 | 蓄积 | 面积 | 蓄积 |
| (1) | (2) | (3) | (4) | (5) | (6) | (7) | (8) | (9) | (10) | (11) | (12) | (13) | (14) | (15) | (16) | (17) | (18) | (19) | (20) | (21) |
| | | | | | | | | | | | | | | | | | | | | |

**表 3-11 用材林近、成、过熟林面积蓄积按可及度、出材等级统计表**

hm²、m³

| 统计单位 | 林木使用权 | 起源 | 优势树种 | 可及度 | | | | | | | | 出材等级 | | | | | | | |
|---|---|---|---|---|---|---|---|---|---|---|---|---|---|---|---|---|---|---|---|
| | | | | 合计 | | 即可及 | | 将可及 | | 不可及 | | 合计 | | Ⅰ级 | | Ⅱ级 | | Ⅲ级 | |
| | | | | 面积 | 蓄积 | 面积 | 蓄积 | 面积 | 蓄积 | 面积 | 蓄积 | 面积 | 蓄积 | 面积 | 蓄积 | 面积 | 蓄积 | 面积 | 蓄积 |
| (1) | (2) | (3) | (4) | (5) | (6) | (7) | (8) | (9) | (10) | (11) | (12) | (13) | (14) | (15) | (16) | (17) | (18) | (19) | (20) |
| | | | | | | | | | | | | | | | | | | | |

**表 3-12 用材林近、成、过熟林各树种株数、蓄积按径级组、林木质量统计表**

株、m³

| 统计单位 | 林木使用权 | 起源 | 龄组 | 树种 | 径级组 | | | | | | | | | | 林木质量 | | | | | | | |
|---|---|---|---|---|---|---|---|---|---|---|---|---|---|---|---|---|---|---|---|---|---|---|
| | | | | | 合计 | | 小径组 | | 中径组 | | 大径组 | | 特大径组 | | 合计 | | 商品用材树 | | 半商品用材树 | | 薪材树 | |
| | | | | | 株数 | 蓄积 | 株数 | 蓄积 | 株数 | 蓄积 | 株数 | 蓄积 | 株数 | 蓄积 | 株数 | 蓄积 | 株数 | 蓄积 | 株数 | 蓄积 | 株数 | 蓄积 |
| (1) | (2) | (3) | (4) | (5) | (6) | (7) | (8) | (9) | (10) | (11) | (12) | (13) | (14) | (15) | (16) | (17) | (18) | (19) | (20) | (21) | (22) | (23) |
| | | | | | | | | | | | | | | | | | | | | | | |

表 3-13 用材林与一般公益林中异龄林面积蓄积按大径木比等级统计表

$hm^2$、$m^3$

| 统计单位 | 林木使用权 | 起源 | 优势树种 | 合计 | | 大径比<30% | | 大径比 30%~69% | | 大径比≥70% | |
|---|---|---|---|---|---|---|---|---|---|---|---|
| | | | | 面积 | 蓄积 | 面积 | 蓄积 | 面积 | 蓄积 | 面积 | 蓄积 |
| (1) | (2) | (3) | (4) | (5) | (6) | (7) | (8) | (9) | (10) | (11) | (12) |
| | | | | | | | | | | | |

表 3-14 竹林统计表

$hm^2$、株

| 统计单位 | 林木使用权 | 起源 | 林种 | 合计 | | 毛竹林 | | | | | 杂竹 | | 散生毛竹 |
|---|---|---|---|---|---|---|---|---|---|---|---|---|---|
| | | | | 面积 | 株数 | 面积 | 株数 | | | | 面积 | 株数 | 株数 |
| | | | | | | | 小计 | 幼龄竹 | 壮龄竹 | 老龄竹 | | | |
| (1) | (2) | (3) | (4) | (5) | (6) | (7) | (8) | (9) | (10) | (11) | (12) | (13) | (14) |
| | | | | | | | | | | | | | |

# 任务 3.3

## 制作图面材料

### →任务描述

搜集一个县的森林资源规划设计调查的矢量数据以及与属性数据库相匹配的各类因子代码表，准备好已经配准的一个林班的 1∶10 000 或 1∶50 000 地形图栅格数据。组织学生利用 ArcGIS 软件的制图功能按林业制图的要求制作基本图和林相图。

任务完成后提交一个林班的林相图。

### →任务目标

**(一)知识目标**

1. 熟悉林业专题图绘制工序。
2. 掌握林业专题图的绘制方法。

**(二)能力目标**

1. 能用地形图和森林资源调查资料绘制基本图。
2. 能用森林资源造林规划设计调查资料和数据绘制林相图。

### →知识准备

## 3.3.1 子任务一：制作基本图

### 3.3.1.1 实践操作：制作基本图过程与要点分析

**第一步：打开 ArcGIS 10.0，起动 ArcMAP，加载矢量化后产生的 shape 文件(基础数据)**

右击图层，点击添加数据，选择所要添加的数据，点击添加，如图 3-106 所示。数据加载结果如图 3-107 所示。

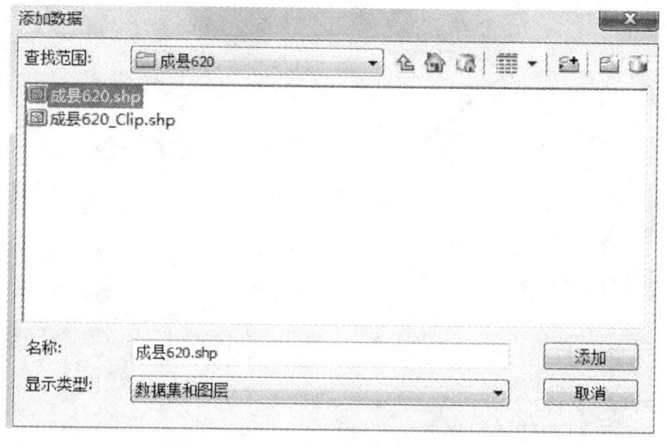


图 3-106 数据加载对话框

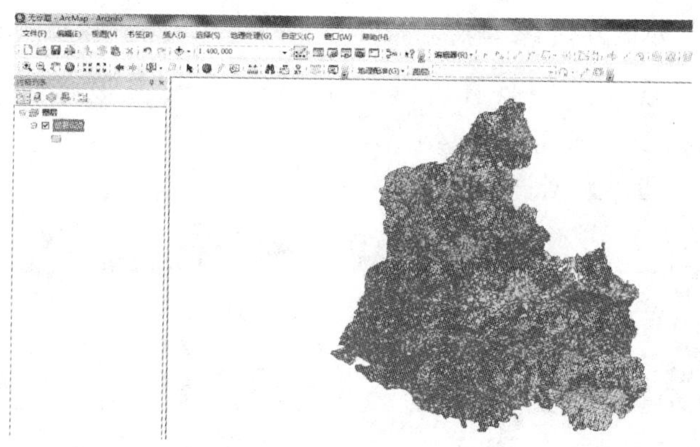

图 3-107 数据加载结果(甘肃成县)

**第二步：浏览数据属性表，并将该图层按照县、乡、村(林班)进行融合**

右击成县图层，点击打开属性表，如图 3-108 所示。

表

成县620

| A02 | A03 | A04 | A05 | A06 | A07 | A08 | A( |
|---|---|---|---|---|---|---|---|
| 622624 | 003 | 0 | 005 | I48E013015 | 262-282 | 杜剑 | 2011/1/ |
| 622624 | 003 | 0 | 005 | I48E013015 | 262-282 | 杜剑 | 2011/1/ |
| 622624 | 003 | 0 | 005 | I48E013015 | 262-282 | 杜剑 | 2011/1/ |
| 622624 | 003 | 0 | 005 | I48E013015 | 262-282 | 杜剑 | 2011/1/ |
| 622624 | 003 | 0 | 005 | I48E013015 | 262-282 | 杜剑 | 2011/1/ |
| 622624 | 003 | 0 | 005 | I48E013015 | 262-282 | 杜剑 | 2011/1/ |
| 622624 | 003 | 0 | 005 | I48E013015 | 262-282 | 杜剑 | 2011/1/ |
| 622624 | 003 | 0 | 005 | I48E013015 | 262-282 | 杜剑 | 2011/1/ |
| 622624 | 003 | 0 | 005 | I48E013015 | 262-282 | 杜剑 | 2011/1/ |
| 622624 | 003 | 0 | 005 | I48E013015 | 262-282 | 杜剑 | 2011/1/ |
| 622624 | 003 | 0 | 005 | I48E013015 | 262-282 | 杜剑 | 2011/1/ |
| 622624 | 003 | 0 | 005 | I48R013015 | 262-282 | 杜剑 | 2011/1/ |
| 622624 | 003 | 0 | 005 | I48E013015 | 262-282 | 杜剑 | 2011/1/ |
| 622624 | 003 | 0 | 005 | I48E013015 | 262-282 | 杜剑 | 2011/1/ |
| 622624 | 003 | 0 | 005 | [illegible] | [illegible] | 杜剑 | [illegible] |

1 (0 / 31518 已选择)

成县620

图 3-108 成县数据属性表

浏览属性数据，对应小班因子属性结构表，找到县、乡、村(林班)所代表的字段。

小班因子属性结构表

| 字段名 | 字段说明 | 数据类型 | 整数位数（或字符长度） | 小数位数 |
|---|---|---|---|---|
| A01 | 市（州）林管局 | String | 2 | |
| A02 | 县（林业局、保护站总场） | String | 6 | |
| A03 | 乡（林场、保护站） | String | 3 | |
| A04 | 营林区、作业区 | String | 3 | |
| A05 | 村（林班） | String | 3 | |
| A06 | 地形图图幅号 | String | 16 | |
| A07 | 卫片号 | String | 10 | |
| A08 | 调查员姓名 | String | 16 | |
| A09 | 调查日期 | Date | | |
| S01 | 小班号 | Number | 4 | |
| S02 | 小班面积（公顷） | Number | 4 | 1 |
| S03 | 小班所在县[市、区] | String | 6 | |
| S04 | 土地所有权 | String | 1 | |

图 3-109　小班因子属性结构表

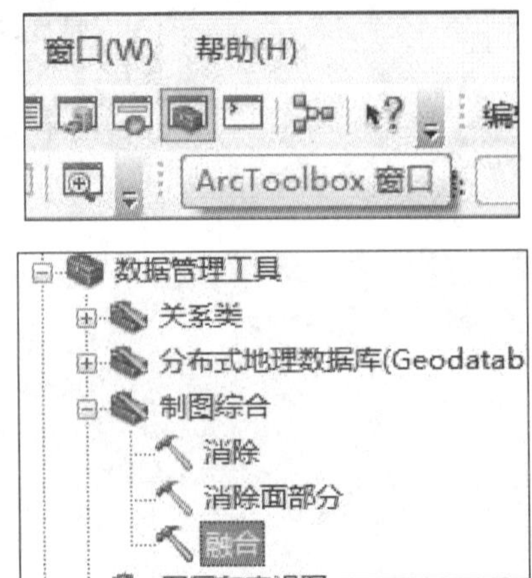


图 3-110　小班融合菜单选项

如图 3-109 所示，县、乡、村(林班)用字段 A02、A03、A05 表示，下面利用这 3 个字段记录将成县的县、乡、村界线提取出来。

点击 ArcToolbox，选择数据管理工具→制图综合→融合，如图 3-110 所示。

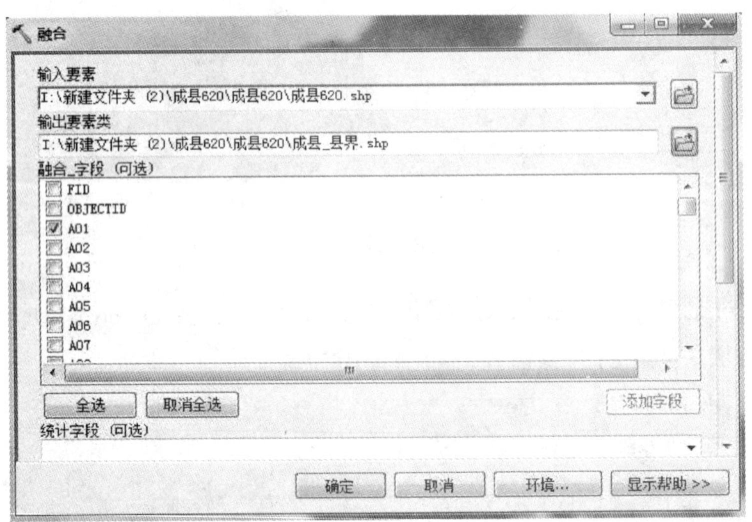


图 3-111　小班融合属性选项

如图 3-111 所示，选择输入要素，设定输出要素的名称和存放路径，点击确定。将该要素按照不同字段分别融合，按村字段融合后的结果如图 3-112 所示。

## 第三步：将融合后的各图层进行面转线，形成县、乡、村的界线

打开 ArcToolbox 工具栏，选择数据管理工具→要素→要素转线，如图 3-113 所示。

选择要转换的要素，编辑输出要素的名称和存放路径并保留属性，点击确定。分别将县、乡、村面状图层转为线图层，如图 3-114 所示。

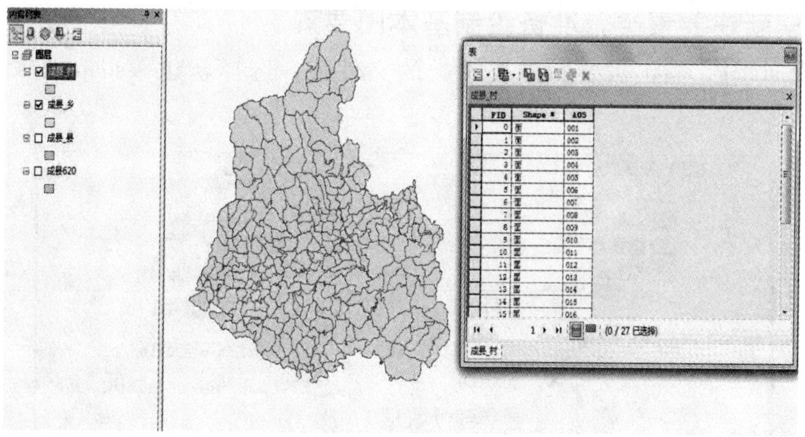

图 3-112 小班融合结果

图 3-113 面转线工具菜单

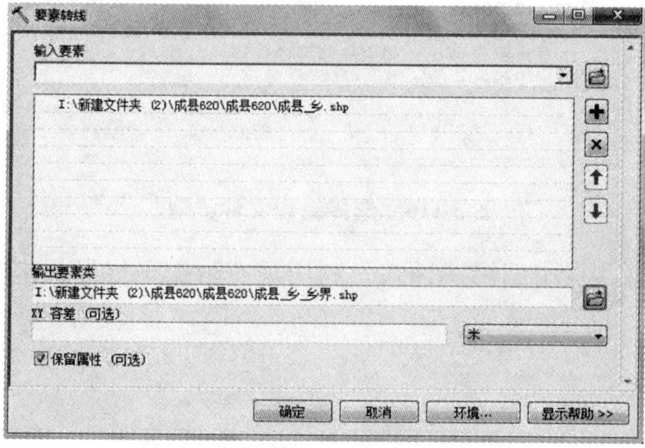


图 3-114 面状图转为线图层的保存位置

## 第四步：新建要素类，准备绘制基本图要素

打开 ArcCatalog，右击需要新建要素类的文件夹，选择新建→shapefiles，如图 3-115 所示。

图 3-115　新建文件对话框

输入要素类的名称，选择新建点、线状要素类，如图 3-116 所示。

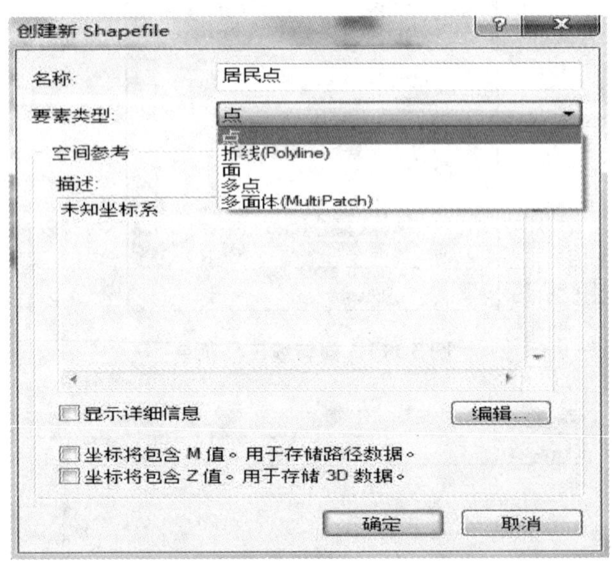


图 3-116　选择新建文件类型

然后编辑坐标信息，点击编辑→导入，利用现有数据坐标导入坐标系，点击确定，如图 3-117 所示。

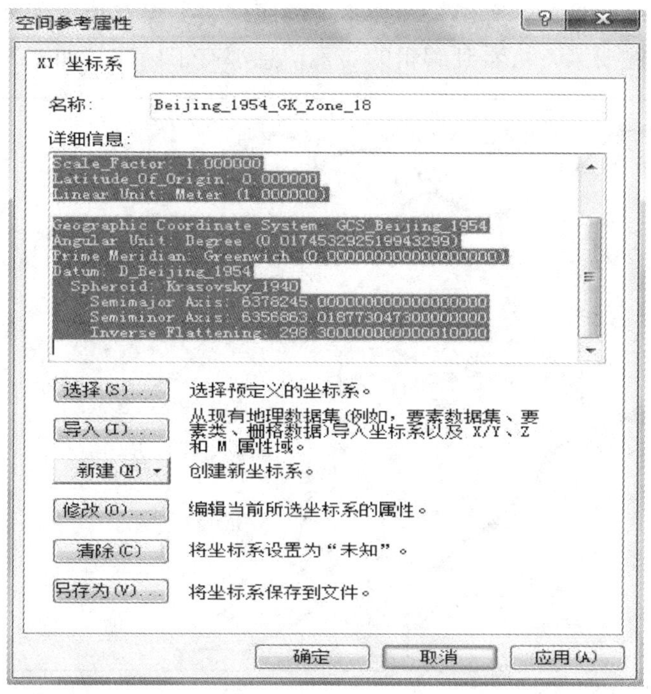


图 3-117　导入坐标系统

需要新建的要素类都建立完毕后，就可以在 ArcMap 中进行矢量化基本图要素了。

新建要素类包括：点状要素，如居民点、高程点、水坝、县乡点等；线状要素，如公路、河流等。

对新建的要素类添加字段，用于记录属性信息。例如，高程点，新建高程字段，用于记录高程点海拔；再如，水坝图层，新建名称字段，用于记录水坝的名称。

### 第五步：根据地形图，绘制基本图要素

加载经过配准的地形图和新建好的要素类，打开编辑器→开始编辑，对各图层进行绘制，如图 3-118 所示。

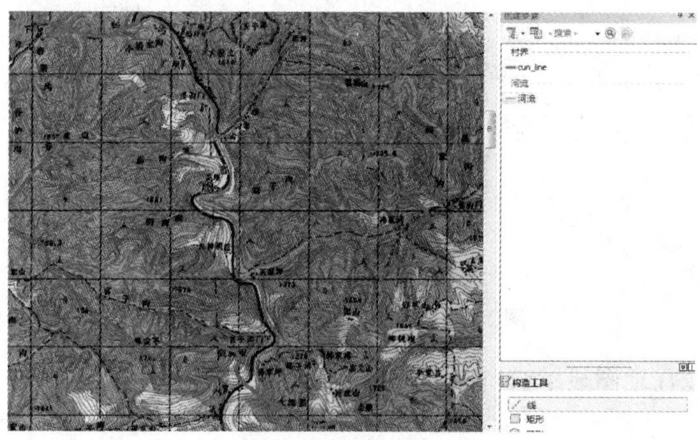

图 3-118　加载地形图

绘制出各图层要素信息，并编辑各要素类的属性表，保存编辑内容，停止编辑。右击图层→标注要素，可看到编辑的要素信息都有了标注，如图 3-119 所示。

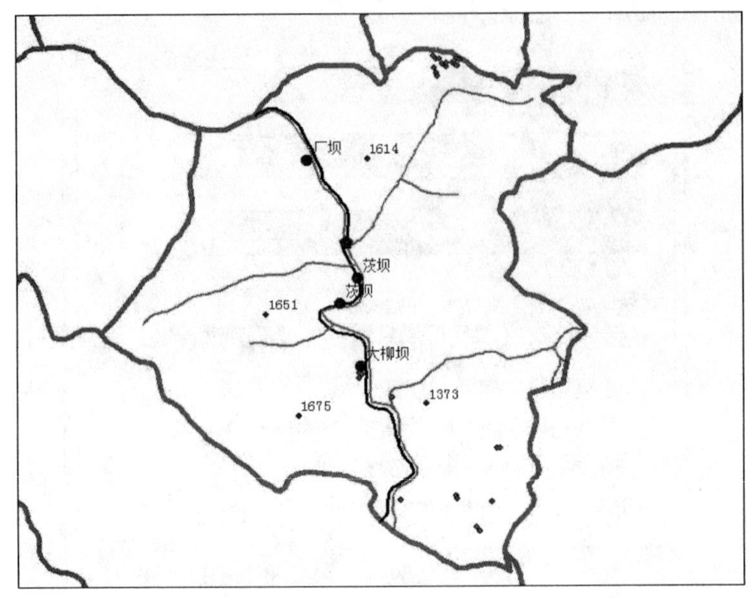


图 3-119　地形图要素采集结果

## 第六步：点击菜单栏，选择按属性选择，选择出绘制要素信息的该区域

选择成县基础数据，构造属性选择表达式，如 A05 = 010（提取出村编号为 010 的区域），点击确定，如图 3-120 所示。

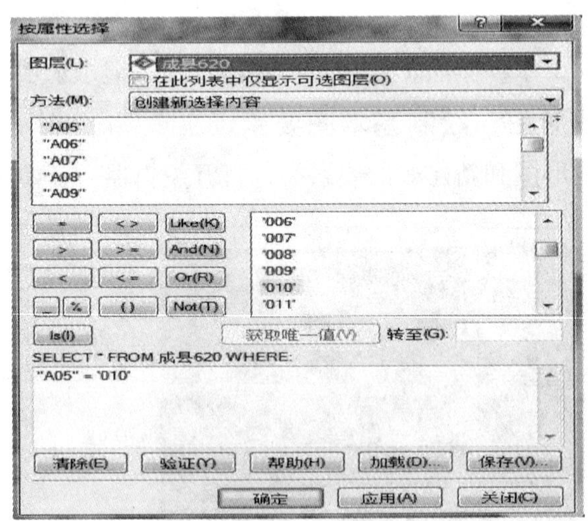


图 3-120　选择村编号为 010 区域

被选择的区域在地图显示窗口中高光显示，如图 3-121 所示。

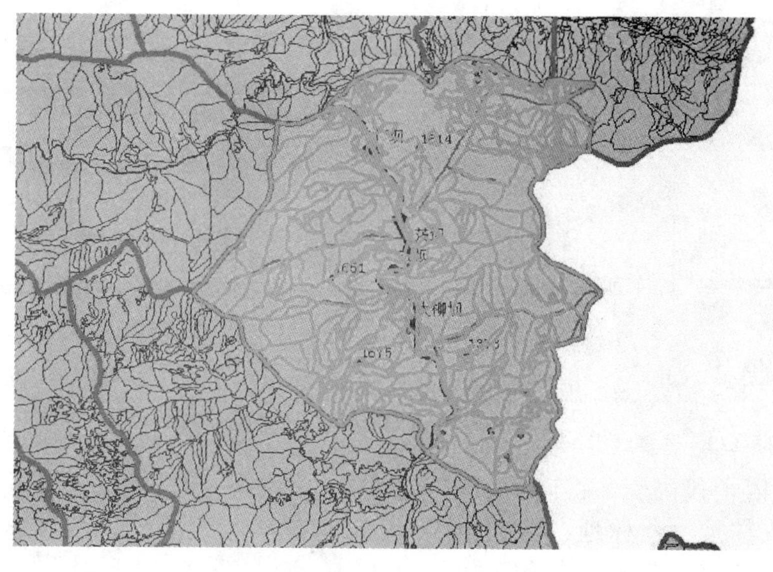

图 3-121 选择后结果

将这一区域的要素进行输出，右击成县基础数据图层→数据→导出数据，选择导出所选要素，编辑文件输出路径，点击确定。

右击提取出的该村图层→属性，进入图层属性窗口，如图 3-122 所示。

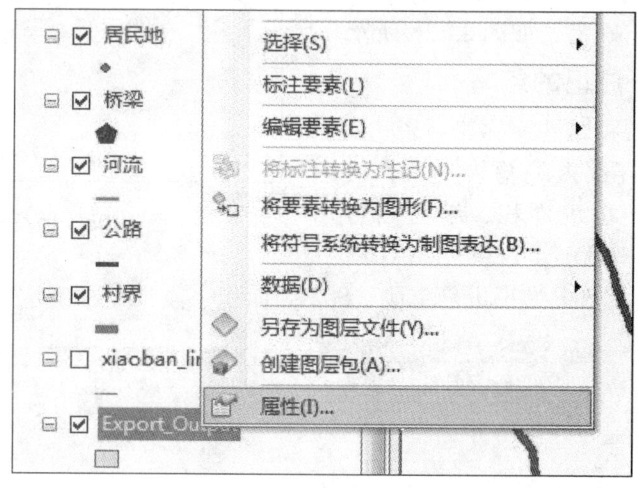


图 3-122 图层属性窗口

选择符号系统→类别→唯一值，值字段选择 S08(地类字段)，添加所有值，如图 3-123、图 3-124 所示。

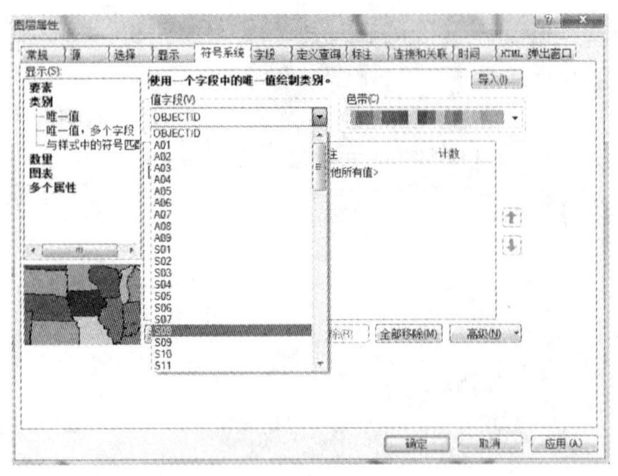


图 3-123 选择地类

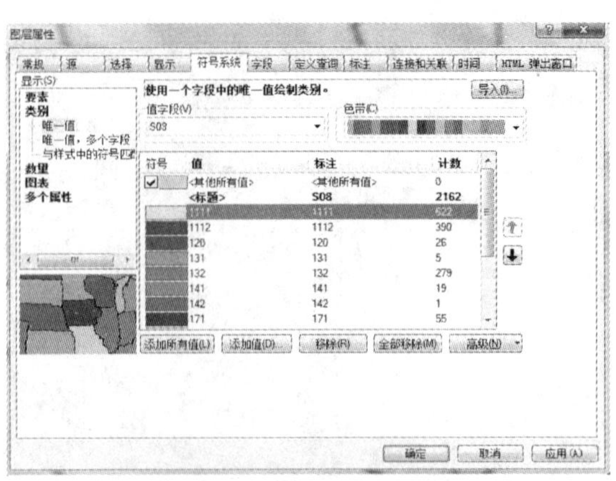


图 3-124 按地类归类

对照调查因子代码表，将以下值归置为有林地、未成林地、宜林地、耕地、水域、未利用地、居民建设用地，点击确定。

进行分类后，该地区有了用地类型分类图层，如图 3-125 所示。

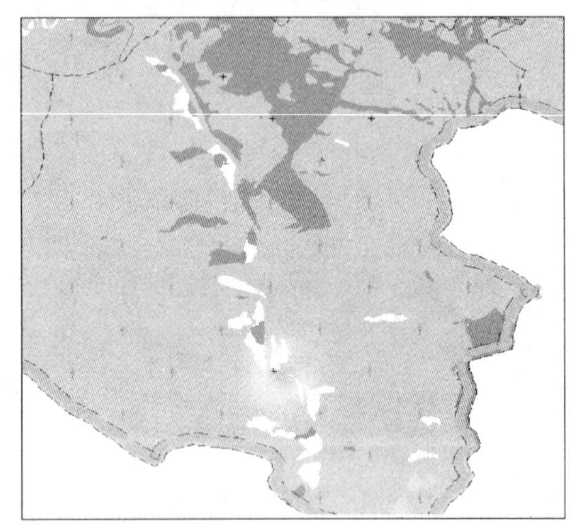

图 3-125 地类分类图层

## 第七步：调整要素层符号

点击图层下方的符号，进入符号编辑器，选择相应符号，点击确定，如图 3-126 所示。

## 第八步：小班注记的编写

①右击地类图层→属性→标注→表达式。

在表达式下内容框内编写表达式，按照小班注记 = 小班号/小班面积，编写内容输入" < UND > " & [ S01 ] &" < /UND > " &vbNewLine& [ S02 ]，S01 为小班号字段，S02 为面积字段，点击确定，如图 3-127 所示。

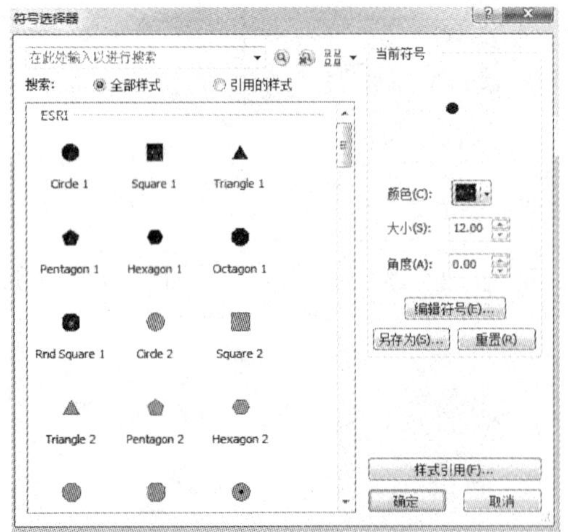


图 3-126 选择要素层符号

图 3-127 表达式编辑

②右击地类图层→标注要素，可以看到，小班注记显示在了地图显示窗口中，如图 3-128 所示。

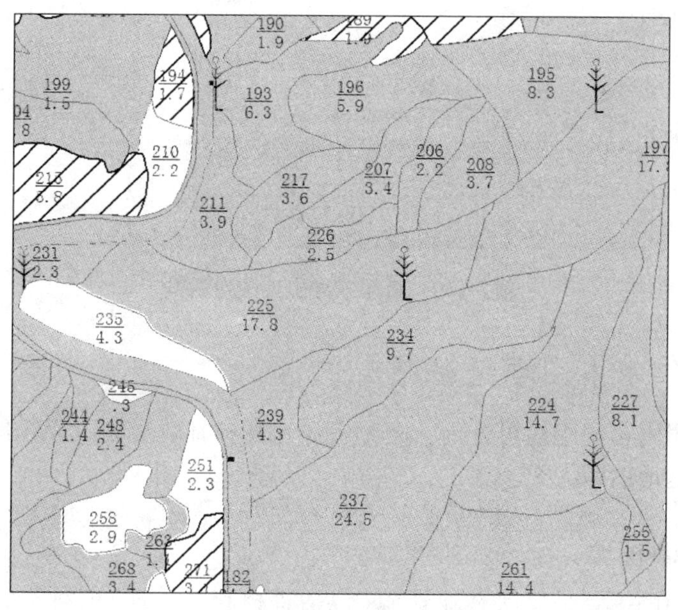


图 3-128　小班注记结果

### 第九步：图面整饰

调整地图大小，点击主菜单下的视图→布局视图。调整图廓大小，点击主菜单下的文件→页面和打印设置，调整大小为适合程度，点击确定。然后插入图名、指北针、图例、比例尺。点击主菜单下的插入→文本（指北针、图例、比例尺）。双击插入的文本框，编辑图名和大小，点击确定。插入图例，编辑图例项名称，调整大小和位置。插入指北针、比例尺。结果如图 3-129 所示。

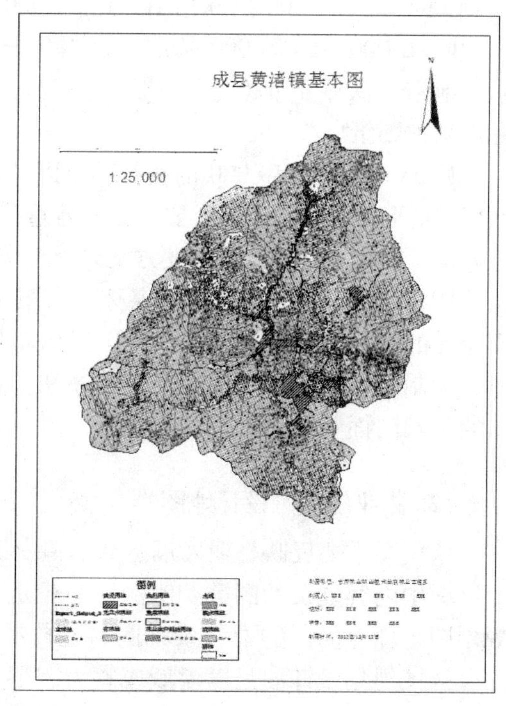


图 3-129　成县黄渚镇基本图

### 第十步：打印或导出地图

①如果连接了打印机，点击主菜单下的文件→打印。

②如果没有连接打印机，需要到其他打印机打印。点击主菜单下的文件→导出地图。

设置出图路径、文件名、分辨率、格式，点击保存，如图 3-130 所示。

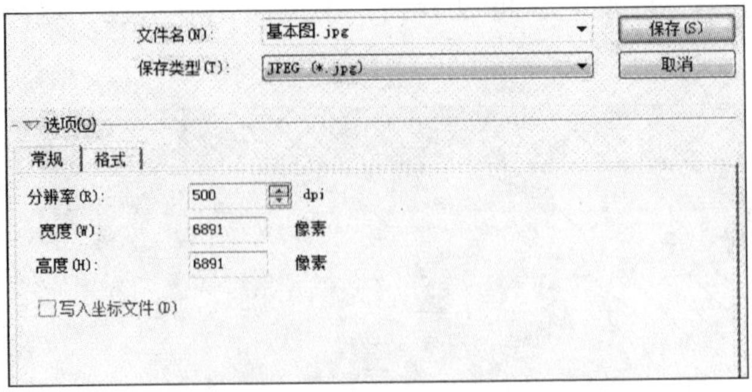

**图3-130　打印或导出地图对话框**

### 3.3.1.2　制作基本图理论基础与内容

林业用图按照内容和用途可分为：自然资源地图；林业规划、设计地图；林业工程技术地图和林业专题地图四大类。

**(1)自然资源地图类**

自然资源类地图主要是反映林业资源(包括森林和宜林地)的种类、分布、数量、质量等状况的图类，是林业部门最基础的图纸。主要有1∶10 000～1∶25 000的基本图，1∶25 000～1∶50 000的林相图，1∶50 000～1∶100 000的森林分布图等。

1∶10 000～1∶25 000基本图是以林班为基础的森林区划体系。它体现经营区域的地形、地物、森林分布和经营现状，为建立一定阶段的森林经营活动指导体系——经营方案提供基本图纸。

1∶25 000～1∶50 000的林相图是以林场、乡、营林区等为单位的图面资料。它有森林区划、地形地物、林相三大要素，并着重反映森林林分结构和立地类型。主要为编制森林经营方案、总体规划设计、开发方案以及确定经营措施和开展林业科研等提供图面资料。

1∶50 000～1∶100 000的森林分布图是以林业局(总场)、县为单位的图面资料。它体现全区的森林资源分布状况和林区经营单位区划状况，可供上级部门了解森林资源分布状况，为制定林业规划、林区开发顺序和林业生产布局等提供图面资料，也是编制其他专题图的基础图面资料。

**(2)林业规划、设计地图类**

这类图主要反映林业发展远景、森林开发利用、营林、造林树种、速度安排等，是林业用图中内容复杂的图类。比例尺一般是1∶25 000～1∶100 000，主要有区域(流域或省)规划图、林业局(场)总体设计图、造林规划设计图。

区域规划设计图是以流域或省为制图单位的总体规划图。它除表示一般自然地理、社会经济要素外，着重反映林业生产规模、主要造林树种(林种)的结构和布局状况，可为有关部门安排造林顺序、制定生产布局和开展水土保持，以及造林技术研究提供图面资料。

林业局总体规划图是以林业局或总场为制图单位的规划图。其内容与表示方法基本同区域规划图。

造林规划设计图是以林场或作业区为制图单位的规划设计图。其内容与表示方法基本同区域规划图。

**(3)林业工程技术地图类**

这类图反映的内容和范围较小、较具体，主要是在地形图的基础上对各项工程和设施进行平面布置和设计。比例尺一般为 1∶200～1∶2000 或稍小一些。如局、场(厂)址、贮木场、木材转运场等平面布置图，水库绿化工程设计图，城市绿化平面布置图等。

城市园林绿化平面布置图是以自然美为特征的空间环境规划设计，它借助自然、模仿自然而又高于自然。它不但要考虑到平面，更要考虑空间、时间等因素，使园林材料与空间、时间融合为一体，使形式美和内容美达到高度统一。

**(4)林业专题地图类**

这类地图主要是林业部门为了专门的用途，在有主要居民地、水系、道路等地理要素的地图上，突出表示一种或几种专门内容的地图。按不同的需要和要求主要包括森林病虫害分布图、林业企事业布局图、林业区划图等。

①森林病虫害分布图　除表示一般自然地理、社会经济要素外，着重反映病虫害的种类、分布范围，为有关部门提供病虫害的种类及分布范围，以便采取有利措施。

②林业企事业布局图　除表示一般自然地理、社会经济要素外，着重反映林业企事业单位的分布状况及相互关系。

③林业区划图　除一般表示自然地理、社会经济要素外，着重反映不同林业生产结构和发展方向，以及林种、树种的分区情况。

**(5)基本图**

基本图是以林场为成图单位，主要反映一般自然地理要素、社会经济要素和林业调查测绘成果。基本图可作为求算面积和编制林场林相图及其他林业专题图。比例尺一般为 1∶10 000。

①基本图的成图方法　基本图的成图方法根据可能利用的测绘资料、技术条件、设备和调查规划设计对图面的精度要求，一般有以下几种方法：

**地形图成图**　以国家版地形图为底图，经放大制成比例尺适宜的复制图，然后调绘成图。

**航测成图**　在设有测绘资料可利用的情况下，应遵循测图有关规范、图式和程序自行测图。

②基本图的分幅　基本图的分幅，传统上是以整张透明纸或聚脂薄膜在正方位容纳一个编绘单位为原则。但是，为了便于成图使用，保持和逐步实现图幅标准化、规范化，应参考国家地形图的分幅方法。

若以国家版地形图为底图，需采用相应比例尺的国际分幅规格。若以航测成图、实测成图或其他图面资料成图时，在面积较大且集中连片的地区，可采用相应比例尺的国际分幅规格。在面积较小且分散的地区，若使用自成或自测成图时，可采用自由分幅，其规格为：图纸面积为60cm×60cm，绘图面积为50cm×50cm。也可参照这一尺寸，视所选图幅面大小，设计适宜的图幅规格，但同一幅图中的局(场)必须采用统一图幅规格。

③基本图的主要内容 基本图的主要内容是地形、地貌、水系、道路、居民点及林业要素等。

**测量控制点** 包括三角点，其他埋石点、水准点、独立天文点等。

**水系** 海河、湖泊、时令河、干河、水库、水渠、水坝、桥涵等。

**境界** 行政区划界和林业区划界。行政区划到乡界。林业划到小班界。

**道路** 铁路、公路(干线公路及林业公路)，重要火车站，小路和各种道路的工程措施。

**居民地** 省、市、县、乡镇、村等行政中心及森林经营局、场、站、所、场、圃所在地和社会公共设施、企事业机构。

**独立地物** 塔、庙、亭、碑、眺望台。

**地形地物** 用等高线表示地形，一般以地形图中的计曲线作为基本图的首曲线。其等高距因地形图的比例尺大小不同而异。高程注记应标明最高高程、最低高程，密度应相当。若绘制各类平面图时，应按林业图式中规定的符号绘出山脊线、山峰等。

**地类** 用地类界、地类符号及注记表示清楚。

④基本图的清绘 包括线划清绘和注记实施两方面内容。

**线划清绘** 基本图上除地貌公路用棕色表示，水系用蓝绿色表示，林业企事业机构用红色表示外，其余线划、符号、注记均以黑色表示。图内各类小班均不着色，林场界应着色带。

**注记实施** 分为林班注记和小班注记2类。

a. 林班注记：林班注记内容为林班号，林班面积用分子式表示，林班号为分子，面积为分母。林班号用正宋体书写，面积用正等线书写。林班号字大为8mm或32K，面积字大为4mm或16K。注记位置应尽量选在林班中心。

b. 小班注记：有林地小班注记的内容为小班号和面积，用分子式表示，小班号为分子，面积为分母，字体均为正等线体，字大均为2~2.5mm或12K。注记位置应选在小班中心，如果小班形状狭长似带状，不能设置在中心时，应适当选择在小班内较宽位置；如果小班面积过小，可选在小班外，相应加绘箭头，指示所注小班位置。

疏林地小班注记的内容与形式是在有林地注记右边加绘优势树种符号，符号字为5mm左右。

灌木林地、采伐迹地、火烧迹地、未成林造林地、苗圃地以及非林业用地均以有林地小班为基础，并用相应的地类符号稀疏而均匀地分布在小班内，对面积较小的小班，至少应绘制一个符号。

地貌与水系注记采用各自相应的色相表示。

⑤图面整饰 基本图的整饰包括图廓、图名、图例、接图表等。

直接用国家地形图作为基本图底图时，按下列要求整饰。

在保留整饰内容的基础上，只作为补充整饰。若一个林场包括数幅图时，则只选在北上左起第1幅图，在上图廓外适当以宋体书写××林业局××林场基本图。

另用一张纸绘制图例，尺度不超过一幅图的高度。内容包括图内原有和新增的全部内容和图例符号，作为附件保存。

自由分幅地图按下列要求整饰。

图廓绘制以国家版相应比例尺地形图整饰规格为准。在内外图廓线之间，绘制出纵横千米网线段位置，并注明千米数值，字大为 4mm 或 16K，作为接图标志，以控制成图精度。同时绘出经纬线，并在图幅图廓四角注明经纬度数值。

上图廓线外，左边为接图表，右边书写省、县名称及林业局名称，字体为中等线，字大 18K，中间书写图名及编号，图名字体为粗宋，编号为中等线，图名字大为 11mm 或 44K，编号字大为 32K；下图廓线外，左边首行书写调绘年度及绘制年度，次行书写成图方法及依据。右边书写作业单位全称及各级责任者签名。字体均为扁宋，字大为 12K；中间位置为比例尺(数字比例尺和直线比例尺)及林场面积和本幅图面积。字体均为扁宋，字大为 12K。

图例在一个成图单位内，任选一幅图廓内下部空白处较大的图幅，内容可根据林业图式的排列顺序排列，图例中所列项，应是图内所有的内容，不得多列或少列。注记字体为宋体，字大以 12K 为宜。

⑥基本图的验收与检查　包括基本图的验收、验收检中问题的处理以及检查验收工作的组织和要求 3 方面内容。

**基本图的验收**　基本图的检查，主要根据绘制基本资料，抓住关键，由图外到图内层层深入地检查。其一般程序为：地图数学基础、图廓整饰、经纬度和千米网注记、大的河川和山脉、大的居民点和主要交通线，再对各要素从上到下，从左到右地逐一检查，其基本项目如下：

a. 图廓点、坐标网点、控制点的清绘精度和图廓尺寸精度，是否符合线差要求。

b. 图内各要素的表示，是否按底图准确清绘，符号图形、规格与林业图式规定要求是否一致。

c. 各主要要素的综合取舍是否恰当，层次是否分明，地貌特征、地图负载量、各要素的相互关系是否恰当。

d. 各级行政区划界的清绘是否正确，有无遗漏和变形。

e. 图内各种名称注记和数字注记的清绘是否正确，位置是否恰当。

f. 图幅的拼接和图面的整饰是否完整、正确。

g. 图面各种线划、色调、符号、注记等的清绘能否达到复制(复照、复印、晒兰、制版)的要求。

h. 图的各种颜色是否符合标准色标。各种着色有无残缺、断线、擦花、脏点等。

**验收检查中问题的处理**　对验收检查中发现的不符合规程、林业图式和有关技术规定的项目，应根据其性质和对成图影响的程度，分别提出处理意见，交被验收检查单位进行改正或予以返工。

当发现问题较多时，可将部分或全部成图退回被验收检查单位，重新检查或处理。

**检查验收工作的组织和要求**　根据规程的要求，测绘成果成图的检查验收工作，一般应和整个林业勘探设计的内、外业检查验收工作同时进行，其检查验收的分级组织形式、组成人员、平定标准等具体办法和要求由各单位结合具体情况自行规定。检查验收工作结束，应写出专题检查验收报告，随资料上交保存。

## 3.3.2 子任务二：制作林相图

### 3.3.2.1 实践操作：制作林相图过程与要点分析

**第一步：加载数据**

加载基础数据。

**第二步：提取一个乡作为绘制林相图的区域，输出要素**

选择所属乡 A03 为编号 001 的乡，构造表达式，点击确定，如图 3-131 所示。

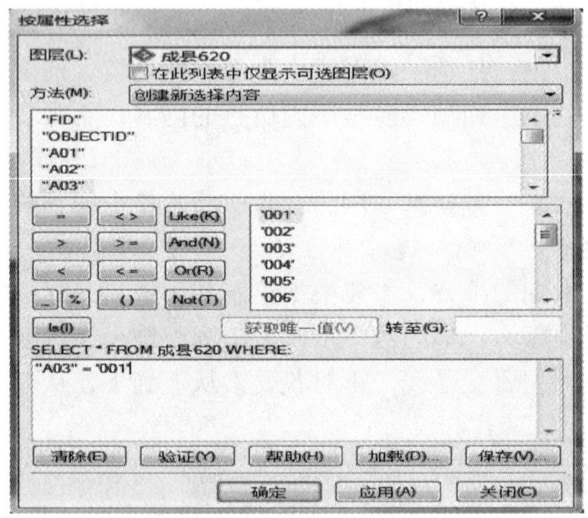


**图 3-131 选择乡编号**

在地图显示窗口，可以看到被选择的区域高光显示，如图 3-132 所示。

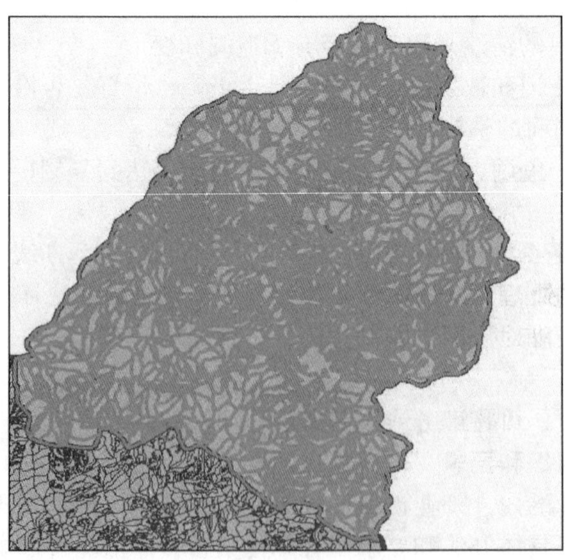

**图 3-132 被选择区域的高光显示**

将选择的要素导出为一个图层，右击基础数据图层(成县 620)→数据→导出数据。

选择所选要素，设置图层输出路径，点击确定。

**第三步：新建要素类，根据地形图绘制要素，并编辑要素属性，标注图层**

打开 ArcCatalog，在文件夹下右击→新建→shapefile。

编辑要素类名称和要素类型。编辑要素类的坐标信息，导入基础数据所用的坐标系。

新建绘制林相图所需的要素类，新建要素类包括：点状要素，如居民点、高程点、水坝、桥、县乡点等；线状要素，如公路、河流等。如图 3-133 所示。

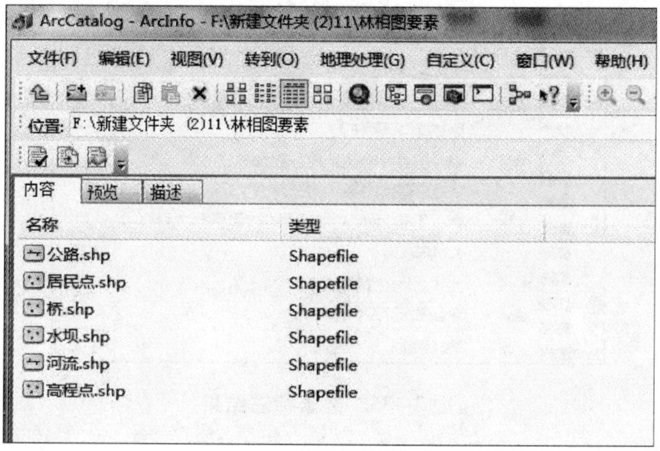

**图 3-133　新建要素类型**

对新建的要素类添加字段，用于记录属性信息。如高程点，新建高程字段，用于记录高程点海拔；再如水坝图层，新建名称字段，用于记录水坝的名称。

将新建好的要素类加载入 ArcMap，打开编辑器→开始编辑。

绘制出各图层要素信息，并编辑各要素类的属性表，保存编辑内容，停止编辑。

右击编辑好的要素图层→属性→标注，设置该图层需要标注的字段，点击确定完成，如图 3-134 所示。例如，高程点则需要标注高程字段，水坝图层则需要设置名称为标注字段。

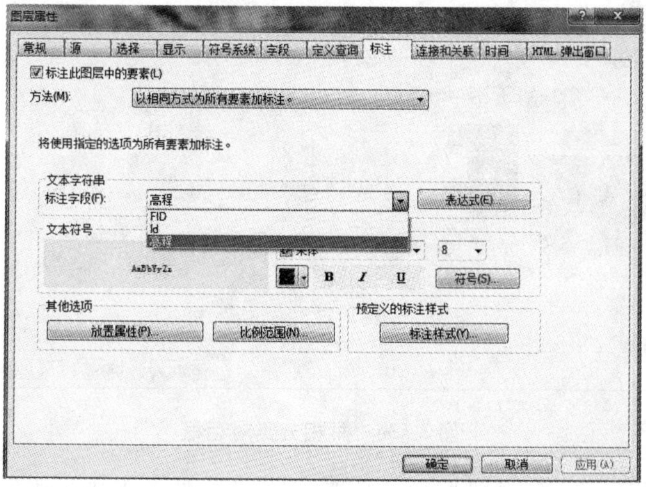

**图 3-134　设置图层标注字段**

设置完成后，右击要素图层→标注要素，便可看到绘制的要素都有了标注，如图 3-135 所示。

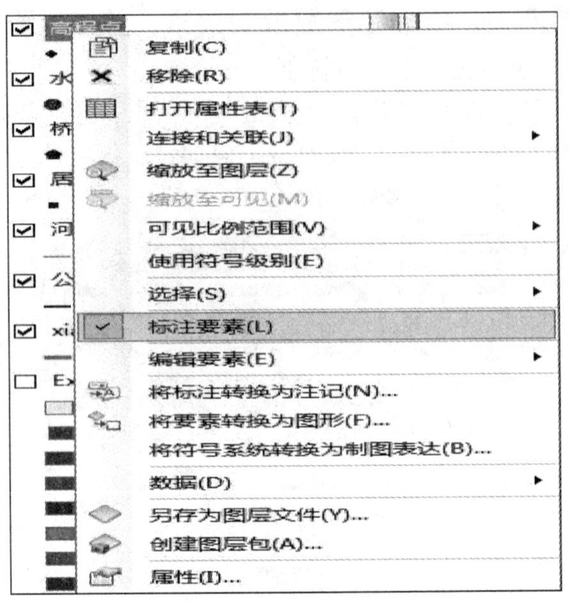


图 3-135 要素标注结果

## 第四步：根据绘制区域，进行林相分类，对分类进行色彩渲染

右击区域面状图层→属性→符号系统→类别→唯一值，多个字段。

对值字段分别选择树种(S34)和龄组(S37)，然后添加所有值，点击确定，如图 3-136 所示。

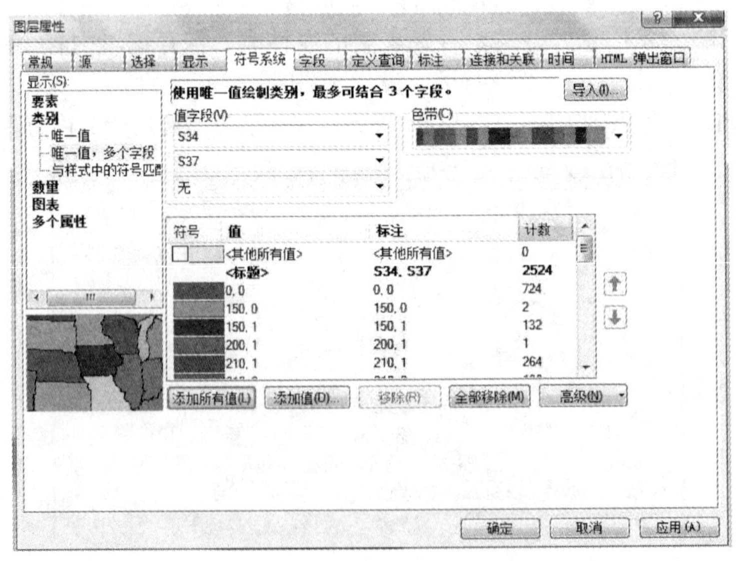


图 3-136 林相分类对话框

根据(LY/T 1821—2009)《林业地图图式》林相色标的要求进行树种归类。双击区域面

状图层→属性→符号系统。选中符号值右击移动至标题，按林相色标要求命名新标题，再在标题下按龄级要求进行分组，同时修正注记。如油松、华山松等松属中龄林，如图 3-137 所示。

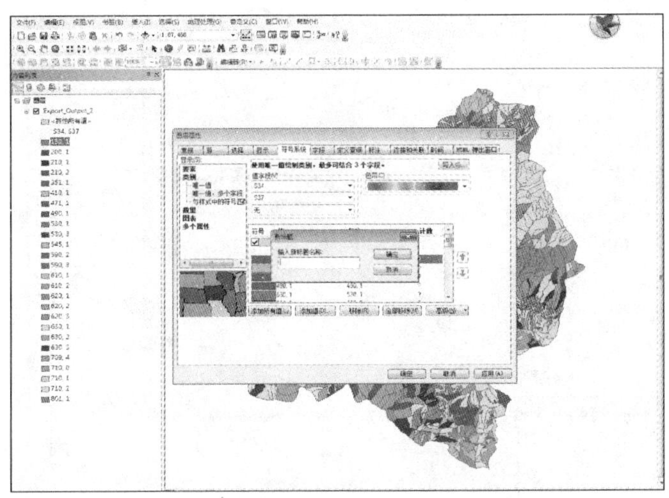

图 3-137　树种归类对话框

按《林业地图图式》林相色标色值的要求赋值。右击区域面状图层→更多颜色→色彩选择器→CMYK，然后赋值，如图 3-138 所示。对于其他地类的图层，则需要根据属性表单独提取图层，然后进行着色标注。方法类同，这里不再赘述。

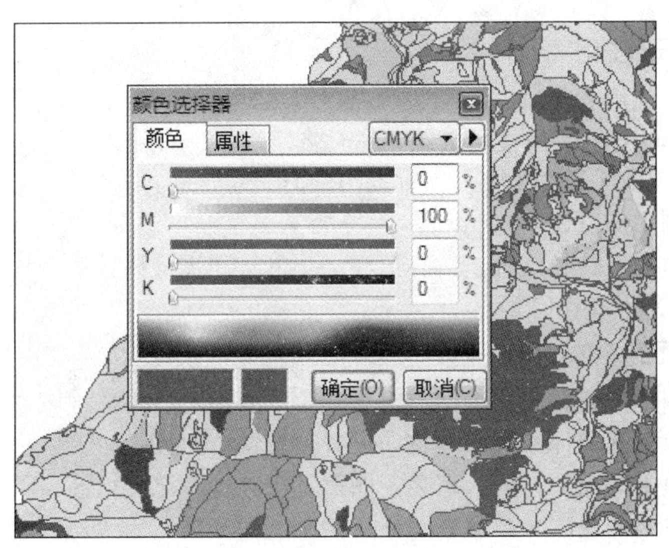


图 3-138　林相色标赋值

### 第五步：调整要素层符号

点击图层下方的符号进图符号编辑器，选择相应的符号，点击确定，如图 3-139 所示。

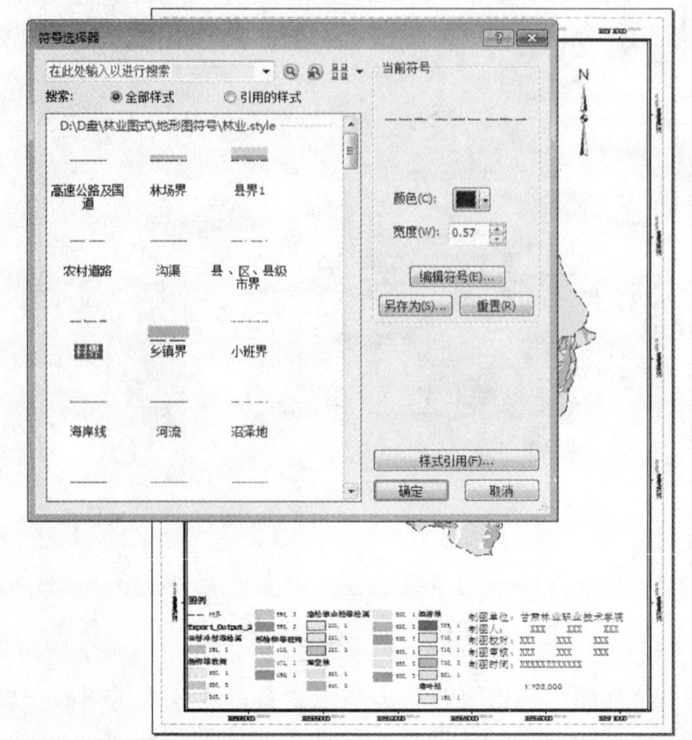


图3-139 各种要素符号的调整

## 第六步：小班注记

有林地小班注记用分子式。分子为小班号(S01)、面积(S02)，分母为龄级(S36)、郁闭度(S41)，中间用"－"连接。龄级用罗马数字表示，其他以阿拉伯数字表示。分子式右侧为森林起源(S10)(天然林或人工林)，用拼音的第一个字母"T"或"R"表示(按较少的注记，并在图例中加以说明)。

疏林地和乔木林中的经济林、竹林值注记小班号和优势树种符号；其他地类只注记小班号和地类符号，如图3-140所示。

## 第七步：图面整饰

①将数据视图切换为布局视图，点击主菜单下的视图→布局视图。

②点击主菜单下的文件→页面和打印设置，设置图面大小。

③点击主菜单下的插入，插入图名、图例、指北针、比例尺。

④点击主菜单下的视图→数据框属性。绘制图面格网。

⑤点击格网→新建格网，选择千米格网(也可选择经纬网)，点击下一步，直至完成，点击应用，确定退出数据框属性。

## 第八步：导出地图

①点击主菜单下的文件→导出地图，如图3-141所示。

②编辑导出地图文件名，设置保存类型和分辨率，点击保存，导出地图。

③打开保存的地图。

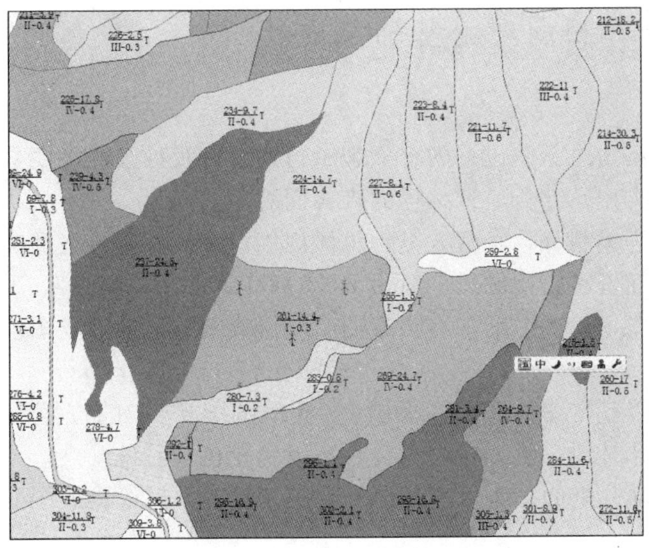

图 3-140 小班注记结果

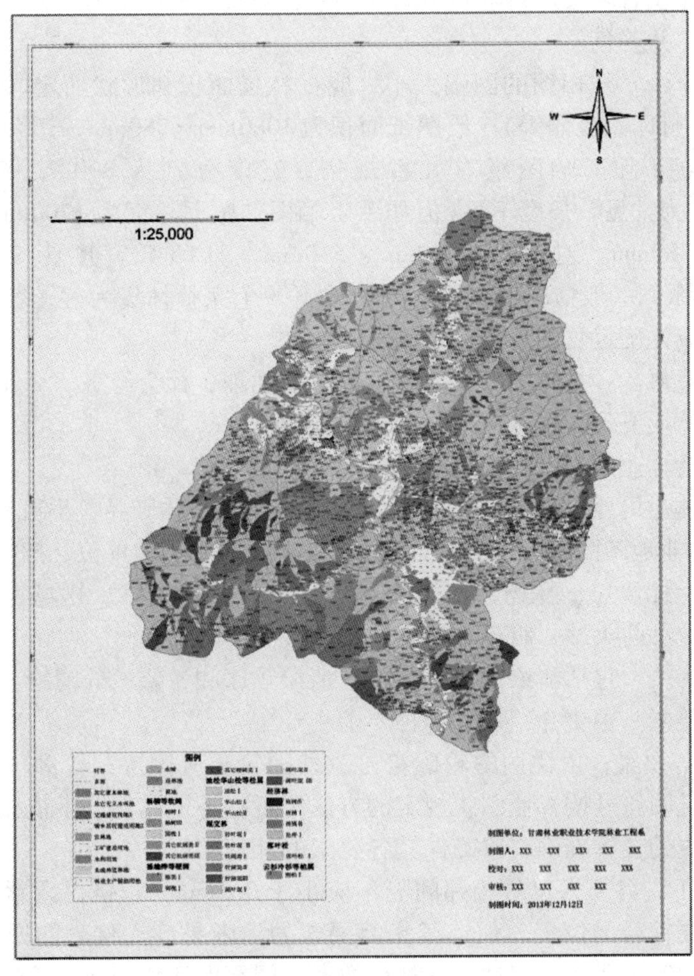


图 3-141 成县黄渚镇林相图

### 3.3.2.2 制作林相图理论基础与内容

**(1)林相图**

林相图是以林场为成图单位，内容除表示自然地理及社会经济要素外，着重反映森林林分结构和各土地类型，综合显示林场的森林面貌。

林相图主要是为编制森林经营方案、总体规划设计、开发方案及确定经营措施和开发林业科研等提供图面资料。比例尺一般为1∶25 000或1∶50 000。

①林相图的成图方法　包括基本图成图、航摄成图、地形图成图以及实测成图4方面内容。

**基本图成图**　以基本图为底图，根据《林业地图图式》中的符号要求，经缩小编绘而成。根据龄级表及非林地一览表注记，林相图以林相色标着色。

**航摄成图**　以航片平面图为底图，经外业航片调验并转绘为成图。根据小班调查卡片注记，并着色。

**地形图成图**　以国家版地形图为底图，经放大成适宜比例尺的复制图调绘成图。

**实测成图**　在没有测绘资料可利用的情况下，应遵循有关规范、图式和程序测图。根据调查卡片注记，并着色。

②林相图的分幅　林相图的图幅大小，应视林场面积和形状而定，并考虑复制条件(如晒蓝、复印、打印、胶印等)。绘图纸面积为1080mm×780mm，透明纸和聚酯薄膜的宽度为1m，长度不限。晒图纸有几种规格，宽度分别为890m、930mm、1000mm、890mm和930mm为常见。长度不限(但如手工晒图，图框长度为1200mm)。复印全开尺寸为1080mm×780mm。对开为780mm×540mm。打印纸宽度为914mm、1270mm、1520mm，长度不限。一般情况下，以正方位放下一个完整林场为好，若图面过大则需分幅绘制。分幅前应先确定复制方法，做到有的放矢。

③林相图主要内容　林相图的主要内容为自然地理、社会经济、林业三大要素。为使图面清晰并突出林业要素，对其应进行适当的综合取舍。

林业要素包括林业区划、林相、林业机构。

林业区划有林业局界、林场界、作业区(营林区界)、林班界、小班界。

林相图以《林业地图图式》中的林相色标为依据，以小班为单位，按树种组合并着色。

林业机构有：林业局、林场、管林段(工段)、木材检查站、楞场、贮木场、木材加工厂、机修厂、护林防火站、瞭望台、学校、医院等。

④林相图的清绘　包括清绘的一般要求、清绘顺序和各要素的清绘。

**清绘的一般要求**　主要介绍以下3种要求。

a. 准确描绘各要素；依比例的轮廓符号，外围轮廓应保持其轮廓位置的精度，不得变形。轮廓内的说明符号按林业图式规定的方法配置；不依比例、半依比例的符号，应保持其中心或中心线的位置准确，以确保其各要素的几何精度。

b. 一般情况下，各要素符号相邻间隔不应小于0.2mm，若挤得太紧不能按原位置绘出时，可移动次要符号的位置，保持其相邻要素的清晰易读。移动的原则是：重要的不动，次要的动，同等重要的一起动。移动后两者之间要保证0.2mm的间隔。

c. 各要素之间关系不仅应明确，而且主次要清楚，各符号相交(或相遇)以及各符号的线粗、形状、大小和方向均应按林业图式规定进行描绘。要求墨色浓黑，线条光实，符号、注记位置准确，配置准确、恰当，内容完备，无错漏，图面整洁。

**清绘顺序**　清绘工作要按一定程序进行，绘完一种要素，应经自检或互检后，再绘另一种要素。清绘作业顺序为：各种境界、各种测量控制点、居民点、注记、图面整饰、水系及其附属建筑物、道路及其附属物、地形地貌(等高线)、检查验收。

上述清绘程序是一般的清绘程序，有时遇到特殊情况，也可自行做个别调整。

**各要素的清绘**　各要素清绘同基本图清绘，居民地、境界为黑色，水系为蓝色，地貌为棕色，道路为红色。

⑤林相图注记　林相图中字迹的笔画用黑色绘图水绘制(不可使用碳素墨水)。

**林班注记**　在林班中央位置，以粗等线体阿拉伯数码标注，表示林班号。

**小班注记**　小班注记以阿拉伯数码表示，注记位置一般应选在小班中央。对较小面积或狭长小班的注记，按林场基本图同类情况处理。

a. 有林地小班(除经济林、薪炭林、竹林)：注记内容为小班号、起源、龄级、立地类型、郁闭度。起源分别以 T 和 R 代表天然林和人工林；龄级用罗马数字表示；立地类型用罗马数字表示；郁闭度用阿拉伯数字表示。采用分子式注记，分子为小班号、龄级，分母为立地类型、郁闭度，分子式右侧为起源。

b. 疏林地小班：内容为小班号和优势树种符号。先小班号后树种符号，一字形排列注记。

c. 经济林和竹林小班：内容为小班号、树种或竹种符号。先小班号，后树种符号，一字形排列注记。

d. 薪炭林小班内容为小班号和林种符号：先小班号，后林种符号，一字形排列注记。

e. 灌木林地、采伐迹地、火烧迹地、未成林造林地地域内均匀而稀疏地加绘相应的地类符号，面积较小的小班，至少也应填绘一个符号。

**地名注记**　主要村、镇名、沟名、山名均应注记。

一般地名为等线体，林业机构名称为宋体，水系名称为左线宋，山名为耸肩体，山峰及高程点为长线体。

⑥林相图整饰　林相图的整饰包括图名、图廓、比例尺、附图、附表、必要的文字说明等内容。布局设计要灵活、美观。

**图名**　在图廓内上部空白处，分行标写图名；第 1 行以扁宋体写省、市、县名称、第 2 行以粗等线体写林业局、林场名称；第 3 行以长粗宋体写林相图。图名应根据图面大小和空白情况适当安排，以醒目、适中、大方为原则。并在林相粗图上写出调查年度、总面积。

**图廓**　包括以下 3 方面内容。

a. 图廓内线粗 0. 2mm；距内图廓线 10mm 处绘外图廓内线，线粗 0. 2mm；距外图廓内线 2mm 处绘外图廓线，线粗 2mm。

面积较小的图幅(小于对开图纸)，可将上述规格适当缩小，面积较大的图幅(大于全开图纸)，可将上述规格适当加大。

b. 一般外图廓线距图边 5 ~ 7cm，图形不规整的，为了避免图内出现过大的空白，也可以采取破图廓处理。

c. 在内外图廓线之间，根据和林场林相图比例尺相同的地形图上的标注形式，在内图廓线和外图廓内线之间，绘制出纵横千米网线段位置(不贯穿全图)，并注明千米数值，字体为等线体，字大为20K。同时绘制出经纬线，并注明经纬度数值。

在与林场基本图比例尺相同的地形图中，将每幅地形图的图廓点经纬度(即每幅地形图的分幅线)作为林场林相图经纬线绘制的依据，用0.1mm的黑线贯穿全图，终止于外图廓内线，并在内外图廓线之间标注出经纬度数值。字大12K，字体为等线体。

林相图中的经纬线和坐标网线段均需标出。

**图例** 在图廓内下部适当空白处，绘制图例，图例内容可根据林业图式的排列顺序排列，图例中所列各项，应是图内所有的内容，不得多列或少列。在图例栏内的下部，分行标写数字比例尺和直线比例尺、绘制年度、方法和依据。

**附图** 在图廓内适当空白处，以较小比例尺绘制本图位置图，标注清楚本林场(用浅线普染)在林业局(或县)内的相关位置，概略描绘主要河流、道路及较大城镇居民点。林业局(县)位置略图应概略描绘出境界、河流、交通、重要城镇和本局(县)内外相邻关系。

**附表** 根据不同的图种和实际需要，在图廓内下部空白处，适当安排有关森林资料数据总表。字体为宋体，字大为20K。

**图衔** 在图廓内右下方适当空白处，用仿宋体标写出绘制单位全称和各级有关责任者的签名。单位名称为宋体，字大为20K，责任者名称为扁体，字大为16K。

**林相图的验收与检查** 林相图的验收与检查与基本图的验收与检查相同。

**(2)森林分布图绘制**

森林分布图由各省、市、区结合本地的实际需要清绘，以地区、市、县(林业局)为成图单位。森林分布图图面所表示的内容基本与林场林相图相同，它着重反映林业局地域内的森林分布概貌和林区经营单位区划状况。它为制定林业规划、林区开发顺序和林业生产布局等提供科学依据，也是编制全省森林分布图和其他林业专题图的基础图面资料。一般县(林业局)级森林分布图的比例尺为1∶100 000，地区(林管局)级的为1∶200 000～500 000，省级的为1∶1 000 000。

①成图方法 林业局森林分布图以各林场林相图为底图，经缩制编绘而成，省、市州森林分布图则由市、县(林业局)森林分布图缩制编绘而成。

②图幅 森林分布图图幅与林相图图幅基本相同，但地区、省森林分布图的分幅较为复杂，具体请参考“地区分幅”一节。

③森林分布图内容 森林分布图除不绘小班界外，其余内容基本与林相图相同。为使图面清晰易读，主题突出，对各要素应进行必要的综合取舍。

④森林分布图的清绘 森林分布图的清绘要求、顺序及各要素的清绘与林相图相同。

在图上大于4mm$^2$的有林地、疏林地、灌木林地、采伐迹地、火烧迹地、人工林、未成林造林地以及其他无林地与非林地等，均需绘出地类界。不足4mm$^2$者，应加以综合取舍。

固定苗圃不论其面积大小，一律按图示符号绘出。

⑤森林分布图注记 林场名称一般为文字注记形式，若在比例尺较小且图面载负量又

大的情况下，也可采用代号形式注记。

森林分布图显示的最小区划单位为林班，故只注记出林班。林班只注记林班号，林场号字体为等线，字大为 12K，注记位置应尽量选在林班中心位置。

有林地注记只注天然林或人工林，用 T 或 R 表示。字体为等线体，字大为 12k。

疏林地注记只注优势树种，符号大 5mm，尽量选在中心位置。

灌木林地以灌木林符号“品”字形排列，在面积较小时应至少绘 1 个符号。

苗圃地用符号绘出，符号长 6mm，宽 4mm，位置应准确。

宜林地为宜林地符号“品”字形排列，面积小时，至少绘 1 个符号。

薪炭林只注记薪炭林符号，符号大 5mm，且位于中心位置。

经济林只注记经济林符号，符号大 5mm，且位于中心位置。

⑥森林分布图整饰　森林分布图整饰内容主要有图名、图廓、图例、附图和附表。

**图名**　图名配置于图廓内上半部空白处或上图廓外正中。字体应庄严、大方，字大小视图幅大小而定，并加以适当装饰，增加艺术效果。

**图廓**　林业局(县)森林分布图图廓与林相图图廓相同。内图廓线粗 0.2mm；距内图廓线 10mm 处绘外图廓内线，线粗 0.2mm；距外图廓内线 2mm 处绘外图廓线，线粗 2mm。

在内外图廓线之间，绘制出纵横千米网线段位置(不贯穿全图)，并注明千米数值。字体为等线体，字大为 20K。同时根据主图东西南北端点位置绘制出经纬线位置(不贯穿全图)，并注明经纬线数值(度、分、秒)，即林业局(县)所处地理位置。字体为等线体，字大为 12K。

市、州、省森林分布图外图廓多为框架图案式，图案内容一般以林业生产、生态效益、稀有动植物。稍复杂的线条以组为单位重复，以提高地图的专业性与艺术性，提高地图的易读性。

**图例**　图例一般配置于下部空白处，一般以长形或扁形为好，图例内容按图式的排列顺序排列，所列各项应是图内所有内容，不得多列和少列。在图例下部，分行标写数字比例尺、直线比例尺及绘制长度、方法和依据。

**附图**　在图廓内适当位置，配制附图，主要为位置图，表明图中局部所在地区、地区所在省及省在全国的位置，并用浅色普染。位置图内应绘出主要河流、道路及较大居民地、境界。

**附表**　根据不同需要，在图廓内空白处，适当配置有关森林资料数据表。

⑦森林分布图着色　森林分布图中的林地着色按综合地块优势树种及其龄级普染，各优势树种色相和各龄组色层与林场林相图相同。原小班面积在图上大于 $4mm^2$ 时，应依小班范围着色，但只以不同色相界线显示林分界，不清绘小班界线；不足 $4mm^2$ 者，应以优势树种和龄组接近的林分综合。其他着色项目要求与林场林相图保持基本一致。

⑧森林分布图的验收与检查　森林分布图的验收与检查与林相图的验收与检查相同。

#### (3) 土地利用现状图的绘制

土地利用现状图以林场(乡)为成图单位，主要反映自然地理要素、社会经济要素和土地利用状况，它是作为求算面积和编绘林场造林规划设计图及其他林业地图的底图。比例尺一般为 1∶10 000～1∶25 000。

①土地利用现状图的成图方法 根据可能利用的测绘资料、技术条件、设备和调查规划，设计对图面的精度要求，通常采用以下几种方法：

**地图成图** 包括以下2方面内容。

a. 用比例尺适宜的国家版地形图，直接调绘成图，此法在航片空缺处偶有使用。

b. 国家版地形图为底图，经放大成适宜比例尺的复制图，调绘成图。

**航测成图** 以国家版地形图(或经放大的地形图)作为基本图的转绘底图，经航片外业调绘并转绘成图，这是目前广泛使用的方法。

**实测成图** 在没有测绘资料可利用的情况下，应遵循测图有关规范、图式和程序自行测图。在近年的土地利用现状调查中曾小面积(村)运用此法。

②土地利用现状图图幅 现状图的图幅大小应视林场(乡)面积和形状而定，一般在一张图纸上能正方位容纳下一个完整的林场(乡)为好，图面以下不超过1080mm×780mm为宜。若图面过大时则需分幅绘制，其最大幅面应根据复制设备(晒图架、晒图机、复印机、绘图机、印网框等)的版面尺寸及纸张的规格而定。

③土地利用现状图的主要内容 现状图的主要内容包括自然地理要素、社会经济要素、土地利用状况三大要素。

**测量控制点** 包括三角点，其他埋石点，不埋石的解析点及图解点和独立天文点。

**水系** 河流、湖泊、时令河、干沟、水库、水渠、水坝、桥涵等。

**境界** 包括行政区划界和林业区划界2方面。

a. 行政区划界 省界、市(州)界、县(市、区、旗)界、林场(乡)界等。

b. 林业区划界 林业局界、林场界、自然保护区界、作业区界、林班界、小班界等。

**道路** 铁路、公路(干线及林区)、重要大车站、小路和各种道路的附属工程措施。

**居民点** 省、市、县、乡镇、村等行政中心及森林经营局、场、站、所、场、圃所在地和社会公共设施、企事业机构。

**独立地物** 塔、庙、亭、碑、瞭望台等。

**地形地貌** 地形用等高线表示，一般以地形图中的曲线作为基本图的首曲线。其等高距因地形图比例尺大小不同而异，一般地讲，以1∶10 000的地形图为基本图底图时，其等高距以25m为宜；以1∶25 000的地形图为基本图底图时，其等高距则以50m为宜。高程注记应标明最高高程、最低高程，密度要适当。

若绘制各类平面图时，则应按林业图式中规定符号绘出山脊线、山峰等。

**地类** 以地类符号、注记表示。

④土地利用现状图的清绘与注记 除下述各点外，其余均与林场基本图相同。

**村庄名称** 采用文字注记。

**有林地小班** 采用分数式注记，分子为面积、起源郁闭度，分母为林种、树种，分数式左侧为小班号。字体为等线体，字大为12K。

**经济林、竹林小班** 采用分数式注记，分子为小班号，分母为面积，分数式右侧为经济林树种、竹类符号(或林种符号)。字体为等线体，字大为12K。

**疏林地小班** 采用分数式注记，分子为面积，原有优势树种符号，分母为立地类型号，分数式左侧为小班号。为与造林设计树种相区别，故将上述原有优势树种符号加括号。字体为等线体，字大为12K。

**薪炭林小班** 采用分数式注记，分子为小班号，分母为面积，分数式右侧为林种符号。字体为等线体，字大为 12K。

**灌木林地小班** 采用分数式注记，分子为面积，分母为立地类型号，分数式左侧为小班号，右侧注明所属林种(防护林、经济林、特用林、薪炭林等)。字体为等线体，字大为 12K。

**苗圃地小班** 采用分数式注记，分子为小班号，分母为面积。字体为等线体，字大为 12K。

**宜林地小班** 采用分数式注记，分子为面积，分母为立地类型号，分数式左侧为小班号。字体为等线体，字大为 12K。

注意：若按林种着色，有林地、经济林、竹林小班及薪炭林、灌木林小班注记分数式右侧只注树种符号，以色相区分林种即可；若按树种着色，有林地、经济林、竹林小班及薪炭林、灌木林小班注记分数式右侧均改为注林种符号。

⑤土地利用现状图的着色 现状图的着色可分依林种或依树种分色普染 2 种，具体根据上级单位的要求而决定。

若分树种着色，则以林业图式中林相色标为准，以各色种之浅色对有林地、经济林、竹林小班分树种进行全小班普染。对疏林地、薪炭林、灌木林、苗圃地及宜林地小班也以各种浅色分别进行全小班普染，其色标可自行确定，并在图例中标明。选定色标原则为：第一，所选用色相不能与有林地、经济林、竹林中树种所用色相混淆。第二，所选用色相与各树种相遇时色相配置要既分明又协调。

若依林种着色时，则以下列色标分别对各林种进行全小班普染；防护林小班普染浅绿色；用材林小班普染浅棕色；经济林小班普染粉红色；特用林小班普染浅橙色；薪炭林小班普染浅灰色；疏林地小班普染浅紫色；宜林地小班普染浅黄色；苗圃可依林业图或专业注记符号清绘；灌木林依所属林着色。

⑥土地利用现状图的整饰 现状图的整饰与林相图的整饰相同，主要包括图名、图廓、图例、附图、图衔、比例尺和必要的文字说明等内容。

**图名** 在图廓内上部空白处，分行标写图名。第 1 行以扁宋体写省、地(市)、县名称；第 2 行写林业局、林场名称；第 3 行以长粗宋体书写现状图。字大可根据图幅大小及空白位置适当安排，以醒目、适中、美观、大方为原则，并在现状图下面写出调查年度、总面积。

**图廓** 图廓内线粗 0.2mm，距内图廓线 10mm 处绘外图廓内线，线粗 0.2mm，距外图廓内线 2mm 处绘外图廓线，线粗 2mm。

在内外图廓线之间，根据和现状图比例尺相同的地形图上的标注形式，在内、外图廓线之间，绘制出纵横千米网线段位置(不贯穿全图)，并注记千米数值，字体为等线体，字大为 20K。

**图例** 图例配置在图廓内下方空白处，图例所列项目应包括图上全部内容，并在图例下方标写数字比例尺和直线比例尺及绘制精度、方法和依据。

**附图、附表** 现状图中附图、附表的位置及内容与林相图中附图、附表的位置及内容相同。

⑦土地利用现状图的验收与检查 现状图的验收与检查和基本图相同。

**(4)造林规划设计图的绘制**

规划图的验收与检查同现状图。造林规划设计图以林场(乡)为使用单位，其内容除一般表示自然地理要素、社会经济要素外，着重反映林业生产规模、主要造林树种(林种)的结构和布局状况，为有关部门安排造林顺序、制定生产布局、开发水土保持及造林技术研究提供科学依据。比例尺一般为1:10 000～1:25 000。

①规划设计图的成图方法　以现状图为底图，经透绘、复制、加绘规划内容而成。

②规划设计图的图幅　与现状图的图幅相同。

③规划设计图的主要内容　内容有自然地理、社会经济、林业专业三大要素。规划设计图中的自然地理、社会经济要素与现状图相同。林业要素包括林业区划、林分类型、造林类型及林业机构等。

④规划设计图的清绘与注记

**线划清绘**　在规划设计图中除用蓝色表示水系，红色表示林业机构，棕色表示地貌和公路外，其余线划、符号、注记均用黑色表示，林场界着色带。

**注记**　包括以下7方面内容。

a. 林班只注记林班号，字体为宋体，字大为20K。

b. 有林地小班注记采用分数式注记，分子为面积、起源、郁闭度，分母为林种、树种、龄级，分数左侧为小班号。字体为等线体，字大为12K，符号为5mm。

c. 灌木林地小班采用分数式注记，分子为面积、造林设计树种或造林类型，分母为造林密度、原有优势树种(为与造林设计树种相区别，将原有优势树种符号加括号)，分数左侧为小班号。字体为等线体，字大为12K，符号为5mm。

d. 灌木林地小班采用分数式注记，分子为面积、造林设计树种或造林类型，分母为造林密度，分数左侧为小班号。字体为等线体，字大为12K，并在小班范围内以“品”字形排列灌木林符号。

e. 苗圃地小班采用分数式注记，分子为小班号，分母为面积。字体为等线体，字大为12K，并在小班范围内以“品”字形排列直径为1mm的小圆圈。

f. 宜林地小班采用分数式注记，分子为面积、造林设计树种或造林类型，分母为造林密度，分数左侧为小班号，并将宜林地符号呈“品”字形排列。字体为等线体，字大为12K，符号为5mm。

g. 薪炭林地小班注记为小班号和林种符号，字体为等线体，字大为12K，符号为5mm。经济林小班注记为小班号和经济林树种符号，字体为等线体，字大为12K，符号为5mm。

以上小班注记均尽可能位于小班中心位置。

⑤规划设计图的整饰　与现状图的整饰相同。

⑥规划设计图的着色　可依林种或树种分色普染2种。分树种着色时以《林业地图图式》中的林相色标为准，用过熟林颜色以晕线绘出。若以林种着色则以深色晕线绘制，防护林为绿色，用材林为棕色，经济林为红色，特用林为橙色，薪炭林为灰色，封山育林及人工育草地为黄色。

⑦规划图的验收与检查

**(5)规划设计总图的绘制**

规划设计总图以地区、县(林业局)为成图单位，其内容除表示一般自然地理要素、社会经济要素外，着重反映林业生产规划、主要造林树种(林种)的结构和布局状况，为有关部门制定造林规划设计、安排造林顺序、制定生产规模、开展水土保持及造林技术研究提供科学依据。比例尺一般为 1∶50 000～1∶100 000。

①规划设计总图的成图方法　以各地林场造林规划设计图为底图，经缩制编绘而成，市、州造林规划设计总图是以县(林业局)造林规划设计图为底图，经缩制编绘而成。

②图幅　造林规划设计总图图幅与森林分布图图幅相同。

③规划设计总图的主要内容　主要有自然地理、社会经济、林业专业三大要素。为使图面清晰，主次分明，自然地理及社会经济要素应适当综合取舍。

林业专业要素主要有林业区划、林分类型、造林类型、造林顺序及林业机构等。

④规划设计总图的清绘　主要内容如下：

**划线清绘**　规划设计总图上除用蓝色表示水系、红色表示林业机构、综色表示地貌和公路外，其余线划、符号、注记均用黑色表示。界线着色带。

**注记**　包括以下 8 方面内容。

a. 林班只注记林班号，字体为等线体，字大 4mm 或 18K。

b. 有林地只注记天然林或人工林，分别用 T 或 R 表示，字体为等线，字大为 2.0mm 或 9K。

c. 疏林地注记为分数式注记，分子为造林设计树种，分母为原有优势树种，并加用括号，以区别于设计树种。

d. 灌木林地在图班范围内以“品”字型排列灌木林符号，并在中心位置注记造林设计树种符号，符号大为 2mm 或 9K。

e. 在对应位置上绘制苗圃地符号。

f. 宜林地注记在图班范围内“品”字型排列符号，并在中心位置注记造林设计树种，符号大为 2mm 或 9K。

g. 在中心位置注记薪炭林符号，符号大为 2mm 或 9K。

h. 在中心位置注记经济林符号，符号大为 2mm 或 9K。

⑤规划设计总图整饰　与森林分布图的整饰相同。

⑥规划设计总图着色　与规划设计图着色相同。

⑦规划设计总图验收与检查　和设计图相同。

**(6)造林作业设计图的绘制**

造林作业设计图除表示作业区内一般的自然地理、社会经济要素外，突出反映当年的造林类型结构，展示造林树种或作业项目和作业内容。造林作业设计图以作业区为编绘单位，它是编制施工计划，组织生产，指导施工的主要图面材料。比例尺一般为 1∶5000～1∶10 000。

①作业设计图的成图方法　使用大比例尺航片或地形图调绘成图，若无适宜比例尺的航片、地形图可利用时，则需遵循测图有关规范、图式和程序自行实测成图。

②作业设计图的图幅　以在一张图纸上正方位能够完整地容纳本作业区全范围为准，确定图幅尺寸。

③作业设计图的主要内容　除作业区内主要明显地物、居民点、各种境界(小班界不可遗漏)外，要求详细展示作业小班主要内容。

④作业设计图的注记　乡(镇)、村明显地物采用文字注记。若苗圃面积过小时，以林业图式中规定的符号显示位置，注记小班号、面积。作业小班内容以分数式表示，分子是小班号、小班面积，分母作为作业项目、作业内容。

a. 当年造林小班的注记用分数式表示，分子是小班号、小班面积，分母是作业项目(以“造”字表示造林)、树种(标明每亩株数)。

b. 当年整地不造林小班的注记用分数式表示，分子是小班号、小班面积，分母是作业项目(以“整”字表示整地)、方式(密度)。

c. 上年造林，当年幼林抚育小班的注记用分数式表示，分子是小班号、小班面积，分母是作业项目(以“抚”字表示抚育)、幼抚内容。

d. 当年不作业小班只标小班号注记。

图中一切简注文字所表示的文字全称，均应在图例中标明。

⑤作业设计图的着色与整饰　为使图中当年作业小班一目了然，故将当年作业小班以浅色进行全小班普染，或以深色晕线绘制，色标可自由选定，以图面美观为准。另外，可以一色普染或晕线绘制各种作业项目小班，也可以按作业项目分色普染或晕线绘制。

作业设计图的整饰无任何特定要求，可同上述各图种。

**(7)森林土壤图的绘制**

森林土壤是林业生产的基础，也是林业生产的产物。森林的组成、结构、生产力和木材质量都与土壤的特性有关。编制森林土壤图对林地的合理利用和提高林业生产率有很大的意义。

①成图方法　土壤图的编制是从野外的土壤地理调查工作开始的。在野外找出各类土壤的轮廓界限，利用罗盘仪，根据标志点，把实地的各类土壤边界标绘到具有地理基础要素的地形图上，由此而制成野外的土壤草图。然后根据地形图、土壤形态的野外记录、土壤的室内分析资料、有关土壤形成的各种自然条件的研究、林业调查资料以及过去该地区土壤调查研究资料等，在野外草图的基础上进行正式的土壤图编制。随着航天遥感技术的不断发展，遥感资料成图已成为编制小比例尺森林土壤图的重要手段。在遥感资料上除直接判读土壤标志外，并可从地形、植被、土地利用的分布状况等方面，进行间接判读，以推断土壤标志。

②编制特点　包括以下5个方面：

a. 用大于成图比例尺的地形图作为野外测制土壤草图的底图。

b. 野外制图时，观察、分析和绘图同时进行，以保证其真实性。

c. 在确定土壤轮廓范围内的每一条边界时，不仅要应用地形图上的居民地、道路交叉点、井、泉和三角点作为控制，还必须参照当地地形、地质构造、成土母质，以及土壤、植被的特征。

d. 按照已规定的一套图例和图式系统进行绘制。

e. 小比例尺森林土壤图的编制是根据大比例尺土壤图逐级进行概括的。在大比例尺图上表示出土种和变种；在中比例尺图上表示到土属一级；在小比例尺图上则表示出土类和亚类。

③*主要内容* 森林土壤图除反映一般自然地理要素和社会经济要素外，着重反映土壤覆盖层的发生类别——土类、亚类、土属(组)、土科及变种的地理分布。

**土类** 是分类的基本单元，它是在一定生物气候条件、水文条件、耕作制度等自然和社会条件下形成的，具有独特的形成过程和土体结构。土类与土类之间在性质上有明显的差异。

**亚类** 是在土类范围内的进一步划分。亚类以成土过程、土壤发育程度和剖面形态的变异度为划分依据，也是不同土类间的过渡类型。

**土属** 是土壤分类中具有承上启下作用的土壤分类单元，它既是亚类的续分，又是土种的归纳。它的划分可根据不同的土壤提出不同的依据。

**土种** 是土壤基层分类的基本单元。它是在相同母质的基础上，具有类似的剖面构型和熟化程度等的一群较稳定的土壤。

**变种** 是指同一土种范围内，根据表层及剖面中某些微小变化而划分的分类单元。

根据《中华人民共和国土壤图》全国土壤共分为 54 个土类。根据《中国森林土壤图》全国土壤共分为 41 个土类，其中属于森林土壤的有 13 个土类，其余 28 个土类属非森林土壤。

④*表示方法* 森林土壤图中用质地法表示土壤的类型单位，即用一定的颜色(或加绘符号)表示土壤的基本单元——土类，其色相尽量与土壤的天然色近似并遵循一定的传统习惯，如用黑色表示黑壤，红色表示红壤，棕色表示棕壤，褐色表示褐壤。亚类用相应土类基本色素的不同色相来表示，土种则以同一亚类色相中的不同饱和度来表示。

土壤的机械组成和成土母岩可用不同的晕线或重叠于底色之上的花纹表示。

各类土壤除用颜色和花纹、晕线表示外，同时还加上字母或数字的指示记号。一般为了突出森林土壤，整个图面设色分为 2 个层次。第 1 色层为森林土壤，用浓度大的深色表示；第 2 色层为非森林土壤，用浓度较小的浅色表示。

在 2 个层次中，有地势高低之分，又有气温冷暖之别。地势高处，设色为浓度大亮度小的暗色；地势低洼处，设色应为浓度小亮度大的浅色；纬度高的高寒处土类设色应为冷色调；低纬度的热带气候区，设色应为暖色调。

一般在主图外配以土壤垂直分布示意图，以充分反映森林土壤类型的垂直与水平分布状况。

**(8)森林植被图的绘制**

植被图又称植被群落图，表示植物群落在空间分布的规律性，反映植物群落与自然环境的关系。自然界中各种不同的地理环境产生了相应的各种不同的植物群落。通过植被图可以了解植物资源的分布，供拟定林业规划时参考，并可作为林业区划的依据。

①*成图方法* 植被图的编制建立在详细而深入的植被调查工作的基础上，或者在积累了一定的植被资料的基础上编辑而成。在野外调查时，把各种不同单位的植被群落的分布及其与地貌、坡向等关系填绘在地形图上。把所调查到的植被群落加以分类，编成分类系

统，并拟定出图例。然后，以野外测制的植被草图为基础，按照植物群落分布规律，编制成正式的植被图。从20世纪60年代以来，许多国家已开始利用遥感资料编制植被图，比地面调查分划植被类型界线精度高、成图快，节省人力物力，显示了遥感技术的优越性。

②*编制特点* 包括以下4个方面。

a. 拟定植被分类，是制图的先决条件。

b. 大的植被类型，主要由水热条件所决定，但是具体的植被群落的轮廓界线取决于地貌、坡向、地质、土壤等因素，所以植被类型与土壤类型应该十分协调。

c. 在小比例尺植被图上，每一块小面积往往不是一个植物群落，而是许多植物群落有规律地结合在一起。用最主要的植物群落的分类单元为代表，以反映地区最有特色的植被概况。

d. 对某些有地区性代表意义而实际分布面积很小的植被型有必要在图上夸大表示。

③*主要内容* 植被图除表示一般自然地理要素和社会经济要素外，主要表示森林植被类型及分布范围。我国的普通植被类型分类系统是：植被型、群系组、群系、群丛组、群丛等。普通植被类型图的图例设计原则是：地带原则（纬度地带性和垂直地带性规律）和类型原则（亦称植物群系原则）。

植被型是以地带原则表示的；群系型是以类型原则表示的。在《中国林业图集》的中国植被图中，森林植被可分为针叶林、阔叶林、灌丛和萌生矮林、荒漠、草原、草甸和草本沼泽、经济林、无植被地段8类。

④*表示方法* 植被图用质地法表示，其底色的选择没有统一的规定，但应满足既要分清木本、草本、荒漠几个大类，又要反映不同植被类型的生态环境和本身特点的要求。如在1∶10 000 000中国植被图上，将森林的基本色定为绿色，草原定为黄色，荒漠定为棕色，草甸和栽培植被定为蓝色，高山垫状植被为紫色。在表示森林、草原、荒漠等时，按照生长环境、植物种类组成的不同，可改变饱和度和色相，如荒漠中的砾漠和石漠用棕色，盐漠用红色，沙漠用肉色。图上的基本单元必须用一种颜色，而某植物群落的异种和各种不同植物群落的组合体，可以在底色上加晕线表示。为读图方便，对于每一制图单元可以在底色上再加注数学代号（1、2、3……），所隶属的下一级单元分注拉丁字母（a、b、c……）。在植被图上，若要同时表现植被和复原植被，则复原植被可用稍浅的颜色或加晕线表示。

在大比例尺植被图上，能表示到植被分类的最低的单位——植被群丛，反映出植物分布与地下水、土壤、小地形和其他生态因素的关系，可作为林业规划的基本资料；在中比例尺植被图上，能表示出主要植物群丛和植物群系，反映出植物分布和地质构造关系，可用于土地利用规划、资源利用规划、林业区划等；在小比例尺植被图上，能表示到植物群系和植物群系组的结合，反映出水平地带性、垂直地带性和区域地方性的特点，可用于植物资源的规划利用。

一般在植被图的主图外配以主要地带的植被垂直分布示意图，以充分反映森林植被的垂直分布与水平分布的关系。

**(9)森林资源（面积、蓄积）图**

森林资源图能揭示森林与环境因素的关系、森林发生发展的规律性以及森林生态系统生产力的形成变化、发展的规律性，指导人们积极培育、改造森林，使森林能提供更多、更好的木材及林副产品。

①*成图方法* 森林资源图的编制是以国家出版的地形图为地理底图，以森林分布图为专业底图，以森林资源清查统计资料为依据，用质地法和定位图表法反映林业用地各类面积、森林蓄积和森林覆盖率等。

②*编制特点* 主要包括以下4个方面。

a. 用等大比例尺地形图为地理底图。

b. 以森林经理调查图面资料为专业底图。

c. 以森林资源清查统计资料为依据。

d. 以质地法反映土地面积分布，用定位图表法反映各类土地面积与总面积之比、蓄积量高低、森林覆盖率高低。

③*主要内容* 森林资源图除反映一般自然地理要素、社会经济要素外，着重反映林业用地各类面积、森林蓄积量和森林覆盖率等内容。

在森林资源图中林业用地面积主要反映针叶林、阔叶林、经济林、竹林、疏林、灌木林、未成林造林地和无林地的面积及分布情况。

蓄积量主要反映针叶林、阔叶林、疏林、散生木和四旁树的蓄积量。

森林覆盖率反映林地覆盖的6个等级，即小于5%、5%～10%、10%～20%、20%～30%、30%～40%、大于40%。

森林资源图以质地法反映各林业用地的分布状况，以几何图形反映林业用地总面积与各类面积之比，以柱状图反映蓄积量的高低，以分级统计法反映森林覆盖率的高低。

在森林资源图中以不同大小的圆代表各分区的林地总面积，以不同角度的扇形面积代表各林地面积。每一种林地设一种颜色，明确区分林地类型。一般针叶林为深绿色，阔叶林为浅绿色，经济林为紫色，竹林为棕色，疏林为浅蓝色，灌木林为浅黄色，未成林造林地为红色，无林地为黑灰色。

森林蓄积量以图表立柱形式体现，为了使成图明显和易读，将大于1%的森林蓄积扩大为一个档次表示。一般针叶林为深绿色，阔叶林为浅绿色，疏林为浅蓝色，散生木为棕色，四旁树为红色。

森林覆盖率，以分区统计法表示，小于5%为▤，5%～10%为▨，10%～20%为▥，20%～30%为▧，30%～40%为▦，大于50%为▩。

**(10)森林主要病虫害图的绘制**

编制森林主要病虫害图对研究病虫害发生范围、生物学特性、发生发展规律，制定防治方案，采取技术措施，以避免、消除和减少病虫害，加速更新造林进程，确保林木速生丰产，发挥森林多种效益具有很大的意义。

①*成图方法* 森林主要病虫害图的编制建立在详细深入的病虫害调查工作的基础上，或者在积累了一定的病虫害资料的基础上编辑而成。在野外调查时，将各种病虫害种类、发育阶段、分布范围及危害程度填绘在草图上，并进行取样、鉴定病虫害名称及病原，再加以分类，拟定图例系统，在此基础上编制成森林病虫害图。

②主要内容 森林病虫害图除表示一般自然地理要素和社会经济要素外，着重反映病虫害的种类、分布范围、分布状况(单株、簇状、团块状、片状、大片分布)危害程度(+轻微、++中等、+++严重)、危害部位(叶部、干茎部、根部)。

③表示方法 主要包括以下8个方面。

a. 森林病虫害图用质地法表示森林分布，用定位图形法表示病虫害种类，用范围法表示病虫害分布范围，用点状符号法表示分布状况、危害程度、危害部位。

b. 森林分布以浅绿色底衬表示，以便在其上绘制其他符号，体现森林与病虫害分布之间的联系。

c. 病虫害种类以定位图形法表示，并加以归纳。

d. 病虫害范围用范围法表示。

e. 病虫害分布状况用几何图形表示，单株为⊥，簇状为★，团块状为▲，片状为■，大片分布为●。

f. 病虫害程度用红色线符号表示，轻微为+，中等为++，严重为+++。

g. 病虫害危害部位用几何图形表示，叶部为○，干茎部为□，根部为△。

h. 用大圆表示分区病虫害发生面积，用小圆表示病虫害防治面积，并绘红色晕线。大小圆在南边相切，大小圆的直径由各分区总面积大小决定。

**(11)森林防火设施图的绘制**

编制防火设施图对研究森林火灾发生发展规律、制定预防措施、采用灭火措施、建立护林防火组织有着重要的意义。

①成图方法 森林防火设施图以森林分布图为基础，根据护林防火统计资料编制而成。森林防火设施图以质地法表示森林分布状况；以定位图形法表示护林防火设施机构；以分区统计法表示火险等级区划；以线状符号反映防火线、防火带、通讯设备。

②主要内容 森林防火设施图除表示一般自然地理要素和社会经济要素外，着重反映森林分布状况、森林火险等级区划，护林防火机构及护林防火设施等内容。

森林分布与森林火灾有着密切的联系。森林火灾的大小，因树种组成、林分郁闭度、林龄、林型的不同而不同，在森林防火设施图中反映出森林的树种组成及龄组。

森林火险等级区划是根据林分易燃性大小，森林与火源的距离，以及消灭森林火灾的条件等因素划分的，按危险程度分为3级。

护林防火机构及设施对控制火源、消除火灾隐患、组织扑救火灾有很大的作用。在森林防火设施图上应表示出瞭望台、气象站、航空护林站、防火站、固定电台、专业扑火队、林缘和草原防火线及国境防火线等内容。

③表示方法 森林分布以质地法反映各树种组成，具体为：针叶林为绿色、阔叶林为黄色、针阔混交林为墨绿色，灌木林为橙色棕色、疏林为棕色，并用各种色相的饱和度(深浅)反映出幼、中龄林及成、过熟林。

森林火险等级区划以0.6mm红色实线表示等级区域范围，以红色罗马字Ⅰ、Ⅱ、Ⅲ表示3个不同等级，并置于该区中心位置。

护林防火机构用符号法表示，全部符号均用红色，具体为：防火指挥部●、防火站■、专业扑火队▲、气象站T。

护林防火设施均用红色表示，具体为：国境防火线＝＝＝＝、林缘和草原防火线——（0.4mm 粗）、瞭望台。

**（12）林业区划图的绘制**

实现林业现代化的一项重要基础工作是编制林业区划图。

①*成图方法* 林业区划图的编制，建立在详细深入的野外调查和大量的气象、土壤、植被等数据资料的基础上，依据林业资源类型和自然地理条件、社会经济条件，以及林业经济条件的相似性和差异性进行区划。

②*主要内容* 林业区划图除表示一般自然地理要素和社会经济要素外，重点反映林业地理分区和林业区划分区、亚区，藉以展示不同区域林业生产发展的方针和林业生产合理布局，再配以文字说明简述不同区域的自然条件、社会特征和主要发展措施等。

③*表示方法* 主要包括以下 4 方面内容。

a. 在林业区划图中，在范围线加注记的分区来表示林业分区及亚区。分区用质地法普染来表示。

b. 分区界用 0.6mm 粗红线表示，各区域普染不同浅色。用较大的红色罗马数字Ⅰ、Ⅱ、Ⅲ……表示区域号，用较大的红色注出区域名。

c. 亚区界用 0.3mm 粗红线表示，各亚区不普染颜色。用较小的带圈罗马字Ⅰ、Ⅱ、Ⅲ……表示亚区号，用较小的红字注出亚区名。

d. 用色彩鲜艳的点、现状、几何图形符号反映林业生产布局和林业重点建设工程。

## →拓展训练

从二类调查的矢量数据中抽取一个林场，用 ArcGIS 10.0 软件绘制一个林场的基本图、林相图。

# 任务 3.4

# 森林资源信息管理系统应用

## →任务描述

林业生产周期长，资源分布广，消长变化大，影响因素多，决策上的失误短期难以发现和弥补。因此，需有一个完善的管理系统，以加快信息反馈，及时控制和调整林业生产。通过了解森林资源信息管理系统的功能和设计，包括功能的设计和数据库等的设计，学会各类森林资源信息管理系统的使用方法。

提交一份本省森林资源信息管理系统应用报告。

## →任务目标

**(一) 知识目标**

1. 了解森林资源管理系统的设计方法。
2. 熟悉森林资源信息使用方法。

**(二) 能力目标**

会使用森林资源管理系统。

## →知识准备

### 3.4.1 实践操作：森林资源信息管理系统应用过程与要点分析

下面以“江苏省林业信息管理系统”为例来说明森林资源管理系统的使用方法。

**第一步：森林资源信息管理系统用户登录**

江苏省林业管理信息系统登录界面如图 3-142 所示：

用户登录
江苏省林业管理信息系统
Jiangsu province forestry management information system
用户名
sde
登录
密码
业务
资源更新
配置

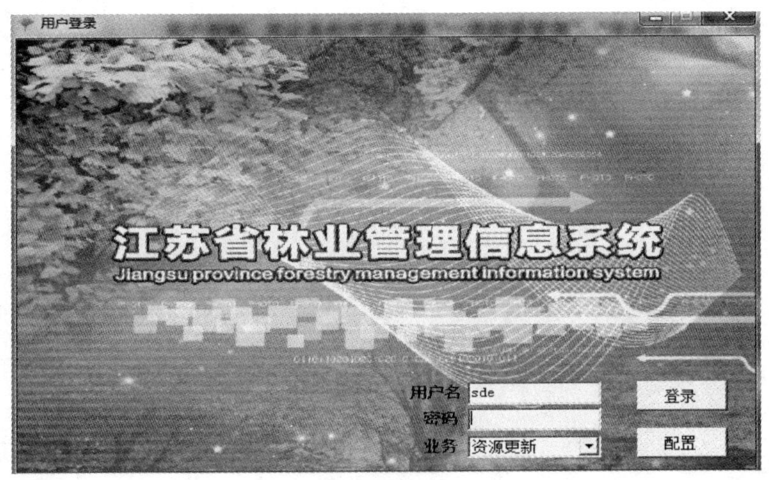

图 3-142　用户登录

首次连接需配置数据库，点击“配置”，显示如图 3-143 所示配置窗口。

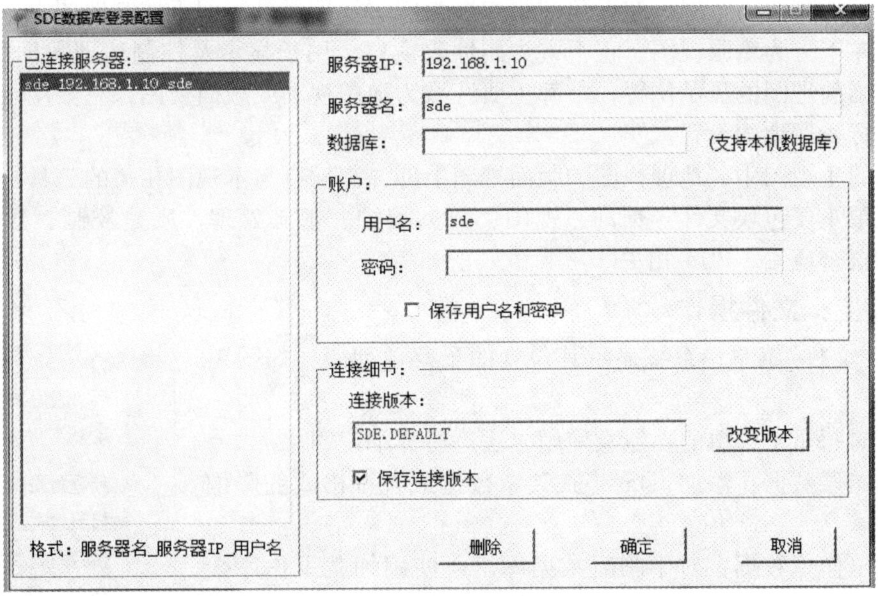

SDE数据库登录配置
已连接服务器:
sde_192.168.1.10_sde
服务器IP:
192.168.1.10
服务器名:
sde
数据库:
(支持本机数据库)
账户:
用户名:
sde
密码:
保存用户名和密码
连接细节:
连接版本:
SDE.DEFAULT
改变版本
保存连接版本
格式: 服务器名_服务器IP_用户名
删除
确定
取消

图 3-143　配置数据库

服务器 IP 为局域网内的服务器的地址；服务名为建立的空间数据引擎服务名；数据库为连接的数据库名；其他输入的内容包括用户名和密码，数据版本状态等。点击“确定”完成配置。在“已连接服务器”列表中显示配置好的服务器。

进入到系统中，主界面如图 3-144 所示：

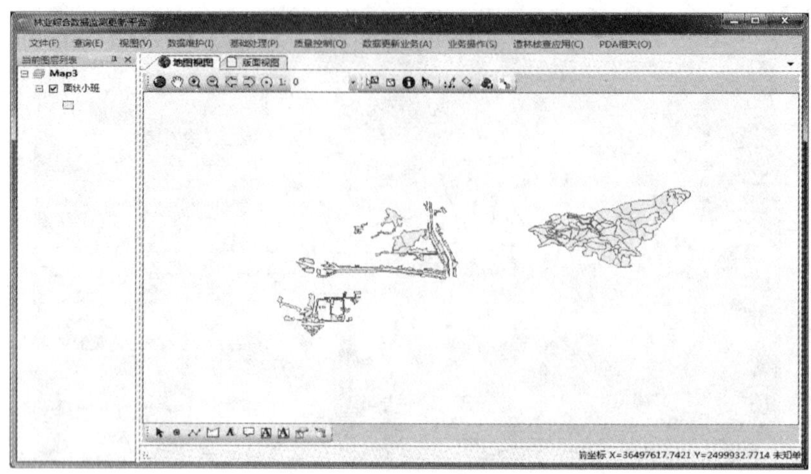

图 3-144 主界面效果图

在主界面中，顶部为主菜单项；左上角为数据目录，其中按区域管理结构形成目录，用于快速查找到所需数据；左上角的第二层为图层管理目录，用于控制地图中所添加的图层数据；左下方为鹰眼视图；正下方为属性表窗口，用于显示及控制地理数据的属性表，用于指示当前地图的显示位置；中部主要区域为地图视图或版面视图，主要用于操纵地理数据或进行专题地图设置。

中部的主视图中，地理视图和版面视图上部，都配有与本视图相关的工具栏。

主菜单主要包块文件、查询、视图、数据维护、基础处理、质量控制、数据更新业务、造林核查应用、PDA 相关。

### 第二步：文件操作

点击“文件”菜单，系统显示其包含的子菜单列表，如图 3-145 所示：

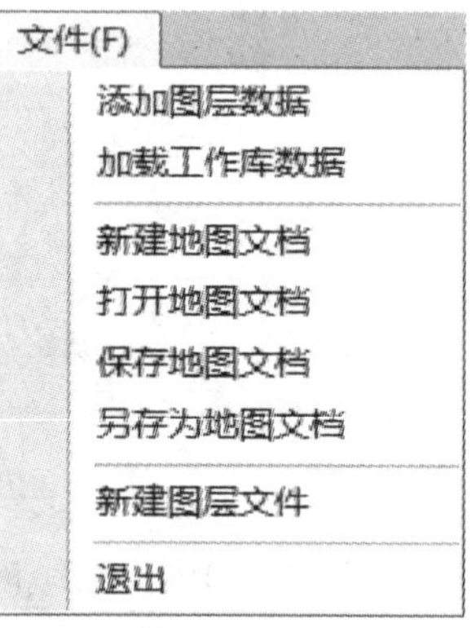


图 3-145 文件菜单

下面对每个子菜单的功能及使用方法进行详细说明。

添加图层数据：添加 .shp 格式矢量数据或各种格式的影像数据文件。

加载工作库数据：对于临时数据库，可使用加载工作库数据，选择 .mdb 文件，以添加其中存储的数据，包含注记等要素类。

新建地图文档：在主视图中新建地图文档。

打开地图文档：打开已有的地图文档。

保存地图文档：保存主视图中的文档。

另存为地图：另存主视图文档。

新建图层文件：打开“新建图层文件”对话框，如图 3-146 所示。

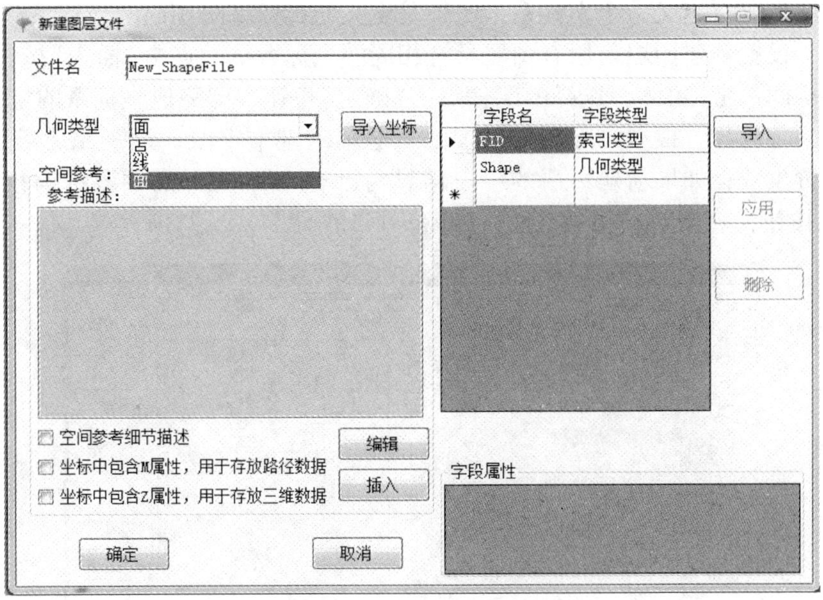

图 3-146　新建图层对话框

**(1)设置图层名称和几何类型**

设置新建图层的名称和图层几何类型，在外业调查过程中需要的图层类型主要为面图层、线图层和点图层。

**(2)空间参考**

给新建的图层定义一个坐标系，有 2 种方式：编辑与插入。

①编辑　点击“编辑”按钮，打开“坐标系选择”窗体，如图 3-147 所示。

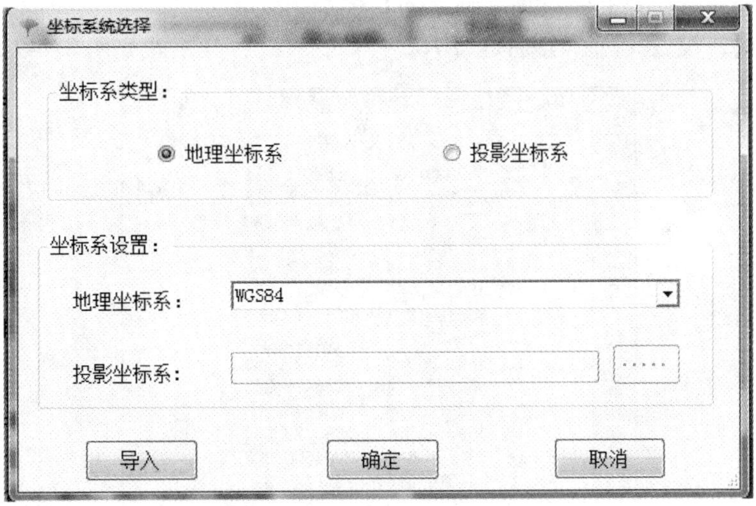

图 3-147　定义坐标系

根据实际情况自定义一个坐标系，一般是定义与影像底图相同的坐标系。

②**插入** 设置新建图层与原有图层具有相同的坐标系统。点击“插入”按钮，打开“打开已有图层空间参考”窗体。选择图层，点击“确定”按钮，即完成坐标系的定义。

③**属性字段编辑** 根据实际需要设置图层包括的基本字段，设置完成后点击“应用”按钮字段设置生效；如果新建图层的字段信息与已有 . shp 文件的字段结构相同，则可以点击“导入”按钮，直接导入相关字段，如图 3-148 所示。

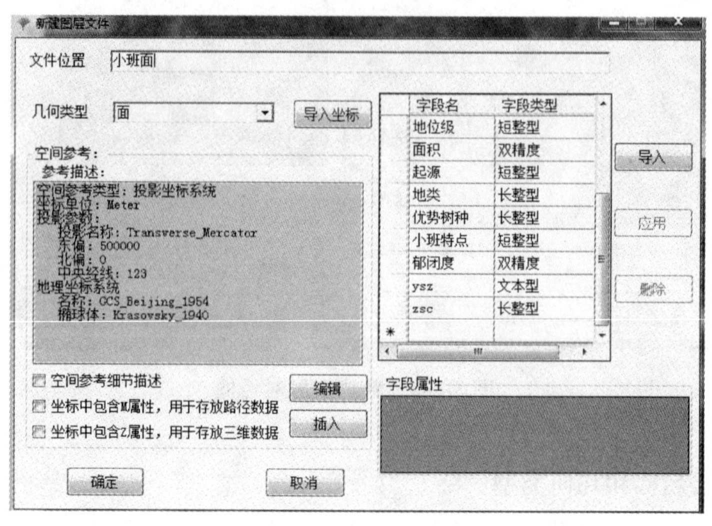


**图 3-148 属性字段编辑**

设置完成后，点击“确定”按钮，完成图层的创建，这时候在图层列表中就可以看到刚才新建的图层名称。

如果已有编辑正确的构成点、线、面图层文件的坐标点对（X，Y 坐标对），即可利用该窗体中“几何类型”右侧的“导入坐标”按钮，按要求展绘点线面 . shp 图层。

首先，需要将 X，Y 坐标对复制到 Excel 表格中。

对于点图层，设置 3 列，分别是“ID”，“X”，“Y”，其格式如图 3-149 所示。

| | A | B | C | D |
|---|---|---|---|---|
| 1 | ID | X | Y | |
| 2 | 1 | 359129.033 | 2858057.622 | |
| 3 | 2 | 359099.135 | 2858045.251 | |
| 4 | 3 | 358888.877 | 2857204.215 | |
| 5 | 4 | 358596.265 | 2856848.383 | |
| 6 | 5 | 357999.524 | 2858131.375 | |
| 7 | 6 | 358643.144 | 2858944.369 | |
| 8 | 7 | 358596.265 | 2856816.730 | |
| 9 | 8 | 358888.877 | 2857172.563 | |
| 10 | 9 | 359099.135 | 2858013.598 | |
| 11 | 10 | 359129.033 | 2858025.969 | |
| 12 | 11 | 359998.134 | 2856439.860 | |
| 13 | 12 | 358677.019 | 2856643.108 | |
| 14 | 13 | 359354.514 | 2853729.880 | |
| 15 | 14 | 361251.500 | 2854000.878 | |
| 16 | 15 | 361014.376 | 2851426.397 | |
| 17 | 16 | 358439.896 | 2851358.648 | |
| 18 | 17 | 357999.524 | 2852679.763 | |
| 19 | | | | |

**图 3-149 点坐标文件**

对于线图层，其列格式与点图层格式相同。需要注意的是，各条线是以“ID”号的值所区分，并要保证每条线的坐标点数至少为 2 个，且以表格中的点数据顺序相连。其格式如图 3-150 所示。

| | A | B | C | D |
|---|---|---|---|---|
| 1 | ID | X | Y | |
| 2 | 1 | 359129.033 | 2858057.622 | |
| 3 | 1 | 359099.135 | 2858045.251 | |
| 4 | 2 | 358888.877 | 2857204.215 | |
| 5 | 2 | 358596.265 | 2856848.383 | |
| 6 | 3 | 357999.524 | 2858131.375 | |
| 7 | 3 | 358643.144 | 2858944.369 | |
| 8 | 3 | 358596.265 | 2856816.730 | |
| 9 | 4 | 358888.877 | 2857172.563 | |
| 10 | 4 | 359099.135 | 2858013.598 | |
| 11 | 4 | 359129.033 | 2858025.969 | |
| 12 | 4 | 359998.134 | 2856439.860 | |
| 13 | 4 | 358677.019 | 2856643.108 | |
| 14 | 5 | 359354.514 | 2853729.880 | |
| 15 | 5 | 361251.500 | 2854000.878 | |
| 16 | 5 | 361014.376 | 2851426.397 | |
| 17 | 5 | 358439.896 | 2851358.648 | |
| 18 | 5 | 357999.524 | 2852679.763 | |
| 19 | | | | |
| 20 | | | | |

**图 3-150　线坐标文件**

对于面图层，其列格式与点图层格式相同。各条线是以“ID”号的值所区分，以表格中的点数据顺序相连。需要注意的是，要保证每条线的坐标点数至少为 3 个，其格式如图 3-151 所示。

| | A | B | C | D |
|---|---|---|---|---|
| 1 | ID | X | Y | |
| 2 | 1 | 359129.033 | 2858057.622 | |
| 3 | 1 | 359099.135 | 2858045.251 | |
| 4 | 1 | 358888.877 | 2857204.215 | |
| 5 | 1 | 358596.265 | 2856848.383 | |
| 6 | 1 | 357999.524 | 2858131.375 | |
| 7 | 4 | 359099.135 | 2858013.598 | |
| 8 | 4 | 359129.033 | 2858025.969 | |
| 9 | 4 | 359998.134 | 2856439.860 | |
| 10 | 4 | 358677.019 | 2856643.108 | |
| 11 | 5 | 357999.524 | 2852679.763 | |
| 12 | 5 | 358439.896 | 2851358.648 | |
| 13 | 5 | 361014.376 | 2851426.397 | |
| 14 | 5 | 361251.500 | 2854000.878 | |
| 15 | 5 | 359354.514 | 2853729.880 | |
| 16 | | | | |
| 17 | | | | |

**图 3-151　面坐标文件**

将坐标点按标准格式存入 Excel 表格文件中后，点击“新建图层文件”窗体的“导入坐标”按钮，“Excel 文件窗体”。

选择要导入的坐标文件，点击“打开”按钮，弹出“请选择 Excel 中的数据表”对话框，选择其中存有坐标点的表格，并设置好 X、Y 及标志字段，点击“确定”按钮，完成图层生成，如图 3-152 所示。

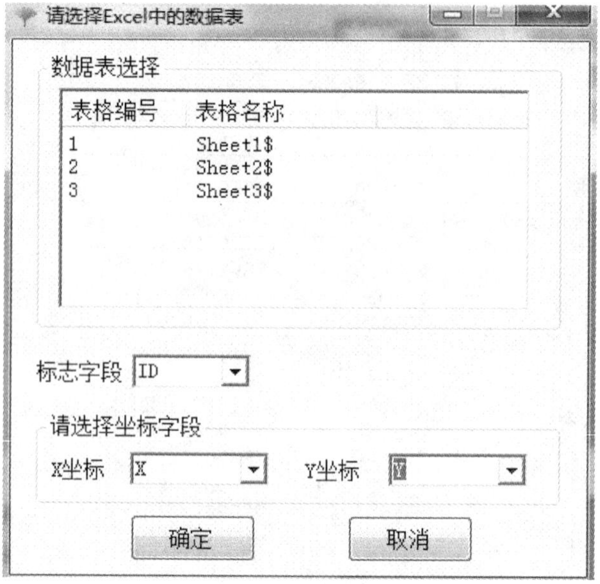

图 3-152 导入坐标设置

退出：退出应用程序。

## 第三步：查询操作

点击“查询”菜单，系统显示其包含的子菜单列表，下面对每个子菜单的功能及使用方法进行详细说明。

**(1)距离量算**

在图上沿着某线状小班绘制一条线，双击完成绘制，就会弹出一个窗体，显示所绘线的长度，如图 3-153 所示。

**(2)面积量算**

在图上绘制一个面。双击完成绘制，弹出一个窗体，显示其面积，如图 3-154 所示。

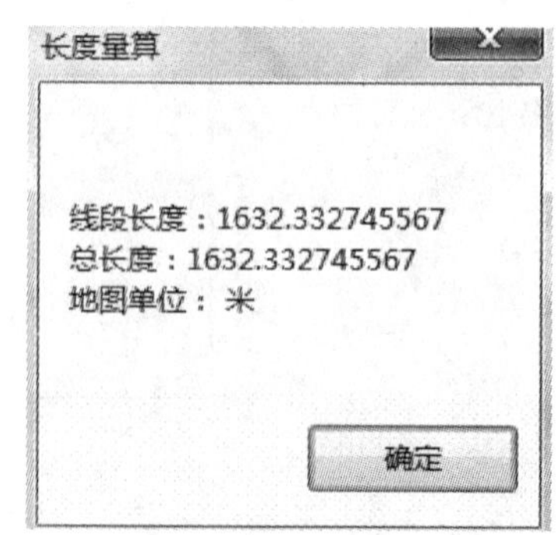


图 3-153 距离量算

**(3)属性条件筛选**

按一定属性条件，筛选查询地图数据，如图 3-155 所示。

①准备 选择“查询图层”，“选择字段”中列出字段集合，选择字段，点击“浏览字段值”，“字段值”列表中列出本字段的所有值。

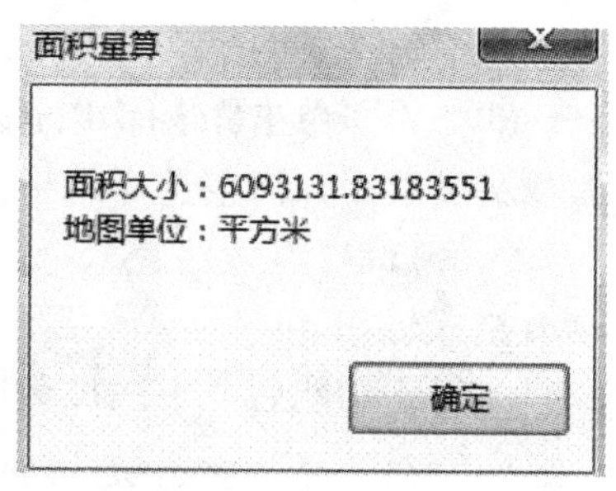


图 3-154　面积量算

②设置查询条件　双击字段项，选择一个逻辑判断规则，再双击字段值，以生成条件并显示在“查询条件表达式”列表中。

③查询表达式管理　查询后的条件表达式，存储起来备用。下一次需进行同样的查询时，选择查询条件样本中的一项，即可添加其中的表达式内容到查询语句文本框中。上次查询过的语句，将列在首位，以方便选择。若系统中存储的查询条件过多时，可使用“删除”和“清除全部”按钮以删除条件样本。

④查询　确定“查询条件表达式”后点击“查询选择”，如查询出数据，则查询数据在图上高亮显示。

⑤输出　“设置路径”，点击“输出数据”输出 . shp，即可把查询到的数据，以 * . shp 格式输出。

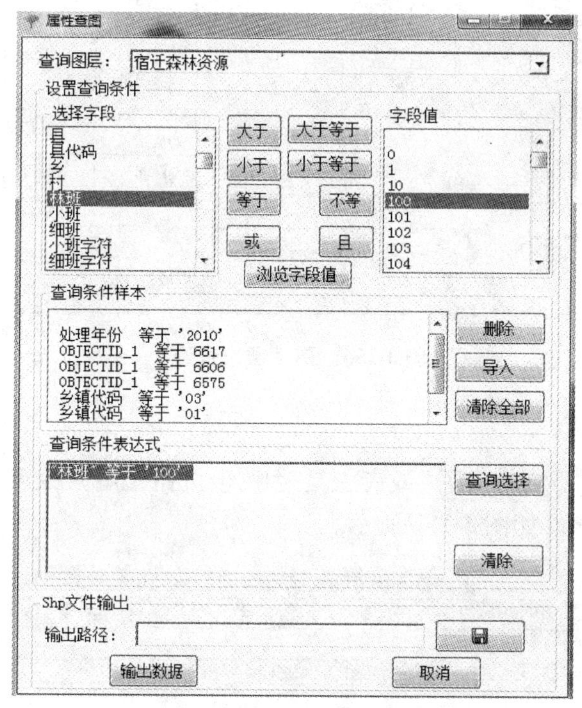


图 3-155　属性条件筛选

**(4)属性层次查询**

按属性层次条件，筛选查询地图数据，如图 3-156 所示。

①准备　选择“查询图层”，选择“所有字段”，将列出所选数据的字段选择到“选择字段”列表中，“字段值”列表中显示的字段值顺序与“选择字段”显示的字段顺序保持一致，当对“选择字段”中的条目进行删除、调整顺序等操作时，自动更新字段值。

②设置查询条件　如勾选“多选”复选框，树形列表前会出现复选框，可多选查询条

件；如不勾选“多选”复选框，则根据选择的单一节点值，进行单一条件查询。

③查询　单击“查询”以选择的值查询。点击“清除”按钮则按照“选择字段”条目重新加载字段值，并清空选择结果。

④输出　“设置路径”，点击“输出路径”输出 . shp 数据，即可把查询到的数据，以 * . shp 格式输出。

关闭此功能后，下次加载同一个查询图层时自动加载“选择字段”条目。

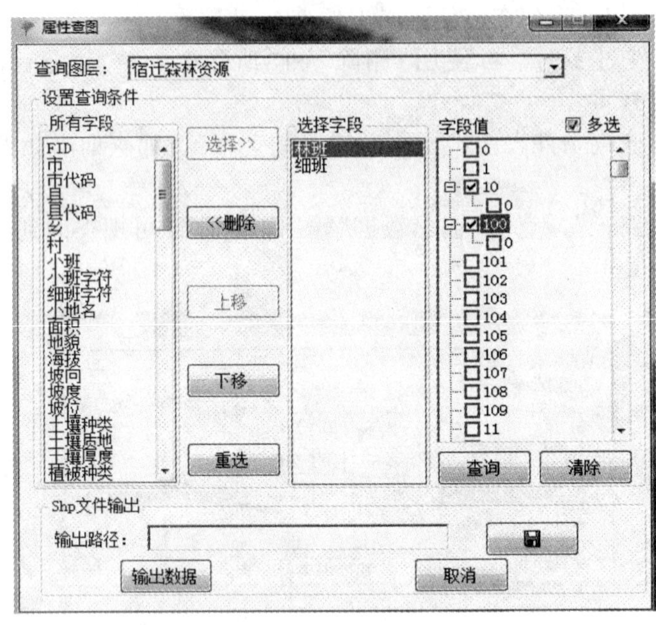


图 3-156　属性层次查询

### (5)图形属性查看

点击“查询”下“图形属性查看”或者工具栏中按钮，用鼠标点击某个小班内部，即可弹出该小班的属性表。如图 3-157 所示。

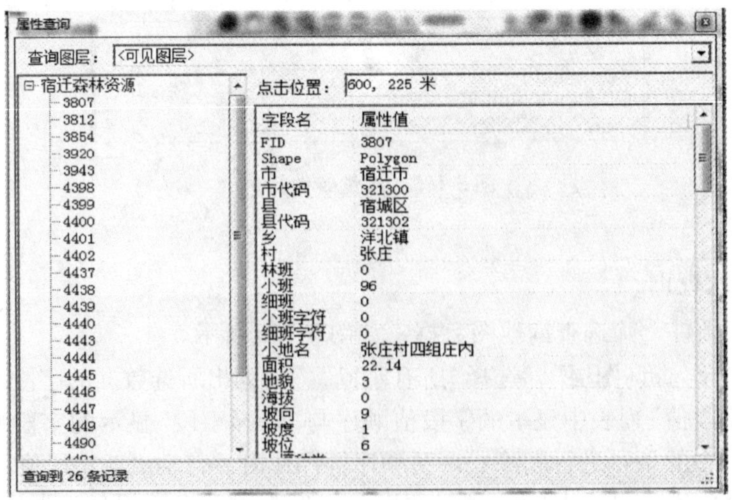


图 3-157　属性查询

## 第四步：视图操作

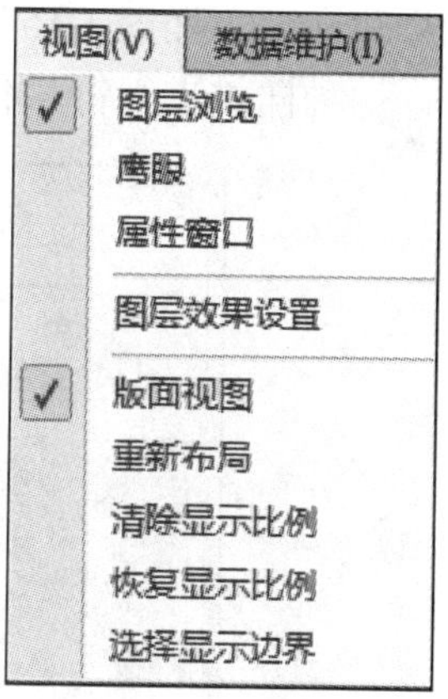

点击“视图”菜单，系统显示其包含的子菜单列表，如图 3-158 所示：

视图(V)　数据维护(I)
图层浏览
鹰眼
属性窗口
图层效果设置
版面视图
重新布局
清除显示比例
恢复显示比例
选择显示边界

图 3-158　视图菜单

### (1)图层浏览

此部分功能用于浏览系统中已加载的图层。

①*添加数据图层*　添加 .shp 格式矢量数据或各种格式的影像数据文件。

②*打开所有图层*　打开系统中加载的所有图层。

③*关闭所有图层*　关闭系统中加载的所有图层。

④*锁定为当前比例*　主要用于添加注记之后，将注记大小与小班大小的比例与地图当前比例一致。

⑤*清除地图参照比例*　功能与“锁定为当前比例”相反。

⑥*缩放至参考比例*　锁定比例之后，使用此功能，可以缩放至参考比例。

### (2)缩放至图层

在图层视图中，选择图层点击右键，弹出菜单，选择“缩放至图层”，则将地图视图的范围，设定为该图层的范围。

### (3)移除该层

在图层视图中，选择图层点击右键，弹出菜单，选择“移除该层”，则将选择的图层从地图中移除。

### (4)图层标注

在图层视图中，选择图层点击右键，弹出菜单，选择“图层标注”，打开“注记”对话框，可选择简单注记或组合注记。如果想除去标注，可再打开该窗口，不做任何设置后点击确定。

①*简单注记*　即只显示一个字段，具体操作步骤如下：

设置字体及字色，在“属性字段”下拉框中选择要标注的字段，点击“过滤条件”，根据过滤条件注记要素，操作方法如“属性条件查询”(也可以不选择过滤条件，默认对图层所有要素进行标注)，然后点击“冲突监测”按钮，检测图层中的注记字体或字色是否有冲突。点击“添加”按钮，即可把设置好的注记样式添加到“注记类”列表中。选择此列表的条目，即可进行删除和修改。点击“确定”即可完成简单注记。

②*组合注记*　即显示多个字段，具体操作步骤如下：

设置字体字色，选择“复合类型”，如选择“分式组合”时，根据“属性字段”和“连接符”列表中的条目制作分子表达式和分母表达式；如果选择“连接组合”，根据“属性字段”和“连接符”列表中分的条目制作组合表达式。点击“确定”即完成组合注记。

### (5)图层符号化

在图层视图中，选择图层点击右键，弹出菜单，选择“图层符号化”，对图层进行符号化显示，如图3-159所示。在“字段”的下拉框中选择一个字段，在“着色法选择”中选择一种样式进行符号化。

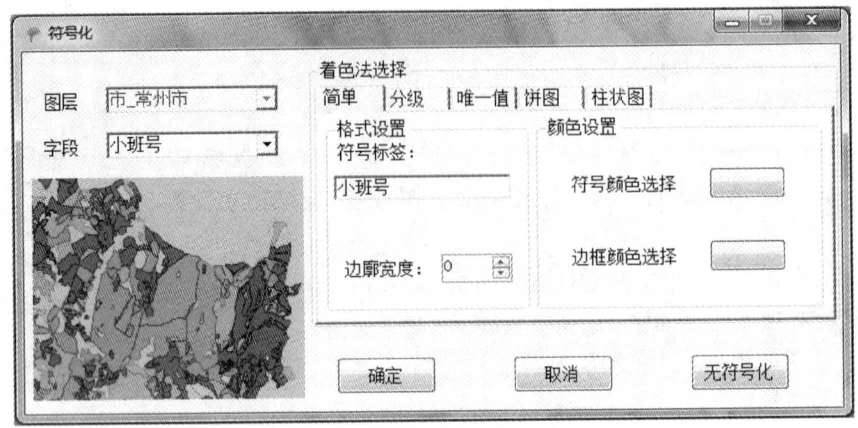


图3-159　图层符号化

①简单　以符号标签简单符号化。对“格式”和“颜色”进行设置后点击“确定”按钮，完成符号化。

②分级　将要素属性数值按照一定的分级方法分成若干类别，用不同的颜色表示不同的级别。一般用于表示面状要素，对“色调”和“分级数”进行设置后点击“确定”按钮，完成符号化。

③唯一值　自动按选择字段的唯一值进行符号化。选择一种“色调”点击“确定”按钮，完成符号化。

④饼图　以饼图的形式符号化。选择数值型字段值到列表中并设置“最小尺寸”，点击“确定”按钮，完成符号化。

⑤柱状图　以状态图形式符号化。选择两个数值型字段值到列表中，在“样式设置”中选择“是否堆积”点击“确定”按钮，完成符号化。

**(6)设定加载符号**

图层视图中，选择图层点击右键，弹出菜单，选择“设定加载符号”，弹出设定加载符号窗体，如图3-160所示。操作步骤如下：

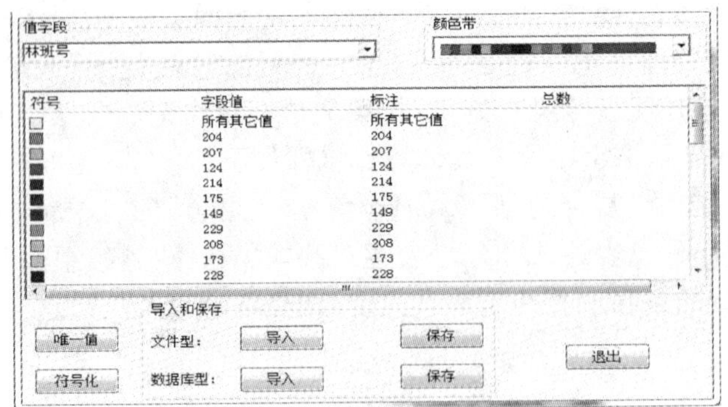


图3-160　设定加载符号

在“值字段”中选择字段；在“颜色带”下拉框中选择颜色带；点击“唯一值”按钮，获取所选字段对应的唯一值；点击“符号化”按钮，对整个图层进行符号化。

①如选择的图层为 *. shp 文件，文件型对应的“保存”和“导入”按钮可用。点击“保存”将符号化信息保存在文件中，点击“导入”将文件中的符号化信息显示在窗体中。

② 如选择的图层为地理数据库中的图层，文件型和数据库对应的“保存”和“导入”按钮都可用。数据库型对应的“保存”按钮，可将符号信息保存在默认数据库中，“导入”按钮可将数据库中的符号显示在窗体中 。

**(7)标注转注记**

图层标注后，在图层视图中，选择图层点击右键，弹出菜单，选择“标注转注记”，如图 3-161 所示，把标注以注记层的形式保存。具体操作步骤如下：

选择“注记来源”，选择“保存方式”，填写“注记信息”，点击“转换”按钮，即可完成转换。注：当选择“导入数据库”时，需要选择保存到的 . mdb 数据库。

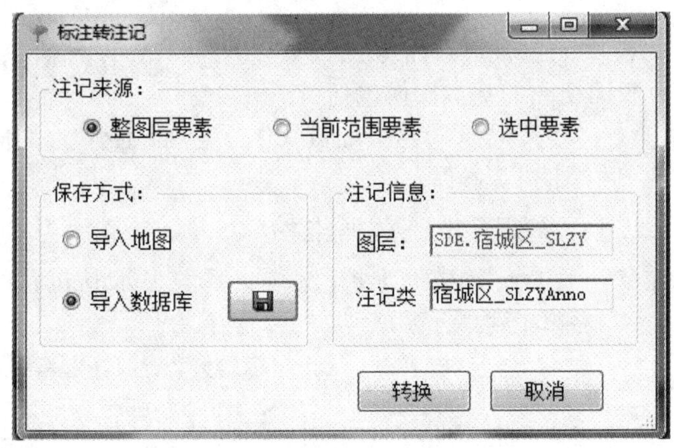


**图 3-161　标注转注记**

**(8)图层复制**

图层复制即复制所选图层。

①鹰眼　显示加载地图的全图，显示的红框范围为地图视图中可视范围，拖动红框可在地图视图的可视范围随之改变。

②属性窗口　显示选择图层的属性，如图 3-162 所示。

| FID | Shape | 市 | 市代码 | 县 | 县代码 | 乡 | 村 | 林班 | 小班 | 细班 | 小班字符 | 细班字符 | 小地名 |
|---|---|---|---|---|---|---|---|---|---|---|---|---|---|
| 0 | esriGeometry... | 宿迁市 | 321300 | 宿城区 | 321302 | 双庄 | 新塘 |  | 30 | 0 | 0 | 0 | 区政府大 |
| 1 | esriGeometry... | 宿迁市 | 321300 | 宿城区 | 321302 | 双庄 | 新塘 |  | 18 | 0 | 0 | 0 | 区政府后 |
| 2 | esriGeometry... | 宿迁市 | 321300 | 宿城区 | 321302 | 双庄 | 白堡 |  | 22 | 0 | 0 | 0 | 区政府后 |
| 3 | esriGeometry... | 宿迁市 | 321300 | 宿城区 | 321302 | 双庄 | 新塘 |  | 31 | 0 | 0 | 0 | 区会展中 |
| 4 | esriGeometry... | 宿迁市 | 321300 | 宿城区 | 321302 | 双庄 | 白堡 |  | 32 | 0 | 0 | 0 | 银河花园 |
| 5 | esriGeometry... | 宿迁市 | 321300 | 宿城区 | 321302 | 双庄 | 新塘 |  | 34 | 0 | 0 | 0 | 区政府大 |
| 6 | esriGeometry... | 宿迁市 | 321300 | 宿城区 | 321302 | 双庄 | 新塘 |  | 35 | 0 | 0 | 0 | 区政府大 |
| 7 | esriGeometry... | 宿迁市 | 321300 | 宿城区 | 321302 | 双庄 | 新塘 |  | 36 | 0 | 0 | 0 | 区政府大 |

是否将文本框的值复制到选定单元格中　只显示选中要素的属性　显示文字

1 /12621 宿迁森林资源 县代码 乡 小班

**图 3-162　属性窗口**

**“是否将文本框的值复制到选定单元格中”** 勾选前鼠标选中某个单元格，单元格内容显示在文本框中，当勾选上此复选框后，再点击其他单元格则把文本框内容复制到选中的单元格中。

**“只显示选中要素”** 勾选此复选框，属性窗口只显示选中的要素。

**“显示文字”** 属性字段中如有与属性域关联的字段，勾选此项，显示对应属性域类型的文字，否则显示文字对应的代码。

③*图层效果设置* 设置图层显示效果，如图3-163所示，包括透明度、亮度和对比度。矢量图层仅可调整透明度，而栅格图三者都可以调整。

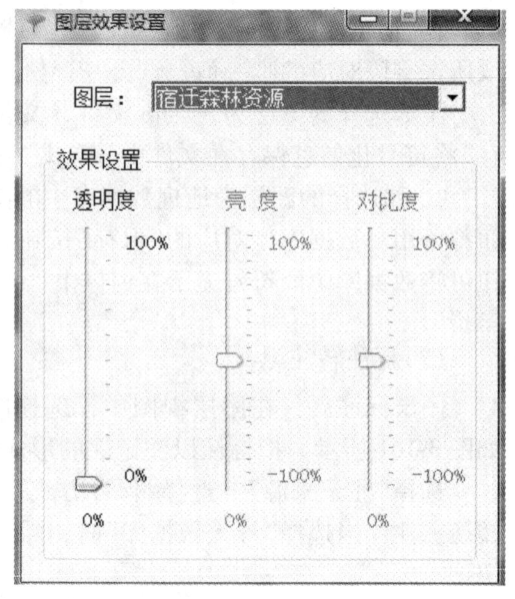


图3-163 图层效果设置

④*版面视图* 此模块中包含对选定范围数据的专题图制作。对版面视图的基本操作包括：“要素选择”、“版面放大”、“版面缩小”、“版面移动”和“版面全图”等操作。

## 第五步：数据维护

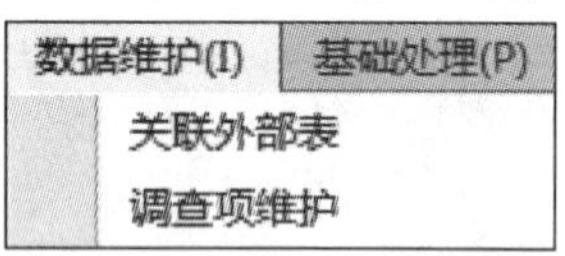


图3-164 数据维护菜单

点击“数据维护”菜单，系统显示其包含的子菜单列表，如图3-164所示。

### (1)关联外部表

此功能用于按Excel或者.dbf表中的多个字段，与加载的调查数据的多个字段建立对应关系，然后按此对应关系将关联表中值赋给调查数据。

点击“数据维护”菜单下“关联外部表”，打开“外部属性导入”窗体，如图3-165所示。

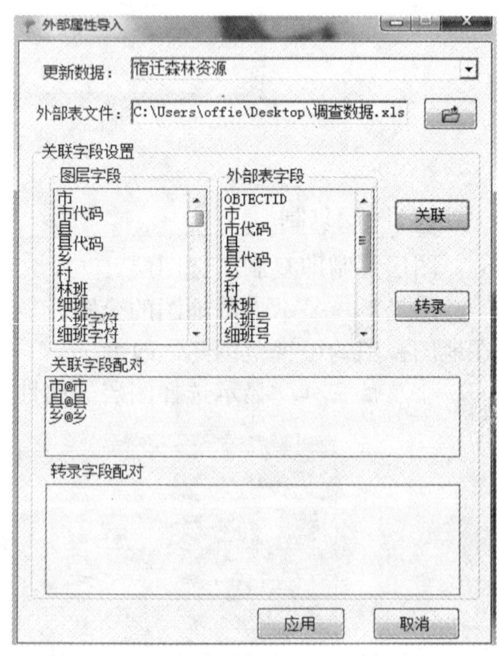


图3-165 外部属性导入

### (2)操作

选择“更新数据”，打开“外部表文件”，“选择表单”，选择关联字段，在“图层字段”和“外部表字段”分别选择一个字段进行关联，可选择多个关联字段配对组合，双击配对条目即可删除选择转录字段，操作同“选择关联字段”点击“应用”，即可将Excel表格中的数据导入到图层属性表中。

### (3) 调查项维护

可对现有专题数据或图层的字段进行设置，包括添加、删除、导入已有字段结构等操作。操作界面如图 3-166 所示。

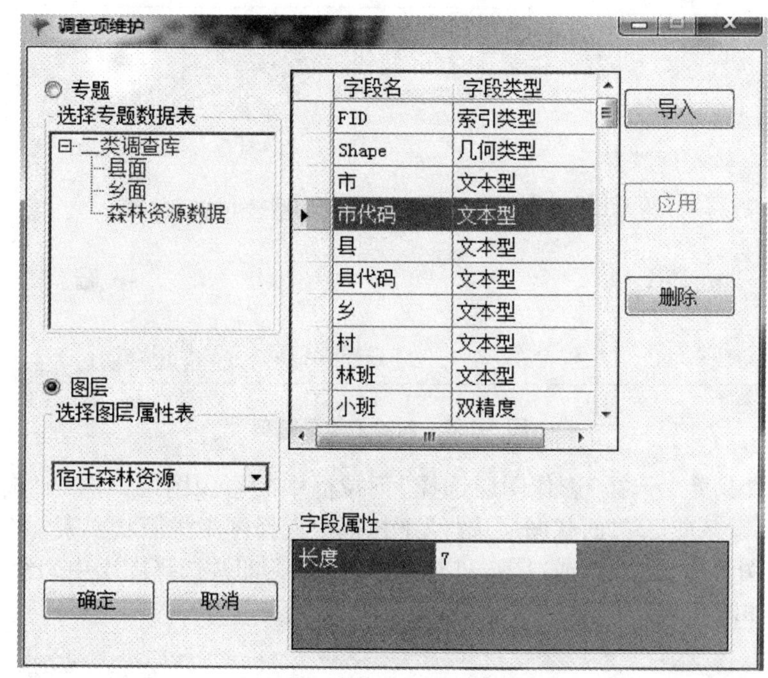


图 3-166 调查项维护

## 第六步：基础处理

点击“基础处理”菜单，系统显示其包含的子菜单列表，如图 3-167 所示。

### (1) 线面转换

实现线图层与面图层之间的转换操作。

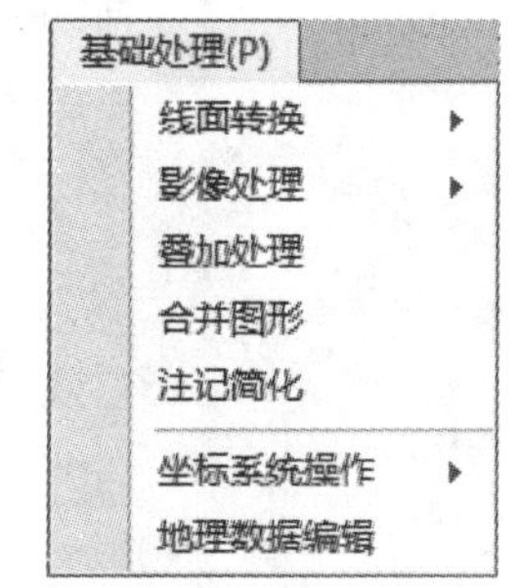


图 3-167 基础处理菜单

### (2) 影像处理

对于调查所用的影像，常需要进行影像的裁切和合并处理。此功能提供相应工具以实现。

影像裁剪是指对影像进行裁切处理。对加载影像进行裁切处理，得到要求范围内的影像。该软件提供了多种影像裁切方式，包括勾绘多边形裁剪、选中要素裁剪和矢量图层裁剪。

①勾绘多边形裁剪 选择“影像图层选择”下拉框中的影像图层，选择“裁切方式”下拉框中的“勾绘多边形裁剪”，可以在影像上面手动勾绘一个多边形，按照多边形范围裁剪。选择“裁剪的几何类型”，按“图形边界裁剪”或“图形外包矩形裁剪”，即按勾绘图形的最大外包矩形裁剪，如图 3-168 所示。

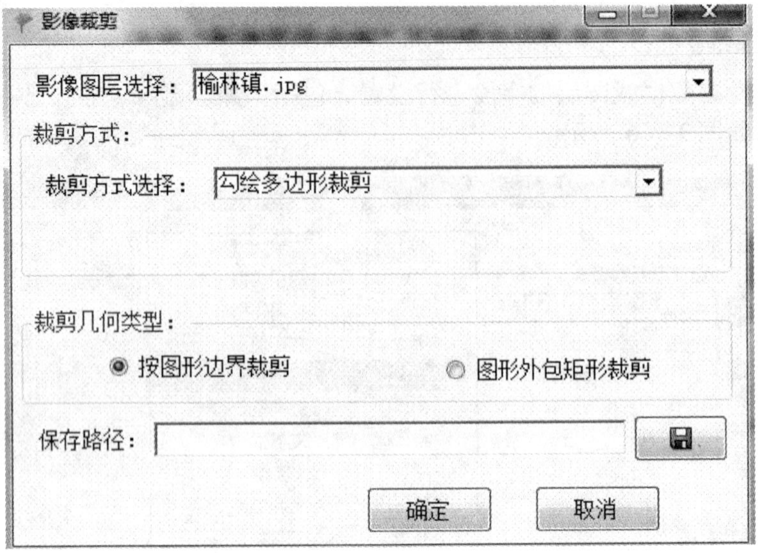

影像裁剪

影像图层选择：榆林镇.jpg

裁剪方式：

裁剪方式选择：勾绘多边形裁剪

裁剪几何类型：

按图形边界裁剪　　图形外包矩形裁剪

保存路径：

确定　取消

**图 3-168　勾绘多边形裁剪**

②*选中要素裁剪*　选择“影像图层选择”下拉框中的影像图层，选择“裁切方式”下拉框中的“选中要素裁剪”，“面状图层选择”下拉框中选择图中的面状要素，选择“裁剪的几何类型”，按“图形边界裁剪”或“图形外包矩形裁剪”，即按选择图层中勾绘图形的最大外包矩形裁剪，如图 3-169 所示。

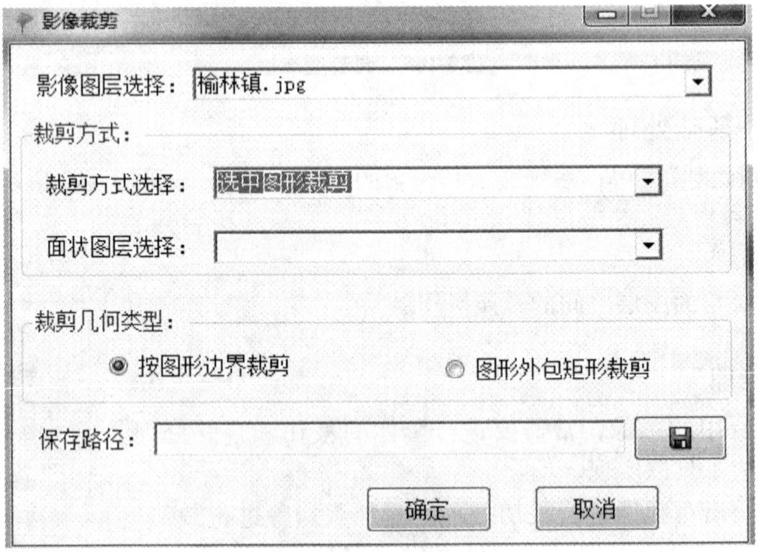

影像裁剪

影像图层选择：榆林镇.jpg

裁剪方式：

裁剪方式选择：选中图形裁剪

面状图层选择：

裁剪几何类型：

按图形边界裁剪　　图形外包矩形裁剪

保存路径：

确定　取消

**图 3-169　选中要素裁剪**

③*按矢量图层裁剪*　选择“影像图层选择”下拉框中的影像图层，选择“裁切方式”下拉框中的“选中要素裁剪”，“面状图层选择”下拉框中选择图中的面状要素。

用矢量图层裁剪与选中要素裁剪的区别是：用面状图层的所有面状要素去裁剪影像，而不是只用一个选中要素去裁剪。可以将所有要素裁剪的结果保存在一幅影像中；也可以每个要素裁剪的结果存成一幅影像，所有的图片保存在一个文件夹中，每幅图以裁剪该图的要素字段值命名，如图 3-170、图 3-171 所示。

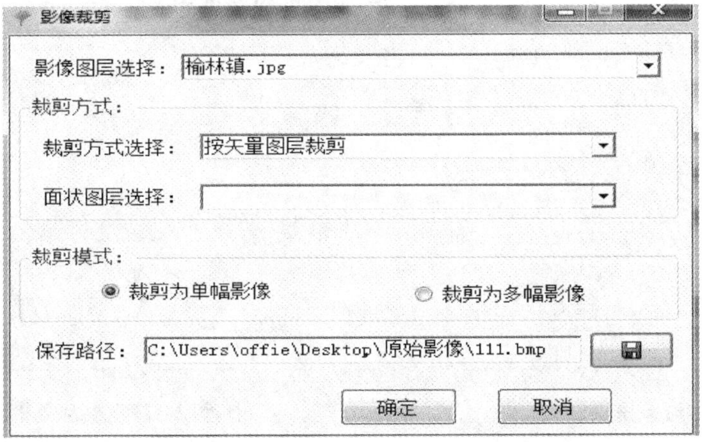

影像裁剪
影像图层选择：榆林镇.jpg
裁剪方式：
裁剪方式选择：按矢量图层裁剪
面状图层选择：
裁剪模式：
裁剪为单幅影像　裁剪为多幅影像
保存路径：C:\Users\offie\Desktop\原始影像\111.bmp
确定　取消

**图 3-170　按矢量图层裁剪为单幅影像**

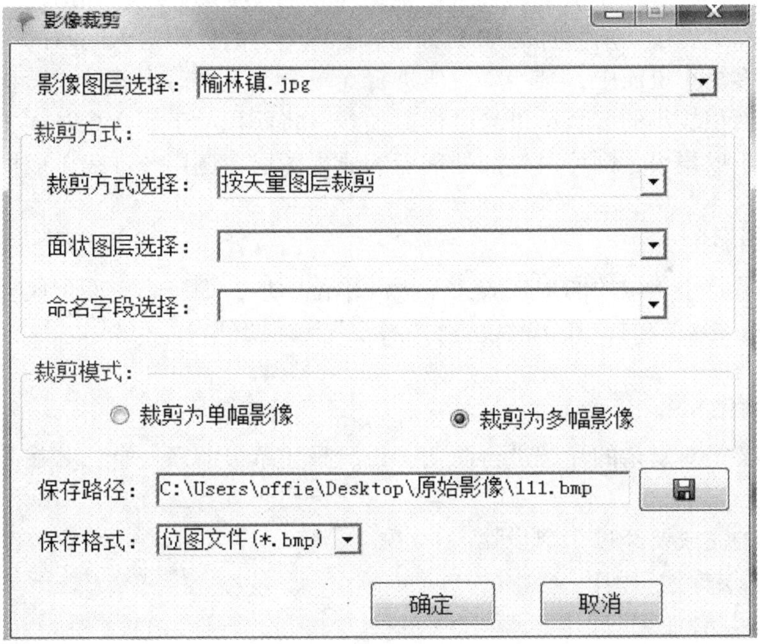

影像裁剪
影像图层选择：榆林镇.jpg
裁剪方式：
裁剪方式选择：按矢量图层裁剪
面状图层选择：
命名字段选择：
裁剪模式：
裁剪为单幅影像　裁剪为多幅影像
保存路径：C:\Users\offie\Desktop\原始影像\111.bmp
保存格式：位图文件(*.bmp)
确定　取消

**图 3-171　按矢量图层裁剪为多幅影像**

**(3)影像拼合**

合并同区域影像数据，添加多份影像数据，设置影像重叠处的合并方式和波段数，对各数据库中的影像或影像文件进行合并，如图 3-172 所示。

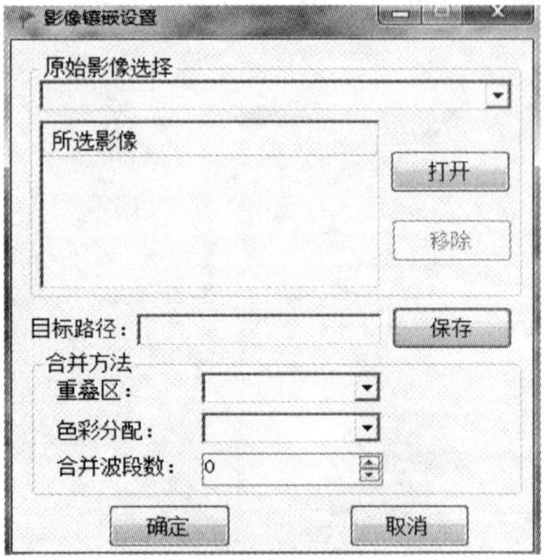

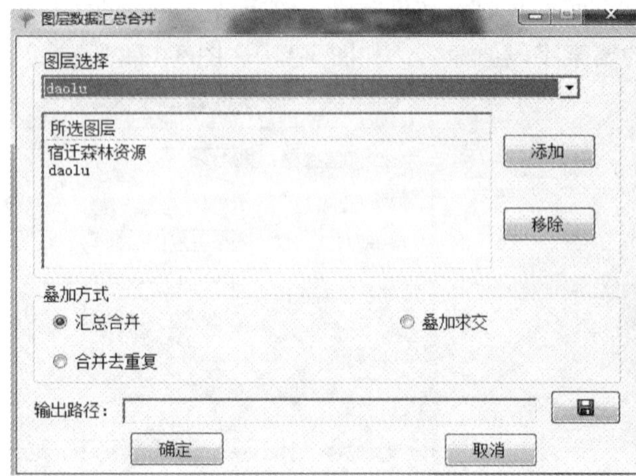


图 3-172　影像拼接设置

图 3-173　叠加处理

### (4) 叠加处理

实现同区数据的合并、求交、去重复、属性转录等叠加处理，如图 3-173 所示。

在面的去除重叠中，所添加的如下功能：①将变更的面积写入到新的字段中；②裁切致断开生成的多个小班面中，某些字段值进行简单复制，而对小班号，面积最大的保留原来的小班号，面积较小的多个小班号进行追加。并将面积小于 0. 066 7hm$^2$ 的小班面删除。此处叠加若须生成报表，则可对叠加处理后的成果图层，调用统计表生成模块进行统计。

### (5) 合并图形

按某一字段将小单位的图形生成大一级的单位图形，如按小班面生成林班面，将乡镇面生成县面等，相对应的，其字段设置为“林班”及“县名”。

### (6) 注记简化

此功能主要是对复杂的注记进行简化，最后只显示最前面一个，并在注记后面加上一个设定的符号。

此项功能的完成要经过 3 个步骤：

①进行“图层标注”操作。

②进行“标注转注记”操作。

③注记简化。

### (7) 坐标系统操作

查看和修改图层的坐标系统。

查看与定义坐标系，打开新的图层或加载地图中打开的图层，在“坐标系统信息”列表中显示此图层的坐标信息，如图 3-174 所示。

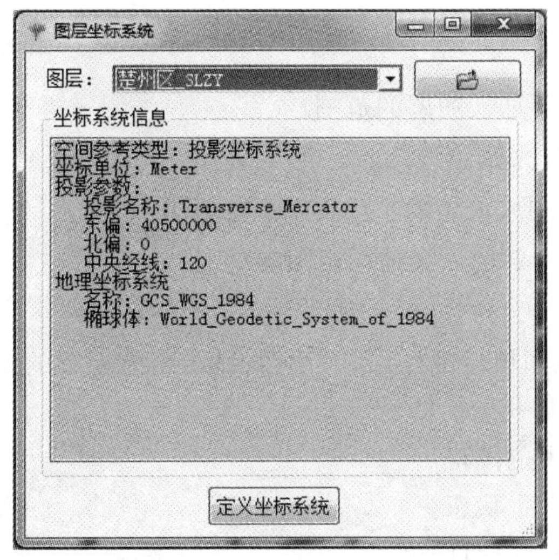


图 3-174　坐标系统查看与定义

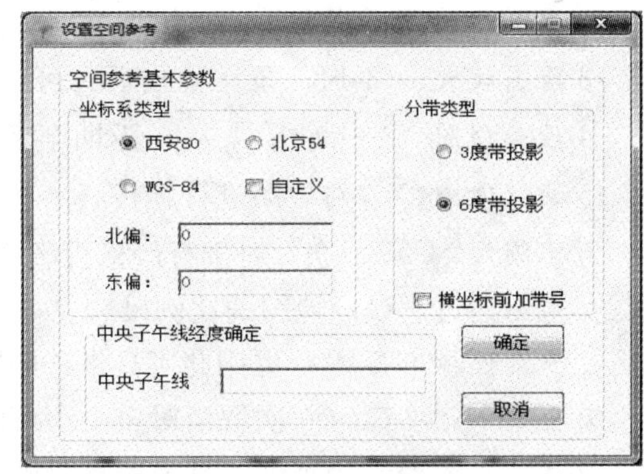


图 3-175　坐标系统设置

其中，定义坐标系统中，地理坐标系统支持 WGS84、Beijing54 和 Xian80 坐标系统，投影坐标系统支持在以上 3 种地理坐标系统下高斯投影的 3 度带及 6 度带，可加带号，如图 3-175 所示。

坐标系统转换，“输入图层”中选择图层或打开新的图形，“输出图层”中选择“图层路径”，选择“坐标系统”，“参数类型选择”如无参数、三参数、七参数。选择不同参数类型在“参数录入”中输入对应参数点击“确定”，完成坐标转换，如图 3-176 所示。

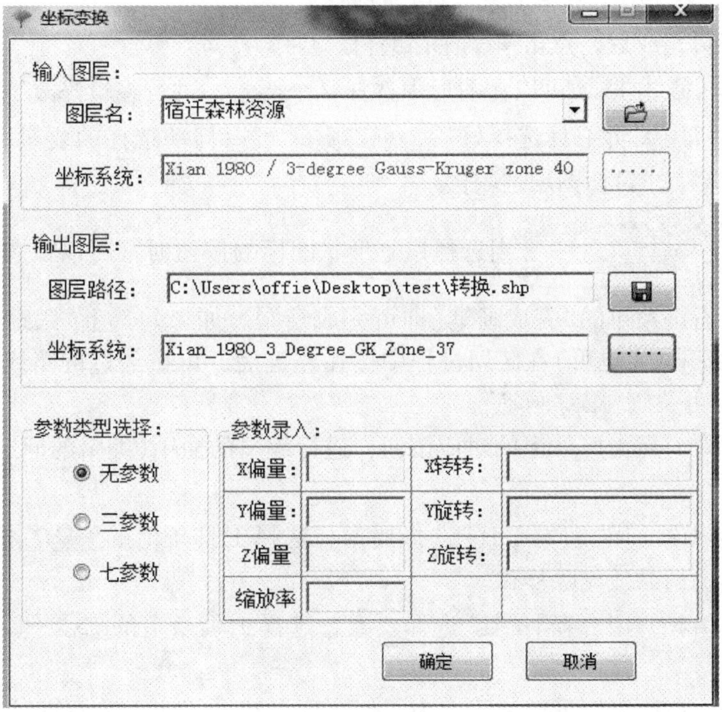

坐标变换
输入图层：
图层名：宿迁森林资源
坐标系统：Xian 1980 / 3-degree Gauss-Kruger zone 40
输出图层：
图层路径：C:\Users\offie\Desktop\test\转换.shp
坐标系统：Xian_1980_3_Degree_GK_Zone_37
参数类型选择：
无参数
三参数
七参数
参数录入：
X偏量：　X转转：
Y偏量：　Y旋转：
Z偏量　Z旋转：
缩放率
确定　取消

图 3-176　坐标转换

**(8)地理数据编辑**

①地图全图 将地图视图的范围设定为所加入图层的范围。

②地图移动 点击后，可用地图拖动工具来浏览地图。

③地图放大、缩小 点击后，可用地图放大、缩小工具来浏览地图。

④后一视图/前一视图 返回至后一个、前一个地图视图的范围。

⑤旋转地图 对地图进行旋转。

⑥比例尺 1: 35850 对于有严格投影和地图单位的图层，可实时显示当前地图的比例尺，也可通过它设定地图的比例尺。

⑦要素选择工具 可用此工具来选中图上的图班。

⑧全都不选中 一次取消对多个小班的选中状态。

⑨属性查询 用查询工具来查看图班的属性信息。

⑩高级属性查询 同时显示代码与其对应的文字描述，方便查看。

⑪编辑工具开关 用于打开和停用编辑工具栏。关于编辑工具栏所有工具将在后面详细介绍。

⑫影像配准工具条 用于打开和停用影像配准工具。关于影像配准将在后面详细介绍。

⑬地图信息 用于打开地图信息窗口。

⑭单个打印 用于对单个地块进行打印。

⑮保存 编辑完成后，点击，保存编辑。

⑯编辑工具 点击，可以在图形中选择某个要素，进行编辑修改等。

⑰整体移动 用编辑工具选择好后，点击，可以移动选择的要素。在此情况下不可进行“画笔”和改选“目标图层”操作。

⑱画笔 跟踪画笔 当选择铅笔形状图标的按钮时，可以在图形上绘制要素，双击左键或点击右键菜单的“完成画笔”即可完成绘制。如果勾选上“跟踪画笔”，当打开“跟踪画笔”时(按下 F8 也可)在区划过程中按住左键后，可按经过的路线自动生成节点。再次按下 F8，即可关闭“跟踪画笔”。

⑲撤销与重做 点击上的对应按钮，进行编辑的撤销(编辑的回退)和重做(编辑的前进)。

⑳复制粘贴删除 用“编辑工具”选择要素，选择工具条上的按钮分别对选择的要素进行复制、粘贴或删除操作。

㉑要素属性编辑 用“编辑工具”选择要素，选择工具条上的按钮，可对要素进行属性编辑。

㉒画图捕捉 在绘制图形的过程中为了保证顶点和边邻接，需要使用捕捉功能，使用捕捉的方法为：首先选择要做的操作，如选择“画笔工具”或“编辑工具”，然后选择

“画图捕捉”进行捕捉。

㉓重号参照　在录入小班号时，系统会自动检查该小班所在林班/乡镇有无重号小班并给出提示；特别地，存在一些跨多个林班的林带，当林带林班号与编辑小班所在林班号相同时，如果选择了重号参照层，则将不仅检查小班所在林班有无重号，还将检查是否与林带小班号重复。

㉔节点编辑　点击，弹出如图 3-177 所示对话框。

| 成员 |
| --- |
| 1 |

| | 点号 | X坐标值 | Y坐标值 |
| --- | --- | --- | --- |
| ▶ | 0 | 298119.0745... | 5378143.654... |
| | 1 | 299184.7256... | 5378595.748... |
| | 2 | 299765.9899... | 5377336.342... |
| | 3 | 298119.0745... | 5378143.654... |

节点导入　节点输出　结束绘画

图 3-177　节点编辑

**节点导入**　点击“节点导入”，则导入 *.txt 格式的文本文件坐标，点击“结束绘画”，导入的坐标值绘制为一个要素。

**节点输出**　点击“节点输出”弹出保存对话框，选择路径和文件名点击“保存”，完成节点坐标对的输出。

㉕拓扑刷新　点击，在建立拓扑关系的情况下进行拓扑刷新。

㉖检查并除去超界部分　主要用于检测小班数据是否存在超过行政边界的情况，如果存在，系统会自动去除掉超出边界部分。

**(9)图形数据编辑**

在状态栏中显示选中图形的面积与周长。编辑过程中选中单个小班时，会将该小班的面积周长数据显示在本视图的状态栏中。

①撤销　对已进行的操作进行回退处理。

②重做　进行过撤销操作，如果想重新回到以前编辑的状态，点击“重做”即可。

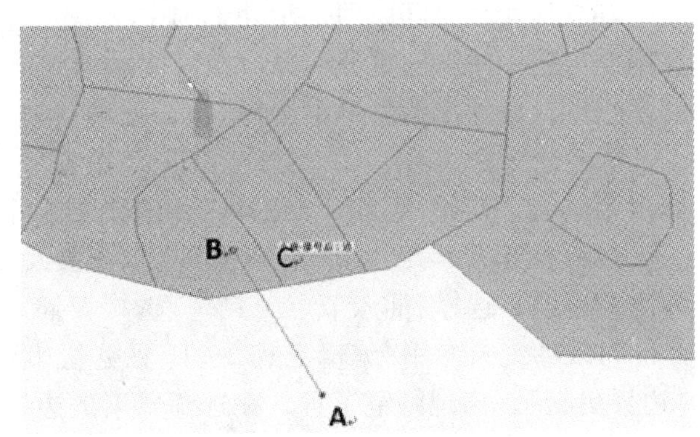


图 3-178　平行参照

③平行参照　打开画图捕捉中的捕捉边，在图上点一个点 A 作为起点，捕捉到一条边 c，点击鼠标右键，选择“平行参照”，则点 A 与其下一个点 B 的连线将平行于边 c，如图 3-178 所示。

④垂直参照　与平行参照类似，这里为垂直关系，如图 3-179 所示。

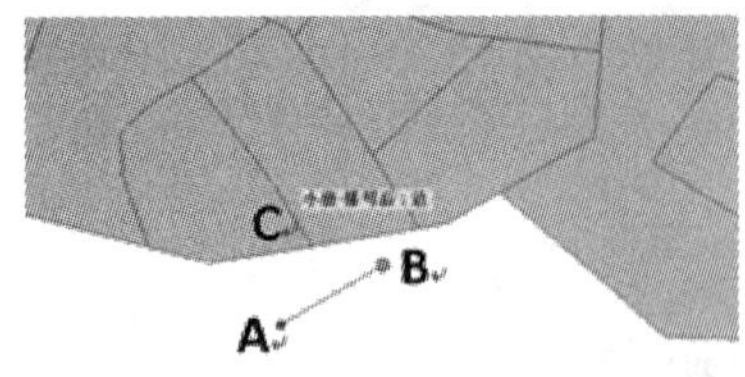

图 3-179　垂直参照

⑤规定方向　捕捉到一个顶点，点击鼠标右键，选择“规定方向”，弹出“输入方向”窗体。输入一个方向值，下一个点与当前点的连线的方向即被固定。

⑥规定长度　捕捉到一个顶点，点击鼠标右键，选择“规定长度”，弹出“输入长度”窗体。输入一个数值，点击键盘上“Enter”键，则下一个点与当前点的连线长度被固定为该数值，即下一点位于以当前点为圆心，该数值为半径的圆上，如图 3-180 所示。

⑦坐标偏量与方向/长度　点击鼠标右键，选择“坐标偏量”，弹出“输入坐标增量”窗体，输入 X、Y 方向上的坐标偏量，点击键盘上“Enter”键，会按输入的坐标增量自动在图上添加第二个点。当选择“方向/长度”时，输入一个角度和长度，也可以添加第二个点。

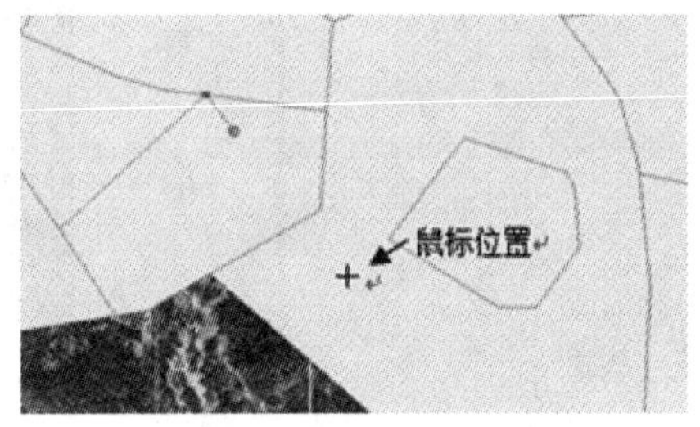

图 3-180　规定长度

⑧完成画笔　用画笔绘制好一个图形要素后，可双击左键或右键点击“完成画笔”完成绘制。

⑨输入绝对坐标　在图中绘制一个点，右键点击“输入绝对坐标”，弹出“输入点坐标”窗体。输入该点的坐标，点击“确定”按钮即可。

⑩填补处理　此功能针对面状要素，用已存在的面要素，来切割处于选中状态的面要素、损失选中图形与已存在图形的重叠部分。

在画完一些孤立的面要素之后，需要绘制相邻的多边形，可选择画笔工具在所需覆盖面要素处，新建一个面要素，可重叠于已存在的面要素之上，新的面要素边界直接横穿，最终将已经有多边形覆盖区域也覆盖上新建的多边形区域。然后点击鼠标右键，选择“填补处理”工具，进行填补操作。操作完成后则提示填补成功。

⑪裁切处理　其原理是用处于选中状态的面要素，来切割已存在的面要素、损失已存在图形与选中图形的重叠部分。在需要做岛编辑的多边形中绘制一个多边形，右击刚绘制的多边形，在弹出的菜单中选择“裁切处理”(也可选中一个面要素后进行岛处理)。

⑫删除节点工具　用“编辑工具”双击要编辑的要素进入节点编辑状态，点击右键，弹出菜单项，选择“删除节点工具”，选择要删除的节点，即可删除节点。

⑬插入节点工具　用“编辑工具”双击要编辑的要素进入节点编辑状态，点击右键，弹出菜单项，选择“插入节点工具”，选择要插入节点位置，即可插入节点。

⑭边界更新　用“编辑工具”选择要更新边界的要素，单击右键，弹出菜单项，选择“边界更新”，出现画笔工具，在选择要素的边界上画线，双击即可完成边界更新。

⑮分割图班要素　用“编辑工具”选择要分割的要素，点击右键，弹出菜单项，选择“分割图斑要素”，如选中的是线要素则点击选中要素上要分割的位置；如选中的是面要

素则在要分割的图形对象划分割线，可以中断划线的操作来进行地图的缩放和移动等，如要回到分割状态，再选择画笔工具即可，然后开始在地图中画分割线(也可以结合捕捉使用)，双击鼠标左键结束分割，如分割完成，弹出分割成功对话框。

⑯合并多个要素　用"编辑工具"按住 shift 键选或直接用鼠标框选择要合并的多个要素，右击右键，弹出菜单项，选择"合并多个要素"，这时需要选择一个合并主体即要以该要素的属性字段作为合并以后图形的属性信息，点击"确定"，提示合并完成。

⑰图形打碎　用"编辑工具"选择进行过"合并多个要素"操作的要素，右击右键，弹出菜单项，选择"图形打碎"。

⑱移动节点　用"编辑工具"双击要编辑的要素进入节点编辑状态，将鼠标放在要被移动的节点上，当鼠标变为 时，按住鼠标左键，将该点移动到正确位置，松开鼠标并在图上双击即可。

## 第七步：质量控制

点击"质量控制"菜单，系统显示其包含的子菜单列表，如图 3-181 所示。

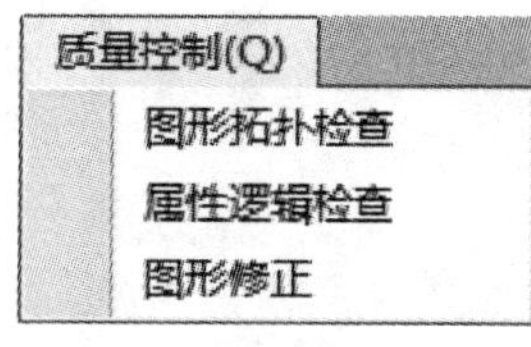

图 3-181　质量控制菜单

### (1)图形拓扑检查

点击"图形拓扑检查"，打开"拓扑检查参数设置"窗体。

拓扑检查完成后，在图层列表中会生成拓扑检查图层。选中该图层，右键选择"查看拓扑信息"，打开"拓扑显示"表。

如发现某些小班之间存在拓扑错误，要对其进行修改。双击查询号左边的行头空白区域，即可将该错误显示在视图中间，双击查询号，会闪烁显示。

拓扑错误主要分为 2 种：叠加错误及闭合线错误。可以在拓扑信息显示窗体左上角进行选择。

### (2)属性逻辑检查

点击"图形逻辑检查"，打开"属性逻辑检查"窗体，如图 3-182 所示。

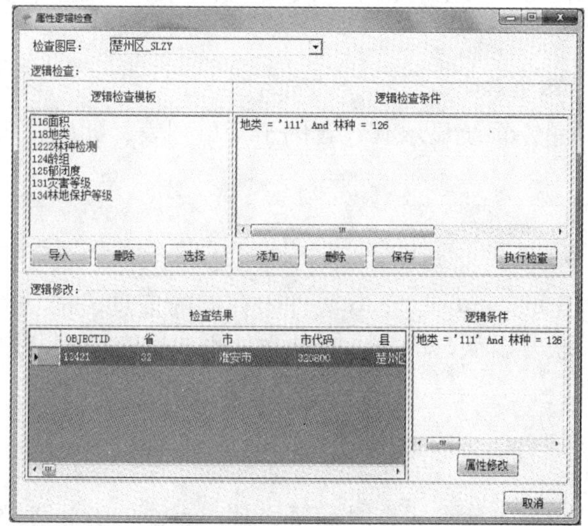

图 3-182　属性逻辑检查

“检查图层”选择需要检查的图层，在“逻辑检查模板”中选择一个模板，如“1222 林种检测”，编辑好的逻辑检查条件就会显示在右边的“逻辑检查条件”文本框中，也可以点击“逻辑检查条件”下面的“添加”按钮自定义逻辑检查条件。

在“属性逻辑检查”窗体中，选择“逻辑检查条件”，点击“执行检查按钮”系统就开始进行逻辑错误检查，如果发现错误，有错误的小班记录就会在“检查结果”列表框中显示出来，双击记录左边的行头空白区域，就会将具体的错误属性值显示在右边的“逻辑条件”框中，点击“属性修改”按钮，打开“属性逻辑批量修改”窗体，如图 3-183 所示。

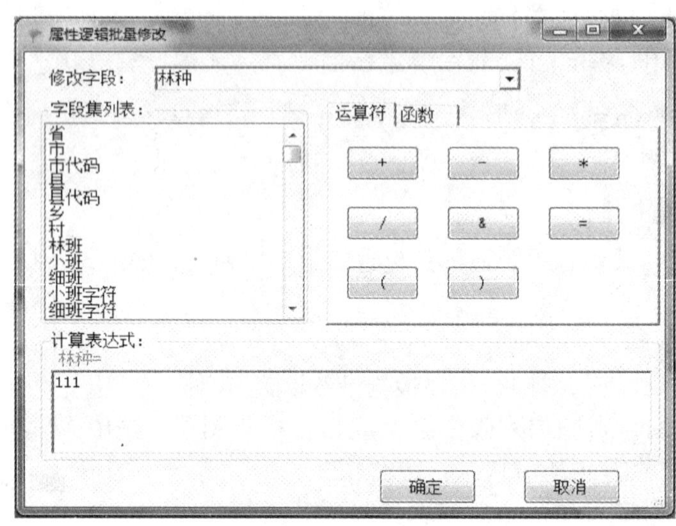


**图 3-183 属性值修改**

选择“修改字段”，在下面的计算表达式中输入表达式或正确数值，点击“确定”按钮，即完成对错误值的修改。

**(3)图形修正**

删除调查图形中几何对象为空的记录，对面积过小的图斑进行融合。此处面积过小的图形，确定为小于 0. 066 7hm$^2$。

## 第八步：数据更新

点击“数据更新”菜单，系统显示其包含的子菜单列表，如图 3-184 所示：

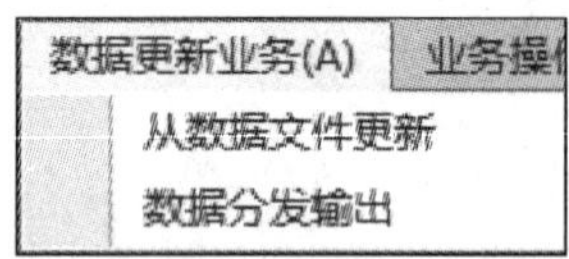


**图 3-184 数据更新业务菜单**

**(1)从数据文件更新**

将包含调查图层数据的 . shp 或 . mdb 文件中存储的信息，按照多对关联字段进行关联，以从 . shp 或 . mdb 文件中获取字段值，按对应关系题转录到临时数据库或省级总库中。

**(2)数据分发输出**

对于一份区域范围较大的数据，有时需要将其按属性值拆分成较小范围的数据。此功能在数据分发窗体中选中图层，选择图层中的一个字段，则下方的属性列表中将加载此字段的所有属性值，以勾选的方式选中多个字段后，点击“存储”按钮确定输出的 .shp 文件位置，可将满足要求的数据子集输出到指定目录中。

## 第九步：业务操作

点击“业务操作”菜单，系统显示其包含的子菜单列表，如图 3-185 所示。

将营造林、资源、征占地 3 方面数据以报表的形式输出。

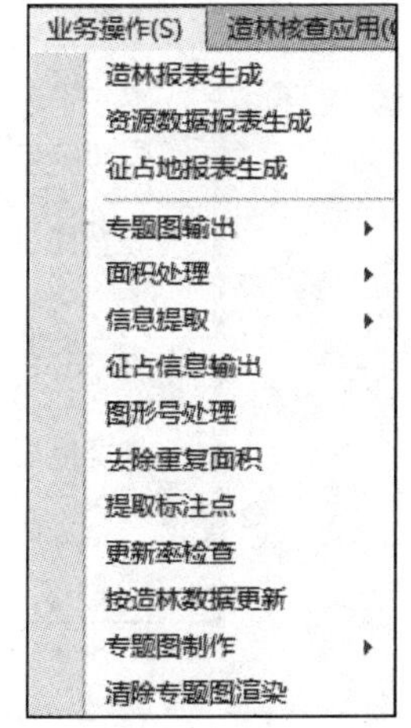


图 3-185 业务操作菜单

**(1)专题图输出**

将设置好的主题图输出成矢量数据或栅格数据。

**(2)面积处理**

包含与面积处理的相关操作。

**(3)面积更新**

数据库中的所有面图层数据，其图形与面积是直接关联的。而以文件形成存在的面图层，则需要选择要更新的图层，以计算其面积值，并存入指定字段中。

**(4)面积林班平差**

按林班的已知面积对各个小班进行面积平差，所添加的面积改正数与面积所占比例相关。各小班的实际面积可以手动输入，也可以从 Execl 文件或文本文件导入已有的数据。

**(5)信息提取**

根据空间位置，充分利用已有图层，将其中的有用信息提取出来，存入到调查图层中，以省去重新录入的步骤。

**(6)地形信息提取**

按等高线或 DEM 自动为调查图层录入高程、坡度、坡向等三维信息，也可采集面状图形内的标注点坐标。

**(7)点属性提取**

将点中的属性，按空间位置导入到对应范围内的面中。

**(8)图幅号提取**

对于选中的资源图层，如图 3-186 所示的“宿迁森林资源”图层，该图层包含有“图幅号”字段，其中一般填写与其地理范围相关的影像的文件名。此功能，可按对话框中设置的文件夹位置，搜索“TIFF”、“Img”、“BMP”、“JPG”格式的影像，然后将搜索到的匹配影像文件名，存储到“选择图层”的(如“楚州区_ SLZY”)的图幅名字段中。

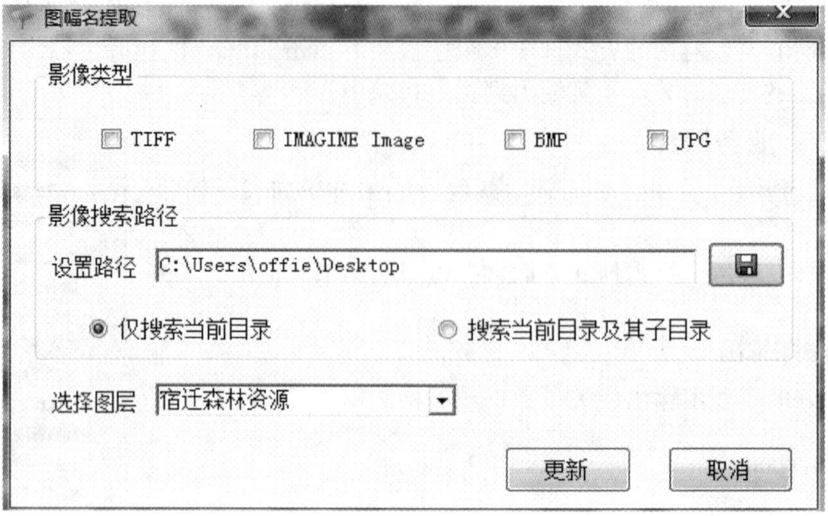

**图 3-186 图幅号提取**

**(9)去除重复面积**

将面小班上覆盖的线小班的面积除去。如图 3-187 所示对话框打开，选中面图层和线图层，点击“确定”即可。

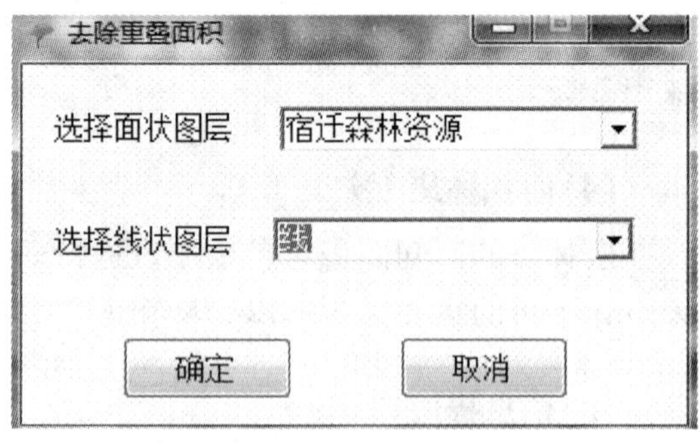


**图 3-187 去除重复面积**

**(10)提取标注点**

用于生成面状图层的内点图层，对每个面都生成一个内点，其属性值为原面图层的选择集。新生成的点图层将存储于原图层的同位置，文件名为原图层加“标注图层后缀”，其后缀可修改。

**(11)操作**

在下拉框中选择“图层”，再选择“转录字段”列表中的字段，多选为点击“Ctrl”键的同时选择字段或按住“Shift”键选择某个范围内的所有字段，设置“标注图层后缀”，点击“确定”，即可完成提取，如果原路径下有同名图层则提示是否覆盖。

**(12)更新率检查**

此功能用于计算更新后数据与原始数据进行比较，计算更新数据的更新率。

**(13)按造林数据更新**

此功能用于按照造林数据更新森林资源工作库。

**(14)专题图制作**

此功能用于进行专题地图制作，包含 4 种专题图：森林资源按地类分布图、公益林商品林分布图、森林资源按林种分布图、森林资源按优势树种(组)分布图。

**(15)清除专题图渲染清除**

主要是清除掉专题图制作时的符号化。

## 3.4.2　森林资源信息管理系统应用理论基础与内容

### 3.4.2.1　森林资源信息管理的主要功能

森林资源信息管理系统能完成信息采集、编码、传输、储存、检索、分发和输出的职能，独立存在或为林业管理信息系统的组成部分。现代森林信息系统由计算机信息处理系统和非计算机职能部分组成。非计算机职能部分主要包括信息的采集和编码，林业调查、作业效果评选、数字模型的原始数据采集和林区遥感制图等工作。计算机信息处理系统完成数据储存、加工、检索、更新和输出等工作。一些森林资源信息系统还具有图形处理功能，可按坐标将林业地理信息作为资源信息的组成部分，经数值化储存到计算机系统的地图数据库中，存入的信息通过绘图机输出。

### 3.4.2.2　系统功能设计

**(1)主要功能**

主要功能包括：数据管理功能、信息查询功能、统计功能、林业专题图设计输出功能。

以二类森林资源调查小班属性数据管理为例，小班属性数据管理功能主要为：输入/插入、删除/修改、排序、检索、提交、刷新、逻辑检查、数据灌入、数据输出/导出、数据标准化。

**(2)小班属性数据管理系统模型**

该模型如图 3-188 所示。

以上属性数据管理的主要功能也可简单归纳为：

①数据输入。

②逻辑检查。

③数据编辑(查询、修改、删除等)。

④数据统计汇总。

⑤浏览打印输出属性数据统计表。

**(3)空间数据管理**

空间数据管理的主要功能归纳为：图形输入、图形处理、专题图生成、图形输出，具

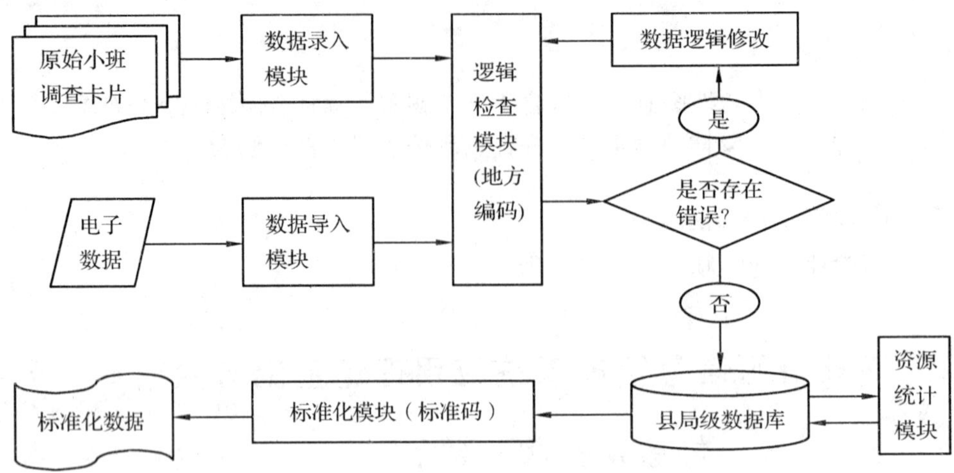


图 3-188　小班属性数据管理系统模型图

体流程如图 3-189 所示。

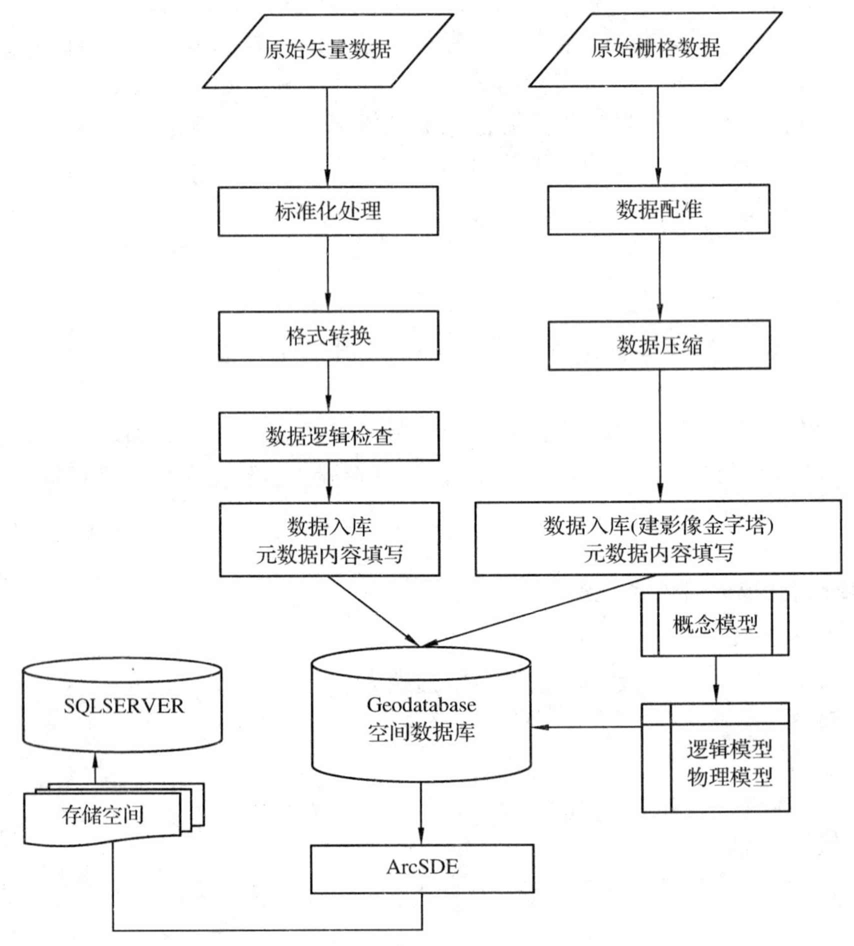


图 3-189　数据入库处理流程

①图形输入　有数字化仪输入、矢量化输入和数据转换输入 3 种方式。

②图形处理　包括图形配准、图形编辑、拓扑关系建立、几何分析(面积、长度等计算)。

③专题图生成　根据实际需要创建各类专题图。

④图形输出　浏览、打印输出。

**(4)数据查询**

数据查询包括基于 MIS 系统的查询和基于 GIS 系统的查询。

①基于 MIS 系统的查询　主要实现森林资源基本信息数据的查询，如小班卡片、统计表、历史单据等小班数据资料的查询。

②基于 GIS 系统的查询　主要是指图形和属性的双向查询，包括通过小班图元查询相应的属性数据，获取小班调查因子数据，还包括通过输入林班和小班号查询相应的图元位置，并闪烁显示出来。

**(5)数据统计**

统计计算、年度更新及报表打印输出是森林资源信息管理系统中主要的组成部分。

①按各级统计单位进行森林资源统计计算。

②生成各种各类森林资源统计报表。

③浏览、打印输出。

**(6)林业专题图设计**

用《林业地图图式》中的标准图示标注森林分布图、林相图、其他专题图。

### 3.4.2.3　数据库设计

森林资源数据库存储的主要是森林资源的基础数据，是以森林资源二类调查、作业设计调查成果和卫星图像分析成果为基础而建立的县级森林资源数据库。

根据县级森林资源信息管理的实际业务需要，可将资源数据库的内容细分为属性数据库、空间数据库、派生数据库、文档数据库、参数库、代码库等若干类。

**(1)属性数据库**

主要有森林资源调查中的小班调查数据、各种样地数据、专业调查数据、验收数据等。

**(2)空间数据库**

主要包括地形图、林相图、营林作业设计图、固定样地位置以及样地树木位置图。

**(3)派生数据库**

派生数据是指由原始数据(如小班数据、样地数据)产生的资源统计、生产计划等数据。派生数据由经营生产管理子系统、统计报表子系统、资源更新子系统产生，是森林资源数据库的重要组成部分。

**(4)文档数据库**

文档数据包括森林经理调查规程、营林作业设计规程、森林资源调查报告、专项研究成果等。

**(5)参数库**

参数库包括模型参数、系统参数等。模型参数库主要是为资源数据的更新及计算样地有关林分因子服务的。

**(6)代码库**

森林资源二类调查中用到的所有代码。

国家林业局提出《数字林业标准与规范》数据库建设规范，将数据库分为2个部分，即公共数据库平台和林业生态建设工程数据平台，如图3-190所示。

公共数据库平台包括各大工程公用的数据，包括卫星遥感数据、林业数字矢量基础数据库、森林资源数据库、专题数据库、林业社会经济数据库、政策法规数据库、文献资料数据库和其他相关数据库。

林业生态工程数据平台包括工程专有的规划、设计、统计等其他数据。

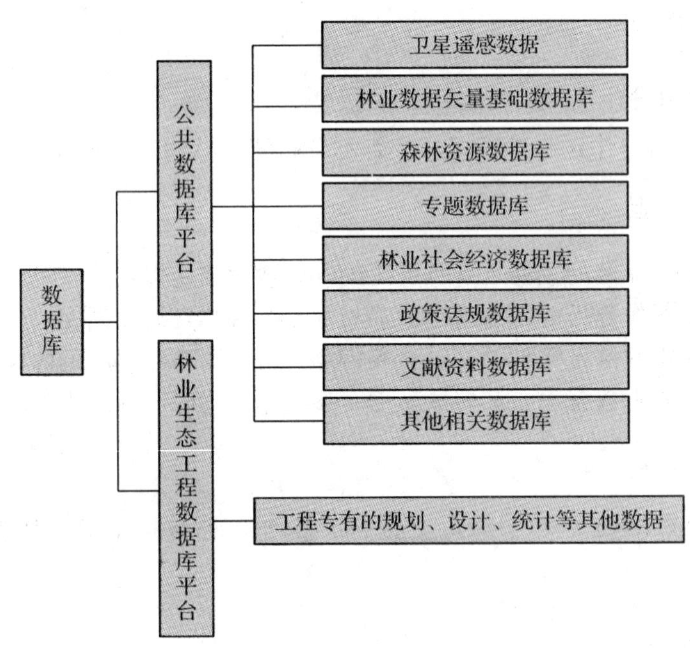


**图3-190 数据库分类图**

在具体设计时，可以结合实际要求，将数据库分为2个部分进行设计。

①基础数据库 基础数据库包括林业基底地理数据库、林业资源数据库、专题数据库(林业经营数据库)、社会经济数据库和栅格数据库5个，如图3-191所示。

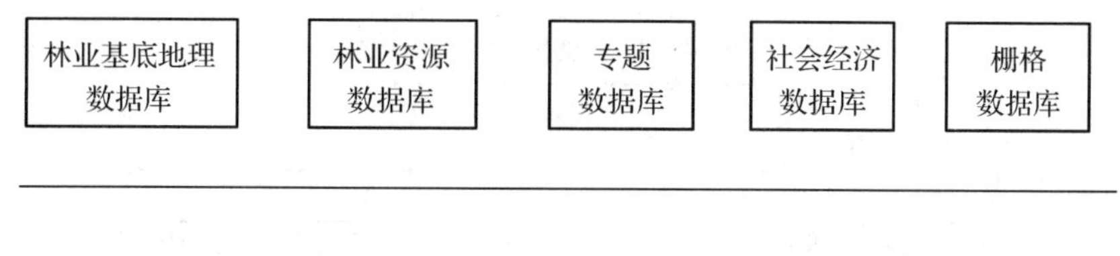


**图 3-191　基础数据库分类图**

**林业基底地理数据库**　包括行政区、居民地、地名、铁路公路、水系、地貌、地理格网等要素，其中包括地形要素间的空间关系及相关属性信息，如图 3-192 所示。

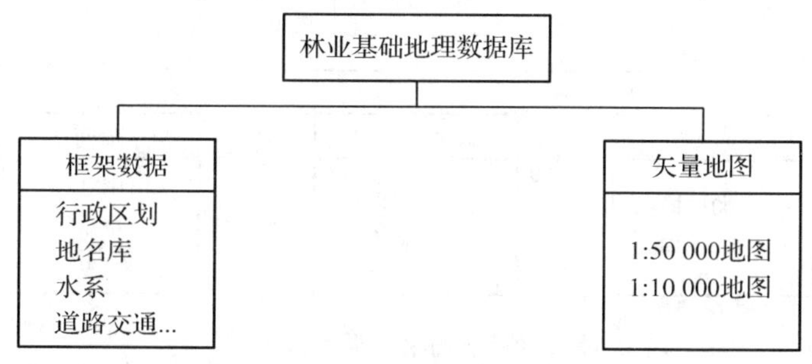


**图 3-192　林业基础地理数据库分类图**

**森林资源数据库**　包括一类森林资源清查数据、二类森林资源调查数据，森林资源档案数据，森林分布图、林相图、森林土壤类型发布图等数据。数据具有动态性，属性数据较为复杂，如图 3-193 所示。

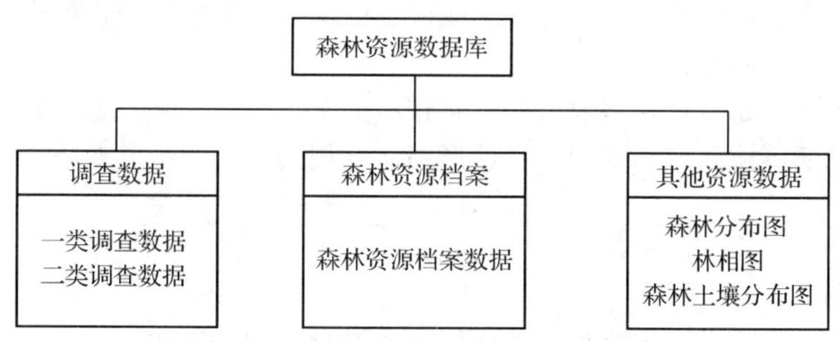


**图 3-193　森林资源数据库分类图**

**专题(经营)数据库**　包括林业区划图、林地林权图、调查样地分布图、森林火险等级分布图、森林资源评价图、资源预测图、造林规划图、树种资源规划图、自然保护区规划图、森林公园规划图、环境保护规划图、土地利用规划规划图等，如图 3-194 所示。

**社会经济数据库**　包括与森林资源管理有关的其他社会经济数据，如人口分布图、居民点分布图、交通分布图、木材加工利用分布图、资源消耗分布图等。

**栅格数据库**　包括遥感影像、数字高程模型、坡度坡向图等，数据量较大，如图 3-195 所示。

②*管理数据库*　用以控制系统对数据的使用。包括元数据、数据字典、符号库、代码

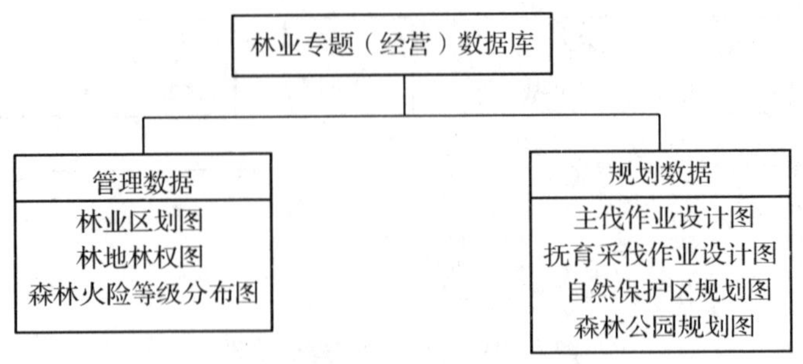


图3-194 林业专题数据库分类图

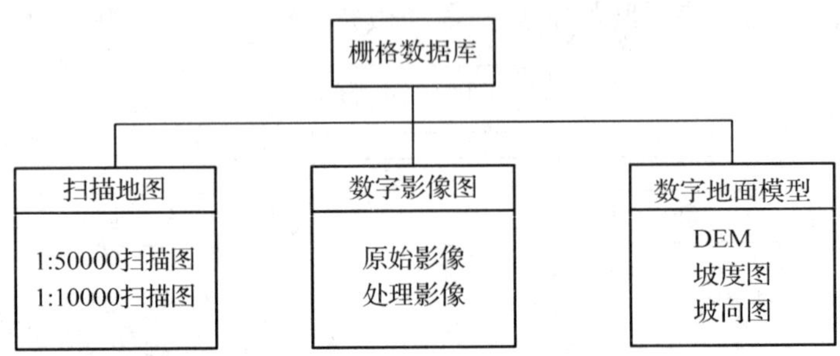


图3-195 栅格数据库分类图

库、模型库以及其他管理数据。

除上述分类外，也有按以下分类进行设计：

①森林资源信息库　主要是二类调查资源数据和专题调查的资源数据。

②生长模型库　利用样地调查数据建立主要林木的生长模型库。

③专家知识库　政策、规程、标准、成果、论文、相关专家知识组成，辅助决策。

④单位成本库　各种营林成本。

⑤代码描述库　每一种代码或编码都有相应的文字说明，并符合国家和部门标准。

⑥图形库　遥感或航测影像图片、地形图、林相图，以及各类专题图的矢量图形和栅格图形等。

## →拓展训练

选择一个县级森林资源管理信息系统完成森林资源信息的采集、编码、传输、储存、检索、分发和输出。

## 自测题

### 一、名词解释

森林资源信息管理　森林资源统计　森林档案　地理信息系统

### 二、填空题

1. 森林资源统计是按________由________到________逐级汇总。
2. 有林地小班在基本图上的注记形式为________，在林相图上的注记形式为________。
3. 林业用图主要有________、________、________和________。
4. 基本图是以________或________为绘制单位，其比例尺依据________决定。

### 三、判断题

1. 林相图是森林测绘最基本的图面材料，利用它求算面积并作为复制其他用图的底图。　（　）
2. 编制各类土地面积统计表的目的在于了解森林经理对象内各种土地面积分布及土地利用的特点，以便进一步计算森林覆盖率和合理利用土地。　（　）

### 四、简答题

1. 森林资源信息管理有哪些特征？
2. 森林档案有哪些作用？

### 五、论述题

试简述建立森林资源信息管理系统的方法步骤？

### 六、操作题

1. 采集一个林场的森林资源信息数据，建立数据库。
2. 统计并分析一个林场的森林资源调查数据。
3. 建立一个林场的森林资源信息管理系统，打印一份林相图。

## →自主学习资料库

1. 代劲松，曹林，温小荣，等. 2012. 基于开源 GIS 的森林资源信息管理系统设计与实现——以江苏省云台山为例. 南京林业大学学报：自然科学版，36(5)，174－178.
2. 陆守一. 2004. 地理信息系统. 北京：高等教育出版社.
3. 陈登辉. 2003. Titan_ GIS3. 1 的开发.
4. 加拿大阿波罗科技集团北京办事处. 2000. Titan GIS 操作手册.
5. 亢新刚. 2001. 森林资源经营管理学. 北京：中国林业出版社.
6. 李芝喜，等. 2000. 林业 GIS. 北京：中国林业出版社.
7. 冯仲科，等. 2000. "3S"技术及其应用. 北京：中国林业出版社.
8. 倪金生，等. 2004. 遥感与地理信息系统. 北京：电子工业出版社.

9. 邬伦，等.2001. 地理信息系统原理、方法和应用. 北京：科学出版社.
10. 汤国安等.2000. 地理信息系统. 北京：科学出版社.
11. 亢新刚.2011. 森林经理学.4版. 北京：中国林业出版社.

# 项目4

# 森林经营方案编制

任务4.1　编案准备
任务4.2　系统评价
任务4.3　经营决策
任务4.4　公众参与
任务4.5　规划设计
任务4.6　评议修改

由于林业生产的长期性和功能的多样性以及对象的复杂性，经营单位要合理组织生产，只能通过长期的规划逐步去实现。因此，需要有一个规划设计性质的方案，即以森林经营方案作为依据，按照拟定的经营方针、经营目标和具体措施组织生产。本项目有编案准备、系统评价、经营决策、公众参与、规划设计、评审修改6项任务。

## 知识目标

1. 了解森林经营方案的概念和编制意义。
2. 熟悉森林经营方案编制的程序、依据、深度和广度。
3. 掌握各项森林经营规划设计的要点和主要内容。
4. 掌握在森林经营规划设计的基础上完成森林经营方案编制的方法。

## 技能目标

1. 能合理确定森林经营方案的深度和广度。
2. 能够完成系统评价、经营决策和公众参与工作。
3. 能综合运用专业知识完成各项森林经营规划设计。
4. 能完成森林经营方案的编制。

# 任务 4.1

## 编案准备

### →任务描述

根据林业上级主管部门下达计划任务书的要求，完成编制森林经营方案的各项前期准备工作，内容包括组织准备、基础资料收集、编案相关调查、确定技术经济指标。

每人提交一份编写林场森林经营方案的技术方案。

### →任务目标

**（一）知识目标**

1. 了解编制森林经营方案应坚持的原则。
2. 熟悉收集资料的方法。
3. 掌握工作方案和技术方案的编制方法。

**（二）能力目标**

1. 能在林场接到设计任务书后按照要求将该项工作列入地方工作计划。
2. 能够通过现地调查、查阅资料和调查访问的方法完成资料收集。
3. 能够编制工作方案和技术方案。

### →知识准备

### 4.1.1 实践操作：编案准备过程与要点分析

**第一步：上级主管下达计划（设计）任务书，列入地方计划**

林业局下达林场编制森林经营方案的设计任务书，林场在接收设计任务书后，编制人员根据要求将该项工作列入地方工作计划。

**第二步：收集资料**

编制森林经营方案必须建立在翔实、准确的森林资源信息基础上，包括及时更新的森林资源档案、近期森林资源二类调查成果、专业技术档案等。编案前2年内完成的森林资源二类调查，应对森林资源档案进行核实，更新到编案年度。编案前3～5年完成的森林资源二类调查，需根据森林资源档案，组织补充调查更新资源数据。未进行过森林资源调查或调查时效超过 5 年的编案单位，应重新进行森林资源调查。编制森林经营方案应根据林业局、林场等经营管理单位的森林资源状况和生产实际，并结合上级有关指示精神收集资料，主要内容有：

①按《森林资源调查主要技术规定》进行调查，收集编制森林经营方案前 1～2 年有关的森林经理调查的成果。

②按《关于建立和管好森林档案的规定》进行验收批准的当年森林资源档案材料。

③按《林业专业调查主要技术规定》进行调查的专业调查成果。

④上级林业主管部门下达的设计计划、任务。

⑤经上级主管部门审批的计划(设计)任务书。

⑥当地的林业区划和林业发展规划，以及其他有关规划。

⑦有关林业方针、政策、法规，如《森林法》《采伐更新规程》《森林经理规程》《国有林业局、国有林场经营方案编制规定》，以及其他有关细则、规程等。

⑧有关大中型项目的可行性研究报告。

⑨过去森林经营利用活动分析资料。

⑩林业科学研究的新成就和生产方面的先进经验。

### 第三步：完成工作方案和技术方案

森林经营方案内容包括森林资源与经营评价、森林经营方针与经营目标、森林功能区划、森林分类与经营类型、森林经营、非木质资源经营、森林健康与保护、森林经营基础设施建设与维护、投资估算与效益分析、森林经营的生态与社会影响评估、方案实施的保障措施等主要内容。

简明森林经营方案内容包括森林资源与经营评价、森林经营目标与布局、森林经营、森林保护、森林经营基础设施维护、效益分析等主要内容。

规划性质森林经营方案内容包括森林资源与经营评价、森林经营方针目标与布局、森林功能区划与森林分类、森林经营、森林健康与保护、投资估算与效益分析、森林经营的生态与社会评估等主要内容。

森林经营方案编制深度依据编案单位类型、经营性质与经营目标确定。

森林经营方案应将经理期内前 3～5 年的森林经营任务和指标按经营类型分解到年度，并挑选适宜的作业小班；后期经营规划指标分解到年度。在方案实施时按 2～3 年为一个时段滚动落实到作业小班。

简明森林经营方案应将森林采伐和更新等任务分解到年度，规划到作业小班，其他经营规划任务落实到年度。

规划性质经营方案应将森林经营规划任务和指标按经营类型落实到年度，并明确主要经营措施。

## 4.1.2 编案准备理论基础与内容

### 4.1.2.1 森林经营方案的概念

森林经营方案主要是指林业局或林场等经营管理单位的规划设计，它是在一定的林业生产条件和对森林资源等进行调查研究的基础上，根据有关林业方针政策，为一个林业局或林场拟定经营方针、经营目标和具体措施的施业计划。森林经营方案有长期的规划，也有短期的安排。例如，森林作业法、林种规划、树种选择、轮伐期、林区基建等方面的确定都是从长远来考虑的；年伐量、造林等是短期的安排。森林经营方案一般每 10 年编制一次，而后每 10 年进行一次森林经理复查，根据需要也可提前进行森林经理复查，修订森林经营方案。

由于林业生产的特点，经营单位要合理组织生产，只能通过长期的规划逐步去实现。因此，需要以森林经营方案作为依据和法定文件，按照既定的目标组织生产。

### 4.1.2.2 森林经营方案的作用

森林经营方案具有以下几个方面的作用：

①是编制各种林业计划和作业设计的主要依据。

②核定采伐限额，有利于实现永续利用。

③是依法治林的重要保证。

④有利于合理组织经营。

⑤是检查和评定生产成果的标准。

此外，编制森林经营方案，还可以促进分析经营活动，不断总结提高经营水平和经营效率，使林业生产逐步走上集约经营的道路。

### 4.1.2.3 森林经营方案坚持的原则

森林经营方案编制与实施要坚持资源、环境和经济社会发展相协调，坚持所有者、经营者和管理者责、权、利统一，坚持与分区施策、分类管理政策衔接，坚持保护、发展与利用森林资源并重，坚持生态效益、经济效益和社会效益统筹的原则。

森林经营方案编制与实施要有利于优化森林资源结构，提高林地生产力；有利于维护森林生态系统稳定，提高森林生态系统的整体功能；有利于保护生物多样性，改善野生动植物的栖息环境；有利于提高森林经营者的经济效益，改善林区经济社会状况，促进人与自然和谐发展。

**→拓展训练**

根据编案准备的方法对一个林场完成组织准备、基础资料收集及编案相关调查，确定技术经济指标，每人提交一份编制林场森林经营方案的工作方案和技术方案。

# 任务 4.2

## 系统评价

### →任务描述

通过对上一经理期森林经营方案执行情况进行总结，对本经理期的经营环境、森林资源现状、经营需求趋势和经营管理要求等方面进行系统分析，明确经营目标、编案深度与广度，以及森林经营方案需要解决的主要问题。

每人提交一份系统评价报告。

### →任务目标

**(一)知识目标**

1. 了解国家森林可持续经营标准和指标体系。
2. 熟悉森林资源分析评价的内容。
3. 掌握森林经营方案深度和广度的确定方法。

**(二)能力目标**

1. 能对森林调查数据进行系统分析。
2. 能合理确定森林经营方针和经营目标。
3. 能确定森林经营方案的深度和广度。

### →知识准备

## 4.2.1 实践操作：系统评价过程与要点分析

### 第一步：对森林生态系统进行分析

分析重点包括森林资源数量、质量、分布、结构及其动态变化，森林生态系统完整性、森林健康与生物多样性状况；森林提供木质与非木质林产品的能力；森林保持水土、涵养水源、游憩服务、劳动就业等生态与社会服务功能；林业有害生物、森林病虫害、森林火灾和地力衰退状况等。

**第二步：对森林可持续经营进行评价**

评价应参照国家、区域或经营单位等不同层次的森林可持续经营标准与指标，重点包括维持森林生态系统生产力、保持森林健康与活力、保护生物多样性、发挥社会效益等方面的优势、潜力和问题，编案单位的经营管理能力、机制，森林经营基础设施等条件。

**第三步：对营林外部环境的分析**

森林经营方案编制应全面分析国家、区域和社区对森林经营的经济、社会和生态需求，找出外部环境对森林经营管理的影响因素和影响程度。重点分析相关森林经营政策、林业管理制度的约束与要求，当地居民生产生活和相关利益者对森林经营的需求及依赖程度，生态安全与森林健康对森林多目标经营要求与限制等，以生态、经济、社会三大效益统筹兼顾和协调发展的经营理念确定经营战略。

**第四步：合理确定森林经营方针**

编案单位应根据国家、地方有关法律法规和政策，结合森林资源及其保护利用现状、经营特点、技术与基础条件等，确定方案规划期的森林经营方针。经营方针必须统筹好当前与长远、局部与整体、经营主体与社区利益，协调好森林多功能与森林经营多目标的关系，确保森林资源的生态、经济和社会等多种效益的充分发挥。

**第五步：合理确定本森林经理期的经营目标**

森林经营方案应当明确提出规划期内要实现的经营目标。经营目标应根据现有森林资源状况、林地生产潜力、森林经营能力和当地经济社会情况等综合确定。森林经营目标应当作为当地国民经济发展目标的重要组成部分，并与国家、区域森林可持续经营标准和指标体系相衔接。经营目标主要包括森林资源发展目标，林产品供给目标和森林综合效益发挥目标等。

**第六步：确定森林经营方案的深度**

森林经营方案中的营林规划深度即森林经理调查的详细程度。营林规划的深度往往与经营单位的经营水平有密切关系，反映在森林经理上称为森林经理等级。不同森林经理等级的细致程度表现在森林区划（林班和小班面积的大小）及其调查详细程度。森林经营方案的各项规划设计在时间安排上，表现为近期安排较细致，远期安排较粗放，一般不分年度。

森林经营方案的森工及基建部分属于基本建设问题，其设计的深度反映在规划设计的阶段性上。根据国家规定：一般建设项目实行两阶段设计；个别设计对象技术复杂而缺乏实际经验时，可实行三阶段设计。情况单纯、技术简单的小型企业可实行一阶段设计。

两阶段设计的第一阶段是长期的、总体的、具有规划性质的初步设计，设计深度应能满足控制投资、安排年度规划和为作业设计提供依据的要求。第二阶段是施工设计，在林业上称为作业设计，如造林作业设计、抚育采伐设计、伐区工艺设计等。在设计深度上满足施工的要求，提出施工技术方案及所需的原料、机械设备、所需工具的种类、型号和数量、劳动力和经费预算、施工图纸等。

森林经营方案属于第一阶段的设计成果，第二阶段的施工设计是在今后执行森林经营方案的过程中进行。

三阶段设计的第一阶段设计为简化的初步设计，其深度应满足设计方案比较和选定、主要设备的定货、基建投资的控制、设备和投资的概算等。第二阶段为技术设计，这是在经上级审批的初步设计的基础上进行的，在深度上比初步设计有所提高，但仍属于总体的规划性质的设计。第三阶段为施工设计，其要求和两阶段设计的施工设计相同。

一阶段设计是把上述两阶段设计中的两个阶段结合起来，在林业系统中只在某些小型国有林场或乡村林场中实施，在森林经营方案编制后，再对近期 1 ~2 年内需要施工地段进行作业设计，但设计文件仍应分开。

森林经营方案主要解决总体的远景的战略性问题，如果要求经营方案中包括今后各年度的施工设计，往往难以预估今后较长期间的一些具体细节问题，容易产生脱离实际的弊病。所以，在编制森林经营方案时，必须坚持设计程序，分别轻重缓急，不要混淆设计的阶段性。

**第七步：确定森林经营方案的广度**

设计的内容(即广度)因林业局(场)的类型、规模及发展方向不同而异。为了搞好规划设计、编出最优的森林经营方案，无论规划设计的内容多与少，都应解决好下列有关问题。

**(1)经营方针**

经营方针或称经营方向、经营目标，是林业局(场)规划设计中的重要问题之一。林业局(场)的经营方针，主要是指经营范围内的森林在国民经济中的主要作用。例如，林种规划和基地方向的确定主要是用材林还是防护林，或是经济林？用材林中发展什么材种？以便明确经营目标。此外，还应对森林覆被率以及生产发展方向、经营、建设重点提出要求。同时对各种经营类型的更新、保护方针、产品方向及调整重点等提出意见。在规划设计时，无论何种类型的林业局(场)都应在分析研究林区的自然条件、经济条件、森林资源的基础上，根据有关方针、政策，确定相应的经营方针。以林业局、场为单位，有的要以林种区和经营类型为单位，确定其发展方向、经营建设的重点和预期达到的指标等。经营方针是在国家林业的总方针和总任务指导下，结合林场的现状及发展要求，规定出林场在一定时期内的经营方向和经营目标。经营方针经讨论研究确定后，应作为林场长期经营的依据，不得轻易变动。

**(2)经营规模**

经营规模因林场类型及经营水平不同而异。在以采伐利用为主的林场，按其原木年产量或其他林产品产量，其经营规模有大、中、小型之分。规划设计根据经营规模确定最合理的木材采伐量，使之既能充分利用现有森林资源，又能逐步实现永续利用。同时，还要确定与其他方面相适应的经营规模。如木材综合加工的规模，造林、更新、种苗的规模，抚育与保护的规模，以及林道网与基建的规模等。

**(3)生产布局**

合理布局关系到能否合理、充分、永续利用现有森林资源，挖掘生产潜力，降低生产成本，提高劳动生产率等。因此，要全盘考虑森林采伐与森林更新及防护效益如何协调，木材生产与综合加工及多种经营如何协调，以及与这些相适应的局(场)址衔接点、采伐点、加工网点、机修网点、森林保护网点和联结这些生产、生活的山上、山下各网点的运输路线等问题。

**(4)生产顺序**

生产顺序实际上就是时间秩序。林业生产周期长，规划设计要从林业生产全过程出发考虑各项问题。但方案编制的期限(一般为10年)只是轮伐期中的一个阶段。为了有计划、有步骤地进行建设，在编制经营方案时根据其轻重缓急分为远期规划和近期规划，甚至在有条件的地区对近期规划可再按年度次序编制，以利于将来贯彻执行。确定合理的轮伐期是安排生产顺序的基础，在编制方案时对林场开发顺序、造林顺序都应加以论证。

**(5)保证措施**

为了保证规划设计的贯彻实施，必须制定合理而必要的措施，这也是规划设计的重要内容，同时它又与其他规划设计内容互相协调，密切结合，形成一个有机整体，构成整个规划设计方案。这些措施主要有：技术措施(经营措施)、组织机构、资金和设备、林道、房屋及其他基本建设、预期效益和远景预估。

上述主要内容规划设计后，再以投资效益及实现规划设计方案后可能达到的远景变化进行分析描绘。例如，可能达到的森林覆被率，可能达到的越采越多、越采越好的程度，以及经济和生态环境保护效益等。

### 4.2.2 系统评价理论基础与内容

由于集体林区的情况特殊，类型复杂，层次较多，编制经营方案内容的广度和深度应该有所差异，应视不同类型编案单位的客观实际而定。

对于森林资源较多、经济条件较好、技术力量较强的集体林区，例如，以县(市、区、旗)为单位，编制经营方案深度可达到初步设计的要求，县级经营方案应满足制定年度计划和作业设计的需要，作为单项设计、施工设计和作业的依据，经营目标和各项生产任务应分解到乡(镇)一级。采用定向培育的要求设计森林经营类型，为每个经营类型确定经营目标、经营周期和作业法体系。集体林场的经营方案是在县级经营方案的基础上，把典型设计落实到山头地块，重点是合理采伐和造林更新。经营方案的成果可简化为一卡(小班档案卡)、一图(林业现状图)、三表(各类土地面积表、森林面积蓄积统计表、大龄级表)、一份简要说明书(附规划设计表)。

经营方案的深度，应有粗有细，粗细结合，县级方案宜粗不宜细，全县(市、区、旗)指标分解落实到乡(镇)；乡级方案指标到村，有条件的到林班、小班更好。乡村林场方案宜细不宜粗，规划设计落实到山头地块。各县(市、区、旗)制定的年度计划，各乡(镇)要做作业设计调查，具体落实到山头地块。时间可按森林经理期的年度安排，主要内容前5年细，可分年度落实到地块，后5年可一笔账。一般内容则可在总工作量下，计算年均工作量。这样，经营方案的深度就是有规划、有设计，规划和设计相结合的体系。

所谓广度是指经营方案所涉及的范围，考虑到全国统计汇总的要求，应该对编制经营方案有一个共同的规模要求。一些林区生产任务不大，技术力量不足的地方可以先编简易经营方案，但必须满足造林、采伐、抚育间伐、低产林改造、森林保护等方面的要求。

各单位编制森林经营方案的内容，要根据经济条件、资源情况和经营水平等，因地因林制宜地加以确定，切忌小而全、面面俱到，要有所侧重地体现各地特色，发挥各地的资源优势，同时要开发新资源和新产品。但是，作为森林经营方案，要以营林、经营为主，至于木材加工、综合利用、森工基建、场站建设和伐区设计等项目，视各单位具体条件而定。

## →拓展训练

根据系统评价的方法，对一个林场进行森林生态系统和营林外部环境的分析，确定经营方针和该森林经理期的经营目标，确定森林经营方案的深度和广度，每人提交一份编制林场森林经营方案的系统评价报告。

# 任务 4.3

## 经营决策

### →任务描述

在系统分析的基础上，分别不同侧重点提出若干备选方案，对每个备选方案进行投入产出分析、对生态与社会影响评估。

每人提交一份选出的最佳方案。

### →任务目标

**(一)知识目标**

1. 了解不同森林经营决策的侧重点。
2. 熟悉森林经营决策的依据。
3. 熟悉森林生态系统经营理论。
4. 掌握不同林种森林采伐量确定的原则和分析方法。

**(二)能力目标**

1. 能够合理地确定森林采伐量。
2. 能够进行合理年伐量的分析。
3. 能够根据不同的侧重点进行森林经营决策。

### →知识准备

### 4.3.1 实践操作：经营决策过程与要点分析

**第一步：明确经营决策的依据**

森林经营方案编制应以生态系统经营理论为指导，积极应用林学、经济学、生态学、计算机技术等科学方法和技术手段，进行系统分析、综合评价、科学决策和规划设计，确保森林经营方案的科学性、先进性和可行性。

**第二步：明确不同经营决策的侧重点**

森林经营决策应针对森林经营周期长、功能多样、受外部环境影响大等特点，分别不同侧重点对森林结构调整和经营规模提出多个备选方案，进行多方案比选。

①每个备选方案应测算和评价一个半经营周期内的森林资源动态变化、木材及林产品生产能力、投入与产出等指标。

②每个备选方案应对水土保持、生物多样性保护、地力维持、森林健康维护等进行长周期的生态影响评估。

③每个备选方案应对社区服务、社区就业、森林文化宗教价值维护等进行长周期的社会影响评估。

**第三步：分别确定不同侧重点的经营决策**

①侧重于森林经营的经营决策。

②侧重于森林利用的经营决策。

③侧重于森林结构调整的经营决策。

## 4.3.2 经营决策理论基础与内容

### 4.3.2.1 合理年伐量确定的原则和方法

根据森林资源具体特点以及林业生产条件和目前的技术水平，在计算年伐量时选用几个有关公式进行计算，得出了几个不同的年伐量数值。要对这些数值进行分析、比较，最后确定出在一个经理期内的合理年伐量。这种年伐量是根据计算公式确定的，所以又称计算年伐量。由于各个公式的出发点和计算期不同，即使是同一个经营单位，得出的结果也必然不同，甚至差异很大。所以在最后确定年伐量时，要根据永续利用的基本原则，综合考虑目前需要和长远利益，结合经济条件与森林资源特点，提出一个较为切合实际的合理年伐量。这个合理年伐量有利于调整经营单位内的龄级结构；有利于安排伐区和确定采伐顺序，使森林经营与森工采伐利益一致。要在较长时间内保持相对稳定的采伐量，尽可能不要造成林木蓄积大量枯损和过早地采伐未成熟林，并有利于改善林况。

最后所确定的年伐量，可能是几个计算结果中的某一数值或几个数值的平均值，它是最近一个经理期(一般为 10 年)内的平均年伐量，而不是整个轮伐期的平均年伐量。因为在一个经理期后，需要复查森林资源，根据其具体变化，重新计算和调整年伐量。

最后确定的合理年伐量，是作为上级主管业务部门下达计算任务的依据，也是生产部门制定年度采伐计划的依据，但在受某些条件的限制或发生变化时，实际拨交伐区的年伐量，可以在一定的范围内变动。

确定和论证森林采伐量与森林的国民经济意义有密切的关系。不同类型的森林，有不同的国民经济意义，因而有不同的森林经营利用制度，所以在确定合理采伐量时，应根据森林类别不同加以分析论证。

**(1)用材林年伐量的确定原则和方法**

用材林的主要经营目的是生产木材，为了实现越采越多，越采越好，青山常在，永续利用这个目标，一方面要加强森林经营管理工作，使森林更新跟上采伐，不断提高森林生产力；另一方面在确定森林采伐量和实际采伐利用时必须严加控制，使之细水长流，永续不断。用材林的森林年伐量，在有关公式计算的基础上，最后确定时应遵循以下要求：

①所定年伐量不能大于按林况公式的计算值。

②当龄级结构不均匀的情况下，所定年伐量要起到调整和改善龄级结构的作用。

③所定年伐量不应造成森林资源过伐，要保证后继有林。

④在成、过熟林占优势时，所定年伐量要尽量延长现有成熟林资源的采伐年限。在现有成、过熟林达到自然成熟龄之前及时采伐利用。

⑤当经营单位以幼、中龄林占优势时，所定年伐量只能在经理期内采伐成熟林，并在整个轮伐期内逐步调整龄级结构。

⑥考虑更新能力及生态平衡的要求。

在以成、过熟林占优势时，可以采用以下公式的计算值作为确定年伐量的基础：面积轮伐公式、林龄公式、林况公式、蓄积量结合生长量公式。在缺少成熟林资源，而以幼、中龄林占优势时，可以考虑采用成熟度公式和第一林龄公式。当龄级结构均匀分配时，可选用的公式较多，其中最合适的是按平均生长量公式。衡量与判断所定年伐量是否合理，可以用龄级分析资源变动的方法。根据经理期末龄级结构的变化，分析所定年伐量是否有利于龄级结构的调整。

**（2）防护林年伐量的确定原则和方法**

防护林的木材采伐利用仅是从属地位，不能主伐。但是，当防护林生长到防护成熟阶段或林木接近自然成熟龄阶段，已开始降低或丧失森林的防护效能，为了维护和扩大防护林的有益效能，需要对这些森林进行更新采伐。有时为了提高或加强现有林的防护效能，需要更换树种或林分改造，这时也需要采伐一部分林木。对防护林采取的更新采伐方式有择伐、渐伐和小块状皆伐。对防护林采作方式的设计有别于用材林，它不是按经营单位设计同一采伐方式，而根据各小班具体情况确定其采伐方式。因此，对防护林采伐量的计算方法要根据各小班的具体情况加以确定。防护林年伐量的计算方法按林况、成熟度和按林分改造的需要分别进行计算。

①按林况计算　根据小班调查结果，挑出那些在经理期内需要按林况进行采伐的小班。总计其面积和蓄积，并被一定的采伐期限所除，即得按林况的年伐量，为择伐，采伐蓄积为小班蓄积的一部分。

②按成、过熟林面积、蓄积计算　当林木年龄已超过防护成熟龄或自然成熟龄时，其防护性能逐渐减弱，或林木开始腐朽，应及时采伐。计算时，将这些小班的面积与蓄积加以总计，被采伐期限除。

③按林分改造计算　为了加强与改善某些小班的防护效能，需要采用林分改造措施以更换原有林分的树种组成和林相。计算时，将需要进行林分改造的小班面积与蓄积加以总计，然后被采伐期限除，即得按林分改造的年伐量。

防护林的年伐量应为上述3项年伐量之和。此外，还需要按经营单位计算其平均生长量，以此作为确定年伐量时检查对比之用。

**（3）薪炭林年伐量确定原则和方法**

薪炭林一般采用矮林皆伐作业，经营方式比较简单。确定薪炭林的主伐年龄，主要依据数量成熟和更新成熟，因此其主伐年龄一般都低于用材林。

由于薪炭林的这些特点，年伐量计算也比较简单。为了经常稳定地供应日常生活所需的薪炭材，其年伐量的确定方法一般采用面积轮伐法。对于面积较小不宜轮伐的薪炭林，可在数量成熟龄的范围内平均分配采伐量，以便定期进行采伐。

各种采伐量标志着林业经营水平的高低，反映森林资源合理利用的程度，经过计算而最后确定的各种年采伐量，要以场、局汇总，作为场、局每年的采伐量。确定的年伐量，在一个经理期内不要轻易变动，必要时可根据第二次经理会议决定，为近几年和后一阶段规定不同的采伐量。

#### 4.3.2.2 合理年伐量的分析

根据场、局的资源情况和经营要求，对年采伐量的结构进行必要的分析。

①用材林采伐年消耗量要低于其生长量。坚持限额采伐制度，以生长量控制采伐量。

②年采伐量与现有资源的比较。按已确定的合理年伐量计算现有利用蓄积的采伐年限，并计算年采伐量占总蓄积量百分比，即每年的实际利用率。

③年采伐量与林分总生长量的关系。计算每公顷年伐量并与每公顷平均生长量相比较，判断在经理期内森林资源中蓄积量的变化，分析是由于生长量的积累增加了，还是由于生长量不足未能补偿采伐量而减少了蓄积量。

④各种年采伐量及其面积与年总采伐量及其面积的比例关系。分别按主伐、抚育间伐、更新采伐与卫生采伐计算其采伐量及面积与年总采伐量及其面积的比例关系，以衡量经营单位合理利用森林资源和森林经营水平的高低。

⑤计算采伐面积与林区面积的比例。

⑥采伐面积与更新面积、更新条例的关系。按国家采伐更新条例规定，采伐迹地必须于采伐当年或次年及时更新。计算采伐面积与更新面积的比例，反映了更新的速度与效果，以及执行采伐更新条例的情况。

⑦比较各经营单位按年伐量进行采伐后，其龄级结构是否发生了明显的变化，是否达到调整龄级结构的目的。

### →拓展训练

根据本任务分析确定某林场经营决策的方法，从促进森林生态效益发挥的侧重点确定其经营决策，每人提交一份经过分析和评估后选出的最佳方案。

# 任务 4.4

## 公众参与

### →任务描述

通过广泛征求管理部门、经营单位和其他利益相关者的意见，将方案适当调整到最佳水平，以此作为规划设计的依据。

每人提交一份经过公众参与选择的最佳方案。

### →任务目标

**(一)知识目标**

1. 了解现实森林的特点。
2. 掌握森林调整的内容与方法。

**(二)能力目标**

1. 能通过森林经营的角度分析和确定规划设计。
2. 能通过森林利用的角度分析和确定规划设计。

### →知识准备

### 4.4.1 实践操作：公众参与过程与要点分析

**第一步：征求林业主管部门的意见**

将经营决策的各项方案呈送到林业主管部门，征求意见。

**第二步：征求森林经营单位的意见**

将经营决策的各项方案呈送到拟编制森林经营方案的森林经营单位，征求意见。

**第三步：征求个体林农业主的意见**

将经营决策的各项方案呈送到个体林农业主，征求意见。

**第四步：综合分析各方面的意见，选择最佳方案**

根据经营方针和经营目标，坚持资源、环境和经济社会发展协调，坚持所有者、经营者和管理者责、权、利统一，坚持与分区施策、分类管理政策衔接，坚持保护、发展与利用森林资源并重，坚持生态效益、经济效益和社会效益统筹的原则，按照编制出的森林经营方案有利于优化森林资源结构，提高林地生产力；有利于维护森林生态系统稳定，提高森林生态系统的整体功能；有利于保护生物多样性，改善野生动植物的栖息环境；有利于提高森林经营者的经济效益，改善林区经济社会状况，促进人与自然和谐发展的方向，综合论证，选择最佳方案。

## 4.4.2　公众参与理论基础与内容

### 4.4.2.1　森林调整

按永续利用的原则，要求经营单位的森林年伐量在轮伐期内保持长期稳定，并在加强森林经营，提高森林生产力基础上实现森林资源越采越多，越采越好。但是，现实森林经常是一种不理想的森林结构，如不经过森林调整，要实现采伐量稳定的永续利用是有困难的。在此情况下，为了实现永续利用，需通过合理采伐，调整现实林的森林结构。从广义上讲，在一个森林经营管理对象范围内，森林调整包括林种结构、树种结构和年龄结构的调整。传统森林经营管理学所讲的森林调整，主要是指现实林的年龄结构按理想的森林结构模式进行调整，并预测今后一定时期内的森林收获量(即森林采伐量)。在本任务中重点讨论森林调整的内容主要有树种结构、林龄结构和空间结构及其相关关系。

**(1)树种结构调整**

树种结构是指林分中树种的组成、数量及其彼此之间的关系。一般包括乔木树种和灌木树种，实际工作中以乔木树种为主。从发挥森林的水土保持等功能的角度，还应考虑林下的草本和地被物，即乔灌草结构调整。树种的多样性是林分健康稳定的重要特征。理想的树种结构是对环境资源最大的利用和适应，可借树种的共生互补作用生产出最多的物质和多样的产品和服务。从经营的角度，树种结构调整应遵循下列原则为宜：

①适地适树原则。

②树种的多样性原则。

③乡土树种优先原则。

**(2)林龄(时间)结构调整**

任何树种都有特定的生长发育周期，任何生态因子也都有周期(年循环、季循环)，时间结构调整就是利用资源因子的周期性和树种的生长发育周期的关系，充分利用自然资源，使得林分的生长持续、稳定和高效地进行。森林生态系统持续稳定的前提条件是使新陈代谢过程不断地保持平衡和畅通，这只有在树木年龄参差不齐的林分(异龄林)才能实现。讨论异龄林的年龄结构，应考虑以下几个方面的因素：

①除了通常的用时间尺度衡量的树木年龄外，掌握各树木所达到的发育阶段(幼年、中年、成熟、衰老)也很重要。林木个体发育阶段的持续时间，则因树种和立地条件而异。

②林木的外型(树冠、树皮、树枝)能反映其年龄、遗传所决定的个体发育阶段以及环境的影响等状况和特征。

③森林生态系统经营所要求的年龄多样性与树种多样性的关系。

分析林分的年龄结构，就不难区分同龄林和异龄林的差异。异龄林分由不同林龄的树木组成能保持持续稳定。而同龄林则需要多个林龄相同和不同的林分组成一个作业级，形成一个经营整体。

**(3)空间结构调整**

林分空间结构是指各树种(物种)之间的层次和密度。层次是指树种间的垂直距离，包括地上和地下两部分；密度是指树种的水平距离。层次和密度构成树种在空间的位置，层次越多，空间容量越大，资源利用率就越高。在一般情况下，层次越多，密度就小。为了提高森林的生产力和质量，就要充分利用上层和下层的生长空间。而要适度利用生长空间以获取更多的生物量，这同立地条件和树种的耐阴性有关。生态条件好的立地和耐阴性强的树种，可以更有效地更充分地利用空间，而生态条件差和耐阴性弱的树种就不然。由此可见，最佳的空间结构和生物量(蓄积量)，由于立地条件和树种配置不同而有很大的差异。不同林龄的混交林(伞形、带状、群状)被认为是最佳林分空间结构，但这种结构不一定适宜所有的林分，也不是任何树种搭配都顺应自然规律和生态要求，空间结构要因地、因树种、因经营目的制宜。

### 4.4.2.2 林业局(场)森林调整

对一个林业局(场)来说，用材林是收获量最大或实现永续利用，防护林则是发挥水源涵养作用最大，经济林则收益最大化等。同是森林，由于其在地域上分布的不同，其在国民经济上的功能不同，它的经营目标也不同。在一个林业局(场)范围内的除林地而外，还可能有农地及放牧地等非林地，其各自的经营目标也不会相同。这些都是产业结构调整的问题，只有合理的产业结构，才能使国民经济稳步发展，且能发挥最大效益。

森林结构包括林种、树种、径级、树高及年龄结构等，而现实林的结构往往是不符合经营的理想结构，需要逐步地改造和调整，以便调整产品结构、发挥其最大的效益。

**(1)产业与产品调整**

所谓合理的产业结构，就是各物质生产部门之间，为生产和生活服务的各部门之间以及二者之间的最优比例关系。由于林业地域广阔，在林业局(场)的范围内，当以林地为主，但也可能有农地、草地、水面、裸地。林区土地中首先碰到的是宜农、宜牧、宜矿的问题，这是一个产业结构的问题，当前形势下，产业结构的调整对国民经济特别是林业的发展将起到指导作用，重视整体效益还应处理好各部分的比例关系，系统整体规定各要素之间的关系，不破坏这种关系，才能获得最佳的整体效益。随着经济的发展和科学进步，新的部门不断出现，原有的各部门比例也会发生变化，产业结构也随之发生变化。有的林业局还开展旅游业、狩猎业、旅店业、建材业等，都取得了较好的经济效益及社会效益。因此，林区内实行适当的兼业结构，即多种经营是必要的。

**（2）林分结构调整**

根据经营目的，不同林种可以由许多不同树种组成，用材林要求能速生、丰产、优质的树种。防护林能以根深叶茂、落叶丰富并能改良土壤、耐旱、耐瘠薄及抗火、抗灾能力强的树种为宜。薪炭林以现有能生长快而不问其质量，只要能发热量高、产柴量大、萌蘖力强，以多次提供量大的木材为宜。经济林以选早实性，丰产性、经济效益高的树种为好。在一个地区，首先在乡土树种中加以选择。落叶松、樟子松及各种杨树，由于栽配方法较易、种苗易取、成材快、适宜性强等特点，无形中成了北方主要用材树种。但实践证明由于树种单一易罹病虫害等缺点，还是以混交树种为宜。我国从北方到南方，经历若干个植被带，树种之复杂，可以说世界之最。林分结构中最基本的是树种结构，再进一步划分，就是年龄结构，年龄结构的最小单位是林分。根据林分的年龄，林分可以划分为同龄林和异龄林。同龄林和异龄林反映在永续利用上的特点与区别如下：

①同龄林的特点　有明显的起点和终点；一个林分内的株数按径级分布，典型情况下，呈正态分布；往往形成单层（皆伐）林；采伐迹地往往通过人工造林来更新；林分按面积分配的意义大，要多个林分才能实现永续利用；不利于水土保持等特点；可引进外来树种，特别是速生丰产林。

②异龄林的特点　无明显的起点和终点；典型情况下，株数按径级分布呈反J字曲线；分布往往形成复层林（择伐）；往往要求天然更新（当然人工补植也可以）；一个林分也可以实现永续利用，但也要求多个林分；有利于水土保持等特点；一般不能利用引进外来树种。

**（3）森林调整措施**

从森林调整理论及同龄林与异龄林的特点的差异讨论森林结构调整的措施，对经营单位内用材林永续利用的同龄林与异龄林所采取的措施和方法也应是有区别的。

对于经营单位同龄林要实现永续利用，要求单位内同龄林各龄级面积分配大致相等，林分生长基本符合要求。既要满足有利于生产的持续问题，还要考虑森林经营、增加林地生长力的问题。因此，在对现实同龄林调整措施的选择时，应提倡森林的培育与木材的利用并重，认真慎重地选择能够应用的作业方法，特别是主伐方式的选择，在保证更新的基础上进行。重视主伐与间伐的结合、多规格利用木材，通过对成熟龄和轮伐期的调整实现同龄林时间秩序的调整。综合考虑经济效益选择采伐方式和计算年伐量、合理安排伐区和采伐顺序，对林分的空降秩序予以调整。当然，为了增加生长量提高总蓄积量、实现更好的利用，及时地抚育、及时地补植更新和造林、适时的林分改造，以及保持森林环境、改善林内卫生条件和森林的自肥循环等增加林地生产力的措施等都是同龄林调整不可缺少的手段。可以说在同龄林调整中，只有造、管、育、采各种手段并举，才能更好地实现调整的目的。

对于经营单位异龄林的调整，由于异龄林作为用材林本身具有永续利用的结构基础，调整的目的是使现实的异龄林更符合我们经营的需要。由于现实的异龄林通常树种组成复杂多样，有时非用材树种还占据较大空间，往往林内多世代林木并存，有些林分株数按径级分布、株数按年龄分布还存在缺失，直接利用难以实现永续，所以必须予以调整。对异龄林林分的调整，通常是在保证森林生态系统稳定、生态效益正常发挥的前提条件下在林内进行树种结构和林木年龄结构的调整。对异龄林树种结构的调整措施，应充分利用主伐与间伐相结合的方法，有目的地培养有益于保持森林生态系统稳定、有益于林木生长、符合林木生长发育规律、符合森林群落演替规律的理想结构的林分，通过各种培育措施充分利用林地生产力，如伐除老世代林木、促进更新、促进小树幼树生长、补植以充分利用林内营养空间等。使现实的异龄林林分逐渐形成可实现永续利用的年龄序列、株数按径级和年龄的正常分布。

应指出不论怎样对现实同龄林和异龄林的调整，都必须利用与培育手段相结合，采伐是不可避免的，而且是一个很重要的手段，确定合理的年伐量则是这一手段的必然程序和必备要素。

综上所述，对生产单位现实同龄林与异龄林的调整措施有共性也有区别。调整都期望能充分利用各种经营手段得到生产与调整的最佳效果，所以调整的所有措施的实施都是与生产相结合而进行的，调整目标的实现都需要一个相对较长的时期，同时采伐是实施调整的重要手段。但是，二者调整的单元不同，同龄林以生产单位或经营类型为单位，异龄林则在林分内，措施的实施范围不同。调整的主要目标也不完全一致，同龄林是双向目标，它不仅仅有时间序列问题，而且有空间分布问题；异龄林则只要实现了时间结构的调整，也就实现了径级结构、空间结构的调整。另外，混交异龄林还需要进行树种组成调整，同龄林须及时进行更新或选择适宜的更新树种更新。

## 拓展训练

根据公众参与的方法，系统分析针对某林场的若干个林班的各项经营决策，选择出最佳方案作为编制森林经营方案的依据，每人提交一份经过公众参与选择的最佳方案。

# 任务 4.5
## 规划设计

### →任务描述

根据某林场森林资源二类调查的材料，按照各项规划设计的要求，有目的地收集相关资料并进行归纳整理，然后根据森林经营方案规划设计的步骤逐步实施。

每人提交一份某林场森林经营规划设计。

### →任务目标

**(一)知识目标**

1. 了解森林经营方案规划设计的理论基础和内容。
2. 了解非木质资源经营与森林游憩规划的要点。
3. 熟悉森林经营规划设计的主要内容。
4. 掌握森林经营方案主要内容的设计方法。

**(二)能力目标**

1. 能确定经营方针与经营目标。
2. 能确定森林经营方案规划设计的项目。
3. 能按要求对规划项目进行设计。

### →知识准备

## 4.5.1 实践操作：规划设计过程与要点分析

**第一步：确定经营方针与经营目标**

经营方针、经营目标是林业局(场)规划设计中的重要问题之一。经营方针与经营目标是森林经营方案的本质所在，它是指导今后林业局(场)一切工作的纲领。经营方针与经营目标是否符合林业局(场)实际，将直接影响到森林经营方案的运行。因此，在确定经营方针、经营目标时要在深入调查研究的基础上，广泛听取多方意见，制定科学的、符合林场实际的经营方针、经营目标。经营方针、经营目标一旦确定，就应贯穿到方案中去，林业局(场)的各项营林生产、多种经营等都应围绕经营方针、经营目标安排。

林业局(场)应根据国家、地方有关法律法规和政策，结合森林资源及其保护利用现状、经营特点、技术与基础条件等，确定方案规划期的森林经营方针。经营方针必须统筹好当前与长远、局部与整体、经营主体与社区利益，协调好森林多功能与森林经营多目标的关系，确保森林资源的生态、经济和社会等多种效益的充分发挥。经营方针是定性的，它规定了方向和道路。林业局(场)的经营方针，主要是指经营范围内的森林在国民经济中的主要作用，例如，林种规划及基地方向的确定，以便明确经营目标。此外，还应对森林覆盖率以及生产发展方向、经营建设重点提出要求。同时对各种经营类型的更新、保护方针、产品方向及调整重点等提出意见。在编制森林经营方案时，无论何种类型的林业局(场)都应在分析研究林区的自然条件、经济条件、森林资源的基础上，根据有关方针、政策，确定相应的经营方针。

森林经营方案应当明确提出规划期内要实现的经营目标。经营目标是林业局(场)在本经理期内应达到的目的要求。林业局(场)经营目标应根据现有森林资源状况、林地生产潜力、森林经营能力和当地经济社会情况等综合确定。森林经营目标应当作为当地国民经济发展目标的重要组成部分，并与国家、区域森林可持续经营标准和指标体系相衔接。经营目标是定量的，是体现经营方针的数量化指标体系。林业局(场)经营目标主要包括森林资源发展目标、林产品供给目标、森林服务目标及森林综合效益发挥目标等，详见表4-1所列。

**表4-1 森林经营目标主要指标表**

| 指标类 | 指标群 | 指标项 |
|---|---|---|
| 森林资源 | 数量变化 | 森林面积保有量、森林蓄积保有量 |
| | 质量变化 | 平均郁闭度、林分单位面积蓄积量、林地利用率、林分平均胸径、森林蓄积生长量(率)、退化森林(林地)修复率 |
| | 结构变化 | 公益林与商品林比率、树种面积比率、各龄组面积与蓄积比率、混交林增长率、天然林比率 |
| 产品生产 | 木材生产 | 木材产量、商品材率、单位木材净收益 |
| | 非木生产 | 非木产品产量、非木产业收益、单位林地非木业产值 |
| 森林服务 | 生态保护 | 主要灾害危害面积下降率、土壤侵蚀模数降低率、水土流失控制率、沙化土地治理率 |
| | 森林健康 | 林火发生率、森林灾害发生率 |
| | 生物多样性保护 | 重点保护林地比率、珍稀(濒危)物种栖息地面积、自然保护区面积 |
| | 森林游憩 | 森林游憩面积及比例、年接待人数、年旅游收入 |
| 经营成效 | 经济效益 | 森林资产、林业增加值增长率、经营利润增长率、经营基础设施投资增长率、职工福利增长率 |
| | 生态效益 | 森林覆盖率、林木绿化率、植被覆盖率 |
| | 社会效益 | 森林经营用工量、人均林业纯收入 |

## 第二步：主伐规划

主伐规划设计是林业局(场)森林经营方案的重要组成部分。它关系到经营单位能否实现森林永续利用，直接影响到生态平衡，森林更新，森林抚育，木材的生产、存储、运输和综合利用等整个林业生产过程，以及一系列规划设计内容。在主伐规划设计时，应从当前需要和长期利用、培育森林和采伐利用，以及森林各种有益特性等相结合出发，全面考虑，分析论证，编出切合实际的主伐规划设计方案。

主伐规划设计的主要内容：主伐规划是按森林经营类型进行设计，主要确定各经营类型的主伐年龄以及轮伐期和择伐周期；计算和确定标准采伐量；确定主伐方式；安排伐区顺序和布局；确定劳动组织、机械类型和数量；编制主伐计划和图表材料；计算投资和单位成本等。主伐规划设计的主要内容和工作程序如图 4-1 所示。

**(1)确定主伐年龄、轮伐期和择伐周期**

主伐年龄是指经营类型内一定树种的各林分可以进行正常主伐的最低年龄。对于皆伐或渐伐作业，应以经营类型为单位，确定适宜的主伐年龄和轮伐期，而择伐则按林分确定择伐周期。

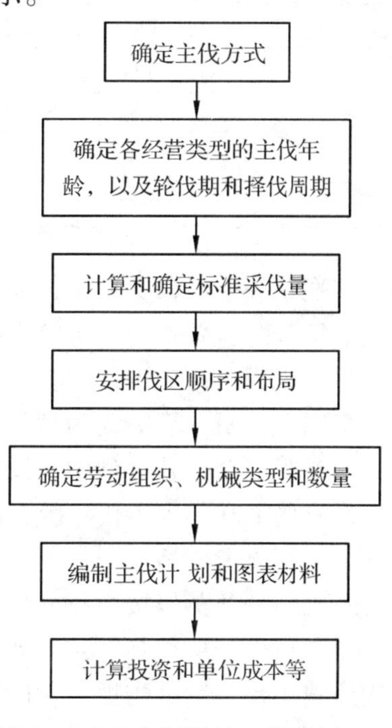

**图 4-1　主伐规划设计工作流程**

确定主伐年龄是以森林成熟为基础的，但主伐年龄与森林成熟龄的概念不同。森林成熟的对象是单株树木或林分，表示生长到最符合经营目的时所需的时间；而确定主伐年龄时的对象是整个经营类型。我们知道，在一个经营类型内具有不同立地条件(地位级)下的许多林分，其达到成熟的先后是有很大差别的，但对整个经营类型应该有一个统一的主伐年龄界限。因此，确定主伐年龄时，成熟龄不是唯一的依据，还应考虑如下几个因素：

①在国民经济中的主要作用　确定用材林的主伐年龄是以工艺成熟龄为主要依据的，工艺成熟龄一般是根据材种如锯材、矿柱材、建筑材和造纸材等来计算。

一般主伐年龄不应低于数量成熟龄，根据数量成熟龄来确定主伐年龄的范围应有所限制，如果对于培育的木材没有规格和质量要求，只考虑木材的数量(如薪炭林)，则可以数量成熟龄作为确定主伐年龄的依据。

主伐年龄不应高于自然成熟龄。随着自然成熟龄的到来，木材生长量显著降低，树干开始腐朽，所以林木应远在自然成熟龄前采伐。通常，只有在禁伐林、疗养林和风景林等内，才根据自然成熟龄确定主伐年龄。

防护林的主伐年龄是以防护成熟或自然成熟为依据，以保持这类森林最有效地完成其特殊作用。

此外，森林覆盖率不同，则森林在当地国民经济中所起的作用也不同。在森林覆盖率小的地区，主要是供居民的需要，所以主伐年龄一般较低；而在森林覆盖率大，木材供应自给有余的地区，则应培育大径材，以工艺成熟龄的最高限来确定主伐年龄。

②根据经营类型中林分的年龄结构　经营类型中林分的年龄结构即各龄级的面积分配情况是确定主伐年龄应考虑的因素，例如，有两个总面积相等的松林经营类型，它们的地位级相同，工艺成熟龄也相同，都是 100 年，但是，它们的年龄结构却各不相同，如表 4-

2 所列。

**表 4-2 龄级按面积分配不同的两个松林经营类型**

| 龄级 | 第一个经营类型 | | 第二个经营类型 | |
|---|---|---|---|---|
| | 面积/hm² | 蓄积/1000m³ | 面积/hm² | 蓄积/1000 m³ |
| Ⅰ | 750 | 15 | 1500 | 30 |
| Ⅱ | 1000 | 80 | 2000 | 160 |
| Ⅲ | 750 | 135 | 1750 | 315 |
| Ⅳ | 10000 | 220 | 1500 | 335 |
| Ⅴ | 1250 | 375 | 250 | 75 |
| Ⅵ | 1500 | 530 | | |
| Ⅶ | 750 | 270 | | |
| 合计 | 7000 | 1625 | 7000 | 915 |

在第一个经营类型中，拥有超过工艺成熟龄以上的成熟林与过熟林，同时林分的面积按龄级分配也较均匀，可以维持长期利用。这里可以确定主伐年龄为 120 年，适于生产大径材。因为，假如主伐年龄确定为 100 年，就得在一个龄级期内伐去占经营类型总蓄积量一半以上的Ⅵ、Ⅶ龄级的林分，如果Ⅵ龄级的林分生长与林况很好，这样就不合适。

在第二个经营类型中，没有Ⅵ龄级的林分，Ⅴ龄级的林分所占面积也极少，若也是以大径材的 120 年为主伐年龄，就要长时间停止采伐，以便形成大径材。若在急需木材的情况下，可以考虑适当降低主伐年龄，以 80 年为主伐年龄，生产较小径级的木材。

在林分各龄级按面积分配非常均匀，按生长量计算采伐量与年伐量相等的情况下，主伐年龄可以与成熟龄一致。如果森林资源中利用蓄积量很多，在卫生情况良好的情况下，则应将主伐年龄适当提高，以避免在短期内采伐过度，而不能维持长期利用森林资源。相反，当森林资源在缺少成、过熟林的情况下，可以适当降低主伐年龄，以满足当地各项建设对木材的迫切需要。一般，降低主伐年龄以一个龄级为限，但要有充分的理由。

*③根据经营类型的林况* 经营类型中已发生林况不良时，应该确定较低的主伐年龄，以便尽快伐尽材质开始变坏的林木，及时更新。相反，当成、过熟林的林况良好，可以在经济条件许可时适当提高主伐年龄，以充分利用已有的较高的森林生长率。

*④考虑当地以往采用的主伐年龄* 确定主伐年龄时，还必须考虑本地及邻近林区原来采用的主伐年龄。过去采用过的主伐年龄常常可以正确反映某一时期国民经济对木材的需要情况和森林培育的技术水平。所以，原来的主伐年龄，应作为确定今后主伐年龄的依据。

在一个经营类型内，主伐年龄确定后，一般不能轻易改变，特别是在一个森林经理复查期(即森林经营方案有效期间)内，不能变动；在特殊情况下，必需改变的，只能在另一个森林经理复查期修订经营设计方案时改变。

**(2)计算和确定标准采伐量**

在编制主伐规划设计时，主伐量通常是分别林种、经营类型、采伐类型和采伐方式，运用多种方法进行测算论证。设计时以经营类型为单位，依据森林资源的现实状况，选择适合的公式进行计算。计算的主伐量作为每个经营类型的利用标准。计算经理期内每年采伐量的平均值即年伐量，用面积和蓄积两个指标来表示。各经营类型的年伐量之和，就是林场的年伐量，作为林场确定年伐量的依据。

计算采伐量时，应考虑以下几个原则和条件：

①用材林年采伐消耗量应低于年生长量。

②经理期末林分单位蓄积量应高于经理期开始时的林分单位蓄积量。

③尽可能不造成林木蓄积量大量枯损或过早采伐近熟林和中龄林，有利于改善林况和调整林分按龄级的合理分配。

④年采伐量保持适当稳定，使森林资源得到可持续利用。

⑤采伐、运输和更新能力。

⑥将森林采伐对生态环境的影响降到最低程度。

**(3)确定主伐方式**

主伐方式的种类有皆伐、渐伐、择伐3种。主伐方式的确定应按《森林采伐更新条例》对用材林分别经营类型确定。如有地方或本林区的采伐更新规定，可作为确定主伐方式的主要依据。如果已规定的采伐方式都不合适，应根据最新科学成就或试验资料加以论证，提出适用于本地区的主伐方式。在确定主伐方式时，应考虑以下几点：

①有利于水土保持，涵养水源，发挥森林各种效益和促进生态平衡。

②有利于森林更新，调整林分结构。

③尽可能地采用适于本地区采、集、运的采伐方式。

主伐方式确定后，还要对不同主伐方式制定出相应的技术措施。如采用皆伐时，应确定出采伐方向；伐区宽度或最大伐区面积，伐区布局和间隔距离；采伐相邻伐区的间隔时间；适应的集材方式，保留林缘保护带母树、幼树和清理伐区的要求。采用渐伐时，应规定后伐的伐前更新的要求，采伐次数和间隔期；每次采伐的强度、树种、面积、适宜的集材方式，保护幼树、保留木和清理伐区的要求。采用择伐时，应规定择伐的树种，择伐强度，择伐树种选定条件；适宜的集材方式，保护采伐后的活立木，清理伐区的要求等。

**(4)安排伐区顺序和布局**

安排经理期内的伐区顺序和布局，就是选择采伐地点和配置采伐顺序。

在选择和配置采伐地点时，应在充分利用现有森林资源，有利于森林经营，降低采伐成本等方面，从采伐和经营利益综合加以考虑。

从经营的要求出发，在选择采伐地点时应首先考虑采伐以下情况的小班：

①林况不好，亟待采伐的林分。

②根据经营上的特殊需要，不论林况好坏和年龄大小都必须采伐的林木，如防火线、林道、苗圃及建筑用地等。

③幼、中龄林中的成、过熟散生木。

④过去没有采伐完的伐区和疏密度小、生长量下降的老龄林分。

一般都是从成熟林中年龄最大的林分开始采伐(如不考虑其他条件时)，不应采伐未成熟林分。但是，为了改善森林分布状况和整理伐区形状，有时也需要采伐一小部分尚未成熟的林木。相反，年龄虽大，但为了保护邻近林分免遭暴风危害，或为了便于利用采伐迹地的侧方天然下种更新，即使在年龄较大的情况下，有时也可能暂不指定采伐。此外，在美化环境及科学研究上有价值的老龄林分，也不一定指定采伐。

从采伐利用观点出发，在选择采伐地点时往往要考虑下列条件：

①采伐地点的选择和配置应与选择的运输类型和能力相适应。

②采伐地点的选择与配置应有助于组织机械化采伐和合理修筑运材路线。

③在现行主伐规程所允许的范围内，尽量使伐区适当集中。

**(5)编制主伐计划和图表材料**

在确定采伐方式及伐区配置的基础上，根据林分的具体情况和开发顺序，对进行采伐利用的小班按林场和林种区分别经营类型编制主伐计划。对近期开发利用的林班按年度编制，对后期的主伐不分年度编制，仅将需要主伐的林班、小班按顺序排列编表，并做出总计。经过初步拟定和多方面调整后的采伐计划方案，要编成主伐一览表，其格式见表4-3。

**表4-3 主伐一览表**

| 林班号 | 小班号 | 面积 | 龄级 | 地位级 | 疏密度 | 小班中各林层总蓄积量/$m^3$ | 林层的组成及各树种年龄 | 小班内各树种的总蓄积量/$m^3$ | 保留的立木蓄积量 | 预定采伐的蓄积量 | 其中 | | 商品材总计 | 采伐记载 |
|---|---|---|---|---|---|---|---|---|---|---|---|---|---|---|
| | | | | 林型 | 出材率等级 | | | | | | 用材 | 薪材 | | |
| (1) | (2) | (3) | (4) | (5) | (6) | (7) | (8) | (9) | (10) | (11) | (12) | (13) | (14) | (15) |
| | | | | | | | | | | | | | | |

主伐伐区还应反映在图面材料上，如规划图或单独绘制的伐区位置图。最后确定主伐的劳动组织，所需机械设备的类型和数量，计算投资和单位成本。

主伐规划是否合理，不仅影响现有森林资源的利用和经营，而更重要的是将影响生态平衡保持，森林的各种有益性能及长期经营，永续利用。

## 第三步：更新造林规划

根据永续利用的要求，森林采伐之后，采伐迹地必须于采伐当年或次年按国家规定及时更新。列入森林更新造林规划的土地类别有：采伐迹地、火烧迹地、其他无立木林地、林中空地、宜林荒山荒地及宜林沙荒地。更新造林规划设计的主要内容如图4-2所示。

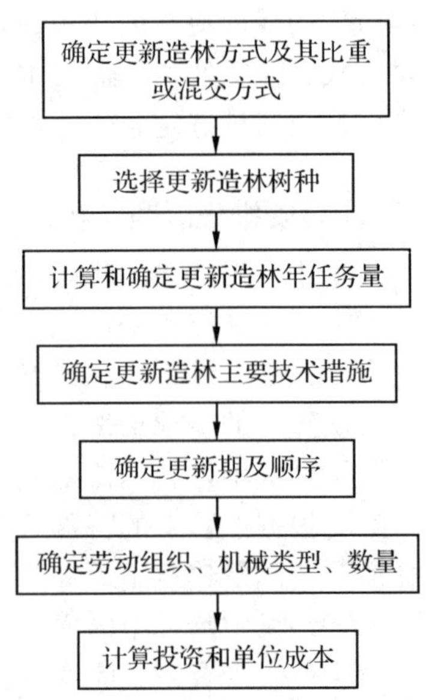


**图4-2 更新造林规划流程**

**(1)确定更新造林方式及比例**

更新方式一般分为人工更新、天然更新、人工促进天然更新3种。3种更新方式各有特点及其相应条件，应根据树种的生物学特性及经营水平等加以确定。从发展方向来看，应贯彻“以人工更新为主、人工更新和天然更新相结合”的方针。更新造林规划时应尽量设计人工更新方式，因为它可以速生丰产、定向培育、质量稳定，随着经营水平的提高，这种方式比重越来越大。但在有条件并能保证目的树种天然更新的地方，应尽量采用天然更新或人工促进天然更新，以节省人力、物力、财力。

**(2)主要树种的选择**

更新造林树种的选择和确定应符合经营目的的要求。例如，以培育用材林为目的时，树种选择要考虑速生、丰产、优质3个要求；防风林的树种，要求抗风力强，不易倒或风折，生长迅速、树干高大，自然成熟龄高，对农作物没有不良影响，同时尽量提供优质木材；水土保持林的树种，应根系发达、生长迅速、寿命长、能耐干旱和瘠薄的土壤条件，能促进排水和固结土壤，具有改良土壤的作用。总之，选择树种要坚持适地适树，速生优质的原则。优先发展当地的优良树种和珍贵树种，并通过试验引进外来优良品种，要大力营造混交林。

**(3)确定更新造林的主要技术措施**

关于确定更新造林的主要技术措施，应按不同更新方式进行设计，其内容如下：

①当采取人工造林方式时：

a. 造林树种配置；

b. 整地时间、方式和规格；

c. 造林的密度、配置、株行距；

d. 造林方法和造林季节；

e. 种苗需要量和规格；

f. 幼林抚育管理措施。

②当采取人工促进天然更新时：

a. 确定人工促进措施的方法，如松土、除草、割灌、补植、补播等；

b. 抚育管理措施；

c. 种苗需要量和规格。

③当采取天然更新方式时，考虑如何保证天然下种或萌芽措施，如结合采伐方式选留母树、清理伐区以及抚育管理措施等。

**(4)速生丰产林设计**

速生丰产林是实行定向培育、集约经营的重点，林业局(场)应因地制宜地选Ⅰ、Ⅱ类立地条件的宜林地和适宜的速生丰产树种，大力营造速生丰产林。

**(5)确定种苗需要量**

更新造林的工作量确定以后，要进一步进行种苗设计。根据更新造林的年度工作量，计算出种苗的需要量，提出质量标准，为苗圃、母树林、种子园设计提供依据。

**(6)确定更新期及顺序**

在确定轮伐期时就应该考虑更新期的问题。更新期根据确定的更新方式和选定的主要树种，并考虑经营水平来确定。采伐后及时更新，不但有利于采伐迹地顺利完成造林任务和提高成活率，而且还可以缩短轮伐期。

确定更新造林顺序时，首先把新采伐的迹地放在前面，以便及时更新。另外，根据先易后难的原则，首先在交通方便处优先安排。为了按计划造林，种苗应先行安排。

**(7)编制更新造林计划**

最后，要根据编制的造林方案来进行更新工作。凡是属于人工造林的小班应填入"人工造林一览表"，其格式见表4-4。此表以林种区为单位作出造林面积总计。

**表4-4 人工造林一览表**

<table>
<tr><th rowspan="3">林班号</th><th rowspan="3">小班号</th><th rowspan="3">土地种类</th><th colspan="3">播种造林</th><th colspan="3">植树造林</th><th rowspan="3">执行情况</th></tr>
<tr><th rowspan="2">主要树种</th><th colspan="2">整地方式</th><th rowspan="2">主要树种</th><th colspan="2">整地方式</th></tr>
<tr><th>全面整地面积/$hm^2$</th><th>局部整地面积/$hm^2$</th><th>全面整地面积/$hm^2$</th><th>局部整地面积/$hm^2$</th></tr>
<tr><td>(1)</td><td>(2)</td><td>(3)</td><td>(4)</td><td>(5)</td><td>(6)</td><td>(7)</td><td>(8)</td><td>(9)</td><td>(10)</td></tr>
<tr><td></td><td></td><td></td><td></td><td></td><td></td><td></td><td></td><td></td><td></td></tr>
</table>

把拟定实施人工促进天然更新的小班，填入人工促进天然更新规划表，其格式见表4-5。

**表4-5 人工促进天然更新措施规划表**

<table>
<tr><th rowspan="2">林班号</th><th rowspan="2">小班号</th><th rowspan="2">土地种类</th><th rowspan="2">优势树种</th><th colspan="4">人工促进措施</th><th rowspan="2">整地面积/$hm^2$</th><th rowspan="2">执行情况</th></tr>
<tr><th colspan="4">面 积/$hm^2$</th></tr>
<tr><td>(1)</td><td>(2)</td><td>(3)</td><td>(4)</td><td>(5)</td><td>(6)</td><td>(7)</td><td>(8)</td><td>(9)</td><td>(10)</td></tr>
<tr><td></td><td></td><td></td><td></td><td></td><td></td><td></td><td></td><td></td><td></td></tr>
</table>

填表时，要分别经营区，以林班、小班顺序记载，最后分别措施种类，总计各经营区的全部工作量，以便作出所需劳动力和经费的概算，见表4-6。

表4-6 造林分年度设计及投资概算表 公顷、元

| 年度 | | 商品林 | 生态公益林 | | | 合计 |
|---|---|---|---|---|---|---|
| | | | 防护林 | 特用林 | 小计 | |
| | 面积 | | | | | |
| | 投资 | | | | | |
| | 面积 | | | | | |
| | 投资 | | | | | |
| 合计 | 面积 | | | | | |
| | 投资 | | | | | |

天然更新的小班不需采取人为措施，所以不编制表格。

## 第四步：抚育采伐与低产林改造规划

### (1)森林抚育采伐规划

抚育采伐是培育森林的主要营林措施，是根据森林生长和发育规律，定期采伐一部分林木，为另一部分经济价值较高的林木创造良好的生长环境。抚育采伐可以取得小径材和薪炭材，所以又称为"中间利用"或"间伐"。

森林抚育采伐与主伐不同，表现在它着眼于促进林木生长，提高林木质量，改善林内卫生状况，增强和发挥森林的多种有益效能。必须贯彻"全面规划，因林制宜、抚育为主，抚育、改造、利用相结合"的原则，防止单纯取材的思想。抚育采伐规划设计的主要内容：

①确定抚育采伐的对象和顺序。

②确定抚育采伐的种类、采伐强度和采伐间隔期。

③提出抚育采伐的主要技术要求。

④计算抚育采伐的年伐面积、蓄积和出材量。

⑤确定劳动组织、机械类型及数量，计算投资和单位成本。

确定抚育采伐的对象主要有2个依据：林学依据和经济条件。林学依据是指森林卫生状况，林木分化和自然稀疏情况，林分密度和林木分布及树种组成等因素。抚育采伐可在下列林分中进行：人工幼龄林郁闭度在0.9以上；天然幼龄林郁闭度在0.8以上；人工中龄林郁闭度在0.8以上，天然中龄林郁闭度在0.7以上，下层目的树种的幼树较多且分布均匀，郁闭度在0.6以上；遭受轻微的自然灾害的林分。经济条件是指交通、劳力、资金、小径材和薪炭材的销路等。此外，选定抚育采伐对象，在其他条件相同时，应该优先选择幼龄林。其他林种(含防护林、经济林、绿化带)要根据经营目的，增加防护性能，改善林木组成，提高林分生长量和经济效益等，按照有关专业规程的规定，结合当地条件和经验进行抚育采伐。

在确定抚育采伐有关指标时，也可以充分利用自己编好而且适应于当地有关树种的密度控制图表。把需要进行抚育采伐的小班从调查簿中摘录出来编制抚育采伐一览表，其格式见表4-7。

表 4-7 森林抚育采伐一览表

| 林班号 | 小班号 | 面积/$hm^2$ | 蓄积量/$m^3$ | 采伐强度/% | 伐除量 | 执行情况 |
|---|---|---|---|---|---|---|
| (1) | (2) | (3) | (4) | (5) | (6) | (7) |
| | | | | | | |

编表按林种区分别进行。在林种区内分别经营类型按林班和采伐种类顺序，从透光抚育伐开始，到生长抚育伐止。最后，作出每个林种区和整个林地各种采伐种类的总计和全部采伐种类的总利用量。

**(2)低产林改造规划**

低产林改造和抚育采伐一样，也是提高森林生产力的一种手段。凡是经营对象中慢生低产、经济价值不大、没有培育前途的林分，应规划进行林分改造。林分改造规划设计的主要内容有：

①确定改造对象，分析论证改造的必要性。

②提出改造的方法、技术措施和引进的目的树种。

③提出改造年限顺序，计算平均年度改造面积、可采伐蓄积量和出材量。

林分改造的对象有：

①郁闭度在 0.2 以下的疏林地。

②多次被破坏的残林及多代萌生无培育前途的林分。

③非目的树种占优势及遭受病虫害、火灾等自然灾害严重的林分。

④生长量很低的林分。

低产林改造的方法多种多样，一般都伐除低产林木，营造优质高产目的树种。但有些是由于土壤瘠薄或沼泽化影响了林木生长，应采取改良土壤或排水的措施，有些地方则需要采取水土保持措施，以提高土壤肥力，促进林木生长。低产林改造规划应在有条件的地区进行，应在先绿化现有宜林荒山荒地的基础上逐步开展。应绝对防止以改造为名，单纯取材，只砍不造的现象。低产林改造规划时，应本着“抚育、改造、利用”相结合的原则，拟定合理的林分改造措施。低产林改造一般在幼龄林中实施，因为幼龄林的可塑性大，便于改造。如果在中龄林以上的林分中进行林分改造，则应做到改造与利用相结合。应根据林分的具体条件提出适当的改造措施。目前，我国常用的林分改造措施有：

①更换树种，重新造林。

②进行补植，提高密度。适于原有保留目的树种株数过稀的疏林地。

③伐造结合，综合改造。适用于林相复杂、疏密不均、林龄相差悬殊的复层林和遭受自然灾害的林分。伐除不良林木，保留生长健壮的林木，在林冠下或林中空地中栽植目的树种。

最后将所有需要改造的林分填入“低产林改造一览表”，并分别确定改造措施及其大致的工作量。其格式见表 4-8。

表4-8 低产林改造一览表

| 林班号 | 小班号 | 面积/hm$^2$ | 现有林分种类 | 目的林分 | 改造措施 | 预计工数 | 执行情况 |
|---|---|---|---|---|---|---|---|
| (1) | (2) | (3) | (4) | (5) | (6) | (7) | (8) |
| | | | | | | | |

## 第五步：森林保护规划

森林保护规划必须贯彻《中华人民共和国森林法》有关规定和“预防为主、综合治理”的方针，因地制宜，因害设防，充分发动群众，搞好保护联防，做好森林保护工作。森林保护规划主要包括护林防火规划、森林病虫害防治规划、封山育林规划及天然林保护规划等。

### (1)护林防火规划

加强护林防火是一项非常重要的经常性工作，要本着“预防为主、积极消灭”的方针，对山林火灾要防得及时，防得准确，防得有力。摸清火源，火灾是可以防止和迅速扑灭的。根据气候、森林资源特点和历年森林火灾分布状况，以及森林火险等级、现有防火能力等进行森林防火规划，主要内容包括：

①提出预报、预防和消灭森林火灾的主要措施，研究与毗邻地区和其他单位联防的可能。

②提出预报，预防和灭火的设备、设施及其种类、规格、数量。

③大林区可进行航空护林和空降灭火的安排。

④编制护林防火计划和火险等级及防火设施图。

关于护林防火的措施主要有：

①根据合理布局，在控制范围大的适宜地点设置瞭望台，并安装仪器设备。

②架设通讯线路，连接瞭望台及防火指挥系统。

③在森林和草原毗邻地带，居民点周围、铁路两侧和省、县交界地区以及国境线内侧等火灾危险地段开设防火线或隔离带。

④建立护林防火机构，配置护林人员，划分地段建立巡逻制度。

⑤配置必要的扑火器械和交通工具。

⑥配备火险预报设备。

⑦建立必要的宣传设施等。

为了合理地设计防火措施，应根据各林班的树种、土壤湿度、火源的距离等划分火险等级，并分别火险区设计防火措施。目前我国通用的火险等级见表4-9。

**表4-9 森林火灾危险等级查定表**

<table>
<tr><td colspan="2" rowspan="2">火灾危险等级</td><td colspan="3">亚 级</td></tr>
<tr><td>甲<br>（在林内或森林附近200m内有道路通过或距森林5km有居民点或作业点）</td><td>乙<br>（森林距离最近的村庄在5～10km以内）</td><td>丙<br>（森林距离最近的村庄在10km以上）</td></tr>
<tr><td>Ⅰ</td><td>很干燥、干燥土壤上的针阔叶林和潮润、湿润土壤上的针叶林</td><td>Ⅰ甲</td><td>Ⅰ乙</td><td>Ⅰ丙</td></tr>
<tr><td>Ⅱ</td><td>潮湿地或水湿地上的针叶林</td><td>Ⅱ甲</td><td>Ⅱ乙</td><td>Ⅱ丙</td></tr>
<tr><td>Ⅲ</td><td>潮润、湿润、潮湿、水湿地上的阔叶林</td><td>Ⅲ甲</td><td>Ⅲ乙</td><td>Ⅲ丙</td></tr>
</table>

火险区划分以后，要编制“火险区一览表”。其格式见表4-10。

**表4-10 火险区一览表**

| 火险区号 | 火险区所包括的林班号 | 火险等级 | 火险区面积 | 其中针叶幼林所占的面积 | 优势林分的一般情况，生长条件及立地类型的说明 | 火源与其离火险区的距离 | 灭火用具与其离火险区的距离 |
|---|---|---|---|---|---|---|---|
| (1) | (2) | (3) | (4) | (5) | (6) | (7) | (8) |
| | | | | | | | |

同一火险等级而又互相毗邻的林班，可合并为一个火险区。火险区的面积，最小为一个林班，大的可包括几个林班，按照火灾危险等级填于表内。

根据“火险区一览表”绘制火险图，其比例尺与林场略图相同。在图上用不同颜色表示不同的火险等级，Ⅰ级用红色，Ⅱ级用橙黄色，Ⅲ级用绿色。各级的甲、乙、丙亚级也要用同一级颜色的不同深浅标出。

为了作好全面的护林防火工作，必须经常加强护林防火的宣传教育和增强防火、灭火的物质力量。除此之外，还应本着群众防火和技术防火相结合，防火与生产相结合，土法与洋法相结合，以及因害设防的原则，全面进行防火设计。

将拟定的各项防火措施编入“防火一览表”中，其格式见表4-11。

**表4-11 防火措施一览表**

| 防火措施项目 | 单 位 | 现有的 | 在复查间隔其内需要增设的 | 投资 |
|---|---|---|---|---|
| (1) | (2) | (3) | (4) | (5) |
| | | | | |

最后将所需劳力和资金加以概算统计，并将所拟设施记入火险图中。

**(2)森林病虫害防治规划**

防治森林病虫害是向自然灾害做斗争的一个重要方面，它与林业生产的各项工作都有密切的关系。不论种子采集、苗木培育、幼林生长、林木经营管理等，如果忽视病虫害防治工作，都会造成很大的损失，必须给予足够的重视。拟定病虫害防治措施时，应做到有虫必治，无虫防虫。根据防治对象、林木的立地条件和森林经营管理情况，分时期、地区综合采取各种防治措施。如营造混交林，加强林木经营管理等。

根据森林病虫鼠害与病源物种类、危害对象、发生发展规律和蔓延程度、危害等级等情况进行森林病虫害防治措施设计，主要内容包括：

①对现有的森林病虫害，提出防治措施。

②确定防治任务和期限，编制防治病虫害的种类、地点和主要措施表。

③提出预报、预防病虫害的措施和改进木材生产、造林、育苗等项生产工艺，改善林内卫生状况，提高林木抗病虫害能力的措施。

④调查主要害虫的天敌种类、保护和繁殖措施，提出生物防治方法。

⑤建立防治病虫害的机构，配备人员，提出必要的药械设备和用飞机撒药防治的可能，并估算经费。

设计时，首先研究过去病虫害发生的情况和危害程度，现有的主要病虫害发源地和病虫害繁殖周期；将来病虫害发生的可能性。然后根据森林资源的清查材料，拟定出具体的预防措施和扑灭措施。

如果调查地区未曾进行过病虫害的调查研究，而目前森林病虫害危害比较严重，在森林经理外业调查时，应组织专业调查小组，调查病虫害的发源地及其种类，并提出防治措施。在拟定防治措施时，要提出所需工作量、劳动力、设备和资金等技术经济指标。

最后以林场为单位编制“森林病虫害防治一览表”，其格式见表4-12，并将遭受病虫害的小班位置绘于林场略图上。

**表4-12 森林病虫害防治措施一览表**

| 林班号 | 小班号 | 面积/$hm^2$ | 病虫害种类 | 树种受害情况 | 防治措施 | 执行情况 |
|---|---|---|---|---|---|---|
| (1) | (2) | (3) | (4) | (5) | (6) | (7) |
| | | | | | | |

**(3)封山育林及天然林保护规划**

对集中连片的人工幼龄林和天然林，对面积较大、封山育林后有希望成林的荒山荒地和旧采伐迹地，对目前人力、物力难以完成造林任务的以及目的树种占优势、有培育前途、目前不采取任何营林措施的林分，应采取封山育林的办法恢复和保护森林。

封山育林及天然林保护的规划内容，主要是确定封山育林的面积，天然林保护的面积，封山育林的时间及具体措施，天然林保护的措施。

最后编制封山育林及天然林保护措施一览表，其格式见表4-13。

表4-13 封山育林及天然林保护措施一览表

| 林班号 | 小班号 | 面积/$hm^2$ | 优势树种 | 林龄 | 封育措施 | 执行情况 |
|---|---|---|---|---|---|---|
| (1) | (2) | (3) | (4) | (5) | (6) | (7) |
| | | | | | | |

## 第六步：母树林、种子园和苗圃规划

种苗是人工造林、更新最根本的物质基础。苗木质量的优劣直接影响到造林成活率和林木生长。因此要达到速生丰产的要求，首先必须实现良种壮苗。为满足更新造林对种苗的需要，贯彻“自采、自育、自造”的方针，在进行更新造林规划的同时，也应进行母树林、种子园及苗圃生产规划。

### (1)母树林、种子园设计

其主要设计内容如下：

①确定母树林、种子园(包括采穗圃)的位置和面积。

②制定母树林、种子园的经营管理技术措施。

③对于母树林有关种子采集、调制、贮藏和种子检验等作出安排。

④计算各树种平均每年种子采集量。

⑤分别计算总用工量和年度用工量。

⑥提出所需技术设备的数量。

母树林、种子园规划以林场为单位加以统计汇总，计算所需投资、劳力和技术设备等，见表4-14。

表4-14 种子生产经费概算表 元

| 采购种子投资 | 种子园投资 | 种子总产值 | 利润 | 备注 |
|---|---|---|---|---|
| | | | | |
| | | | | |

### (2)苗圃生产设计

其主要设计内容如下：

①选择和确定苗圃的地点(固定苗圃和临时苗圃相结合)。

②确定苗圃的类型、数量和面积。

③确定苗圃生产工艺及各工艺过程的主要技术措施。

④计算各树种种子需要量和年产苗量。

⑤概算苗圃用工量。

⑥确定劳动组织、机械类型、数量，计算投资和成本等，详见表4-15。

表4-15 苗木生产经费概算表 元

| 种子费 | 工费 | 租地费 | 物料费 | 苗木总产值 | 盈利 | 备注 |
|---|---|---|---|---|---|---|
| | | | | | | |
| | | | | | | |

## 第七步：多种经营、综合利用规划

### (1)多种经营规划

多种经营是林业局(场)生产向深度、广度发展和实现立体林业的必由之路，是物尽其用，富国富民，变资源优势为经济优势的重要手段，也是实现以林养林、以工养林、以副养林的主要内容。林业局(场)应在以林为主和不破坏森林资源和保护环境的前提下，根据不同条件因地制宜地开展种植业、养殖业、采集业、采矿业、建材业、商品、旅游业、小材小料加工、食品加工、酒类酿造、食用菌培养、工艺品生产等，大力开展多种经营，以达到搞活林区经济，促进林业生产的可持续发展。多种经营规划设计的主要内容如下：

①确定多种经营的项目。

②确定多种经营项目的生产规模、发展速度，并提出关键技术措施。

③根据各项目生产规模，提出主要设备、机具、材料等需要量。

④计算劳动用工量，确定组织机构和职工定员。

对于大中型项目，只设计建设位置，确定建设年度，具体应另进行单项设计。

### (2)木材加工、综合利用规划

木材加工、综合利用应在充分研究本地区的原料、材料、能源、供水、运输、设备供应、制造条件、产品销路、上下工序配套等情况和摸清利用采伐、造材、加工剩余物、发展木材加工、综合利用的可能条件情况下，本着“合理布局，就地加工”的方针，进行合理规划。其规划设计的主要内容如下：

①确定木材加工综合利用的生产规模，原材料来源、种类及数量。

②确定厂房、仓库等建筑面积及建立地点和期限。

③提出设备种类、型号和需要量。

④解决水、电、燃料及机修等。

⑤确定组织机构、计算职工人数。

## 第八步：伐区基本基建与附属工程规划

林道建设是开展各项森林经营活动的基本条件，林道网的密度可以反映某一林区的森林经营强度。林道不仅与木材生产，而且与营林护林、多种经营、综合利用及当地农副业生产、居民交通等有密切关系。因此，林道建设对林业生产及整个林区经济具有重大意义。林道及其他基本建设上不去，其他设计也将落空。林道规划设计的内容如下：

①确定道路条数，每条道路的起止点、里程、等级、大中桥的位置和造价等。

②道路养护设计，包括道路养护组织形式、作业方式、养护工作量、计算职工人数和设备需要量等。

③运输规划设计，包括计算运距，选择运输设备类型、型号、数量，确定作业制度。道路规划，应在现有道路的基础上，将规划设计的木材采运、集材、营林、护林及地方交通相结合，不占或少占农地，运营条件好，生产成本低，投资少，吸收范围广。森林经营方案中的道路网规划，是一种长期的原则性方案，在此基础上，还应进一步分期分批地做出单项的勘测设计。除交通运输规划外，其他基本建设，如局场址、房屋建设、机修、供电、通讯、给排水等设施也应根据生产、生活的需要加以规划设计。这些可参照有关专业规程进行，详见表4-16 和表4-17。

**表4-16 道路规划及投资概算表**

| 项目名称 | 时间 | 地点 | 工程量/m | 单价/元 · $m^{-1}$ | 投资金额/元 |
|---|---|---|---|---|---|
| | | | | | |
| | | | | | |

**表4-17 其他基建规划项目投资概算表**

| 项目名称 | 面积/$m^2$ | 单价/元 · $m^{-2}$ | 投资金额/元 |
|---|---|---|---|
| | | | |
| | | | |

## 第九步：组织机构、人员和投资概算

为完成规划设计各项任务，必须有相应的组织保证和人力、物力的保证，由于政策性较强，应根据国家有关规定，结合生产实际提出组织机构、职工人数，并计算出劳动生产率、生产成本，最后提出投资概算。

在确定组织机构设置及其定员编制时，应遵循精减机构、节约人力，以及加强生产第一线和最大限度地减少非生产人员的原则，按照国家的有关规定或主管部门的编制意见确定。职工数量可根据生产阶段确定用工量和生产工人的年时基数，分别计算主伐、抚育、改造、运输、更新造林、苗圃、多种经营、木材加工、综合利用及其他各生产阶段的生产工人数。同时根据各生产阶段不同工序对技术要求的程度和生产的季节特点确定各生产阶段的固定工、合同工、临时工的人数，以生产阶段或生产单位根据管理人员、服务人员应占的比例确定管理人员数和服务人员数。

投资概算应按项目和阶段进行计算。按项目构成来划分可分为：伐区工程、营林工程、运输工程、多种经营工程、木材加工及综合利用工程、贮木场工程、机械检修工程、供电、通信工程、林业局(场)址工程等。在计算时应反复综合平衡，以使各类战线、各个阶段、各个工序之间协调一致。汇总各项投资概算即为林业局(场)总投资概算。在计算投资概算的同时，应考虑资金来源，如投资、贷款、自筹、集资等。如需贷款应确定贷款期限、计算利息及还款计划。

## 第十步：本经理期综合效益评价

林业局(场)应按森林经营方案的设计要求，对在经理期末全部经营措施实施以后，从经济、自然资源与环境生态、社会和技术等方面来预估其效果。

**(1)经济效果**

林业局(场)按产品或生产阶段分析计算提出下列主要技术经济指标：总产值、年均总产值、总成本与产品单位成本；利润与税收；劳动生产率。

**(2)自然资源与环境生态效果**

林业局(场)在一个经理期内，对自然资源消长变化及环境生态效果从以下几方面分析：

①有林地面积、蓄积的增长量和增长率。

②森林覆盖率的增减情况。

③森林资源消耗率。

④林分年龄结构、龄级结构的改善情况。

⑤木材综合利用率。

⑥林区生态环境和森林防护效益的变化，及对农牧业等方面影响的评价。

**(3)社会效果**

林业局(场)在一个经理期内社会建设和展望评述，主要内容：人口密度、林区交通通信事业、居住条件、文教卫生与社会福利、就业率、人均收入水平及其他社会效益等。

**(4)技术效果**

在一个经理期内，对森林经营、木材生产、林产工业、多种经营以及各附属企事业采用或引进的新技术、新工艺、新设备的情况进行评价。以上经营效果的预估，必须根据规划的要求来进行，要实事求是。

上述林业局(场)森林经营方案的基本内容，因林业局(场)的特点、类型不同，其内容和重点也不会完全一致。因此，森林经营方案的编制内容及侧重，应根据具体情况、森林资源特点及生产任务而定，不应将其内容看成一成不变的。

## 4.5.2　规划设计理论基础及内容

### 4.5.2.1　集体林区编制森林经营方案的特点

我国除国有林外，还有大面积的集体所有林。在我国南方主要林区，集体所有的森林占很大比重，南方集体林区不仅是我国的重要用材林基地而且也是我国林化及副产品的生产基地，如松香产量占全国的97%，栲胶占全国的49%，油茶籽占98.4%，油桐籽占全国的50.3%，乌桕籽占全国的78.6%。集体林区具有与其他林区不同的特点，因此，如何经营管理好现有集体林，从集体林的特点和实际需要出发，编制森林经营方案，对整个林区生产具有重要的意义。

**(1)编制经营方案的指导方针与原则**

集体林森林经营的指导思想，就是依据集体林区的特点，在运用先进技术的基础上，对现实森林进行永续作业，挖掘林地、林木的生产潜力，逐步提高现有林地的生产力，加快林木生长，调整现有森林结构，在扩大森林面积和提高现有林单位面积产量的基础上，保证木材再生产不断扩大及森林特殊效益的充分发挥，实现多效益的永续利用。在编制经营方案时，要处理好当前与长远、局部与整体、宏观与微观的关系。既搞“千家万户”，又要在群众自愿的基础上走联合造林、联合经营的道路，同时要考虑今后林业生产将向专业化、协作化的规模经济发展。此外，经营方案的编制一定要简单、明了、易行，一切从实际出发。

在经营方针上，乡(镇)、村林场要贯彻“以林为主，多种经营，长短结合，以短养长”的方针。要坚持以营林为基础，采育结合，以育为主，综合开发，多种经营，改善管理，提高效益，开放搞活，大力发展商品经济。要推广以林为主，林牧、林农、林茶、林果、林药等结合的多种经营的生产结构，打破传统的单一砍伐式或单一造林式的林业体制，因地制宜，选择发展一些资源利用率高、经济效益显著的林副产品和多种经营产品，以提高林业的自养功能和经营活动的能力。

**(2)编制森林经营方案的单位**

编制经营方案的单位也就是森林经理的对象，这是任何地方在编制经营方案时必须首先遇到的问题。根据森林经理的理论，经理对象应该是独立的林业企事业单位，也就是直接组织森林经营和管理活动的经营实体，有经营的具体对象、资金和人力、技术和管理，像国有林场在国有林区，编制经营方案单位已经明确，但是，集体林区特别复杂，县(市、区、旗)、乡(镇)、集体林场、林业重点户、林业专业户、联合体等形式多种多样，经营对象多，集体林编制经营方案以什么单位为好，至今认识不一，做法各异。在确定各地编制经营方案单位时，要分别对待，不要搞一刀切，应考虑以下条件：

①经营单位是一个经济实体，是独立的经济核算单位。

②具有一定数量和质量的森林资源，经营方向可以是相同的，也可以是不同的。

③对编制经营方案及其方案的实施具有行政管理能力。

④有一定的编制经营方案、进行实施的技术力量。

据了解，目前我国集体林区编制经营方案单位，大体上可以归纳为以下几类。

①*以县(市、区、旗)为单位编制* 县(市、区、旗)虽非经营实体，不应当是编制森林经营方案的单位，但是在我国体制条件下，集体林区的县(市、区、旗)林业局具有全权管理森林资源和林业生产全过程的职能，虽不能直接组织森林经营活动，然而能用行政和经济手段对经营方案的实施发挥调控作用。同时，许多地方二类调查是以县(市、区、旗)为单位进行的，森林资源消长目标责任制和年采伐限额等都是以县(市、区、旗)为单位确定的，集体林区大部分县(市、区、旗)搞过县级林业区划与县级林业发展规划，一个县(市、区、旗)的技术力量也较强。这样，以县(市、区、旗)为单位编制经营方案，可以充分利用林业区划和林业发展规划资料，直接使用二类调查的成果，最后根据方案确定采伐限额也比较方便。此外，县级行政区别比较稳定，不会因为境界变动而影响方案的

实施，以县(市、区、旗)为单位编制森林经营方案，可以实现永续利用。因此，集体林区编制经营方案单位目前大部分倾向以县(市、区、旗)或乡(镇)为单位编制。考虑到编制经营方案技术力量有限，在县级编制经营方案中应以林区重点县(市、区、旗)为主编制经营方案，其他县(市、区、旗)则搞森林经营简明方案，以适应林业形势发展的需要。但是，一个县(市、区、旗)的区域范围有时很大，各方面情况差异悬殊，所以，以县(市、区、旗)为单位编制方案有时实施起来可能不大方便。

②*以县为单位编制，分乡加以落实*　一个县(市、区、旗)内各林区乡(镇)在采伐、造林、抚育任务量方面不同，其他方面大同小异。所以有的地区采取以县(市、区、旗)为单位，全县(市、区、旗)编制一个完整的经营方案，然后把主要林业活动等规划设计指标按年度分解或落实到乡(镇)，如采伐限额、造林更新、抚育等。一般项目县级方案中提出，乡(镇)参考，经营技术在县级方案中规定，乡村加以实施，前提是要有各乡(镇)详细的情况，并且各项措施落实到立地类型，提出典型设计供全县各乡、村实施时选用。

③*以乡为单位编制*　在集体林区，不论重点林业县(市、区、旗)还是一般林业县(市、区、旗)都有一部分以林为主的重点林区乡(镇)，这些乡(镇)是县(市、区、旗)的主要林业生产基地，在乡级林业机构(林业工作站)健全、森林资源和经营档案齐备，其他森林经营条件也具备时，可以以乡(镇)为单位编制方案，以实现永续利用。乡(镇)作为基层的行政区划单位，区域范围不算很大，林业生产活动内容也还不算过分繁杂，对组织实施也没有太多的困难。乡(镇)政府是最基层的政权机构，虽不是经营实体，但对全乡(镇)林业生产具有直接控制的权力，对经营方案的执行，既有指导监督的作用，也有行政指令的职能。同时，一个山区乡(镇)往往是同一小水系，在自然和经济条件方面具有统一性，如以乡(镇)为单位编案，便于小流域治理和山区林业建设的统一规划；森林采伐限额一般由县(市、区、旗)分配到乡(镇)，由乡(镇)再分解到村。因此，集体林区编制经营方案单位许多地区是以乡(镇)为单位编制森林经营方案。

④*以村为单位编制*　有的乡(镇)森林资源较多，经营管理水平也较高，如福建省南平市王台镇溪后村，可以以村为单位编制经营方案。这种方式能够对最基层的林业生产活动进行具体的指导，因为村是最基层，范围小、共同点多、内聚力较大，有利于保证经营方案的实施。从这个角度来看，应该是一种较为理想的方式。但由于每个县(市、区、旗)都有成百上千个行政村，基层没有这么多技术力量，一般难以做到。此外，由于乡(镇)范围小，难以做到永续利用。

⑤*以林场或联合体为单位编制*　有条件的村办、乡(镇)办集体林场或其他形式的联合体(股份公司等)可以单独编制经营方案。我国现有集体林场作为我国后备资源基地，是最基层的集体经营实体，也是实行永续作业的轮伐单位。从一些省的经验来看，要编制经营方案的林场应具备以下条件：

a. 有一定经营规模，面积200$hm^2$以上；

b. 有一定活动资金，应能维持当年再生产；

c. 有较强的场组织领导；

d. 有一定经营管理经验的场干部和人员；

e. 有上级主管部门，特别是林业部门的支持和扶助，这样的编制经营方案有可能执行。

对于不够编制经营方案条件的乡村林场可以通过典型设计指导，搞好年度作业设计来解决科学经营管理问题。这种做法的优点是，除所有制不同外，这些集体林场和国有林场有许多相同或相似之点，编制与实施方案也比较容易，而且能直接具体指导基层林业生产。

**(3)集体林经营方案的深度和广度**

由于集体林区的情况特殊，类型复杂，层次较多，编制经营方案内容的广度和深度应该有各自的差异，应根据不同类型的编制经营方案单位的客观实际而定。

对于森林资源较多、经济条件较好、技术力量较强的集体林区，例如，以县(市、区、旗)为单位，编制经营方案深度可达到初步设计的要求，县级经营方案应满足制定年度计划和作业设计的需要，作为单项设计、施工设计和作业的依据，经营目标和各项生产任务应分解到乡(镇)一级。采用定向培育的要求设计森林经营类型，为每个经营类型确定经营目标、经营周期和作业法体系。集体林场的经营方案是在县级经营方案的基础上，把典型设计落实到山头地块，重点是合理采伐和造林更新。经营方案的成果可简化为一卡(小班档案卡)、一图(林业现状图)、三表(各类土地面积表、森林面积蓄积统计表、大龄级表)、一份简要说明书(附规划设计表)。

经营方案的深度，应有粗有细，粗细结合。县级方案宜粗不宜细，全县(市、区、旗)指标分解落实到乡(镇)；乡级方案指标到村，有条件的到林班、小班更好。乡村林场方案宜细不宜粗，规划设计落实到山头地块。各县(市、区、旗)制定的年度计划，各乡(镇)要做作业设计调查，具体落实到山头地块。时间深度，经理期的年度安排，主要内容前5年要细，可分年度落实到地块，后5年可一笔账。一般内容则可在总工作量下，计算年均工作量。这样，方案的总深度就是有规划、有设计，规划和设计相结合的体系。

所谓广度是指经营方案所涉及的范围，考虑到全国统计汇总的要求，应该对编制经营方案有一个共同的规模要求。一些林区生产任务不大，技术力量不足的地方可以先编简易经营方案，但必须满足造林、采伐、抚育间伐、低产林改造、森林保护等方面的要求。

各单位编制森林经营方案的内容，要根据经济条件、资源情况和经营水平等，因地因林制宜地加以确定，切忌小而全、面面俱到，要有所侧重地体现各地特色，发挥各地的资源优势——名、优、特产，同时要开发新资源和新产品。但是，作为森林经营方案，要以营林、经营为主，至于木材加工、综合利用、森工基建、厂(场)、站建设和伐区设计等项目，视各单位具体条件和可能而定。

**(4)集体林经营方案内容及其要点**

正如以上所指出的，集体林经营方案编制单位从理论上讲是以经营实体为单位，但是，在我国目前不仅大部分集体林经营实体，如乡(镇)、村林场，还不完善，没有单独编制和实施经营方案的条件，并且不少乡(镇)没有专业机构(如林业站)来保证方案的实施。因此，除少部分县(市、区、旗)以乡(镇)为单位编制外，大部分县(市、区、旗)拟以县(市、区、旗)为单位编制。在编制时要注意经营方案不论什么内容都只是中、长期规划，它不能代替作业设计；经营方案内容要因需而定，但主要内容必须包括更新造林、抚育间伐、采伐利用、多种经营等；经营方案以经营实体为单位时，设计内容应落实到年度和小班，而以县(市、区、旗)为单位时，自然做不到这一点，但一些重要内容可以分解到乡(镇)，并落实到小班；一个县(市、区、旗)方案由于可变因素较多，为增加方案应变能力和可选性，一些内容可设计2~3个方案和可供选择的内容。

①森林资源分析和评价　包括如下4个方面：

a. 森林资源现状：全县(市、区、旗)土地资源，如林业用地及各类资源面积、林地利用率、森林覆盖率、无林地结构等，评价林地生产力高低。

b. 森林面积蓄积：各类森林面积，各种活立木蓄积，各林种面积蓄积及比重，各树种各龄级(组)面积蓄积及比重，竹林、经济林面积、产量，分析和评价各乡的资源特点。

c. 森林资源历史：比较，为了解县(市、区、旗)、乡(镇)森林资源历史变化，分析原因，提供经验。对一个县(市、区、旗)历次可比的调查资料列表，分析有林地面积、森林覆盖率、用材林面积蓄积、单位面积蓄积、主要树种变化及其规律性。

d. 森林资源消耗：全县(市、区、旗)和重点乡(镇)的森林资源消耗量及其结构的比重，并同生长量对比，即可知道消耗量与生长量的关系。

②编制方案的经营方针和经营目标　经营方针是经营管理单位在相当长期间内，对比较稳定的生产发展方向做出定性的高度概括，是根据各自的特点和实际情况出发制定的。确定经营方针一定要根据本地森林资源历史、现状和发展，从本县(市、区、旗)集体林特点出发，考虑社会、经济、生态条件和需要，贯彻有关林业方针政策综合确定，这是编制方案的指导思想和根本依据。

经营目标与经营方针不同，方针是定性的，目标是定量的。经营目标要体现出贯彻方针的数量、指标，如土地利用状况指标、森林资源消长指标、森林资源结构指标、森林生产量指标，以及最能说明森林经营效果的森林资源增长指标(包括森林面积、森林总蓄积量、森林覆盖率)和林业经济增长指标(包括总产值、纯收入、多种经营收入率、经费自给率)等。确定经营目标时，要在评价过去经营效益的基础上，经过计算和综合平衡得出，切忌盲目制定指标。

③集体林区划体系与组织经营类型　我国由于森林所有制不同，森林经理对象范围内的森林区划体系亦不同。南方集体林区进行森林调查区划时，多实行4级区划：即县—乡(林场)—村(林场)—小班。如森林经理工作在以县(市、区、旗)为对象时，则在县(市、区、旗)内应再逐级区划为乡(林场)、村(林班和小班)。各级区划界线应与原有森林调查区划相一致。只有当森林调查区划中部分区别线与定权发证的林权界线不符时，才需要作补充修正区划。林班和小班的面积大小则依据当地资源、经营水平、所有制的体制层次而定，目的是便于进行调查、统计、分析森林资源的数量和质量，便于分别进行各种技术经济计算、组织实施各项经营措施和开展经营利用活动，并保持相对稳定性。

合理组织森林经营类型，科学地按经营类型进行设计，要合理地开展森林经营工作，在森林资源调查前应当根据县(市、区、旗)、乡(林场)现有的经营条件、资源结构、当地国民经济对当地林业生产的要求，对现有林组织经营类型，按经营类型建立经营技术体系。

④森林采伐　森林采伐设计在集体林区主要包括：用材林的主伐，疏林地、散生木的补充采伐和薪炭林采伐，防护林的更新采伐，抚育间伐、林分改造等。

⑤造林更新 包括如下5个方面：

a. 造林更新设计之前，必须编制全县（市、区、旗）林地（包括宜林地）立地类型表，根据立地质量好坏划分林地生产力等级及各立地类型的面积及其比重。林地生产力等级应根据当地主要树种生产力水平划分，划分指标可用年平均树高生长，蓄积生长双因子控制。

b. 在立地类型基础上，选定乡土速生丰产、经济效益高、生态作用好、群众有经营经验的树种，编制造林类型表。

c. 根据全县（市、区、旗）地貌类型，森林分布，生态需要确定林种、树种比例。同时编制全县（市、区、旗）各乡（场）各林种、树种规划的面积表，为各乡造林更新提供依据。

d. 根据各类宜林地的分布和面积发展林种，确定造林更新方式，还应列出全县（市、区、旗）各乡（场）不同更新方式的工作量（面积）表，重点地区还应落实到年度、小班和树种。

e. 造林更新设计时要单独把丰产林基地建设进行设计，根据一类生产力的立地类型面积，确定本期内可能营造的速生丰产林总面积小班、树种等，并尽可能分乡（场）落实到年度和小班。其他基地设计，如竹林、经济林基地建设和设计也应同时进行。

⑥抚育间伐 抚育间伐是一种经营措施，要根据现实林分状况，经济效益和林区交通运输条件等，确定抚育间伐的技术指标和规模，根据不同小班确定间伐次数、强度、最后保留株数，以及间伐技术要求。编制全县各乡需要抚育间伐的面积、强度和各次出材量表，必要时应落实到年度和小班；编制抚育间伐的分年度投资概算表。

最后，集体林经营方案同样还包括多种经营、林分改造、森林保护、综合利用、投资概算和经济效益评估等内容，它们与国有林区的经营方案中相关部分雷同，不再赘述。

### 4.5.2.2 森林经营规划设计

**（1）公益林经营规划设计**

公益林经营规划设计依据有关法律法规和政策，综合考虑经营单位公益林保护与管理实施方案等进行。

①根据森林功能区经营目标的不同，分别确定经营技术与培育、管护措施，维持和提高公益林的保护价值和生态功能。

②按照《全国森林资源经营管理分区施策》的分类方法，根据编案单位生态区位重要性、生态脆弱性与资源特点，从经济社会要求和森林经营管理的主导方向出发，明确编案单位内严格保护、重点保护、保护经营3种经营管理类型组的经营对象和经营管护措施，设计经营技术指标和管理目标体系。

③依照生态公益林建设的系列技术标准，规划设计公益林的营造、抚育和更新改造措施。

④重点公益林区的更新造林，应充分利用自然力进行生态修复。人工林应采取保护天然幼树、幼苗等措施，增强自然属性。重点保护类型组和保护经营类型组的重点公益林可以限量规划抚育间伐、低效林改造和更新采伐，引进乡土珍贵树种，提高公益林的经济产

出能潜力。

⑤公益林管护应结合实际，因地制宜，采取集中管护、分片承包或个人自护等方式，制定管护方案，落实管护责任。

⑥生态公益林营造要因地制宜，封山(沙)、育林(草)、飞播造林(草)、人工造林(草)相结合，乔灌草相结合，多林种、多树种、多层次相结合，营造混交林，增加生物多样性。以优良乡土树种为主，充分利用外来树种，适地适树适种源。禁止使用带有检疫对象的种子、苗木和其他繁殖材料。生态公益林经营按照自然规律，按特殊、重点和一般3个建设与保护等级确定经营管理制度、优化森林结构和安排经营管护活动，促进森林生态系统的稳定性和森林群落的正向演替。

⑦生态公益林利用以不影响其发挥森林主导功能为前提，以限制性综合利用和非林非木资源利用为主，有利于森林可持续经营和资源的可持续发展。

**(2)商品林经营规划设计**

商品林经营应以市场为导向，在确保生态安全前提下以追求经济效益最大化为目标，充分利用林地资源，施行定向培育、集约经营。

①根据立地质量评价、森林结构调整目标、市场需求与风险分析以及森林资源经济评估结果等，综合确定商品林经营类型的培育目标。

②分别更新造林、抚育间伐、低产林改造3种主要经营措施类型组进行规划设计。培育任务按林种—森林经营类型—经营措施类型(组)进行组织，各项规划任务落实到每个森林经营类型。

③经济林规划应根据种植传统，因地制宜地选择果树林、油料林、林化工业原料林、药用林或其他经济林。根据市场要求、土地资源、产品质量、经营加工能力、储存能力及运输条件、品牌效应等因素确定经济林种植结构和发展规模。按照名、特、优、新的原则，选择优先发展的产业。

④生物质能源林分为木质能源林和油料能源林2种类型。油料能源林经营应与国家的、区域的生物质能源林发展规划相衔接，充分考虑就近加工的条件和能力，因地制宜的选择具有商业开发价值的树种，规划培育基地规模。木质能源林应重点考虑当地群众的生活能源需要和当地的生物质电能源生产的原料要求，选择高燃烧值的树种，规划经营规模。

**(3)森林采伐规划设计**

森林采伐贯穿于森林经营的全过程，是森林培育和结构调整的重要手段。森林采伐量应依据功能区划和森林分类成果，分别主伐、抚育间伐、更新采伐、低产(低效)林改造等，结合森林经营规划，采用系统分析、最优决策等方法进行测算，确定森林合理采伐量和木材产量。

①森林采伐应重点考虑建设和培养稳定、健康、高效的森林生态系统，提升森林资源的保护价值和持续提供森林物质、生态、文化产品的能力。

②按照(LY/T 1646—2005)《森林采伐作业规程》等标准，建立以生态采伐为核心的森林经营管理体系，有条件的区域应推行梯度经营，将森林采伐对生态环境的影响减少到最

低程度。

③森林采伐应有利于调整和改善森林结构，稳定木材产量，保护生物多样性与水土资源，维持森林的碳汇平衡，满足利益相关者的经营目的。

④采伐量测算应以小班为单元，进行时间和空间分析，确保森林采伐量具有科学性、合理性及可操作性。

**(4)更新造林和森林采伐的工艺设计**

更新造林和森林采伐的工艺设计应充分考虑以下条件：

①在溪流、水体、沼泽、冲积沟、受保护的山脊或廊道等易发生水土流失的区域应设置一定宽度的缓冲区(带)。

②尽量减少用于作业的林道、楞场和集材道。

③适当增加用于小流域、沟系、山体的景观异质性，特别是不同年龄、不同群落的森林合理配置，为野生动植物提供多样的栖息环境，以利于控制林业有害生物及森林火灾的发生，方便林业有害生物防治和护林防火等工作。

④合理设置作业区域和作业面积，保证野生动植物生存繁衍所需的生态单元和生物通道。

⑤合理确定造林与采伐方式，确保生态景观敏感区域不受严重影响。

⑥优先安排受灾林木、工业原料林、人工林的采伐和造林任务。

**(5)种苗规划设计**

根据森林经营任务和种子园、母树林、苗圃和采穗圃状况，测算种子、苗木的实际需求量和供应能力，规划安排种苗生产任务。建立以乡土树种为主的良种繁育基地，提高新技术、新品种的应用。

### 4.5.2.3 非木质资源经营与森林游憩规划

**(1)非木质资源经营规划**

非木质资源经营规划应以现有成熟技术为依托，以市场为导向，规划利用方式、强度、产品种类和规模。在严格保护和合理利用野生资源的同时，积极发展非木质资源的人工定向培育。

**(2)森林游憩规划**

森林游憩规划可以按照景观功能区或森林旅游地类进行，充分利用林区多种自然景观和人文景观资源，开展以森林生态系统为依托的游憩活动。规划应因地制宜的确定环境容量和开发规模，科学设计景区、景点和游憩项目。

### 4.5.2.4 森林健康与生物多样性保护

**(1)森林防火规划**

森林防火规划应重点区划森林防火等级、制定森林防火布控与应急预案，规划森林扑火队伍、装备及基础设施等。

**(2)林业有害生物防控规划**

林业有害生物防控规划应与营造林措施紧密结合，以营造林防控为主，辅以必要的生物防治和抗性育种等措施。重点规划预测预报系统与监测预警体系，防治检疫站点与检疫体系，制定林业有害生物和疫源疫病防控预案等。

**(3)森林集水区经营管理规划**

森林集水区经营管理规划应科学规划集水区的类型和等级，分区确定森林经营策略，将采伐、造林、修路等森林经营活动导致的水土流失降到最小。

①邻接多年性河流、间歇性河流或湖泊、池塘、水库、沼泽等水体的条形地带，应按照《森林采伐规程》的要求划出缓冲区(带)。

②坡度大、土层薄，以及山脊、湿地等敏感区域的森林，应按照公益林的要求进行管理。

**(4)生物多样性的保护规划**

生物多样性的保护规划应充分考虑生物资源类型、保护对象特点、制约因素及影响程度、法律法规与政策等。

①以生态系统保护途径为主线，注重对景观、生态系统、物种和遗传基因等不同层次多样性的系统保护。

②将高保护价值森林区域作为规划重点，明确高保护价值区域范围、类型与保护特点，提出保护措施。

③以林班或小流域为单位，以指示型物种确定适宜的树种、森林类型和龄组结构，保持物种组成、空间结构和年龄结构的异质性。

④注重保护珍稀濒危物种和群落建群树种的林木、幼树、幼苗，在成熟的森林群落之间保留森林廊道。

#### 4.5.2.5 基础设施与经营能力建设

**(1)林道规划设计**

林道规划设计应根据森林经营的实际需要和建设能力，明确林道建设及维护的任务量。林道密度以满足森林经营的基本要求为原则，新建林道应尽量结合防火道、巡护网络等布设，避开高保护价值森林区域、缓冲带和敏感地区。

**(2)森林保护、林地水利及其他营林配套设施规划**

森林保护、林地水利及其他营林配套设施规划，应充分结合国家、地方相关基础设施建设规划进行，以利用和维护已有基础设施为主，并考虑设施的多种用途。

**(3)森林经营管理队伍建设规划**

森林经营管理队伍建设规划应依据森林经营单位的经营目标、经营任务、劳动定额等进行。要加强技术技能培训，促进森林经营管理队伍职业化和专门化。

**(4)森林经营档案建设规划**

森林经营档案建设规划应以分类、准确、便携为原则，重点规划档案管理人员、设施设备和相关管理制度建设等。森林经营档案应包括森林资源档案、经营技术档案、生产管理档案及相关文件、资料等。

### 4.5.2.6 编案成果与审批

按照森林经营方案管理的相关要求进行成果送审，并根据评审意见进行修改、定稿。森林经营方案成果包括方案文本及相关图表和数据库等。

**(1)森林经营方案的评审论证**

编制成果经承担规划设计的单位签署意见后，由编案单位和林业主管部门共同论证。

①论证由指定的专业委员会或专家小组执行，可采用召开论证会或函审的方式。

②论证人员应由技术专家、管理者代表、业主代表、相关部门和相关利益者代表等组成。

**(2)森林经营方案的审批和备案**

森林经营方案实行分级、分类审批和备案制度。

①一类编案单位的经营方案由隶属林业主管部门审批并备案，二类编案单位的经营方案由所在地县级以上林业主管部门审批并备案，三类编案单位的经营方案由省级林业主管部门审批并备案。

②重点国有林区森林经营单位的森林经营方案，由国家林业局或委托的机构审批并备案。

## →拓展训练

根据本任务分析制定各要点的规划设计，每人提交一份编制林场森林经营方案的规划设计报告。

# 任务 4.6
## 评议修改

### →任务描述

组织学生编制森林经营方案说明书和附件，根据专家提出的修改建议，完成论证某林场森林经营方案的撰写、整理、送审、评审及修改过程。

每人提交一份某林场森林经营方案评审和修改部分的工作报告。

### →任务目标

**(一)知识目标**

1. 掌握森林经营方案说明书的编写方法。
2. 掌握收集整理森林经营方案说明书附件内容和方法。
3. 掌握森林经营方案的主要构成。

**(二)能力目标**

1. 能够在规划设计的基础上完成森林经营方案成果的编制。
2. 能够完成组织编案单位和林业主管部门共同论证的工作。

### →知识准备

## 4.6.1 实践操作：评议修改过程与要点分析

**第一步：编制森林经营方案说明书**

森林经营方案说明书通常简述森林经营规划工作的依据、过程、时间、工作方法和工作量，调查精度和详细程度，说明在工作中使用的各种技术表格和林业生产建设的生产定额及有关技术经济指标的根据等。

**(1)基本情况**

包括自然地理、社会经济、土地利用、林种区划、基本建设、机构管理、人员组织与经济效益等情况。

**(2)森林资源分析与评价**

①森林资源分析与评价。

②森林资源质量和数量及其演变情况。

③森林资源消长变化情况。

④森林资源按林种、树种、林龄、立地类型、土壤、立地质量等级的统计与分析。

⑤调整林分结构、提高森林质量和林分生长量的技术措施。

**(3)确定经营方针、目标**

①对过去的经营方针进行评价，确定今后的森林经营方针。

②根据林区的实际情况，确定林业局(场)经营森林的长远规划目标和本规划期的计划设计目标。

**(4)规划设计项目与主要措施**

①森林经营采伐规划　包括经营采伐的对象、要求和技术措施。

②森林经营规划设计　包括各个规划设计目的、质量要求和主要技术措施。

③森林利用规划设计　包括主伐年龄论证、生长量、出材率、标准年伐量计算、伐区工艺等论述。

④多种经营规划　包括规划项目、产量与经济效益。

⑤林区基本建设规划　应能满足林场森林经营的需要，提出规划建设项目、工程量和投资。

**(5)总投资概算和经济效益分析**

根据林业生产建设的生产定额及有关技术经济指标进行总投资概算和经济效益分析。

### 第二步：收集整理森林经营方案说明书附件

森林经营方案说明书附件主要包括以下内容：

①设计任务书及有关批示文件。

②林业局(场)基本情况调查统计表。

③森林资源统计汇总表。

④立地条件类型表。

⑤造林典型设计表。

⑥林分类型及经营措施设计表。

⑦规划设计表。

⑧采用的技术经济指标。

⑨有关会议及审查会议纪要等。

### 第三步：收集整理图面材料

图面材料主要包括以下内容：

①基本图。

②林相图。
③森林分布图。
④经营规划设计图等。

**第四步：收集整理编写专业调查报告**

一般包括以下调查报告：
①森林资源二类调查报告。
②林分生长量调查报告。
③土壤植被专业调查报告。
④《立地类型》《造林类型表》编制说明书。
⑤抚育间伐调查报告。
⑥低产林及其改造调查报告。
⑦木材年产量的计算和确定报告。
⑧木材消耗调查报告。
⑨木材运输调查报告。
⑩伐区调查设计报告。
⑪造林调查规划报告。
⑫幼林抚育调查规划报告。
⑬森林保护调查报告。
⑭多种经营调查报告。
⑮林业生产条件调查报告等。
专业调查报告可单独成册或放入说明书附件中。

**第五步：组织专家评议森林经营方案**

林业主管部门组织专家对森林经营方案进行评定审议，提出修改意见。

**第六步：修改完善森林经营方案**

针对专家评议提出的修改意见，对森林经营方案进行修改和完善。

## 4.6.2 评议修改的理论基础与内容

森林经营方案是森林经营主体为了科学、合理、有序地经营森林，充分发挥森林的生态、经济和社会效益，根据森林资源状况和社会、经济、自然条件，编制的森林培育、保护和利用的中长期规划，以及对生产顺序和经营利用措施的规划设计。

森林经营方案是森林经营主体和林业主管部门经营管理森林的重要依据。编制和实施森林经营方案是一项法定性工作，森林经营主体要依据经营方案制定年度计划，组织经营活动，安排林业生产；林业主管部门要依据经营方案实施管理，监督检查森林经营活动。

森林经营方案规划期为一个森林经理期，一般为10年，以工业原料林为主要经营对象的可以为5年。森林经营方案编制与实施要以科学发展观为指导，以森林可持续经营理论为依据，以培育健康、稳定、高效的森林生态系统为目标，通过严格保护、积极发展、科学经营、持续利用森林资源，提高森林资源质量，增强森林生产力和森林生态系统的整体功能，实现林业的可持续发展。

森林经营方案编制与实施要坚持资源、环境和经济社会发展协调，坚持所有者、经营者和管理者责、权、利统一，坚持与分区施策、分类管理政策衔接，坚持保护、发展与利用森林资源并重，坚持生态效益、经济效益和社会效益统筹的原则。

森林经营方案编制与实施要有利于优化森林资源结构，提高林地生产力；有利于维护森林生态系统稳定，提高森林生态系统的整体功能；有利于保护生物多样性，改善野生动植物的栖息环境；有利于提高森林经营者的经济效益，改善林区经济社会状况，促进人与自然和谐发展。

从事森林经营、管理，范围明确，产权明晰的单位或组织为森林经营方案编制单位。依据其性质和规模分为以下几种编案单位：

①一类编案单位　国有林业局、国有林场、国有森林经营公司、国有林采育场、自然保护区、森林公园等国有林经营单位。

②二类编案单位　达到一定规模的集体林组织、非公有制经营主体。

③三类编案单位　其他集体林组织或非公有制经营主体，以县为编案单位。

一类编案单位应依据有关规定组织编制森林经营方案；二类编案单位可在当地林业主管部门指导下组织编制简明森林经营方案；三类编案单位由县级林业主管部门组织编制规划性质森林经营方案。

编案工作组应以编案单位为主，林业规划设计单位、林权所有者代表及林业主管部门代表和社区代表共同参加。在方案编制的过程中要充分尊重森林经营者的自主权，林业部门负责政策把关和协调，规划设计单位负责技术服务。具体工作应由具有林业调查规划设计资质的单位承担。一类和三类编案单位应由具有乙级以上林业调查规划设计资质的单位承担；二类编案单位应由具有丙级以上林业调查规划设计资质的单位承担。

自林业部颁发《国有林业局、国有林场编制森林经营方案原则规定(试行)》后，国有林业局(场)已普遍编制和实施了森林经营方案，对国有林的森林经营与科学管理起到了明显的促进作用。但由于森林经营方案编制指导思想与技术方法等问题，严重影响了管理部门和经营单位对森林经营方案的认识及有效实施。主要表现在森林经营方案未纳入当地社会经济发展计划，与区域社会经济发展指标和宏观政策脱节；经营方案编制与森林资源调查脱节，使编案依据不充分，基础不牢固；经营方案编制模式理想化，不论经营单位大小、性质和资源等特征，所包含的内容基本上面面俱到、千篇一律，致使针对性不强，重点不突出；经营方案编制深度要求太死，指标分解太细，对外部的适应能力差，应变能力不强。由于林业形势和社会经济发展对林业发展的要求发生了根本性变化，因此，编制森林经营方案也应有更高、更严格的要求。

森林经营方案编制应全面分析国家、区域和社区对森林经营的经济、社会和生态需求，找出外部环境对森林经营管理的影响因素和影响程度。重点分析相关森林经营政策、林业管理制度的约束与要求，当地居民生产生活和相关利益者对森林经营的需求及依赖程度，生态安全与森林健康对森林多目标经营要求与限制等，以生态、经济、社会三大效益统筹兼顾和协调发展的经营理念确定经营战略。根据森林资源状况和社会、经济、自然条件，编制森林培育、保护和利用的中长期规划，以及对生产顺序和经营利用措施的规划设计。编制和实施森林经营方案有严格、可操作的制度，是森林经营者和林业主管部门经营管理森林的重要依据。

在编制森林经营方案应注意以下问题：

①将林业可持续发展作为森林经营方案编制的理论基础，同时要适应我国社会主义市场经济体制建设和实现"林业两个根本性转变"的需要。

②森林经营方案编制要做到科学合理、简单实用、可操作性强。森林经营方案的编制要根据经营单位资源现状，着手于急需、立足于可持续，制定出科学合理经营规划。经营方案的实用性是编制经营方案是否成功的重要标志，如果方案编制完成后就束之高阁，不能用于指导经营，则没有意义。因此，经营方案编制得过于繁杂，编制的内容过多，操作起来难度就大，要做到文字要简练，表格要翔实。编制森林经营方案必须注重可操作性，致力于当地的森林可持续经营，内容丰富、数据翔实。

③正确处理调查与规划的关系，以翔实资料做数据基础。编制森林经营方案，首先要保证各项基础资料建立在翔实、准确的数据基础上，包括及时更新的森林资源档案、近期森林资源二类调查成果、专业技术档案等。各项基础资料的准确性和可靠性是保证方案质量的首要条件。如果森林资源数据不能满足编制森林经营方案要求，则需进行有关项目的专业调查。在进行规划设计师基础上，要广泛听取多方意见，结合林场的自然、经济条件及森林资源特点和发展要求加以落实，编制科学的、符合林场实际的设计。

## →拓展训练

组织学生论证某林场森林经营方案文本的撰写、整理、送审、评审及修改过程，每人提交一份某林场森林经营方案评审修订报告。

## 自测题

### 一、名词解释

森林经营方案　森林经营方案的广度　施业案　经营方向　经营目标

### 二、填空题

1. 森林经营方案的作用主要有________、________、________。

2. 森林经营方案中的森工及基建部分属于基本建设的问题，其设计的深度反映在规划设计的阶段性上。根据国家规定：一般建设项目实行________设计；个别设计对象技术复杂而又缺乏实际经验时，可实行________设计。

3. 在确定森林经营方案的广度时，应解决好的问题有________、________、________、________、________。

4. 为了保证森林经营方案设计有一定的广度，其措施有________、________、________、________、________。

5. 森林经营方案的主要内容有________、________、________、________、________、________、________、________、________。

6. 从森林经营的要求出发，安排伐区要优先安排________、________、________和________的小班。

9. 在森林经营方案中，自然资源效益可从________、________、________、________、________方面分析。

10. 森林经营方案的编制成果由________、________、________和________4个方面组成。

### 三、选择题

1. 森林经营方案以往有许多名称，下列名称中不是森林经营方案别名的项目为(　　)。
A. 施业案　B. 森林经营利用方案　C. 规划设计方案　D. 远景发展规划

2. 森林经营方案的作用为(　　)。
A. 为编制各种林业计划提供依据　B. 有利于合理组织经营
C. 便于检查和评定生产成果　D. 以上均是

(3)森林经营方案中，属于基本建设的项目有(　　)。
A. 造林规划　B. 主伐设计　C. 森林保护　D. 森工及基建

4. 森林经营方案的主伐设计中，确定主伐年龄、轮伐期和择伐周期的依据为(　　)。
A. 森林在国民经济中的作用　B. 经营类型中林分的年龄结构
C. 经营类型的林况和当地曾采用的年龄结构　D. 以上均是

5. 森林经营方案的主伐设计在安排伐区顺序和布局中，与伐区安排和布局无关的项目有(　　)。
A. 经营上的要求　B. 采伐利用上的要求　C. 造林上的要求　D. 以上均是

6. 在森林经营方案的更新造林规划设计中，列入规划设计的土地类别有(　　)。
A. 采伐迹地和火烧迹地　B. 林中空地和宜林荒山荒地
C. 宜林沙荒地　D. 以上皆是

7. 森林经营方案中，森林保护规划设计的内容为(　　)。

A. 护林防火规划　B. 森林病虫害防治规划　C. 封山育林规划　D. 以上均是

8. 以下项目中，不属于森林经营方案的成果为(　　)。

A. 森林经营方案说明书　B. 森林经营方案说明书附件

C. 图面材料　D. 以上均不是

9. 编制森林经营方案的对象为(　　)。

A. 林业局　B. 林场　C. 林业局或林场　D. 营林区

10. 在编制森林经营方案中，下列因子中要超越一个经理期进行考虑的因素是(　　)。

A. 作业法　B. 林场规模　C. 组织机构　D. 效益预估

11. 在编制森林经营方案中，下列因子中可不超越一个经理期进行考虑的因素是(　　)。

A. 目的树种　B. 作业法　C. 林种规划　D. 林场基本建设

## 四、判断题

1. 森林经营方案的深度与经营单位的经营水平有密切的关系。(　　)
2. 森林经营方案属于两阶段设计中第一阶段的设计成果。(　　)
3. 森林经营方案的设计对象为林业局或林场。(　　)
4. 森林病虫害防治规划是森林经营方案中森林保护规划设计的唯一内容。(　　)
5. 在森林经营方案中所有因素均要在一个经理期内设计。(　　)
6. 经理期内顺序和布局，就是选择采伐地点和配置采伐顺序。(　　)

## 五、简答题

1. 编制森林经营方案的依据有哪些?
2. 森林经营方案的作用有哪些?
3. 计算和确定标准采伐量的原则和条件有哪些?
4. 决定森林经营方案广度的因素有哪些?
5. 在森林经营方案中主伐规划的内容有哪些?
6. 在森林经营方案中，如何确定各经营类型的主伐年龄、轮伐期和择伐期?
7. 森林经营方案中，更新造林规划的内容有哪些?
8. 在计算和确定主伐方式时，应考虑的因素有哪些?
9. 林分改造的对象主要有哪些?
10. 林分改造规划设计的主要内容有哪些?
11. 森林经营方案中评定自然资源效益的项目有哪些?

## →自主学习资料库

1. 陆元昌 . 2002. 近自然森林经营的理论与实践 . 北京：科学出版社 .

2. 肖兴威 . 2006. 中国森林资源及其管理 . 中国林学会森林经理分会 . 森林可持续经营探索与实践 . 北京：中国林业出版社 .

3. 惠刚盈，Klalus Von Gadow，胡艳波，等 . 2007. 结构化森林经营 . 北京：中国林业出版社 .

4. 孙晶波，刘铁新，王佰彦 . 2005. 森林经营方案编制和管理存在的问题及对策 . 防护林科技(4).

5. 肖智慧 . 2010. 国营林场森林经营方案编制存在的问题及对策 . 防护林科技(1)：54 - 55.

6. 王春峰 . 2006. 应用参与式方法编制集体林经营方案初探 . 林业资源管理(4)：12 - 15.

7. 饶从霞 . 2010. 谈谈森林经营方案编制的基本要求 . 研讨探索(3)：46.

8. 李文娟 . 2009. 森林经营方案编制的意义、内容及编制要点 . 防护林科技(4)：71 - 73.

9. 李志斌. 2008. 编制森林经营方案的意义和要点. 现代化农业(8)：26－29.
10. 赵强国. 2009. 浅析森林经营方案的编制和实施. 内蒙古林业科技35(3)：51－53.

# 项目5 森林资源监测

任务5.1　国家森林资源连续清查
任务5.2　森林资源档案数据变更
任务5.3　生态公益林监测

森林资源监测是指对林木资源及其他森林资源的发展变化情况进行动态实时监测，实现森林资源调查的实时化、自动化，是宏观上作为时间函数的森林数量、质量、消长趋势和生产力的评价调查，是强化森林资源管理、保护和扩大森林资源的基础性工作。本项目有国家森林资源连续清查、森林资源数据档案变更、生态公益林监测3项任务。

## 知识目标

1. 了解国家森林资源连续清查、资源数据档案变更、生态公益林监测的主要内容。
2. 了解森林资源数据变档的基本原则。
3. 熟悉数据档案变更的主要内容。
4. 掌握森林资源动态变化情况。
5. 掌握生态公益林资源分布、数量、结构、质量状况。
6. 掌握生态公益林区生态环境状况及其变化趋势。

## 技能目标

1. 会分析森林资源分布、数量、结构、质量状况的变化情况。
2. 会进行资源数据档案变更的统计、制图。
3. 能正确填写样地因子调查卡片。
4. 能对所调查到各项因子，进行正确的计算，并建立样地因子调查监测数据库。
5. 能正确的判定各生态监测因子的评定指标及划分标准。

# 任务 5.1

## 国家森林资源连续清查

### →任务描述

国家森林资源连续清查是以掌握宏观森林资源现状与动态为目的，以省(自治区、直辖市)为单位，利用固定样地为主进行定期复查的森林资源调查方法，是全国森林资源与生态状况综合监测体系的重要组成部分。组织学生完成对实习区域内固定样地的复位和复测，进行森林资源与生态状况的统计、分析和评价。

每人提交一份调查区域的森林资源连续清查成果，建立和更新数据库。

### →任务目标

**(一)知识目标**

1. 了解国家森林资源连续清查的发展趋势。
2. 掌握国家森林资源连续清查的基本概念。
3. 掌握国家森林资源连续清查的主要内容、数据整理、统计和分析方法。

**(二)能力目标**

1. 能够制定森林资源连续清查工作计划、技术方案及操作细则。
2. 能够完成样地设置、复位、外业调查和辅助资料收集。
3. 能够进行森林资源与生态状况的统计、分析和评价。
4. 能够提供森林资源连续清查成果。
5. 能够建立森林资源连续清查数据库和信息管理系统。

### →知识准备

## 5.1.1　实践操作：国家森林资源连续清查的过程与要点分析

### 第一步：前期准备

**(1)组织准备**

省林业厅成立森林资源连续清查工作领导小组和办公室，组织调查队伍，成立质量管理机构。

**(2) 技术准备**

省连续清查工作领导小组办公室组织制定工作方案、技术方案和操作细则，并按质量管理要求组织技术培训。

**(3) 其他准备**

包括调查表格和地形图等图面材料的准备，各种调查工具和仪器的准备，GPS—“掌中宝”一体机样地数据采集软件研制开发，各种调查和规划成果及其他有关资料的收集等。

## 第二步：设置固定样地

**(1) 固定样地布设原则**

固定样地按系统抽样布设在国家新编 1∶50 000 地形图千米网交点上。以辽宁省为例，全省地面样地按点间距 4km × 8km 布设，共布设 4617 块；遥感判读样地在地面样地点间距 4km × 8km 的基础上进行系统加密为点间距 2km × 2km，共布设37 857块。

**(2) 固定样地的面积**

固定样地形状为边长(水平距离)为 28.28m 的正方形样地，样地面积是 0.08hm$^2$。

**(3) 固定样地的标志**

①西南角埋设塑料标牌，并在地面堆积 30cm 高土包。

②东北角挖直角坑槽，规格为宽 50cm、深 30cm，内侧长 50cm，内侧两边与样地西南角、东北角的两条边线重合。在复查时应重新修整直角坑槽。

③西北角、东南角埋设角桩，材质为木制标桩(最好是硬杂木)，规格为粗 8cm，长 80cm。剥掉树皮，顶部砍成人字形斜面，斜面下削成 18cm 长的平面，在相应的角桩平面上注“WN”、“ES”，埋桩时要面向样地中心，埋入地下 50cm。少林地区样地角桩规格不低于长 50cm、粗 5cm，埋入地下 30cm。在复查时凡应设角桩的样地均应重新设置。

以上标志在埋设时遇到特殊情况(如岩石、水域、悬崖等)不能设标，可根据具体情况酌情处理，尽量在地面留有标志(如在岩石上作标)，并在样地调查记录附记栏内加以说明。

④西南角在样地附近测设 3 个定位物(树)，界外木刮皮，并用红色油漆在刮皮出打“ × ”标记。

⑤引点标志为木制标桩(最好是硬杂木)，规格为粗 8cm，长 80cm。剥掉树皮，顶部砍成人字形斜面，斜面下削成长 18cm 的平面。在平面上用红铅油写上“引”字及样地号码。标桩埋设在引点位置，埋入地下 50cm，样地号要面向样地方向。当复查时凡经引测(含改变引点位置)的样地，均应重新设置引点标桩，如未经引测直接样地复位可不设。

**(4) 固定样地周界测设**

①确定样点位置(样地西南角)后，采用闭合导线法，按照坐标方位角 0°—90°—

180°—270°顺时针方向进行样地周界测设。

②位于样地周界测线上的压界木，西、北两边作为界外木，东、南两边作为界内木。

③对周界上的杂灌应予砍除，但胸径小于5cm的幼树应予保留。

④绝对不允许在边线中途闭合以及利用视距尺进行边框测量。

⑤样地周界测量的闭合差不得大于四周边界总长的1/200。

**(5)样地位置图绘制**

样地布设以后，应测定并记录样地东北角的定位坐标，并将样地设置的大小、形状在调查表上按比例绘制，同时标注离样地最近的地物标。

**(6)固定样地的编号**

固定样地编号，森林资源、湿地资源、荒漠化和沙化监测均采用上期编号不变。

**(7) 固定样木的编号**

样地内所有样木都应作为固定样木，统一设置识别标志，在胸高位置划红色油漆线并标注样木号。

### 第三步：固定样地的复位

**(1)样地复位标准**

样地4个角桩、4条边界、样地内样木及胸径检尺位置完全复位者为复位样地。但考虑到有关影响因素的存在，满足下列条件之一者，也视为样地复位：

①找到样地西南角固定标牌。

②找到样地东北角土壤坑及其他一个角桩。

③找到2条以上完整样地边或定位物(树)。

④找到1条完整边及1个角桩，且样地内样木可以分辨。

⑤样地能复位，但前期样地位置由于非人为因素移位的仍可定为复位样地，但需在封面上注明原点距千米网交点位移距离。

⑥4个角桩及4条边都没有明显痕迹，但样地内树木编号、胸径位置红色油漆痕迹尚在，且能基本确定样地内保留木、进界木、漏测木、错测木、采伐木、倒木、枯立木。通过定测基本能恢复样地4条边及4个角桩原来的位置。

⑦前期样地内的样木已被采伐或火烧且找不到任何固定标志，但由原调查民工带路能正确判定位置，且经现地进一步用地形图判读重新引点定位或利用前期的GPS坐标定位，能确认原样地落在采伐迹地或火烧迹地内。

⑧对位于大面积无蓄积的无立木林地、未成林地、宜林地、灌木林地、苗圃地、非林地和经济林内的固定样地，复位时虽然找不到固定标志，但仍能通过引点、地形图判读、GPS定位等方法确认其样地位置不变。

⑨样地由于落在急坡和险坡，不能进行周界测设的固定样地，复查时能正确判定两期样点所落位置无误，且地类、林分类型的目测也确定无误。

**(2)样木复位标准**

凡固定样地内前期样木的编号及胸径检尺位置能正确确定，并且前期树种、胸径经复测均无错测者为复位样木。考虑到某些特殊情况的存在，满足下列条件之一者，也视为样木复位：

①能确认前期样木已被采伐或枯死者。

②样木编号能确认，但因采脂、虫害、火灾等因素，引起间隔期内胸径为“负生长”(即后期胸径小于前期胸径)的样木，以及前期树种判定和胸径测量有错的样木。

③样木编号已不能确认，但依据样木位置图(或方位角、水平距)，按样木与其周围样木的相互关系及树种、胸径判断，能确定为前期对应样木者。

### 第四步：固定样地的调查

**(1)基本原则**

对森林资源连续清查固定样地的调查，应遵循以下基本原则：

①当固定样地落在人力可及的地域内时，必须进行地面调查。

②当固定样地落在人力不可及的林地内时，应采用遥感影像判读样地地类等有关属性和主要的林分特征因子，用遥感判读结果参与统计。当两期遥感判读无明显变化时，样地属性原则上保持不变。

③对于以前的放弃样地，如果因为条件改变而可以采用地面或遥感手段进行调查时，可以参照前2条的有关规定执行。

**(2)固定样地的类别**

森林资源连续清查样地包括地面调查样地和遥感判读样地两大类，其中地面调查样地再细分为复测、增设、改设、目测、放弃、临时等6种类别。

①复测样地　指达到复位标准，已复位的地面实测样地。

②增设样地　指本期新增设的地面固定样地。

③改设样地　指前期设置的地面样地，本期复查未复位而重新设置的地面固定样地。

④目测样地　指由于地形条件限制无法进行周界测量和每木检尺，只能用目测方法测定林分主要因子的样地。

⑤放弃样地　指只有样地号，但由于某种原因(如军事禁区)而无法进行现地调查的样地。

⑥遥感判读样地　指采用遥感资料判读主要地类属性的样地。

**(3)地面样地定位**

①复测样地　根据前期样地位置记录描述，采用GPS导航、引线定位和向导带路等多种方法找到固定样地，并采集样地西南角点的GPS坐标值(北京54坐标)。下期复查可根据本期采集的GPS坐标直接导航找点。应用GPS定位时要以县为单位测定转换参数进行修正，保证定位精度在允许误差以内。

样地定位后，首先要利用保存的标志对周界进行复位，并按固定标志设置要求，修复和补设有关标志。在周界复位时，要认真分析前后期测量误差的影响，仔细寻找前期的固定标志，避免因周界复测产生位移而出现漏测木和多测木。样地位置和样地周界原则上必须与前期保持一致，调查人员不得随意改变。

原来的实测样地因特殊原因需要改为目测的，必须严格执行审核审批制度。由调查人员将有关情况逐级上报至省连续清查办公室，由省连续清查办报区域森林资源监测中心审核后，再报国务院林业主管部门审批。

②改设样地　当前期固定样地无法复位而必须改设，可采用 GPS 直接定位。无 GPS 信号或 GPS 信号微弱、不稳定时，应采用引线定位，但可采用 GPS 辅助确定引点位置。样地定位后，要进行周界测量，并按要求设置固定样地标志。

改设样地必须严格进行审核审批。调查人员确实无法对前期固定样地复位时，必须查明原因后及时将有关情况逐级上报至省连清办公室，由省连清办报区域森林资源监测中心审核后，再报国务院林业主管部门审批。

**(4)样地因子调查**

①样地号　总体内布设的各类别样地的统一编号，不允许出现重号或空号，封面和其他页中记载的样地号应相同。

②样地类别　根据样地所属类别，用代码填写。

③地形图图幅号　填写 1∶50 000 地形图图幅号。

④纵坐标　地形图上样地所在千米网交叉点的纵坐标值，填写 4 位数。

⑤横坐标　地形图上样地所在千米网交叉点的横坐标值，填写 5 位数。

⑥GPS 纵坐标　采集西南角点纵坐标值填写 7 位数，记载到 5m。

⑦GPS 横坐标　采集西南角点横坐标值填写 8 位数，记载到 5m。

⑧县代码　县级行政单位采用国家颁发编码。

⑨流域　例如，辽宁省为辽河流域，代码为 200。

⑩林区　该项外业调查人员不填，由内业统计人员根据各林区所包括的县(市、区、旗)名单用代码统一赋值。

⑪气候带　该项外业调查人员不填，由内业统计人员根据各气候带所包括的范围用代码统一赋值。

⑫地貌　按大地形确定样地所在的地貌，用代码记载。

⑬海拔　按样地所在千米网交叉点(方形样地西南角点)，用海拔仪、GPS 测定或查地形图确定海拔值，记载到 10m。

⑭坡向　按中地形确定样地所在坡向，用代码记载。

⑮坡位　按中地形确定样地所在坡位，用代码记载。

⑯坡度　按等高线垂直方向测定样地平均坡度，记载到度。

⑰土壤名称　调查样地地类所属土类，用代码记载。

⑱土壤厚度　调查样地地类所属土类的土层厚度，记载到 cm。

⑲腐殖质厚度　调查样地地类所属土类的腐殖层厚度，记载到 cm。

⑳枯枝落叶厚度　调查样地地类上的枯枝落叶层厚度，记载到 cm。

㉑灌木覆盖度　样地内灌木树冠垂直投影覆盖面积与样地面积的比例，采用对角线截

距抽样或目测方法调查，按百分比记载，精确到 5%。

㉒灌木平均高　样地内灌木层的平均高度，采用目测方法调查，以米为单位，记载到小数点后一位。

㉓草本覆盖度　样地内草本植物垂直投影覆盖面积与样地面积的比例，采用对角线截距抽样或目测方法调查，按百分比记载，精确到 5%。

㉔草本平均高　样地内草本层的平均高度，采用目测方法调查，以米为单位，记载到小数点后一位。

㉕植被总覆盖度　样地内乔灌草垂直投影覆盖面积与样地面积的比例，采用对角线截距抽样或目测方法调查，或根据郁闭度与灌木和草本覆盖度的重叠情况综合确定，按百分比记载，精确到 5%。

㉖地类　按面积优势法确定样地所属地类，用代码记载。

㉗植被类型　按面积优势法确定样地所属植被类型，用代码记载。植被类型与地类是高度相关的两个因子，调查时应注意其相互关系，避免出现矛盾。当地类为疏林地时，其植被类型应按根据分布区域和树种属性归入到相应的针叶林或阔叶林中。

㉘湿地类型　调查样地所在的湿地型，用代码记载。

㉙湿地保护等级　调查样地所在湿地类型的保护等级，用代码记载。

㉚荒漠化类型　根据技术标准调查确定样地所在的荒漠化或非荒漠化土地类型，用代码记载。

㉛荒漠化程度　对于确定为荒漠化土地的样地，按有关技术标准综合确定荒漠化程度等级，用代码记载。

㉜沙化类型　调查样地所在的沙化类型，用代码记载。

㉝沙化程度　对于确定为沙化土地的样地，根据技术标准调查确定其沙化程度，用代码记载。

㉞石漠化程度　根据实际调查情况填写。

㉟土地权属　确定样地所在土地权属，用代码记载。

㊱林木权属　对于有林地、疏林地和其他有检尺样木的样地，要求调查林木权属，用代码记载。

㊲林种　对于有林地、疏林地和灌木林地，按技术标准调查确定林种，用亚林种代码记载。

㊳起源　对于有林地、疏林地、灌木林地和未成林地，按技术标准调查确定起源，用代码记载。

㊴优势树种　对于有林地、疏林地、灌木林地和未成林地，按技术标准调查确定优势树种(组)，用代码记载。

㊵平均年龄　对于乔木林、疏林地、人工灌木林地和未成林造林地，应调查记载平均年龄，其中乔木林的平均年龄为主林层优势树种平均年龄。对于人工林，可直接在前期平均年龄基础上加上间隔期长度；对于天然林，不能简单加上间隔期长度，应综合考虑进界木、采伐木和枯死木情况及前后期平均胸径的变化，如果后期平均胸径还小于前期，则年龄也应小于前期。

㊶龄组　对于乔木林，应根据平均年龄与起源确定龄组，用代码记载。对于混交林，

龄组的确定应综合考虑主要树种和次要树种的平均年龄。

㊷平均胸径 对于乔木林，应根据主林层优势树种的每木检尺胸径，采用平方平均法计算平均胸径(即用主林层优势树种的每木检尺胸径的平方和的平均数开方值作为平均平均胸径)，以厘米为单位，记载到小数点后一位。

㊸平均树高 对于乔木林，应根据平均胸径大小，在主林层优势树种中选择3～5株平均样木测定树高，采用算术平均法计算平均树高，以米为单位，记载到小数点后一位。

㊹郁闭度 有林地或疏林地样地内乔木树冠垂直投影覆盖面积与样地面积的比例，可采用对角线截距抽样或目测方法调查，记载到小数点后2位。当郁闭度较小时，宜采用平均冠幅法测定，即用样地内林木平均冠幅面积乘以林木株数得到树冠覆盖面积，再除以样地面积得到郁闭度。如果样地内包含2个以上地类，郁闭度应按对应的有林地或疏林地范围来测算。对于实际郁闭度达不到0.20，但保存率达到80%以上生长稳定的人工幼林，郁闭度按0.20记载。

㊺森林群落结构 对于有林地，要求目测调查森林群落结构的因子，用代码记载。

㊻林层结构 对于有林地，要求目测调查林层结构的因子，用代码记载。

㊼树种结构 对于有林地，要求目测调查树种结构的因子，用代码记载，树种结构等级的确定应与乔木林的优势树种协调一致。

㊽自然度 对于有林地，应调查自然度，用代码记载。

㊾可及度 对于用材林近、成、过熟林，应按技术标准调查可及度等级，用代码记载。

㊿工程类别 通过查阅验收、设计、规划等材料确定样地所属的林业工程类别，并按相应代码记载。

51森林类别 对于确定为林地的样地，根据技术标准并参照森林分类经营区划成果确定森林类别，用代码(林种分类代码的前2位)记载。

52公益林事权等级 生态公益林的样地，根据技术标准并参照森林分类区划界定资料确定公益林事权等级，用代码记载。

53公益林保护等级 生态公益林的样地，根据技术标准并参照森林分类区划界定资料确定公益林保护等级，用代码记载。

54商品林经营等级 对于森林类别确定为商品林的有林地、疏林地和灌木林地，要求根据经营状况调查确定经营等级，用代码填写。

55森林灾害类型 对于有林地和国家特别规定的灌木林地，应调查森林灾害类型，用代码记载。

56森林灾害等级 对于有林地和国家特别规定的灌木林地，根据受害样木株数，确定受害等级，用代码记载。

57森林健康等级 对于有林地和国家特别规定的灌木林地，应按技术标准调查森林健康等级，用代码填写。

58森林生态功能等级 此栏外业调查不填，在内业处理时针对全部有林地样地由计算机统一产生。

59森林生态功能指数 此栏外业调查不填，在内业处理时针对全部有林地样地由计算机统一产生。

⑥⓪四旁树株数　填写样地内达到及未达到检尺胸径的四旁树株数之和。未达到检尺胸径的四旁树，要求针叶树树高在 0.3m 以上，阔叶树树高在 0.5m 以上。

⑥①毛竹林分株数　根据实际调查情况填写。

⑥②毛竹散生株数　根据实际调查情况填写。

⑥③杂竹株数　根据实际调查情况填写。

⑥④天然更新等级　对于疏林地、灌木林地(国家特别规定灌木林地除外)、无立木林地和宜林地，应调查天然更新等级，用代码记载。

⑥⑤地类面积等级　按样地地类的连片面积大小确定面积等级，用代码记载。当连片面积较大且有遥感资料可用时，要尽量采用遥感资料确定。

⑥⑥地类变化原因　对于前后期地类发生变化的样地(包括地类代码未变但地类属性发生过明显改变的样地，如成熟林采伐更新后变成了幼林)，要求调查地类变化原因，用代码记载。

⑥⑦有无特殊对待　在对样地进行各项调查之前，应对样地内和样地周围较大范围内的人为活动情况作对比分析。如果存在人为特殊对待现象，除在调查表中按规定记载外，还应逐级汇报。对于有特殊对待的样地，内业统计时应单独研究处理方案。

⑥⑧样木总株数　指每木检尺表中有检尺记录的样木总株数，相当于每木检尺表中的记录条数。

⑥⑨各栏蓄积　其数据在内业处理时由计算机产生，外业调查一般不填记。但对于目测样地，要求根据前期目测蓄积以及样地的消长变化情况估测样地活立木蓄积量。

⑦⓪调查日期　按公历年月日顺序用 6 位数记载。如调查日期为 2012 年 3 月 4 日，则记为 120304。

**(5)跨角林样地调查**

跨角林样地是指优势地类为非乔木林地和疏林地但跨有外延面积 0.066 7$hm^2$以上有检尺样木的乔木林地或疏林地的样地。如果优势地类也是乔木林地或疏林地，但与跨角的乔木林地或疏林地分界线非常明显，且树种不同或龄组相差 2 个以上，不宜划为一个类型时，也应当按跨角林样地对待。跨角林样地除调查记载优势地类的有关因子外，还需调查跨角乔木林地或疏林地的面积比例、地类、权属、林种、起源、优势树种、龄组、郁闭度、平均树高、森林群落结构、树种结构、商品林经营等级等因子，填写跨角林样地调查记录表。表中的跨角地类序号为跨角乔木林地或疏林地的标识号(按面积大小从 1 开始编号)，应与每木检尺记录表中的跨角地类序号保持一致；面积比例按小数记载，精确到 0.05。

**(6)遥感判读样地记载**

对于符合本条第一款规定的遥感样地，应尽可能参照已有的各种调查和规划资料，对样地的地类属性和主要林分特征因子进行判读。遥感样地需要记载的因子包括地类、林种、起源、优势树种、龄组、郁闭度、公益林事权等级、保护等级、自然度、可及度、地类面积等级及样地因子调查记录表中第 1 ~ 16、26 ~ 36 和 48、49 项。

## 第五步：固定样地每木检尺

### (1)检尺基本要求

①每木检尺对象为乔木树种(包括经济乔木树种)，检尺起测胸径为5.0cm。检尺对象的确定主要考虑林木的形态特征，乔木型灌木树种应检尺，灌木型乔木树种不检尺。经济乔木树种的检尺对象为山杏、板栗。

②每木检尺一律用钢围尺，读数记到0.1cm，检尺位置为树干距上坡根颈1.3m高度处，并应长期固定。

③对于附着在树干上的藤本、苔藓等附着物，检尺前应予以清除。

④凡树干基部落在边界上的林木，应按等概原则取舍。取西、南边界上的林木，舍东、北边界上的林木。

⑤胸高位置不得用锯子锯口或打钉，以防胸高位置生长树瘤而影响胸径测定。

### (2)每木检尺记录说明

①*样木号* 固定样地内的检尺样木均应编号，并长期保持不变。样木号以样地为单元进行编写，不得重号和漏号。固定样木被采伐或枯死后，原有编号原则上不再使用，新增样木(如进界木、漏测木)编号接前期最大号续编。当样木号超过999时，又从1号开始重新起编。

②*林木类型* 分别林木、散生木、四旁树，用代码记载。

③*检尺类型* 按技术标准确定样木的检尺类型，用规定的代码记载。对于复测样地，原则上要求全部样木复位。如果样木号不清，应根据样木的位置、树种、胸径等因子通过综合分析进行复位，其中采伐木、枯倒木要确认伐根、站杆、挖蔸坑槽等。

④*树种名称和代码* 按技术标准所列树种(组)调查记载。

⑤*胸径* 开展野外调查前，可事先将前期除采伐木、枯立木、枯倒木和多测木以外的所有样木的胸径全部转抄到前期胸径栏内。本期测定的胸径，应与前期胸径对照；对于生长量过大或过小的样木，要认真复核，尤其应注意大径组和特大径组的样木。考虑到胸径的测量误差，对于生长量很小的样木，允许出现后期胸径比前期胸径略小的情况。胸径以厘米为单位，记载到小数点后一位。本期确定的采伐木、枯立木、枯倒木的胸径按前期调查记录转抄。

⑥*采伐管理类型* 对于确定为采伐木者，按技术标准确定其采伐管理类型，用代码记载。

⑦*林层* 确定样木所属林层，用代码记载。对于单层林中的样木，代码0可以省略不记。

⑧*跨角地类序号* 确定样木所在的跨角地类，并用序号记载。跨角地类序号应与跨角林样地调查记录表中的序号保持一致。无跨角地类时，此项不填。

⑨*方位角、水平距离* 每株样木均应测量方位角和水平距离。方位角以度为单位，水平距离以米为单位，均保留一位小数。样木方位角和水平距离的测定，原则上要求以样地中心点为基点。对于地形复杂、不便在样地中心点定位的样木，可以选择4个角点中的任何一个为基点进行定位，但需在记录表中记载清楚。

⑩备注 补充记载一些有必要说明的信息。例如，胸高部位异常，则注明实测胸高的位置；国家Ⅰ、Ⅱ级保护树种和其他珍贵树种、野生经济树种、分叉木、断梢木等有关信息，均可注明。

**(3)样木检尺的类型**

①保留木 前期调查为活立木，本期调查时已复位的活立木，代码记 11。

②进界木 前期调查不够检尺，本期调查已生长到够检尺胸径的活立木，代码记 12。

③枯立木 前期调查为活立木，本期调查时已枯死的立木，代码记 13。

④采伐木 前期调查为活立木，本期调查时已被采伐的样木，代码记 14。

⑤枯倒木 前期调查为活立木，本期调查时已枯死的倒木，代码记 15。

⑥漏测木 前期调查时已达起测胸径而被漏检的活立木，代码记 16。

⑦多测木 前期为检尺样木，本期调查时发现位于界外或重复检尺或不属于检尺对象的样木，代码记 17。

⑧胸径错测木 两期胸径之差明显大于或小于平均生长量的活立木，代码记 18。

⑨树种错测木 两期调查树种名称不相同，确定为前期树种判定有错的活立木，代码记 19。

⑩类型错测木 前期检尺类型判定有错的样木，特指前期错定为采伐木、枯立木、枯倒木而本期调查时仍然存活的复位样木，代码记 20。

其他样地(包括改设样地、增设样地和临时样地)的样木检尺类型，分活立木、枯立木、枯倒木 3 类。只要求对活立木进行编号和检尺，枯立木、枯倒木不检尺。复测样地上未复位的保留木和新增检尺对象(如经济乔木树种)样木按活立木对待。

**(4)样木位置图**

为了直观反映样木在样地中的位置，应该根据每株样木的坐标方位角和水平距(或其他定位测量数据)绘制样木位置图。对于样地内有标识作用的明显地物和地类分界线，也应标示在样木位置图上，方便下期样木复位。

**第六步：其他因子调查**

**(1)树高测量**

对于乔木林样地，根据样木平均胸径，选择主林层优势树种平均样木 3 ~ 5 株，用测高仪器测定树高，记载到 0.1m。

**(2)荒漠化程度调查**

根据样地的荒漠化类型，调查相关评定因子的取值，按技术标准评定程度等级，再根据平均得分进行综合评定。

**(3)森林灾害情况调查**

对于有林地样地，调查森林灾害类型、危害部位、受害样木株数，评定受害等级。

**(4)植被调查**

调查林地样地上灌木、草本和地被物的种类、高度与覆盖度。

**(5)更新调查**

对于疏林地、灌木林地(国家特别规定灌木林地除外)、无立木林地和宜林地，设置样方调查天然更新状况。在样地的东北角设置2m×2m样方调查。

**(6)复查期内样地变化情况调查**

调查记载样地前后期的地类、林种等变化情况，注明变化原因；确定样地有无特殊对待，并作出有关文字说明。

**(7)调查卡片记录**

固定样地调查严格按《国家森林资源连续清查样地调查记录》格式进行调查记载。

**第七步：质量检查**

质量检查是对调查前期准备工作、外业调查和内业统计各项工序及调查成果进行检查。外业调查检查是质量检查的重点，其检查内容和评定标准如下：

**(1)重要项目**

①样地固定标志　主要有固定标桩、直角坑槽、定位树、周界记号、胸高线、样木号等，样地固定标志要符合规定的要求。

②样地位置　所有样地均应绘制样地位置图。对于增设与改设样地，引线定位时引点定位误差应小于地形图上1mm所代表的距离，引线方位角误差小于1°，引点至样点的测量距离误差<1%；用GPS直接定位时，纵横坐标定位误差不超过10~15m。

③每木检尺株数　大于或等于8cm的应检尺株数不允许有误差；小于8cm的应检尺株数，允许误差为10%，最多不超过3株。

④胸径测定　胸高直径等于或大于20cm的树木，胸径测量误差小于1.5%，测量误差大于1.5%~3.0%的株数不能超过总株数的5%；胸径小于20cm的树木，胸径测量误差小于0.3cm，测量误差在大于0.3cm小于0.5cm的株数不允许超过总株数的5%。

⑤地类　地类的确定不应有错。

**(2)次重要项目**

①增设与改设样地周界测量闭合差应小于0.5%，复测样地周界长度误差应小于1%。如果因为周界测量超过误差导致出现漏测木和多测木，应按重要项目中的每木检尺株数要求进行评定。

②权属、起源、林种、优势树种的确定不应有错。

③植被类型、湿地类型、湿地保护等级、荒漠化类型、荒漠化程度、石漠化程度、沙化类型的确定不应有错。

④森林群落结构、林层结构、树种结构、自然度、森林健康等级、工程类别、森林类

别、公益林事权等级、保护等级、商品林经营等级的确定不应有错。

⑤样地号、样地类别、图幅号、纵横坐标、县代码及样地所在的省、地、县、乡、村填写正确。

⑥正确界定样木的林木类型和检尺类型，出错率不大于1%。

⑦根据样木坐标方位角和水平距正确绘制固定样木位置图，标明样木编号，样木相对位置的出错率不大于3%。

⑧跨角林样地调查记录正确无误，四旁树株数误差不大于3%。

⑨准确记载固定样地在间隔期内有无特殊对待，正确界定地类变化原因。

**(3)其他项目**

①树高测定。当树高为10m以下时应小于3%，10m以上时应小于5%。

②林分年龄与龄组。增设和改设样地的最大年龄误差为一个龄级；复测样地的最大年龄误差为间隔期年数。龄组确定不应有错。

③郁闭度、灌木覆盖度、草本覆盖度、植被总覆盖度，测定误差应小于0.10或10%。

④平均直径、平均树高、可及度、森林灾害类型、森林灾害等级、天然更新等级、地类面积等级的填写不允许有错。

⑤地貌、海拔、坡向、坡位、坡度、土壤名称、土壤厚度、腐殖质厚度、枯枝落叶厚度及其他调查因子与调查内容填写正确无漏。

凡能满足上述规定要求的项目为合格，否则项目为不合格。

## 5.1.2　国家森林资源连续清查的理论基础与内容

### 5.1.2.1　国家森林资源连续清查的定义

森林资源监测是对森林资源的数量、质量、空间分布及其利用状况进行定期定位的观测分析和评价的工作。它是森林资源管理和监督的基础工作。其目的是及时掌握森林资源现状和消长变化动态，预测森林资源发展趋势，为林业经营管理科学决策服务。

国家森林资源连续清查，也称为森林资源一类调查，是采用森林资源连续清查与现代数据更新技术相结合的方法，以所在区、市为单位，每5年对所设固定样地进行复查，提供全国和省(自治区、直辖市)森林资源连续清查成果；在复查间隔期，采用数学模型预测方法，更新当年森林资源数据，提供年度资源监测成果。数学模型是以省为单位建立，为提高预测精度，建立一定数量的信息采集点，采集当年有关森林采伐、更新造林、森林生长、资源消耗，以及林业生产、林业经济等信息，用于调整模型的各项参数。

### 5.1.2.2　国家森林资源连续清查的主要内容

以国家林业局直属森林资源监测中心，省(自治区、直辖市)各级林业调查规划(勘察设计)院为基本承担单位，在全国按照千米网机械布设固定样地，样地大小一般为0.066 7hm²。采用定期实测固定样地和判读遥感加密样地的方法进行监测。监测的主要内容有：

**(1)土地覆盖和土地利用，土壤与立地**

土地的覆盖类型、权属、利用状况及其动态变化；土类、立地类型的分布状况。

**(2)土地退化**

主要包括土地的风蚀、水蚀、盐渍化、冻融和各种类型的土地沙化现象。

**(3)森林功能效益**

森林保护土壤、防止水土流失、涵养水源、防风固沙、改善环境、休养生息的功能及潜力。

**(4)木材及其他林产品**

森林蓄积及其按林种、起源、树种、径级、权属等的结构，以及用材林的可及度、商品材出材量；生产非木材林产品的经济林品种面积和经营集约度；逐步开展和完善其他非木材产品的调查、监测与评价。

**(5)森林健康状况与森林灾害**

不同原因造成的森林/林木死亡、生长活力下降，酸沉降状况、森林病虫害、火灾及其他灾害的状况。

**(6)生物量与生物多样性**

森林中乔木树种地上部分生物量的现状和动态；陆生和湿地脊椎动物的种类和活动痕迹；珍稀野生植物的种类与数量；树种多样性和生态系统多样性的现状和动态。

### 5.1.2.3 国家森林资源连续清查的发展趋势

在现有的连续清查体系的基础上，森林资源调查监测工作的重点也由过去以木材资源调查，转向对森林资源、森林生态、森林健康、森林生物多样性和野生动植物，以及森林景观在内的多资源、多功能的森林生态等方面的指标和评价内容进行综合监测；既可监测森林资源的状态，发现和掌握森林生长的规律，又可从微观角度找到影响自然生长的原因。

**(1)监测内容多样化**

我国逐步开展森林多资源综合监测。从水、气、土等微观方面进行监测，既可监测森林资源的状态，从而发现森林生长的规律，又可从微观监测中找到影响自然生长的外因。有关环境因子的监测将是森林资源综合监测中一个新的发展方向，也是国际发展趋势。

**(2)监测周期年度化**

近年来，监测的一个重点变化趋势是用年度监测来代替周期监测。从 1999 年开始，国家林业局拟根据每年复查省（自治区）获得的信息，更新全国的森林资源数据，每年发布全国的森林资源主要数据，缩短信息发布周期。

**(3)监测技术标准化**

整合监测项目，扩展监测内容，根据项目需求建立和完善统一的抽样方法和样本单元。在国家和经营单位级层次上针对不同对象建立统一的监测与评价指标，把环境监测有关的各种自然资源监测在同一抽样框架上进行，减少采集工作量，提高信息间的有机联系。关于数据采集、传输、分析、集成和交换技术的标准化、规范化是目前和未来综合监测发展的关键问题之一。

**(4)监测手段一体化**

随着科学技术的发展，特别是遥感、地理信息系统和全球定位系统（简称“3S”技术），以及数据库技术和计算机网络技术等高新技术在林业发达国家得到不同程度的应用。从单个技术上看，地面监测无法满足宏观分析的需要、航空相片数字化的数据量太大等原因限制了它在大面积森林资源调查工作中的应用，卫星监测不能满足监测信息的详细程度的需求。因此，在监测技术上，必须把地面监测、航空监测和航天监测有机地结合，根据所需信息的内容、精度和周期，利用野外调查技术和“3S”技术相结合的手段，开展天—空—地一体化监测，多层次、多渠道获得监测信息，才能有效地为森林资源综合监测服务。

GIS 具有很强的数据分析和模型功能，在多目的森林资源调查中利用 GIS，就可以很容易地从数据库中获取坡度、坡向等样地信息，以代替地面调查，节省人力和时间。利用遥感结合地面调查可以建立由地面调查成果和航片（卫片）判读信息检验的森林环境监测体系。

GPS 具有实时、全天候等特点，能及时准确地提供地面或空中目标的位置坐标，在森林资源调查中可用于遥感地面控制、边界测量、森林调查样点的导航和定位、森林灾害的评估等诸多方面。“3S”技术的综合应用将提高森林资源监测的效率和数据的准确性。

**(5)监测信息共享化**

在系统集成思想指导下，综合集成计算机网络技术、数据库技术、“3S”技术、模型模拟技术，综合集成资源，构建统一森林资源综合监测公共服务平台，促进监测信息资源的开发、整合和应用，为林业发展和生态建设提供实时、动态、开放式的信息服务，提高综合评价和预测预警能力。

## →拓展训练

收集附近林场上一个经理期的森林资源调查统计资料、森林经营方案等；附近林场近期森林资源调查资料，每人对林场内几个林班的资料进行数据整理、统计，并收集其他同学的统计资料，汇总全林场森林资源统计资料；依据全林场森林资源统计资料与上一经理期森林资源统计资料对比分析，预测森林资源的发展趋势。每人提交一份该林场的森林资源监测报告。

# 任务 5.2

# 森林资源档案数据变更

## →任务描述

收集某林场的森林资源二类调查成果，选用适合该林场使用的森林资源建档软件或地理信息系统软件，并能从计算机中输出所需区域的 1∶10 000 小班基本图，能正确填写《森林资源档案变更外业小班因子调查序列表》，并能建立 Excel 电子报表文档，按森林资源数据库更新的要求，选择合适的方法，并进行内业数据更新，能依据变更数据库，统计各类报表，绘制所需的森林资源分布图及其他各种专题图件。

每人提交一份小班因子数据和变化小班图表。

## →任务目标

**(一)知识目标**

1. 了解森林资源的现状及其变化。
2. 熟悉评定森林经营利用效果。
3. 掌握森林资源数据档案变更的方法。

**(二)能力目标**

1. 能在有关部门收集到森林资源二类调查成果，选用适合该林场使用的森林资源建档软件或地理信息系统软件，并能从计算机中输出所需区域的 1∶ 10 000 小班基本图。

2. 根据有关材料提供的信息，能正确填写《森林资源档案变更外业小班因子调查序列表》，并能建立 Excel 电子报表文档。

3. 按森林资源数据库更新的要求，能选择合适的方法，并进行内业数据更新。

4. 能依据变更数据库，统计各类报表。

5. 根据工作情况，能绘制所需的森林资源分布图及其他各种专题图件。

## →知识准备

### 5.2.1 森林资源档案数据变更的过程与要点分析

**第一步 收集某林场森林资源二类调查成果，选用适合该林场使用的森林**

资源建档软件或地理信息系统软件

充分利用森林资源二类调查成果，从计算机中输出所需区域的 1∶10 000 小班基本图，收集的数据材料须是最新调查的成果。有条件的地区可参考航片或卫片进行对比。

### 第二步　外业补充调查

利用既有资料或现地进行区划调查，采集调查数据，对于由人为原因与自然灾害引起变化的小班，在 1∶10 000 基本图上根据现地变化情况以及收集的采伐作业设计、造林设计等资料，做境界线变动区划草图。以村或工区为单位填写《森林资源档案变更外业小班因子调查序列表》(表 5-1)，以及调查项目表《森林资源变档外业小班因子填写项目表》(表 5-2)，并建立 Excel 电子报表文档。要求所有变化小班图、表一一对应。

**表 5-1　森林资源档案变更外业小班因子调查序列表**

县(市、区、旗)　　　　　　　　　　乡(镇、场)　　　　　　　　　　年、m、cm、$hm^2$、$m^3$

| 变档前小班因子 | | | | | | | | | | | | | 变化小班因子 | | | | | | | | | | | | | | | | | | | | | | | | |
|---|---|---|---|---|---|---|---|---|---|---|---|---|---|---|---|---|---|---|---|---|---|---|---|---|---|---|---|---|---|---|---|---|---|---|---|---|---|
| 村 | 林班 | 小班 | 小地名 | 图幅号 | 是否林带 | 小班号 | 地类 | 亚林种 | 树种 | 林龄 | 面积 | 蓄积 | 变化原因 | 变化年度 | 工程类别 | 保护等级 | 地权 | 林权 | 地类 | 森林类别 | 亚林种 | 优势树种 | 树种组成 | 起源 | 生产期 | 面积 | 林龄 | 胸径 | 平均高 | 郁闭度 | 成活率 | 每公顷株数 | 每公顷蓄积量 | 小班蓄积 | 株数采伐强度 | 蓄积采伐强度 | 是否全部作业 |
| | | | | | | | | | | | | | | | | | | | | | | | | | | | | | | | | | | | | | |
| | | | | | | | | | | | | | | | | | | | | | | | | | | | | | | | | | | | | | |

调查员：　　　　　　　　工作单位：　　　　　　　　　　　　　　　调查日期：

注：变化原因填写具体变化原因，如小面积皆伐、生长抚育、人工植苗、征占用林地等最小级变化因子。

**表 5-2　森林资源变档外业小班因子填写项目表**

| 变化原因 | 变化后地类 | 变化小班因子 | | | | | | | | | | | | | | | | | | | | | | | | |
|---|---|---|---|---|---|---|---|---|---|---|---|---|---|---|---|---|---|---|---|---|---|---|---|---|---|---|
| | | 变化原因 | 变化年度 | 工程类别 | 保护等级 | 地权 | 林权 | 地类 | 森林类别 | 亚林种 | 优势树种 | 树种组成 | 起源 | 生产期 | 面积 | 林龄 | 胸径 | 平均高 | 郁闭度 | 成活率 | 每公顷株数 | 每公顷蓄积量 | 小班蓄积 | 株数采伐强度 | 蓄积采伐强度 | 是否全部作业 |
| 主伐乱砍盗伐 | 林分 | √ | √ | | | √ | √ | √ | √ | √ | √ | √ | √ | | √ | √ | √ | √ | √ | | √ | √ | √ | √ | √ | √ |
| | 疏林 | √ | √ | | | √ | √ | √ | √ | √ | √ | √ | √ | | √ | √ | √ | √ | √ | | √ | √ | √ | √ | √ | √ |
| | 采伐 | √ | √ | | | √ | | √ | √ | | | | | | √ | | | | | | | | | | | √ |
| 间伐 | 林分 | √ | √ | | | √ | √ | √ | | | √ | √ | √ | | √ | √ | √ | √ | √ | | √ | √ | √ | √ | √ | √ |
| 改造 | 采 | √ | √ | | | √ | | √ | √ | | | | | | √ | | | | | | | | | | | √ |
| | 林 | √ | √ | | | √ | √ | √ | √ | √ | √ | √ | √ | | √ | √ | √ | √ | √ | | √ | √ | √ | √ | √ | √ |
| 造林、封山 | 未 | √ | √ | √ | √ | √ | √ | √ | √ | √ | √ | √ | √ | | √ | √ | | √ | | √ | √ | | | | | √ |
| | 乔 | √ | √ | | | √ | √ | √ | √ | √ | √ | √ | √ | √ | √ | √ | | √ | | | | | | | | √ |
| | 灌 | √ | √ | √ | √ | √ | √ | √ | √ | √ | √ | √ | √ | | √ | √ | | √ | | √ | | | | | | √ |
| | 林 | √ | √ | √ | √ | √ | √ | √ | √ | √ | √ | √ | √ | | √ | √ | √ | √ | √ | | √ | √ | √ | | | √ |
| | 疏 | √ | √ | √ | √ | √ | √ | √ | √ | √ | √ | √ | √ | | √ | √ | √ | √ | √ | | √ | √ | √ | | | √ |

（续）

| 变化原因 | 变化后地类 | 变化小班因子 | | | | | | | | | | | | | | | | | | | | | | | |
|---|---|---|---|---|---|---|---|---|---|---|---|---|---|---|---|---|---|---|---|---|---|---|---|---|---|
| | | 变化原因 | 变化年度 | 工程类别 | 保护等级 | 地权 | 林权 | 地类 | 森林类别 | 亚林种 | 优势树种 | 树种组成 | 起源 | 生产期 | 面积 | 林龄 | 胸径 | 平均高 | 郁闭度 | 成活率 | 每公顷株数 | 每公顷蓄积量 | 小班蓄积 | 株数采伐强度 | 蓄积采伐强度 | 是否全部作业 |
| 病虫害 | 林 | √ | √ | | | √ | √ | √ | √ | √ | √ | √ | √ | | √ | √ | √ | √ | √ | | | √ | √ | | | √ |
| | 疏 | √ | √ | | | √ | √ | √ | | | √ | √ | √ | | √ | √ | √ | √ | √ | | | √ | √ | | | √ |
| 征占 | 非 | √ | √ | | | √ | | √ | | | | | | | √ | | | | | | | | | | | √ |
| 火灾 | 火烧 | √ | √ | | | √ | | √ | √ | | | | | | √ | | | | | | | | | | | √ |
| 自然灾害 | 林 | √ | √ | | | √ | √ | √ | √ | √ | √ | √ | √ | | √ | √ | √ | √ | √ | | √ | √ | √ | | | √ |
| | 疏 | √ | √ | | | √ | √ | √ | √ | | √ | √ | √ | | √ | √ | √ | √ | √ | | √ | √ | √ | | | √ |
| | 无 | √ | √ | | | √ | | √ | √ | √ | | | | | √ | | | | | | | | | | | √ |
| | 非 | √ | √ | | | √ | | √ | | | | | | | √ | | | | | | | | | | | √ |

调查日期：　　　　　　　　　　　　调查员：　　　　　　　　　工作单位：

注：在表5-2中，林指林分；疏指疏林；采指采伐迹地；未指未成林；乔指乔木经济林；灌指灌木林；无指无林地；非指非林地；火烧指火烧迹地

## 第三步：内业数据处理

森林资源数据库中每次更新的数据包括小班图形及属性、线状地物、行政界和权属界线等。

### （1）小班图形及属性更新

对于图形未发生变化仅有属性（如地类等）变化的小班，直接在森林资源数据库中修改小班属性因子。

对于图形发生变化的小班，需要同时修改小班图形和属性因子。图形修改方法如下：

①图形发生变化的小班按分幅进行扫描，按千米网坐标校正后，对与上期有变化的专业基础线进行矢量化，只矢量化新增加的区划界线，完成求算面积并添加到数据库中。

②建立起变化小班的拓扑结构和属性结构，输入变化小班的属性。

③跨图幅的应进行图幅拼接和检查。

④原数据库备份，更新原数据库。

⑤对于因自然原因引起的林木树高、胸径、蓄积量等小班属性因子增减变化的小班，运用生长模型进行数据更新。

### （2）线状地物的更新

①将线状地物变化数据分幅采集并进行拼接。

②将采集的线状地物变化数据入库进行空间叠加获取新的线状地物数据。

### （3）行政界和权属界线更新

在该行政界和权属界线数据上直接进行编辑更改，对所辖小班属性相应进行修改。

变化小班的处理方法，一般有如下 2 种情况：

①如在图 5-1 中，小班 1、2、3、4 是从原小班 23 中新增的小班，是小班 23 图形数据和属性数据发生变化的小班，因此对原 23 小班进行图形分割外，只改动蓄积量等部分属性因子，新增小班 1、2、3、4 需输入全部新的属性因子，新增小班 1、2、3、4 对应的小班编号为 23.1、23.2、23.3、23.4。

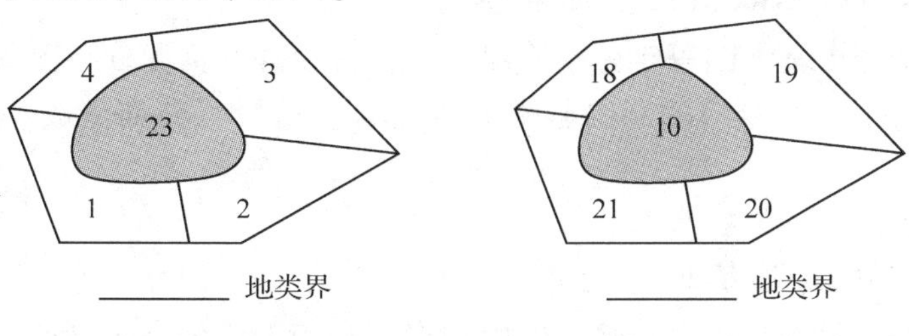


**图 5-1　分割小班**　　**图 5-2　合并小班**

②如在图 5-2 中，小班 10 是从小班 18、19、20、21 中新增的小班，是小班 18、19、20、21 图形数据和属性数据发生变化的小班，因此对原 18、19、20、21 小班进行图形分割外，新增小班 10 需进行拓扑重建，原小班 18、19、20、21 只改动蓄积量等部分属性因子，新增小班 10 需输入全部新的属性因子，新增小班 10 对应的小班编号为发生变化的小班中编号最小的号，加点编号，即 18.1。

## 第四步：森林资源数据统计

能依据变更数据库统计各类报表。森林资源统计年报由森林资源统计报告和统计报表两部分组成，森林资源统计报表由计算机自动生成。

### (1)森林资源统计报告

森林资源统计报告主要内容为：

①统计工作概况，调查统计人员组成、工作方法、工作时间和调查统计质量情况。

②说明统计报表的数据来源，数据更新、林木生长量、消耗量计算的依据和方法。

③林业生产计划完成情况，造林更新的计划执行情况，完成造林面积、树种、成活率和保存率，造林更新成林情况，成林面积的比率。采伐限额执行情况，凭证采伐情况等。

④分析年度森林资源消长变化情况、产生的原因以及存在的问题。

⑤针对森林资源消长变化的原因和存在问题提出意见和建议。

### (2)统计报表

统计报表包括：

①各类土地面积、森林面积蓄积统计表。

②公益林(地)、各工程类别公益林(地)面积统计表。

③商品林(地)、各工程类别面积统计表。

④林分各林种按龄组面积、蓄积统计表。

⑤人工林面积、蓄积统计表。

⑥天然林面积、蓄积统计表。

⑦用材林按龄级面积、蓄积统计表。

⑧经济林面积、立地类型面积统计表。

⑨经营措施类型面积、蓄积统计表。

⑩非林地造林面积、蓄积统计表。

报表格式同《各省森林资源二类调查技术方案》的有关规定。

**第五步：森林资源数据变更基本图**

森林资源数据变更基本图每年更新输出一次；各级森林资源分布图及其他各种专题图件由计算机自动输出，经专门的制图软件人工综合、编辑、整饰而成，视工作需要情况绘制。

**(1)森林分布图的绘制方法**

从森林资源图形数据库中自动输出编辑图形，利用专门的制图软件，根据小班及地类代码依规定的色标赋值，按龄组进行合并。图上成图小于2mm$^2$的图班的综合：乔木林地按龄组、树种、有林地顺序进行综合，其他地类按二级地类、一级地类、林地顺序进行综合。然后进行线图形编辑和点图形编辑、图例生成与编辑、图廓整饰、图名注记等。

**(2)各种专题图件的制作方法**

从森林资源图形数据库中自动输出编辑图形，利用专门的制图软件，根据不同的小班属性字段依规定的色标赋值(无关的小班赋白色)，可以生成不同的专题图。然后进行线图形编辑和点图形编辑、图例生成与编辑、图廓整饰、图名注记等。

## 5.2.2 森林资源档案数据变更的理论基础与内容

森林资源是一种可再生的、不断发生变化的动态生物资源。影响森林资源动态变化的原因主要来自4个方面：

①森林资源的自然生长和枯损，这种变化，可引起森林蓄积、活立木株数、枯倒木株数、平均胸径、平均树高等属性数据的变化。

②人类的各种经营活动、非经营活动和自然灾害导致的森林资源消耗，这种变化，可引起森林面积、蓄积、树种、林分构成、优势树种等属性数据和空间数据的变化。

③人类经营活动促进森林资源增长，人类的经营活动会促进森林面积的增加、森林覆盖率的提高、小班地块的增加、林班边界重新划分等属性数据和空间数据的变化。

④其他方面的因素引起的森林资源变化。

森林资源档案数据是对一个时期森林资源变化状况和森林生态状况的记录资料，通过各省森林资源资源二类调查，掌握森林资源现状，在此基础上开展森林资源档案数据变更工作，掌握森林资源动态变化情况，为评定森林经营利用效果，确定森林经营措施，进行规划设计和森林资源资产化管理等提供可靠技术依据。

目前森林资源档案管理已经从单纯的属性数据库统计、制表、查询管理，进入图形数据与属性数据库有机结合，实现具有信息录入、加工处理、图形与属性联动、检索分析、三维模拟、统计制图等特定功能的计算机一体化管理。

### 5.2.2.1　森林资源数据档案变更的原则和内容

**(1)森林资源数据档案变更的基本原则**

①森林资源档案数据变更以小班为基本单位。

②森林资源档案数据变更以森林资源二类调查资料为基础。

③森林资源档案数据变更的基础资料是通过省林业厅验收合格的县(市、区、旗)级外业补充调查资料。

④建立小班调查因子数据库和小班图形库、属性库，森林资源面积、蓄积变化落实到小班。

⑤归档的文本材料必须是原件，电子文档必须经杀毒处理。

⑥所有的变档材料在归档前都应由相应的档案管理人员进行严格的审查验收，未经验收或验收不合格的材料不予以归档。

**(2)森林资源档案数据变更的内容**

主要包括：地类、权属、面积、蓄积、经营类型、林分调查因子等。更新的原则为：按管理数据消减档案，按调查结果调整记录，按实际消耗统计报表，按统一要求先消后长。

主要工作包括以下几点：

①建立各省分区域各树种组林分生长模型。

②收集既有资料：如伐区作业设计调查及竣工验收报告；区划、规划、计划、经营方案和总体设计、造林设计等的有关文件与成果资料；森林、林木和林地产权流转有关的文件和资料；林业经营作业活动、检查验收、核查等材料与成果资料；征占用林地可行性研究报告及核查报告等。

③开展数据档案变更外业补充调查，采集外业补充调查数据，填写《森林资源变档外业小班因子调查序列表》。

④森林资源数据档案变更内业统计、制图与成果发布。

### 5.2.2.2　森林资源档案变更补充调查外业组织

外业调查材料是数据更新的原始依据，外业调查包括采伐作业调查、更新造林调查、新成林地调查、蓄积边界调查、征占用林地调查、非生产性森林资源消耗调查。

按《各省森林资源变档实施细则》规定，森林资源变档工作实行省、市、县、乡4级管理。每年由省林业调查规划院与市、县林业局会同乡林业站(林场)做好上年度变档外业补充调查工作，采集外业补充调查数据，对于由人为原因与自然灾害引起变化的小班，在1∶10 000基本图上根据现地变化情况以及收集的采伐作业设计、造林设计等资料，做境界线变动区划草图。填写“森林资源变档外业小班因子调查序列表”，并建立Excel电子报表文档。

### 5.2.2.3　森林资源档案数据更新

**(1)更新数据来源**

森林资源数据更新包括小班图形和属性因子更新。小班图形是指小班的空间位置属性；属性因子主要是地类、林种、树种、年龄、蓄积等。森林资源数据库建成后，为便于各种更新数据的录入和处理，应从"森林资源管理信息系统"中输出所需区域的小班图形与基础地理图形进行叠加的工作底图，用于进行各类林业规划设计调查、林地核查和检查验收等，其成果材料及为数据更新专门进行的调查成果即是更新数据的来源。

**（2）数据更新方法**

①*可运用生长模型进行数据更新*　对于蓄积进界小班要现地角规测树确定蓄积量，记载林分调查因子。对于仅因自然原因引起的林木树高、胸径、蓄积量等小班属性因子的变化，采用林分生长模型分别树种组和区域进行数据变档更新。

②*森林资源档案数据更新*　可采用"森林资源数据更新系统"，按照分层更新的方式进行。森林资源数据库中每次更新的数据包括小班图形及属性、线状地物、行政界和权属界线、各种注记等。

**（3）数据更新流程**

数据更新流程如图5-3所示。

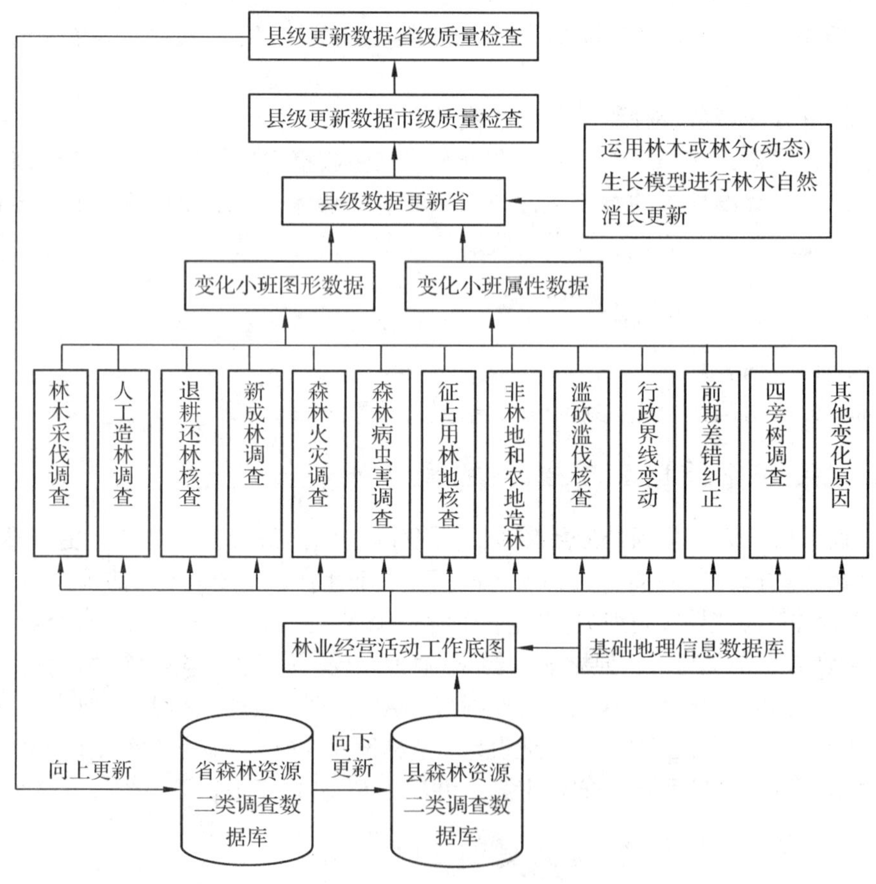


**图5-3　数据更新流程图**

**(4)数据更新内容**

①林木采伐调查　皆伐、择伐、抚育间伐和低产林改造的地段，调查登记采伐前后的地类、林种、树种、年龄、采伐面积、蓄积等，填写《森林资源变档外业小班因子调查序列表》。对于合作造林的小班采伐后应明确归属到乡、村、林班和小班。

a. 小班全部皆伐，按原小班号记载，用新的小班调查地类录入各项因子。

小班部分皆伐，进行图形分割，皆伐部分按新增小班登记(新增小班用原小班号加点顺序流水编号，如原小班号为 6，则皆伐小班号为 6.1，未皆伐的小班号为原小班号 6；如果小班部分皆伐使原小班地域上不连接，则未皆伐的面积大的小班为原小班号，面积小的按原小班号加点顺序流水编号，如原小班号为 8，小班部分皆伐使原小班地域上不连接，则未皆伐的面积大的小班为原小班号 8，未皆伐的面积小的小班为原小班号 8.1，皆伐的小班号为 8.2。在填写《森林资源变档外业小班因子调查序列表》时将原小班 8 列一行，并填写变化原因，其他因子空，然后填写原小班生成的亚小班。变化小班界线用红笔勾画，在作业小班境界区域内用汉字标注变化后的地类名称，下同)的地类录入各项因子，原小班余下的部分只改动小班蓄积量，其蓄积量等于原小班每公顷蓄积量乘以保留小班面积，并在此基础上按自然增长用生长模型推算小班蓄积量。

b. 小班均匀择伐，小班蓄积量等于原小班蓄积量减择伐蓄积量，地类或优势树种发生变化的还应进行地类或优势树种等相应因子的改动。

小班部分地段进行了择伐，进行图形分割，择伐部分按新增小班登记调查，小班蓄积量为原小班每公顷蓄积量乘以择伐小班面积减去择伐蓄积量；未择伐的部分只改动小班蓄积量，其蓄积量等于原小班每公顷蓄积量乘以保留小班面积，并在此基础上按自然增长用生长模型推算小班蓄积量。

c. 小班均匀抚育间伐，小班蓄积量等于原小班蓄积量减去原小班蓄积量乘以间伐强度，地类发生变化的还应进行地类等相应因子的改动。

小班部分地段进行抚育间伐，作业面积 50%(含 50%)以上的视为小班均匀抚育间伐；作业面积 50% 以下的视为小班没有抚育间伐作业。

d. 低产林改造、更新采伐可根据改造方法不同，分别对照皆伐、择伐的情况进行处理。

②人工造林调查　以核实的造林验收图纸、资料为依据，对达到未成林造林地标准的人工、飞播造林，现地调查登记造林面积、造林前后地类、造林树种、初植密度、成活率等。

小班部分造林的属于新增小班，原小班没有造林的只修改小班面积。

③退耕还林核查　非林业用地经退耕还林转化成林业用地或林业用地经退耕还林工程改变其地类的，要进行小班区划，核查退耕还林前后的地类等因子。

④新成林调查　主要包括以下 3 个方面：

a. 人工造林成林调查：人工造林 3 年、飞机播种 5 年或人工促进天然更新，达到有林地或疏林地标准，现地调查其成林前后的地类、优势树种、林种、郁闭度、平均树高、平均胸径等。

b. 天然更新成林调查：原疏林地、无林地由于天然更新，达到有林地标准的，现地调查其更新前后的地类、优势树种、林种、郁闭度、平均树高、平均胸径等。

c. 封育成林调查：原封育未成林达到有林地标准的，现地调查其前后的地类、优势树种、林种、郁闭度、平均树高、平均胸径等。

⑤森林灾害调查　主要包括以下2个方面：

a. 森林火灾调查：调查其火灾前后的地类、优势树种、林种、起源、受灾后蓄积减少情况等。

b. 森林病虫害调查：病虫危害后，对毁灭性地段，要分别进行小班区划，调查受灾前后的地类、优势树种、林种、起源、年龄，受灾后蓄积减少情况等。

⑥征占用林地核查　林业用地被永久征占，用作非林业用地，地类变为非林地，要进行小班区划，核查其面积、征占用前权属、地类、优势树种、林种、起源、年龄、小班蓄积等。对于被征占的有林地采伐的小班编号为以"X"字母开头并加注原小班号为下脚标，如$X_2$、$X_3$，从林业用地中扣除，但要在《森林资源变档外业小班因子调查序列表》记录，并填写备注；对于被征占的有林地不采伐的小班(如高压线下)按非林地造林处理，用$F_1$、$F_2$流水编号 。对于临时征占，小班号按正常林业用地小班编排，以阿拉伯数字开头，地类不可变为非林地。

林业用地被非法征占，仍为林业用地，要进行小班区划，核查其面积、征占用前权属、地类、优势树种、林种、起源、年龄、小班蓄积等，征占用后地类为其他无立木林地。

⑦有处理结果的乱砍盗伐核查　包括以下2个方面：

a. 乱砍盗伐致使小班因子发生变化的，应核查其前后的地类、优势树种、林种、起源、年龄、小班蓄积等。

b. 乱砍盗伐致使小班发生毁灭性变化的，应进行小班区划，并核查其前后的地类、优势树种、林种、起源、年龄、小班蓄积等。

⑧行政界线或权属发生变动核查　行政管理界线发生变化的，根据有关文件、协议，双方统一调整，内业改动行政界线；小班权属变动以林改后签定的合同为依据，对于只有权属发生变化的小班单独填写《小班权属变化登记表》。

⑨前期差错的修正　包括以下2个方面：

a. 小班属性因子修正：发现小班土地种类、林种、树种、年龄等属性因子，与调查精度要求不符或存在明显错误的，应反复核实，填写《森林资源数据库因子变化登记表》及时更正。

b. 小班界线修正：界线变动不大的，一般情况下不予以改动；小班界线变动较大的，应改正。

⑩四旁树调查　四旁树包括宅旁、路旁、水旁和田旁，不够区划小班面积的小块或零星植树。以村(场)为单位分别林木所有权按树种调查记载树木的平均胸径和株数，利用一元立木材积表，计算四旁树蓄积量，填写"四旁树调查统计表"(表5-3)。具体调查方法，可采用全面调查或抽样调查(以户为样本单元，抽样比10%～20%)。四旁树占地面积按每公顷1650株折算。

表 5-3　四旁树调查统计表

县(市、区、旗)

| 乡 | 村 | 林木所有权 | 株数 | 蓄积 |
|---|---|---|---|---|
| | | | | |
| | | | | |

调查员：　　　　　　　　　　工作单位：　　　　　　　　　　调查日期：

⑪其他原因　因其他原因(自然灾害、毁林开荒、无处理结果的乱砍盗伐等)引起小班图形和属性因子发生变化，无调查结果材料和图纸的，按照《各省森林资源二类调查技术方案》的要求，进行变化小班界线调绘，并登记《森林资源变档外业小班因子调查序列表》。

## →拓展训练

收集某林场的森林资源二类调查成果，选用适合该林场使用的森林资源建档软件或地理信息系统软件，并能从计算机中输出所需区域的 1∶10 000 小班基本图，能正确填写《森林资源档案变更外业小班因子调查序列表》，并能建立 Excel 电子报表文档，按森林资源数据库更新的要求，选择合适的方法，并进行内业数据更新，能依据变更数据库，统计各类报表，绘制所需的森林资源分布图及其他各种专题图件，每人提交一份小班因子数据和变化小班图、表。

# 任务 5.3

## 生态公益林监测

### →任务描述

收集不同林种、地类、树种、起源、龄组和立地条件等因子的公益林小班，选择有代表性的地段布设固定样地，开展固定样地调查监测。固定样地按各省统一编号，通过对固定样地定期连续监测获取公益林森林资源情况和生态状况数据。

每人建立一份公益林样地调查监测数据。

### →任务目标

**(一)知识目标**

1. 了解生态公益林生态功能状况、森林健康状况及其动态。
2. 熟悉生态公益林建设、保护、经营与管理的理论依据。
3. 掌握生态公益林资源分布、数量、结构、质量状况。
4. 掌握生态公益林区生态环境状况及其变化趋势。

**(二)能力目标**

1. 根据生态公益林事权、亚林种、植被类型、地域分布，以及标准地的选设原则和标准地的大小要求，能够完成标准地的测设。
2. 能按照要求，进行固定样地复位、调查、记录。
3. 依据样地因子的各项要求，能够正确填写样地因子调查卡片。
4. 能对所调查到各项因子，进行正确的计算。
5. 能正确的判定各生态监测因子的评定指标及划分标准。
6. 能准确无误的建立样地因子调查监测数据。

### →知识准备

### 5.3.1 实践操作：生态公益林监测的过程与要点分析

**第一步：监测样地设置**

**(1)标准地布设原则**

①代表性 选择能代表生态公益林不同的生态区位类型、森林植被、森林结果类型的小班布设标准地。

②典型性 在确定监测小班内，选择典型有代表性的地块布设标准地，该标准地基本能代表该小班的现状。

③整体性 标准地布设覆盖各区域生态公益林补偿实施单位。

④均匀性 各实施单位的样地分布要考虑地域的均匀性。

**(2)标准地布设方法**

根据生态公益林事权、亚林种、植被类型和地域分布等进行布设，具体的布设要求：

①公益林事权 按照实施单位重点公益林(国家公益林)、省级公益林面积权重确定标准地个数。

②亚林种 按照实施公益林亚林种(生态区位类型)面积的比例计算各亚林种标准地个数，并尽量做到每个林种最少有 1 个监测样地(样地数少于林种数除外)。

③森林植被类型 按照森林植被类型(优势树种)面积的比例计算各类标准地个数，当一个类型有 2 个以上样地时，再考虑起源、龄组、郁闭度，尽量做到类型的多样。

④地域分布 根据各省(自治区、直辖市)、市、县、乡(镇)生态公益林面积的大小、森林类型，把各类型标准地分别落实到山头地块(小班)。

**(3)标准地大小**

一般情况下，标准地面积为 0.066 7hm$^2$，边长(水平距离)为 25.82m 的正方形标准地。

**(4)标准地固定标志的设置**

方法同国家森林资源连续清查。

**(5)标准地周界测设**

方法同国家森林资源连续清查。

**(6)标准地位置图绘制**

样地布设以后，应测定并记录样地东北角的定位坐标，并将样地设置的大小、形状在调查表上按比例绘制，同时标注离样地最近的地物标。

**第二步：监测样地复位**

方法同国家森林资源连续清查。

**第三步：固定样地调查**

固定样地调查主要包括基本情况调查和林下植被调查，具体内容如下：

**(1)基本情况调查**

包括样木、样地所处位置的行政区划、森林资源调查区划、地形地势、林况等。

①郁闭度调查 样地两对角线上树冠覆盖的总长度与两对角线的总长之比作为郁闭度的估测值。在样地内机械设置若干个样点，在各样点上确定是否被树冠覆盖，被覆盖的点数占样点的比例作为郁闭度的估测值。

②样地年龄调查 样地年龄采用以下一种方法调查记载，或采用多种方法综合确定。方法包括：查数与林分平均胸径大小相近的林木伐根上的年轮数；用生长锥等工具调查与林分平均直径相近林木的年龄；某些松科的树种可以用轮生枝数确定其中幼龄林时的年龄；人工林可通过查造林档案、询问当地技术人员确定年龄。单层混交林以优势树种的平均年龄作为林分平均年龄。复层异龄混交林，先分别测定各层的年龄，再以各层年龄的算术平均值作为林分平均年龄。

③样木调查 包括以下4个方面：

a. 起测直径和径阶距：起测直径为5cm，即胸径大于等于5cm的林木均要调查。径阶距采用2cm。

b. 每木检尺：样木调查采用每木检尺方法。对样地中所有超过起测直径的林木进行编号，并在树干上注记，同时注记胸高位置。标记要明显，不宜消失，能长时间保留。调查样地中已编号并注记的林木的胸径，分别树种记载。

c. 样木健康等级：在每木检尺的同时，调查每株样木的健康状况，分为5级。

d. 测量林木胸径要点：测定距地面1.3m处直径，在坡地量测坡上1.3m处直径；测定直径可用围尺或轮尺。使用轮尺时，应与树干垂直且与树干三面紧贴，测定胸径并记录后，再取下轮尺；遇干形不规整的树木，应垂直测定两个方向的直径，取其平均值。在1.3m以下分叉者应视为两株树，分别检尺。

**(2)林下植被调查**

①小样方设置 林下植被调查采用小样方调查法。小样方面积分别灌木、草本确定。灌木样方面积为$4m^2$，分别设置于样地的4个角，形状为边长2m的正方形。草本样方面积为$1m^2$，设置于灌木样方内，形状为边长1m的正方形。植被调查样方应未受人为踩踏，并对于样地有一定的代表性。

②调查方法 先调查样方内的灌木盖度、平均高度，草本平均高度和盖度。然后对在样方内的灌木、草本进行全部调查记载。灌木调查记载种类、地径、高度、健康(生长发育)状况，草本调查记载种类、数量(株)、高度。

## 第四步：样木因子调查

**(1)立木类型**

①林木 生长在有林地(不含竹林)和疏林地中的树木。

②散生木 幼中龄林上层不同世代的高大树木。

**(2)检尺类型**

内容同国家森林资源连续清查。

## 第五步：样地监测因子计算

### (1)树种组成计算和林分类型确定

①树种组成计算　包括以下 4 个方面：

a. 分别树种计算活立木的胸高断面积。

b. 合计各树种胸高断面积得样地断面积。

c. 将各树种胸高断面积除以样地断面积，再乘以 10 并取整，得树种组成。数值最大者为优势树种。

d. 当林分平均胸径达不到 6cm 时，用株数代替断面积。

②优势树种确定　包括以下 2 个方面：

a. 样地中某一树种胸高断面积占样地胸高断面积比例超过 65%(含)时，该树种为优势树种。

b. 样地中任一树种胸高断面积占样地胸高断面积比例均不超过 65%(不含)时，比例最大树种为优势树种。

### (2)树种平均直径和林分平均直径计算

①树种平均直径计算　对于组成在 1 成以上(含 1 成)的树种，计算该树种的平均直径。采用断面积平均法计算。

②林分平均直径的计算　计算包括样地中所有调查的活立木在内的平均直径。采用断面积平均法计算。

③林分平均高测定　包括以下 5 个方面：

a. 测高方法：采用测高器或测杆进行测高。测杆适宜于高度 10m 以下的林木。

b. 计算径阶株数：根据每木检尺，分别林层、树种，以 2cm 为径阶归组。

c. 纯林平均高测定法：选择不少于 15 株林木测定树高。测定树高的株数应与径阶检尺株数成正比。其中，林分平均直径所在径阶应不少于 4 株，每个径阶至少有 1 株。凡测高的林木应实测其胸径和树高。

以胸径为横坐标、树高为纵坐标，根据各测高木的胸径、树高绘制散点图，将各点用圆滑曲线连接起来，形成树高曲线图。根据林分平均直径、各径阶中值从树高曲线图上反查树高，得到林分平均高和各径阶平均高。

d. 混交林平均高测定：优势树种平均高，按照纯林平均高测定法测定。非优势树种平均高可选 3～5 株相当于该树种平均直径大小的树木测高，取其算术平均值为该树种的平均高。

e. 复层异龄混交林平均高测定：对于复层异龄混交林，分别林层测定树高。对于主林层，按照纯林平均高测定法测定；对于副林层，按照混交林非优势树种平均高测法测定。

### (3)样地和林分主要测树因子计算

①样地因子计算　包括以下 3 个方面：

a. 样地株数：分别树种计算每木检尺的活立木株数，得各树种样地株数。合计各树种样地株数之和得样地总株数。

b. 样地断面积：分别树种计算每木检尺的活立木株数的断面积之和，得分树种的样地断面积。合计各树种样地断面积之和得样地断面积。

c. 样地蓄积量：对于样地中的优势树种，根据每木检尺结果，依据样木检尺胸径和从树高曲线上查定的树高，查相应树种的二元立木材积表(或用二元立木材积公式由计算机软件完成计算)，得到该样木的单株材积。对于样地中的非优势树种，采用一元立木材积表计算样木材积。将相同树种各样木材积累加，得到该树种的样地材积。合计各树种材积，得到样地蓄积量。

②单位面积林分因子计算 包括以下3个方面：

a. 单位面积总株数：分别树种的样地每木检尺株数除以样地面积得各树种的单位面积株数。合计各树种的单位面积株数之和得单位面积总株数。

b. 单位面积总断面积：分别树种的样地断面积除以样地面积得各树种的单位面积断面积。合计各树种的单位面积断面积之和得单位面积总断面积。

c. 单位面积总蓄积量：分别树种的样地蓄积量除以样地面积得各树种的单位面积蓄积量。合计各树种的单位面积蓄积量之和得单位面积总蓄积量。

**(4)样木健康等级统计**

①样地样木健康等级统计 分别林层、树种，根据每木检尺结果，统计各健康等级的样木株数。

②单位面积样木健康等级统计 将样地各健康等级株数分别除以样地面积，并取整后得到单位面积各健康等级株数。

## 第六步：生态状况监测

监测样地调查内容主要包括土壤调查、生物多样性调查、更新调查、立地因子调查、森林灾害、森林健康、生态功能等级、森林结构和自然度等。

**(1)土壤调查**

在标准地外围选设与固定样地的植被、地形条件(坡向、坡度、坡位)均相似地段，在小地形较为平整，无近期崩塌或严重侵蚀，距树干1~2m以外区域选设土壤剖面，但不能设在路边或植被严重破坏地区。土壤剖面要求长1.0~1.5m，宽0.8m，深1.5~2.0m，观察剖面时宜向阳，坡度较大时可与坡向一致，主要调查土壤类型、土层厚度、腐殖质厚度、土壤颜色、质地、母岩等。

**(2)生物多样性调查**

生物多样性包括生态系统多样性、物种多样性和遗传多样性3个层次。目前以生态系统多样性作为监测重点，条件允许时应逐步考虑物种多样性，而遗传多样性暂不作考虑。

**(3)天然更新调查**

在调查生物多样性时，同时调查林分天然更新情况。主要调查因子是幼树幼苗树种，起源、生长状况和高度，并逐株测量。

**(4)立地因子调查**

①*地貌*　在 $10km^2$ 范围内按下列标准划分所属地貌。极高山：海拔大于 5000m 的山地；高山：海拔为 3500～5000m 的山地；中山：海拔在 1000～3499m 的山地；低山：海拔在 500～999m 的山地；高丘：海拔在 250～499m 的山地；中丘：海拔在 100～249m 的山地；低丘：海拔 100m 以下山地和台地；平原：平坦开阔，起伏很小。

②*坡度*　共分平、缓、斜、陡、急、险六个坡度级。

③*坡向*　分东、南、西、北、东南、东北、西南、西北、无坡向 9 个方位。

④*坡位*　分脊、上、中、下、谷、平地及全坡 7 个坡位。

⑤*母岩*　指土层下的岩石。可在就近周围自然崩缺口中观察。

**(5)森林灾害**

①*森林病、虫害等级*　林木受各种病害、昆虫危害(含树叶、枝梢、果实、树干)的严重程度，按受害立木株数百分率，分为无、轻、中、重 4 个等级。

②*火灾等级*　林木遭受火灾的严重程度，按受害立木株数占总株数百分比及受害后林木能否存活和影响生长的程度，分无、轻、中、重 4 个等级。

③*其他自然灾害等级*　林木受风、雪、冻、水灾等危害程度，按受害(死亡、折断、断梢、翻倒等)立木株数占总株数百分比，分无、轻、中、重 4 个等级，见表 5-4 所列。

**表 5-4　森林灾害等级评定标准**

| 等级 | 评定标准 | | |
|---|---|---|---|
| | 森林病、虫害 | 森林火灾 | 气候灾害和其他 |
| 无 | 受害立木株数 10% 以下 | 未成灾 | 未成灾 |
| 轻 | 受害立木株数 10%～29% | 受害立木株数 20% 以下，仍能恢复生长 | 受害立木株数 20% 以下 |
| 中 | 受害立木株数 30%～59% | 受害立木株数 20%～49%，生长受到明显的抑制 | 受害立木株数 20%～59% |
| 重 | 受害立木株数 60% 以上 | 受害立木株数 50% 以上，以濒死木和死亡木为主 | 受害立木株数 60% 以上 |

**(6)森林健康**

根据林木生长发育、外观表象特征及受灾情况综合评定森林健康状况，分为健康、亚健康、中健康、不健康 4 个等级，见表 5-5 所列。

**表 5-5　森林健康等级评定标准**

| 健康等级 | 评定标准 |
|---|---|
| 健　康 | 林木生长发育良好，枝干发达，树叶大小和色泽正常，能正常结实和繁殖，未受任何灾害 |
| 亚健康 | 林木生长发育较好，树叶偶见发黄、褪色或非正常脱落(发生率 10% 以下)，结实和繁殖受到一定程度的影响，未受灾或轻度受灾 |
| 中健康 | 林木生长发育一般，树叶存在发黄、褪色或非正常脱落现象(发生率 10%～30%)，结实和繁殖受到抑制，或受到中度灾害 |

（续）

| 健康等级 | 评定标准 |
|---|---|
| 不健康 | 林木生长发育达不到正常状态，树叶多见发黄、褪色或非正常脱落（发生率30%以上），生长明显受到抑制，不能结实和繁殖，或受到重度灾害 |

**（7）生态功能等级**

各森林类型的生态功能等级按评定因子与类型得分总和法综合评定。

①特用林及非带状防护林　特用林及非带状防护林生态功能等级评定因子有：物种多样性、郁闭度、森林结构、林下植被和枯枝落叶层5个因子，各因子状况划分为Ⅰ、Ⅱ、Ⅲ和Ⅳ4个类型。其中，Ⅰ类型分值为16～20分，Ⅱ类型分值为11～15分，Ⅲ类型分值为6～10分，Ⅳ类型为0～5分。各因子及类型的划分标准见表5-6。地类为竹林的林地不按此标准评定。以小班内各评定因子得分之和作为综合分，评定小班生态功能所属等级。

**表5-6　特用林及非带状防护林生态功能评价因子及等级划分标准**

| 评定因子 | 类型 | | | |
|---|---|---|---|---|
| | Ⅰ | Ⅱ | Ⅲ | Ⅳ |
| 物种多样性 | 阔叶林，阔叶为主的针阔混交林，物种丰富 | 针叶为主的针阔混交林，混交比≥30%，物种较丰富 | 针叶纯林，针叶混交林，物种单纯 | 灌草植被 |
| 郁闭度 | ≥0.80 | 0.50～0.79 | 0.20～0.49 | ≤0.19 |
| 森林结构 | 群落结构复杂或完整（复层林） | 群落结构较完整 | 群落结构简单（单层林） | 无乔木层 |
| 林下植被 | 植被高度≥1.0m，盖度≥80% | 植被高度0.5～0.9m，盖度50%～79% | 植被高度0.3～0.4m，盖度30%～49% | 植被高度<0.3m，盖度<29% |
| 枯枝落叶层 | 厚度≥5cm | 厚度3～4cm | 厚度1～2cm | 厚度<1cm |

综合分在80分以上，小班生态功能等级判定为一类；综合分在60～79之间，小班生态功能等级判定为二类；综合分在40～59之间，小班生态功能等级判定为三类；综合分在40分以下，小班生态功能等级判定为四类。

②带状防护林　带状防护林包括护岸林、护路林、农田防护林及其他带状防护林。其评定因子有林带完整性、林带宽度、林分郁闭度和林带结构4个，各因子状况均分为Ⅰ、Ⅱ、Ⅲ和Ⅳ4种类型，其中，Ⅰ类型分值为21～25分，Ⅱ类型分值为16～20分，Ⅲ类型分值为11～15分，Ⅳ类型分值为0～10分。各因子及类型的划分标准见表5-7所列。以小班内4个因子状况得分之和作为综合分，评定小班生态功能所属等级。综合分在80分以上生态功能等级评定为一类，综合分在60～80分生态功能等级评定为二类，综合分在40～60分生态功能等级评定为三类，40分以下则评定为四类。

表 5-7　带状防护林生态功能评价因子及等级划分标准

| 评定因子 | 类型 | | | |
|---|---|---|---|---|
| | Ⅰ | Ⅱ | Ⅲ | Ⅳ |
| 林带完整性 | 林带无缺口 | 每千米带缺口少于 2 个且缺口长度 < 100m | 每千米带缺口多于 2 个（含 2 个）或缺口长度 ≥100m | 整条带缺口较多，缺口长度较长，林带残缺不全 |
| 林带宽度 | 最小宽度 ≥100m | 最小宽度 50 ~ 99m | 最小宽度 20 ~ 49m | 最小宽度 < 20m |
| 郁闭度 | ≥0.80 | 0.60 ~ 0.79 | 0.20 ~ 0.59 | ≤0.19 |
| 林带结构 | 多树种，复层林，疏透结构 | 单树种，单层林，林下有灌木层，疏透结构 | 单树种，单层林 | 无林层 |

**(8)森林结构**

森林结构包括群落结构、林层结构、树种结构 3 个方面的内容。

①群落结构　乔木林群落结构划分为 3 类。在划分乔木林群落结构时，下木层、地被物层的平均高度一般要求：下木层平均高度不能低于 50cm，地被物层平均高度不能低于 5cm。当下木(含灌木和层外幼树)或地被物(含草本、苔藓和地衣)的覆盖度 ≥20%，单独划分植被层；当下木(含灌木和层外幼树)和地被物(含草本、苔藓和地衣)的覆盖度均在 5% 以上，且合计 ≥20%，可合并为 1 个植被层。

**完整结构**　具有乔木层、下木层、地被物层 3 个层次，且下木层和地被物层覆盖度均 ≥20% 的林分。

**较完整结构**　具有乔木层和其他 1 个植被层或下木层和地被物层覆盖度均在 5% 以上，且合计 ≥20% 的林分。

**简单结构**　只有乔木 1 个植被层或下木层和地被物层覆盖均低于 5% 的林分。

②林层结构　林层结构指林分的林冠层次结构，分单层和复层 2 类。复层林的划分应同时满足下列 4 个条件：

a. 各林层每公顷蓄积量不少于 $30m^3$；

b. 主林层、次林层平均高差 20% 以上；

c. 各林层平均胸径在 8cm 以上；

d. 主林层郁闭度不少于 0.30，其他层郁闭度不少于 0.20。

③树种结构　树种结构反映乔木林的针阔叶树种组成，共分 7 个等级。对于竹林和竹木混交林，确定树种结构时将竹类植物当乔木阔叶树种对待。若为竹林纯林，树种类型按类型 2(阔叶纯林)记载；若为竹木混交林，按株数和断面积综合目测树种组成，参照有关树种结构划分标准，确定树种结构类型，按类型 4、类型 6 或类型 7 记载，见表 5-8 所列。

表 5-8　树种结构划分标准

| 树种结构类型 | 划分标准 |
|---|---|
| Ⅰ | 针叶纯林(单个针叶树种蓄积 ≥90%) |
| Ⅱ | 阔叶纯林(单个阔叶树种蓄积 ≥90%) |

（续）

| 树种结构类型 | 划分标准 |
|---|---|
| Ⅲ | 针叶相对纯林（单个针叶树种蓄积占65%～90%） |
| Ⅳ | 阔叶相对纯林（单个阔叶树种蓄积占65%～90%） |
| Ⅴ | 针叶混交林（针叶树种总蓄积≥65%） |
| Ⅵ | 针阔混交林（针叶树种或阔叶树种总蓄积占35%～65%） |
| Ⅶ | 阔叶混交林（阔叶树种总蓄积≥65%） |

**（9）自然度**

森林自然度是指森林群落类型现状与地带性顶极群落（或原生乡土植物群落）之间的差异程度。根据森林群落类型或种群结构特征位于次生演替中的阶段划分等级，按小班的人为干扰强度、林分类型、树种组成、层次结构、年龄结构等把自然度划分为5个类型。见表5-9所列。

**表5-9 森林自然度等级划分标准**

| 等级 | 划分依据 |
|---|---|
| Ⅰ | 原始林或受人为影响很小而处于基本原始的植被，森林群落组成复杂，为多层结构、异龄林 |
| Ⅱ | 曾经有明显人为干扰，处于演替后期的次生群落，森林群落完整结构，复层结构、异龄林，包括天然次生阔叶林、阔叶混交林 |
| Ⅲ | 人为干扰较大的次生群落，处于次生演替中期阶段，森林为单层或复层结构，同龄林或异龄林，包括人工阔叶混交林、针叶混交林或主林层为针叶树种，次林层大量阔叶树种的针阔混交林 |
| Ⅳ | 人为干扰极大，处于次生演替初期阶段，森林群落结构简单，为单层结构、同龄林或异龄林，包括人工阔叶纯林、针叶纯林、天然更新马尾松林、灌木林 |
| Ⅴ | 人为干扰强度极大而持续，处于次生演替前期阶段，包括生长着大量草及藤本植物的无林地（荒山荒地、采伐迹地、火烧迹地）未成林地和林种为经济林的林地 |

**第七步：调查记录卡片复核**

为了保证原始数据输入存储的准确性，外业调查自检验收合格后，各县（市、区、旗）必须把卡片集中在一起，由设区市和省检查组的验收人员对样地调查记录原始数据进一步进行复核。复核检查一定要认真，主要是检查各因子之间是否有逻辑错误，非数量化因子代码填写是否符合要求，地类代码是否有错误，其他主要因子填写是否正确等。检查时每个样地都必须签上复核检查人姓名、单位、日期。样地记录卡片检查验收办法按质量管理的要求进行。调查卡片经检查验收后方可计算机数据输入。

## 5.3.2 生态公益林监测的理论基础与内容

生态公益林是以保护和改善人类生存环境、维持生态平衡、保存种质资源、科学实验、森林旅游、国土保安等需要为主要经营目的的森林、林木、林地，包括防护林和特种用途林。生态公益林林种分防护林和特种用途林 2 个林种、14 个亚林种。分类系统见表 5-10 所列。

**表 5-10 林种分类系统**

| 林种 | 亚林种 | 林种 | 亚林种 |
|---|---|---|---|
| 防护林 | 水源涵养林<br>水土保持林<br>防风固沙林<br>农田牧场防护林<br>护岸林<br>护路林<br>其他防护林 | 特种用途林 | 国防林<br>实验林<br>母树林<br>环境保护林<br>风景林<br>名胜古迹和革命纪念林<br>自然保护区林 |

生态公益林监测是森林资源监测的重要组成部分，通过对生态公益林资源与生态状况进行综合监测，及时掌握生态公益林资源数量、质量、生态状况、动态变化、建设成效，定期向社会公众发布生态公益林资源及生态状况公报，为国家制定生态公益林建设方针、政策提供决策支持，为各地生态公益林保护、经营与管理提供信息服务。

其监测的主要任务是在各省纳入补偿的生态公益林范围内，根据生态公益林分布情况及生态区位和资源特点，建立典型性固定样地，并按照固定样地监测有关要求，在每年同一物候期对固定样地内资源情况和生态状况进行监测，并对观测数据分析研究，掌握生态公益林区的森林资源、生态环境状况及变化趋势。

### 5.3.2.1 生态公益林监测的内容

**(1)森林资源状况监测**

主要监测因子包括土地覆盖、树种、林龄、郁闭度、植被盖度、起源、胸径、树高、蓄积等。

**(2)生态状况监测**

主要监测因子包括地势地貌、坡度、坡向、土壤、天然更新、森林灾害、森林健康、生态功能等级、生物多样性、森林结构和自然度等。

### 5.3.2.2 生态公益林监测技术方法

以各省生态公益林为总体，选择具有典型性和代表性的公益林小班，分别对不同林种、地类、树种、起源、龄组和立地条件等因子选择有代表性的地段布设固定样地，开展固定样地调查监测、小班调查、定位观测和专题调查等方法。

**(1)固定样地调查**

生态公益林区域内的固定样地监测融合到各省森林资源连续清查体系中，由各省森林资源监测中心负责实施。按照实施单位重点公益林(国家公益林)、省级公益林面积权重，各市、县、乡(镇场)生态公益林面积的大小、森林类型，确定标准地的个数，在现有固定样地的基础上进行样地加密，构建公益林的地方级固定样地监测体系，然后把各类型标准地分别落实到山头地块(小班)。设置固定样地的精度要求如下：

①定位　用GPS定位时，纵横坐标定位误差均不超过10m。

②周界误差　固定样地周界测量闭合差小于0.5%。

③检尺株数　大于或等于8cm的应检尺株数不允许有误差，小于8cm的应检尺株数允许误差为5%，且最多不超过3株。

④胸径测量　胸径小于20cm的树木，测量误差小于0.3cm；胸径大于或等于20cm的树木，测量误差小于1.5%。

⑤树高测量　当树高小于10m时，测量误差小于3%；当树高大于或等于10m时，测量误差小于5%。

⑥郁闭度和覆盖度　郁闭度和覆盖度误差小于10%。

⑦其他　地类、起源、林种、优势树种、生态区位、森林健康等因子不应有错。

通过对设置的固定样地进行长期定时观测和信息采集，研究生态公益林随时空的变化规律，从而对公益林的保护管理措施进行评价，以期完善提高生态公益林的管理水平。

**(2)小班调查**

上一次二类森林资源调查后未开展森林资源二类调查的县，近期要对生态公益林小班进行一次全面调查，此后每5年对公益林小班进行一次全面复核调查，并绘制相应的县、乡公益林分布图；对当年发生森林火灾、林业有害生物、林地征占用、更新造林、卫生伐等公益林小班要进行年度更新；对森林演替进程较快、地类变化激烈及重要区位要建立影像数据库；在开展森林资源二类调查时要保持公益林小班界线的完整性、严肃性，不得随意变动，对林相发生变化的公益林小班可以记载细班。小班调查和更新由各县组织实施。

**(3)定位观测**

根据《公益林生态定位站建设方案》设置长期观测站、临时观测点，进行生态状况及效益的长期监测或专项监测。其中长期观测站的设置由各省林业厅确定，并由各省林业科学研究院组织技术培训、指导，由项目县负责实施；各县根据本地实际需要，设置临时观测点，开展特定内容的观测。

**(4)专题调查**

对生物多样性、城市森林环境、森林土壤、水土流失、森林气候、森林水文及水质变化等其他需要特定调查与监测的内容采用专题调查，由项目县和项目技术指导单位负责实施。

#### 5.3.2.3　生态公益林监测机构及职责

生态公益林监测工作由省林业厅统一领导，省森林资源监测中心负责具体的组织实施，包括全省监测方案编制，监测技术标准和操作细则的制定，技术培训与指导，质量管理，全省数据汇总、数据库建立、数据处理与分析，效能评价，监测报告编制等。

设区市森林资源监测中心负责辖区内生态公益林监测的组织、协调，协助实施单位根据标准地类型按细则要求把标准地布设到山头地块(小班)、监测的技术指导、外(内)业质量管理。

生态公益林实施单位负责辖区标准地的布设、调查、记录、测试、调查数据录入，并对数据的真实性和准确性负责。

## →拓展训练

收集不同林种、地类、树种、起源、龄组和立地条件等因子的公益林小班，选择有代表性的地段布设固定样地，开展固定样地调查监测。固定样地按各省统一编号，通过对固定样地定期连续监测获取公益林森林资源情况和生态状况数据。每人建立一份公益林样地调查监测数据。

## 自测题

### 一、名词解释

一类森林资源监测　防护林　生态公益林　森林资源档案数据　生态公益林监测　小班　水源涵养林　小班经营法　小班图形　四旁树　森林自然度

### 二、填空题

1. 森林资源监测是对森林资源的________、________、________及其利用状况进行________的观测分析和评价的工作。

2. 森林资源调查监测工作的重点由过去以木材资源调查，转向对森林资源、________、________、________和________，以及森林景观在内的多资源和多功能的________等方面的指标和评价内容进行综合监测。

3. 一类森林资源监测的一个重点变化趋势是________来代替周期监测。

4. 森林资源档案数据是对一个时期________状况和________状况的记录资料。

5. 森林资源数据更新包括________和________。

6. 森林资源数据库中每次更新的数据包括________、________、________和________。

7. 小班均匀择伐中，小班蓄积量等于________减________。

8. 有处理结果的乱砍盗伐致使小班因子发生变化的，应核查其前后的地类、________、________、________、________、________等。

9. 地类变化原因分为：________、________、________、________4类。

10. ________是以保护和改善人类生存环境、维持生态平衡、保存种质资源、科学试验、森林旅游、国土保安等需要为主要经营目的的森林、林木、林地。

11. ________是以净化空气、防止污染、降低噪音、改善环境为主要目的森林和灌木林。

12. 按照气候、地貌、土壤、植被、水分等因子进行地域性的区划称为________。

13. 生态公益林划为________生态公益林和________生态公益林两大类。

14. 乡镇林业工作站对地方生态公益林的主要职责是________、________和________。

15. 生物多样性包括________、________和________3个层次。

16. 在立地因子调查中，海拔在250～499m的为________。

17. 在森林火灾等级中，受害立木株数20%～49%，生长受到明显的抑制，被评定为________等级。

18. 带状防护林包括________、________、________及其他带状防护林。

19. 林层结构指林分的林冠层次结构，分________和________两类。

20. 特用林及非带状防护林生态功能等级评定因子有：________、________、________、林下植被和枯枝落叶层5个因子，各因子状况划分为Ⅰ、Ⅱ、Ⅲ和Ⅳ4个类型。

### 三、选择题

1. 下列两组树种中，哪一组树种属国家特别规定灌木林地。(　　)

A. 油橄榄、油桐、棕榈、蒲葵等　　　　B. 油茶、茶叶、柑橘、猕猴桃等

2. 森林按主导功能分为两大类，请判断其中的一组。(　　)

A. ①天然林　②人工林　　　　　　B. ①生态公益林　②商品林

3. 风景林是风景名胜区的重要组成部分，以供欣赏和审美，游客要支付门票费用。请判断风景林属哪一个林种。(　　)

A. 特种用途林　　　　　　　　　B. 经济林

4. 国家对森林实行公益林和商品林分类经营，这是我国林业在社会主义市场经济条件下一项具有全局性的重大战略构想。公益林和商品林各自遵循各自的导向和规律，被划作公益林的那一部分森林以国家生态安全为主要导向，请问这种导向主要遵循什么规律？(　　)

A. 价值规律　　　　　　　　　　B. 生态规律

5. 江河周围森林是国家公益林的重要组成部分，请判别下列两组江河中，哪一组属于界江、界河。(　　)

A. 图们江、鸭绿江、额尔古纳河　　B. 绥芬河、澜沧江、伊犁河

6. 保护江河沿岸森林，对于维护国土和生态安全具有重要意义，下列两组江河中，有一组是对国家生态安全具有重要意义的河流，请作出判别。(　　)

A. 钱塘江、湘江、赣江、沅江　　　B. 辽河、海河、子牙河、珠江

7. 市、县(市、区、旗)人民政府在重点生态公益林经营区的山口、路口、海岸、河流交叉点等应设立标志，立牌公示，请问这种标志属(　　)。

A. 永久性标志　　　　　　　　　B. 临时性标志

8. "3S"系统是 GIS、RS、GPS 的简称。请判别 GIS 指下列中的哪一个系统。(　　)

A. 地理信息系统　　　　　　　　B. 全球定位系统

9. 根据(　　)、外观表象特征及受灾情况综合评定森林健康状况。

A. 森林生长发育　　　　　　　　B. 林木生长发育

10. 群落的完整结构是指具有(　　)、下木层、地被物层 3 个层次，且下木层和地被物层覆盖度均≥20% 的林分。

A. 乔木层　　　　　　　　　　　B. 主林层　　　　　　　　C. 次林层

**四、简答题**

1. 我国一类森林资源监测的主要内容？
2. 简述我国森林资源监测的发展趋势？
3. 多资源调查包括哪些内容？
4. 简述 GPS 在森林资源监测中的应用？
5. 按《森林法》规定，把森林划分为几大林种？分别是哪些？
6. 生态公益林分为防护林和特种用材林，请列出特种用途林的 7 个亚林种。
7. 请简述生态公益林监测的主要任务？

## →自主学习资料库

1. 辽宁省《森林资源变档实施细则》(2008 年)
2. 江西省《生态公益林监测标准地调查操作细则》(2008 年)
3. 中华人民共和国《森林资源连续清查技术规定》(2003 年)
4. 王巨斌 . 2006. 森林资源经营管理 . 北京：中国林业出版社 .
5. 林辉，孙华，莫登奎，臧卓 . 2008. "3S" 技术在森林资源监测体系中的应用进展 . 湖南林业科技 35(6).
6. 熊冲 . 2009. 基于信息共享的森林资源动态监测研究 . 中南林业科技大学硕士学位论文 .
7. 马文乔 . 2006. 森林资源档案管理系统的研建与数据更新方法的研究 . 北京林业大学硕士学位论文 .

8. 高香玲 . 2012. 辽宁省森林资源档案管理 . 辽宁林业科技(6)：47 - 48.

9. 王福生 . 2007. 基于 GIS 的森林资源档案数据更新方法 . 林业调查规划 32：17 - 18

10. 冯俐丽，朱学灵 . 2010. 河南省生态公益林监测样地的设置与调查技术研究 . 林业资源管理(5)：94 - 98.

# 森林资源实务管理

任务6.1　林权登记的报批
任务6.2　占用、征用林地
任务6.3　森林采伐限额的审批
任务6.4　林木采伐许可证的申请办理

根据《森林法》和《森林法实施细则》的规定，林地资源和林木资源是森林资源的重要组成部分，是开展林业生产必不可少的物质基础之一，必须加强管理。既要坚决遏制林地资源的非法流失，防止一切滥用林地的现象发生，又要求林业主管部门和有关国家机关依据国家的法律、法规和政策，加强对木材的收购、销售和加工活动的林木经营管理。本项目有林权登记的报批、占用征用林地的报批、森林采伐限额的审批、林木采伐许可证的申请办理4项任务。

**知识目标**

1. 熟悉森林采伐限额、森林采伐许可证核发的条件。
2. 熟悉占用征用林地和林地流转需要提供的材料。
3. 掌握林权登记发证的范围和林地流转的程序。
4. 掌握森林采伐限额的制定及审批手续的办理流程。
5. 掌握森林采伐许可证的申请办理流程。
6. 掌握占用征用林地报批的办理流程。

**技能目标**

1. 能分别完成林权证的初始登记、变更登记和注销登记工作。
2. 能完成占用征用林地的上报及审批工作。
3. 能完成森林采伐限额的审批工作。
4. 能完成森林采伐许可证的申请办理工作。

# 任务 6.1

## 林权登记的报批

### →任务描述

林地所有人申请办理林权证，请根据国家法律、法规和政策，分析确定该任务是否符合办证条件，组织完成各项报批工作。

每人提交一份办理林权证的工作报告。

### →任务目标

**(一)知识目标**

1. 熟悉林地和林地权属的分类。
2. 掌握林权登记发证的范围。
3. 掌握林地流转的程序。

**(二)能力目标**

1. 能在接到任务后判断是否符合办理林权证的条件。
2. 能够按照要求准确提交办理林权证所需材料。
3. 能够完成外业勘验工作。

### →知识准备

### 6.1.1 实践操作：林权登记报批的过程与要点分析

**第一步：申请登记**

国家所有、集体所有的林地和个人使用的林地，凡符合法定条件的，均可以向县级以上人民政府林业行政主管部门提出申请。林权所有权单位签署意见，核对清册，确认山界、公布四至。

**第二步：外业勘验**

由乡(镇)林业站组织专业技术人员对提交材料清单现地勘测校验进行初审，乡(镇)人民政府复审，并报送县级以上林业主管部门。

**第三步：出榜公示**

县级以上林业主管部门对林权登记内容进行公示。

**第四步：成图签字盖章**

根据公示结果，按照申请中提交的清单和勘验数据，形成图面材料，签订合同，报请县(区)林权管理中心审核，县(区)人民政府审批。

**第五步：发放林权证**

县(区)人民政府核定发放林权证。

**第六步：统计汇总、总结、上报**

县(区)人民政府核定发放林权证后，进行材料归档、汇总。总结该地区林权登记情况，上报上级林业主管部门。县级以上林业主管部门(登记机关)应当配备专(兼)职人员和必要的设施，建立林权登记档案。登记机关应当公开登记档案，并接受公众查询。

## 6.1.2　林权登记报批的理论基础与内容

### 6.1.2.1　林地管理概述

林地是开展林业生产必不可少的物质基础之一。根据《森林法》和《森林法实施细则》的规定，林地是森林资源不可分割的重要组成部分，必须加强管理。

**(1)林地管理内容**

林地管理的主要目的是坚决遏制林地资源的非法流失，防止一切滥用林地的现象发生。林地管理的主要内容包括：

①基础管理　包括林地调查、林地统计、林权登记发证建档、法规制度建设等。

②权属管理　包括权属调查、权属变更调查登记、调处权属争议等。

③开发利用监督　包括林地利用规划、计划、开发利用设计等的审查，占用征用林地管理及林地变化情况的检查监督等。

**(2)林地管理职责**

为了进一步加强林地资源的管理，县级以上林业主管部门负责对本行政区域内林地的管理和监督。其主要职责：

①宣传、贯彻、执行国家有关林地保护管理的法律、法规、规章和政策。

②负责林地的调查、统计，监测消长变化，负责林地保护和开发利用规划的制定并监督实施。

③负责林地权属登记、变更和林地地籍管理。

④依法办理征用、占用林地有关事宜，对林地补偿费、林木补偿费、安置补助费、森林植被恢复费的收取和使用进行管理和监督。

⑤监督检查林地保护、管理和利用情况，并协调解决有关问题。

⑥负责查处非法侵占、破坏林地和违法使用林地的行政案件，制止破坏林地的违法

行为。

⑦负责国有林地资产管理的日常工作，依法对有偿使用的国有林地实行管理和监督。

### 6.1.2.2 林地权属管理

林地林权管理是指各级林业主管部门依照国家法律、法规和政策，对森林、林木和林地的保护、利用、归属等实行组织、协调、控制、监督等活动，维护其所有者、使用者的合法权益，调整林地关系，合理利用林地资源。林地权属管理是林地管理的基础。由于林业生产周期长，安全、稳定的林权政策是林业发展的基本保障。因此，我国规定了明确的林地权属政策。

**(1)林地权属的类别和特征**

①林地权属的类别　林地权属是指林地的所有权或使用权。

我国《民法通则》的规定，财产所有权是指所有人依法对自己的财产享有占有、使用、收益和处分的权利。

根据我国《宪法》《森林法》等有关规定，我国林地的所有权分国家所有权和集体所有权 2 种形式。我国《宪法》第九条明确规定："矿藏、水流、森林、山岭、草原、荒地、滩涂等自然资源，都属于国家所有，即全民所有；由法律规定属于集体所有的森林和山岭、草原、荒地、滩涂除外。"我国《森林法》第三条规定："森林资源属于国家所有，由法律规定属于集体所有的除外"。根据《宪法》《森林法》的规定，法律规定属于集体所有的森林、林木、林地，属于集体所有。集体所有的林地包括：根据《中华人民共和国土地改革法》分配给农民个人所有后经过农业合作化使其转化为集体所有的林地；在 20 世纪 60 年代"四固定"时期确定给农村集体经济组织的林地；在林业"三定"时期部分地区将国有林划给农村集体经济组织，并由当地人民政府核发了林权证的林地。

我国《民法通则》的规定，财产使用权是指使用者依法对他人财产拥有的限制性的占有、使用、收益和处分的权利。

根据我国《宪法》《民法通则》《土地管理法》和《森林法》等有关规定，我国林地使用权有多种形式，主要有以下几种：一是国有林地由国有单位使用，该单位依法享有所使用的林地的占有、使用、收益和部分处分的权利，但不拥有所有权。二是国有林地，由集体以合法的形式取得使用权，如采取联营、承包、租赁等形式获得林地的使用权。三是集体林地由国有林业单位使用，该单位没有所有权，但依法拥有使用权。四是公民、法人或其他经济组织以承包、租赁、转让等形式依法获得国有或集体所有林地的使用权，但不拥有所有权。随着改革开放的深入和林地利用形式的多样化，林地使用权形式也将趋向多样化。

②林地权属的特征　林地权属具有以下法律特征：

**林地属于生产资料**　生产资料所有制是社会经济基础的核心。在我国，作为林业生产资料的林地属于国家或集体所有，任何单位或个人不得侵犯国家或集体的林地所有权。任何个人不得把国家所有的林地随意划归集体或个人所有，也不得把集体所有的林地划归个人所有。

**林地是可分物**　可分物是指分开以后并不影响也不改变其固有属性的所有物。林地可依照有关规定进行分割。如发生林权争议时，可根据有关法律规定，将林地划分归不同的当事人所有或使用。

**林地属于限制流转物** 限制流转物是指在其所有权转移时必须遵守有关法律法规特别限制规定的所有物。根据有关法律的规定，国有林地和集体林地不得买卖或违法转让。进行各项工程必须占用或征用林地的，必须按法定程序办理建设用地审批手续。林地的权属如果发生改变，应当依法办理相应的变更登记手续等。

**(2)林地权属的保护**

我国《森林法》第三条规定，国家所有和集体所有的林地，个人所有的林地，由县级以上人民政府登记造册，发放证书，确认所有权和使用权。国务院可以授权国务院林业主管部门对国务院确定的国家所有的重点林区的林地登记造册，发放证书，并通知有关地方人民政府。

林权证是依法经人民政府登记核发，由权利人持有的确认森林、林木和林地所有权或使用权的法律凭证。按照《森林法实施条例》规定，林权证式样由国务院林业行政主管部门统一规定。林权证书中详细记载了地块范围、面积、林木蓄积量等山场情况和森林资源状况，明确了林地所有权或者使用权拥有者、地上森林或林木所有者、地上森林或林木使用者等权属内容。当权属中任何一项内容发生变更时，如林地使用权依法发生流转等，需要依法及时办理变更登记手续。依法持有了林权证，权利人就拥有了该林权证记载范围内的森林、林木、林地所有权或使用权。我国《森林法》第三条规定，森林、林木、林地的所有者和使用者的合法权益，受法律保护，任何单位和个人不得侵犯。《森林法实施条例》第三条也规定："国家依法实行森林、林木和林地登记发证制度，依法登记的森林、林木和林地的所有权、使用权受法律保护，任何单位和个人不得侵犯。"因此，只有依法拥有了林权证，才能受到法律保护，主张自己的权利。同时，按照我国现行的《土地管理法》规定，对林地所有权或使用权的登记造册和核发证书，应按《森林法》的规定执行，县级以上地方人民政府依照《森林法》的有关规定核发的确认林地所有权或者使用权的证书，也就是关于该土地所有权或者使用权的证书。县级以上人民政府颁发的林权证，不仅是森林、林木权属的法律凭证，而且也是林地权属的有效法律凭证。

①*林权登记发证的条件和依据* 为了切实保护林地、加强林地管理和合理利用林地资源，保障林业发展，改善生态环境，促进社会经济的可持续发展，根据我国《森林法》《土地管理法》以及其他有关法律、法规的规定，县级以上人民政府林业行政主管部门应当做好本行政区域内国家所有、集体所有的林地和个人使用的林地的清查、登记、统计工作，对符合下列条件的，报同级人民政府审查批准，核发林权证：

a. 林地及林地上林木的权属无争议；

b. 界线清楚、界桩(标)明显，与毗邻单位有认界协议，证明材料合法有效；

c. 森林、林木和林地位置、四至界线、林种、面积或株数等数据准确；

d. 登记文件和图表资料完备，并同实地吻合。

林权登记发证分初始登记、变更登记和注销登记 3 种。

初始申领林权证是森林、林木和林地的所有权及使用权的发证登记，主要是在林业"三定"以来，我国林区，尤其是国有林区和南方集体林区开展了林地确权发证工作，许多单位和农户依法领取了拥有所有权或使用权的权属证书。

变更登记林权证是指在初始登记之后，发生权属、林地性质变更，需要办理变更登记手续，重新换发林权证。随着两权的分离，为适应社会主义市场经济发展的需要，《森林法》规定，符合条件的森林、林木和林地的所有权、使用权可以进行转让，同时，随着全社会关心林业，集体、单位和个人等多种形式承包造林、开发山区积极性的高涨，林权证作为持有人的合法凭证，其持有人不是一成不变的。《森林法实施条例》第六条规定："改变森林、林木和林地所有权、使用权的，应当依法办理变更登记手续。"因此，当林权证中有权属内容发生变化时，必须重新换发林权证。

申请办理注销登记是林地被依法征用、占用或者由于其他原因造成林地灭失的，原林权权利人应当到初始登记机关申请办理注销登记。

林地所有者或经营者依法申办林权证应提交以下材料：

a. 林权登记申请表；

b. 个人身份证明、法人或其他组织的资格证明、法定代表人或负责人的身份证明、法定代理人或委托代理人的身份证明和载明委托事项和委托权限的委托书；

c. 申请登记的森林、林木和林地权属证明文件资料；

d. 省、自治区、直辖市人民政府林业主管部门规定要求提交的其他有关文件材料。

林权权利人申请办理变更登记或者注销登记时，应当提交下列文件：

a. 林权登记申请表；

b. 林权证；

c. 林权依法变更或者灭失的有关证明文件。

②*林权登记发证的登记程序* 我国《森林法实施条例》和国务院林业主管部门发布的《林木和林地权属登记管理办法》分别不同情况，对使用国有林地、集体林地，以及单位和个人所有的林地的登记发证程序做了明确规定。

**依法使用国有森林、林木和林地的登记程序** 使用国务院确定的国有重点林区的森林、林木和林地的，由使用单位向国务院林业主管部门提出登记申请，由国务院林业主管部门登记造册，核发证书，确认森林、林木和林地使用权以及由使用者所有的林木所有权；使用国有的跨行政区的森林、林木和林地的，由使用单位和个人向共同的上一级人民政府林业主管部门提出登记申请，由该人民政府登记造册，核发证书，确认森林、林木和林地使用权以及由使用者所有的林木所有权；使用国有的其他森林、林木和林地的，由使用单位和个人向所在地的县级以上人民政府林业主管部门提出登记申请，由县级以上人民政府登记造册，核发证书，确认森林、林木和林地使用权以及由使用者所有的林木所有权。

**集体所有的森林、林木和林地的登记程序** 集体所有的森林、林木和林地，由所有者向所在地的县级人民政府林业主管部门提出登记申请，由该县级人民政府登记造册，核发证书，确认所有权。

**单位和个人所有的林木的登记程序** 单位和个人所有的林木，由所有者向所在地的县级人民政府林业主管部门提出登记申请，由该县级人民政府登记造册，核发证书，确认林木所有权。

**使用集体所有的森林、林木和林地的登记程序** 使用集体所有的森林、林木和林地的单位和个人，向所在地的县级人民政府林业主管部门提出登记申请，由该县级人民政府登记造册，核发证书，确认森林、林木和林地所有权。

**森林、林木和林地所有权或使用权的变更登记**　森林、林木和林地所有权或使用权经登记并确认权属后，因某种原因而发生变化，如林地被依法占用或征用，退耕还林，合资、合作造林等，使森林、林木和林地所有权人(或使用权人)发生变化或者导致权利人的林地面积、范围等改变。发生这些变化后，林权权利人应当到初始登记机关申请变更登记。

县级以上林业主管部门(登记机关)应当配备专(兼)职人员和必要的设施，建立林权登记档案。林权登记档案应当包括下列主要材料：

a. 申请材料；

b. 林权登记台账；

c. 异议材料和登记机关的调查材料和审查意见；

d. 其他有关图表、数据资料等文件。

省级林业主管部门登记机关应当将当年林权证核发、换发、变更等登记情况统计汇总，并于次年 1 月份报国务院林业主管部门。

### 6.1.2.3　林地保护和利用管理

为了切实保护林地、加强林地管理和合理利用林地资源，保障林业发展，改善生态环境，促进社会经济的可持续发展，根据我国《森林法》《土地管理法》以及国家其他有关法律、法规的规定，各级人民政府要把林地保护管理作为重要职责，全面规划、加强保护、严格管理，禁止乱占、滥用和其他破坏林地的行为。

**(1)林地保护和利用管理的内容**

林地的保护和开发利用管理，应当坚持土地管理部门统一管理和林业行政主管部门专业管理相结合的原则。县级以上人民政府应当将林地保护利用规划和土地利用规划相衔接。县级以上人民政府林业行政主管部门负责本行政区域内林地规划、建设、保护、利用的管理和监督工作，林地保护和利用管理的主要内容包括：

①进行林地的调查、统计、监测，建立林地地籍档案；

②编制林地建设、保护、利用规划和年度计划；

③承办林地权属变更登记工作；

④办理占用、征用林地的审核手续，监督占用、征用林地各项补偿费的支付；

⑤查处非法侵占、破坏和违法使用林地的行政案件；

⑥依照人民政府确定的职责，调处林地权属争议；

⑦宣传林地保护管理的法律、法规和政策。

林业行政主管部门应当将林地清查登记情况抄送同级土地行政主管部门和农业行政主管部门。林业、土地、农业、水利、环保、建设、地矿、交通等有关部门应当依照各自的职责分工，配合林业主管部门做好林地保护、管理工作。

**(2)林地利用管理**

我国属于少林国家之一，林地资源是扩大森林资源、增加森林覆盖率的物质基础，一个国家或地区林业经营水平的高低，直接体现在林业用地利用率的高低上。因此，编制林地利用规划，加强林地利用的管理是林业经营工作中非常重要的内容。

①林地利用规划管理 林地保护和开发利用规划，应与土地利用总体规划和林业发展长远规划相协调。林地建设、保护、利用规划由林业行政主管部门组织编制，经依法批准后实施，报同级人民政府批准，并报上一级人民政府林业行政主管部门备案。林地保护利用规划，未经原批准机关同意，不得变更。使用林地的单位和个人，必须严格按照林地保护利用规划确定的用途使用林地。经批准后的林地建设、保护、利用规划，不得擅自变更，确需变更的，需报省级林业主管部门审核同意后，报原批准机关批准。各级人民政府应当组织有关部门保护林地，负责确定林地的四至界线，设立林地的界桩(标)。任何单位和个人不得擅自移动或者破坏界桩(标)。依法享有林地所有权或者使用权的单位和依法享有林地使用权的个人，是该林地的保护人，有保护管理林地的义务。禁止任何单位和个人危害、破坏林地。

②林地利用管理 禁止在未成林造林地、幼林地和封山育林区内放牧、砍柴、狩猎和从事非林业的其他生产经营活动。严禁在林地开垦种植农作物，已开垦的，应限期退耕还林。临时使用林地进行勘测、修筑设施、采石、采矿、取土、取沙等活动的单位和个人，必须依法办理报批手续，并且应当采取保护林地措施，不得造成滑坡、塌陷、水土流失，不得损毁批准用地范围以外的林地及其附着物。使用林地的单位和个人，不得擅自将林地用于非林业生产经营活动。确需改变林地用途，必须依法办理报批手续。林业主管部门应当加强对林地开发利用的指导、监督和服务。林地的开发利用，可以由林地使用者或经营管理者单独进行，也可以由林地使用者或经营者同其他单位和个人合资、合作或以其他方式联合进行。联合开发林地的，必须以合同或协议的方式依法确定林地保护和开发利用的权利和义务。国有林场和苗圃、自然保护区、森林公园等使用的国有林地，改变其隶属关系的，须经省人民政府林业行政主管部门同意，报省人民政府批准；属于国家级自然保护区的，由省人民政府报国务院批准。用材林、经济林、薪炭林的林地使用权，用材林、经济林、薪炭林的采伐迹地、火烧迹地的林地使用权，以及国家规定的其他林地使用权，可以依法转让，也可以依法作价入股或者作为合资、合作造林、经营林木的出资、合作条件。

**(3)林地流转的管理**

随着我国改革开放，市场经济体制的确立，林业经营机制和体制不断创新，为实现我国林业跨越式发展，根据《森林法》及其他法律法规的规定，林地使用权实行有偿转让，由此推动了林地流转的进程。林地流转是市场经济条件下林业发展的客观必然，它作为林业改革进程中群众的一种创举，在林业上已成为现实并大量存在，且有新的不断发生的不可逆转的发展趋势。

①林地流转的概念 林地流转是指在不改变林地所有权和林地用途的前提下，林地所有者或使用者将林地使用权按一定的程序，通过招标、拍卖、协议等方式，有偿或无偿转让给公民、法人及其他组织的经济行为。

②林地流转的范围 根据《森林法》的规定，林地使用权依法转让的范围包括：

a. 用材林、经济林、薪炭林和竹林的林地使用权；

b. 用材林、经济林、薪炭林的采伐迹地、火烧迹地的林地使用权；

c. 宜林地（荒山、荒沟、荒丘、荒滩等）使用权。

防护林、特种用途林林地使用权不得转让；林地权属不清或有争议的林地也不得转让；不得将林地转为非林地。

需要说明的是林地转让的是使用权，林地所有权不得转让。

③林地流转的形式　林地流转的形式多种多样，主要有：竞价拍卖、招标、协议方式等。

④林地流转的条件　林地流转应具备以下条件：一是林地权属没有争议；二是经有关部门同意林地流转的文件；三是林地转让双方同意转让。

⑤林地流转需要提供的材料　申请林地转让应提供下列材料：林地类型、坐落位置、四至界址、面积及地形图，现有林木状况，包括林种、树种、林龄、蓄积量等；基础设施和其他附着物现状；意向书及森林资源管理责任状；林权证书；其他应当提供的材料。

⑥林地流转的程序　由于林地流转的形式不同，林地流转的程序也有所区别，常见林地流转的程序是：

**林地招标流转的操作程序**　转让申请→审核→明晰产权→制定方案→资产评估→确定底价、公开招标→签订合同→办理林权变更登记手续。

a. 转让申请；转让方向林地所在地林业主管部门提出书面申请。

b. 审核：县级以上林业主管部门经过审核，符合转让条件的准予转让。

c. 明晰产权：拟流转的林地必须权属清楚，具有林权证书，权属不清或没有林权证书的林地不能流转。

d. 制定方案：内容包括林地现状、四至范围、经营目的等。

e. 资产评估：流转方案被批准后，林地所有者提出评估目的、评估对象和范围、评估基准日、评估时间和评估要求，委托具有资产评估资格的中介机构进行资产评估。

f. 确定低价、公开招标：招标内容、时间和投标条件要预先公示。

g. 签订合同：竞标者中标后，要与权属所有者签订合同，明确双方的权利义务关系，并交付转让费 20% 的定金。

h. 变更登记：中标者按合同付清转让费后，向林地管理部门申请办理林地使用权变更手续。

**林地拍卖的操作程序**　转让申请→审核→对拟卖林地向社会公告→对买卖人进行资格审查登记→对林地资产评估及勘界→现场拍卖，公开竞标→交清钱款，签订合同→办理林权变更登记手续。

**协议转让的操作程序**　转让申请→审核→转让双方签订转让合同→付费并办理林权变更登记手续。

国有林地的转让不得采取协议的方式，集体林地的转让，须经集体经济组织代表会议或村民代表会议讨论通过。

以林地作为合资、合作条件的，合资、合作各方依法签订合同后，到林地所在地的县级以上林业主管部门办理备案手续，但不需办理林地（林木）权属变更登记手续。

国有林地的转让，必须报县级以上林业主管部门审核后，由省林业主管部门批准。

林地在流转过程中，要处理好林地所有者和经营者，国家、集体和个人的利益关系，各级林业主管部门要适时对森林经营者的经营活动进行规范化、科学化的管理和指导。

林地流转过程中的所有手续一定要规范，特别是流转合同。流转合同一般应包括流转双方单位(姓名)及地址；流转林地的地类、面积、地点及四至(附1∶10 000图面材料)；流转的期限和起止日期；流转的用途；流转价款及支付方式；双方当事人的权利义务；违约责任等。合同应当经过公证机关公证。

## →拓展训练

某村的集体林要申请办理林权证，请根据国家法律、法规和政策，组织完成各项报批工作，每人提交一份办理林权证材料清单和外业勘验报告。

# 任务 6.2

## 占用、征用林地

### →任务描述

需要占用、征用林地时，请根据国家法律、法规和政策，分析确定该任务是否符合占用、征用条件，组织完成各项报批工作。

每人提交一份占用、征用林地的书面申请和提交材料清单以及占用、征用林地报批的工作报告。

### →任务目标

**(一)知识目标**

1. 了解占用、征用林地的补偿标准。
2. 了解违法占用、征用林地的处罚标准。
3. 熟悉占用、征用林地的概念。
4. 熟悉占用、征用林地应提交的材料。
5. 掌握占用、征用林地的报批流程。

**(二)能力目标**

1. 能根据国家政策确定占用、征用林地的合法性。
2. 能在政策允许条件下完成占用、征用林地的报批工作。
3. 能根据占用、征用林地的申请依法进行审核。

### →知识准备

## 6.2.1 实践操作：占用、征用林地报批的过程与要点分析

**第一步：占用或征用单位提出申请**

占用或征用林地单位向县级以上人民政府林业主管部门提出占用或征用林地申请；需要占用或临时占用国务院确定的国家所有的重点林区的林地，应向国务院林业主管部门或者其委托的单位提出占用林地申请。

**第二步：土地和林业主管部门审核**

土地管理部门接到用地单位申请后，须征得林业主管部门的书面意见，经依法审核后，按法定审批权限报人民政府批准。

占用征用非重点林区林地的，地方林业主管部门要组织力量对申请占用征用的林地进行现场查验，其中，占用征用林地面积 $2hm^2$ 以下的，由县级林业主管部门组织不少于2名有资质的工作人员进行现场查验；占用征用林地面积 $2hm^2$ 以上 $70hm^2$ 以下且未跨县级行政区的，由县级林业主管部门组织具有丙级以上资质的林业调查规划设计单位进行现场查验；占用征用林地跨行政区的，由所在地共同的林业主管部门组织乙级以上资质的林业调查规划设计单位进行现场查验。占用重点林区林地，在一个国有林业局经营区内的，由所在地国有林业局组织具有丙级以上资质的林业调查规划设计单位进行现场查验；在2个以上国有林业局经营区的，由所在地共同的林业（森工）主管部门组织具有乙级以上资质的林业调查规划设计单位到现场查验。占用征用林地面积 $70hm^2$ 以上的，由省级林业主管部门组织乙级以上资质的林业调查规划设计单位到现场查验。临时占用林地的期限不得超过2年，并不得在临时占用的林地上修筑永久性建筑物；占用期满后，用地单位必须恢复林业生产条件。森工企业或国有林场等森林经营单位在自己所经营的林地范围内修筑直接为林业生产服务的工程设施，需要占用林地的，由县级以上人民政府林业主管部门批准，同意后即可按批准的面积、范围、项目、用途使用自身经营的林地。修筑其他工程设施，需要将林地转为非林业建设用地的，必须依法办理建设用地审批手续。

**第三步：预收森林植被恢复费**

经林业行政主管部门审核同意后，按国家规定的标准予交森林植被恢复费，到申请的林业主管部门办理占用、征用林地手续，领取《使用林地审核同意书》。

**第四步：县级以上人民政府审核批准**

占用或者征用林地的申请经审核后，用地单位凭《使用林地审核同意书》，依照有关土地管理的法律、行政法规，按法定审批权限报县级以上人民政府批准。

根据《土地管理法》和《森林法》的规定，占用或征用林地10亩以下的，由县级人民政府批准；占用或征用林地2000亩以上的，由县级以上人民政府逐级审查，报国务院批准；占用或征用林地10亩以上2000亩以下的，由省级人民政府批准。占用或者征用林地未经林业主管部门审核同意的，土地行政主管部门不得受理建设用地申请，用地单位不能直接向上级土地行政主管部门申请。临时占用或者征用林地的不需办理建设用地审批手续。森林经营单位在其所经营的林地范围内修筑直接为林业生产服务的工程设施需要占用林地时，无需办理建设用地审批手续。占用或征用林地未被批准的，有关林业主管部门应将收取的森林植被恢复费如数退还。各级主管部门要严格按批准权限办理，不得越权办理；未经批准，不得占用、征用林地。

## 6.2.2 占用征用林地报批的理论基础与内容

### 6.2.2.1 占用、征用林地的概念

占用林地是指国有企业事业单位、机关、团体、部队等单位因勘查、开采矿藏和各项

建设工程的需要，依法使用国家所有的林地。占用林地有 2 个特征：一是林地的所有权没有改变，仍归国家所有；二是林地的使用权发生改变，归依法占用林地的单位享有。

征用林地是指国有企业事业单位、机关、团体、部队等单位因勘查、开采矿藏和各项建设工程的需要，依法使用集体所有或个人使用的林地并给予补偿。征用林地也有 2 个特征：一是林地的所有权发生改变，原为集体所有，经征用后变为国家所有；二是林地的使用权依法改变为征用林地的单位享有。

#### 6.2.2.2　占用、征用林地的条件

为了规范林地资源的管理，遏制林地资源的非法流失，防止一切滥用林地的现象发生，进行勘查、开采矿藏和各项工程建设，应当不占或者少占林地。必须占用或者征用林地的，应当遵循节约用地和有偿使用的原则，按规定的审批权限和程序报经批准。未经批准，不得征用或占用林地。

征用或占用林地必须具备下列条件：

①建设项目通过了具有评审鉴定资质的评审单位或有关专家组成的评审团进行可行性研究和论证。

②建设项目必须经过国务院主管部门或者县以上地方人民政府批准。

③由具备森林资源资产评估资格的单位对林地、林木价值进行了评估或鉴定。

④用地单位与被占用、征用林地单位签订了占用、征用林地协议。

#### 6.2.2.3　占用、征用林地须提交的文件材料

申请征用、占用林地的单位或个人，须提供下列文件材料：

①国务院主管部门或者县以上地方人民政府按国家基本建设程序批准的设计任务书或其他批准文件。

②用地单位的申请。

③所征用、占用林地的权属证明材料。

④被征用、占用林地平面图，林木等地面附着物调查清册。

⑤占用、征用林地项目设计书和按规定交纳林地、林木补偿费，森林植被恢复费协议书。

⑥需采伐林木的，还应提交采伐林木书面申请和采伐作业设计文件等。

#### 6.2.2.4　占用、征用林地的补偿

经批准征用、占用林地的，按规定对征用、占用林地征用各项补偿费用，用于造林营林、恢复植被、补偿损失、保护林地和维护森林经营单位合法权益。根据有关法律、法规的规定，凡是占用或征用的，用地单位应按规定支付林地补偿费、林木及其他地上附着物补偿费、森林植被恢复费和安置补助费。因情况不同，补偿的范围、标准、办法也不同。具体征用办法和标准由各省、自治区、直辖市规定。所收取的各项补偿费用，除规定付给个人的部分以外，全部纳入林业主管部门和森林经营单位的造林营林资金，专门用于造林营林、恢复森林植被。

### 6.2.2.5 违法占用、征用林地的处罚

占用或征用林地必须依法办理建设用地审批手续，未经林业主管部门审核，任何单位和个人不得擅自批准征用、占用林地。违反规定征用、占用林地或以其他方式非法占用林地的，被征用、占用林地单位应当予以抵制，不得同意用地单位进入林地施工，林业主管部门不得办理林木采伐许可证。

**(1)依法办理建设用地审批手续，但与申请使用情况不符的处理**

经批准征用、占用的林地有下列情况之一的，由土地管理部门报县级以上人民政府批准，收回用地单位的土地使用权，注销土地使用证，对适宜还林的土地用于还林：

①用地单位已经撤销或迁移的。

②未经原批准机关批准，连续2年未使用的。

③不按批准的用途或占地位置使用的。

④擅自转让给其他单位或个人使用的。

⑤矿场、铁路、公路、机场等核准报废的。

**(2)未经审核批准，非法占用林地的处理**

未经审核批准，非法占用林地的由县级以上人民政府林业行政主管部门责令退还非法占用的林地，依法赔偿损失，限期拆除或者没收在非法占用林地上的新建建筑物和其他设施，并给予经济处罚。

**(3)非法批准征用、使用林地的处理**

无权审批、越权审批、不按法律规定的程序审批、不按林地保护利用规划确定的用途审批林地的，其批准文件无效。对非法批准征用、使用林地的直接负责的主管人员和其他直接责任人员，依照有关规定给予行政处分；构成犯罪的，依法追究刑事责任；对当事人造成损失的，依法承担赔偿责任。非法批准、使用的林地应当收回。

### →拓展训练

某市修建高速铁路，需要占用某村集体林若干亩，请根据国家法律、法规和政策，分析确定该任务是否符合占用条件，组织完成各项报批工作，每人提交一份占用林地的书面申请和材料清单。

# 任务 6.3

# 森林采伐限额的审批

## →任务描述

随着林业改革的深入和经营水平的不断提高，某地区需要重新核定采伐限额。请根据自身森林资源状况，按照国家相关规定完成森林采伐限额的审批工作。

每人提交一份本单位的森林采伐限额建议指标报告。

## →任务目标

### (一)知识目标

1. 了解森林采伐限额管理工作的深度和广度。
2. 了解木材凭证运输制度。
3. 熟悉林木的范围和木材的经营管理。
4. 掌握森林采伐限额的概念。
5. 掌握森林采伐限额的制定依据。

### (二)能力目标

1. 能够合理确定森林采伐限额建议指标，并完成审批工作。
2. 能够按照法律要求完成木材的运输管理。

## →知识准备

## 6.3.1 实践操作：森林采伐限额审批的过程与要点分析

### 第一步：基层单位提出限额建议指标

全民所有的森林和林木以国营林业局、林场、农场、厂矿为单位，集体所有的森林和林木以及农村居民自留山的林木以县为单位，根据合理经营和永续利用的原则以及本地区森林资源状况，按上级确定的生长率、轮伐期、采伐强度、出材率、采伐方式，运用公式进行测算，提出本单位的建议指标。在上报建议指标时，要对测算方法、测算过程中所使用的各项指标、公式、数据等加以文字说明。

**第二步：县政府审核**

县林业主管部门汇总各单位报送的建议指标，组织林业工程师以上专家进行复查和综合平衡后，送县人民政府审核签署意见，报市、州政府或地区行署，同时抄送市、地、州林业主管部门。

**第三步：地区审核平衡**

地区、市、州林业主管部门结合本地区的情况，通过汇总平衡，送市、州政府或地区行署审核签署后报省人民政府，同时抄送省林业主管部门。

**第四步：省汇总平衡、审核上报**

省林业主管部门汇总平衡填制“年森林采伐限额汇总表”，经省人民政府审核认可后，报国务院，同时抄送国家林业局。

**第五步：批准下达**

国家林业局提出审议意见，呈请国务院批准下达。各省（自治区）根据国务院批准的限额指标，再核定下达到县和国营生产单位。

## 6.3.2 森林采伐限额审批的理论基础与内容

### 6.3.2.1 森林采伐限额管理

**(1)森林采伐限额的概念、意义**

①采伐限额的概念　森林年采伐限额是指制定年采伐限额的部门，依照法定的程序和方法，通过对本行政区内森林、林木进行科学的测算而确定的，并经国家批准的在一定行政区域或经营区内，各单位每年以各种采伐方式对森林资源采伐消耗的最大限量。年森林采伐限额是立木蓄积，而不是伐倒木材积。

森林年采伐限额是国家对森林资源实行限额消耗的法定控制指标。制定了限额的单位都必须严格遵守。凡超限额下达木材生产计划，超限额发放采伐证，超限额批准采伐和进行采伐，都是违法行为，要受到法律制裁。所以，限额采伐制度是采伐管理的法律武器，也是当代世界公认的经营利用森林的一条根本原则。

森林采伐限额管理是指各级林业主管部门依照国家批准的森林采伐限额，制定合理的年伐计划，实行凭证采伐、合理消耗的森林采伐管理。

②限额采伐的意义　实行森林采伐限额制度是森林法的重要内容，是森林资源管理的核心内容，是控制森林资源消耗，扭转森林赤字，保护森林，实现森林持续经营的战略措施，是维护森林生态平衡的有力手段。

长期以来，我国森林的消耗量大于生产量，木材供需矛盾十分尖锐，同时，由于森林资源的减少，致使生态环境恶化。为了恢复和扩大森林资源，合理采伐森林资源，必须实行限额采伐，根据消耗量低于生长量的原则，严格控制森林年采伐量。

③采伐限额与木材生产计划的关系　采伐限额和木材生产计划是2个环节的管理，各有侧重，但实质是相辅相成的，特别是在加强林业的基础管理，加强对森林资源消耗的约

束、控制整个系统方面，两者缺一不可。年森林采伐限额是制定年度木材生产计划的依据，年度木材生产计划必须在年森林采伐限额的范围内安排，木材生产计划是采伐限额的具体实施。采伐限额和木材生产计划在维护正常木材生产的流通秩序，控制森林资源不合理消耗方面共同起着重要作用。

采伐限额和木材生产计划都是控制采伐的指标，二者既有联系，又有区别，采伐限额和木材生产计划的差异表现在：

a. 年采伐限额是以蓄积表示的，而计划是以材积表示的。

b. 木材生产计划所消耗的森林蓄积仅是限额中的一部分，计划小于限额，而限额中包含了计划，并大于计划。如果将限额当成木材生产计划，其结果必然是年森林消耗量超过年采伐限额。

c. 限额是以国营林业企事业等全民所有制单位和县为单位制定的，计划编制因层次不同，可以小至以农户为单位进行编制。

d. 制定和批准的单位不一样。限额是按森林法规定的程序制定和提报，并经国务院批准的。限额指标是法定指标，一经国务院批准不得变动。而计划是由省级林业主管部门编制和下达的，市县分解落实。

e. 限额核定到县和企业事业单位，而木材生产计划要下到乡、村乃至农户户头上。

f. 木材生产计划每年制定一次，年采伐限额每 5 年调整一次。

g. 年森林采伐限额是林政资源部门发放采伐许可证的依据，计划则不能作为发证的依据，只能作为发证的参考。

**(2)森林采伐限额管理工作的深度和广度**

①*森林采伐限额管理工作的深度*　是指森林采伐限额管理的工作内容，主要包括：

a. 制定和调整年森林采伐限额(每 5 年一次)；

b. 编制年度林木采伐和消耗计划；

c. 审批林木采伐作业设计，核发林木采伐许可证和木材运输证；

d. 检查、验收伐区采伐和更新；

e. 监督森林采伐限额和年度采伐计划、消耗计划的执行情况。

②*森林采伐限额管理工作的广度*　是指实行限额采伐的森林和林木范围。

制定年采伐限额，应将用材林的主伐和抚育间伐，防护林和特种用途林的抚育及更新性质的采伐，低产林分的改造和“四旁”林木的采伐等，凡人为采伐胸高直径 5cm 以上的林木所消耗的蓄积都必须纳入采伐限额内，依法规定不纳入的除外。特种用途林中的名胜古迹、革命纪念林和自然保护区林等森林法规定严禁采伐的森林和林木以及农村居民采伐自留地、屋前屋后个人所有的零星林木，不计算在年采伐限额之内。农村居民在自留山种植的林木、个人承包国家所有和集体所有的宜林荒山荒地种植的归个人所有的林木(承包合同另有规定的除外)纳入年采伐限额。对利用外资营造的用材林达到一定规模需要采伐的，可以在国务院批准的年森林采伐限额内，由省(自治区、直辖市)林业主管部门批准，实行采伐限额单列。

**(3)森林采伐限额的制定依据**

制定年森林采伐限额的依据主要有2方面：一是经上级林业主管部门批准的森林经营方案确定的合理采伐量；二是尚未编制森林经营方案的，应依据上级林业主管部门审定的最新森林资源调查成果或森林资源档案进行测算。既未编制森林经营方案，又无最新森林资源调查成果或森林资源档案的单位，其年森林采伐限额可暂时按最近一次森林资源调查的修正数据制定。无任何资源调查数据的单位，应由地方人民政府、上级主管部门组织资源分析测算，暂时确定年森林采伐限额，但必须限期进行森林资源调查，编制森林经营方案。

**(4)森林采伐限额管理的实施**

为了加强森林采伐限额管理工作，应建立采伐限额执行情况的检查报告制度，加强检查、监督和处理，以保证采伐限额的贯彻落实。

森林采伐限额实施的检查监督任务是监督各项采伐管理办法和措施的贯彻执行，检查采伐数量的真实性，采伐行为的合法性和采伐对象的合理性。检查监督中应以国务院批准、省政府下达的采伐限额和林业主管部门制定下达的年森林总采伐量计划为依据；以上级颁发的有关管理办法、条例、规定为准绳；以控制消耗，促进生长，提高效益，合理利用，实现森林良性循环的目的。为保证森林采伐限额制度的实施应从各方面采取有力的措施，加强森林采伐限额的检查和监督。

①*建立采伐限额执行情况的检查报告制度* 采伐单位每月需自查一次以上，每季度向当地县以上森林资源管理机构报告一次；县每年要检查两次以上，半年向市、地、州森林资源管理机构报告一次；市、地、州每年至少进行一次全面检查，并在规定时间向省报告；省每年组织一次抽查，并按时将检查情况向上级政府做出报告。

②*严格对超限额采伐的处理* 按国务院文件规定，超限额采伐的，要追究林业部门和地方人民政府的责任。超限额采伐的木材，扣减下年采伐指标，所得销售收入全部上缴林业主管部门用于发展林业生产。对直接责任人，要依法处理。

**(5)采伐管理政策的调整**

经国务院批准的“十二五”期间年森林采伐限额，是每年采伐胸径5cm以上林木蓄积的最大限量，必须严格执行，不得突破。人工林采伐可以占用天然林采伐限额，商品林抚育采伐和其他采伐可以占用主伐限额，其他各分项限额严禁互相挪用、挤占。公益林抚育采伐和其他采伐可以占用更新采伐限额，其他各分项限额严禁互相挪用挤占。商品林采伐限额年度有结余的，可以在“十二五”期间向以后各年度结转使用；公益林采伐限额不允许结转使用。对于长江上游、黄河上中游及新疆天然林资源保护工程区，因自然灾害、工程建设征占用林地和森林经营保护等特殊情况，确需采伐天然林的，经林业局批准，可以占用人工林采伐限额。

省级林业主管部门和重点国有林区森工(林业)主管部门，可以预留不超过5%的采伐限额，并报林业局核定，用于解决因自然灾害、征占用林地、森林经营保护等对采伐限额的需要，其余采伐限额必须分解落实到编限单位，不得层层截留。因国家重点工程建设或重大自然灾害需要采伐林木且在本省限额内无法解决的，由省级人民政府上报国务院，由国务院授权国家林业局审批；重点国有林区由森工（林业）主管部门上报国家林业局审批。

#### 6.3.2.2　林木经营管理

**（1）林木的范围及木材的经营管理**

林木资源是指成片或单株的树木，包括利用木材的树木和利用果、叶、茎、根等非木材的树木。林木的经营管理是指林业主管部门和有关国家机关依据国家的法律、法规和政策，对木材的收购、销售和加工活动的管理。为保障木材流通秩序健康发展，森林法规定：林区木材的经营和监督管理办法，由国务院另行规定。《森林法实施条例》《关于加强林区木材经营、加工单位监督管理的通知》等对木材经营管理有以下主要规定：

①集体林区的木材市场由当地工商行政管理部门领导和管理，林业主管部门协助做好管理工作；应本着方便群众、有利管理的原则，设立固定的木材市场。

②木材生产者出售木材，应出具林木采伐许可证，农村居民出售自留地和房前屋后所产的木材，应出具村民委员会的证明。

③在林区经营、加工木材的，必须向县级以上林业主管部门或其授权的单位提出申请，经批准后发给木材经营、加工许可证，凭证到工商行政主管部门办理登记，领取营业执照后才可以经营；审核发放许可证的部门要核定加工规模，不得超过可提供加工木原料材的数量；任何单位和个人不得无木材经营、加工许可证和无营业执照经营、加工木材。

④在国家实施天然林资源保护工程区内不得建立木材交易市场。

**（2）木材运输管理**

木材运输管理是森林资源保护和管理的重要内容之一，是控制森林资源消耗的一项重要措施，是维护林区木材运输的正常秩序，防止和制止非法运输木材的重大举措。

①*木材凭证运输制度*　加强木材运输管理的关键是实行木材凭证运输制度。木材凭证运输是指从林区运出木材，必须持有县级以上林业主管部门核发的木材运输证件，并按规定的内容进行运输。需要凭证运输的木材包括原木、锯材、竹材、木片和省、自治区、直辖市规定的其他木材。木材运输证是由法定的林业主管部门根据运输者的申请，经审核后核发的允许其从林区运出木材的合法凭证。木材运输证分为《出省木材运输证》和《省内木材运输证》，《出省木材运输证》式样由国务院林业主管部门规定，统一印制，《省内木材运输证》式样由省、自治区、直辖市规定，统一印制。木材运输证主要内容包括：所运木材的树种、采种、规格、数量、运输起止地点和有效期限等。根据有关的规定，申请办理木材运输证的单位和个人，应当提交的证明文件有：林木采伐许可证或者其他合法来源证明。合法来源证明是指运输农民自留地及房前屋后生产的木材或旧房料，凭乡、镇人民政府或者基层林业站的证明。个人搬迁按规定允许携带的木材，凭户口迁移证明或工作调动证明。木材经营、加工单位运输木材，凭林业主管部门规定的证件和履行的手续，检疫证明，省、自治区、直辖市林业主管部门规定的其他文件。

②*木材运输管理*　林区木材运输的监督机构是木材检查站。《森林法》第三十七条规定，经省、自治区、直辖市人民政府批准，可以在林区设立木材检查站，负责检查木材运

输。木材检查站的设立，必须按照统一规划、合理设置的原则，由县级以上地方林业主管部门提出，经省级林业主管部门审核，报省级人民政府批准。木材检查站的职责是宣传森林法和国家其他有关木材运输监督的法规和政策；依法检查木材运输，维护林区木材运输秩序，制止非法运输木材的行为。

**(3)林木权属特征、林木使用权的流转形式和条件**

①林木权属特征　林权是指森林、林木、林地的所有者或使用者依法对林木的占有、使用、收益和处分的权利。以林权客体的不同，林权可以分为森林所有权、林木所有权和林地所有权3种。森林、林地只能是国家或集体所有，而林木可以是国家、集体所有，也可以归个人所有。一般情况下，森林、林木、林地的所有权主体是一致的，但在特殊情况下也可以不一致，如合作造林，林地所有权为合作一方所有，林木所有权则归合作各方共同所有；公民在自留山上造林，林地所有权归集体，林木所有权则属于公民个人；承包造林，林地所有权归国家或集体，林木所有权可以是承包方，也可以归承包方与发包方共有。

②林木使用权的流转形式和条件　林木使用权的流转是指林木的使用权的依法转让。生产实践中，林木使用权流转的主要形式一是林木的转让，包括以培育、经营为目的的林木折价转让和林木采伐权转让。二是将林木折价入股或者作为合资、合作的出资条件，可以采取股份合作方式将林木折价入股合作经营，也可以把林木所有权折为公司股本的一部分。林木使用权转让或者作为合资、合作的条件的，转让方或出资方已经取得的林木采伐许可证仍然具有法律效力，也可以同时转让。林木使用权进行流转必须具备相关条件：要转让的林木权属清晰，不存在林木所有权、使用权权属争议；已经完成了林木资源资产评估评价工作；林木使用权的有偿转让，转让双方必须遵守森林、林木采伐和更新造林的规定，防止在流转过程中造成森林资源的破坏。

## →拓展训练

某林场随着经营水平的不断提高，需要重新核定采伐限额，并根据森林资源状况，按照国家相关规定已经提交森林采伐限额的建议指标，每人提交一份对建议指标的审查报告。

# 任务 6.4

## 林木采伐许可证的申请办理

### →任务描述

某村村民要为自家自留山上的林子申请办理林木采伐许可证，根据国家有关规定，组织完成各项申请办理工作。

每人提交一份申请办理林木采伐许可证的工作报告。

### →任务目标

**(一)知识目标**

1. 了解申领林木采伐许可证的凭证。
2. 熟悉伐区验收的各项环节。
3. 掌握凭证采伐的法律依据。

**(二)能力目标**

1. 能够按照要求完成林木采伐申请并进行报送。
2. 能够根据林木采伐申请进行逐项审查。
3. 能够对申请采伐林分进行现场核查。

### →知识准备

## 6.4.1 实践操作：林木采伐许可证申请办理的过程与要点分析

**第一步：提出申请**

集体、个人和国有森林经营单位申请采伐林木，申请采伐林木的单位将《林木采伐申请审批表》送相应林业主管部门和有关发证单位。

**第二步：审核材料**

林业主管部门和有关发证单位接到申请后，应对申请审批表逐项进行审查，并按规定审查有关证明文件。

**第三步：现场核查**

经审查符合规定的申请受理后，受理单位将组织专业技术人员对申请采伐的林木进行现场勘察并做出处理意见。

**第四步：批准、办证**

经审核合格后，办理林木采伐许可证人员将《林木采伐申请审批表》《伐区调查设计说明书》或《伐区简易调查设计表》送单位领导，由领导在《林木采伐申请审批表》上签署审批意见；办证人员在森林采伐限额和核定的年度木材生产计划内，根据领导审批意见填写林木采伐许可证；属集体、个人采伐林木的，由乡林木工作站将林木采伐许可证送达采伐申请人；属国有森林经营单位采伐林木的，由发证单位将采伐证直接发给申请采伐单位。

## 6.4.2 林木采伐许可证申请办理的理论基础与内容

### 6.4.2.1 林木凭证采伐制度

**(1)凭证采伐的法律依据**

我国《森林法》第三十二条规定，采伐林木必须申请采伐许可证，按许可证的规定进行采伐。林木采伐许可证是采伐林木的单位和个人依照法律规定办理的采伐林木的证明文件。

林木凭证采伐制度是指任何采伐林木的单位和个人，必须依法向核发林木采伐许可证的部门申请林木采伐许可证，经批准取得林木采伐许可证后，按照采伐许可证规定的地点、数量、树种、方式和期限等进行采伐，并按规定完成采伐迹地的更新。

**(2)凭证采伐的实施范围**

根据《森林法》的规定，除采伐竹子和不是以生产竹材为主要目的的竹林，以及农村居民采伐自留地、房前屋后个人所有的零星林木，可以不申请采伐许可证外，其他任何林木的采伐都必须办理采伐许可证，并按照许可证的规定进行采伐。

凭证采伐的范围，依据林木的所有权，应包括国有单位经营的森林和林木，集体所有的森林、林木，个人经营的自留山、责任山的林木和承包荒山、荒地营造的林木；依据采伐的目的和用途，则包括以生产商品材为目的的林木采伐和不以生产商品材为目的的林种结构调整、农民自用材、培植业用材和烧材等林木的采伐，同时包括工程建设占用或者征用林地的林木采伐以及因病虫害、火灾受害的林木采伐等；因扑救森林火灾、防洪抢险等紧急情况需要采伐林木的，组织抢险的单位或部门应当自紧急情况结束之日起30日内，将采伐林木的情况报告当地县级以上人民政府林业主管部门。

**(3)核发林木采伐许可证的单位**

林木采伐许可证是由林业主管部门和有关主管部门根据采伐林木者的申请，依法发放的允许采伐者从事采伐活动的凭证。林木采伐许可证的内容包括采伐地点、面积、蓄积(或株数)、树种、采伐方式、期限和完成更新造林的时间等。林木采伐许可证的式样由国务院林业主管部门规定，由省、自治区、直辖市人民政府林业主管部门印制。

根据《森林法》及《森林法实施条例》的规定，单位或个人采伐林木按以下规定申领林木采伐许可证：国有林业企事业单位、机关、团体、部队、学校和其他国有企事业单位采伐林木，由所在地县级以上林业主管部门依照有关规定审核发放采伐许可证；县属国有林场，由所在地的县级林业主管部门核发；省、自治区、直辖市和设区的市、自治州所属的国有林业企事业单位、其他国有企事业单位，由所在地的省、自治区、直辖市林业主管部门核发；国务院确定的重点林区的国有林业企事业单位，由国务院林业主管部门核发；铁路、公路的护路林和城镇林木的更新采伐，分别由有关主管部门(铁路、公路、城市园林主管部门或者林业主管部门)依照有关规定审核发放采伐许可证；农村集体经济组织采伐林木，由县级林业主管部门依照有关规定审核发放采伐许可证；农村居民采伐自留山和个人承包集体的林木，由县级林业主管部门依照有关规定审核发放采伐许可证。采伐以生产竹材为主要目的的竹林，按同样的规定申领采伐许可证。

**(4)申领林木采伐许可证的凭证**

单位或个人申领林木采伐许可证应提交的材料，一是申请采伐林木的所有权证书或者使用权证书；二是应提交的其他有关证明文件，包括国有林业企事业单位提交伐区调查设计文件和上年度采伐更新验收证明，其他单位提交采伐林木的目的、地点、林种、林况、面积、蓄积量、方式和更新措施等内容的文件；个人提交包括采伐林木的地点、面积、树种、株数、蓄积量、更新时间等内容的文件。对未按规定提交申请文件或未按规定完成上年度更新任务的申请者，发证部门不予发证；对伐区作业质量不符合规定的，发证部门应收缴采伐证，终止其采伐，直至纠正为止。

### 6.4.2.2　伐区验收

根据《森林法实施条件》规定："各级森林资源管理部门应加强采伐更新的检查、监督管理工作，严格执行采伐审批伐区拨交验收和更新造林检查验收制度，对违反《森林法》规定的单位和个人有权进行处罚。森林资源管理部门应对伐区的日常管理和作业质量进行检查和监督，在作业结束时，对伐区进行检查验收。"

伐区验收的程序是：采伐单位提出验收申请→现场检查验收→签发伐区验收合格证。

森林资源管理部门在伐区作业结束前，应组织有关单位的人员组成伐区质量验收小组，按伐区作业质量验收标准进行验收，验收合格的，资源管理部门签发伐区作业质量验收合格证，作为下一次申请采伐的依据。对伐区作业不符合规定的单位，发放采伐许可证的部门有权收缴采伐许可证，终止其采伐，直至纠正为止。检查的项目是：

①按规定的采伐方式、采伐面积进行采伐，不得越界采伐或遗弃应采伐的林木。

②择伐和渐伐作业实行采伐木挂号，按规定采伐强度采伐，保留郁闭度和保留株数达到规程规定要求。

③保护好幼树、幼苗，不得采伐母树等禁伐树木。

④刨土下锯，合理造材，提高经济材的出材率，集材时要把木材长度 2m 以上，小头直径不小于 8cm 的，全部运出伐区；装车场和楞场不得遗弃木材。

⑤对容易引起水土冲刷的集材主道，应当采取防护措施。

⑥采伐剩余物和藤条灌木，在不影响森林更新的原则下，采取保留利用、火烧、堆集或者截短散铺方法清理。

## →拓展训练

某林场根据森林经营的需要，申请办理木材采伐许可证，请根据国家有关规定，组织完成各项申请办理工作，每人提交一份木材采伐申请表。

## 自测题

### 一、名词解释

林地权属管理　林权证　林地流转　占用林地　征用林地　森林采伐限额　林木凭证采伐制度　木材凭证运输制度　林木使用权的流转　林木采伐许可证　伐区拨交

### 二、填空题

1. 林地管理的主要内容包括________和________。

2. 我国林地所有权分成________和________ 2 种形式。

3. 我国林地使用权分成________、________、________和________ 4 种形式。

4. 林权登记发证可以分为________、________和________ 3 种形式。

5. 林地流转的形式有________、________和________ 3 种。

6. 占用、征用林地需要交纳的费用包括________、________、________、________和________。

7. 经批准征用、占用的林地有下列情况之一的________、________、________、________、________和________由土地管理部门报县级以上人民政府批准，收回用地单位的土地使用权，注销土地使用证，对适宜还林的土地用于还林。

8. 林木资源是指________的树木，包括利用木材的树木和利用果、叶、茎、根等非木材的树木。

9. 需要凭证运输的木材包括________、________、________、木片和省、自治区、直辖市规定的其他木材。

10. 林木使用权流转的主要形式：一是________，二是________；也可以把林木所有权折为公司股本的一部分。

11. 年森林采伐限额是立木________，而不是伐倒木材积。

12. 申领林木采伐许可证的凭证：一是________，二是________。

13. 伐区验收的程序是：________、________、________。

### 三、选择题

1. 林权登记发证分(　　)。

A. 初始登记　　B. 变更登记　　C. 注销登记　　D. 恢复登记

2. 核发林权证的条件包括：(　　)。

A. 林地及林地上林木的权属无争议

B. 界线清楚、界桩(标．明显，与毗邻单位有认界协议，证明材料合法有效

C. 森林、林木和林地位置、四至界线、林种、面积或株数等数据准确

D. 登记文件和图表资料完备，并同实地吻合

3. 林地所有者或经营者依法申办林权证应提交以下材料：(　　)。

A. 林权登记申请表

B. 个人身份证明、法人或其他组织的资格证明、法定代表人或负责人的身份证明、法定代理人或委托代理人的身份证明和载明委托事项和委托权限的委托书

C. 申请登记的森林、林木和林地权属证明文件资料

D. 省、自治区、直辖市人民政府林业主管部门规定要求提交的其他有关文件材料

4. 林地使用权依法转让的范围包括：(　　)。

A. 用材林、经济林、薪炭林和竹林的林地使用权

B. 用材林、经济林、薪炭林的采伐迹地、火烧迹地的林地使用权

C. 宜林地(荒山、荒沟、荒丘、荒滩等．使用权

D. 防护林、特种用途林的林地使用权

5. 林地流转应具备以下条件：(　　)。

A. 林地权属没有争议　　B. 经有关部门同意林地流转的文件

C. 林地转、让双方同意转让　　D. 已经交过费用

6. 占用或征用防护林林地或者特种用途林林地面积(　　)以上的，用材林、经济林、薪炭林林地及其采伐迹地面积(　　)以上的，其他林地面积(　　)以上的，由国务院林业主管部门审核。

A. 10hm$^2$　　B. 35hm$^2$　　C. 70hm$^2$　　D. 55hm$^2$

7. 根据《土地管理法》和《森林法》的规定，占用或征用林地(　　)以下的，由县级人民政府批准；占用或征用林地(　　)以上的，由县级以上人民政府逐级审查，报国务院批准；占用或征用林地(　　)以下的，由省级人民政府批准。

A. 10 亩　　B. 2000 亩　　C. 4000 亩　　D. 10 亩以上 2000 亩以下

8. 伐区验收的程序是(　　)。

A. 采伐单位提出验收申请　　B. 现场检查验收

C. 签发伐区验收合格证　　D. 提供书面材料的审查

## 四、判断题

1. 我国林地的所有权分国家所有权和集体所有权 2 种形式。(　　)

2. 林权证式样由国务院林业行政主管部门统一规定。(　　)

3. 在发生林权争议时，不能将林地划分归不同的当事人所有或使用。(　　)

4. 根据有关法律的规定，国有林地和集体林地可以买卖。(　　)

5. 集体所有的森林、林木和林地，由所有者向所在地的县级人民政府林业主管部门提出登记申请，由该县林业主管部门登记造册，核发证书，确认所有权。(　　)

6. 森林、林木和林地所有权或使用权经登记并确认权属后，因某种原因而发生变化，使森林、林木和林地所有权人发生变化或者导致权利人的林地面积、范围等改变，林权权利人应当到初始登记机关申请变更登记。(　　)

7. 林地转让的是使用权，林地所有权不得转让。(　　)

8. 国有林地的转让可以采取协议的方式，集体林地的转让，须经集体经济组织代表会议或村民代表会议讨论通过。(　　)

9. 需要临时占用林地的，应当经县级以上人民政府林业主管部门批准。临时占用林地的期限不得超过 4 年，并不得在临时占用的林地上修筑永久性建筑物；占用期满后，用地单位必须恢复林业生产条件。(　　)

10. 林木使用权转让或者作为合资、合作条件的，转让方或出资方已经取得的林木采伐许可证仍然具有法律效力，也可以同时转让。(　　)

11. 年森林采伐限额是立木蓄积，而不是伐倒木材积。(　　)

## 五、简答题

1. 简述林地管理的职责。

2. 简述林地管理的特征。

3. 简述林权登记发证的条件和依据。
4. 申请办理林权证需要提交哪些材料?
5. 简述林地保护和利用管理的内容。
6. 简述林地流转的法律依据、范围和条件。
7. 简述占用、征用林地的条件。
8. 简述占用、征用林地须提交哪些文件材料。
9. 简述占用、征用林地的补偿。
10. 简述森林采伐限额的概念、意义。
11. 简述采伐限额与木材生产计划的关系。
12. 简述制定采伐限额的依据。
13. 简述制定年森林采伐限额的程序。
14. 简述凭证采伐的意义。
15. 简述凭证采伐的实施范围。
16. 简述核发林木采伐许可证的单位。
17. 简述森林旅游资源评价的"六字"评价法。
18. 简述森林旅游资源调查的方法。
19. 简述森林野生植物级别的划分。
20. 简述森林野生植物的管理。
21. 简述森林野生植物的出售、收购管理。
22. 简述森林野生植物的进出口管理。
23. 简述森林野生动物驯养繁殖。
24. 简述森林野生动物猎捕管理。
25. 简述森林野生动物经营利用管理。

## →自主学习资料库

张力 . 2003. 林业政策与法规 . 北京：中国林业出版社 .
刘成林，余国宝 . 2001. 森林资源管理概论 . 北京：中国林业出版社 .
亢新刚 . 2011. 森林经理学 . 4 版 . 北京：中国林业出版社 .

# 项目7

# 森林资源资产评估

任务7.1　森林资源资产评估立项与评估委托
任务7.2　森林资源资产核查
任务7.3　评定森林资源资产
任务7.4　编制森林资源资产评估报告书
任务7.5　森林资源资产评估结果的确认与资料归档

随着我国集体林权制度改革和森林资源资产化管理工作的不断推进，以森林资源资产为对象的转让、抵押贷款以及合资、合作、股份经营、森林保险、森林灾害损失及补偿等经济行为将越来越多，不少林业企业的森林资源资产经常开展折价入股改制为股份制或股份合作制公司，企业和林农也经常以森林资源资产为抵押物进行贷款，逐渐形成了较为活跃的森林资源资产市场，因此需要开展森林资源资产评估工作。本项目包括森林资源资产评估立项与评估委托、森林资源资产核查、收集森林资源资产评估资料并评定森林资源资产、编制森林资源资产评估报告书、森林资源资产评估结果的确认与资料归档 5 项任务。

## 知识目标

1. 熟悉资产核查报告和资产评估报告的编写内容和方法。
2. 熟悉森林资源资产评估结果的确认与资料归档。
3. 掌握森林资源资产评估的立项、委托、资产核查、收集资产评估资料的方式方法。
4. 掌握林木、林地及经营单位的资产评估方式方法。
5. 掌握森林资源资产的分类和界定方法。

## 技能目标

1. 会森林资源资产评估的立项、委托、资产核查、收集资产评估资料。
2. 会对林木、林地及经营单位的资产进行评估。
3. 会编写资产核查报告和资产评估报告。
4. 会分类和界定森林资源资产。
5. 会森林资源资产评估结果的确认和资料归档。

# 任务 7.1

## 森林资源资产评估立项与评估委托

### →任务描述

根据评估目的，首先需要编写森林资源资产评估立项报告，上报林业主管部门审批，然后再下达森林资源资产评估委托书。根据森林经营单位森林资源资产经营目的，对森林资源目标资产进行评估立项，立项批准后进行评估委托。

每人提交 1 个集体林小班的森林资源资产评估立项书的提报和评估委托授权。

### →任务目标

**(一)知识目标**

1. 掌握森林资源资产评估的工作程序。
2. 掌握森林资源资产评估立项报告的编写格式。
3. 掌握森林资源资产评估委托书的编写内容、要求。

**(二)能力目标**

1. 能根据评估目的要求，收集相关材料，编写评估立项报告。
2. 能根据所编写的评估立项报告，及时上报主管部门审批。
3. 能根据评估立项报告要求，编写评估委托书及注意事项。
4. 能协助开展森林资产评估工作。

### →知识准备

## 7.1.1 实践操作：森林资源资产评估立项与评估委托过程与要点分析

**第一步：立项申请**

森林资源资产占有单位发生森林资源资产产权变动或其他情形需要进行评估时，应按国家有关规定。向有关部门提交森林资源资产评估立项申请书并附有关资料。

立项申请书的内容主要包括：森林资源资产占有单位名称、地址、隶属关系、评估目

的、评估对象与范围、要求评估的时间、评估的基准日等。

附件主要有：该项经济行为审批机关批准文件，县级以上人民政府颁发的有效的产权证明(林权证等)。报上级机关批准。

### 第二步：评估委托

森林资源资产评估立项经批准后，资产占有单位方可委托森林资源资产评估机构进行资产评估。评估委托应提交评估委托书、有效的森林资源资产清单和其他有关材料。

**(1)评估委托书**

资产评估机构在开展每项资产评估业务之前，均须与委托方签署“资产评估业务委托协议”。

“资产评估业务委托协议”是评估机构与委托方对各自权利、责任和义务的约定，是一种经济合同性质的契约。资产评估委托协议须写明委托方和评估机构的名称、住所、工商登记注册号、上级单位、资产评估类型及证书编号；评估目的、评估范围、评估对象的类型和数量、评估工作起止时间、评估机构的其他具体工作任务；委托方须做好基础工作和配合工作；评估收费方式和金额反映评估业务委托方和评估机构各自的责任、权利、义务以及违约责任的其他具体内容。

资产评估委托协议必须符合国家法律法规和资产评估行业管理规定，并做到内容全面、具体、含义清晰准确。

涉及国有资产占有单位的资产评估项目，应由委托方按规定办妥资产评估项后再进行评估业务委托。

**(2)有效的森林资源资产清单**

有效的森林资产清单是指以具有相应级别调查设计资格证书的森林资源调查规划设计单位当年调查，并经上级林业主管部门批准使用的森林资源规划设计调查(二类调查)、作业设计调查(三类调查)成果，或按林业资源管理部门要求建立并逐年更新至当年，且经补充调查修正的森林资源档案资料编制，并由林业主管部门认定的森林资源资产清单。森林资源资产清单以小班为单位编制。评估有效期内将采伐的林木资产清单必须依据作业设计调查成果编制。

**(3)其他有关资料**

①森林资源资产评估立项审批文件。

②森林资源资产林权证书。

③林业基本图、林相图、作业设计调查图。

④作业设计每木检尺记录。

⑤有特殊经济价值的林木种类、数量和质量材料。

⑥当地森林培育、森林采伐和基本建设等方面的技术经济指标。

⑦林木培育的帐面历史成本资料。

⑧有关的小班登记表复印件。

⑨按照评估目的必须提交的其他材料，如森林景观资产资料等。

【案例7.1】

**森林资源资产评估委托方承诺函**

锦州市××森林资源资产价格评估有限公司：

因森林资源资产抵押贷款事宜，我委托贵公司对该经济行为所涉及的林木资源资产进行评估。为确保资产评估机构客观、公正、合理地进行资产评估，我承诺如下，并承担相应的法律责任：

1. 资产评估的经济行为符合国家规定；
2. 所提供的森林资源资产清单及其他资料真实、准确、完整，有关重大事项揭示充分；
3. 纳入评估范围的资产权属明确，出具的资产权属证明文件合法有效；
4. 所提供的各种资料客观、真实、科学、合理；
5. 不干涉评估工作。

委托方签字：

年　月　日

【案例7.2】

**森林资源评估机构及评估人员承诺函**

××先生：

受贵方委托，我们对贵方拟将林木资源资产作为贷款抵押物所涉及的林木资源资产进行了认真的清查核实、评定估算，并形成了资产评估报告书，在评估假设条件成立的情况下，我们对资产评估结果承诺如下，并承担相应的法律责任：

1. 资产评估范围与经济行为所涉及的资产范围一致，未重未漏；
2. 对涉及评估的森林资源资产进行了合理的抽查、核实；
3. 评估方法选用恰当，选用的参照数据、资料可靠；
4. 影响资产评估价值的因素考虑充分；
5. 资产评估价值公允、准确；
6. 评估工作未受任何人为干预并独立进行。

项目负责人(签字)：

(公章)

年　月　日

## 7.1.2 森林资源资产评估立项与评估委托理论基础与内容

### 7.1.2.1 森林资源资产评估的概念

**(1)森林资源资产的主要形态**

市场竞争日趋激烈，林业企事业单位为保持持续的竞争优势，必须如实反映实际占有的森林资源资产总额。其中除已经得到认同的林木资产以外，还应包括林地资产、森林景观资产、森林环境资产(亦可将森林环境资产中的生态效益资产单列)。这些资产中，除环境资产中的野生动物、植物、微生物资产属有形资产外，大量的均属于无形资产。林地资产实际反映的是林地使用权，亦不例外属于无形资产范畴。随着社会对森林需求的变化，无形资产在森林资源资产中所占的比例明显增大，传统实物形态的林木资产比例相对减少。无形资产是指企业长期占有或使用而没有实物形态的资产，它的本质属性在于使企业拥有某些权利，或使企业具有竞争能力，并能够在未来为企业带来长远收益。新的形势对于森林资产中的无形资产部分的确认、计量提出新的要求。尽管无形资产的确认和计量面临不少困难，但它完全符合资产的特征，应该确认为资产反映在财务报表上。森林资源资产会计信息要维持自身利益，满足信息使用者的需求，也必须对传统的林木资产的概念和计量方式进行变革。由于森林资源资产的生长周期长，造林投入后期的增值额大，且森林资源资产有经济、社会、生态等多种价值体现形式，更有自然生长而增值等因素，为此，现实的森林资源资产价值应该按评估价或购买价入账(即市场公允价值)。

**(2)森林资源资产的公允价值**

公允价值是在当前的非强迫或非清算的交易中，自愿双方之间进行资产(或负债)的买卖(或发生与清偿)的价格。公允价值的本质是一种市场信息的评价，是市场而不是其他主体对资产价值的认定。存在市场交易价格，交换价格即为公允价值，不存在实际交易事项，则可采用其他的计量办法。公允价值与历史成本相比，能够比较确切地反映企业的实际总资产额及经营能力、偿债能力和所承担的财务风险，能够为企业管理人员、债权人、投资者的经营、决策提供更有力的支持。公允价值不仅包括无形资产的开发成本核算，而且部分反映了未来收益。确立森林资产的公允价值(即市场价格)，必须组建合法的森林资源资产评估的专职机构，有一批训练有素、从事“中介”服务的专业人才。

**(3)森林资源资产分类**

森林资源资产按不同的划分标准可以划分成不同的类型。

①*按森林资源资产提供的实物形式分类*　按森林资源资产提供的实物形式可分为实物资源资产和环境资源资产。实物资源资产又包括林地资产、林木资产和林区动植物资产。

**林地资产**　凡经政府机关授权委托，明确划归林业部门经营管理的林业用地和已经为林业经济活动所占用的土地(如建筑、道路)，均为林地资产。它是森林资源资产的重要组成部分。

**林木资产**　具有森林资源属性的活立木蓄积称为林木资产。一般地说它归森林营造者所有并经营，即“谁造谁有”。但林木资产不能脱离林地而存在。林地资产的数量是不变的，而林木资产在科学的管理下，可以增值。

**林区动植物资产**　人工培育的林区动植物和具有经济意义的林区野生动植物都应是森林资源资产的一部分，应当实行有效的资产管理。

**森林环境资产**　林区由山、水、土、石、花草、树木、风光等组成的森林环境，也是森林资源资产的一个重要组成部分。

②*按森林资源资产经营形式分类*　按森林资源资产经营形式一般可分为经营性资产和非经营性资产。

**经营性资产** 是指在现有科学技术水平条件下，通过经营利用能够带来经济效益，以森林资源产品(木材林副产品)及盈利为目的的森林资源资产。它包括用材林、经济林和薪炭林。

**非经营性资产** 是指在现有科学技术水平下，不能经营利用，但能发挥环境生态效益，能经营利用但不能带来经济效益以及能经营利用也能带来经济效益，但国家法律规定为特用的森林资源资产。它包括防护林和特种用途林。

经营性资产和非经营性资产的划分也不是绝对的，即在科学技术水平、社会经济条件以及经营目的发生变化时，两类资产是可以相互转变的，非经营性资产可以变为经营性资产，经营性资产也可以变为非经营性资产。对于经营性资产可以实行商品生产，直接走向市场；对于非经营性资产，则要靠国家、社会进行投资来维持。

### 7.1.2.2 森林资源资产评估的原则

森林资源资产评估必须遵循以下原则：

**(1)基本原则**

森林资源资产评估必须遵循公平性原则、科学性原则、客观性原则、独立性原则、可行性原则等基本原则。

**(2)前提性原则**

森林资源资产评估要遵循产权利益主体变动原则，即以被评估森林资源资产的产权利益主体变动为前提或假设前提，确定被评估资产基准日时点上的现行公允价值。产权利益主体变动包括利益主体的全部改变和部分改变及假设改变。

**(3)操作性原则**

森林资源资产评估要遵循资产持续经营原则、替代性原则和公开市场等操作性原则。

①持续经营原则 是指评估时需根据被评估森林资源资产按目前的林业用途、规模继续使用或有所改变的基础上继续使用，相应确定评估方法、参数和依据。

②替代性原则 是指评估作价时，如果同一森林资源资产或同种森林资源资产在评估基准日可能实现的或实际存在的价格或价格标准有多种，则应选用最低的一种。

③公开市场原则(公允市价原则) 是指森林资源资产评估选取的作价依据和评估结论都可在公开市场存在或成立。森林资源资产交易条件公开并且不具有排他性。

进行森林资源资产评估时，应按国家有关规定，向有关部门提交森林资源资产评估立项申请书并附有关资料。森林资源资产评估立项经批准后，资产占有单位方可委托森林资源资产评估机构进行资产评估。评估委托应提交评估委托书、有效的森林资源资产清单和其他有关材料。

## →拓展训练

根据国有森林经营单位森林资源资产经营目的，对森林资源目标资产进行评估立项，立项批准后进行评估委托，完成目标资产的森林资源资产评估立项书的提报和评估委托授权。

# 任务 7.2
## 森林资源资产核查

### 任务描述

森林资源资产的实物量是价值量评估的基础，评估机构在森林资产价值量评定估算前，必须对委托单位所提交的有效森林资源资产清单上的数量和质量进行认真的核查。要求小班一览表、图面(包括林权图)、实地三者一致。森林资源资产核查，是森林资源资产评估的一项极为重要的基础性工作。对委托单位所提交的森林资源资产清单上的数量和质量，应到实地进行图面材料的核对，以及森林资源资产的数量、质量采用一定的方法进行核查，验查森林资源资产。组织学生根据林场森林资源资产评估的要求，对资源目标资产进行核查。完成资产清单编制、资源资产验核、文件合法性确认、小班核对、资产核查、资产统计、计算合格率、编写核查报告。

学生按照要求完成不同集体林小班类型的资源核查后提交一份核查报告。

### 任务目标

#### (一)知识目标

1. 了解森林资源信息处理的基本方法与手段。
2. 熟悉森林资源资产评估核查的工作步骤。
3. 熟悉林权证、森林资源资产的概念。
4. 掌握森林资源资产调查的种类、主要技术方法。

#### (二)能力目标

1. 能根据拟评估对象，收集小班因子的相关材料，做好核查准备工作。
2. 能根据拟评估小班，实地判读林权图、确认林权界限。
3. 能熟练的掌握森林资源资产实物量核查的基本方法。
4. 通过核查，掌握森林资源资产评估核查统计、分析及核查报告编制。

## →知识准备

## 7.2.1　实践操作：森林资源资产核查过程与核查要点分析

**第一步：编制森林资源资产清单**

指导委托方进行森林资源资产清查及编制森林资源资产清单。

**第二步：对资源资产清单进行验核**

对委托方所提供的森林资源资产清单的编制依据、资料的完整性和时效性进行验核。

**第三步：确认文件合法性**

验证由委托方提供的山林权证书、山林权图、有关森林资源资产所有权、使用权、经营权的协议、合同等文件，确认它们的合法性，剔除不符合法律要求的协议和合同。

**第四步：小班核对**

对委托方提供的待评估森林资源资产清单上所列小班的权属、林业基本图上的位置以林权证、山林权图和有关所有权、使用权的协议、合同为准，逐个小班进行核对。对于无权属证和权属不清的小班，要求委托单位补充提供有效的权属文件。对无法提供县以上人民政府颁发的权属证书或证件的不能作为资产评估对象，应予扣除。

**第五步：资产核查**

对已确认权属的各项森林资源资产，进行现地核查，填写核查记录。森林资源资产数量、质量的核查，必须由具有森林资源调查工作经验的中、高级技术职称的林业专业技术人员负责进行。

**(1)核查内容**

森林资源资产核查的项目，一般包括权属、数量、质量和空间位置等内容，在实际工作中可根据评估目的和评估对象的具体情况确定。林地资源资产核查的项目主要有6项：

①地类　不同的地类，其价值差异极大。要求按照地类划分的标准，填写土地利用现状。

②位置　指林地的空间位置。要求现地的位置与图件(林业基本图、林相图等)所示一致。

③面积　要求资产清单上所载的面积与现地面积、图件上量算的面积、注记的面积一致。

④立地等级　林地资源资产的质量，也就是林地的生产潜力。通常用地位级、地位指数、立地条件类型或数量化立地指数来表示，可在实地调查这些指标的辅助因子后，在相应的调查数表中查得。

⑤地利等级　地利等级反映了林地的外部生产条件。现行森林调查技术中极为粗放地用“可及度”来表示。林地所处的空间位置是否交通便利，是否便于经营，直接影响着经营这块林地投入成本的高低。因此，地利等级的高低将给林地的价值以极大的影响。地利

等级通常是以林地与已建成的公路运输线路间的距离来确定的。

⑥所有权和使用权(经营权)　林木是森林资源资产的主体部分。如林种不同，林木的作用就不同。例如，防护林的功能主要是由林木、下木、灌木乃至地被物形成的环境和发挥的作用而形成的，而林木本身材积的多少，却不是主要的价值所在。而用材林则不然，主要的经济价值所在是林木本身材积的多少、材质的好坏、材种及材种出材量的多少，特别是有无特殊经济价值的树种、材种等情况。所以在林木资产核查时，应当视具体情况来确定核查的内容。不同林种资产核查的重点项目有所差异：

a. 用材林：幼龄林核查的主要内容是权属、树种组成、林龄、平均树高、单位面积株数。中龄林核查的主要内容是权属、树种组成、林龄、平均胸径、平均树高、单位面积活立木蓄积。近、成、过熟林核查的主要内容是权属、材种组成、林龄、平均胸径、平均树高、立木蓄积、材种出材率。

b. 经济林：权属、种类及品种、年龄、单位面积产量。

c. 薪炭林：权属、林龄、树种组成、单位面积立木蓄积量。

d. 竹林：权属、平均胸径、立竹度、均匀度、整齐度、年龄结构、产笋量。

e. 防护林：除核查与用材林相应的项目外，还要增加与评估目的有关的项目。

f. 特种用途林：除核查与其他林种相应的项目外，还要增加与评估目的有关的项目。

g. 未成林造林地上的幼树：权属、树种组成、造林时间、平均高、造林成活率、造林保存率。

其他森林资源资产：

i. 森林景观。森林景观是一个以森林为主体的，由多种形态物质组成的综合体。因此，在森林景观资产核查时，其重点是这个综合体在旅游、观赏、休息、保健、娱乐等方面的功能和特色。此外，它的交通条件和周边环境也是十分重要的内容。

ii. 野生动植物。野生动植物资产的核查，主要是其种类和数量。

iii. 林副产品。主要是核查其品种和数量，此外还要调查了解在当地和周边地区的开发利用程度、规模及市场情况。

**(2)核查方法**

森林资源资产的核查方法有抽样控制法、小班抽查法和全面核查法等，可按照评估目的、评估种类、具体评估对象的特点和委托方的要求选择使用。

①抽样控制法　抽样控制法主要适用于大面积森林资源资产进行总体评估时的核查。本方法以评估对象为抽样总体，以 95% 的可靠性，布设一定数量的样地进行实地调查，要求总体蓄积量抽样精度达到 90% 以上。林地的核查，首先依据具有法定效力的资料，核对其境界线是否正确，然后在林业基本图或林相图上直接量算或采用成数抽样的办法核查各类土地和森林类型的面积，主要地类的抽样精度要求达到 95% 以上(可靠性 95%)。如委托方提交的资产清单中各类土地、森林类型的面积和森林蓄积量在估测区间范围内，则按照资产清单所列的实物数量、质量进行评估。若超出估测区间，则该资产清单不符合评估要求，应通知委托方另行提交新的森林资源资产清单。

②小班抽查法　小班抽查法，是在待评估森林资产中，抽取一定数量的小班，进行现地核查的方法。

核查小班数量，不应低于调查工作量的3%。评估人员应当根据评估的目的、方法和重点，结合当地森林资源资产的特点，确定核查小班数量。

核查小班的抽取，可以采用以下几种方法。

**随机抽取法** 按森林资源资产清单的顺序，将小班面积逐个相加，并逐个小班记下累计面积数，直至最后。然后利用随机数表或计算机随机数发生器获得随机数，凡数值小于等于小班总面积数的数便落实到小班中，该小班即认为被抽中，直至预定抽取的小班个数为止。

**机械抽取法** 将小班面积总累计值除以预定要抽取的小班个数，得一间隔值，利用随机数表获得小于此间隔值作为起始点后，每增加一个间隔值的数，即为抽中数，将其落实到小班中，从而确定抽中的小班。

**典型选取法** 将评估对象按林种、土地类型、森林类型和龄组等因子分类，然后在各类中选取有代表性的一定数量小班，选取小班时除考虑林分因子外，还要考虑交通条件、居民点、人口分布等社会经济条件。

现地核查，持林业基本图或林相图在现地确定被抽中小班，并对小班进行实地核查。核实调查的内容按规定进行。

小班核查一般用“实测”、“辅助目测”和“回归估测”3种方法来进行。

③全面核查法 全面核查法就是对资产清单上的全部小班逐个进行核查。对即将采伐的小班还要设置一定数量的样地进行实测，必要时进行全林每木检尺。

### 第六步：资产统计

对核查通过的森林资源资产清单，统计、编制各种森林资源资产统计表。

### 第七步：计算合格率

现地核查结束，按规定计算合格率，确定委托方提供的森林资源资产清单是否合格。如不合格，应及时通知委托方，并商量采取相应的措施。

### 第八步：编写森林资源资产核查报告

核查报告一般由报告书、附表、附图及附件4个部分组成，它是资产评估的重要文件之一。

#### (1)森林资源资产核查报告书

其主要内容包括：

①概况 简述核查对象概况、核查依据、目的、要求、组织、工作起止时间、评估基准日、委托方提供的资产清单简况、当地自然、经济、经营状况等。

②核查方法 叙述核查采用的技术方法，使用的技术标准和核查数量、核查对象抽取方法等。

③核查结果 叙述对委托方提供的森林资源资产清单进行核查的结果、合格率、核查精度。

④结论 叙述通过核查和分析确定委托方提供的森林资源资产清单可信程度，提出该清单要作何修正和该资产清单是否可以接受作为评估的基础资料意见。

**(2)附表**

附表主要包括：

①调查记录表。

②已进行修正的森林资源资产实物量一览表。

③各种森林资源资产实物量统计表。

**(3)附图**

核查附图是在委托单位提供的林业基本图上进行核查修改形成的。它标明了被评估对象的空间位置、类型、面积等内容。

**(4)附件**

与资产相关的文件、材料等。

**【案例 7.3】**

**森林资源资产核查报告**

锦州市××森林资源资产价格评估有限公司接受××的委托，根据国家有关森林资源资产评估的规定，本着“客观、独立、公正、科学”的原则，按照公认的资产评估方法，对义县瓦子峪镇碾盘沟村森林(或林木)所有权权利人××拟将林木资源资产作为银行贷款抵押物的林木进行资产核查。森林资源核查小组由锦州市××森林资源资产价格评估有限公司及辽宁林业职业技术学院的专家组成，于 2010 年 12 月 6 日对上述拟将林木资源资产作为银行贷款抵押物的林木进行现地全面核查，以核查当天为评估基准日，对其提供的森林资源清单进行了认定。

一、义县基本情况

义县位于辽宁省西部，境内东部医巫闾山山脉，南北绵延近百里，山间多为林丛草地，有“绿色宝库”之称；西部属松岭山脉余脉，地下埋藏着丰富的金属、非金属矿藏；中部为丘陵状平原。医巫闾山古称于微山、无虑山、广宁大山，今简称闾山，是阴山山脉的余脉。医巫阎山与山东沂山、山西霍山、陕西吴山、浙江会稽山被历代帝王封为五大镇山，每年春秋两季祭祀。医巫闾山广约 600km$^2$，南北绵亘 45km，主峰望海山海拔 866.6m。义县地处北温带的中温带，属大陆性季风型气候，四季分明。年平均气温 7.8℃，平均降水量 530mm，平均日照 2848h，无霜期 126～175d。义县大小河流 20 多条，以大凌河、细河较大。大凌河发源于河北省平泉县，从涓涓细流到波澜壮阔的入海口共 398km，流经辽宁省朝阳等市(县)。细河是大凌河下游左侧最大支流，源出阜新蒙古族自治县他本扎兰乡东北东骆驼山(清初名摩该波罗山)北坡牌楼营子村附近。经阜新市区，阜新蒙古族自治县的东梁乡、伊吗图乡、卧凤沟乡以及清河门区的蔡家屯入义县，在复兴堡进入大凌河，全长 113km。

为了满足森林资源资产评估的目的，本次森林资源资产核查项目主要包括立地等级、林地面积以及林木树种组成、林龄、平均树高、单位面积株数、单位面积蓄积等。主要调查因子见表 7-1《小班调查表》所列。

**表 7-1　小班调查表**

________县(市、区、旗)________乡(镇、场)________村(工区)________林班________小班

小地名________　工程类别________　保护等级________　林地所有权________　林木所有权________　地类________　森林类别________　林种________　亚林种________　优势树种________　树种组成________　起源________　立地类型________　经营措施类别________　生产期________　小班面积________ $hm^2$　小班蓄积________ $m^3$　散生木蓄积________ $m^3$

| 项目 | 林龄<br>龄组 | 平均<br>胸径 | 平均<br>树高 | 郁闭度 | 成活率<br>或盖度 | 每公顷<br>株数 | 每公顷<br>断面积 | 每公顷蓄积量 | |
|---|---|---|---|---|---|---|---|---|---|
| | | | | | | | | 林分 | 疏林 |
| 林分因子 | | | | | | | | | |
| 地形地势 | 海拔 | m | 坡度 | | 坡向 | | 坡位 | | |
| 土　壤 | 土类 | | | 土层厚度 | | cm | 质地 | | |
| 下　木 | 名称 | | | 分布情况 | | | 盖度 | | % |
| 地被物 | 名称 | | | 分布情况 | | | 盖度 | | % |
| 天然更新 | 树种 | 平均高 | cm | 每公顷株树 | | | 更新等级 | | |
| 林况记载 | | | | | | | | | |
| 附　记 | | | | | | | | | |

调查员__________　　年　月　日

## 二、核查方法

根据评估的目的、评估种类、具体评估对象的特点和委托方的要求，本次采用的是全面核查法。全面核查法是对资产清单上的全部小班逐个进行核查。在质量控制方面，按照下表的技术标准执行，见表 7-2 所列。

**表 7-2　各调查因子核查允许误差范围**

| 核查项目 | 允许误差/% | 核查项目 | 允许误差/% |
|---|---|---|---|
| 地类 | 0 | 平均年龄 | 10 |
| 权属 | 0 | 郁闭度 | 5 |
| 树种 | 0 | 每公顷断面积 | 5 |
| 起源 | 0 | 每公顷蓄积 | 15 |
| 小班面积 | 5 | 每公顷株数 | 5 |
| 树种组成 | 5 | 立地等级 | 0 |
| 平均树高 | 5 | 造林保存率 | 5 |
| 平均胸径 | 5 | 造林成活率 | 5 |

注：80%合格的小班为合格小班。

小班面积核查应用 GPS 现地实测定点的方法。小班外业调查主要通过资产所有者提

供的林权证等相关图表，到实地去核查面积、设标准地调查树木生长情况。主要调查因子有造林面积、林木生长情况、成活率和蓄积量等。

三、核查结果

根据以上方法，对义县瓦子峪镇碾盘沟村森林（或林木）所有权权利人××拟将林木资源资产作为银行贷款抵押物的林木资源进行资产核查，见表 7-3 所列。

**表 7-3　小班外业调查一览表**

| 所属区域 | 造林地块号 | 面积/亩 | 林种 | 立地等级 | 树种组成 | 起源 | 平均树高/m | 平均胸径/cm | 每亩蓄积/$m^3$ | 郁闭度 | 年龄/年 | 成活率 |
|---|---|---|---|---|---|---|---|---|---|---|---|---|
| 义县碾盘沟 | 1 林班 158 小班 | 31.6 | 其他 | I | 10 杨树 | 植苗 | 4.6 | 3.9 | 3.7 | 0.7 | 3 | 95% |
| 义县碾盘沟 | 1 林班 159 小班 | 5.9 | 短轮伐用材林 | I | 10 杨树 | 植苗 | 17.5 | 16.2 | 236.4 | 0.9 | 11 | 95% |
| 合计 | | 37.5 | | | | | | | | | | |

经过对资产清单全面的核查，林地地理位置清楚，权属无争议，GPS 现地定点核实林地面积是 2.44$hm^2$，林权证标注 2.5$hm^2$，精度达到 97.5%，大于 95% 的精度要求，各项林分调查因子符合林木流转的要求。

四、结论

通过对林权证、林分地理位置以及各项林分调查因子的全面核查和分析，确定委托方提供的森林资源资产清单可信，可以将该资产清单作为评估的基础资料。具体数据见表 7-4 所列。

**表 7-4　森林资源资产评估一览表**

| 所属区域 | 造林地块号 | 面积/亩 | 起源 | 平均树高/m | 平均胸径/cm | 立地等级 | 树种 | 郁闭度 | 年龄/年 | 林种 | 树种组成 | 每公顷株数 |
|---|---|---|---|---|---|---|---|---|---|---|---|---|
| 义县碾盘沟 | 1 林班 158 小班 | 31.6 | 人工实生 | 4.6 | 3.9 | I | 杨树 | 0.7 | 3 | | 10 杨树 | 9759 |
| 义县碾盘沟 | 1 林班 159 小班 | 5.9 | 人工实生 | 17.5 | 16.2 | I | 杨树 | 0.9 | 11 | 短轮伐用材林 | 10 杨树 | 1800 |
| 合计 | | 37.5 | | | | | | | | | | |

附表：

表 7-5　调查记录表

| 小班号 | 树种 | 林龄 | |
|---|---|---|---|
| 158 | 意大利107速生杨 | 3年 | |
| 林分特征概述：<br>该小班形状狭长，在调查过程中，设置了两个10m×10m的样方和一个4m×25m的样带来进行调查。 | | | |
| 标准地类型 | | 株数 | 林木平均高/m |
| 4m×25m的样带(胸径在3～4cm) | | 147 | 4.2 |
| 10m×10m的样方(胸径在4～5cm) | | 67 | 5.8 |
| 10m×10m的样方(胸径在4～5cm) | | 66 | 5.6 |
| 林况记载：林分卫生状况良好，林农间作，林下中有豆类和谷类。 | | | |

表 7-6　调查记录表

| 小班号 | 树种 | 林龄 |
|---|---|---|
| 159 | 银中杨 | 11年 |
| 林分特征概述：该小班形状较方，在调查过程中，设置了25m×20m的标准地来进行调查。 | | |
| 径阶/cm | 1号标准地株数 | 2号标准地株数 |
| 10 | 6 | 6 |
| 12 | 15 | 16 |
| 14 | 16 | 15 |
| 16 | 17 | 18 |
| 18 | 24 | 23 |
| 20 | 6 | 6 |
| 22 | 3 | 2 |
| 24 | | 1 |
| 26 | 3 | 2 |
| 林况记载：林分卫生状况良好，林农间作，林下中有豆类和谷类。 | | |

（单位）
法人代表：
项目负责人：
复核人：

2010年12月10日

## 7.2.2　森林资源资产核查理论基础与内容

### 7.2.2.1　森林资源资产概念

森林资源资产是以森林资源为物质内涵的资产，是森林资源中具有资产性质的一部分经济资源，是林业企业赖以生存和发展的物质基础、生产资料的主要来源。因此，森林资源资产是在现有认识和科学水平条件下，可进行经营利用，能给其产权主体带来一定经济利益的森林资源。

#### 7.2.2.2 森林资源资产的分类

森林资源资产可以按照形态和经营管理形式来划分。

**(1)按形态划分**

按形态划分为3种。林木资产，指具有资产属性的林木的总和；林地资产，指具有资产属性的林业用地的总和；森林景观资产，指由森林及其环境构成，具有资产属性的景观的总和。

**(2)按经营管理形式划分**

按经营管理形式划分为2种。即公益性森林资源资产，主要指防护林、特种用途林等公益林资产，如水源涵养林、护路林、国防林、母树林、风景林等森林资源资产；经营性森林资源资产，主要指用材林、经济林、薪炭林和竹林等资产。

#### 7.2.2.3 森林资源资产的特性

森林资产的一般特征是它的获利性、占有性和可比性。除此之外，它还具备有经营的永续性、再生的长期性、分布的辽阔性、功能的多样性、管理的艰巨性等特性。

#### 7.2.2.4 森林资源资产的界定

森林资源资产评估首先要解决的问题是森林资源的资产界定。森林资产界定主要包含两大方面的内容。其一是界定森林资源资产的物质内涵，即哪些是森林资源资产，哪些不是森林资产；其二是界定森林资源资产的所有权，即要确定森林资源资产的占有权、使用权、收益权和处分权。

**(1)森林资源资产界定的基本原则**

森林资源资产的界定是我国林业经济管理体制的变革，是为建立具有中国特色的社会主义市场经济体制服务的。其界定应遵循以法律为依据、国家所有权受特殊保护、维护其他非国有经济主体合法地位和“谁投资谁占有谁受益”等原则。

**(2)森林资源资产界定的依据**

森林资源资产的界定在内容上分为2个层次。

①界定森林资源资产的不同财产构成　森林资源资产财产构成界定的依据主要有：

a. 有关的自然资源法规中关于资产构成的条款，是资产构成界定的基本依据。

b. 当地生产力发展的水平。

资产的财产构成是随着生产力发展水平的提高而丰富的，如森林环境资产。随着时代的进步与科学技术的发展，森林旅游已成为旅游热点，森林景观资源就理所当然地成为森林资源的重要组成部分，也成为了重要的森林资源资产。

②界定森林资源资产所有权的各种权能　所有权的各项职能的界定就是对资产占有、使用、处分、受益的界定。森林资源资产的占有权要依据县(市)以上人民政府的具有法律效力的法律文书来确定归属。如县政府签发的土地证、山林权证等。森林资源资产的使用权界定除了依据县级以上人民政府的法律文书外，通常还可依据森林资源资产占有者具有法律约束力的契约性文书来界定。例如通过签订合同、协议的方式将森林资源资产交由其他经济主体使用。森林资源资产受益权主要根据谁投资谁受益的原则，依据法定或约定的经济管理文件来界定，如合同书等。森林资源资产的处分权则必须由原占有森林资源资产的经济主体的上级主管部门的具有法律效力的文书来界定，因为森林资源资产的处分权涉及产权的流转，必须得到上一级主管部门的确认才有效。

**(3)森林资源资产的界定**

森林资源资产的界定就是要界定哪些森林资源属于资产，哪些不属于资产，以及属于资产的各项权能的归属。在界定中必须对各项森林资源资产的内部构成进行仔细的分析与认定。对这些资产进行分类分析的主要依据是价值论。森林资源要界定为资产必须满足如下要求：

①产权归属明确，为某一经济主体所占有，并实施有效控制；

②具有使用价值，可作为经营对象；

③数量明确，可以用货币进行度量，可作为商品在市场中进行交换。

### 7.2.2.5　有效森林资源资产清单

有效森林资源资产清单是森林资源资产占有单位发生森林资源资产产权变动或其他情形需要进行资产评估时，按规定向受委托的资产评估机构提出的需要评估的全部森林资源资产的数量、质量和分布情况的真实的详细材料。除古树名木、珍贵的单株木以外，森林资源资产清单一般以小班为单位编制。

森林资源资产清单的主要内容要准确反映森林资源资产的实际情况，为资产评估提供全面、准确的数据，委托方提供的以小班为单位编制的森林资源资产明细表，应当包含小班权属、面积、位置、立地条件和作业条件等数据，见表7-7。如果是有林地，要增加所有的林分因子；如果是即将采伐的成、过熟林，再增加材种出材率情况；被评估对象如果是森林旅游对象，则要包含景观方面的指标，评估对象如果是古树名木或珍贵树木，则还要增加人文历史、特殊经济用途和价值方面的内容。

**表7-7　森林资源资产评估小班一览表**

| 工区 | 林班 | 小班 | 小班面积 | 有林地面积 | 地类 | 立地质量 | 优势树种 | 树种组成 | 起源 | 林龄 | 平均胸径 | 平均树高 | 公顷蓄积 | 小班总蓄积 | 运距 | 集材距 | 经营类型 |
|---|---|---|---|---|---|---|---|---|---|---|---|---|---|---|---|---|---|
| | | | | | | | | | | | | | | | | | |
| | | | | | | | | | | | | | | | | | |

## →拓展训练

根据国有森林资源资产评估的要求，对森林资源目标资产进行核查。完成资产清单编制、资源资产验核、文件合法性确认、小班核对、资产核查、资产统计、计算合格率、编写核查报告。要求完成不同小班类型的资源核查，提交一份核查报告。

# 任务 7.3

## 评定森林资源资产

### 任务描述

森林资源资产评估测算，首先对委托单位(或资产占有方)的项目背景、委托评估资产状况、项目区经济、社会环境等方面进行调研；其次收集资产评估所涉及的市场信息、国家现行的有关法律、法规，国家现行的银行利率、汇率、税收政策；第三是收集相关林业调查数表等；第四收集营林生产、木材生产成本、木材价格、出材率、山场作业条件等，为评定估算做准备。

本项任务是根据森林资源资产评估的要求，对完成评估资料的收集，对森林资源目标资产进行评价，要求完成1个集体林小班的林木资产、林地资产、6个小班类型的打包资产(模拟经营单位)的评估并提交相关材料。

### 任务目标

**(一)知识目标**

1. 了解资产评估相关经济指标收集的工作步骤。
2. 熟悉营林生产、木材生产工序、成本，了解木材价格、出材率、林木采伐、木材销售、林业生产税金等相关知识。
3. 掌握评估准则和技术规范的基本要求。
4. 掌握森林资源资产评估的基本方法，应用相关经济指标测算资源资产。

**(二)能力目标**

1. 能根据森林资源资产评估要求，收集委托评估的森林资源资产状况、项目区经济、社会环境等方面资料。
2. 能根据拟评估小班，收集小班各测树因子等资料。
3. 能收集营林生产、木材生产成本，木材价格、出材率等相关资料。
4. 根据收集的评估相关资料，测算森林资源资产价值。

## →知识准备

### 7.3.1 实践操作：评定森林资源资产过程与要点分析

**第一步：收集森林资源资产评估资料**

在进行评定估算前，森林资源资产评估机构必须搜集掌握当地有关的技术经济指标资料，主要包括：

①营业生产技术标准、定额及有关成本费用资料。

②木材生产、销售等定额及有关成本费用资料。

③评估基准日各种规格的木材、林副产品市场价格，及其销售过程中税、费征收标准。

④当地及附近地区的林地使用权出让、转让和出租的价格资料。

⑤当地及附近地区的林业生产投资收益率。

⑥各树种的生产过程表、生产模型、收获预测等资料。

⑦使用的立木材积表、原木材积表、材种出材率表、立地指数表等测树经营数表资料。

⑧其他与评估有关的资料。

**第二步：评定森林资源资产**

对林木、林地及森林经营单位的其他资产进行评估。

**(1) 评估林木资产**

林木资源资产评估中除活立木和枯立木外，经常还包括风倒木或新近砍倒尚未加工成原木或其他林产品的林木。它是森林资源资产最重要的组成部分，也是森林资源资产中的产权交易最活跃的部分，是森林资源资产评估最主要的内容。下面介绍用材林林木资源资产评估。

①同龄幼龄林(含未成林造林地)林木资产评估　森林经营的大量培育成本投入是在造林和幼龄林阶段，这一阶段的培育成本投入比较清楚，而幼龄林林木(含未成林造林地幼树)距可采伐还有很长的时间。因此，幼龄林林木资源资产评估一般不采用市场价倒算法，多采用市场成交价比较法、重置成本法、序列需工数法和历史成本调整法。

**市场成交价比较法**　市场成交价比较法是在森林资源资产市场发育比较充分，能找到3个或3个以上交易案例的地区使用。在幼龄林阶段进行评估选择的参照案例必须尽可能选择与待评估森林资源资产的年龄相同，单位面积株数、平均树高、地利等级及评估基准日相近的评估案例，并进行评估值修正。

**重置成本法**　是以现时的工价和生产水平重新营造成一块与被评估资产相类似的幼林所需要的成本费用作为被评估资产的重置成本。其重置成本使用的是当地的社会平均生产成本，并要求达到当地平均水平的林分质量，并以平均水平林分的平均高和平均株数作为参照确定重置成本的调整系数，从而，确定被评估资产的评估值。在大部分地区用材林经营的地租不是每年交纳的，而是在主伐时根椐林地所生产的木材数量，按规定的林价比例交纳轮伐期内林地使用费，这时林木资源资产的重置成本通常不需考虑地租，即该资产评估值为不完全的重置成本。

在实际操作中，评估的关键是确定林分质量调整系数和功能性贬值调整系数。林分质量调整系数通常由株数调整系数、树高调整系数和蓄积调整系数综合构成。

a. 株数调整系数 $K_1$：株数保存率是衡量林分造林质量的重要指标。

$$株数保存率(r)=\frac{林地实有保存株数}{造林设计株数} \tag{7-1}$$

按《森林资源资产评估技术规范（试行）》规定：在幼龄林的评估中：

当 $r \geqslant 85\%$ 时，$K_1=1$；

当 $r<85\%$ 时，$K_1=r$；

当 $r \leqslant 40\%$ 时，$K_1=0$。

在幼龄林阶段中后期，林分一般已郁闭，如果株数少于40%，但林木的分布均匀，有成林希望，这时 $K_1$ 不能等于零，可以等于 $r$，也可以根据最终的保留株数和现实株数的比值综合确定。

b. 树高调整系数 $K_2$：按《森林资源资产评估技术规范（试行）》规定：

$$树高系数(h_r)=\frac{现时幼龄林林分平均树高}{同年度参照林分标准平均树高} \tag{7-2}$$

确定树高调整系数的关键在于寻找合适的参照林分的平均树高。通用的做法是选择适合评估地区的各树种幼龄树高平均生长过程表，拟合树高平均生长方程，测算评估年度的平均树高作为参照林分的标准平均树高。若无法得到合适的生长过程，可采用各地进行造林验收时使用的各年龄参照林分的标准平均树高，也可采用评估资产地区或近邻地区的各年龄平均树高的测定值拟合的方程来预测评估年度的平均树高。

c. 蓄积调整系数 $K_3$：对于已郁闭成林的幼龄林，尤其是对年龄较大或处于幼龄末期的林分，已有一定的蓄积量，对于将来而言，其影响因素已由考虑其是否郁闭成林逐渐向具有多少的蓄积量转变。同时由于林分质量、木材市场价格及市场物价指数等因素的影响，还要考虑幼龄林评估价值与中龄林的评估价值平稳过渡。故对于处于幼龄林末期的林分引进蓄积量调整系数予以调整，其调整系数为：

$$K_3=\frac{现时林分的单位面积平均蓄积量}{同年度参照林分单位面积标准平均蓄积量} \tag{7-3}$$

应当注意的是造成中幼林评估值过渡差异的一个重要原因是林分质量，当排除林分质量不正常因素后，其中幼龄林的评估值仍可能存在的差异部分应归因于评估方法上的差异，中龄林评估立足于收益角度采用收获现值法，并以蓄积调整与胸径调整为主。而幼龄林评估则立足于成本角度，为了便于中幼林评估值之间的可比性，这时使用蓄积调整系数而不再采用株数及树高调整系数，即 $K=K_3$，反之，$K=K_1\times K_2$。

d. 功能性贬值调整系数：功能性贬值是指由于技术相对落后造成的贬值。测算功能性贬值是根据资产的效用、工耗、物耗、能耗水平等功能方面的差异造成的成本增加和效益降低，确定相应的贬值。在林木的生产经营中存在着技术的进步，故存在着相对而言的技术落后。如旧的造林标准采用挖大穴，密植；新的造林标准在挖穴规格、造林密度上均比原来小。这种培育制度的改变会降低营林成本，但不影响最终的产量。这种由于新技术的产生而导致旧造林标准的额外造林成本就构成了功能性贬值。

在用材林幼龄林资源资产评估中功能性贬值的计算方法是：

$$\text{功能性贬值额} = \sum(\text{待评估资产年净超额营林成本} \times \text{折现系数}) \tag{7-4}$$

对于一般性资产评估，其折现系数的计算关键在于被评估资产的剩余使用年限的估计。而对幼龄林评估则是在现时对照过去所营造的林分进行评估，故其评估时的使用年限为各营造林工序与幼龄林龄组上限的距离。故上式可改写为：

$$q = \frac{\sum_{i=1}^{n}(\overline{C_i} - C_i) \times (1+p)^{n-i+1}}{\sum_{i=1}^{n}\overline{C_i}(1+p)^{n-i+1}} \tag{7-5}$$

式中 $q$——功能性贬值率；

$n$——现时经营各树种幼龄林龄组上限；

$\overline{C_i}$——旧营造林标准各年单位面积投资额；

$C_i$——新营造林标准各年单位面积投资额。

例如，某小班面积为 $5\text{hm}^2$，林分年龄为 4 年，平均高 2.7m，株数 2700 株 · $\text{hm}^{-2}$，要求用重置成本法评估其价值。

据调查，该地区评估基准日第一年造林投资 2250 元 · $\text{hm}^{-2}$，第二和第三年投资为 750 元 · $\text{hm}^{-2}$，第四年投资为 450 元 · $\text{hm}^{-2}$，年利率为 5%，当地平均水平的林分平均高为 3m。造林株数为 3000 株 · $\text{hm}^{-2}$，保存率要求为 85%。

解：

已知 $n=4$，$C_1=2250$，$C_2=750$，$C_3=750$，$C_4=450$，$p=5\%$

$\because$ 该小班林木保存率 $=2700 \div 3000=0.9$（即 90%）>85%，故 $K_1=1$

$K_2=2.7 \div 3=0.9$

$$\therefore E = K_1 \times K_2 \sum_{i=1}^{4} C_i \times (1+p)^{n-i+1}$$

$$= 1 \times 0.9 \times [2250 \times 1.05^4 + 750 \times 1.05^3 + 750 \times 1.05^2 + 450 \times 1.05]$$

$$= 4412 \text{ 元/hm}^2$$

**序列需工数法** 该法以现时工价和森林经营中各工序的需工数来估算被评估森林资源资产的成本值，因此，此法属于重置成本法的特例。这种方法与重置成本法一样，必须通过林分调整系数对幼龄林林木资源资产的评估值进行修正，从而得出较符合评估基准日时幼龄林林木资源资产的价值。此外，在大部分地区，林地使用费是在林木主伐时，依据主伐林木单位面积的出材量，按林价的 10% ~30% 支付。因此，这时林木资产的评估值是不含林地使用费的不完全的林木价值，用序列需工数法评估其幼龄林林木资源资产时，无需考虑林地使用成本，其计算和资料收集都更为简单。

在评估操作实务中，应用序列需工数法的关键是确定各营造林工序的工数及其工价。

a. 各营造林工序的工数：我国主要树种的人工造林技术均进行了标准化，为此，在资产评估时，要以标准化的造林技术和各地的实际情况来确定各营造林工序所需工数。

b. 工价：此时的工价，不是简单的日劳动工资的单价。林木培育尚需少量的物质材料损耗费和合理的管理费用也应包括在成本内，因此，其工价是包含劳务工资、物质材料损耗费和管理费用的评估基准日时的日工价。

c. 林分质量调整系数：其调整系数可参照重置成本法。

**历史成本调整法**　此法多用于未成林造林地幼树资源资产的评估，这时期的历史成本资料较为齐全且易于收集。历史成本调整法以投入时的会计成本为基础，根据投入与评估时的物价指数变化，林分质量调整系数，测算其成本重置值的方法。该法属于复原重置成本法，该方法直接反映了待评估资产真实的成本，直接与会计成本资料接轨，容易被资产所有者所接受。在使用该法时，物价指数的变化的调整，经常用投入时的工价与评估时的工价的比值来进行重置成本的调整。

②同龄中龄林和近熟林林木资源资产评估　主要包括以下2种方法：

**市场成交价比较法**　市场成交价比较法是在森林资源资产市场发育比较充分的地区，各个年龄阶段森林资源资产评估的首选方法。在中龄林和近熟林阶段进行评估中选择的参照案例必须尽可能选择与待评估森林资源资产的年龄相同，单位面积蓄积、平均胸径、地利等级及评估基准日相近的评估案例。但实际上在评估时是很难找到与被评估资产相同的案例，因此，评估时必须对各个案例进行评估值修正，其调整的计算和评估值的测算与成熟林资产的市场成交价比较法相同。

**收获现值法**　收获现值法是预测林分生长到主伐时可生产的木材的数量，并利用木材市场价倒算法测算出其立木的价值并将其用折现率折成现值，然后再扣除评估基准日到主伐前预计要进行各项经营措施成本的折现值，将其剩余部分作为被评估林木资源资产的评估值。

收获现值法的计算公式：

$$E_n = K \times \frac{A_u + D_a(1+p)^{u-a} + D_b(1+p)^{u-b} + \cdots}{(1+p)^{u-n}} - \sum_{i=n}^{u} \frac{C_i}{(1+p)^{i-n+1}} \quad (7\text{-}6)$$

式中　$E_n$——林木资源资产评估值；

$A_u$——标准(参照)林分主伐时林木的纯收入；

$D_a$，$D_b$——标准(参照)林分第a、b年的间伐纯收入；

$p$——年利率；

$C_i$——第$i$年营林生产成本(含地租)；

$K$——林分质量调整系数。

从中龄林到主伐期间，营林生产成本大体是一样的，则公式可简化为：

$$E_n = K \times \frac{A_u + D_a(1+p)^{u-a} + D_b(1+p)^{u-b} + \cdots}{(1+p)^{u-n}} - \frac{V[(1+p)^u - 1]}{p(1+p)^{u-n}} \quad (7\text{-}7)$$

式中　V——年平均营林生产成本(即地租和林木管护费用之和)。

由于在这过程中可能已发生过间伐，在主伐前不再进行间伐或者由于前后两次的间伐收支基本平衡，则上式可进一步简化为：

$$E_n = K \times \frac{A_u}{(1+p)^{u-n}} - \frac{V[(1+p)^u - 1]}{p(1+p)^{u-n}} \quad (7\text{-}8)$$

收获现值法应用于中龄林和近熟龄林木资源资产评估的操作实务中。

③同龄成、过熟林林木资产评估　一般采用市场价倒算法或市场成交价比较法。

**市场成交价比较法**　是资产评估中使用最为广泛的方法，重点对参照案例市场成交价格的市场公允性进行分析评判确定。

**市场价倒算法**　在林木资源资产交易市场发育不充分，买卖交易不活跃以及资金交易价格透明度低的地区，市场价倒算法是成、过熟林林木资源资产评估的首选方法。它是预测被评估的林木资产皆伐后所得的木材市场销售总收入扣除木材经营所消耗的成本(含税、金、费等)以及应得的利润后，剩余部分作为林木资产价值的评估方法。

该法在实际操作时，要确定的关键参数是木材市场价、林木出材率和木材生产经营利润。

a. 木材的市场价格：该价格应是公开、公平，资产市场供求关系调整的公允的价格。由于社会主义的市场经济体制不建全，加之林业经济体制改革的滞后，在现实的评估实务中，木材市场价只能参照当地林业主管部门颁布的市场指导价并结合市场实际评估地区的情况来综合确定。

b. 林木材种出材率：现行的主要用材林树种的材种出材率表已编制使用了二十多年，当时编表样木取自天然林或第一代人工林，随着天然林数量减少、质量下降以及人工林地力衰退引发的林分质量下降，原有的材种出材量与现实材种出材量偏差较大。因此，在资产评估前的资料收集中，尽可能多地收集近期伐区小班各材种实际出材量以及该伐区小班林分的平均胸径和树高，周边地区林木的材种出材率等资料，结合当地适用的出材率表以及经营单位的经营管理水平综合确定各材种出材率。

c. 木材生产经营利润：它包括采运段利润和销售段利润两部分。实际操作中主要考虑经营者的生产经营管理水平，通过认真细致的调查研究和资料的收集，综合确定每立方米林木的合理木材生产经营利润。

④异龄林林木资源资产评估　异龄林林木资源资产评估主要采用收益现值法。

**择伐后异龄林林木资源资产评估**　对刚择伐后的异龄林林木资源资产的收益现值，计算公式为：

$$E = \frac{A_u}{(1+p)^u - 1} - \frac{V}{p} \tag{7-9}$$

式中　$E$——异龄林资源资产评估值(含林地资源资产价值)；

$A_u$——择伐期末择伐的纯收入；

$u$——择伐周期；

$V$——年管护费用；

$p$——年利率。

在求得异龄林资源资产评估值后，按照当地的习惯、经验和林地的状况确定林木和林地各占的份额度确定比例系数。将评估值乘上林木的比例系数，就得到异龄林林木资源资产评估值。公式为：

$$E_u = K \times E = \frac{K \times A_u}{(1+p)^u - 1} - \frac{K \times V}{p} \tag{7-10}$$

式中　$K$——林木资产所占的份额系数。

**择伐 $n$ 年后异龄林林木资源资产评估**　在异龄林中，择伐后随着林分逐渐接近下一次择伐，林分的蓄积量在增长，林分的价值在增加，假设异龄林林木资源资产每个择伐期末的择伐纯收入相同，此时择伐 $n$ 年后可用择伐后的林木资源资产评估值加上择伐时的纯收入的折现值扣除评估时到下次择伐前间隔期内所付出的成本前价来确定。其计算公式为：

$$E_n = K \times \left\{E + \frac{A_u - V \times [(1+p)^{u-n} - 1]/p}{(1+p)^{u-n}}\right\} \tag{7-11}$$

式中 $E_n$——择伐后 $n$ 年的异龄林林分的林木评估值。

例如，某一异龄林小班刚择伐过，其面积为 $10hm^2$，现有保留基准蓄积 $240m^3 \cdot hm^{-2}$，要求评估其林木资产的评估值。

据调查该小班择伐周期为 10 年，择伐强度为 20%，择伐时小班的平均蓄积为 $300m^3 \cdot hm^{-2}$，出材率为 70%，其中出材的 50% 是大径材原木，30% 为中径原木，20% 为小径和非规格材，由于口径较大，平均每立方米木材均可获纯收入 350 元．每年分摊的管护费为 45 元 $\cdot hm^{-2}$，利率为 5%。根据当地的经营林价中山价（地租）所占的份额，小班林地的立地条件和地利等级，确定其林木在总价值中所占的份额为 80%，即 $K=0.8$。

解：刚择伐后异龄林林木资产评估值

$$E_u = \frac{K \times A_u}{(1+p)^u - 1} - \frac{K \times V}{p}$$

$$= \frac{0.8 \times 350 \times 300 \times 20\% \times 70\%}{1.05^{10} - 1} - \frac{0.8 \times 45}{0.05} = 17\ 979\ (元 \cdot hm^{-2})$$

该小班的林木资产评估值为 17979（元 $\cdot hm^{-2}$）。

该小班已择伐 6 年，现要求评估其林木资产的现值

$$E_n = K \times \left\{E + \frac{A_u - V \times [(1+p)^{u-n} - 1]/p}{(1+p)^{u-n}}\right\}$$

$$= 17\ 979 + 0.8 \times \frac{350 \times 300 \times 20\% \times 70\% - 45 \times [1.05^{10-6} - 1]/0.05}{(1+0.05)^{10-6}}$$

$= 27\ 526$（元 $\cdot hm^{-2}$）。

异龄林林木资源资产评估还可使用市场成交价比较法。

**（2）评估林地资产**

评估林地资产主要的方法有现行市价法、收益现值法和林地费用价法。

①现行市价法 现行市价法是在同一林地区位内选取 3 个或 3 个以上与被评估林地类似条件的其他林地的实际交易案例的价格进行比较调整，来评定林地资源价值的方法。目前，由于林地的交易市场不够健全和完善，在同一区位内的交易案例较少，加之林地本身的差异又很大，实际上不可能找到与被评估林地完全同质的林地交易案例，采用林地现行市价法通常要将原来的卖价按被评估林地与交易案例林地的差异进行修正，修正时考虑的主要因子有：

林地的立地条件等级和其他自然条件的差异。

林地的地利等级，即运输条件上的差异。

林地评估的基准日与交易案例评估基准日的时间差异。

有林地与无林地的差异。

林地面积的大小、形状及其相邻林地使用情况的差异。

林地转为其他用途的可能性。

买卖者的迫切程度。

交易竞争者的多少。

有无法律制约。

将来地利等级变化的可能性。

在用正常市场交易案例评定林地地价时，需具体分析以上这些因素，确定其调整系数或进行评分，将这些因子进行数量化。

如林地地位级(或立地条件类型)的差异，通常采用该地区交易林地的地位级主伐时的木材预测产量与被评估林地地位级预测主伐时产量来进行修正。

$$K_1 = \frac{\text{评估对象立地等级的标准林分在主伐时的蓄积量}}{\text{参照林地立地等级的标准林分在主伐时蓄积量}} \quad (7\text{-}12)$$

地利等级差异，由于地利等级是以林地采、集、运生产条件的反映，一般用采、集、运的生产成本来确定。地利等级调整系数可按现实林分与参照林分在主伐时立木价(以市场价倒算法求算取得)的比值来计算。

$$K_2 = \frac{\text{现实林分主伐时的立木价}}{\text{参照林分主伐时的立木价}} \quad (7\text{-}13)$$

交易案例林地资源资产评估基准日与被评估林地的评估基准日的差异，通常采用物价指数法，最简单的物价指数替代值是用两个评估基准日时的木材销售价格。

$$K_3 = \frac{\text{评估基准日的木材销售价格}}{\text{交易案例评估基准日的木材销售价格}} \quad (7\text{-}14)$$

其他因子的修正值很难用公式表现出来，只能按其实际情况进行评分，将综合的评分值确定一个修订值的量化指标。因此，林地现行市价法的公式可表述为：

$$B_u = K_1 \times K_2 \times K_3 \times K_4 \times G \times S \quad (7\text{-}15)$$

式中　$G$——参照案例的单位面积林地交易价值；

$S$——被评估林地面积；

$K_1$——立地质量调整系数；

$K_2$——地利等级调整系数；

$K_3$——物价指数调整系数；

$K_4$——其他各因子的综合调整系数。

②*收益现值法*　主要包括以下 3 种方法：

**林地期望价法**　林地期望价法是以实行永续皆伐为前提，将无穷多个轮伐期的纯收益折为现值的累加求和值作为林地资源资产价值的方法。根据林地经营的实际情况，也可以分为正常状态下的林地期望价法和异常状态下的林地期望价法。

正常状态是指从无林地造林开始，林地每个轮伐期的年限都相等，而且每个轮伐期内的收入相等支出也相等，其林地期望价法的计算方法在前面已介绍，这里介绍异常状态下的计算方法。

a. 因地力衰退而需要轮作　相当部分的同龄林经营会出现地力衰退，生产力下降的情况。以杉木纯林为例，第二代生产力下降 30%，第三代下降 50%。因此，在杉木林采伐后，最好进行轮作。在这种情况下，计算的公式将发生变化，必须将主要树种的轮伐期与轮作树种的轮伐期两者相加，形成一个大的经营周期，将所有收支折算到经营期末，其地价计算公式为：

$$B_u=\frac{A_n(1+p)^m+A_m+D_a(1+p)^{m+n-a}+D_b(1+p)^{m+n-b}+\cdots-[C_1(1+p)^{n+m}+C_2(1+p)^m]}{(1+p)^{m+n}-1}-\frac{V}{p} \quad (7\text{-}16)$$

式中 $n$——第一代树种的轮伐期；

$m$——第二代树种的轮伐期；

$A_n$，$A_m$——分别为第一、二代树种主伐纯收入；

$C_1$——第一代树种的造林成本；

$C_2$——第二代树种的造林成本；

$p$——年利率。

b. 各期的收益和轮伐期不同　在森林经营中经常出现因社会经济条件的改变而改变目的树种的情况。如造纸林基地中现有的杉木幼林，在它们主伐后，将长期转为经营马尾松造纸工艺林，这时它们的收益值和轮伐期与第一期的杉木都不相同，此时计算公式应改为：

$$B_u=\frac{R}{(1+p)^n}+\frac{K}{(1+p)^n[(1+p)^m-1]}-\frac{V}{p} \quad (7\text{-}17)$$

式中 $R$——第一期造林在轮伐期末的纯收益值；

$K$——为第二期以后各分期期末的纯收益值；

$n$——第一期造林树种的轮伐期；

$m$——第二期以后各期的轮伐期。

**地租资本化法**　地租资本化法是将林地的纯收益按一定的还原利率资本化，在一定的折现率下，将林地未来纯收益折为现值，从而计算出林地资源资产价值。用公式表示：

$$B_u=\frac{A}{p}$$

当林地使用权为有限期时，其公式为：

$$B_u=\frac{A}{p}\times\left[1-\frac{1}{(1+p)^n}\right] \quad (7\text{-}18)$$

式中 $B_u$——林地资源资产价值；

$A$——林地年均纯收益；

$p$——收益还原利率；

$n$——林地使用权使用年限。

采用地租资本化法计算林地价格关键在于确定适当的林地年平均纯收益，为此，选择平均水平的林地，用该地块上林木成熟时的出材量按木材销价计算单位面积产值，用轮伐期年数去除得年单位面积产值作为林地的年纯收益。考虑由林地的立地质量和地利等级的差异而形成的差别收益，即级差地租对林地资源资产价值的影响。因而用立地系数和地利等级系数对林地标准地价进行修正，以取得被评估林地资源资产价值。

例如，某林场杉木用材林林地，每公顷出材量为45$m^3$，杉木时价为470元·$m^{-3}$，轮伐期$u=26$年，试计算其林地地价。

根据森林资源调查资料，杉木成熟林平均每公顷为 $72.9m^3$，林木出材率为 55%。同时通过询查获知，当地的林地地租占产值的 10%。

林地标准地价 = (标准出材量 × 木材时价) × 地租率 ÷ [(1 + 利率)$^u$ - 1]

= 72.9 × 55% × 470 × 10% ÷ [(1 + 0.06)$^{26}$ - 1]

= 531 元 · $hm^{-2}$

根据林场所属市县查表得：地域系数为 1.2；根据被评估林地每公顷的出材量确定立地系数为 1.0。因此，

被评估林地地价 = 林地标准地价 × 立地系数 × 地域系数

= 531 × 1.0 × 1.2

= 637 元 · $hm^{-2}$

应用该方法的关键是制定地域系数和基准地价，这两个指标制定合理与否，与评估结果关系极大。另外，在同一个县内，木材生产的运输距离的差距仍可达数十千米。因此，在县内仍必须编制地利等级表。

③*林地费用价法*　林地费用价法也称为成本价法，它是将取得林地所需要的费用和把林地维持到现在状态所需要的费用，在评估时用本利和来表示。因此林地费用价由 3 种费用构成：

a. 购买林地及其他为取得林地所需的费用。

b. 林地取得后，为造成适于林木培育而投入林地的改良费用。

c. 从投入上述费用时开始到评估基准日为止的期间费用的利息。

如果购买林地和林地的维持或改良的费用都按购买或支付的原价格，则称为历史成本法，此时计算利息采用的利率应为正常的商业利率，它包括通货膨胀率在内；如果购买林地的费用和林地维持费按评估时的价格，即采用现价修正过，则称为重置成本法，这时采用的利率是不含通货膨胀率的低利率。

当评估的林地是近年购入的，则计算费用价较为容易。例如，设 $n$ 年前用 $B$ 元人民币购入林地，$m$ 年前用 $Q$ 元修建了排灌水设施，其林地费用价为：

$$B_u = B \times (1 + p)^n + Q \times (1 + p)^m \tag{7-19}$$

当 $n$ 年前用 $B$ 元现金买入后，每年投入 $M$ 元林地改良费，到评估时已投入了 $n$ 年，则其费用价可用下式计算：

$$B_u = B \times (1 + p)^n + \frac{M[(1 + p)^n - 1]}{(1 + p)^n \times p} \tag{7-20}$$

事实上，森林资源资产市场中被评估的林地多是早已到手，而且取得方式大多不是购买的，而是继承下来的。因此，确定林地的购入费用较为困难。在确定维持费用方面，由于年代长久，不可能只维持而不经营，其计算也比较困难。由于上述原因，费用价法在林地的评估中应用很少，仅在购买林地及其他投资的费用较明确时才使用。

### (3) 其他地类林地资源资产评估方法

①*经济林林地资源资产评估*　经济林林地资源资产评估由于其经营方式不同于用材林，其评估的方法也不同于用材林。经济林林地资源资产评估方法主要有林地期望价法、现行市价法、年金资本化法。

**现行市价法** 现行市价法是以市场上已成交的类似的林地价格作为参照，然后确定待评估资产的价格的方法。在所有林种的林地资源资产评估中现行市价法的公式都相同，但在经济林林地资源资产评估中比用材林更为复杂。其考虑的因子除了立地质量和地利等级外，还应考虑其上经济林树种、品种、年龄和经营年限。最好能找到3个或3个以上与被评估资产的立地质量、地利等级、树种和品种、林木年龄相近的评估案例作为参照，从而对待评估经济林林地资源资产进行评估。

**林地期望价法** 将经济林在无穷多个经济寿命期的纯收益(扣除了正常成本利润)全部折为现值作为林地的价格。在计算时先把各年的收入和支出(含成本利润)折算成经济寿命期末的后价，然后再根据无穷递缩等比级数求和公式将其求和，其公式为：

$$B_u = \frac{\sum_{i=1}^{u} A_i (1+p)^{u-i+1} - \sum_{i=1}^{u} C_i (1+p)^{u-i+1}}{(1+p)^u - 1} \tag{7-21}$$

式中 $A_i$——各年销售收入；

$C_i$——各年的经营成本(含税、费及合理利润)；

$u$——经济寿命期；

$B_u$——林地期望价；

$p$——年利率。

该公式必须预测各年度的收益和经营成本，计算较为困难，为了便于计算，可假设在每个经济寿命期内造林的成本相同，盛产期收入相同，始产期的销售收入相近，每年的经营成本大体相同。这样该公式可简化为：

$$B_u = \frac{A_n[(1+p)^n - 1](1+p)^{u-n}p^{-1} + A_m[(1+p)^m - 1]p^{-1} - C(1+p)^u}{(1+p)^u - 1} - \frac{V}{p} \tag{7-22}$$

式中 $A_n$——始产期的平均年收益；

$A_m$——盛产期的平均年收益；

$C$——造林时的投资；

$V$——年平均营林生产成本；

$n$——始产期的年数；

$m$——盛产期的年数；

$p$——年利率。

该公式始产期和盛产期两段计算经济林的收益，其资料收集较为容易，计算也大为简化，是经济林林地资源资产评估中常用的方法。

**年金资本化法** 年金资本化法是以林地每年的平均纯收入(地租)作为投资的收益额，以当地该行业的平均投资收益率作为利率，来求算其本金的方法。

其计算公式为：

$$B_u = \frac{A}{p} \tag{7-23}$$

式中 $A$——年平均地租，

$p$——投资收益率。

该公式简单易算，关键问题是确定平均地租和投资收益率，在经济林林地资源资产评估中，由于林地上的经济林木在较长的时间内每年有稳定的收入，其地租也较稳定并经常每年定期支付，因此资产评估中经常采用该方法。

②*竹林林地资源资产评估* 竹林资源资产价值实质是林地资源资产的价值与其林地中竹鞭更新能力价值之和。竹林是异龄林，具有异龄林经营的特点，其林地和立竹的收益是紧密相连，难以分开测算的。竹林是高收益的林种，每年都可能获得可观的收益。而且其经营的经济寿命期在正常的条件是无限的，可永续不断地经营下去。因此，竹林林地资源资产评估可用收益比例系数法、年金资本化法和现行市价法进行。

**现行市价法** 现行市价法要求有发育充分、制度健全完善的资产交易市场，且有 3 个或 3 个以上的交易案例。在竹林林地资源资产价值测算时必须依成交案例与待评估资产在年龄结构、均匀度、整齐度、立竹度、经营级、生长级的差异，综合确定其调整系数，用调整系数对参照案例的成交价进行修正。通过对 3 个以上案例的交易价修正，综合确定其待评估林地资产的价值。

**收益比例系数法** 竹林的年经济效益较稳定，收益时间很长，计算其竹林(立竹和林地的综合体)的资产价值较为容易。但竹林是异龄林，其立竹的重置成本测算困难，无法准确划分哪是林地产生的价值，哪是立竹产生的价值。因此竹林的林地资源资产评估和立竹资源资产评估一样经常借助比例系数法。即按一定的比例将竹林的总资产价值分为林地的价值和立竹的价值。其比例系数通常选用当地用材林经营中地租收入占经营总收益的百分比。直接用这一比例系数乘上竹林的总价值，就得到竹林林地资源资产的价值。

**年金资本化法** 竹林林地资源资产的年金资本化法仅在竹林的经营者已明确每年交纳稳定的地租时采用。由于竹林的经济收益大，且每年都有稳定的收益，因此竹林的经营者每年向林地的所有者交纳规定的地租的情况比较多，这样就可以直接用竹林的年平均地租和投资的收益率测算出竹林的林地资源资产的价值。

③*无林地林地资源资产评估* 无林地林地资源资产价值通常可用收益现值法、现行市价法、清算价格法来确定。

**收益现值法** 无林地的收益现值法在选定了林种和树种后，一般用材林按同龄林林地资源资产评估方法进行，其他林种按相应各林种的林地资源资产评估方法进行。它的关键是确定好最适合的林种、树种和经营水平。一块无林地，在其上经营高投入的名优经济林，它可能获得相当好的经济效益，林地呈现出高的价格。而如果经营低投入的用材林或一般的经济林，则可能效益极为低下，甚至出现亏损。因此，一块林地，可能因选择的树种和经营水平不同，造成用收益现值法计算结果的较大的差异。为了避免这个偏差，在用收益现值法时，通常应计算几种方案，经过综合分析评定后，确定其适合的结果。

**现行市价法** 无林地资源资产评估的现行市价法除与其他林地资源资产评估一样都要考虑立地质量、地利等级、时间差异等因素外，还应考虑二级地类的差异，例如是采伐迹地，还是荒山荒地。因为在采伐迹地内通常保存有大量乔木树种的幼苗、种子和伐桩，不进行人工造林，只要对其进行封育，即可成林。而荒山荒地就无这一优势。即使同样进行人工造林，采伐迹地上的阳性杂草较少，整地、幼林抚育的投工都较少。因此，在同样的立地质量和地利等级时，采伐迹地的林地资源资产价值要高于荒山荒地的林地资源资产的价值。至于其他各因素的修正，无林地林地资源资产的现行市场价评估与其他林地相同。

**清算价格法**　清算价格法通常是在企业破产时使用，它要求迅速变现。它的价格通常要比市价稍低。在无林地的使用权转移中，近年来，我国部分地区的一些单位(主要是乡村集体经济组织)，为了加速消灭荒山的速度，将所拥有的无力经营的荒山进行“拍卖”，其价格十分低廉。这种“拍卖”的底价就是用清算价格法确定的。

在确定清算价格时必须考虑：

a. 该无林地的立地质量；

b. 该无林地的地利等级；

c. 当地最适合的经营方式及获利水平；

d. 买主数量的多少及其经济实力。

在对上述因素进行详细分析后，还必须根据使用权转让的形式来决定其价格，如将荒山拆零进行“拍卖”，其底价一般定的较低，以避免失去买主，其实际的拍卖价通常是大大高出底价。如是整体转让，则应以当地当时的市场价为基础进行适当的折扣，其价格一般保持中等偏低水平，以防资产严重流失。

**(4)评估整体林业企事业资产**

①*收益现值法*　收益现值法是整体森林资源资产评估的最重要的评估方法，它的评估结果最能体现整体的特性。因而它是整体森林资源资产评估的首选方法。

收益现值法的思路是以利息求本金的过程，即把资产在未来特定时间内的预期收益还原为当前的资本额或投资额。在整体森林资源资产的评估中由于森林经营所具有的永续性，整体森林资源资产的收益现值法一般以无限期收益为基础进行评估。此外，整体森林资源资产的未来预测较为可靠，且风险相对较小，因此整体森林资源资产极适合采用收益现值法进行评估。

由于整体森林资源资产内部结构变化，其收益的预测也将发生变化，因此在整体森林资源资产评估中的收益现值法的数学表达式有 3 种：

**年金资本化法**　整体森林资源资产的年金资本化法，是将整体森林资源资产的年纯收益本金化，即

$$E_n = \frac{A}{p} \tag{7-24}$$

式中　$A$——森林资源资产的年纯收益；

$p$——投资收益率。

该方法一般适用于内部结构合理的森林资源资产，其木材年产量较稳定。但如果预测的货币净收益值有一定的变化，一般不采用其算术平均数，而是将预测的各年的收益进行年金化处理。

$$\begin{aligned} A &= \sum_{i=1}^{n} R_i \times (1+p)^{-i} \times \frac{p(1+p)^n}{(1+p)^n - 1} \\ &= \sum_{i=1}^{n} R_i \times (1+p)^{-i} \div \sum_{i=1}^{n} (1+p)^{-i} \end{aligned} \tag{7-25}$$

式中　$R_i$——预测近几年的年收益值。

**分段计算法** 在整体森林资源资产中部分经营单位内部结构不合理，其长期经营，需要一个调整期，在调整期内其年收益值是不稳定的，而在调整期结束后，其年收益基本稳定。根据森林资源资产的这种情况，将一个持续经营的经营单位的森林资源资产分为两段，对调整期内预期收益采取逐年预测折现累加的方法，而后段的预期收益则进行还原折现处理。将森林资源资产的两段收益现值加在一起便构成了整体森林资源资产的收益值。分段法的数学表达式为：

$$E_n = \sum_{i=1}^{n} \frac{R_i}{(1+p)^i} + \frac{R}{p \times (1+p)^n} \tag{7-26}$$

式中 $n$——调整期的年数；

$R_i$——调整期内各年的纯收益；

$R$——调整期结束后，永续作业期的年纯收益。

如果预测在永续作业期内，森林资源资产收益将按一个固定的比率($q$)变化(增长或下降)，分段法的数学表达式可写成：

$$E_n = \sum_{i=1}^{n} \frac{R_i}{(1+p)^i} + \frac{R}{(p-q) \times (1+p)^n} \tag{7-27}$$

式中 $q$——变化率。

**周期计算法** 在一些较小的经营单位内，其森林资源资产不具备连年永续作业的条件，而可以进行定期的永续作业。在这类森林资源资产的评估中可以按周期(轮伐期)进行测算，在周期内预测每年的收益值，并将其折现。以经营周期(轮伐期)内折现的总值为基础测算无限期的森林资源资产总值。按轮伐期计算的数学表达式可写为：

$$E_n = \frac{\sum_{i=1}^{n} R_i (1+p)^{n-i+1}}{(1+p)^n - 1} \tag{7-28}$$

式中 $n$——轮伐期的年数；

$R_i$——轮伐期内各年的纯收益。

②单个森林经营类型的整体森林资源资产评估 在整体森林资源资产评估中最小的经营单位是森林经营类型。理想森林结构的森林经营类型其各年龄的林分面积、每年的采伐面积、蓄积、实施的各种营林措施的面积都相等，各年的经济收益与支出的预测较为简单，这类森林经营类型的评估多采用年金资本化法。即：

$$E_n = \frac{A}{p} \tag{7-29}$$

在评估中关键的问题是确定该森林经营类型的年收益、年支出和投资收益率的预测计算。

**年收益的预测** 森林经营类型年收入主要由主伐收入和间伐收入2项构成。主、间伐的收入可直接按单项森林资源资产评估中木材市场价倒算法进行计算，即将当年主、间伐木材的销售收入，扣除木材生产的成本(含税、费)和正常的成本利润的剩余值作为当年的主、间伐收入。在测算中一般采用评估基准日的各项技术经济指标进行计算。但木材生产的成本必须以近年该经营类型的平均定额，按评估基准日的价格标准进行重置。即生产的成本必须是木材生产的平均成本。

**年生产支出测算** 在年生产支出的测算中，木材生产经营的支出在年收入计算时已测算过并已在总收入中扣除，因而在年成本计算时仅计算营林生产的开支，营林生产开支主要有整地、造林、抚育、管护等项开支。

**年纯收益的测算** 将上述的年收益扣除营林生产的费用即为年纯收益。由于理想结构的森林经营类型内每年各类生产的收益和工作量基本是相同的，因而无需进行每年的净收益计算。

**投资收益率的测算** 投资收益率、折现率、资本化率在本质上是没有区别的，仅是在不同场合下的不同提法。在按森林经营类型进行的整体森林资源资产评估中由于森林资源资产的收益、开支都是按评估基准日的技术经济指标测算的，它们之间不存在通货膨胀，因此，在测算时投资收益率应为市场上的纯利率加上森林经营的风险报酬率，而不含通货膨胀利率。

③*多个森林经营类型的整体资源资产评估* 多个森林经营类型的整体森林资源资产评估是整体森林资源资产评估的主要形式。整体企业森林资源资产的内部结构可以分整体森林资源资产结构合理和整体森林资源资产结构不合理两个大类。整体企业森林资源资产结构合理时，还可分为2种情况：一种是企业内各个森林经营类型的结构都合理，因而它们总加起来也是合理的森林结构；另一种是企业内各个森林经营类型的结构单个看不完全合理，有个别甚至极不合理，但以企业的森林资源资产整体来看，它基本合理，可以直接进行永续利用，简单说，整体结构合理有2种情况，即个体合理、整体也合理和个体不合理但整体合理。

**个体结构合理的多个经营类型的整体森林资源资产的评估** 个体结构全部合理的多个森林经营类型组成的整体森林资源资产其整体结构也是合理的，这类整体森林资源资产评估的方法较简单，它可以分别各个经营类型测算其年收益、年支出和年收益净值，将其累加得到整体森林资源资产的年收益净值，然后采用年金资本化法计算整体森林资源资产的总值。

$$E_n = \frac{\sum_{i=1}^{n} A_i}{p} \tag{7-30}$$

式中 $E_n$——整体森林资源资产总值；

$n$——森林经营类型的个数；

$A_i$——各森林经营类型平均年净收益；

$p$——年利率。

或者直接分别求算各森林经营类型的评估值，加和得到整体森林资源资产的总评估值。

$$E_n = \sum_{i=1}^{n} E_{ni} \tag{7-31}$$

式中 $E_{ni}$——第$i$个森林经营类型的评估值。

各森林经营类型内部结构都合理的整体森林资源资产，经营类型单算和整体总算其结果是一样的。内部森林经营类型结构都合理的整体森林资源资产，在生产实际中几乎是找不到的，它仅是一个模式林分的算法，一个特例。

**各经营类型内部结构不一定合理，但整体森林资源资产结构基本合理的评估**　整体内部结构基本合理森林资源资产是指在整体水平上每年的木材生产的规模、营林生产的规模基本相近，年经营收益基本相同的，可以长期保持这种状态的森林资源资产。这类整体森林资源资产按多个经营类型的综合值进行评估，即测算整体森林资源资产的年平均收益净值，然后再用以求算整体森林资源资产的总值。在测算整体森林资源资产的年平均收益值时，可以按各个经营类型进行测算。但由于各个经营类型各年的收益值是不同的，因而要求测算 2 个龄级(10 ~20 年)的收获值进行年金化处理，然后用已年金化了的净收益值进行收益还原，估测整体资源资产的评估值。其计算公式可改写为：

$$E_n = \sum_{i=1}^{n}\sum_{j=1}^{m} R_{ij}(1+p)^{-i} \times \frac{p(1+p)^n}{(1+p)^n-1} \div p$$

$$= [\sum_{i=1}^{n}\sum_{j=1}^{m} R_{ij}(1+p)^{-i} \div \sum_{i=1}^{n}(1+p)^{i}] \div p \qquad (7\text{-}32)$$

式中　$m$——整体资源资产内的经营类型数；

$n$——预测的年数；

$R_{ij}$——第 $i$ 年第 $j$ 个森林经营类型的年净收益。

**整体内部结构不合理的整体森林资源资产评估**　在现实社会中相当一部分林业企业拥有的森林资源资产的整体内部结构不合理，这类整体森林资源资产的评估一般采用分段法，在调整期内预测各年度的收益值，并将其折现、累加，调整期结束后，将按照基本合理的整体资源资产的评估方法进行，并将其折为现值。在预测调整期内各年度的收益值一般仍按各经营类型进行预测，将采伐限额分解到各个类型中。并测算其收入及支出，测算其净收益，其计算式改造为：

$$E_n = \sum(\sum R_{ij})(1+p)^{-i} + \sum_{k=1}^{h}\sum_{j=1}^{m} R_{kj}(1+p)^{-j} \times \frac{p(1+p)^h}{(1+p)^h-1} \div [p(1+p)^n] \qquad (7\text{-}33)$$

式中　$n$——进入基本合理期以后，为求算年平均收益而进行的预测的年数。

在整体内部结构不合理的森林资源资产整体评估中关键的问题是要确定整体资源的调整期和收益预测。

④*整体森林资源资产评估中的加和法*　加和法也是整体森林资源资产评估中常用的方法，它是按整体森林资源资产内部各个经营类型，各个经营类型内的各个小班又分别按其特点，选择相应的评估方法进行评估，而后将评估值相加，所得之和作为该整体森林资源资产的评估值。

整体评估中使用加和法有一定的条件：

a. 当整体森林资源资产用收益现值法比较困难时，如一个新建不久的林场的整体资源资产进行评估时，这时近期 5 年、10 年甚至更长的时间内森林资源资产无法带来收益，只有投入，而没有收入，用收益现值法评估就比较困难，这时可用加和法进行评估。

b. 作为用收益现值法的评估结果的验证方法或对比方法使用。

加和法的基础是单项森林资源资产的各种方法，它根据每一个小班的资产选择相应的评估方法进行评估，可以是重置成本法，也可以是收益现值法或现行市价法。但作为企业的整体资产小班的个数很多，每个小班都进行的测算工作量太大，评估的成本太高，资产评估的委托者无法承受，评估机构也难以完成。因此在评估时，先分别森林经营类型编制评估的辅助用表，如幼龄阶段的重置成本全价表，中、近熟林收获现值全价表，成熟林的市场倒算计价表，这些辅助因素采用的都是该经营类型的平均水平的技术经济指标进行测算的。将这些结果输入计算机，然后将各小班的调查数值，如立地类型、年龄、树种、树高、直径、单位面积蓄积、地利等级等资料输入小班，由计算机生成各小班对应的调整系数。求出各个小班的评估值，在评估中也可将部分径级结构合理的经营类型，按收益现值法进行评估，其他森林经营类型的资产采用各种评估方法进行评估，最后将各个经营类型的评估结果相加，得到整体森林资源资产的评估值。

用加和法评估整体森林资源资产时必须注意以下问题：

a. 用加和法评估整体森林资源资产时可能涉及各种评估方法，必须注意各种方法评估值的衔接。如在幼龄林采用重置成本法，在中龄林、近熟林采用收获现值法，在成熟林采用市场价倒算法时，必须调节好由幼龄林转为中龄林、近熟林时和中龄林变为成熟林时评估值的衔接。

b. 在加和法评估整体资源资产时为了减少工作量必须编制一系列辅助用表，这些辅助用表对评估结果的影响极大，它们编制所依据的资料都是以评估基准日的各项技术经济指标以及当地的平均生产定额和平均的生长指标。

c. 调整系数 $K$ 值对于各个小班的评估值有较大的影响，确定 $K$ 值必须涉及各个小班的一些主要调查因子，如树高、胸径、蓄积量、株数、地利等级等。在进行森林资源核查时必须加强对小班主要调查因子的核查。

d. 用加和法进行评估时，由于没有考虑社会对木材生产的一些限制条件，以及整体结构调整时带来的损失，所以其评估值可能高于实际的情况，在内部结构极不均匀的情况下偏差可能较大，因此，必须根据实际的情况进行适当的调整。

## 7.3.2 评定森林资源资产理论基础与内容

### 7.3.2.1 资金时间价值

在商品社会所有的经济活动中资金是具有时间价值的，森林资源资产的经营周期长，因此资金时间价值对森林资源资产的评估结果影响很大。所以掌握森林资源资产评估的技巧首先必须搞清资金时间价值的概念。

**(1)资金时间价值的概念**

资金时间价值又称“货币时间价值”，是一定量资金经历了一定时间在不同时点上所形成的价值差。它的一般解释是指资金(货币)在不同时点上的不同价值。换言之，即使在没有风险和通货膨胀的情况下，今天的一元钱的价值也不等于一年后一元钱的价值。如果现在将100元钱存入银行，银行的存款利率是2%，1年后可得到102元钱，1年后多出的2元钱是推迟使用这100元钱的报酬，其相对率为2%。这种放弃现在使用资金的机会，而换取按放弃资金使用时间长短测算的报酬，叫做货币的时间价值，它一般用利率或利息来表示。所谓的资金的时间价值实际上是投入生产领域的资金——资本的增值。

### (2)森林资源资产评估中的利率

商业利率通常由三大部分构成，即纯利率、风险利率和通货膨胀利率。

①纯利率　纯利率也称经济利率，它是指在特定的社会中，在长期稳定的基础上货币资本投资的平均收益。

森林资源资产评估中纯利率的确定原则为：在经济形势稳定的情况下，确定纯利率的最好方法是将稳定的政府为其公债支付的利率(无风险的利率)减去政府在发行公债当年预期的通货膨胀率；在经济形势变化比较大的情况下，纯利率应以国际上平均纯利率的低限作为森林资源资产评估中的纯利率，即如果国际上的纯利率在 3.0% ~4.0% 之间，则应以 3.0% 作为森林资源资产评估中的纯利率。

②风险利率　在经济活动中，随着市场的变化，除了稳定的政府的短期公债外，其他所有的投资都有风险。在森林经营的投资中充满着风险，这些风险主要有以下几方面：

a. 造林失败；

b. 火灾损失；

c. 人为灾害；

d. 病虫害及其他自然灾害。

由于以上原因，在森林资源资产上进行投资时投资者必须考虑所投资行业的风险率多少，必须承担多少利率才能保持该项资本不受损失，并获得原有的平均净收益率。通常按保险统计法进行统计，其风险利率为：

$$R' = \frac{R(100 + p)}{(100 - R)} \tag{7-34}$$

式中　$R'$——风险利率；

$R$——风险率；

$p$——纯利率。

③通货膨胀率　通货膨胀率最通俗的概念是物价公开或隐蔽地持续上涨。通货膨胀值的确定一般以过去数年的国家统计数据公布的通货膨胀资料作为依据。其主要尺度是全国社会商品零售指数。

### (3)利率对森林资源资产评估值的影响

在一般的资产评估中通常较少考虑利率、利息的问题，但森林资源资产由于其经营的周期很长，即投资要到很长的时间后，才能得到回报，取得收获。在这样长的时间内，利率对生产的计息成本将产生巨大的影响。以我国南方的速生丰产马尾松林为例，如其轮伐期为 35 年，造林初期的造林投资约为每公顷 2000 元，年利率为 6%，则主伐时造林计息成本为每公顷 15372 元，为原投资的 7.7 倍；若利率增加为 8%，则造林的计息成本达每公顷 29571 元，是原投资的 14.8 倍；若利率为 4%，则计息成本为每公顷 7892 元，仅是原造林投资的 3.9 倍。大约利率每增加 2%，35 年的计息成本增加 1.9 倍。若按 6% 的利率计算，北方慢生树种 100 年的轮伐期的计息造林成本为原投资的 339 倍。如轮伐期更长，其计息成本则要变成令人吃惊的数字。可见，利率确定是否合理对森林资源资产评估结果是否合理的影响是十分重要的。

根据以上分析，在商业利率的各组成部分中，纯利率和风险率是可以利用过去的统计资料进行分析确定，而通货膨胀率的确定则较为困难。但在森林资源资产评估中与利率有关的方法为重置成本法和收益现值法，这两种方法都要求将生产的成本与收益折算为现值进行测算。在这两类计算方法中，投资与收益的货币已折算为同一时点上的货币，它们的价值是相同的，它们之间不存在通货膨胀。因此，在采用这两类方法进行测算时，它们的利率中应扣除难以确定的通货膨胀部分，而仅用纯利率加上风险利率。在采用这些方法进行评估时，其利率一般应取4.0% ~5.0%，最高不应超过6%。

### 7.3.2.2 林业生产成本

林业生产成本主要指营林生产成本和木材生产成本。营林生产成本主要指从整地、定植、抚育、间伐、森林保护到森林可采伐为止整个生产过程所发生的生产费用。木材的生产成本包括从采伐、收购起，经过不同方式集材、运材，到达最终贮木场或销售点归楞，可供销售为止的全部生产费用。生产成本在森林资源资产评估中主要用于成本重置法中使用。

### 7.3.2.3 森林资源资产评估的原则

森林资源资产评估工作要以独立性、客观公正性、科学性为原则。

森林资源资产评估经济技术要坚持预期收益原则、供求原则、贡献原则、替代原则、评估时点等原则。

森林资源资产评估的操作原则主要是：产权利益主体变动的原则、资产持续经营原则、替代性原则、公开市场原则、贡献原则、预期原则。

### 7.3.2.4 林地资源资产的特性

作为林地资产的林地资源必须具备有资产的特性，是以林地资源为物质财富内涵的财产。具体地说：作为资产的林地必须有明确的产权关系，为特定的法律经济主体所占有，并实施有效的控制。作为资产的林地必须能够进入市场，用货币计量，并进行货币交换。

林地资源资产除了具有林地的一般特性之外，还具有其作为土地资产的特性，即依附性和易变性。

林地是通过生产木材和其他林产品来实现它的价值。因此，在估计这种价值时必须对这些森林的收获进行长期的测定，即对林地未来的收益(林地本身的贡献)进行预测。

在预测中影响林地未来收益的因素有：

**(1)林学质量**

林学质量通常也称为立地质量，主要从林木生长的角度来反映其经济价值，一般受土层厚度、腐殖质层厚度、土壤质地、海拔高度、坡位、坡向、地形、地势等影响。立地质量通常用立地类型或立地指数表或地位级表进行确定，并据其进行林木生长的预测，确定其未来的生长收获，作为林地资源资产评估的基础。

**(2)经济质量**

经济质量主要是指林地的经济位置，它通常以林地交通运输条件作为主要指标。如以近期内道路是否能达到小班，将小班分为即可及小班、将可及小班、不可及小班。在森林资源资产的评估中，评定林地的经济质量，除考虑可及度外，还必须根据木材运输的成本来划分地利等级。区位等级也是反映土地经济质量的一种重要指标，它是按土地所在县(市)经济发展水平和交通运输条件进行分级，并确定各个等级的地域系数，以该系数来修正林地的价格。该方法来自城镇国有土地的评估，如广东省将城镇国有土地按县(市)经济发展水平分为10等，每个等级确定地域系数，用地域系数修正地价。在城镇内，再根据土地所在位置的繁华程度又分为若干等，并规定各等级的标准地价。

**(3)森林经营的方式及强度**

经营不同的林种其经济效益有很大的差别。同一林种，经营不同的树种，经济价值相差较大。是否采取有效的经营利用措施，其资产的价值是不同的。当然，在评估中必须考虑经营方式和强度的成本费用问题和经营实践的成功与否。林地资源资产的价值是以扣除了生产经营成本后的纯收益为评估基础的。

**(4)林产品的市场价格**

林地资源资产价值与林产品的价格息息相关，它经常以林地上林产品的产值扣除了成本、税费后的纯收益为基础进行测算的。林产品的市场价格提高，对应的林地资源资产的价格也高。

**(5)生产周期**

林木的生长需要时间。就商业经营的规律范畴看，时间通常同生产工序的时间长度紧密相关。在林业生产中生产的周期很长，短则数年，多则数十年、上百年，因此，在测定林地价时必须考虑生产周期的影响。在评估林地价时需要把在数十年这样一个长期内各个不同时间发生的各种支出和收入归结到同一个时间点上，以便进行比较、分析和计算。

**(6)有林地与无林地的差别**

如上所述，林地的价值与经营的方式、种类、强度有关。在有林地上，生产周期内的经营树种、经营方式和强度均已确定。在经营期间的林地收益必须根据现有状态确定，经营的种类与方式只有在下一轮伐期才能改变。而无林地从评估时就必须为其确定较适合的经营树种、经营方式和强度。此外，对有林地的更新，其成本一般要低于无林地的造林，这些因子都使有林地与无林地的价值产生差别。

**(7)评估时间与交易案例时间的差异**

在森林资源资产的评估中使用现行市价法时，经常无法寻找到近期的交易案例，这样使用的案例交易时间与评估时间有较长的时间间隔，不同的时期市场的物价水平不同，即使是各方面情况都相同的林地，在不同时期其价值是有所不同的，利用不同时期的交易案例，必须根据市场的物价水平进行调整。

**(8)林地的用途**

林地由于其上生长着的林木对改善人类的生存环境有着巨大的作用，其生态、社会的效益较大，而经济的收益相对较低。因此，在林地评估时，是否改变林地的用途对林地的价格影响极大。改变用途的林地一般增值较大，必须用改变后用途来计算其收益，评估其价值。

**(9)林地交易的迫切性**

林地交易是否迫切，林地的出售是否有竞买者，这对林地的价格有一定的影响。在通常情况下，如果有较多的竞买者，而林地所有者对林地的出售也不迫切，林地价格可能升高；林地出售的竞买者很少，而林地所有者对交易要求迫切，则林地价可能下降。

### 7.3.2.5 整体企业森林资源资产评估的涵义

在以森林经营为主的林业企业中，森林资源资产占整体企业资产的绝大多数，在许多情况下，森林资源资产可以作为一个具有独立经营获利能力的经济实体的全部资产。整体森林资源资产的评估是整体企业资产评估的特例，是具有整体企业资产类似特点的企业的局部资产评估，它是对企业资产系统中森林资源资产子系统的整体获利能力的评估，它不是各单项森林资源资产的简单加和。在林业企业的整体资产评估中，其他的资产可按有关的规定进行评估，而森林资源资产评估经常按整体森林资源资产进行评估。

根据整体企业森林资源资产的含义和限定条件，在实际森林资产评估工作中，整体企业森林资源资产评估的客体主要有企业整体价值、具有独立生产能力和获利能力的森林经营单位的森林资源资产的价值以及企业全部无形资产的价值。

### 7.3.2.6 整体森林资源资产的范围界定

整体森林资源资产评估的一般范围是林业企业的所有森林资源资产。在对整体企业森林资源资产进行评估时，评估必须首先对委托方委托评估的企业的森林资源资产进行产权验证，有产权证明的以产权证明为准，产权证明无法证明的资产要依国家产权界定的有关法律文件进行产权界定。对于一时难以界定的产权或因为产权纠纷暂时无法做出结论的资产，应划为“待定产权”，暂不列入整体企业森林资源资产之中。

经过产权界定和资产重组后的企业森林资源资产基本上应纳入整体企业森林资源资产的评估范围内。

## →拓展训练

根据国有森林资源资产评估的要求，对森林资源目标资产进行评估。完成评估资料的收集，对森林资源目标资产进行评价，要求完成1个国有小班的林木资产、林地资产、6个小班类型的打包资产(模拟经营单位)的评估。

# 任务 7.4

# 编制森林资源资产评估报告书

## 任务描述

编制森林资源资产评估报告书，主要是编写向委托方提交的说明评估目的、程序、标准、依据、方法、结果及其适用条件等基本情况的文字说明，提出对被评估森林资源资产在特定条件下公允市价的专家意见，以及对评估机构履行委托协议的情况进行总结，收集备齐必要报告附件等的工作过程。

本任务是根据森林资源目标资产评估的结果，编制森林资源资产评估报告。要求完成并提交集体林森林资源目标资产 1 个小班的林木资产、林地资产、6 个小班类型的打包资产(模拟经营单位)3 种类型的资产评估报告。

## 任务目标

### (一)知识目标

1. 了解资产评估报告书正文及相关附件的内容。
2. 了解编制资产评估明细表及其附件的内容。
3. 掌握编制资产评估明细表及其附件的方法。
4. 掌握编制资产评估报告书正文及相关附件的方法。
5. 掌握森林资源资产评估报告格式。
6. 掌握森林资源资产评估报告撰写程序与要求。

### (二)能力要求

1. 能够根据评估报告要求，收集齐撰写所需材料。
2. 能够编写资产评估报告书正文及相关附件。
3. 能够编写资产评估说明。
4. 能够编制资产评估明细表及其附件。
5. 能够制作森林资源资产评估报告书。
6. 能够合理安排附件资料、正确排版打印，出具预评报告与正式报告。

→知识准备

## 7.4.1　实践操作：编制森林资源资产评估报告书的过程与要点分析

### 第一步：编写资产评估报告书正文及相关附件

**(1)资产评估报告书封面基本内容**

资产评估报告书封面基本内容为资产评估项目名称、资产评估机构出具评估报告的编号、资产评估机构全称和评估报告提交日期等。有服务商标的，评估机构可以在报告封面载明其图形标志。

**(2)资产评估报告书摘要的基本内容**

每份资产评估报告书的正文之前应有表达该报告书关键内容的摘要，用来让各方面了解该评估报告书的主要信息。该摘要与资产评估报告书正文一样具有同等法律效力，由注册资产评估师、评估机构法定代表人及评估机构等签字盖章和署明提交日期。该摘要还必须与评估报告书揭示的结果一致，不得有误导性内容，并应当采用提醒文字提醒使用者阅读全文。

**(3)资产评估报告书正文的基本内容**

资产评估报告书正文包括16部分：

①首部　评估报告书正文的首部应包括标题和报告书序号，标题应含有×××(评估)项目资产评估报告书字样。

②序言　报告书正文的序言应写明该评估报告委托方全称、受托评估事项及评估工作整体情况。

③委托方与资产占有方简介　报告书正文的委托方与资产占有方简介应较为详细地分别介绍委托方和资产占有方的情况。当委托方和占有方相同时，可作为资产占有方介绍，也要写明委托方和资产占有方之间的隶属关系或经济关系。无隶属关系或经济关系的，应写明发生评估的原因，当资产占有方为多家企业时，还须逐一介绍。

④评估目的　报告书正文的评估目的应写明本次资产评估是为了满足委托方的何种需要，及其所对应的经济行为类型，并简要准确地说明该经济行为是否经过批准。若已获批准，应将批准文件的名称、批准单位、批准日期及文号写出。

⑤评估范围和对象　这部分应写明纳入评估范围的资产及其类型，并列出评估前的账面金额。评估资产为多家占有的，应说明各自的份额及对应资产类型。

⑥评估基准日　这部分应写明评估基准日的具体日期，确定评估基准日的理由或成立条件，揭示确定基准日对评估结果的影响程度。另外，还应对采用非基准日价格标准作出说明。评估基准日应根据经济行为的性质由委托方确定，并尽可能与评估目的实现日接近。

⑦评估原则　应在这部分中写明评估工作过程中遵循的各类原则和本次评估遵循国家及行业规定的公认原则。对所遵循的特殊原则也应作适当阐述。

⑧评估依据　应在这部分中列示评估依据，包括经济行为依据、法律法规依据、产权依据和取价依据等。对评估中采用的特殊依据应作相应的披露。

⑨评估方法　应在这部分中说明评估过程所选择、使用的评估方法和选择评估方法的依据或原因。对某项资产评估采用一种以上评估方法的还应说明原因并说明该资产价值的确定方法。对所选择特殊评估方法的，也应介绍其原理及适用范围。

⑩评估过程　这部分应反映评估机构自接受评估项目委托起至提交评估报告的全过程。包括接受委托过程中确定评估目的、对象及范围，基准日和拟定评估方案的过程；资产清查中的指导资产占有方清查、搜集准备资料、检查与验证过程；评估估算中的现场检测与鉴定、评估方法选择、市场调查与分析过程；评估汇总中的结果汇总、评估结论分析、撰写报告与说明、内部复核过程，以及提交评估报告等过程。

⑪评估结论　这部分是报告正文的重要部分，应使用表述性文字完整地叙述评估机构对评估结果发表的结论，对资产、负债、净资产的账面价值、调整后账面价值、评估价值及其增减幅度进行表述，还应单独列示不纳入评估汇总表的评估结果。

⑫特殊事项说明　在这部分中应说明在评估过程中已发现可能影响评估结论，但非评估人员执业水平和能力所能评定估算的有关事项，也应提示评估报告使用者注意特别事项对评估结论的影响，还应揭示评估人员认为需要说明的其他事项。

⑬评估基准日期后重大事项　在这部分中，应揭示评估基准日后至评估报告提出日期间发生的重要事项，以及评估基准日的期后事项对评估结论的影响，还应说明发生在评估基准日期后不能直接使用评估结论的事项。

⑭评估报告法律效力、使用范围和有效期　这部分应具体写明评估报告成立的前提条件和假设条件，并写明评估报告依照法律法规的有关规定发生法律效力和评估结果的有效使用期限。还应写明评估结论仅供委托方依评估目的使用和送交主管部门审查使用，并申明评估报告书的使用权归委托方所有，未经许可不得随意向他人提供或公开。

⑮评估报告提出日期　在这部分中，应写明评估报告书提交委托方的具体日期。评估报告书原则上应在确定的评估基准日后 3 个月内提出。

⑯尾部　这部分应写明出具评估报告书的机构名称并加盖公章，还要由评估机构法定代表人和至少 2 名负责评估的注册资产评估师签名盖章。

**(4) 备查文件的基本内容**

资产评估报告书的附报文件至少要包括以下 10 方面的基本内容：

①有关经济行为文件。

②被评估企业前 3 个年度包括资产负债表和损益表在内的会计报表(非企业或经济组织除外)。

③委托方与资产占有方营业执照复印件。

④委托方、资产占有方的承诺函。

⑤产权证明文件复印件。

⑥资产评估人员和评估机构的承诺函。

⑦资产评估机构资格证书复印件。

⑧评估机构营业执照复印件。

⑨参加本项评估项目的人员名单。

⑩资产评估业务约定合同，重要合同和其他文件。

这部分的格式没有具体要求，但必须按统一规格装订。

## 第二步：编写资产评估说明

按有关规定，评估说明中所揭示的内容应同评估报告书正文所阐述的内容一致。评估机构、注册资产评估师及委托方、资产占有方应保证其撰写或提供的构成评估说明各组成部分的内容真实完整，未作虚假陈述，也未遗漏重大事项。资产评估说明应按以下顺序进行撰写和制作：

### (1)评估说明封面及目录

评估说明封面应载明该评估项目名称，评估报告书的编号，评估机构名称，评估报告提出日期。若需分册装订的评估说明，应在封面上注明共几册及该册的序号。

### (2)关于评估说明使用范围的声明

这部分应声明评估报告仅供资产管理部门、企业主管部门、资产评估行业协会在审查资产评估报告书和检查评估机构工作之用，除法律、行政法规规定外，材料的全部或部分内容不得提供给其他任何单位和个人，不得见诸于公开媒体。

### (3)关于进行资产评估有关事项的说明

这部分是由委托方与资产占有方共同撰写并由负责人签字，加盖公章，签署日期。这部分的基本内容应包括以下7方面：①委托方与资产占有方概况；②关于评估目的的说明；③关于评估范围的说明；④关于评估基准日的说明；⑤可能影响评估工作的重大事项说明；⑥资产及负债清查情况的说明；⑦列示资产委托方、资产占有方提供的资产评估资料清单。

### (4)资产清查核实情况说明

这部分主要用来说明评估方对委托评估的企业所占有的资产和与评估相关的负债进行清查核实的有关情况及清查结论。这部分应包括以下6项内容：①资产清查核实的内容；②实物资产的分布情况及特点；③影响资产清查的事项；④资产清查核实的过程与方法；⑤资产清查结论；⑥资产清查调整说明。

### (5)评估依据说明

主要用来说明进行评估工作中所遵循的具体行为依据、法规依据、产权依据和取价依据。具体包括5方面：①主要法律法规；②经济行为文件；③重大合同协议及产权证明文件；④采用的取价标准；⑤参考资料及其他。

**(6)各项资产及负债的评估技术说明**

主要用来说明对资产进行评定估算过程的解释，反映评估中选定的评估方法和采用的技术思路及实施的评估工作。主要包括 8 方面：①流动资产评估说明；②长期投资评估说明；③机器设备评估说明；④房屋建筑物评估说明；⑤在建工程评估说明；⑥土地使用权评估说明；⑦无形资产及其他资产评估说明；⑧负债评估说明。

**(7)整体资产评估收益现值法评估验证说明**

这部分主要说明运用收益法对企业整体资产进行评估来验证资产评估结果的有关情况。应包括 9 方面内容：①收益法的应用简介；②企业的生产经营业绩；③企业的经营优势；④企业的经营计划；⑤企业的各项财务指标；⑥评估依据；⑦企业营业收入、成本费用和长期投资收益预测；⑧折现率的选取和评估值的计算过程；⑨评估结论。

**(8)评估结论及其分析**

这部分主要总体概括说明评估结论，应包括 6 方面内容：①评估结论；②评估结果与调整后账面值比较变动情况及原因；③评估结论成立的条件；④评估结论的瑕疵事项；⑤评估基准日的期后事项说明及对评估结论的影响；⑥评估结论的效力、使用范围与有效期。

**第三步：编制资产评估明细表及其附件**

资产评估明细表是反映被评估资产评估前后的资产负债明细情况的表格。它是资产评估报告书的组成部分，也是资产评估结果得到认可、评估目的的经济行为实现后作为调整账目的主要依据之一。具体应包括以下内容：

①资产及其负债的名称、发生日期、账面价值、评估价值等。

②反映资产及其负债特征的项目。

③反映评估增减值情况的栏目和备注栏目。

④反映被评估资产会计科目名称、资产占有单位、评估基准日、表号、金额单位、页码内容的资产评估明细表表头。

⑤写明清查人员、评估人员的表尾。

评估明细表设立逐级汇总。资产评估明细表样表包括以下几个层次：资产评估结果汇总表、资产评估结果分类汇总表、各项资产清查评估汇总表及各项资产清查评估明细表。

按现行有关规定，资产评估报告书主要包括资产评估报告书正文、资产评估说明、资产评估明细表及相关附件。

资产评估机构对评定估算结果进行分析确定，撰写评估说明，汇集资产评估工作底稿，形成森林资源资产评估报告书，并提交给委托方。

## 7.4.2 编制森林资源资产评估报告书理论基础与内容

### 7.4.2.1 资产评估报告的概念及特点

资产评估报告是指评估机构按照评估工作制度的有关规定，在完成评估工作后向委托方提交的说明评估过程及结果的书面报告。它是按照一定格式和内容来反映评估目的、假设、程序、标准、依据、方法、结果及适用条件等基本情况的报告书。

资产评估报告应具备公正性、守法性和规范性。

### 7.4.2.2 资产评估报告书的作用

资产评估报告书可以为被委托评估的资产提供作价意见，可以反映和体现资产评估工作情况，明确委托方、受托方及有关方面责任，是管理部门监督评估业务开展情况，完善资产评估管理的重要手段，也是建立评估档案的重要来源。

### 7.4.2.3 森林资源资产评估报告格式要求

**(1) 文字表达方面的技能要求**

资产评估报告书既是一份对被评估资产价值有咨询性和公证性作用的文书，又是一份用来明确资产评估机构和评估人员工作责任的文字依据，所以它的文字表达技能要求既要清楚、准确，又要提供充分的依据说明，还要全面地叙述整个评估的具体过程。其文字的表达必须准确，不得使用模棱两可的措词。注册资产评估师应当在评估报告中提供必要信息，使评估报告使用者能够合理理解评估结论。

**(2) 格式和内容方面的技能要求**

对资产评估报告书格式和内容方面的技能要求，目前应遵循财政部颁发的《资产评估报告基本内容与格式的暂行规定》。

**(3) 评估报告书的复核与反馈**

通过对工作底稿、评估说明、评估明细表和报告书正文的文字、格式及内容的复核和反馈，可以使有关错误、遗漏等问题在出具正式报告书之前得以修正。对资产评估报告必须建立起多级复核的制度，明确复核人的职责，防止流于形式的复核。

**(4) 撰写报告书应注意的事项**

编制资产评估报告时，需清楚地表达评估结果，并对评估依据进行充分说明，其主要目的是明确资产评估机构的义务与责任，有效地规避评估风险。资产评估报告书的制作技能除了需要掌握上述3个方面的技术要点外，还应注意以下几个事项：实事求是，切忌出具虚假报告；坚持一致性做法，切忌出现表里不一；内容全面、准确、简练；提交报告书要及时、齐全和保密。

【案例 7.4】

## 义县碾盘沟 1 林班 158、159 小班拟银行贷款抵押林木资源资产评估报告

锦州市××森林资源资产价格评估有限公司接受××的委托，根据国家有关森林资源资产评估的规定，本着“客观、独立、公正、科学”的原则，按照公认的资产评估方法，对义县碾盘沟 1 林班 158、159 小班拟作为银行贷款抵押物的林木资产实施了实地查勘、市场调查与询证，以及我们认为有必要的评估程序，对需进行评估的林木资产在 2010 年 12 月 6 日所表现的市场价值做出了公允反映，现将森林资源林木资产评估情况及评估结果报告如下：

一、基本情况

××拟评估的速生杨树用材林和部分绿化苗木的经营面积共计 37.5 亩，其中 3 年生速生绿化杨树苗木 31.6 亩(小班号为 158)，11 年生短轮伐期用材林的杨树 5.9 亩(小班号为 159)，共 2 个小班。林地位于义县碾盘沟，林地有便道通达，集运材条件较好，便于经营管理，森林资源经营管理水平较好。林分为速生杨树纯林，158 小班为 3 年生杨树，以绿化苗木为培育目的。159 小班为 11 年生杨树，以培养中径材为目的，林分生长水平较好。

二、评估目的

确定评估对象范围内所有林木资产的现值，为王延明拟将林木资产作为银行贷款抵押物提供作价依据。

三、评估对象与范围

××所属的，位于义县碾盘沟的 37.5 亩速生杨树用材林林木资源资产，小班号分别为 158、159，共 2 个小班，林地位置详见附件(二)：碾盘沟村户有林实测平面位置图。

四、评估基准日

2010 年 12 月 6 日。

五、评估原则

(一) 遵循独立性原则。

(二) 遵循客观性原则。

(三) 遵循科学性原则。

(四) 遵循产权利益主体变动原则。

(五) 遵循资产持续经营的原则。

(六) 遵循替代性原则。

(七) 遵循公开市场原则。

六、评估依据

(一)《国有资产评估管理办法》及其实施细则。

(二)《资产评估操作规范意见(试行)》。

(三)《森林资源资产评估技术规范(试行)》。

(四)委托方提供的有关拟评估资产明细表及相关产权归属、工程技术、森林经营等

方面的资料。

(五)与委托方订立的评估约定。

七、评估方法

根据森林经营和森林资源资产评估方法的特点，158 和 159 两个小班分别为 3 年和 11 年生的速生杨树林木资产，该树种林木生长速度快培育周期较短。158 小班为 3 年生的速生杨树林木资产，林木尚处幼龄阶段，培育目的是绿化用苗木，宜采用绿化苗木现行市价法进行评估，159 小班为 11 年生的速生杨树林木资产，培育目的是短轮伐期用材林，林木已处于中龄林状态，宜采用收益现值法进行评估。具体评估计算过程及相关指标见附件(一)：林木资产评估技术说明。

八、评估过程

1. 接受委托

本公司接受××的委托，明确评估目的，确定评估基准日和评估对象及范围，拟定评估方案，按评估要求收集有关资料。

2. 资产清查

在委托方的配合下，对××所提供的拟评估的用材林林木资源资产清单进行实地核查，内业统计分析，验证委托评估的森林资源资产的真实性和准确性。

3. 评定估算

根据核查后的拟评估森林资源资产清单和有关技术经济指标，选择相应的评估方法，确定评估参数，进行评定估算。

4. 评估汇总

根据评估操作技术规范对评估结果进行汇总和分析验证，撰写资产评估技术说明和资产评估报告书，按照评估工作质量控制要求，经复核后向委托方提交资产评估报告。

九、评估结论

在评估基准日 2010 年 12 月 6 日持续经营的前提下，产权属于××的速生杨树用材林林木资产(义县碾盘沟 1 林班 158、159 小班)现值共计人民币四十一万元，全部为速生杨树林木资产。

具体评估值见下表 7-8：各小班评估结果一览表。

**表 7-8　各小班评估结果一览表**

| 所属区域 | 造林地块号 | 面积/亩 | 林种 | 立地等级 | 树种组成 | 郁闭度 | 年龄/年 | 评估结果/元 | 每亩均价/元 |
|---|---|---|---|---|---|---|---|---|---|
| 义县碾盘沟 | 1 林班 158 小班 | 31.6 | 其他 | I | 10 杨树 | 0.7 | 3 | 358558.58 | 11346.79 |
| 义县碾盘沟 | 1 林班 159 小班 | 5.9 | 短轮伐用材林 | I | 10 杨树 | 0.9 | 11 | 59769.91 | 10130.49 |
| 合计 | | 37.5 | | | | | | 418328.49 | |

十、特别事项说明

本报告未考虑将来可能承担的抵押担保事宜，以及特殊的交易方可能追加付出的价格等对评估的影响，也未考虑将来国家宏观经济政策，特别是林业政策的变化以及遇有自然力和其他不可抗拒力对资产价格的影响，评估报告仅作为委托方本次评估目的使用。

十一、评估基准日后重大事项

评估基准日后，若资产数量及作价标准发生变化(如发生大规模的森林火灾或病虫害使资产数量大量减少；或林业税费的大幅度调整)，对评估结论造成影响时，不能直接使用本评估结论，须对评估结论进行调整重新评估。

十二、评估报告法律效力

(一)本评估报告的结论是在产权明确的情况下，以持续经营为前提条件。

(二)本评估报告在评估机构签字盖章后，具有法律效力。评估报告有效期为一年，至2011 年 12 月 5 日失效。

(三)本报告书的评估结论仅供委托方为本次评估目的和送交森林资源管理部门核准使用，报告书的使用权归委托方所有，未经委托方许可，我公司不得随意向他人提供或公开。

××××××××××××××(单位)

法人代表：

项目负责人：

复 核 人：

2010 年 12 月 10 日

**附件 1**

## 林木资产评估技术说明

按《森林资源资产评估技术规范(试行)》的有关要求，根据森林资源资产评估对象的年龄及评估目的不同，常用的评估方法有重置成本法、市场价倒算法、现行市价法、收获现值法等。本次评估对象为 3 年生、11 年生的速生杨树用材林林木资产，根据森林资源经营的特点和培育的用途，3 年生的速生杨树小班宜采用现行市价法，11 年生的速生杨树小班宜采用收益现值法。

1. 评估方法

①现行市价法：现行市价法是以相同或类似林木资产的现行市价作为比较基础，估算被评林木资产评估价值的方法。其计算公式为：

$$E_n = K \times K_b \times G \times M$$

式中 $E_n$——林木资产评估值；

$K$——林分质量调整系数(根据林木生长状况、立地质量和经济质量综合确定)；

$K_b$——物价指数调整系数；

$G$——参照物单位蓄积的交易价格(元/立方米)；

$M$——被评估林木资产的蓄积量。

②收获现值法：收获现值法是预测林分生长到主伐时可生产的木材的数量，并利用木材市场价倒算法测算出其立木的价值并将其用折现率折成现值，然后再扣除评估基准日到主伐前预计要进行各项经营措施成本的折现值，将其剩余部分作为被评估林木资源资产的评估值。

收获现值法的计算公式：

$$E_n = K \times \frac{A_u + D_a(1+p)^{u-a} + D_b(1+p)^{u-b} + \cdots}{(1+p)^{u-n}} - \sum_{i=n}^{u} \frac{C_i}{(1+p)^{i-n+1}}$$

式中 $E_n$——林木资源资产评估值；

$A_u$——标准(参照)林分主伐时林木的纯收入；

$D_a$，$D_b$——标准(参照)林分第 $a$、$b$ 年的间伐纯收入；

$p$——年利率；

$C_i$——第 $i$ 年营林生产成本(含地租)；

$K$——林分质量调整系数。

从中龄林到主伐期间，营林生产成本大体是一样的，则公式可简化为：

$$E_n = K \times \frac{A_u + D_a(1+p)^{u-a} + D_b(1+p)^{u-b} + \cdots}{(1+p)^{u-n}} - \frac{V[(1+p)^u - 1]}{p(1+p)^{u-n}}$$

式中 $V$——年平均营林生产成本(即地租和林木管护费用之和)。

由于在这过程中可能已发生过间伐，在主伐前不再进行间伐或者由于前后两次的间伐收支基本平衡，则上式可进一步简化为：

$$E_n = K \times \frac{A_u}{(1+p)^{u-n}} - \frac{V[(1+p)^u - 1]}{p(1+p)^{u-n}}$$

收获现值法应用于中龄林和近熟龄林木资源资产评估的操作实务中。

2. 外业调查

小班外业调查主要通过资产所有者提供的林权证等相关图表，到实地去核查面积、拉样方调查树木生长情况。主要调查因子有造林面积、林木生长情况、成活率和蓄积量等；调查结果见表7-9。

**表7-9　小班外业调查一览表**

| 所属区域 | 造林地块号 | 面积/亩 | 林种 | 立地等级 | 树种组成 | 起源 | 平均树高/m | 平均胸径/cm | 每亩蓄积/$m^3$ | 郁闭度 | 年龄/年 | 成活率 |
|---|---|---|---|---|---|---|---|---|---|---|---|---|
| 义县碾盘沟 | 1林班158小班 | 31.6 | 其他 | I | 10杨树 | 植苗 | 4.6 | 3.9 | 0 | 0.7 | 3 | 95% |
| 义县碾盘沟 | 1林班159小班 | 5.9 | 短轮伐用材林 | I | 10杨树 | 植苗 | 17.5 | 16.2 | 236.4 | 0.9 | 11 | 95% |
| 合计 | | 37.5 | | | | | | | | | | |

3. 速生杨树生产经营的各项技术经济指标

①林木生产经济指标见表7-10。

**表7-10　林木生产经济指标表**

| 支出项目 | 单价 | 实施时间 |
|---|---|---|
| 清山、炼山费 | 元·亩$^{-1}$ | 第一年 |
| 整地（机勾）、回土、放基肥、种植人工费等 | 336元·亩$^{-1}$（按每工日60元估算） | 第一年 |
| 苗木费 | 20元·株$^{-1}$（组培苗加运费，按10%的苗木损耗及补植计算），8889.3元·亩$^{-1}$ | 第一年 |
| 抚育割草、松土、阔坎等 | 200元·亩$^{-1}$·a$^{-1}$ | 3年前每年 |
| 肥料费用 | 基肥190元·亩$^{-1}$（肥料价按1900元/吨估算）； | 第一年 |
| | 追肥190元·亩$^{-1}$·a$^{-1}$（肥料价按1900元/吨估算）； | 3年前每年 |
| 病虫害防治等森林保护费 | 10元·亩$^{-1}$·a$^{-1}$； | 采伐前每年 |
| 护林员工资 | 20元·亩$^{-1}$·a$^{-1}$； | 采伐前每年 |
| 管理费 | 20元·亩$^{-1}$·a$^{-1}$；土地租金：30元·亩$^{-1}$·a$^{-1}$；合计50元； | 采伐前每年 |
| 森林采伐（包括集材、装车） | 20元·m$^{-3}$ | 森林采伐及销售 |
| 运输成本（运到××） | 20元·m$^{-3}$ | 森林采伐及销售 |
| 伐区设计 | 20元·m$^{-3}$（包括设计及办证） | 森林采伐及销售 |
| 育林基金 | 销售价的10% | 森林采伐及销售 |
| 造材画线（包括检尺） | 10元·m$^{-3}$ | 森林采伐及销售 |
| 不可预见费 | 2元·m$^{-3}$ | 森林采伐及销售 |
| 销售费用 | 按销售价的1.5%计提 | 森林采伐及销售 |
| 杨树销售合理利润 | 5元·m$^{-3}$ | 森林采伐及销售 |

说明：表中的经济指标参考锦州市木材交易市场的调查数据综合确定；

②林分质量调整系数$K$：根据调查林分造林质量，评估范围内速生杨树造林成活率超过85%，生长良好，蓄积生长和平均水平相当，根据原国家国有资产管理局和原林业部关于发布《森林资源资产评估技术规范(试行)》的通知中有关规定取$K=1.0$。

③利率：包括银行贷款利率和林业生产风险利率。银行贷款利率按工商银行2010年10月20日发布的3~5年中长期贷款利率5.96%计算，风险利率根据原国家国有资产管理局和原林业部关于发布《森林资源资产评估技术规范(试行)》的通知和财政部、国家林业局关于印发《森林资源资产评估管理暂行规定》[财企2006]529号文件的相关规定，风险利率取1%。

④根据对锦州市辽西花木园艺有限公司、锦州市永祥园艺公司、锦州市黑山县春升花木公司、锦州市金达莱花木公司和锦州市燕兴果木科技有限公司的访问调查，得知在评估基准日2010年12月6日当天，评估的杨树绿化用苗胸径在3~4cm的单价是每株15元，胸径在4~5cm的单价是每株20元。根据对林分调查所得的总株数，计算得出1林班158小班的林木评估价值。

⑤木材价格根据锦州市在评估基准日2010年12月6日的木材市场交易价格作为参照，以锦州市木材交易市场综合确定木材价格，速生杨树成熟林短小材价格为600元·$m^{-3}$，中径材价格为800~1000元·$m^{-3}$。

4. 评估计算

①绿化苗木价值评估(小班158)：按照速生杨树的一般经营，经外业调查，造林成活率在85%以上，目前每亩保留株数约为670株左右，绿化苗木现行市价法，计算如下：

胸径在3~4cm的杨树苗木价格是15元·株$^{-1}$，面积是13.2亩，即0.88$hm^2$。每公顷达到14 772株。

此部分林木的价值是：$14772 \times 0.88 \times 15 = 194\ 990.4$(元)

胸径在4~5cm的杨树苗木价格是20元·株$^{-1}$，面积是18.4亩，即1.2267$hm^2$。每公顷达到6667株。

此部分林木的价值是：$6667 \times 1.2267 \times 20 = 163\ 568.18$(元)

小班158林木资产评估如下：

该小班的林木资产评估价值是：$194\ 990.4 + 163\ 568.18 = 358\ 558.58$(元)

②中龄林林木评估(小班159)：收获现值法的计算公式：

$$E_n = K \times \frac{A_u + D_a(1+p)^{u-a} + D_b(1+p)^{u-b} + \cdots}{(1+p)^{u-n}} - \sum_{i=n}^{u} \frac{C_i}{(1+p)^{i-n+1}}$$

式中 $E_n$——林木资源资产评估值；

$A_u$——标准(参照)林分主伐时林木的纯收入；

$D_a$，$D_b$——标准(参照)林分第$a$、$b$年的间伐纯收入；

$p$——年利率；

$C_i$——第$i$年营林生产成本(含地租)；

$K$——林分质量调整系数。

从中龄林到主伐期间，营林生产成本大体是一样的，则公式可简化为：

$$E_n = K \times \frac{A_u + D_a(1+p)^{u-a} + D_b(1+p)^{u-b} + \cdots}{(1+p)^{u-n}} - \frac{V[(1+p)^u - 1]}{p(1+p)^{u-n}}$$

式中　$V$——年平均营林生产成本(即地租和林木管护费用之和)。

由于在这过程中可能已发生过间伐，在主伐前不再进行间伐或者由于前后两次的间伐收支基本平衡，则上式可进一步简化为：

$$E_n = K \times \frac{A_u}{(1+p)^{u-n}} - \frac{V[(1+p)^u - 1]}{p(1+p)^{u-n}}$$

得 $E_n$ = 59 769.91(元)

评估范围林木资产价值合计：358 558.58 + 59 769.91 = 418 328.49(元)

即在评估基准日 2010 年 12 月 6 日，权属王延明所有的 37.5 亩的速生杨树林木资产价值为 418 328.49 元。

2. 假设与说明

①本次评估所涉及的生产成本，山场作业条件、经营成本等，均按基准日当地平均水平确定。

②本次评估测算林木龄组内的评估值按林木年龄实际进行，小班的评估值按评估范围小班的单位面积平均值乘以面积来计算。

③本次评估中短轮伐期用材林林木资产评估已涉及部分林地使用权价值，即评估值中仅包含现实林龄之前的林地使用权价值，但不包括评估基准日以后持续经营的林地使用费。

④速生杨树具有砍伐后下一代会自然萌生的特性，其价值未考虑在本次评估中。

**附件 2**

## 评估范围林业图示

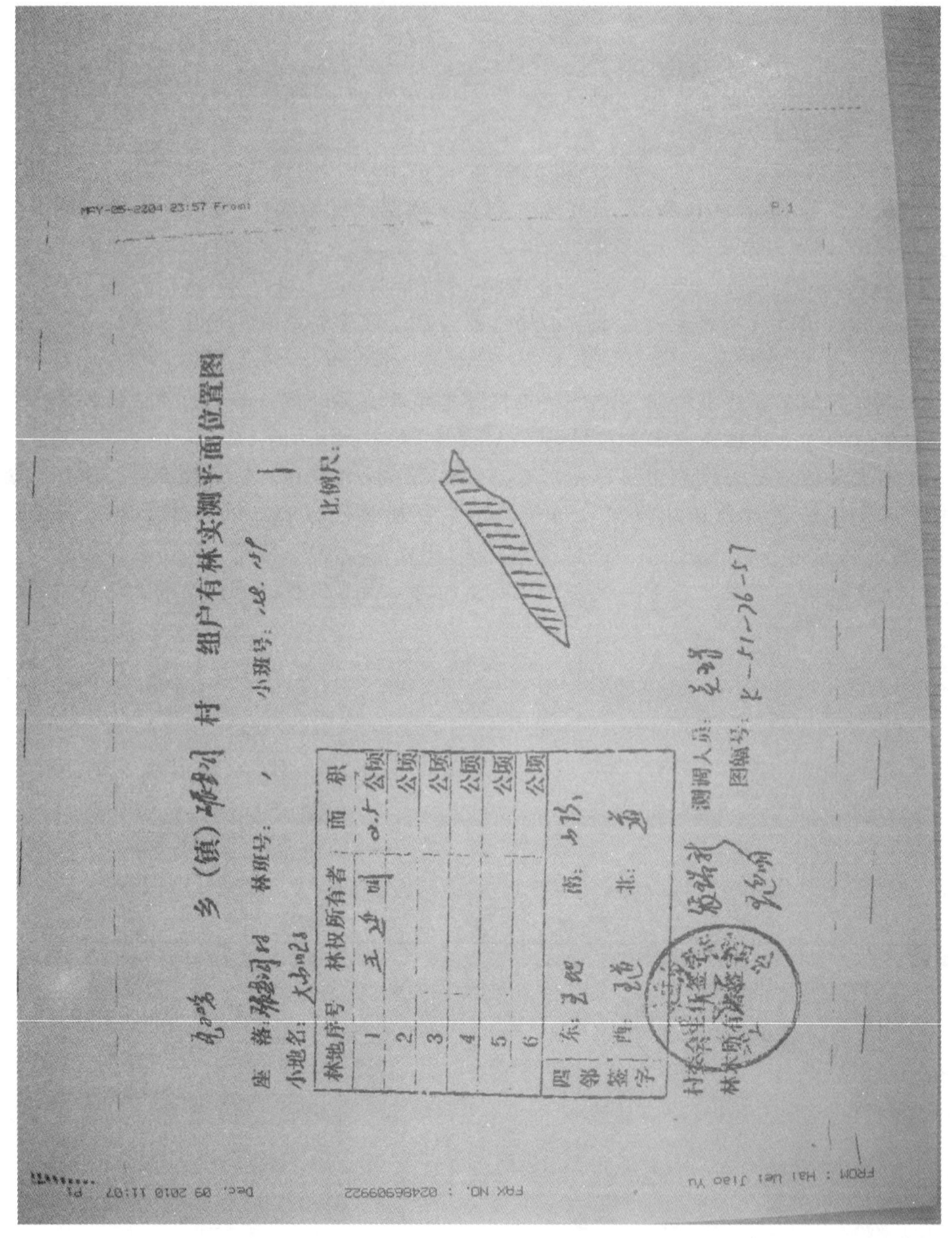

**附件 3**

**GPS 测量数据及其图示**

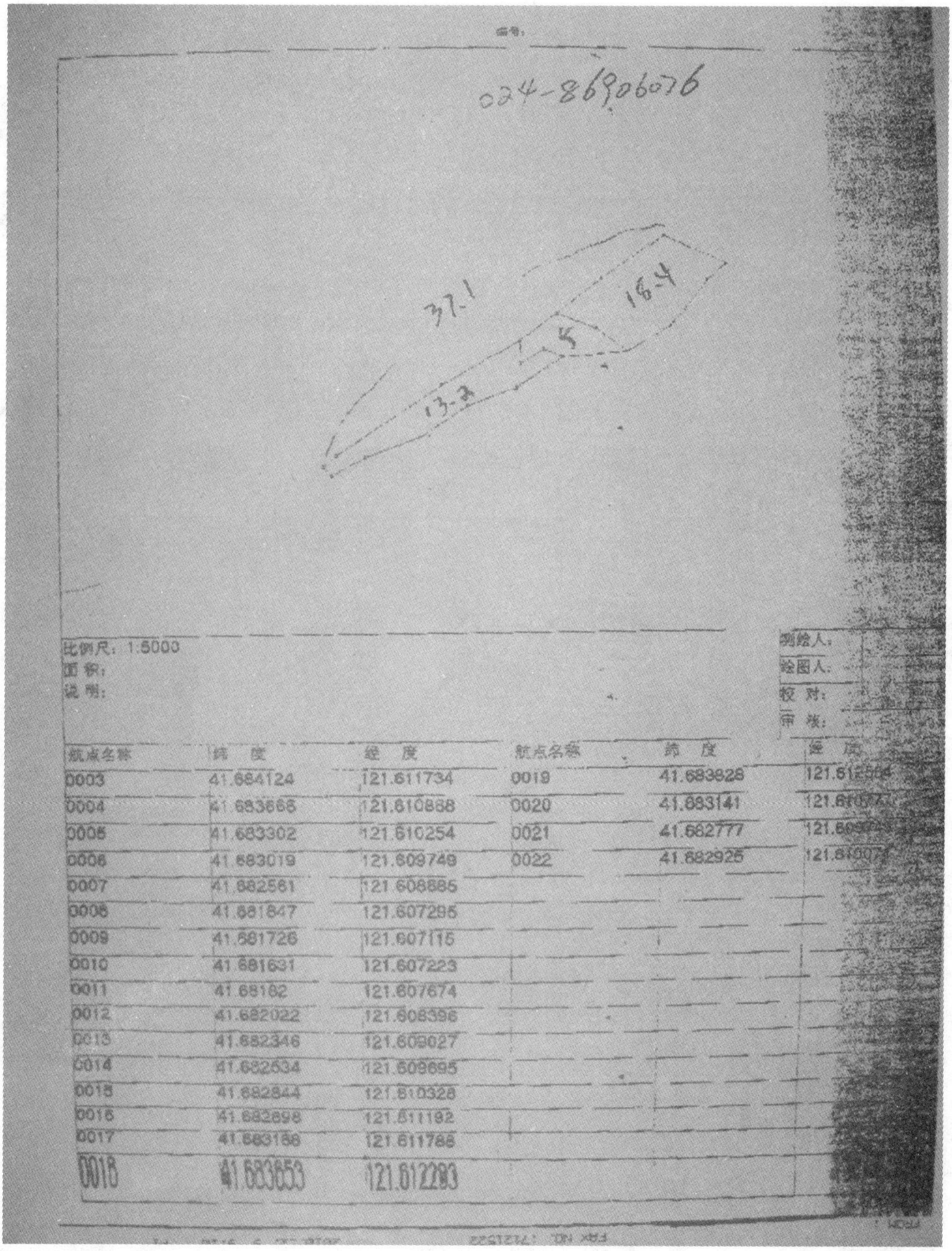

编号：

024-86906076

37.1
16.4
5
13.3

比例尺：1:5000
面积：
说明：

测绘人：
绘图人：
校对：
审核：

| 航点名称 | 纬度 | 经度 | 航点名称 | 纬度 | 经度 |
|---|---|---|---|---|---|
| 0003 | 41.684124 | 121.611734 | 0019 | 41.683828 | 121.612558 |
| 0004 | 41.683666 | 121.610888 | 0020 | 41.683141 | 121.61[illegible] |
| 0005 | 41.683302 | 121.610254 | 0021 | 41.682777 | 121.6[illegible] |
| 0006 | 41.683019 | 121.609749 | 0022 | 41.682925 | 121.61[illegible] |
| 0007 | 41.682561 | 121.608885 | | | |
| 0008 | 41.681847 | 121.607295 | | | |
| 0009 | 41.681726 | 121.607115 | | | |
| 0010 | 41.681631 | 121.607223 | | | |
| 0011 | 41.68182 | 121.607674 | | | |
| 0012 | 41.682022 | 121.608396 | | | |
| 0013 | 41.682346 | 121.609027 | | | |
| 0014 | 41.682634 | 121.609695 | | | |
| 0015 | 41.682844 | 121.610328 | | | |
| 0016 | 41.682898 | 121.611192 | | | |
| 0017 | 41.683186 | 121.611788 | | | |
| 0018 | 41.683653 | 121.612283 | | | |

## 附件 4

### 评估范围林权证

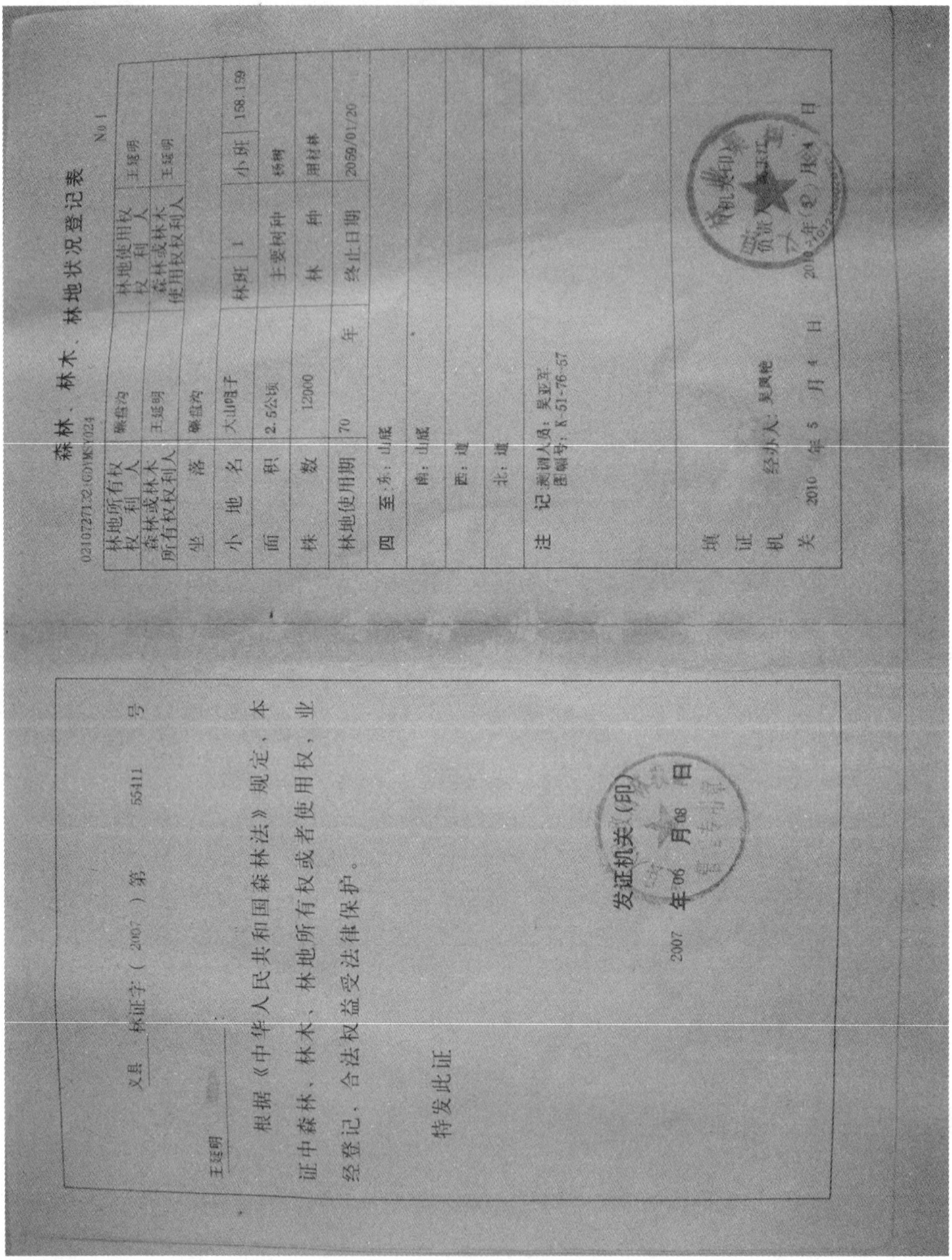

义县 林证字（2007）第 55411 号

王廷明：

根据《中华人民共和国森林法》规定，本证中森林、林木、林地所有权或者使用权，业经登记，合法权益受法律保护。

特发此证

发证机关（印）

2007 年 06 月 08 日

**森林、林木、林地状况登记表**

021072713210GDYMSY024　　No 1

| 林地所有权权利人 | 碾盘沟 | 林地使用权权利人 | 王廷明 |
|---|---|---|---|
| 森林或林木所有权权利人 | 王廷明 | 森林或林木使用权权利人 | 王廷明 |
| 坐落 | 碾盘沟 | | |
| 小地名 | 大山咀子 | 林班 1 | 小班 158.159 |
| 面积 | 2.5公顷 | 主要树种 | 杨树 |
| 株数 | 12000 | 林种 | 用材林 |
| 林地使用期 | 70 年 | 终止日期 | 2059/01/20 |
| 四至 东：山底 | | | |
| 南：山底 | | | |
| 西：道 | | | |
| 北：道 | | | |
| 注记 测训人员：吴亚军<br>图幅号：K-51-76-57 | | | |
| 填证机关 经办人：吴凤艳 2010 年 5 月 4 日 | | （机关印）负责人：高玉江 2010 年 5 月 4 日 | |

## →拓展训练

根据森林资源资产评估的结果，完成编制国有森林资源目标资产的 1 个小班林木资产、林地资产、6 个小班类型的打包资产(模拟经营单位)3 种类型的资产评估报告。

# 任务 7.5

# 森林资源资产评估结果的确认与资料归档

## →任务描述

对森林资源资产评估结果确认，主要是指与国有资产递交与评估目的相对应的经济行为批文或有效材料、资产评估报告、资产评估项目申请核准表和资产评估项目备案表等，以及申请上级主管单位审定评估结果的工作过程。民营企业资产则是指向森林资源资产评估管理中心或林业产权交易所提交评估结果，进行审核、登记的过程。森林资源资产评估资料归档管理是指评估资料整理、立卷、保存管理的工作过程。

本任务是根据集体林森林资源资产评估的结果和材料，及时移送评估材料给委托单位，委托单位报行政主管部门审查，审查同意后，报同级国有资产管理行政主管部门验证确认。评估工作结束后，森林资源资产评估机构要根据有关规定建立严格的档案管理制度。任务结束后，完成 1 个集体林小班的林木资产、林地资产、6 个小班类型的打包资产（模拟经营单位）的评估结果的确认和资料归档。

## →任务目标

### （一）知识目标

1. 熟悉森林资源资产评估结果确认程序与方法。
2. 掌握森林资源资产评估业务档案管理内容与方法。

### （二）能力目标

1. 会进行评估材料的移交和验收。
2. 能完成评估材料的验证工作。
3. 能确定不同评估材料的保管期限并进行归档。

## →知识准备

## 7.5.1　实践操作：森林资源资产评估结果的确认与资料归档的过程与要点分析

### 第一步：森林资源资产评估结果申报上级主管部门审核，确定成果

属于国有资产的森林资源资产评估，必须先申报，待批准后，再进行评估，评估结果上报主管部门审定，然后出正式报告，并保存有关档案。

在森林资源资产评估结果确认过程中，主要是收集评估报告及其相关佐证资料，填报资产评估结果申报表，提交有关资料给上级部门审核。上级部门开具确认资产评估结果回执表，凭确认资产评估结果回执表(见表 7-11)，在规定工作日内向主管部门咨询核准的资产评估结果情况。待核准后出正式报告。

**表 7-11　资产评估结果确认回执表**

| | |
|---|---|
| 事项编号 | 019F13 |
| 事项类别 | 非行政许可 |
| 法定实施主体 | 某县财政局国资办 |
| 实际实施主体 | 某县财政局国资办 |
| 责任处室 | 某县财政局国资办 |
| 垂直层级 | 县级审批 |
| 横向层级 | 本单位单独审批 |
| 申请人种类 | 某县 S 林业有限责任公司(拥有国有资产的企业) |
| 法定期限 | 30 个工作日 |
| 承诺期限 | 5 个工作日 |
| 收费情况 | |
| 收费依据 | |
| 收费标准 | |
| 年检情况 | |
| 设定依据 | 《某省森林资源资产评估管理实施细则》(规范性文件) |
| 文件名称及文号 | 某县 S 林业有限责任公司抵押贷款项目森林资源资产评估报告书<br>(某林评报字[2012]第 1228 号) |
| 申报条件 | 国有资产占有单位或委托单位 |
| 申报材料 | ①递交与评估目的相对应的经济行为批文或有效材料；②资产评估报告；③资产评估项目申请核准表和资产评估项目备案表。 |
| 受理地点 | XS 县财政局国资办 |
| 办理流程 | 申请→受理→审核→确定 |
| 咨询和联系电话 | ×××－××××××××× |

属于集体所有(或部分国有资源)已经承包或转让的森林资源资产评估，必须进行登记制度。登记过程主要是提交报告及其佐证材料，经主管部门受理审核，登记森林资源资产评估结果。

### 第二步：评估报告提交

评估机构进行资产评估结果审核后，出具正式资产评估报告。提交报告给委托方使用，以及主管部门存档。

### 第三步：评估资料整理

**(1)业务部门整理基础工作**

①项目负责人在评估报告日后90日内，及时将工作底稿与评估报告等资料整理归档，任何人不得将应归档资料拒绝归档或据为己有。

②工作底稿通常不包括已被取代的工作底稿的草稿或财务报表的草稿、对不全面或初步思考的记录、存在印刷错误或其他错误而作废的文本以及重复的文件记录等。因各种原因造成的评估业务未完成就终止而形成的底稿，报公司总经理决定保存或销毁。

③针对同一基准日，不同评估目的，委托资产范围重叠的评估业务，出具2个或多个评估报告，应将其视为不同的业务分别整理底稿，形成相应类型的业务档案。

④整理的资料要做到完整有序，索引号要与目录保持一致，反映工作底稿间的勾稽关系。

⑤资产评估档案的归档内容参考有关格式。

整理后的评估工作底稿，要按工作底稿目录顺序排序，底稿需由项目负责人、部门负责人签字后交给档案管理部门。

**(2)档案管理的进一步整理**

①要拆除底稿中所有的金属物，以防装订时发生意外。

②纸张超出规格的，在不影响资料完整的前提下可剪裁，不能剪裁的可加以折叠，折叠的纸张要确保装订后不影响阅览全部内容；破损、卷角、折皱、装订线过窄和纸张小于规格的，要用白纸予以裱衬；传真资料要复印后才能装订。

③如发现底稿中有问题，如：评估人员、项目负责人等相关人员没有签字，主要归档资料不全、页码混乱等，要及时将档案退回给相关人员，补齐后重新整理、验收。

### 第四步：评估资料立卷归档

对资产评估档案进行登记(表7-12)、归类立卷(表7-13)。

**表7-12　评估档案登记表**

**__________资产评估有限公司评估档案**

| (委托单位全称) |
| --- |
| (报告文号) |

（续）

| （业务项目） | |
|---|---|
| （工作底稿名称）<br>管理类、操作类、备查类 | |
| 评估基准日： | 保管期限： |
| 本项目共 册<br>本册为第 册 | 档号： |

**表 7-13 档案立卷备考表**

备考表

<table>
<tr><td colspan="9">情况说明：<br><br><br>立卷人<br>检查人<br>立卷时间</td></tr>
<tr><td>复核主管</td><td></td><td>业务主管</td><td></td><td>经理</td><td></td><td>项目负责人</td><td></td><td></td></tr>
<tr><td rowspan="3">评估人员组成部分</td><td>评估人员</td><td colspan="7"></td></tr>
<tr><td>注册评估师</td><td colspan="7"></td></tr>
<tr><td>组　员</td><td colspan="7"></td></tr>
</table>

档案管理人员在整理业务档案的同时应填好《业务档案登记表》。《业务档案登记表》上的主要信息应与公司的《发文记录》保持一致。

①资产评估报告《业务档案登记表》应包括：序号、报告文号、签发人、项目负责人、参加评估人员和签发日期，被评估单位名称、地址、联系方式、资产总额，评估类型和报告类型，收费情况等信息。

②利用计算机登记的，为防止停电或计算机故障等因素影响档案的使用，每次登记后应及时形成纸质文件。

③将登记、分类好的资料，收入档案库保存管理。

**第五步：评估资料档案保存管理**

评估资料档案保存管理包括保存、借阅管理、销毁等过程。保存管理中，注意资料借阅、保存、销毁等环节。

①保存管理　注意“三防”，防虫防腐烂、防火、防盗工作要做细致，保存要有良好条件，及时检查，保证保存资料完整。

②借阅管理　有关部门借阅评估资料，要登记清楚，及时追还。

③档案销毁　有关资料超过保存期限，一般组织人员将资料粉碎，出售给纸张回收部门，并做好保密工作。

## 7.5.2 森林资源资产评估结果确认与资料归档理论基础与内容

### 7.5.2.1 森林资源资产评估结果确认

森林资源资产评估结果确认是指评估机构出具的预评报告，经过林业主管部门核准的过程。

森林资源主要有国有林与集体林2部分，后因林业改革，集体林与部分国有林通过承包、转让等形式，将森林资源的经营权转让给民营企业，但是所有森林资源的所有权是国家或集体所有，属于公共资源，为此国家加强对森林资源资产的监管，就有了申报、核准、登记等制度。

凡需核准的国有森林资源资产评估项目，占有单位在评估前应按照行政隶属关系，经上级林业主管部门审核同意后，由审核部门向省级林业主管部门或国务院林业主管部门报告下列有关事项：

①评估项目的审核情况。

②评估基准日的选择情况。

③森林资源资产评估范围的确定情况。

④森林资源资产实物量清单。

⑤选择森林资源资产评估机构的条件、范围、程序及拟选定机构的资质。

⑥森林资源资产评估的时间进度安排情况。

**(1)国有森林资源资产评估项目的核准工作程序**

①国有森林资源资产占有单位收到资产评估机构出具的资产评估报告后应按照隶属关

系，报上级林业主管部门初审，经初审同意后，由审核部门在评估报告有效期届满前 3 个月向省级林业主管部门或国务院林业主管部门提出核准申请。

②省级林业主管部门或国务院林业主管部门收到核准申请后，对符合核准要求的，及时组织有关专家和单位审核，在 20 个工作日内完成评估报告的核准；对不符合核准要求的，予以退回。

经核准或备案的森林资源资产评估结果有效期为自评估基准日起 1 年有效。

**(2)国有森林资源资产评估项目核准的申请材料**

①资产评估项目核准申请文件。

②资产评估项目核准申请表(见表 7-14)。

③评估项目批准文件或有效材料。

④与所评估项目有关的林权证和权属变更的相关证明。

⑤资产评估机构、签字注册资产评估师和森林资源资产评估专家资质证明。

⑥资产评估机构聘请核查机构对占有单位提供的森林资源资产实物量进行核查的，应提供核查机构资质证明。

⑦资产评估机构提交的森林资源资产评估报告和核查报告。

⑧资产评估各当事方的相关承诺函。

⑨其他有关材料。

**表 7-14　资产评估项目核准申请表**

填表日期：　　　年　　月　　日　　　　　　　　　　　　编号：

<table>
<tr><td>资产占有单位</td><td colspan="3"></td><td colspan="2">企业管理级次</td><td></td></tr>
<tr><td>上级单位</td><td colspan="6"></td></tr>
<tr><td>集团公司(有关部门)</td><td colspan="6"></td></tr>
<tr><td>资产所在地</td><td colspan="6">省(区、市)　　市(地)　　　　区(县)</td></tr>
<tr><td>评估目的</td><td colspan="6"></td></tr>
<tr><td>评估范围</td><td>整体/部分资产</td><td colspan="2"></td><td colspan="2">主要评估方法</td><td></td></tr>
<tr><td>调整后帐面值(万元)</td><td rowspan="2">资产</td><td></td><td rowspan="2">负债</td><td></td><td rowspan="2">净资产</td><td></td></tr>
<tr><td>评估结果(万元)</td><td></td><td></td><td></td></tr>
<tr><td>评估机构名称</td><td colspan="3"></td><td colspan="2">资质证书编号</td><td></td></tr>
<tr><td>注册资产评估师编号</td><td colspan="3"></td><td colspan="2">评估基准日</td><td></td></tr>
<tr><td colspan="3">申请核准<br><br>申报单位盖章<br><br>法人代表签字：<br><br><br>年　　月　　日</td><td colspan="2">同意申请<br><br>上级单位盖章<br><br>单位领导签字：<br><br><br>年　　月　　日</td><td colspan="2">同意申请<br><br>集团公司<br><br>有关部门<br><br><br>年　　月　　日</td></tr>
</table>

**(3)森林资源资产评估项目备案需报送的文件材料**

①资产评估项目备案申请表(见表7-15)。

②资产评估报告和核查报告，写明森林资源资产经济情形涉及的范围、对象、所处的地理位置、自然条件、相关的社会经济条件。森林资源资产核查方法、核查采用的技术标准、核查过程、核查结果、有关的说明，并由森林资源资产核查负责人签章。

③评估项目的批准文件或有关证明材料。

④与所评估项目有关的林权证和权属变更的相关证明。

⑤其他有关材料。

**《森林资源资产评估技术经济指标》** 列出在评估过程中使用的各种技术经济指标。

**《林木及林地资产评定估算过程》** 列出各类林木及林地资产评估测算中所采用的方法、公式、测算过程和测算结果。

国有森林资源资产占有单位在进行与资产评估相应的经济行为时，应当以核准或备案的资产评估结果为作价参考依据。在产权交易过程中，当交易价低于评估结果的90%时，应当暂停交易，在获得产权转让批准机构同意后方可继续交易。

集体或民营企业森林资源资产必须经过主管部门登记备案，占有方与有关业务方商量确定评估结果后，再进行相关的资产业务。

**表7-15 森林资源资产评估项目备案申请表**

填表日期： 年 月 日 编号：

| 资产评估占有单位 | | | | | |
|---|---|---|---|---|---|
| 上级单位 | | | | | |
| 集团公司(林业厅) | | | | | |
| 资产所在地 | 省 市 县(区) 乡 村 | | | | |
| 资产评估目的 | | | | | |
| 评估范围 | 整体/部分资产 | | 主要评估方法 | | |
| 实物量<br>(立方米、亩) | 林木资产 | 林地资产 | | 其他资产 | |
| 评估结果<br>(万元) | 价值量 | 价值量 | | 价值量 | |
| 评估机构名称 | | | 资质证书编号 | | |
| 注册评估师与森林资源资产评估专家名单 | | | 评估基准日 | 年 月 日 | |
| 占有单位联系人 | | 联系电话 | | 通讯地址 | |
| 上级单位联系人 | | 联系电话 | | 通讯地址 | |

（续）

| 申报备案 | 同意转报备案 | 备　案 |
|---|---|---|
| 资产占有单位盖章 | 上级单位盖章 | 备案单位盖章 |
| 法人代表签字 | 单位领导签字 | |
| 年　月　日 | 年　月　日 | 年　月　日 |

### 7.5.2.2　森林资源资产评估资料的归档

森林资源资产评估机构要根据有关规定建立严格的档案管理制度，包括立档、保管、使用、销毁等全过程的各方面。档案管理制度的建立和要求按《规范意见》办理，为以后资产化管理提供便利。具体管理工作有如下几方面：

**(1) 评估档案装订和护封**

将整理并登记好的底稿进行装订、打页码，并附封皮、封底。

①装订　装订要做到牢固、整齐、美观，不压字，不漏页，不影响阅读。

②打页码　按顺序每页都要打上页码，防止遗漏。

③护封　业务档案的封面应有公司的全称、业务单位全称、报告文号、卷数、页数、入档盒号、审核人和立卷人盖章、存档日期等。应用黑色水笔、正楷字体填写以上内容，字体要清楚工整。

**(2) 业务档案装盒**

档案装订、护封后应及时装盒。本着便于查找、利用的原则，档案盒封面写明公司名称、档案类型和年号；档案盒脊部写明档案类型、年号、档号、卷数和盒流水号等内容。

**(3) 业务档案的码放**

档案盒应以档号从小到大、从上往下、从左往右的顺序码放，档案码放不得过挤，方便于档案的查阅和整理。为了节省空间和开支，对于比较厚的、卷数多的业务档案，可以在档案的脊部贴上醒目的标有年号和档号的标签，直接按顺序竖排在档案柜里。

**(4) 档案保存管理**

设专柜保管业务档案，要做好防盗窃、防火、防尘、防潮、防虫、防鼠、防光、防污染，确保业务档案的安全。档案柜上应插有注明柜号、档案种类、年号、档号的卡片；对于档案较多的评估机构应做档案查找索引，该索引只要包含档案的名称、年号、柜号、层号即可，有些比较特殊的档案需要单独存放的，可在备注栏中注明。

随着科技发展，林业信息化将进一步加强，评估机构也不断加强电子档案管理，在评估活动中形成的电子文档或者其他介质形式的文档均应收集齐全，立卷归档。电子或者其他介质形式的重要工作底稿，如评估业务执行过程中的重大问题处理记录，对评估结论有重大影响的现场勘查记录、询价记录和评定估算过程记录等，应当同时形成纸质文档，分别保存。

①档案借阅与复印　包括如下6个方面：

a. 公司业务部门因工作需要借阅档案的，须经本部门负责人同意；非业务部门因工作需要借阅档案的，须经公司负责人批准，然后在档案管理人员处办理借阅手续，方可借阅。借阅后应及时归还，最长期限不得超过一周，自借阅当天起算。

b. 公安机关、法院、检察院依法履行职责需了解有关情况，应同时出示介绍信和能够证明经办人身份的证件，经公司负责人同意后，才能办理查阅手续。

c. 资产评估协会和监管机构依法进行的质量检查，应同时出示介绍信和能够证明经办人身份的证件，经公司负责人同意后，才能办理借阅手续。

d. 其他依法可以查阅的情形。

e. 借阅档案时，借阅人应承担保密责任，不得泄露原委托方商业机密时，也不得外借他人。

f. 档案借阅人应当保持案卷整洁，不得勾画、涂改、伪造、拆页，损毁和丢失，不得擅自抄录、复制，确需抄录、复制的，应征得公司负责人的同意，并在抄录件、复印件上注明来源。

②业务档案的归还　包括如下3个方面：

a. 归还档案时，档案管理人员要检查档案的完整性，档案收回后，借阅人要记得办理退还手续。

b. 归还的档案若出现损坏、涂改、拆页等现象，档案管理人员应要求借阅人恢复原样，必要时填写《业务档案毁损、丢失报告单》说明原因并由责任人签字盖章、档案管理人员和公司负责人签字后存档，并追究借阅人的责任。

c. 借阅人员若将档案丢失，应填写《业务档案毁损、丢失报告单》，写明丢失原因，由责任人签字盖章、档案管理人员和公司负责人签字后存档，并保留追究相关责任人责任的权利。

③涉及离职员工档案清理　当业务人员办理离职手续时，应由档案管理人员清理有关业务档案，并在其流程表上(表7-16)签署意见；若存在有欠交工作底稿或未归还业务档案情况，档案管理人员应催其及时上交；若已将责任转移给其他员工的，应办理转借手续；如已丢失的，按档案丢失制度处理。未查清前不得办理离职手续。

**表7-16　档案移交记录单**

档案移交时间：　　　年　　月　　日　　　　　　　　　　某评字(　　)第　　号

| 序号 | 移交内容 | 移交记录 | 接收记录 |
|---|---|---|---|
| 1 | 报告正文(报告摘要、正文、说明、明细表、备查文件) | | |
| 2 | 签发记录及报告底稿 | | |
| 3 | 管理类工作底稿 | | |
| 4 | 总资产负债工作底稿 | | |

（续）

| 序号 | 移交内容 | 移交记录 | 接收记录 |
|---|---|---|---|
| 5 | 森林资源资产工作底稿 | | |
| 6 | 流动资产工作底稿 | | |
| 7 | 长期投资工作底稿 | | |
| 8 | 房屋建筑物（含土地使用权）工作底稿 | | |
| 9 | 机器设备（含电子设备）工作底稿 | | |
| 10 | 机动车辆工作底稿 | | |
| 11 | 在建工程工作底稿 | | |
| 12 | 无形及其他资产工作底稿 | | |
| 13 | 负债工作底稿 | | |
| 14 | 净资产验证工作底稿 | | |
| 15 | 收益法工作底稿 | | |
| 16 | 其他（有关声明、文件、会计报表、营业执照等） | | |
| 审核人： | 接收人： | 移交人： | |

④档案销毁　评估业务档案自评估报告日起至少保存 10 年。国家法律、法规另有规定的，依照其规定。评估机构不得在规定的保存期内对已完成归档的评估业务档案删改或者销毁。保存期届满后，对确无保存价值的档案，由档案管理人员会同有关部门提出书面销毁意见，编制档案销毁清册，经公司主要负责人书面同意后销毁并进行监销。

评估业务档案销毁清册应列明销毁档案的名称、卷号、册数、起止年度和档案编号、应保管期限、已保管期限、销毁时间等内容。

监销人员在档案销毁前，应认真审查、核对档案销毁清册；档案销毁后，应在档案销毁清册上签章。书面销毁意见、档案销毁清册主要负责人书面批准件应作为永久性档案长期保存。

## →拓展训练

根据森林资源目标资产评估的结果和材料，及时移送国有林评估材料给委托单位，委托单位报行政主管部门审查，审查同意后，报同级国有资产管理行政主管部门验证确认。评估工作结束后，森林资源资产评估机构要根据有关规定建立严格的档案管理制度。

## 自测题

### 一、填空题

1. 资产评估的核心是对资产在某一时点的________进行估算。
2. 资产评估由六大基本要素组成，即________、________、________、________、________和________。
3. 资产评估最基本的功能是为各项资产业务提供公正的________。
4. ________是生产要素、产权进入市场的必要条件。
5. 市场经济的深层次内核是________、________、________的商品化。
6. 依据资产评估业务是否符合国家法令的需要，将评估目的分为________和________。
7. 以资产交易为目的的评估是指为资产的________或________在市场进行交易时所需的资产评估。
8. 所谓企业产权，包括________、________、________、________等。
9. 在社会再生产中，资产保全有________和________2个系统。
10. 资产评估主体是指资产评估业务的________，即从事资产评估的机构与专业评估人员。
11. 资产评估的客体即指资产评估的对象，它确立了________边界的范畴，表明对什么进行评估。
12. 按照国际惯例和规范的做法，资产评估机构必须具有________资格。
13. 资产评估中确认资产的标准有________、________、________、________、________。
14. 资产评估的对象，按资产评估目的和被评估资产是否具有综合获利能力分类，可以分为________和________。
15. 资产评估的对象，根据资产的法律意义可分为________、________和________。
16. 资产评估的对象，根据被评估资产能否独立存在分为________和________。
17. 资产评估的假设有3种，即________、________和________。
18. 资产的重置成本按重置方式的不同，可分为________和________。
19. 资产的继续使用主要有3种形式，即________、________和________。
20. 资产评估区别于财务会计活动的显著特征是________。
21. 资产评估具有________、________、________、________和________5个方面的特征。
22. 资产评估的原则包括2个层次的内容，即资产评估的________和资产评估的________。
23. 资产评估的工作原则主要有________、________、________和________。
24. 资产评估的经济原则主要有________、________、________和________。
25. 资产评估的基本方法有________、________和________。
26. 我国国有资产评估法定程序是________、________、________、________。
27. 资产评估的准备工作是资产评估工作得以顺利完成的重要前提，它分为2个方面，一是________，二是________。
28. 编写资产评估报告的基本要求有________、________和________。
29. 1990年6月，我国唯一的全国性资产评估行业管理机构——________宣告成立，并正式履行管理职责。
30. 1993年12月10日，我国成立了中国资产评估协会，它是一个________、________、________的全国性资产评估行业组织。

## 二、单项选择题

1. 资产评估的价值类型决定于(　　)。
A. 评估特定目的　　B. 评估方法　　C. 评估程序　　D. 评估原则
2. 资产的效用或有用程度越大，其评估值就(　　)。
A. 越大　　B. 越小　　C. 无关系
3. 下列原则中，(　　)是资产评估的经济原则。
A. 客观性原则　　B. 科学性原则　　C. 替代性原则　　D. 专业性原则
4. 资产评估是通过对资产某一(　　. 价值的估算，从而确定其价值的经济活动。
A. 时期　　B. 时点　　C. 时区　　D. 阶段
5. 资产评估的工作原则有(　　)。
A. 贡献原则　　B. 客观性原则　　C. 替代原则　　D. 激励原则
6. (　　)是不可确指的资产。
A. 商标　　B. 机器设备　　C. 商誉　　D. 土地使用权
7. 评估资产的公平市场价值，适用于(　　)的假设。
A. 继续使用　　B. 公开市场　　C. 清算　　D. 企业主体
8. 收益法中所用收益指的是(　　)。
A. 未来预期收益　　B. 评估基准日收益　　C. 被评估资产前若干年平均收益
9. 由于外部环境而不是资产本身或内部因素所引起的达不到原有设计获利能力而导致的贬值，是(　　)。
A. 实体性贬值　　B. 功能性贬值　　C. 经济性贬值
10. 矿产、地质资源等属于(　　)。
A. 可再生资源　　B. 不可再生资源　　C. 经济资源　　D. 人文社会资源
11. 从本质上讲，企业评估的真正对象是(　　)。
A. 企业的生产能力　　B. 企业全部资产　　C. 企业整体资产　　D. 企业获利能力
12. 国有资产评估结果有效期通常为一年，这一年是从(　　)算起。
A. 提供评估报告日　　B. 评估基准日
C. 验证确认通过之日　　D. 经济行为发生日

## 三、多项选择题

1. 下列属于资产评估的必备要素有(　　)。
A. 评估主体　　B. 评估客体　　C. 评估目的　　D. 评估报告
2. 需要评估的房地产业务有(　　)。
A. 土地成片出租　　B. 土地开发经营　　C. 房地产买卖　　D. 房地产出租
3. 以资产交易为目的的评估包括(　　)。
A. 单项资产交易　　B. 产权变动　　C. 房地产交易　　D. 资产保全
4. 下列属于必须评估的业务范围有(　　)。
A. 企业出售　　B. 企业租赁　　C. 企业兼并　　D. 企业清算
5. 下列属于资产评估的工作原则有(　　)。
A. 替代原则　　B. 科学性原则　　C. 专业性原则　　D. 贡献原则
6. 下列原则中，(　　)是资产评估的经济原则
A. 替代原则　　B. 预期原则　　C. 客观性原则　　D. 贡献原则

7. 资产评估具有(　　)的特点。

A. 现实性　B. 咨询性　C. 随机性　D. 预测性

8. 适用于资产评估的假设有(　　)。

A. 清算　B. 继续使用　C. 公开市场　D. 历史成本

9. 下列对重置成本计量的方法有(　　)。

A. 重置核算法　B. 统计分析法　C. 物价指数法　D. 人工成本比例法

10. 土地的自然特性主要有(　　)。

A. 用途多样性　B. 不可位移性　C. 可垄断性　D. 非再生性

E. 生产力持续性

11. 土地的人文特性主要表现为(　　)。

A. 效用的持久性　B. 用途的广泛性

C. 数量的稀缺性　D. 社会经济位置的可变形性

E. 土地的可垄断性

12. 土地的转让价格具体包括(　　)。

A. 抵押价格　B. 买卖价格　C. 课税价格　D. 租赁价格

E. 征用价格

13. 企业整体资产的特点有(　　)。

A. 时间性　B. 赢利性　C. 完整性　D. 竞争性

14. 下列属于资源性资产特点的有(　　)。

A. 天然性　B. 有用性　C. 有限性　D. 可用货币计量

15. 资源性资产评估目的有(　　)。

A. 使用权出让　B. 所有权转让　C. 融资　D. 企业兼并

16. 资产评估报告的基本要求有(　　)。

A. 客观性　B. 完整性　C. 科学性　D. 及时性

17. 对资产评估结果验证确认时，应遵循以下原则(　　)。

A. 公正性原则　B. 政策性原则　C. 客观性原则　D. 效率性原则

18. 资产评估结果仲裁遵循的原则有(　　)。

A. 公正性原则　B. 依法性原则　C. 严肃性原则　D. 及时性原则

## 四、简答题

1. 什么是资产评估？它由哪些基本要素构成？
2. 在市场经济中，资产评估具有哪些功能？
3. 如何理解资产评估中资产的含义？
4. 什么是资产评估标准，其与资产评估目的、评估方法之间存在怎样的关系？
5. 简述资产评估的特点。
6. 什么是整体资产评估？
7. 整体林业企事业资产评估与单项资产评估加总有何区别？
8. 简述森林资源性资产价格的特征及其价格构成。
9. 简述森林资源资产评估报告书的概念、特点及其功能。
10. 森林资源资产评估报告书的基本内容有哪些？

## 五、计算题

1. 某项被评估资产1990年购建，账面原值为100 000元，1999年进行评估，已知1990年和1999年的该类资产定基物价指数分别为100%和150%。试确定被评估资产的重置成本。

2. 某林场预计未来5年收益额分别为12万元、15万元、13万元、11万元和14万元。假定从第6年开始，以后各年收益均为14万元，确定的折现率和本金化率为10%。试确定该林场持续经营下的评估值。

3. 某林场评估基准日1995年12月31日账面待摊费用余额223 000元，其中1995年1月31日预付未来一年的保险金132 000元，已摊销100 000元，余32 000元；1995年7月1日预付未来一年的房租180 000元，已摊销100 000元，余80 000元；以前年度应摊销但因成本高而未摊销、结转的待摊费用111 000元。确定待摊费用的评估值。

4. 待估某林场预计未来5年的预期收益额为100万元、120万元、150万元、160万元、200万元，假定本金化率为10%，试用年金法估测待估林场整体价值。

5. 某林场根据过去经营生产情况和未来情形，预测其未来5年的收益额分别是13万元、14万元、11万元、12万元和15万元，并假定从第6年开始，以后各年收益额均为15万元。根据银行利率及林场经营风险情况确定的折现率和本金化率均为10%，并且采用单项评估的方法，评估确定该林场各单项资产评估之和为90万元。试确定该林场评估值。

## →自主学习资料库

1. 陈平留，等. 2002. 森林资源资产评估运作技巧. 北京：中国林业出版社.

2. 姜楠，王景升. 2011. 资产评估. 大连：东北财经大学出版社.

3. 国家林业局发展计划与资金管理司. 2002. 森林资源资产化管理法规制度选编. 北京：中国林业出版社.

4. 全国注册资产评估师考试辅导教材编写组. 2001. 资产评估学. 北京：中国财政经济出版社.

5. 陈平留，刘健. 2002. 森林资源资产评估运作技巧. 北京：中国林业出版社.

6. 全国注册资产评估师考试用书编写组. 2009. 资产评估. 北京：经济科学出版社.

7. 张敏新. 2000. 森林资源资产管理与资产评估. 北京：中国林业出版社.

8. 国家林业局计资司. 2002. 森林资源资产化管理法规制度选编. 北京：中国林业出版社.

9. 全国注册资产评估师考试用书编写组. 2006. 资产评估. 北京：中国财政经济出版社.

10. 于鸿君. 2000. 资产评估教程. 北京：北京大学出版社。

# 参考文献

亢新刚.2011.森林经理学[M].4版.北京:中国林业出版社.
王巨斌.2002.森林经理[M].北京:高等教育出版社.
王巨斌.2006.森林资源经营管理[M].北京:中国林业出版社.
姚昌恬.2002.WTO与中国林业[M].北京:中国林业出版.
张力.2008.林业法规与执法实务[M].北京:中国林业出版社.
刘成林,余国宝.2001.森林资源管理概论[M].北京:中国林业出版社.
陆守一.2004.地理信息系统[M].北京:高等教育出版社.
李芝喜,等.2000.林业GIS[M].北京:中国林业出版社.
冯仲科,等.2000."3S"技术及其应用[M].北京:中国林业出版社.
倪金生,等.2004.遥感与地理信息系统[M].北京:电子工业出版社.
邬伦,等.2001.地理信息系统原理、方法和应用[M].北京:科学出版社
汤国安,等.2000.地理信息系统[M].北京:科学出版社
李凤日.2004.森林资源经营管理[M].辽宁:辽宁大学出版社.
陆元昌.2002.近自然森林经营的理论与实践[M].北京:科学出版社.
肖兴威.2006.中国森林资源及其管理[M].中国林学会森林经理分会.森林可持续经营探索与实践.北京:中国林业出版社
惠刚盈,Klalus Von Gadow,胡艳波,等.2007.结构化森林经营[M]北京:中国林业出版社.
梁星权.2001.森林分类经营[M].北京:中国林业出版社.
陈平留,等.2002.森林资源资产评估运作技巧[M].北京:中国林业出版社.
姜楠,王景升.2011.资产评估[M].大连:东北财经大学出版社.
国家林业局发展计划与资金管理司.2002.森林资源资产化管理法规制度选编[M].北京:中国林业出版社.
全国注册资产评估师考试辅导教材编写组.2001.资产评估学[M].北京:中国财政经济出版社.
陈平留,刘健.2002.森林资源资产评估运作技巧[M].北京:中国林业出版社.
全国注册资产评估师考试用书编写组.2009.资产评估[M].北京:经济科学出版社.
张敏新.2000.森林资源资产管理与资产评估[M].北京:中国林业出版社.
国家林业局计资司.2002.森林资源资产化管理法规制度选编[M].北京:中国林业出版社.
全国注册资产评估师考试用书编写组.2006.资产评估[M].北京:中国财政经济出版社.
于鸿君.2000.资产评估教程[M].北京:北京大学出版社.
陈启元.2009.森林经营类型划分与经营措施差异的探讨[J].森林工程(1):19-22.

郭群,陈亚非. 2010. 浅谈中国森林可持续经营[J]. 经营管理(6).

牛美玲. 2010. 浅析森林可持续经营[J]. 内蒙古林业调查设计(6).

代劲松,曹林,温小荣,等. 2012. 基于开源 GIS 的森林资源信息管理系统设计与实现——以江苏省云台山为例[J]. 南京林业大学学报:自然科学版(5):177 - 181.

孙晶波,刘铁新,王佰彦. 2005. 森林经营方案编制和管理存在的问题及对策[J]. 防护林科技(4):73 - 74.

肖智慧. 2010. 国营林场森林经营方案编制存在的问题及对策[J]. 防护林科技(1):54 - 55.

王春峰. 2006. 应用参与式方法编制集体林经营方案初探[J]. 林业资源管理(4):12 - 15.

饶从霞. 2010. 谈谈森林经营方案编制的基本要求[J]. 研讨探索(3):46.

李文娟. 2009. 森林经营方案编制的意义、内容及编制要点[J]. 防护林科技(4):71 - 73.

李志斌. 2008. 编制森林经营方案的意义和要点[J]. 现代化农业(8):26 - 29.

赵强国. 2009. 浅析森林经营方案的编制和实施[J]. 内蒙古林业科技,35(3):51 - 53.

林辉,孙华,莫登奎,等. 2008. "3S"技术在森林资源监测体系中的应用进展[J]. 湖南林业科技,35(6):11 - 14.

熊冲. 2009. 基于信息共享的森林资源动态监测研究[D]. 中南林业科技大学硕士学位论文.

马文乔. 2006. 森林资源档案管理系统的研建与数据更新方法的研究[D]. 北京林业大学硕士学位论文.

高香玲. 2012. 辽宁省森林资源档案管理[J]. 辽宁林业科技(6):47 - 48.

王福生. 2007. 基于 GIS 的森林资源档案数据更新方法[J]. 林业调查规划,32:17 - 18.

冯俐丽,朱学灵. 2010. 河南省生态公益林监测样地的设置与调查技术研究[J]. 林业资源管理(5):94 - 98.